일반기계기사 필기

| 핵심이론 및 예상문제 |

저자 **이태랑**

도서
출판 **오스틴북스**

합격비법 시리즈는 다년간의 국가기술 자격증 수험서적의 제작 노하우를 모두 담은 교재로 모든 수험생 여러분의 합격을 위한 교재입니다. 비전공자, 직장인 등 쉽지 않은 공부 환경에 있는 수험생들도 쉽고 빠르게 공부할 수 있는 구성으로 지금까지 많은 합격자를 배출한 교재입니다.

"**일반기계기사**"는 기계계열의 역학 그리고 설계가 주가 되는 과목입니다. 이 교재에서는 관련된 공식들을 쉽고 빠르게 암기할 수 있도록 이론 파트를 구성하였고, 여러 가지 유형의 예제를 풀어봄으로써 기출문제를 풀 때 막힘없이 풀 수 있도록 예제 파트를 구성하였습니다. 또한 합격비법 시리즈는 매년 최신 개정 내용을 빠르고 정확하게 적용하여 수험생 여러분이 믿고 공부할 수 있도록 최선을 다하고 있습니다.

합격비법 시리즈는 단순히 교재만을 제공하는 것이 아닌 효율적인 학습을 위한 여러 가지 콘텐츠를 제공합니다.

유투브 "**랑쌤에듀**" 채널에 해당 교재를 보고 들을 수 있는 무료강의가 업로드 되어있습니다. 이 강의들은 랑쌤에듀 공식 홈페이지에서 판매중인 강의와 동일한 퀄리티로 공부하는 데에 큰 도움이 될 것입니다.

카카오톡 오픈채팅 검색창에 "**랑쌤에듀**"를 검색하면 과목별 오픈채팅방이 나옵니다. 자신에게 맞는 과목의 오픈채팅방에서 자유롭게 질문과 답변을 주고받을 수 있는 환경이 마련돼 있습니다. 혼자 공부하는 것보다 다른 수험생들과 정보를 주고받으며 공부하는 것이 더 효율적인 공부 방법이 될 것입니다.

네이버 카페 "**랑쌤에듀**"에서 교재 등업을 하면 여러 가지 학습자료들을 무료로 이용하실 수 있습니다. 또한 하.세.열(하루 세 번 열문제) 퀴즈, 시험 전 총정리 실시간 강의 일정, 교재 정오표 및 법령 변경 사항 등의 정보도 카페에 수시로 공지를 하고 있습니다.

합격비법 시리즈는 앞으로도 수험생 여러분의 합격을 위해 최선을 다 할 것이며 더 좋은 수험서적을 만들 수 있도록 노력하겠습니다. 목표로 하신 자격증을 취득하는 그 날까지 모든 수험생 여러분들 파이팅 입니다!

출 제 기 준

직무 분야	기계	중직무 분야	기계제작	자격 종목	일반기계기사	적용 기간	2024.1.1.~2026.12.31.

○ 직무내용: 기계공학에 관한 지식을 활용하여, 기계 요소 및 시스템에 대한 설계, 원가계산, 제작, 설치, 보전 등을 수행하는 직무이다.

필기검정방법	객관식	문제수	80	시험시간	2시간

필기 과목명	문제수	주요항목	세부항목
기계 제도 및 설계	20	1. 도면 작업 및 검토	1. 도면작성
			2. 공차검토
		2. 형상모델링	1. 모델링작업
			2. 모델링분석
			3. 모델링데이터출력
		3. 요소공차 및 설계검토	1. 요구기능파악
		4. 체결요소설계	1. 체결요소선정및설계
		5. 동력전달시스템설계	1. 설계및검토
		6. 유공압시스템설계	1. 요구사항파악
			2. 유공압시스템구상
			3. 유공압시스템설계
기계 재료 및 제작	20	1. 요소부품재질	1. 요소부품재료파악
			2. 요소부품재질선정
			3. 요소부품공정검토
			4. 열처리
		2. 절삭가공	1. 작업준비및가공
			2. 검사
		3. 기계제작법	1. 비절삭가공
			2. 특수가공
구조해석	20	1. 구조 및 진동 해석	1. 준비
			2. 해석
			3. 결과평가
		2. 재료역학	1. 개요
			2. 응력과변형률
			3. 비틀림
			4. 굽힘및전단
			5. 보
			6. 응력과변형률해석
			7. 평면응력의응용
			8. 기둥
		3. 동역학	1. 동역학의기본이론
			2. 질점의동역학
			3. 강체의동역학
		4. 기계진동	1. 기계진동기본이론

필기 과목명	문제수	주요항목	세부항목
열유체 해석	20	1. 열응력 및 유동 해석	1. 준비
			2. 해석
			3. 결과평가
		2. 열역학	1. 개요
			2. 순수물질의성질
			3. 일과열
			4. 열역학기본법칙
			5. 사이클및장치
		3. 유체역학	1. 개요
			2. 유체정역학
			3. 유체역학의기본법칙
			4. 유체운동학
			5. 차원해석및상사법칙
			6. 관내유동
			7. 물체주위의유동
			8. 유체계측

CONTENTS
차례

4주 만에 합격하기!

일반기계기사 필기 최단기 정복 스터디플랜

1 주차	1일차	2일차	3일차
	구조해석 ▶		
	ch1. 기계재료 역학의 개요	ch2. 하중의 작용 ch3. 재료의 단면	ch4. 모멘트의 작용 ch5. 조합응력과 모어원 ch6. 기둥

2 주차	8일차	9일차	10일차
	열유체해석 ▶		
	ch1. 기계열역학의 개요	ch2. 열량 ch3. 열역학 제1법칙	ch4. 이상기체 ch5. 열역학 제2법칙

3 주차	15일차	16일차	17일차
			기계제도 및 설계 ▶
	ch14. 유체의 흐름 ch15. 유체 에너지의 손실 ch16. 상사법칙과 유선함수	ch17. 유체계측기기 ch18. 열응력 해석법 ch19. 유동 해석법	ch1. 도면작업 및 검토 ch2. 모델링 작업

4 주차	22일차	23일차	24일차
			기계재료 및 제작 ▶
	ch6. 동력전달 주 기계요소	ch7. 유공압 시스템 설계	ch1. 요소부품재질

01

구조해석

기계재료역학의 개요

1-1 하중과 응력

(1) 하중(P) : 단면에 작용하는 힘 $[N]$

① 인장하중(P_t) : 단면에 대하여 수직으로 늘이는 방향의 하중

② 압축하중(P_c) : 단면에 대하여 수직으로 압축하는 방향의 하중

③ 전단하중(P_s) : 단면에 대하여 평행으로 작용하는 하중

(2) 응력(σ) : 재료 내부에서 외력에 의해 생기는 저항력 $[MPa]$

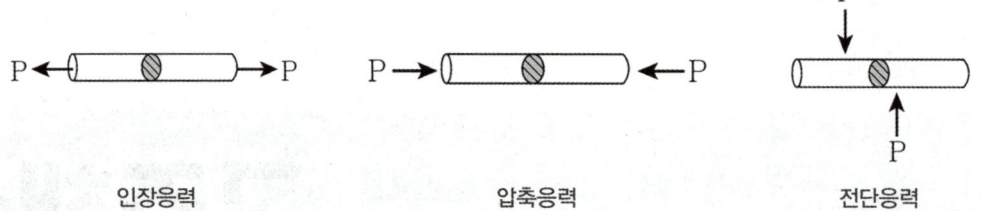

| 인장응력 | 압축응력 | 전단응력 |

① 인장응력(σ_t) : 인장하중에 의해 발생하는 응력

$$\sigma_t = \frac{P_t}{A}$$ 여기서, A : 파괴가상면적 $[mm^2]$

② 압축응력(σ_c) : 압축하중에 의해 발생하는 응력

$$\sigma_c = \frac{P_c}{A}$$

③ 전단응력(τ) : 전단하중에 의해 발생하는 응력

$$\tau = \frac{P_s}{A}$$

ⓒ 핀에 작용하는 전단응력

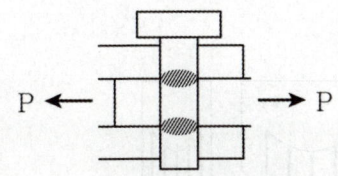

전단응력이 작용하는 핀

위 그림에서 핀은 파괴가상면이 2곳이므로 전단응력은 아래와 같다.

$$\tau = \frac{P_s}{A} = \frac{P_s}{2 \times \frac{\pi}{4} d^2} = \frac{2P_s}{\pi d^2}$$

ⓛ 볼트 머리에 작용하는 전단응력

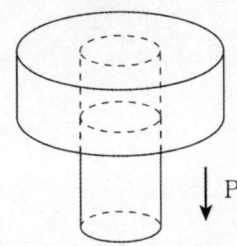

전단응력이 작용하는 볼트 머리

위 그림에서 파괴가상면은 구멍의 원주둘레면적이므로 전단응력은 아래와 같다.

$$\tau = \frac{P_s}{A} = \frac{P_s}{\pi d t}$$

(3) 공칭응력(σ_n)과 진응력(σ_t) $[MPa]$

인장실험 중에 변화하는 단면적을 그때마다 측정하기 힘들기 때문에 실험을 시작하기 전의 면적을 적용한 응력을 공칭응력이라 한다.

① 공칭응력(σ_n) : $\sigma_n = \dfrac{P}{A_o}$ 여기서, A_o : 처음 단면적, ℓ_o : 처음 길이

② 공칭변형률(ε_n) : $\varepsilon_n = \dfrac{\lambda}{\ell_o}$

③ 진응력(σ_t) : $\sigma_t = \sigma_n (1 + \varepsilon_n)$

④ 진변형률(ε_t) : $\varepsilon_t = \ln(1 + \varepsilon_n)$

(4) 응력 집중

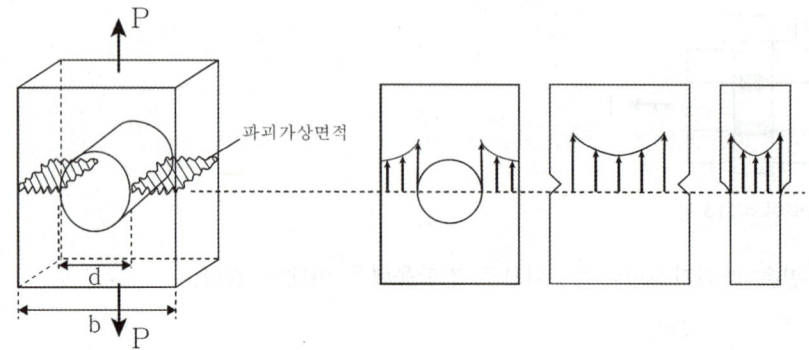

각 노치 형상의 응력 분포도

① 공칭응력 : $\sigma_n = \dfrac{P}{A} = \dfrac{P}{(b-d)t}$

② 최대응력 : $\sigma_{\max} = \alpha_K \sigma_n$ 여기서, α_K : 응력집중계수

1-2   변형률

(1) 변형률(ε) : 변형 전 치수에 대한 변형량의 비

① 종변형률(ε) : 하중과 평행한 방향으로 생기는 변형률

$$\varepsilon = \frac{\lambda}{\ell}$$

여기서, λ : 하중 방향 변형량 $[mm]$
ℓ : 하중 방향 길이 $[mm]$

② 횡변형률(ε') : 하중과 수직한 방향으로 생기는 변형률

$$\varepsilon' = \frac{\delta}{d}$$

여기서, δ : 하중 수직방향 변형량 $[mm]$
d : 하중 수직방향 길이 $[mm]$

③ 전단변형률(γ) : 전단응력에 의한 변형률

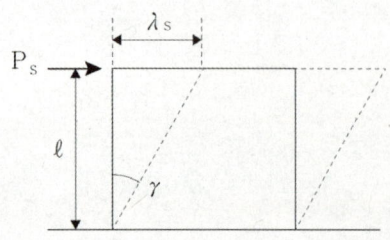

$$\tan\gamma = \frac{\lambda_s}{l} \fallingdotseq \gamma\,[rad]$$

전단변형이 일어나는 재료

(2) 프와송 비(ν)

① 프와송비 : $\nu = \dfrac{\text{횡변형률}}{\text{종변형률}} = \dfrac{\varepsilon'}{\varepsilon} = \dfrac{1}{m} \leq 0.5$ 여기서, m : 프와송수

② σ와 δ의 관계

$\nu = \dfrac{\varepsilon'}{\varepsilon} = \dfrac{1}{m}$ 에서

$\nu = \dfrac{E}{\sigma} \cdot \dfrac{\delta}{d} = \dfrac{1}{m}$ 여기서, E : 종탄성계수 $[GPa]$

③ λ와 δ의 관계

$\nu = \dfrac{\varepsilon'}{\varepsilon} = \dfrac{1}{m}$ 에서

$\nu = \dfrac{\ell}{\lambda} \cdot \dfrac{\delta}{d} = \dfrac{1}{m}$

(3) 2축 응력의 변형률

① $\varepsilon_x = \dfrac{\sigma_x}{E} - \dfrac{\sigma_y}{mE} = \dfrac{\sigma_x - \nu \sigma_y}{E}$

② $\varepsilon_x = \dfrac{\sigma_y}{E} - \dfrac{\sigma_x}{mE} = \dfrac{\sigma_y - \nu \sigma_x}{E}$

(4) 3축 응력의 변형률

① $\varepsilon_x = \dfrac{\sigma_x}{E} - \dfrac{\sigma_y}{mE} - \dfrac{\sigma_z}{mE} = \dfrac{\sigma_x - \nu(\sigma_y + \sigma_z)}{E}$

② $\varepsilon_y = \dfrac{\sigma_y}{E} - \dfrac{\sigma_x}{mE} - \dfrac{\sigma_z}{mE} = \dfrac{\sigma_y - \nu(\sigma_x + \sigma_z)}{E}$

③ $\varepsilon_z = \dfrac{\sigma_z}{E} - \dfrac{\sigma_x}{mE} - \dfrac{\sigma_y}{mE} = \dfrac{\sigma_z - \nu(\sigma_x + \sigma_y)}{E}$

(5) 체적변형률(ε_V)

① 직육면체 또는 원기둥의 체적변형률

$\varepsilon_V = \varepsilon_x + \varepsilon_y + \varepsilon_z = \dfrac{\Delta V}{V} = \dfrac{\varepsilon(1-2\nu)V}{V} = \varepsilon(1-2\nu)$

② 정육면체 또는 구의 체적변형률

$\varepsilon_V = \varepsilon_x + \varepsilon_y + \varepsilon_z = 3\varepsilon$

(6) 비틀림 실험(=스트레인 게이지 실험)

스트레인 게이지란, 구조체의 변형되는 상태와 그 양을 측정하기 위하여 구조체 표면에 부착하는 게이지이다. 스트레인 게이지는 부착 방향에 따라 결과값이 달라진다.

① 45°로 부착시

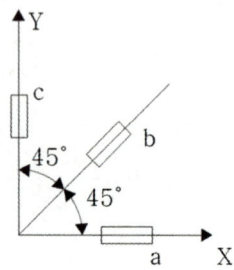

$$\varepsilon_x = \varepsilon_a, \quad \varepsilon_y = \varepsilon_c, \quad \gamma_{xy} = 2\varepsilon_b - (\varepsilon_a + \varepsilon_c)$$

여기서 45° 방향의 변형만 고려하면 $\varepsilon_a = \varepsilon_c = 0$ 이므로

$$\gamma = 2\varepsilon$$

② 60°로 부착시

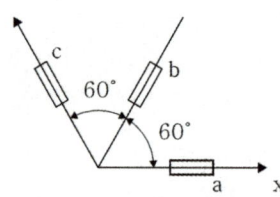

$$\varepsilon_x = \varepsilon_a, \quad \varepsilon_y = (2\varepsilon_b + 2\varepsilon_c - \varepsilon_a)/3, \quad \gamma_{xy} = 2(\varepsilon_b - \varepsilon_c)/\sqrt{3}$$

(1) 후크의 법칙

연강의 인장실험으로 재료의 탄성 영역에서 응력과 변형률 사이의 비례 관계($\sigma = E\varepsilon$)를 정의한 법칙이다.

① 탄성(Elasticity) : 외력에 의해 변형된 물체가 이 힘이 제거되었을 때, 원래의 상태로 되돌아가려는 성질이다.

② 소성(Plasticity) : 외력에 의해 변형된 물체가 이 힘이 제거되어도 영구적으로 변화하는 성질이다.

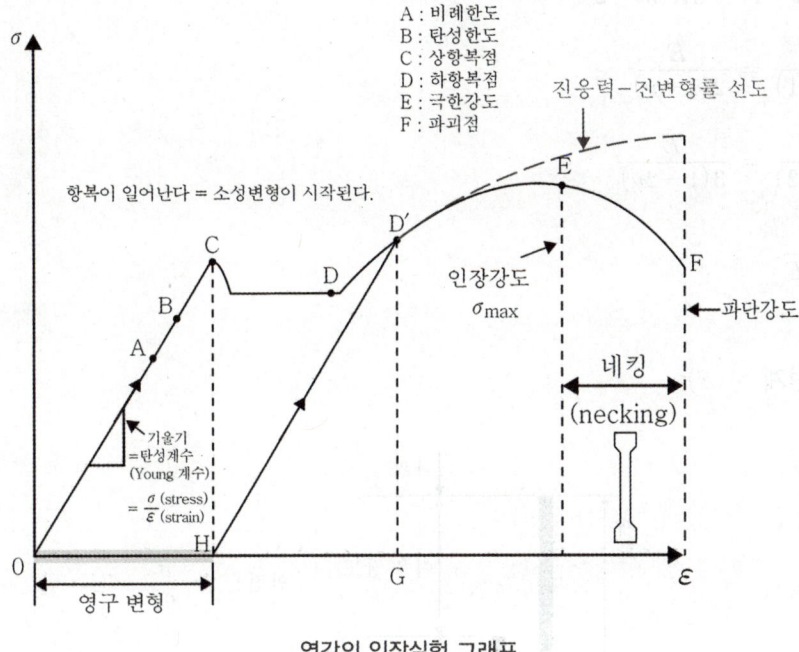

연강의 인장실험 그래프

③ 응력간의 관계

극한강도(σ_u) $\rangle$ 항복응력(σ_Y) $\rangle$ 탄성한도(σ_e) $\rangle$ 허용응력(σ_a) $\geq$ 사용응력(σ_w)

④ 측정 방향에 따른 변형률

종변형률(ε)	전단변형률(γ)	체적변형률(ε_V)
$\sigma = E\varepsilon$	$\tau = G\gamma$	$\sigma_K = K\varepsilon_V$

여기서, E : 종탄성계수 $[GPa]$, G : 전단탄성계수 $[GPa]$, K : 체적탄성계수 $[GPa]$

⑤ 변형량(λ) $[mm]$

$\sigma = E\varepsilon = E\dfrac{\lambda}{\ell}$ 이므로 $\lambda = \dfrac{P\ell}{AE}$

⑥ 탄성에 의한 변형에너지(U) $[N\cdot m]$

$$U = \frac{1}{2}P\lambda = \frac{P^2\ell}{2AE}$$

또한, 최대탄성변형에너지(=변형에너지밀도, u)$[N\cdot m/m^3]$는

$$u = \frac{U}{V} = \frac{\sigma^2}{2E} = \frac{E\varepsilon^2}{2} = \frac{\sigma\varepsilon}{2}$$

(2) E, G, m, K 관계식

① $mE = 2G(m+1) = 3K(m-2)$

② $G = \dfrac{mE}{2(m+1)} = \dfrac{E}{2(1+\nu)}$

③ $K = \dfrac{mE}{3(m-2)} = \dfrac{E}{3(1-2\nu)}$

④ $K = \dfrac{GE}{9G-3E}$

(3) 안전율(=안전계수, S)

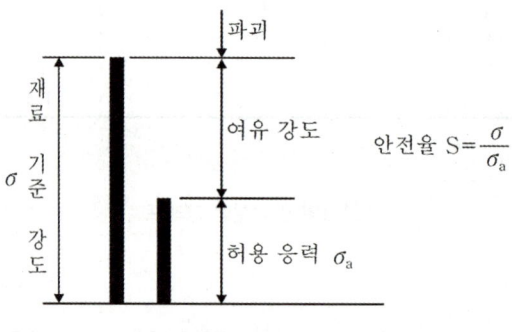

안전율과 응력의 관계

안전율이란 사용응력에 대한 허용응력의 비를 의미하며, 재료의 강도와 재료에 가해지는 사용응력을 계산하기 위해 사용한다. 재료의 허용응력은 항상 기준강도보다 작아야하며 정해진 안전율 내에서 재료를 사용해야 한다.

$$S = \frac{기준강도}{허용응력} = \frac{\sigma_u}{\sigma_a}$$

(4) 크리프(Creep)

재료에 높은 온도를 가하며 큰 하중을 일정하게 작용하면 재료 내 응력이 일정하게 유지됨에도 불구하고 변형률이 점차 증가하는 현상이다.

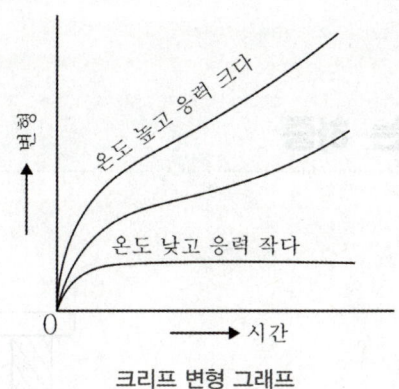

크리프 변형 그래프

① 일정한 온도에서 하중의 크기가 클수록 크리프 속도가 빨라져 파단에 이르는 시간이 짧아진다.
② 일정한 하중에서 온도가 높을수록 크리프 속도가 빨라져 파단에 이르는 시간이 짧아진다.
③ 크리프 속도가 0일 때 크리프 한계응력이 발생한다.

(5) 열응력

① 열응력(σ) : $\sigma = E\alpha\triangle t$

② 열에 의한 변형률(ε) : $\varepsilon = \alpha\triangle t$

③ 열에 의한 변형량(λ) : $\lambda = \alpha\triangle t l$

④ 열에 의한 하중(P) : $P = E\alpha\triangle t A$

여기서, α : 열팽창계수 $[K^{-1}]$
$\triangle t$: 온도 변화량 $[K]$

하중의 작용

2-1 재료에 작용하는 하중

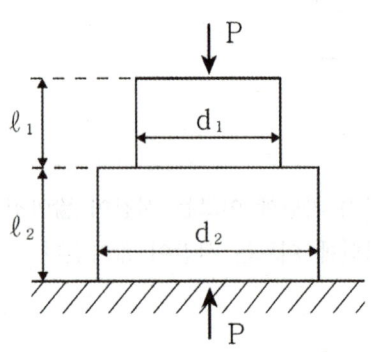

직렬 연결 재료

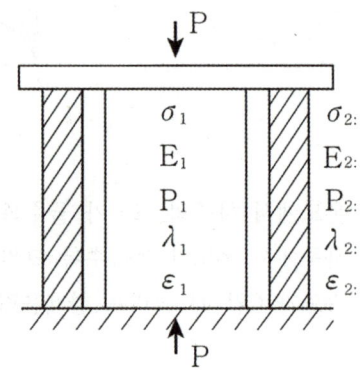

병렬 연결 재료

(1) 직렬 연결된 재료

직렬 연결의 경우 각 재료가 받는 하중의 크기가 같고 총 변형량은 각 재료의 변형량의 합과 같다.

$$\lambda = \lambda_1 + \lambda_2 = \frac{P\ell_1}{A_1 E_1} + \frac{P\ell_2}{A_2 E_2}$$

(2) 병렬 연결된 재료

병렬 연결의 경우 총 하중은 각 재료가 받는 하중의 합과 같고 각 재료의 변형량은 같다.

$$\sigma_1 = \frac{P E_1}{A_1 E_1 + A_2 E_2} \; , \quad \sigma_2 = \frac{P E_2}{A_1 E_1 + A_2 E_2}$$

(3) 구간별 하중이 작용하는 재료

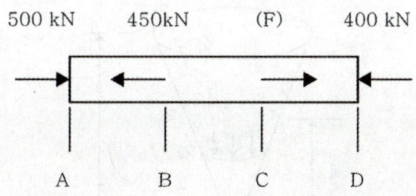

구간별 하중이 작용하는 재료

① B에서 첫 번째 재료가 받는 외력의 크기와 같은 크기의 하중이 반작용한다.
  $(-500kN)$

② B에서 두 번째 재료에 반작용 힘과 외력의 합을 계산하여 적용한다.
  $(500 - 450 = 50kN)$

③ C에서 두 번째 재료가 받는 하중의 크기와 같은 크기의 하중이 반작용한다.
  $(-50kN)$

④ C에서 세 번째 재료가 받는 외력의 크기와 같은 크기의 하중이 반작용한다.
  $(400kN)$

⑤ C에서 두 번째 재료와 세 번째 재료에 작용하는 반작용 힘의 합을 계산한다.
  $(-50 + 400 = 350kN)$

(4) 자중을 받는 재료

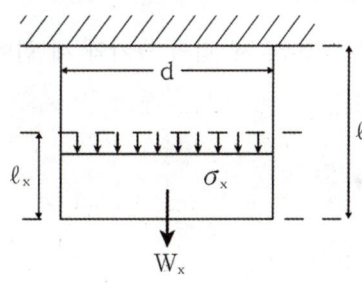

여기서, σ_x : x위치에서의 응력 $[MPa]$
  ℓ_x : x위치까지의 길이 $[mm]$
  λ_x : x위치에서의 변형량 $[mm]$

① 자중에 의한 응력 : $\sigma_x = \gamma \ell_x$

② 자중에 의한 변형량 : $\lambda_x = \dfrac{\gamma \ell_x^2}{2E} = \dfrac{W_x}{A\ell_x} \cdot \dfrac{\ell_x^2}{2E} = \dfrac{W_x \ell_x}{2AE}$

③ 자중과 하중이 동시에 작용할 경우 응력 : $\sigma_x = \dfrac{P}{A} + \gamma \ell_x$

④ 자중과 하중이 동시에 작용할 경우 변형량 : $\lambda_x = \dfrac{P\ell_x}{AE} + \dfrac{\gamma \ell_x^2}{2E}$

(5) 자중을 받는 원추형 재료

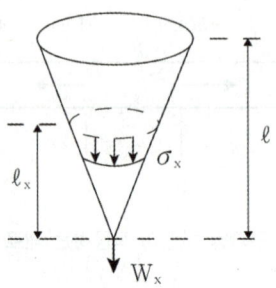

① 자중에 의한 응력 : $\sigma_x = \dfrac{\gamma \ell_x}{3}$

② 자중에 의한 변형량 : $\lambda_x = \dfrac{\gamma \ell_x{}^2}{6E}$

③ 하중이 작용할 경우 응력 : $\sigma_x = \dfrac{P}{A_x} + \dfrac{\gamma \ell_x}{3}$

④ 하중이 작용할 경우 변형량 : $\lambda_x = \dfrac{P \ell_x}{A_x E} + \dfrac{\gamma \ell_x{}^2}{6E}$

2-2 라미의 정리(Lami's theory)

서로 평행하지 않은 방향으로 작용하는 세 개의 힘이 평형을 이루는 경우, 세 힘의 크기와 세 힘이 이루는 각 사이의 관계를 나타내는 정리이다.

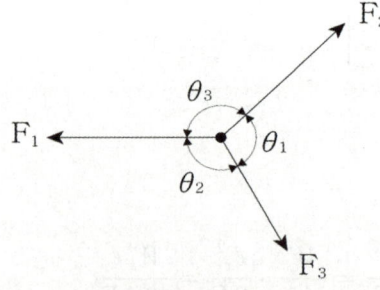

방향이 다른 세 힘의 작용

위 그림에서 작용점을 기준으로 힘과 마주보는 각도를 적용한다. 따라서 라미의 정리는

$$\frac{F_1}{\sin\theta_1} = \frac{F_2}{\sin\theta_2} = \frac{F_3}{\sin\theta_3}$$

2-3 코일 스프링에 작용하는 하중

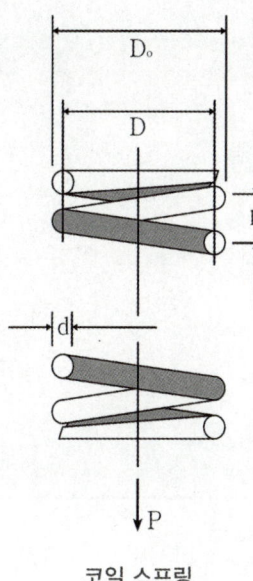

여기서, P : 스프링에 작용하는 하중 $[N]$
D : 스프링(=코일)의 평균 지름 $[mm]$
d : 소선의 지름 $[mm]$
n : 스프링의 유효 권수
G : 스프링의 전단 탄성계수 $[GPa]$

코일 스프링

(1) 스프링 상수(k) : 단위 길이의 처짐에 대한 작용 하중 $[N/mm]$

$$k = \frac{P}{\delta}$$

여기서, δ : 스프링의 변위 $[mm]$

직렬 연결	병렬 연결
k_1 k_2	k_1　k_2
$\dfrac{1}{k_{eq}} = \dfrac{1}{k_1} + \dfrac{1}{k_2} + \cdots + \dfrac{1}{k_n}$	$k_{eq} = k_1 + k_2 + \cdots + k_n$

(2) 최대전단응력 : $\tau_{\max} = \dfrac{16PR}{\pi d^3} = \dfrac{8PD}{\pi d^3}$

(3) 최대 처짐량 : $\delta_{\max} = \dfrac{64nPR^3}{Gd^4} = \dfrac{8nPD^3}{Gd^4}$

(4) 스프링의 길이(ℓ)와 체적(V)

① 스프링의 길이 : $\ell = \pi D n$

② 체적 : $V = A\ell = \dfrac{\pi d^2}{4} \times \pi D n$

(5) 스프링에 저장되는 탄성에너지(U) $[N \cdot mm]$

$$U = \frac{1}{2} P\delta = \frac{1}{2} k\delta^2$$

2-4   내압을 받는 압력용기

(1) 내압을 받는 원통형 압력용기

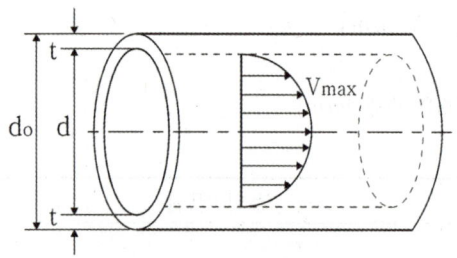

내압을 받는 원통형 압력용기

여기서, p : 파이프에 작용하는 내압 $[MPa]$
t : 파이프의 두께 $[mm]$
d : 안지름 $[mm]$
d_o : 바깥 지름 $[mm]$
v_{max} : 최대 속도 $[m/s]$
v_a : 평균 속도 $[m/s]$ $(v_{max} = 2v_a)$

① 원주 방향 응력(σ_1) : $\sigma_1 = \dfrac{pd}{2t}$

② 축 방향 응력(σ_2) : $\sigma_2 = \dfrac{pd}{4t}$

③ 원통의 두께(t) : $\sigma_1 > \sigma_2$ 이므로 $\sigma_1 = \dfrac{pd}{2t} \leq \sigma_a$ 으로 나타낼 수 있고 t로 정리하면

$t \geq \dfrac{pd}{2\sigma_a \eta} + C$
　　　여기서, σ_a : 허용응력 $[MPa]$
　　　　　　　η : 이음 효율
　　　　　　　C : 부식계수

④ 바깥지름(d_o) : $d_o = d + 2t$

⑤ 내압에 의해 원통형 압력 용기가 파괴된다면 $\sigma_1 > \sigma_2$ 이므로 길이방향과 평행하게 균열이 생긴다.

⑥ 유량(Q) $[m^3/s]$: $Q = A v_a = \dfrac{\pi}{4} d^2 \cdot v_a$

(2) 내압을 받는 구형 압력용기

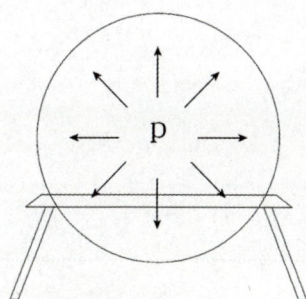

내압을 받는 구형 압력용기

① 원주 방향 응력(σ_1) : $\sigma_1 = \dfrac{pd}{4t}$

② 축 방향 응력(σ_2) : $\sigma_2 = \dfrac{pd}{4t}$

(3) 압력 용기에서의 변형률

① 원통형 압력용기

$$\varepsilon_1 = \frac{\sigma_1 - \nu\sigma_2}{E} = \frac{\dfrac{pd}{2t} - \nu \cdot \dfrac{pd}{4t}}{E} = \frac{pd(2-\nu)}{4tE}$$

$$\varepsilon_2 = \frac{\sigma_2 - \nu\sigma_1}{E} = \frac{\dfrac{pd}{4t} - \nu \cdot \dfrac{pd}{2t}}{E} = \frac{pd(1-2\nu)}{4tE}$$

② 구형 압력용기

$$\varepsilon_1 = \varepsilon_2 = \frac{\sigma_1 - \nu\sigma_2}{E} = \frac{\dfrac{pd}{4t} - \nu \cdot \dfrac{pd}{4t}}{E} = \frac{pd(1-\nu)}{4tE}$$

03 재료의 단면

3-1 단면 1차 모멘트

(1) 도심 : 직교 좌표축에 대한 단면 1차모멘트(Q)가 0인 점으로, 임의의 도형이 회전할 때 회전의 중심이 되는 점이다.

(2) 기본 도형의 도심

사각형	원 형	삼각형	반 원
$\bar{x} = \dfrac{b}{2}$, $\bar{y} = \dfrac{h}{2}$	$\bar{x} = \dfrac{d}{2}$, $\bar{y} = \dfrac{d}{2}$	$\bar{x} = \dfrac{b}{3}$, $\bar{y} = \dfrac{h}{3}$	$\bar{y} = \dfrac{4r}{3\pi}$
1/4원	부채꼴	2차 곡선	n차 곡선
$\bar{x} = \dfrac{4r}{3\pi}$, $\bar{y} = \dfrac{4r}{3\pi}$	$\bar{y} = \dfrac{2r}{3\alpha}\sin\dfrac{\alpha}{2}$	$\bar{x} = \dfrac{b}{4}$, $\bar{y} = \dfrac{h}{4}$	$\bar{x} = \dfrac{b}{n+2}$, $\bar{y} = \dfrac{h}{n+2}$

(3) 결합 도형의 도심

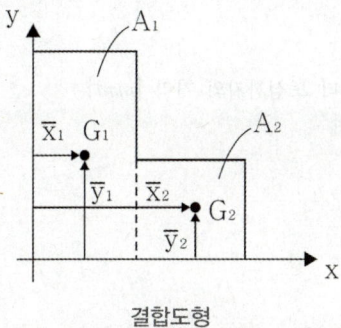

결합도형

위 그림의 도형을 적절하게 나눠 기본 형태의 도형 2개로 표현한다.

① x축으로부터 결합 도형의 도심까지의 거리 : $\overline{y} = \dfrac{A_1\overline{y_1} + A_2\overline{y_2}}{A_1 + A_2}$

② y축으로부터 결합 도형의 도심까지의 거리 : $\overline{x} = \dfrac{A_1\overline{x_1} + A_2\overline{x_2}}{A_1 + A_2}$

(4) 단면 1차 모멘트(Q) $[mm^3]$

중립축으로부터 도심까지의 수직거리에 단면의 면적을 곱한 것이다. 따라서 중립축이 도심을 지날 경우 단면 1차 모멘트는 0이 된다.

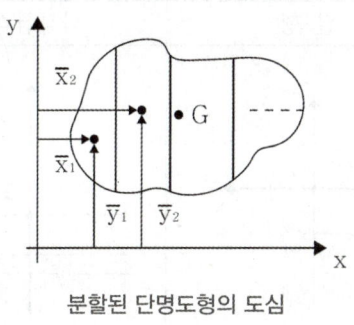

분할된 단명도형의 도심

위 그림에서 분할된 도형 각각의 도심과 축으로부터의 거리를 곱하여 더하면 아래와 같다.

① x축에 대한 단면 1차 모멘트(Q_x)

$$Q_x = y_1A_1 + y_2A_2 + y_3A_3 + \cdots\cdots = \int_A y dA$$

정리하면 $Q_x = \overline{y}A$.　　　　　　여기서, $\overline{y}$: x축으로부터 도심까지의 거리 $[mm]$

② y축에 대한 단면 1차 모멘트(Q_y)

$$Q_y = x_1 A_1 + x_2 A_2 + x_3 A_3 + \cdots\cdots = \int_A x\,dA$$

정리하면 $Q_y = \overline{x}\,A$ 여기서, $\overline{x}$: y축으로부터 도심까지의 거리 $[mm]$

3-2 단면 2차 모멘트

(1) 단면 2차 모멘트(=관성 모멘트, I) $[mm^4]$

중립축이 도심을 지날 때 단면 2차 모멘트가 최소값을 가지며, 이 때 재료가 가장 안정적인 상태이므로 가장 경제적이다.

① x축에 대한 단면 2차 모멘트(I_x) : $I_x = \int_A y^2\,dA$

② y축에 대한 단면 2차 모멘트(I_y) : $I_y = \int_A x^2\,dA$

③ 기본 도형의 도심 축에 대한 단면 2차 모멘트

직사각형	정사각형	원 형	직각삼각형
$I_x = \dfrac{bh^3}{12},\ I_y = \dfrac{hb^3}{12}$	$I_x = I_y = \dfrac{a^4}{12}$	$I_x = I_y = \dfrac{\pi d^4}{64}$	$I_x = \dfrac{bh^3}{36},\ I_y = \dfrac{hb^3}{36}$

(2) 극단면 2차 모멘트(=극관성 모멘트, I_P) $[mm^4]$

원점에서부터 거리를 기준으로한 단면 2차 모멘트이다.

$$I_P = I_x + I_y$$

(3) 단면 상승 모멘트(I_{xy}) $[mm^4]$

단면의 미소 단면적과 이에 대해 직교하는 2축으로부터의 거리를 곱한 것으로, 도심을 통하는 직각축에 대한 상승 모멘트는 0이다.

$$I_{xy} = \int_A xy\,dA = \overline{x}\,\overline{y}\,A\,(mm^4)$$

(4) 회전반경(=단면 2차 반지름, K) $[mm]$

① x축에 대한 회전반경(K_x) : $K_x = \sqrt{\dfrac{I_x}{A}}$

② y축에 대한 회전반경(K_y) : $K_y = \sqrt{\dfrac{I_y}{A}}$

(5) 평행축 정리

도심이 중립축에 있지 않을 경우, 단면 2차 모멘트를 구하는 정리이다.

① 평행축 정리를 적용한 단면 2차 모멘트

   ⊙ x축에 대한 단면 2차 모멘트 : $I_x{}' = I_x + \overline{y}^2 A$

   ⓛ y축에 대한 단면 2차 모멘트 : $I_y{}' = I_y + \overline{x}^2 A$

여기서, $\overline{y}$: 도심에서 x축까지의 거리$[mm]$
$\overline{x}$: 도심에서 y축까지의 거리$[mm]$

② 결합 도형의 단면 2차 모멘트

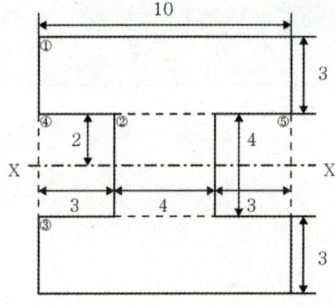

중립축에 도심이 위치할 경우 평행축 정리를 이용할 필요가 없다. 따라서 위 그림의 단면은 아래의 3가지 방법으로 단면 2차 모멘트를 구할 수 있다.

   ⊙ 도형 ①과 도형 ③은 평행축 정리로 구하고 도형 ②에 합해서 구하는 방법

$$I_1{}' = I_1 + a^2 A = \frac{10 \times 3^3}{12} + 3.5^2 \times 10 \times 3 = 390mm^4$$

$$I_2 = \frac{4 \times 4^3}{12} = 21.33mm^4$$

$$I_3' = I_3 + a^2 A = \frac{10 \times 3^3}{12} + 3.5^2 \times 10 \times 3 = 390mm^4$$

$$\therefore I_1' + I_2 + I_3' = 801.33mm^4$$

ⓛ 도형 ①+③과 도형 ②를 합해서 구하는 방법

$$I_{1+3} = \frac{10 \times 10^3}{12} - \frac{10 \times 4^3}{12} = 780mm^3$$

$$I_2 = \frac{4 \times 4^3}{12} = 21.33mm^4$$

$$\therefore I_{1+3} + I_2 = 801.33mm^4$$

ⓒ 전체 도형에서 도형 ④+⑤를 빼서 구하는 방법

$$I = \frac{10^4}{12} = 833.33mm^3$$

$$I_{4+5} = \frac{10 \times 4^3}{12} - \frac{4 \times 4^3}{12} = 32mm^4$$

$$\therefore I - I_{4+5} = 801.33mm^4$$

3-3 단면계수와 극단면계수

(1) 단면계수(Z) $[mm^3]$

$$Z = \frac{단면 2차 모멘트}{도심으로부터 최외곽거리} = \frac{I}{e}$$

① 중실원의 단면계수

$$Z = \frac{I}{e} = \frac{\frac{\pi d^4}{64}}{\frac{d}{2}} = \frac{\pi d^3}{32}$$

② 중공원의 단면계수

$$Z = \frac{I}{e} = \frac{\dfrac{\pi(d_2^{\,4} - d_1^{\,4})}{64}}{\dfrac{d_2}{2}} = \frac{\pi(d_2^{\,4} - d_1^{\,4})}{32\,d_2} = \frac{\pi d_2^{\,4}\left\{1 - \left(\dfrac{d_1}{d_2}\right)^4\right\}}{32\,d_2} = \frac{\pi d_2^{\,3}(1 - x^4)}{32}$$

$$\therefore Z = \frac{\pi d_2^{\,3}(1 - x^4)}{32}$$

여기서, d_2 : 외경 $[mm]$

d_1 : 내경 $[mm]$

x : 내외경비 $\left(x = \dfrac{d_1}{d_2}\right)$

③ 단면의 형상에 따른 단면계수의 크기 비교

I형(=H형=ㄷ자형) > 직사각형 > 정사각형 > 삼각형 > 원형

(2) 극단면계수(Z_P) $[mm^3]$

$$Z_P = \frac{\text{극단면 2차 모멘트}}{\text{도심으로부터 최외곽거리}} = \frac{I_P}{e}$$

① 중실원의 극단면계수

$$Z_P = \frac{I_P}{e} = \frac{\dfrac{\pi d^4}{32}}{\dfrac{d}{2}} = \frac{\pi d^3}{16}$$

② 중공원의 극단면계수

$$Z_P = \frac{I_P}{e} = \frac{\dfrac{\pi(d_2^{\,4} - d_1^{\,4})}{32}}{\dfrac{d_2}{2}} = \frac{\pi(d_2^{\,4} - d_1^{\,4})}{16\,d_2} = \frac{\pi d_2^{\,4}\left\{1 - \left(\dfrac{d_1}{d_2}\right)^4\right\}}{16\,d_2} = \frac{\pi d_2^{\,3}(1 - x^4)}{16}$$

$$\therefore Z_P = \frac{\pi d_2^{\,3}(1 - x^4)}{16}$$

여기서, d_2 : 외경 $[mm]$

d_1 : 내경 $[mm]$

x : 내외경비 $\left(x = \dfrac{d_1}{d_2}\right)$

04

모멘트의 작용

4-1 비틀림 모멘트

(1) 비틀림 모멘트(=비틀림 강도, T) $[N \cdot mm]$

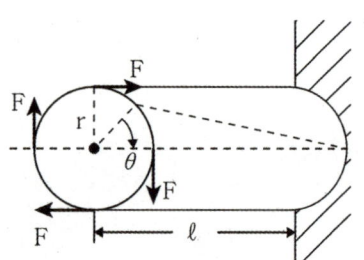

비틀림을 받는 재료

여기서,
F : 접선력 $[N]$
r : 축의 반지름 $[mm]$
ℓ : 축의 길이 $[mm]$
θ : 축의 비틀림각 $[rad]$
G : 축의 전단탄성계수 $[GPa]$
ω : 각속도 $\left(\omega = \dfrac{2\pi N}{60} \right)$ $[rad/s]$

① 힘×거리 : $T = F \cdot r$
② 전단응력(τ)과의 관계 : $T = \tau \cdot Z_P$
③ 전달동력 : $H = F \cdot v = T \cdot \omega$

(2) 비틀림각(θ)

① 비틀림각(θ)

$$\theta = \frac{T\ell}{GI_P}[rad] = \frac{180}{\pi} \times \frac{T\ell}{GI_P}[°]$$

② 비틀림응력(τ) $[MPa]$

$$\theta = \frac{T\ell}{GI_P} = \frac{\tau Z_P \cdot \ell}{GI_P}$$

따라서 $\tau = \dfrac{GI_P \cdot \theta}{Z_P \cdot \ell} = \dfrac{Ge\theta}{\ell}$

$$\therefore \tau = \frac{Gr\theta[rad]}{\ell} = \frac{Gr\theta[°]}{\ell} \times \frac{\pi}{180}$$

(3) 탄성에너지(U) $[N\cdot mm]$

① 비틀림으로 인한 탄성에너지(U)

$$U = \frac{1}{2}T\theta = \frac{T^2\ell}{2GI_P}$$

② 최대 탄성에너지(u)

$$u = \frac{U}{V} = \frac{\tau^2 Z_P^2 \ell}{2GI_P V} = \frac{\tau^2}{4G}$$

4-2 굽힘 모멘트

(1) 굽힘 모멘트(=굽힘 강도, M) $[N\cdot mm]$

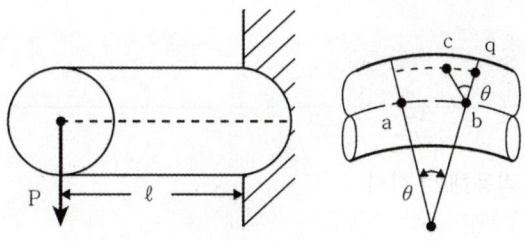

굽힘을 받는 재료

여기서,
P : 축에 작용하는 하중 $[N]$
ℓ : 축의 길이 $[mm]$
y : 중심축으로부터 표점거리 $[mm]$
ρ : 곡률반경 $[mm]$
E : 축의 세로탄성계수 $[GPa]$
EI : 굽힘강성

① 힘 × 거리 : $M = P\cdot\ell$
② 굽힘응력(σ_b)과의 관계 : $M = \sigma_b\cdot Z$

(2) 굽힘응력(σ_b)과 곡률반경(ρ)

① 굽힘에 의한 변형률 : $\varepsilon = \dfrac{\widehat{cq}}{\widehat{ab}} = \dfrac{y}{\rho}$

② 굽힘응력(σ_b) : $\sigma_b = E\varepsilon = E\dfrac{y}{\rho}$

③ 곡률$\left(\dfrac{1}{\rho}\right)$: $M = \sigma_b\cdot Z = E\dfrac{y}{\rho}\cdot Z$ 이고 $Z = \dfrac{I}{e} = \dfrac{I}{y}$ 이므로

$$\therefore \frac{1}{\rho} = \frac{M}{EI}$$

(1) 비틀림이 작용하는 경우

$T = \tau \cdot Z_P = \tau \cdot \dfrac{\pi d^3}{16}$ 이므로 직경(d)으로 정리하면

$$d = \sqrt[3]{\dfrac{16\,T}{\pi\,\tau}}$$

(2) 굽힘이 작용하는 경우

$M = \sigma_b \cdot Z = \sigma_b \cdot \dfrac{\pi d^3}{32}$ 이므로 직경(d)으로 정리하면

$$d = \sqrt[3]{\dfrac{32M}{\pi\,\sigma_b}}$$

4-4 상당 모멘트

비틀림과 굽힘이 동시에 작용할 경우, 상당 모멘트로 적용해야 한다.

(1) 상당 비틀림모멘트(T_e)

$$T_e = \sqrt{M^2 + T^2}$$

(2) 상당 굽힘모멘트(M_e)

$$M_e = \frac{1}{2}(M + T_e) = \frac{1}{2}\left(M + \sqrt{M^2 + T^2}\right)$$

(3) 상당 모멘트의 축직경 설계

① τ가 주어질 때 : $d = \sqrt[3]{\dfrac{16\,T_e}{\pi\,\tau}}$

② σ_b가 주어질 때 : $d = \sqrt[3]{\dfrac{32M_e}{\pi\,\sigma_b}}$

조합응력과 모어원

01

02

03

04

5-1 단순 응력(=1축 응력)

하나의 축방향으로 하중이 작용하는 경우, 경사각 θ에 따른 재료 속의 응력이다.

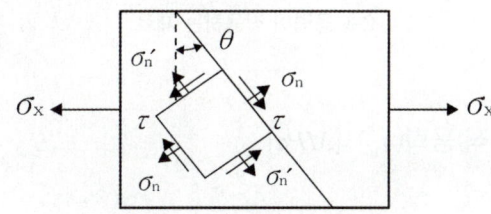

단순 응력이 작용하는 재료

(1) 경사각 θ에서의 법선(=수직)응력(σ_n) $[MPa]$: $\sigma_n = \sigma_x \cos^2\theta$

(2) 경사각 θ에서의 공액법선응력($\sigma_n{}'$) $[MPa]$: $\sigma_n{}' = \sigma_x \sin^2\theta$

(3) 경사각 θ에서의 전단응력(τ) $[MPa]$: $\tau = \dfrac{1}{2}\sigma_x \sin 2\theta$

(4) 단순 응력의 모어원

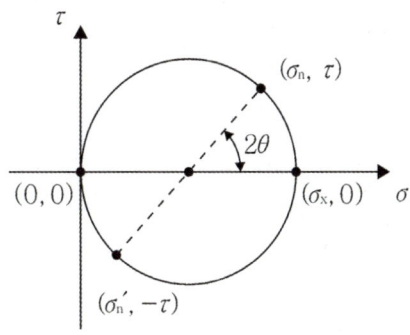

단순 응력의 모어원

두 개의 축방향으로 하중이 작용하는 경우, 경사각 θ에 따른 재료 속의 응력이다.

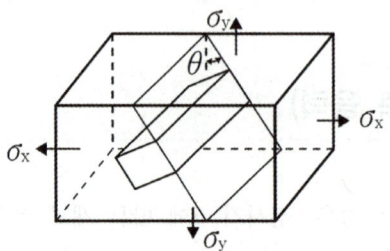

2축 응력이 작용하는 재료

(1) 경사각 θ에서의 법선(=수직)응력(σ_n) [MPa]

$$\sigma_n = \frac{1}{2}(\sigma_x + \sigma_y) + \frac{1}{2}(\sigma_x - \sigma_y)\cos2\theta$$

(2) 경사각 θ에서의 공액법선응력($\sigma_n{}'$) [MPa]

$$\sigma_n{}' = \frac{1}{2}(\sigma_x + \sigma_y) - \frac{1}{2}(\sigma_x - \sigma_y)\cos2\theta$$

(3) 경사각 θ에서의 전단응력(τ) [MPa]

$$\tau = \frac{1}{2}(\sigma_x - \sigma_y)\sin2\theta$$

(4) 2축 응력의 모어원

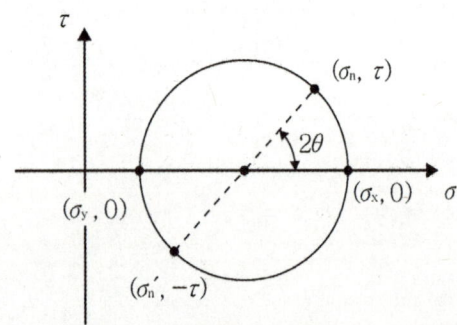

2축 응력의 모어원

5-3 평면 응력

두 개의 축방향으로 하중이 작용하고 전단응력까지 작용하는 경우, 경사각 θ에 따른 재료 속의 응력이다.

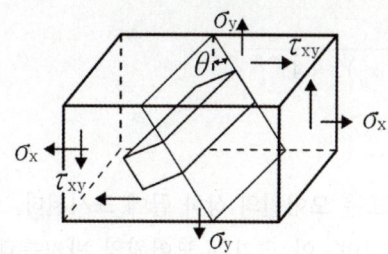

평면 응력이 작용하는 재료

(1) 경사각 θ에서의 법선(=수직)응력(σ_n) [MPa]

$$\sigma_n = \frac{1}{2}(\sigma_x + \sigma_y) + \frac{1}{2}(\sigma_x - \sigma_y)\cos2\theta - \tau_{xy}\sin2\theta$$

(2) 경사각 θ에서의 공액법선응력($\sigma_n{'}$) [MPa]

$$\sigma_n{'} = \frac{1}{2}(\sigma_x + \sigma_y) - \frac{1}{2}(\sigma_x - \sigma_y)\cos2\theta + \tau_{xy}\sin2\theta$$

(3) 경사각 θ에서의 전단응력(τ) [MPa]

$$\tau = \frac{1}{2}(\sigma_x - \sigma_y)\sin2\theta + \tau_{xy}\cos2\theta$$

(4) 평면 응력의 모어원

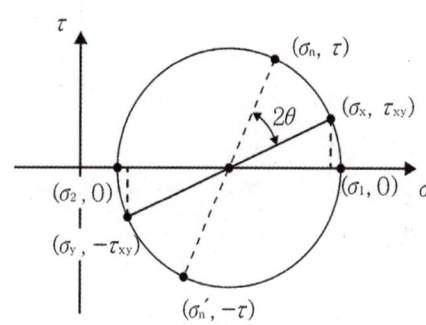

평면 응력의 모어원

① 최대 주응력(σ_1) 및 최소 주응력(σ_2)

위 모어원에서 최대 수직응력의 좌표는 모어원의 좌우 끝에 표시된다. 이 때의 응력값이 모어원에서 표시할 수 있는 최대 또는 최소 수직응력이며, 이 수직응력들을 주응력이라고 한다.

$$\sigma_1 = \frac{1}{2}(\sigma_x + \sigma_y) + \frac{1}{2}\sqrt{(\sigma_x - \sigma_y)^2 + 4\tau_{xy}^2}$$

$$\sigma_2 = \frac{1}{2}(\sigma_x + \sigma_y) - \frac{1}{2}\sqrt{(\sigma_x - \sigma_y)^2 + 4\tau_{xy}^2}$$

② 최대 전단응력($\tau_{\max}$)

위 모어원에서 최대 전단응력의 좌표는 모어원의 상하 끝에 표시된다. 이 때의 응력값이 모어원에서 표시할 수 있는 최대 또는 최소 전단응력이며, 이 크기는 모어원의 반지름과 같다.

$$\tau_{\max} = \frac{1}{2}\sqrt{(\sigma_x - \sigma_y)^2 + 4\tau_{xy}^2}$$

(5) 최대 주변형률(ε_1)과 최대 전단변형률($\gamma_{\max}$)

① 최대 주변형률(ε_1)

$$\varepsilon_1 = \frac{1}{2}(\varepsilon_x + \varepsilon_y) + \frac{1}{2}\sqrt{(\varepsilon_x - \varepsilon_y)^2 + \gamma_{xy}^2}$$

② 최대 전단변형률($\gamma_{\max}$)

$$\gamma_{\max} = \sqrt{(\varepsilon_x - \varepsilon_y)^2 + \gamma_{xy}^2}$$

(1) 원통형 압력 용기의 모어원

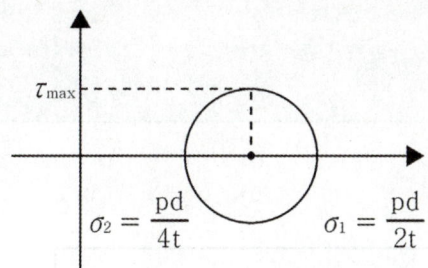

원통형 압력 용기의 모어원

이 때, 최대전단응력($\tau_{\max}$)은 모어원의 반지름 이므로

$$\tau_{\max} = \left(\frac{pd}{2t} - \frac{pd}{4t}\right) \times \frac{1}{2} = \frac{pd}{8t}$$

(2) 슬롯형 압력 용기의 모어원

아래 그림과 같은 슬롯형 압력 용기에 작용하는 내압을 고려하면 모어원은 다음과 같다.

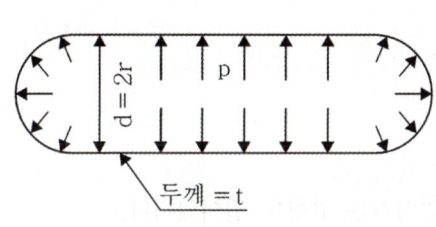

내압이 작용하는 슬롯형 용기

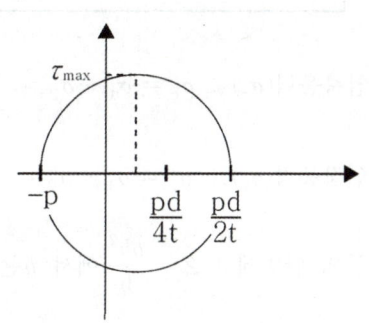

슬롯형 용기의 모어원

이 때, 최대전단응력($\tau_{\max}$)은 모어원의 반지름 이므로

$$\tau_{\max} = \left(\frac{pd}{2t} + p\right) \times \frac{1}{2} = \frac{p}{2}\left(\frac{d}{2t} + 1\right) = \frac{p}{2}\left(\frac{r}{t} + 1\right)$$

06

기둥

6-1 편심하중이 작용하는 기둥

(1) 2차원 위치에서의 응력

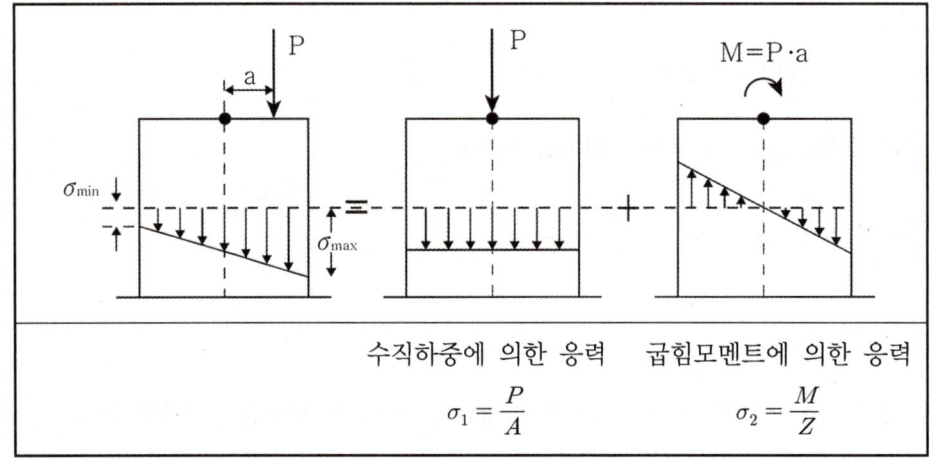

수직하중에 의한 응력

$$\sigma_1 = \frac{P}{A}$$

굽힘모멘트에 의한 응력

$$\sigma_2 = \frac{M}{Z}$$

① 최대 압축응력(σ_c) : $\sigma_c = \sigma_1 + \sigma_2 = \dfrac{P}{A} + \dfrac{M}{Z}$

② 최대 인장응력(σ_t) : $\sigma_t = \sigma_1 - \sigma_2 = \dfrac{P}{A} - \dfrac{M}{Z}$

✔ 기둥의 단면계수 $Z = \dfrac{bh^2}{6}$ 에서 h는 모멘트가 타고 넘어가는 방향의 길이입니다.

(2) 3차원 위치에서의 응력

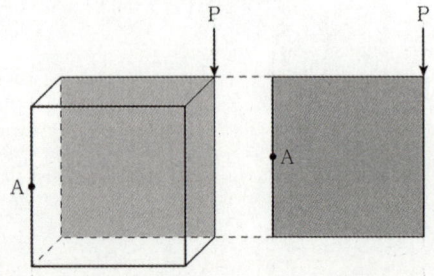

3차원 형상이더라도 2차원 면으로 투영한다. 따라서 결과 식은 위의 2차원 위치에서의 응력과 같다.

(3) 홈이 파인 기둥의 응력

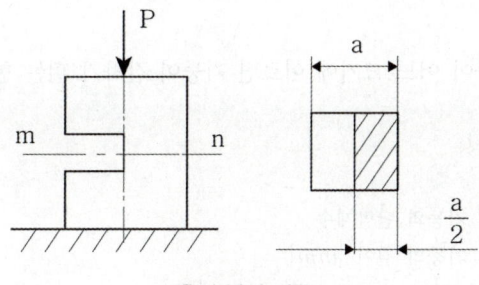

홈이 파인 기둥

홈이 파인 부분을 제외하고 편심 하중을 고려한다.

위 그림에서 최대 압축응력(σ_c)을 구해보면

$$\sigma_c = \sigma_1 + \sigma_2 = \frac{P}{A} + \frac{M}{Z} = \frac{P}{a/2 \times a} + \frac{P \times a/4}{\dfrac{a(a/2)^2}{6}} = \frac{8P}{a^2}$$

(4) 핵반경(=핵심, a) $[mm]$

편심 압축하중을 받고 있는 상태에서 인장응력(σ_t)이 일어나지 않도록 하는 편심거리이다.

$\sigma_t = \dfrac{P}{A} - \dfrac{M}{Z}$ 에서 $M = Pa$, $Z = \dfrac{I}{e}$ 이므로 대입하면

여기서,
e : 최외곽거리 $[mm]$

$$\sigma_t = \frac{P}{A} - \frac{Pae}{I} = \frac{P}{A} - \frac{Pae}{AK^2} = \frac{P}{A}\left(1 - \frac{ae}{K^2}\right)$$ 이다.

a로 정리하면 $a = \dfrac{K^2}{e}$

① 원형단면의 핵반경 : $a = \dfrac{d}{8}$

② 사각형단면의 핵반경 : $a = \dfrac{b}{6}$ 또는 $\dfrac{h}{6}$

6-2   기둥의 좌굴

좌굴이란, 기둥의 양단에 압축하중이 가해졌을 경우 하중이 어느 크기에 이르면 기둥이 갑자기 휘는 현상이다.

(1) 좌굴하중(=임계하중, P_{cr}) $[kN]$

$$P_{cr} = n\pi^2 \frac{EI}{\ell^2}$$

여기서, n : 기둥의 단말계수
ℓ : 기둥의 길이 $[mm]$
I : 기둥의 단면 2차 모멘트 $[mm^4]$

① 세장비(λ) : 기둥의 가는 정도를 나타낸 비이다.

$$\lambda = \frac{\ell}{K}$$

여기서, K : 기둥의 회전반경 $[mm]$

② 좌굴응력(=임계응력, σ_{cr}) $[MPa]$

$$\sigma_{cr} = \frac{P_{cr}}{A} = n\pi^2 \frac{EI}{\ell^2 A} = \frac{n\pi^2 E}{\ell^2} \cdot \frac{I}{A} = \frac{n\pi^2 E}{\ell^2} \cdot K^2$$

여기서 $\lambda = \dfrac{\ell}{K}$ 이므로

$$\sigma_{cr} = n\pi^2 E \cdot \frac{K^2}{\ell^2} = n\pi^2 \frac{E}{\lambda^2}$$

③ 안전하중(P_w) $[kN]$

$$P_w = \frac{P_{cr}}{S}$$

여기서, S : 안전율

④ 좌굴세장비(=유효세장비, λ_e)

$$\lambda_e = \frac{\lambda}{\sqrt{n}}$$

(2) 기둥의 종류에 따른 단말계수(n)

기둥의 종류	일단고정, 타단자유	양단회전	일단고정, 타단회전	양단고정
그림	P↓	↓P	P↓	↓P
단말계수	$n = \dfrac{1}{4}$	$n = 1$	$n = 2$	$n = 4$

보(Beam)

7-1 보의 개요

(1) 보의 정의

① 보(Beam) : 하중을 지지하면서 평형을 유지하는 구조물이다.
② 보의 평형 : 보에 작용하는 하중(P) 및 굽힘모멘트(M)는 항상 평형을 유지한다. 따라서

$$\Sigma P_x = 0, \ \Sigma P_y = 0, \ \Sigma M = 0$$

(2) 보의 지점

자유단	가동 힌지부	부동 힌지부	고정부
↘P	↘P △ ↑R_y	↘P ←R_x △ ↑R_y	↘P M ←R_x ↑R_y
반력수 : 0개	반력수 : 1개	반력수 : 2개	반력수 : 3개

✔ 힌지부에선 반력 모멘트가 작용하지 않으므로 모멘트가 항상 0입니다.

(3) 보의 종류

① 정정보 : 반력의 수가 3개 이하로써 평형방정식으로 모든 미지수를 찾을 수 있는 보이다.

단순보	외팔보
반력 : 2개 + 반력 : 1개 = 총 3개 △ △	반력 : 3개 = 총 3개

② 부정정보 : 반력의 수가 4개 이상으로써 평형방정식으로 모든 미지수를 찾을 수 없으므로 보의 처짐을 고려해 경계조건을 세워 미지수를 찾을 수 있는 보이다.

일단고정, 타단지지보	양단 고정보
반력 : 3개 　 반력 : 1개 = 총 4개	반력 : 3개　반력 : 3개 = 총 6개

(4) 보에 작용하는 하중

집중하중(P)	등분포하중(w)
P	W
삼각분포하중(w)	모멘트(M)
M	W

(5) 하중의 방향

① 전단력의 방향 : 기준점으로부터 시계방향일 경우(+), 반시계방향일 경우(−)

② 모멘트의 방향 : 기준점에서의 방향을 측정점에 그대로 적용했을 때, 윗방향으로 기울어질 경우(+), 아랫방향으로 기울어질 경우(−)

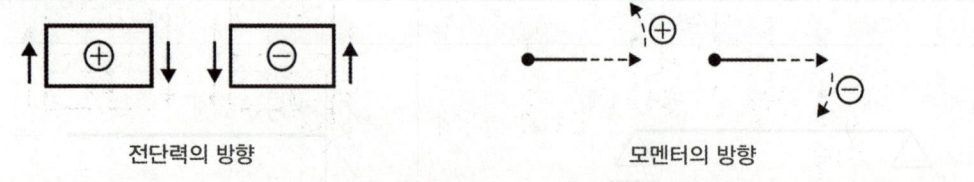

전단력의 방향　　　　　　　　모멘터의 방향

③ 하중이나 반력이 작용하는 곳, 또는 보의 중앙에서 최대 굽힘모멘트가 발생한다.

(1) 단순보

① 단순보에 집중하중이 작용할 경우

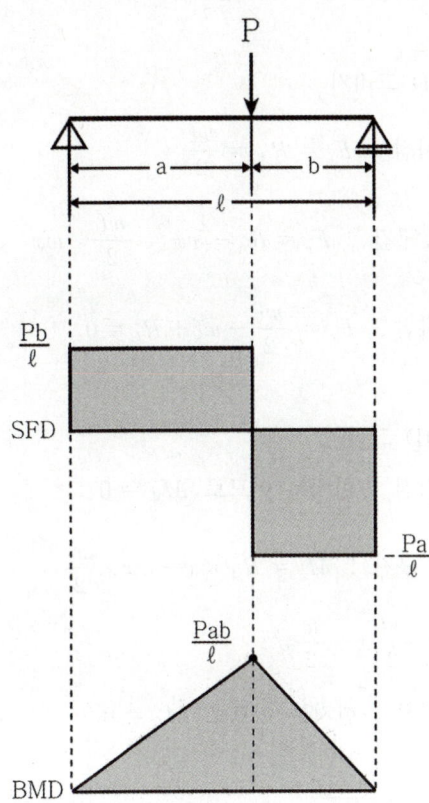

⊙ 반력구하기

$$\varSigma F : R_A - P + R_B = 0 \quad \therefore R_A + R_B = P$$

$$\varSigma M : - P \times a + R_B \times \ell = 0$$

$$\therefore R_B = \frac{Pa}{\ell}, \ R_A = \frac{Pb}{\ell}$$

ⓛ SFD 그리기

$$\overline{AC} \text{ 구간 : } F_x = R_A = \frac{Pb}{\ell} \text{(일정)}$$

$$\overline{CB} \text{ 구간 : } F_x = R_A - P = -\frac{Pa}{\ell} \text{(일정)}$$

$$B \text{ 지점 : } F_x = -\frac{Pa}{l} + R_B = 0$$

ⓒ BMD 그리기

$$A \text{ 지점 : 힌지부 이므로 } M_A = 0$$

$$\overline{AC} \text{ 구간 : } M_x = R_A \times x = \frac{Pb}{\ell}x$$

$$\overline{CB} \text{ 구간 : } M_x = R_B \times x = \frac{Pa}{\ell}x$$

$$B \text{ 지점 : 힌지부 이므로 } M_B = 0$$

$$M_{\max} = \frac{Pab}{\ell}$$

$$M_{\max} \text{의 위치 : } x = a$$

② 단순보에 분포하중이 작용할 경우

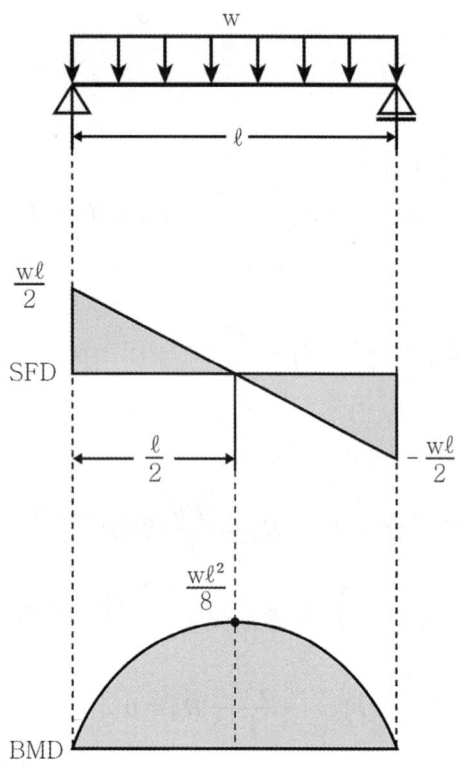

㉠ 반력구하기

$\Sigma F : R_A - w\ell + R_B = 0 \quad \therefore R_A + R_B = w\ell$

$\Sigma M : -w\ell \times \dfrac{\ell}{2} + R_B \times \ell = 0$

$\therefore R_B = \dfrac{w\ell}{2}, \ R_A = \dfrac{w\ell}{2}$

㉡ SFD 그리기

A 지점 : $F_x = R_A = \dfrac{w\ell}{2}$

$\overline{AB}$ 구간 : $F_x = R_A - wx = \dfrac{w\ell}{2} - wx$

B 지점 : $F_x = \dfrac{w\ell}{2} - w\ell + R_B = 0$

㉢ BMD 그리기

A 지점 : 힌지부 이므로 $M_A = 0$

$\overline{AB}$ 구간 : $M_x = R_A \times x - wx \times \dfrac{x}{2}$

$= \dfrac{w\ell}{2} x - \dfrac{w}{2} x^2$

B 지점 : 힌지부 이므로 $M_B = 0$

$M_{\max} = \dfrac{w\ell^2}{8}$

$M_{\max}$의 위치 : $x = \dfrac{\ell}{2}$

③ 단순보에 삼각분포하중이 작용할 경우

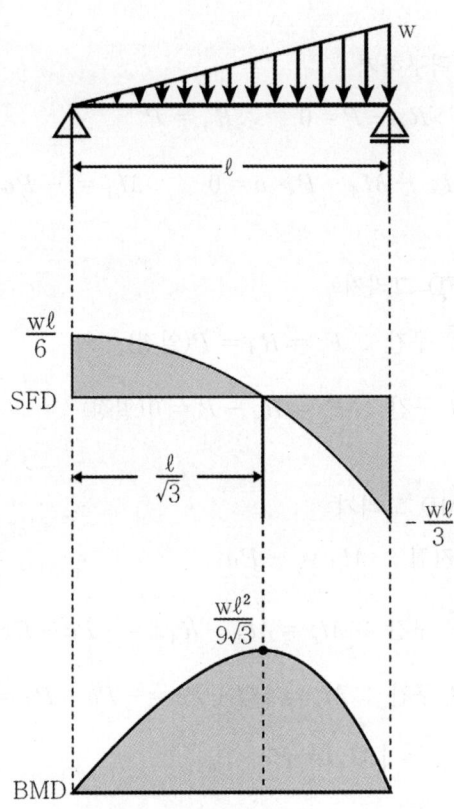

⊙ 반력구하기

$$\Sigma F : R_A - \frac{w\ell}{2} + R_B = 0 \quad \therefore R_A + R_B = \frac{w\ell}{2}$$

$$\Sigma M : -\frac{w\ell}{2} \times \frac{2\ell}{3} + R_B \times \ell = 0$$

$$\therefore R_B = \frac{w\ell}{3}, \ R_A = \frac{w\ell}{6}$$

ⓛ SFD 그리기

$$A \text{ 지점} : F_x = R_A = \frac{w\ell}{6}$$

$$\overline{AB} \text{ 구간} : F_x = R_A - \frac{w}{2\ell}x^2 = \frac{w\ell}{6} - \frac{w}{2\ell}x^2$$

$$B \text{ 지점} : F_x = \frac{w\ell}{6} - \frac{w}{2\ell}x^2 + R_B = 0$$

ⓒ BMD 그리기

$$A \text{ 지점} : \text{힌지부 이므로 } M_A = 0$$

$$\overline{AB} \text{ 구간} : M_x = R_A \times x - \frac{w}{2\ell}x^2 \times \frac{x}{3}$$

$$= \frac{w\ell}{6}x - \frac{w}{6\ell}x^3$$

$$B \text{ 지점} : \text{힌지부 이므로 } M_B = 0$$

$$M_{\max} = \frac{w\ell^2}{9\sqrt{3}}$$

$$M_{\max}\text{의 위치} : x = \frac{\ell}{\sqrt{3}}$$

✔ 전단력(F)이 0이 되는 지점에서 최대 굽힘 모멘트($M_{\max}$)가 작용합니다.

(2) 외팔보

① 외팔보에 집중하중이 작용할 경우

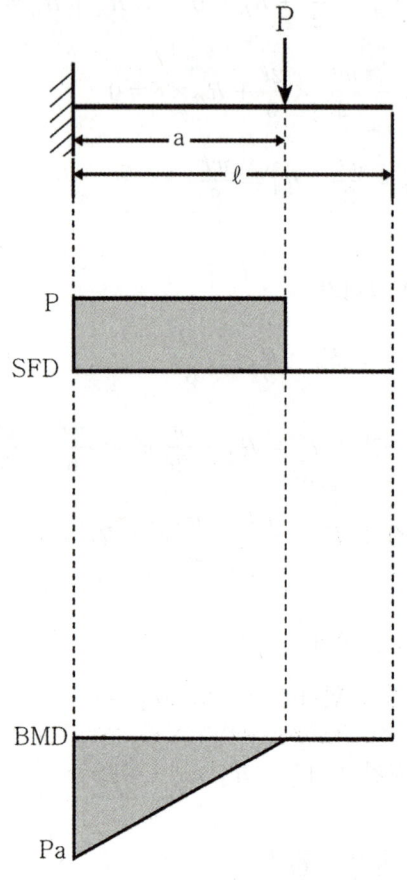

㉠ 반력구하기

$\Sigma F : R_A - P = 0 \qquad \therefore R_A = P$

$\Sigma M : -M_A - P \times a = 0 \qquad \therefore M_A = -Pa$

㉡ SFD 그리기

$\overline{AC}$ 구간 : $F_x = R_A = P$(일정)

$\overline{CB}$ 구간 : $F_x = R_A - P = 0$(일정)

㉢ BMD 그리기

A 지점 : $M_A = -Pa$

$\overline{AC}$ 구간 : $M_x = M_A + R_A x = -Pa + Px$

$\overline{CB}$ 구간 : $M_x = M_A + Pa = -Pa + Pa = 0$

$M_{\max} = |M_A| = Pa$

② 외팔보에 분포하중이 작용할 경우

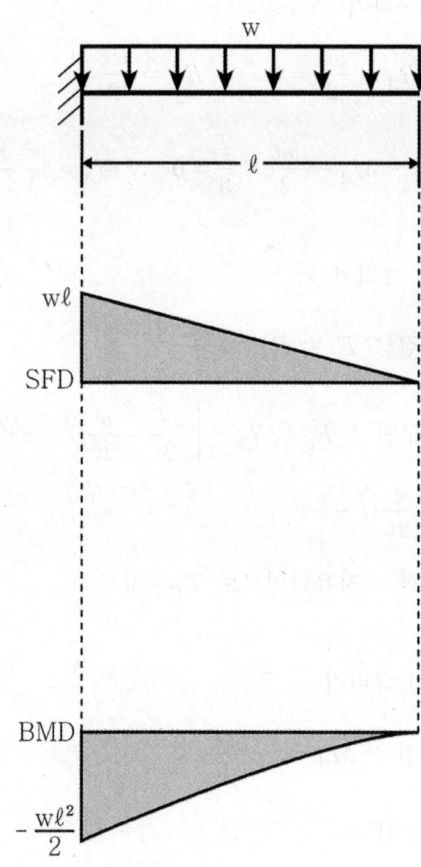

⊙ 반력구하기

$$\Sigma F : R_A - w\ell = 0 \quad \therefore R_A = w\ell$$

$$\Sigma M : -M_A - w\ell \times \frac{\ell}{2} = 0 \quad \therefore M_A = -\frac{w\ell^2}{2}$$

ⓛ SFD 그리기

A 지점 : $F_x = R_A = w\ell$

$\overline{AB}$ 구간 : $F_x = R_A - wx = w\ell - wx$

B 지점 : 자유단이므로 $F_B = 0$

ⓒ BMD 그리기

A 지점 : $M_A = -\frac{w\ell^2}{2}$

$\overline{AB}$ 구간 : $M_x = M_A + R_A x - wx \times \frac{x}{2}$

$$= -\frac{w\ell^2}{2} + w\ell x - \frac{wx^2}{2}$$

B 지점 : 자유단이므로 $M_B = 0$

$$M_{\max} = |M_A| = \frac{w\ell^2}{2}$$

③ 외팔보에 삼각분포하중이 작용할 경우

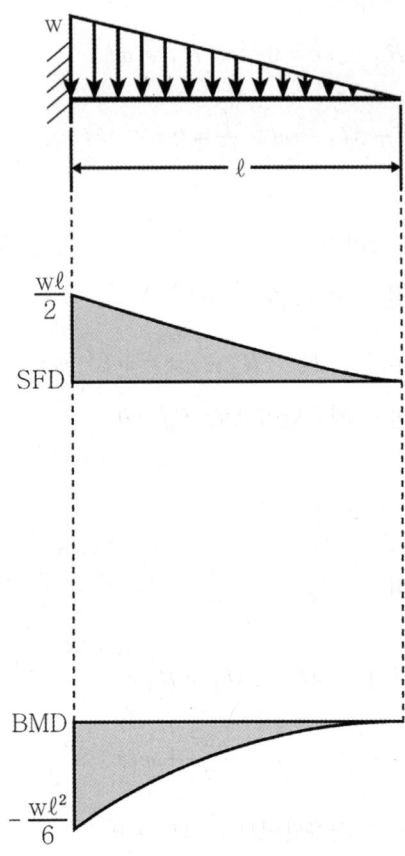

㉠ 반력구하기

$$\varSigma F : R_A - \frac{w\ell}{2} = 0 \qquad \therefore R_A = \frac{w\ell}{2}$$

$$\varSigma M : -M_A - \frac{w\ell}{2} \times \frac{\ell}{3} = 0 \quad \therefore M_A = -\frac{w\ell^2}{6}$$

㉡ SFD 그리기

A 지점 : $F_x = R_A = \dfrac{w\ell}{2}$

$\overline{AB}$ 구간 : $F_x = R_A - \left[\dfrac{w\ell}{2} - \dfrac{w}{2\ell}(\ell-x)^2 \right]$

$\qquad = \dfrac{w}{2\ell}(\ell-x)^2$

B 지점 : 자유단이므로 $F_B = 0$

㉢ BMD 그리기

A 지점 : $M_A = -\dfrac{w\ell^2}{6}$

$\overline{AB}$ 구간 :

$M_x = M_A + R_A x - \left[\dfrac{w\ell}{2} - \dfrac{w}{2\ell}(\ell-x)^2 \right] \times \dfrac{x}{3}$

B 지점 : 자유단이므로 $M_B = 0$

$M_{\max} = |M_A| = \dfrac{w\ell^2}{6}$

(1) 일단고정, 타단지지보

① 일단고정, 타단지지보 중앙에 집중하중이 작용할 경우

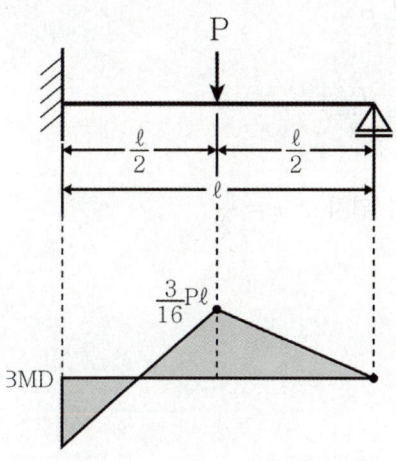

$$R_A = \frac{11}{16}P$$

$$R_B = \frac{5}{16}P$$

$$M_{max} = \frac{3}{16}P\ell$$

M_{max}의 위치 : $x = \frac{\ell}{2}$

② 일단고정, 타단지지보에 분포하중이 작용할 경우

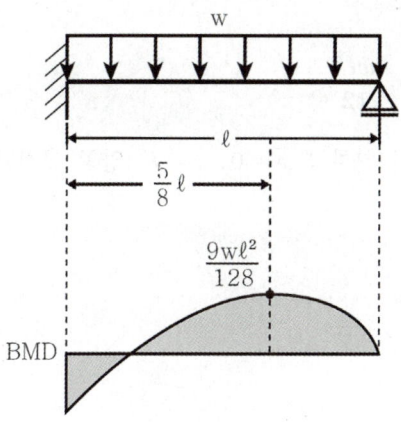

$$R_A = \frac{5}{8}w\ell$$

$$R_B = \frac{3}{8}w\ell$$

$$M_{max} = \frac{w\ell^2}{8}$$

M_{max}의 위치 : $x = 0$ (고정부)

*전단력이 0인 곳$\left(x = \frac{5}{8}\ell\right)$에서의 모멘트

$$M_{x = \frac{5}{8}\ell} = \frac{9w\ell^2}{128}$$

(2) 양단고정보

① 양단고정보 중앙에 집중하중이 작용할 경우

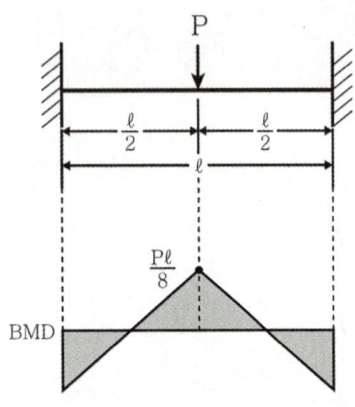

$$R_A = \frac{1}{2}P$$

$$R_B = \frac{1}{2}P$$

$$M_{\max} = \frac{P\ell}{8}$$

$M_{\max}$의 위치 : $x = \frac{\ell}{2}$

② 양단고정보에 분포하중이 작용할 경우

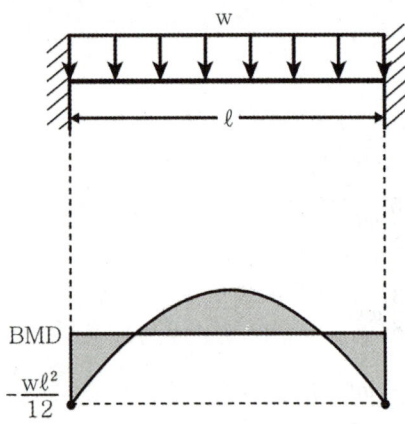

$$R_A = \frac{1}{2}w\ell$$

$$R_B = \frac{1}{2}w\ell$$

$$M_{\max} = \frac{w\ell^2}{12}$$

$M_{\max}$의 위치 : $x = 0$, $x = \ell$ (양쪽 고정단)

보의 처짐과 내부 응력

01

02

03

04

8-1 보의 처짐을 구하는 방법

(1) 면적모멘트법

B.M.D의 면적을 이용하여 처짐각과 처짐량을 구하는 방법이다.

① 처짐각(θ) [rad] : $\theta = \dfrac{A_M}{EI}$

여기서,

A_M : B.M.D의 면적

② 처짐량(δ) [mm] : $\delta = \dfrac{A_M}{EI}\bar{x}$

$\bar{x}$: 처짐을 구하고자하는 위치부터 B.M.D 도심까지의 거리

(2) 미분방정식법

처짐곡선의 미분방정식을 미분함으로써 처짐각과 처짐량을 구하는 방법이다.

① 처짐곡선의 미분방정식 : $EI\dfrac{d^2y}{dx^2} = M$

② 분포하중(w) : $EI\dfrac{d^4y}{dx^4} = \dfrac{d^2M}{dx^2} = \dfrac{dF}{dx} = w$

③ 전단력(F) : $EI\dfrac{d^3y}{dx^3} = \dfrac{dM}{dx} = F$

④ 처짐각(θ) : $EI\dfrac{dy}{dx} = \int M dx = EI\theta$

⑤ 처짐량(δ) : $EIy = \iint M dx = EI\delta$

(3) 중첩법

여러 가지 하중이 동시에 작용할 경우 처짐각과 처짐량의 총 합은 각각을 더한 것과 같다.

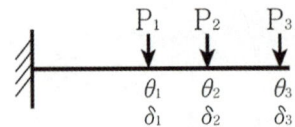 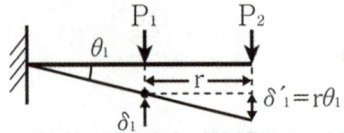

외팔보의 처짐 중첩

① 처짐각의 중첩 : $\theta_{max} = \theta_1 + \theta_2 + \theta_3 + ...$

② 처짐량의 중첩 : $\delta_{max} = \delta_1 + \delta_2 + \delta_3 + ...$

③ 외팔보의 처짐 중첩

위 그림에서 외팔보의 자유단에는 P_1이 작용하며 생긴 처짐각(θ_1)에 의해서 추가 처짐이 발생한다. 이 추가 처짐을 δ'라고 하면 δ'는 처짐각 θ_1에 의한 호의 길이와 근사하므로 자유단까지의 거리를 r이라고 했을 때, $\delta' \fallingdotseq r\theta_1$ 이라고 할 수 있다. 따라서 최대처짐량은

$$\delta_{max} = \delta_1 + r\theta_1 + \delta_2$$

8-2 여러 가지 보의 처짐

(1) 단순보

① 단순보 중앙에 집중하중이 작용할 경우

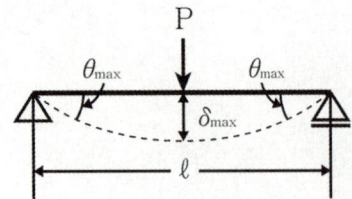

$$\theta_{max} = \frac{P\ell^2}{16EI}$$

$$\delta_{max} = \frac{P\ell^3}{48EI}$$

② 단순보에 분포하중이 작용할 경우

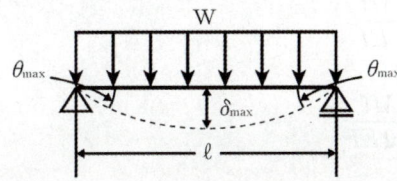

$$\theta_{\max} = \frac{w\ell^3}{24EI}$$

$$\delta_{\max} = \frac{5w\ell^4}{384\,EI}$$

③ 단순보에 모멘트가 작용할 경우

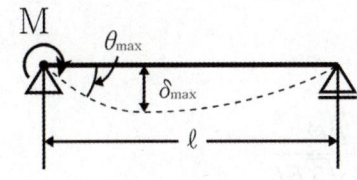

$$\theta_A = \frac{M\ell}{3EI}, \ \theta_B = \frac{M\ell}{6EI}$$

$$\delta_{\max} = \frac{M\ell^2}{9\sqrt{3}\,EI}$$

(2) 외팔보

① 외팔보에 집중하중이 작용할 경우

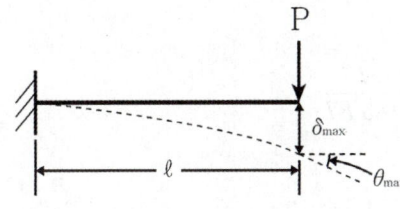

$$\theta_{\max} = \frac{P\ell^2}{2EI}$$

$$\delta_{\max} = \frac{P\ell^3}{3EI}$$

② 외팔보에 분포하중이 작용할 경우

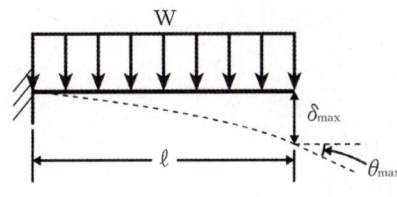

$$\theta_{\max} = \frac{w\ell^3}{6EI}$$

$$\delta_{\max} = \frac{w\ell^4}{8EI}$$

③ 외팔보에 삼각분포하중이 작용할 경우

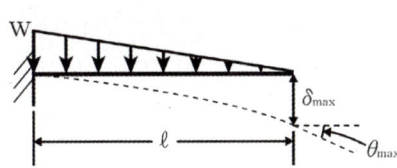

$$\theta_{\max} = \frac{w\ell^3}{24EI}$$

$$\delta_{\max} = \frac{w\ell^4}{30EI}$$

④ 외팔보에 모멘트가 작용할 경우

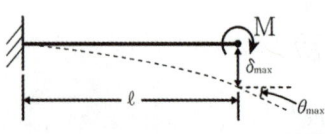

$$\theta_{max} = \frac{M\ell}{EI}$$

$$\delta_{max} = \frac{M\ell^2}{2EI}$$

(3) 일단고정, 타단지지보

① 일단고정, 타단지지보 중앙에 집중하중이 작용할 경우

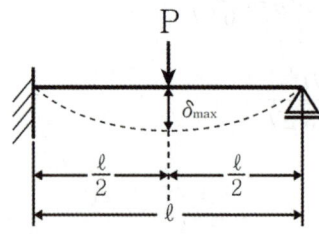

$$\delta_{max} = \frac{P\ell^3}{48\sqrt{5}\,EI}$$

② 일단고정, 타단지지보에 분포하중이 작용할 경우

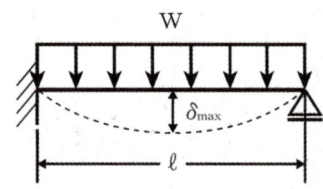

$$\delta_{max} = \frac{wL^4}{185\,EI}$$

(4) 양단고정보

① 양단고정보 중앙에 집중하중이 작용할 경우

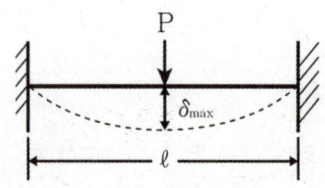

$$\delta_{max} = \frac{P\ell^3}{192EI}$$

② 양단고정보에 분포하중이 작용할 경우

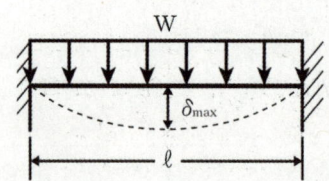

$$\delta_{max} = \frac{w\ell^4}{384EI}$$

8-3 보의 전단과 굽힘

(1) 보의 최대 전단응력($\tau_{\max}$) $[MPa]$

① 최대전단응력($\tau_{\max}$)의 일반식 : $\tau_{\max} = \dfrac{FQ}{bI}$

여기서, F : 반력 중 큰 반력 $[kN]$

Q : τ를 구하고자 하는 위치로부터 도심점 바깥쪽 부분에 대한 단면 1차 모멘트 $[mm^3]$

b : τ를 구하고자 하는 위치에서의 폭 $[mm]$

I : 단면 전체의 단면 2차 모멘트 $[mm]$

이 때, 단면의 형태를 단순히하면

② 사각형단면의 최대전단응력 : $\tau_{\max} = \dfrac{3}{2}\dfrac{F}{A}$

③ 원형단면의 최대전단응력 : $\tau_{\max} = \dfrac{4}{3}\dfrac{F}{A}$

④ 십자형 단면의 최대전단응력

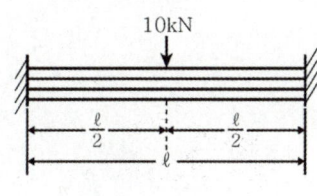

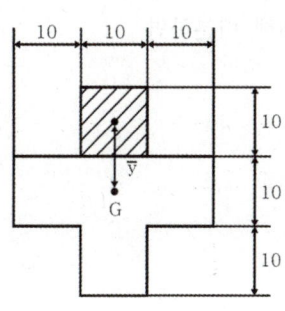

위 그림에서 보의 최대전단응력을 구하면

$F = R_A = R_B = \dfrac{10}{2} = 5kN$

$Q = A\bar{y} = (10 \times 10) \times 10 = 1000mm^3$

$b = 10mm$

$I = \dfrac{10 \times 30^3}{12} + 2 \times \dfrac{10^4}{12} = 2416.667mm^4$

$\tau_{\max} = \dfrac{FQ}{bI} = 206.9MPa$

(2) 굽힘 탄성에너지(=탄성 변형에너지, U)의 일반식

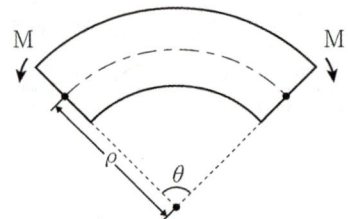

굽힘이 작용하는 재료

위 그림에서 호의 길이 $\ell = \rho\theta$ 이므로 곡률로 정리하면 $\dfrac{1}{\rho} = \dfrac{\theta}{\ell}$ 이다.

이 때,

$\dfrac{\theta}{\ell} = \dfrac{M}{EI}$ 이므로 $\theta = \dfrac{M\ell}{EI}$

따라서 굽힘탄성에너지는 아래와 같다.

$$U = \frac{1}{2}M\theta = \frac{M^2\ell}{2EI}$$

위 식을 길이(x)에 대해 미분하면

$$\frac{dU}{dx} = \frac{M_x^2\,dx}{2EI}$$

이고 다시 적분하면

$$U = \frac{1}{2EI}\int_0^\ell M_x^2\,dx$$

(3) 외팔보의 굽힘 탄성에너지(U)

① 외팔보에 분포하중이 작용할 때

$M_x = \dfrac{wx^2}{2}$ 이므로 적분식은 다음과 같다.

$$U = \frac{1}{2EI}\int_0^\ell \left(\frac{wx^2}{2}\right)^2 dx = \frac{1}{2EI}\left[\frac{w^2x^5}{20}\right]_0^\ell = \frac{w^2\ell^5}{40EI}$$

② 외팔보에 집중하중이 작용할 때

$M_x = Px$ 이므로 적분식은 다음과 같다.

$$U = \frac{1}{2EI}\int_0^\ell (Px)^2 dx = \frac{1}{2EI}\left[\frac{P^2x^3}{3}\right]_0^\ell = \frac{P^2\ell^3}{6EI}$$

09 질점의 운동

9-1 직선운동

(1) 속도와 가속도

① 질점(G) : 물체의 크기나 모양은 고려하지 않고 질량만 가진 점으로 가정한 것

② 변위(S) $[m]$: 경로와 무관한 처음 위치와 나중 위치 사이의 직선거리

③ 속도(V) $[m/s]$: 단위 시간당 변위의 변화율

$$V = \frac{dS}{dt} = \dot{S}$$

④ 가속도(a) $[m/s^2]$: 단위 시간당 속도의 변화율 (m/s^2)

$$a = \frac{dV}{dt} = \frac{d(\frac{dS}{dt})}{dt} = \frac{d^2S}{dt^2} = \dot{V} = \ddot{S}$$

(2) 등가속도 운동 : 시간에 따라 가속도(a)가 일정한 운동

$$a = \frac{dV}{dt} = Const$$

① 등가속도 운동 제1식

위 식에서 dt를 양변에 곱하면

$dV = adt$ 이고 여기서 양변을 적분하면 $\int_{V_0}^{V} dV = a\int_{0}^{t} dt$ 이며 적분하여 정리하면

$$V = V_0 + at$$

여기서, V : 나중 속도 $[m/s]$
V_0 : 처음 속도 $[m/s]$
a : 가속도 $[m/s^2]$
t : 시간 $[s]$

② 등가속도 운동 제2식

$V = \dfrac{dS}{dt}$ 이고 $a = \dfrac{dV}{dt}$ 이므로 정리하면

$a = \dfrac{dV}{dt} = \dfrac{dV}{\left(\dfrac{dS}{V}\right)} = \dfrac{VdV}{dS}$ 양변에 dS를 곱하면

$VdV = adS$ 이고 양변을 적분하면 $\displaystyle\int_{V_0}^{V} VdV = a\int_{S_0}^{S} dS$ 이므로

$\qquad V^2 = V_0^2 + 2a(S - S_0)$ 여기서, S : 나중 위치 $[m]$

$\qquad\qquad\qquad\qquad\qquad\qquad\qquad\qquad\qquad$ S_0 : 처음 위치 $[m]$

③ 등가속도 운동 제3식

$V = \dfrac{dS}{dt}$ 에서 양변에 dt를 곱하면 $dS = Vdt$ 이고 $V = V_0 + at$ 이다.

이 때 양변을 적분하면 $\displaystyle\int_{S_0}^{S} dS = \int_{0}^{t} (V_0 + at)dt$ 이므로 $S - S_0 = V_0 t + \dfrac{1}{2}at^2$

$\qquad S = S_0 + V_0 t + \dfrac{1}{2}at^2$

9-2   회전운동

(1) 각속도와 각가속도

① 각(θ) $[rad]$: 회전체가 회전한 각도

② 각속도(ω) $[rad/s]$: 시간에 따른 각도의 변화율

$\qquad \omega = \dfrac{d\theta}{dt} = \dot{\theta} = \dfrac{2\pi N}{60}$ 여기서, N : 회전수 $[rpm]$

③ 각가속도(α) $[rad/s^2]$: 각속도의 시간변화율

$\qquad \alpha = \dfrac{d\omega}{dt} = \dfrac{d\left(\dfrac{d\theta}{dt}\right)}{dt} = \dfrac{d^2\theta}{dt^2} = \dot{\omega} = \ddot{\theta}$

(2) 등각가속도 운동 : 각가속도가 시간에 따라 일정한 운동

$$\alpha = \frac{d\omega}{dt} = Const$$

① 등각가속도 운동 제1식

등가속도 운동과 동일하게 전개되어

$$\omega = \omega_0 + \alpha t$$

여기서, ω : 나중 각속도 $[rad/s]$

ω_0 : 처음 각속도 $[rad/s]$

α : 각가속도 $[rad/s^2]$

t : 시간 $[s]$

② 등각가속도 운동 제2식

등가속도 운동과 동일하게 전개되어

$$\omega^2 = \omega_0^2 + 2\alpha(\theta - \theta_0)$$

여기서, θ : 나중 각도 $[rad]$

θ_0 : 처음 각도 $[rad]$

③ 등각가속도 운동 제3식

등가속도 운동과 동일하게 전개되어

$$\theta = \theta_0 + \omega_0 t + \frac{1}{2}\alpha t^2$$

(3) 고정축에 대한 회전운동

질점을 가진 물체가 회전운동을 할 때, 회전의 중심이 되는 점을 고정축으로 생각하면 아래와 같은 그림으로 표현되며 그에 따른 속도와 가속도는 다음과 같다.

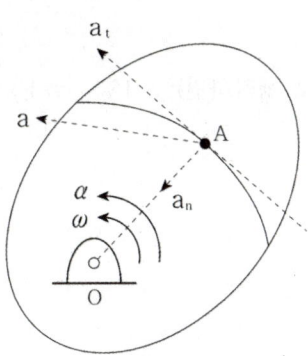

회전운동하는 질점

① 선속도(V) : A점에서의 회전의 접선방향 속도이다.

$$V = r\omega$$

② 접선가속도(a_t) : 회전의 접선방향으로 생기는 가속도이다.

$$a_t = \frac{dV}{dt} = \frac{d(r\omega)}{dt} = r\frac{d\omega}{dt} = r\alpha$$

③ 법선가속도(a_n) : 회전의 중심방향으로 생기는 가속도이다.

$$a_n = r\omega^2$$
$$r\omega^2 = r\left(\frac{V}{r}\right)^2 = \frac{V^2}{r}$$

④ 가속도(a) : 접선가속도(a_t)와 법선가속도(a_n)의 합이다.

$$a = \sqrt{a_t^2 + a_n^2}$$

9-3 상대운동

(1) 동일 작용선상 운동

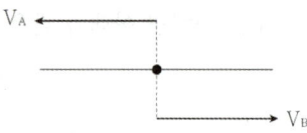

A에 대한 B의 상대속도(기준점를 B로 생각하면) : $V_{B/A} = V_B - V_A$

(2) 동일 작용선상이 아닐 경우

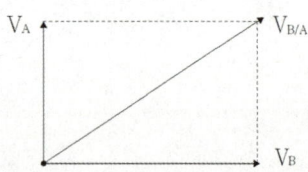

A에 대한 B의 상대속도(기준점을 B로 생각하면) : $V_{B/A} = \sqrt{V_A^2 + V_B^2}$

9-4 질점의 포물선 운동

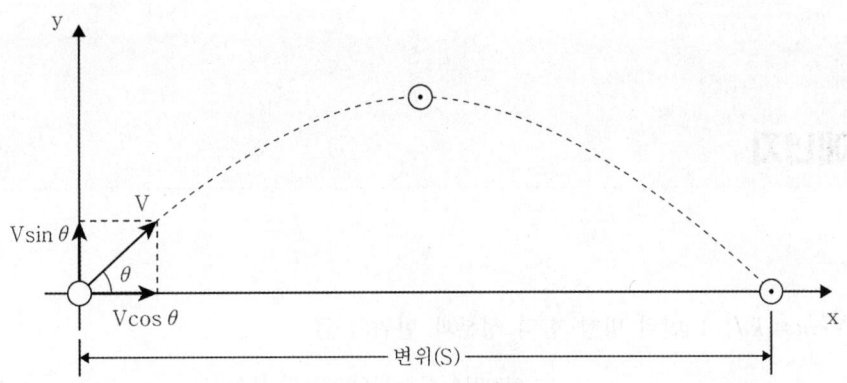

변위(S)의 최대값을 구하기 위해서 먼저 공의 y방향 속도를 계산하면 공은 y방향으로 $V\sin\theta$의 속도로 던져진 후, $-g$의 중력가속도를 받으므로 등가속도운동 제1식에 적용하여 y방향 속도(V_y)를 구해보면

$$V_y = V_o + at = V\sin\theta - gt$$

여기서 정점을 찍을때의 속력은 0이므로

$$V\sin\theta - gt = 0 \qquad \therefore t = \frac{V\sin\theta}{g}$$

정점을 찍은 후 다시 떨어져 지면에 닿으므로 총 시간(T)은

$$T = 2t = \frac{2V\sin\theta}{g}$$

등가속도운동 제3식에 적용하여 변위(S)를 구해보면

$$S = S_0 + V_0 t + \frac{1}{2}at^2 = 0 + V_0 t + 0 = V\cos\theta \cdot T$$

총 시간(T)을 대입하면

$$S = V\cos\theta \cdot \frac{2V\sin\theta}{g} = \frac{V^2\sin2\theta}{g}$$

따라서 최대 변위($S_{\max}$)는 $\sin2\theta = 1$, 즉 $\theta = 45°$ 일 때 발생하며

$$S_{\max} = \frac{V^2}{g}$$

10 질점의 운동역학

10-1 에너지

(1) 일에너지

① 일(W) $[kN \cdot m = kJ]$: 변위 방향 힘의 성분과 변위의 곱

$$W = F \times S$$

여기서, F : 변위방향 힘 $[kN]$

S : 변위 $[m]$

② 스프링 일(U) $[kN \cdot m = kJ]$: 위치 x_1에서 x_2까지 움직일 때 스프링이 하는 일

$$U = \frac{1}{2} k(x_1^2 - x_2^2)$$

여기서, k : 스프링 상수 $[kN/m]$

③ 일률(=동력, P) $[kJ/s = kW]$: 단위 시간당 행한 일의 양

$$P = FV$$

여기서, T : 회전력 $[kN \cdot m]$

여기서 $V = r\omega$ 이므로 $P = F \cdot r \times \omega$ 따라서

ω : 각속도 $[rad/s]$

$$P = T\omega$$

(2) 위치에너지(U) $[kJ]$

기준면에 대하여 높이 h에 위치한 질점이 가진 에너지

$$U = mgh$$

여기서, h : 질점이 위치한 높이 $[m]$

(3) 운동에너지(T) $[kJ]$

질점이 정지 상태에서 속도 V가 될 때까지 질점에 관여한 에너지

① 직선 운동에너지(T_1) : 회전운동 없이 직선운동만 할 때의 운동에너지

$$T = \frac{1}{2} m V^2$$

② 회전 운동에너지(T_2) : 직선운동 없이 회전운동만 할 때의 운동에너지

$$T = \frac{1}{2}J_G\omega^2$$ 여기서, J_G : 도심축에 관한 질량관성모멘트 $[kg \cdot m^2]$

③ 총 운동에너지(T) : 직선운동과 회전운동이 함께 일어날 때의 운동에너지

ex) 바퀴가 굴러가는 경우

$$T = T_1 + T_2 = \frac{1}{2}mV^2 + \frac{1}{2}J_G\omega^2$$

④ 도심축에 대한 질량관성모멘트(J_G) $[kg \cdot m^2]$

물체가 회전운동을 하는 상태를 계속 유지하려는 성질을 의미한다. 물체의 형상에 따라 값이 달라지며 동일한 물체라도 회전의 기준에 따라 값이 달라질 수 있다.

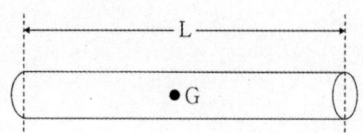

막대의 도심

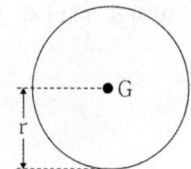

원의 도심

㉠ 막대 : $J_G = \dfrac{mL^2}{12}$

㉡ 원통, 원판 : $J_G = \dfrac{mr^2}{2}$

㉢ 구 : $J_G = \dfrac{2mr^2}{5}$

⑤ 회전축에 대한 질량관성모멘트(J_A) $[kg \cdot m^2]$

질량관성모멘트는 도심축을 기준으로 했을 때 최소값을 가지며 회전의 중심이 도심이 아닌 경우 아래의 식으로 질량관성모멘트를 구할 수 있다.

$$J_A = J_G + md^2$$ 여기서, d : 도심축과 회전축 사이의 거리 $[m]$

예를 들어 아래 그림과 같은 축에서 회전축에 대한 질량관성모멘트는 다음과 같다.

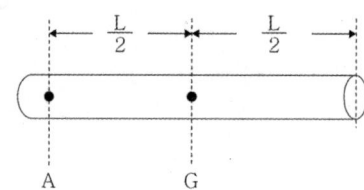

$$J_A = J_G + m\left(\frac{L}{2}\right)^2 = \frac{mL^2}{12} + \frac{mL^2}{4} = \frac{mL^2}{3}$$

(4) 역학적 에너지 보존의 법칙

마찰력이나 공기의 저항력이 무시될 때 처음의 역학적 에너지와 운동 후 역학적 에너지는 같다.

$$T_1 + U_1 = T_2 + U_2$$

여기서, T_1 : 초기 운동에너지 $[kJ]$
T_2 : 나중 운동에너지 $[kJ]$
U_1 : 초기 위치에너지 $[kJ]$
U_2 : 나중 위치에너지 $[kJ]$

① 마찰일량(E_μ) $[kJ]$: 마찰로 인해 소실된 에너지

$$E_\mu = fS = \mu NS$$

여기서, f : 마찰력 $[N]$
μ : 마찰계수
N : 수직항력 $[N]$

② 마찰일량을 고려한 역학적 에너지 보존의 법칙

$$T_1 + U_1 = T_2 + U_2 + E_\mu$$

10-2　운동량

(1) 운동량과 충격량

$\sum F = ma = m\dot{V} = m\dfrac{dV}{dt}$ 에서 양변에 dt를 곱하면 $\sum F dt = m dV$ 이고 이것을 적분하면

$$\sum Ft = m(V_2 - V_1)$$

여기서, Ft : 충격량 $[kJ]$
mV : 운동량 $[kJ]$

① 운동량 보존의 법칙

2개 이상의 물체들이 서로 작용하고 있을 때, 외력이 작용하지 않으면 힘의 작용 전 후에서 운동량의 총합은 항상 보존된다.

㉠ 충돌 후 물체가 각각 움직일 경우

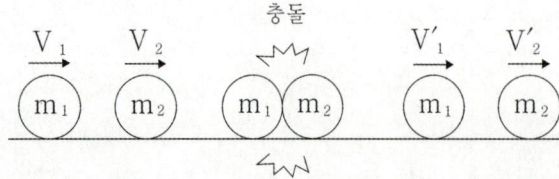

$$m_1 V_1 + m_2 V_2 = m_1 V_1{}' + m_2 V_2{}'$$

여기서, V : 처음속도 $[m/s]$
V' : 나중속도 $[m/s]$

ⓛ 충돌 후 물체가 함께 움직일 경우

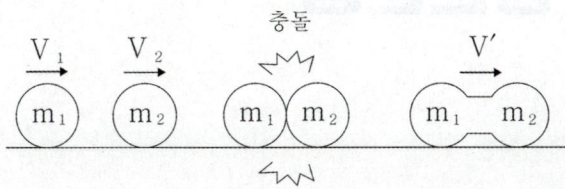

$$m_1 V_1 + m_2 V_2 = (m_1 + m_2) V'$$

(2) 반발계수

$$e = \frac{\acute{V_2} - \acute{V_1}}{V_1 - V_2} = \frac{분리\ 상대속도}{접근\ 상대속도}$$

① 완전탄성충돌($e = 1$)
  ㉠ 두 개의 질점이 변형하는 능력과 복원하는 능력이 같을 때 일어난다.
  ㉡ 충돌 전, 후 운동량과 운동에너지가 모두 보존된다.

② 불완전탄성충돌($0 < e < 1$)
  충돌 전, 후 운동량은 보존되지만 운동에너지는 보존되지 않는다.

③ 비탄성충돌(=소성충돌, $e = 0$)
  ㉠ 충돌 후 두 질점이 서로 일체가 되어 에너지 손실이 최대가 된다.
  ㉡ 충돌 전, 후 운동량은 보존되지만 운동에너지는 보존되지 않는다.

④ 여기서 운동량 보존이란, 운동량의 크기를 나타낸다. 운동량은 방향성을 내포한 벡터 값으로 방향이 바뀌면 운동량도 달라진다.

⑤ 운동량 보존의 법칙과 반발계수 공식을 연립하면

$$\acute{V_1} = V_1 - \frac{m_2}{m_1 + m_2}(1 + e)(V_1 - V_2)$$

$$\acute{V_2} = V_2 + \frac{m_1}{m_1 + m_2}(1 + e)(V_1 - V_2)$$

강체의 평면운동

11-1 강체의 운동방정식

(1) 운동의 종류

① 병진운동 : 물체 내에서 연결한 임의의 선분이 항상 평행하게 이동하며 물체를 이은 어떤 선분도 회전하지 않는다.

② 회전운동 : 강체의 모든 질점이 고정된 회전축을 중심으로 원형 경로를 따라 이동한다.

③ 평면운동 : 병진운동과 회전운동이 결합된 운동이다.

	강체의 평면운동 모양	예 시
직선 병진운동		
곡선 병진운동		
회전운동		
평면운동		

(2) 강체의 운동방정식

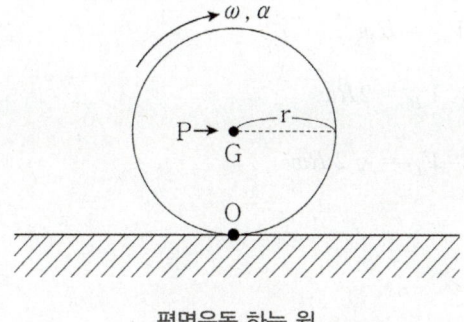

평면운동 하는 원

위 그림처럼 회전하는 원을 생각했을 때, 모멘트 평형식을 세우면

$$\sum M = J\alpha$$

이 때, 운동방정식은 회전의 중심에 따라 다음과 같은 식으로 나타낼 수 있다.

① 제자리 회전시 운동방정식

위 그림에서 도심(G)을 회전의 중심으로 잡고 모멘트 평형식을 세우면

$$\sum M_G = J_G\alpha = J_G\ddot{\theta} = J_G\alpha$$

② 바닥을 구르는 원의 운동방정식

위 그림에서 바닥을 구르는 원의 지지면(O)을 회전의 중심으로 잡고 모멘트 평형식을 세우면

$$\sum M_O = J_O\alpha = J_O\ddot{\theta} = J_O\alpha \text{ 이다. 여기서 } J_O = J_G + mr^2 \text{ 이므로}$$

$$\sum M_O = (J_G + mr^2)\alpha$$

(3) 강체의 병진속도

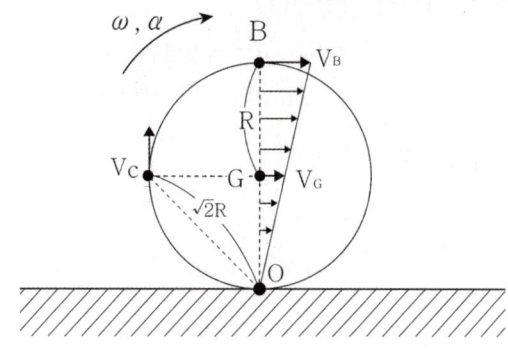

평면운동 하는 원의 병진속도

① 위 그림에서 원점(O)은 회전의 중심(=지지점)이므로 병진속도가 0이다.

② 병진속도 $V = r\omega$ 이므로 각 점의 병진속도는 원점(O)에서 떨어진 거리에 비례한다. 따라서 각 점에서 병진속도는 아래와 같다.

③ 도심(G)에서의 병진속도 : $V_G = Rw$

④ 최고점(B)에서의 병진속도 : $V_B = 2Rw$

⑤ 중간점(C)에서의 병진속도 : $V_C = \sqrt{2}\,Rw$

11-2 강체에 작용하는 마찰력

(1) 평평한 면에서의 마찰력(f) [kN]

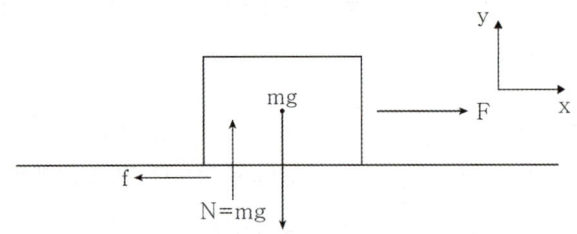

평면 마찰력을 받는 물체

위 그림에서 $W = mg$ 의 무게를 가지는 물체의 마찰력은 $f = \mu N$ 로 나타낼 수 있다.
이 때 수직항력(N)은 강체가 지면에 작용하는 수직 상방향 하중의 반작용하는 힘이므로
$N = W = mg$ 로 나타낼 수 있다. 따라서 마찰력(f)은

$$f = \mu N = \mu mg$$

여기서, μ : 마찰계수
N : 수직항력 [N]

또한 외력(F)을 포함하여 힘의 평형식을 세우면

$$\sum F_x = ma_x = F - f = F - \mu mg$$

(2) 경사면에서의 마찰력(f) $[kN]$

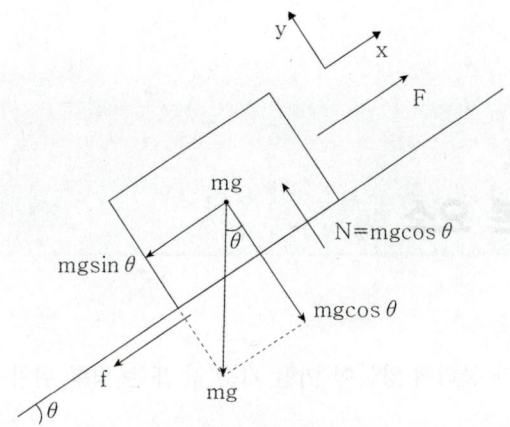

경사면 마찰력을 받는 물체

위 그림에서 $W = mg$ 의 무게를 가지는 물체의 마찰력은 $f = \mu N$ 로 나타낼 수 있다.
이 때 수직항력(N)은 강체가 지면에 작용하는 수직 상방향 하중의 반작용하는 힘이므로
$N = W\cos\theta = mg\cos\theta$ 로 나타낼 수 있다. 따라서 마찰력(f)은

$$f = \mu N = \mu mg\cos\theta \qquad \text{여기서, } \theta : \text{경사면이 기울어진 각도 } [°]$$

또한 외력(F)을 포함하여 힘의 평형식을 세우면

$$\sum F_x = ma_x = F - f - mg\sin\theta = F - mg\,(\sin\theta + \mu\cos\theta)$$

(3) 마찰일량(W_f) $[kJ]$

$$W_f = fS = \mu NS \qquad \text{여기서, } S : \text{마찰력이 작용한 이동거리 } [m]$$

12 진동과 시간응답

12-1 진동의 기본 요소

① 진동(Vibration)
  물체의 위치, 방향, 모양, 기타 물리적 양들이 어떤 기준 값 또는 평형 위치 주위에서 시간에 따라 반복해서 변화하는 것이다.

② 사이클(Cycle)
  평형 상태의 위치로부터 한 방향으로 극단의 위치까지 이동 후 다시 반대 방향 극단의 위치까지 이동, 그리고 다시 평형 상태의 위치로 되돌아오는 진동체의 운동 메커니즘이다.

③ 진폭(A) $[m]$: 진동하는 물체에서 평형 상태 위치로부터의 최대 변위

④ 주기(T) $[s]$: 한 사이클 운동에 걸리는 시간

$$T = \frac{2\pi}{\omega}$$

만약, 각속도 $\omega = \frac{2\pi N}{60}$ 이라면 $T = \frac{60}{N}$

⑤ 진동수(f) $[Hz = s^{-1}]$: 단위시간당 사이클의 수

$$f = \frac{1}{T} = \frac{\omega}{2\pi}$$

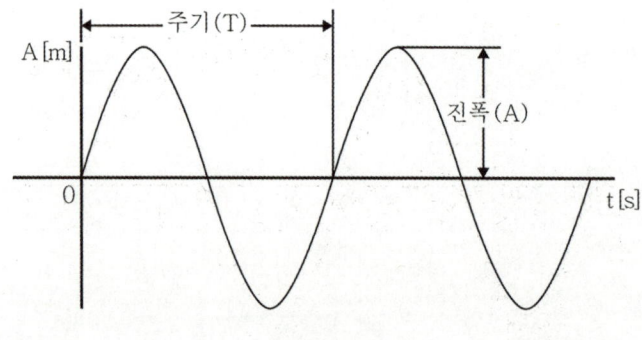

진폭과 주기

⑥ 위상각

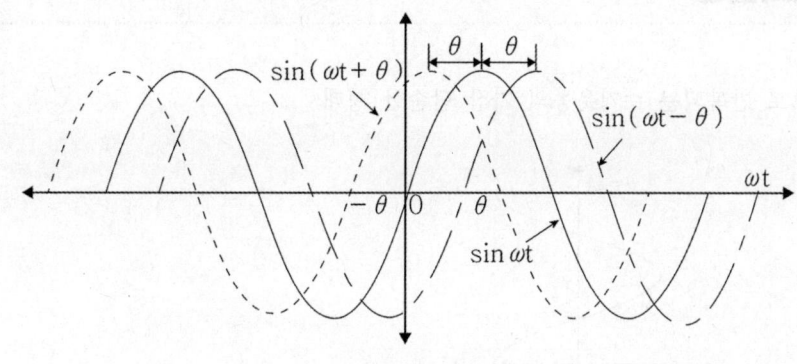

sin 그래프의 위상각

위 그래프에서

$$x_1 = A \sin wt$$

$$x_2 = A \sin(\omega t + \theta)$$

$$x_3 = A \sin(\omega t - \theta)$$

이라 하면 x_2는 x_1을 각도 θ만큼 앞서가는데 이를 위상각 이라고 한다.

또한 $x_4 = A \cos \omega t$ 라고 하면 삼각함수 법칙에 따라 x_4는 x_1을 $\dfrac{\pi}{2}$만큼 앞서간다.

⑦ 맥놀이(Beat)

진동수가 매우 근접한 두 진동이 합쳐질 때 진폭이 서서히 변화하는 진동이 되는데 이를 맥놀이라고 한다.

㉠ 맥놀이 진동수(f_b) : $f_b = f_2 - f_1 = \dfrac{\omega_2 - \omega_1}{2\pi}$

㉡ 맥놀이 주기(T_b) : $T_b = \dfrac{1}{f_b} = \dfrac{2\pi}{\omega_2 - \omega_1}$

일정 시간 간격으로 반복되는 주기운동의 가장 단순한 형태

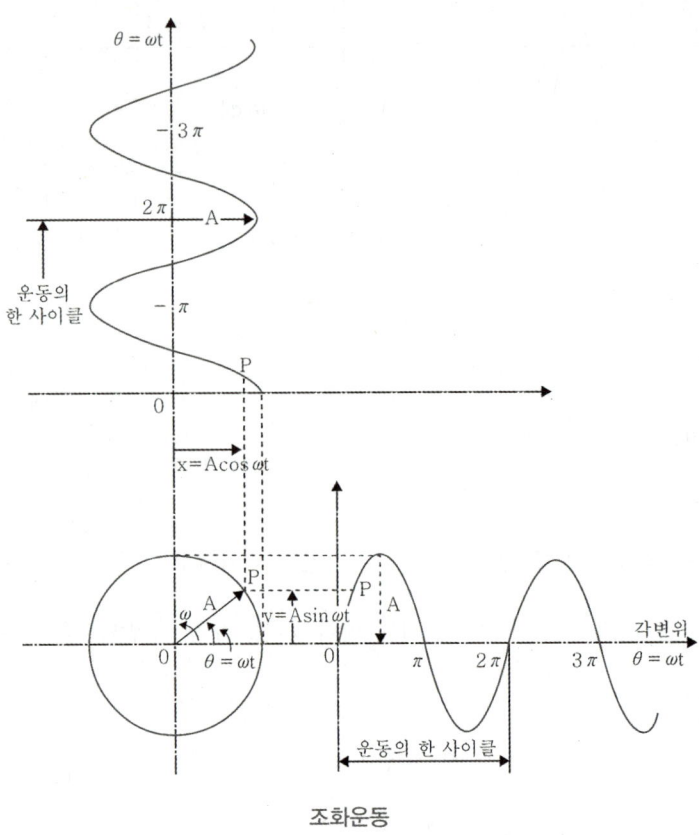

조화운동

(1) 변위, 속도, 가속도

① 변위의 표현 : $x = X\cos\omega t$

② 속도의 표현 : $V = \dfrac{dx}{dt} = \dot{x} = -X\omega\sin\omega t$

③ 최대 속도 : $\sin\omega t = -1$일 때, 최대 속도 $V_{\max} = X\omega$

④ 가속도의 표현 : $a = \dfrac{dV}{dt} = \ddot{x} = -X\omega^2\cos\omega t$

⑤ 최대 가속도 : $\cos\omega t = -1$일 때, 최대 가속도 $a_{\max} = X\omega^2$

(2) 조화운동의 합성

① $x_1 = A\cos\omega t$, $x_2 = B\sin\omega t$ 일 때

　㉠ $x_1 + x_2 = A\cos\omega t + B\sin\omega t = \sqrt{A^2 + B^2}\cos\left(\omega t - \tan^{-1}\dfrac{B}{A}\right)$

$$= \sqrt{A^2 + B^2}\sin\left(\omega t + \tan^{-1}\dfrac{A}{B}\right)$$

　㉡ $x_1 - x_2 = A\cos\omega t - B\sin\omega t = \sqrt{A^2 + B^2}\cos\left(\omega t + \tan^{-1}\dfrac{B}{A}\right)$

$$= \sqrt{A^2 + B^2}\sin\left(\omega t - \tan^{-1}\dfrac{A}{B}\right)$$

② $x_1 = \sin\omega_1 t$, $x_2 = \sin\omega_2 t$ 일 때

$$x_1 + x_2 = \sin\omega_1 t + \sin\omega_2 t = 2\sin\dfrac{\omega_1 + \omega_2}{2}t \cdot \cos\dfrac{\omega_1 - \omega_2}{2}t$$

③ 삼각함수의 합, 차 공식

$$\sin x + \sin y = 2\sin\dfrac{x+y}{2}\cos\dfrac{x-y}{2}$$
$$\sin x - \sin y = 2\cos\dfrac{x+y}{2}\sin\dfrac{x-y}{2}$$
$$\cos x + \cos y = 2\cos\dfrac{x+y}{2}\cos\dfrac{x-y}{2}$$
$$\cos x - \cos y = -2\sin\dfrac{x+y}{2}\sin\dfrac{x-y}{2}$$

자유진동

스프링으로 지지된 물체가 평형위치에서 외력을 한 번 받은 후에는 어떠한 외력도 없이 계속되는 진동이다.

(1) 비감쇠 자유진동

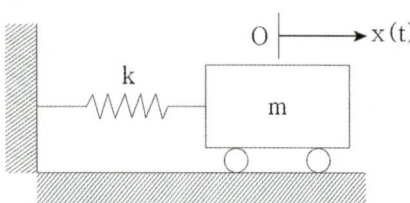

여기서, m : 질량 $[kg]$
k : 스프링 상수 $[N/mm]$

비감쇠 자유진동을 하는 물체

위 그림에서 힘의 평형식 $\sum F = ma$에서 $-kx = m\ddot{x}$ 이므로

① 운동방정식 : $m\ddot{x} + kx = 0$

② 특성방정식 : $ms^2 + k = 0$

③ 비감쇠 고유 각진동수(ω_n)

$W = mg = k\delta$ 에서 $\dfrac{k}{m} = \dfrac{g}{\delta}$ 이므로

$$\omega_n = \sqrt{\dfrac{k}{m}} = \sqrt{\dfrac{g}{\delta}}$$

여기서, δ : 스프링의 변위 $[mm]$

④ 고유진동수(f_n) : 계가 초기에 교란된 후 스스로 진동하도록 내버려 둘 때 외력 없이 진동하는 진동수

$$f_n = \dfrac{\omega_n}{2\pi} = \dfrac{1}{2\pi}\sqrt{\dfrac{k}{m}} = \dfrac{1}{2\pi}\sqrt{\dfrac{g}{\delta}}$$

⑤ 주기(T) : $T = \dfrac{1}{f_n}$

(2) 감쇠 자유진동

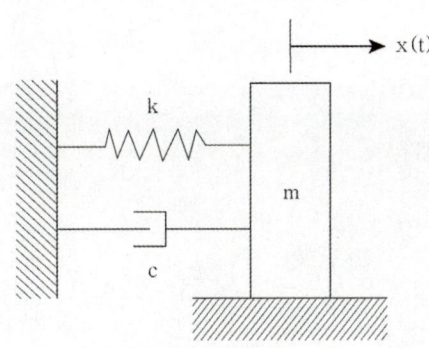

여기서, c : 감쇠계수

감쇠 자유진동을 하는 물체

힘의 평형식 $\sum F = ma$ 에서 $-kx - c\dot{x} = m\ddot{x}$ 이므로

① 운동방정식 : $m\ddot{x} + c\dot{x} + kx = 0$

② 특성방정식 : $ms^2 + cs + k = 0$

③ 임계감쇠계수(c_{cr}) : $c_{cr} = 2\sqrt{mk}$

④ 감쇠비(ζ) : $\zeta = \dfrac{c}{c_{cr}} = \dfrac{c}{2\sqrt{mk}}$

⑤ 감쇠 고유 각진동수(ω_d) : $\omega_d = \omega_n\sqrt{1-\zeta^2}$

(3) 감쇠운동의 범주

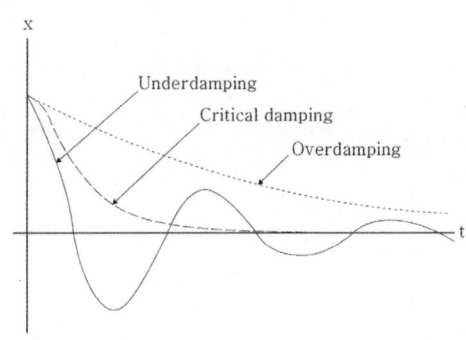

임계상태에 따른 시간-변위 그래프

① 과도감쇠(Overdamping)

감쇠계수가 임계감쇠계수보다 큰 상태이며 진동이 일어나지 않는다.

$C > C_{cr}$, $\zeta > 1$

② 임계감쇠(Criticaldamping)

감쇠계수가 임계감쇠계수와 같은 상태이며 진동이 일어나는 경계이다.

$$C = C_{cr}, \quad \zeta = 1$$

③ 부족감쇠(Underdamping)

감쇠계수가 임계감쇠계수보다 작은 상태이며 진동이 일어난다.

$$C < C_{cr}, \quad \zeta < 1$$

(4) 대수감소율(δ)

진동이 일어나는 상황에서 최초 진폭을 X_0, n번째 진폭을 X_n 이라고 했을 때

$\dfrac{X_0}{X_n} = e^{n\delta}$ 관계에서 양 변에 자연로그를 취하면 $\ln \dfrac{X_o}{X_n} = n\delta$ 이다.

이 때, 대수감소율(δ)을 정리하면 아래와 같다.

$$\delta = \frac{1}{n} \ln \frac{X_0}{X_n} = \frac{2\pi\zeta}{\sqrt{1-\zeta^2}}$$

12-4 강제진동

시스템이 진동하는 동안 외력이나 변위 가진 등의 외부 에너지가 공급되는 진동이다.

(1) 비감쇠 강제진동

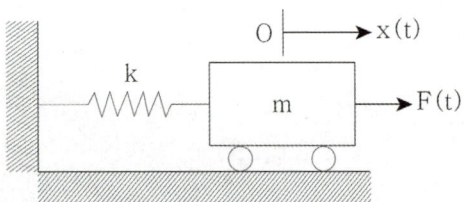

비감쇠 강제진동을 하는 물체

힘의 평형식 $\sum F = ma$에서 $F(t) - kx = m\ddot{x}$ 이므로

① 운동방정식 : $m\ddot{x} + kx = F(t)$

② 진동수비(γ) : $\gamma = \dfrac{\omega}{\omega_n}$

여기서, ω : 기진력이 작용할 때 고유 각진동수 $[Hz]$

ω_n : (비감쇠) 고유 각진동수 $[Hz]$

③ 정상상태 진폭(X)

$X = \dfrac{F_0}{k - m\omega^2}$ 에서 분자 분모를 k로 나누면

$X = \dfrac{F_0/k}{(k - m\omega^2)/k} = \dfrac{x}{1 - \left(\dfrac{\omega}{\omega_n}\right)^2} = \dfrac{x}{1 - \gamma^2}$ 이므로

$$X = \dfrac{x}{1 - \gamma^2}$$ 여기서, x : $X_o \sin\omega t$ 의 최대값 X_0

④ 공진(resonance)

외부 기진력에 의한 고유 각진동수(ω)와 물체 고유의 각진동수(ω_n)가 일치할 때 진폭이 커지면서 에너지가 증가하는 현상으로 비감쇠 강제진동의 진폭이 최대가 된다.

(2) 감쇠 강제진동

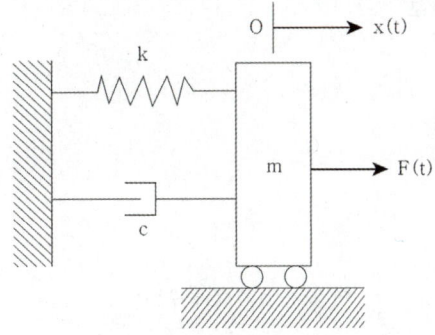

감쇠 강제진동을 하는 물체

힘의 평형식 $\sum F = ma$ 에서 $F(t) - c\dot{x} - kx = m\ddot{x}$ 이므로

① 운동방정식 : $m\ddot{x} + c\dot{x} + kx = F(t)$

② 정상상태 진폭(X)

$$X = \dfrac{F_0}{\sqrt{(k - m\omega^2)^2 + (c\omega)^2}} = \dfrac{F_0/k}{\sqrt{(1 - \gamma^2)^2 + (2\zeta\gamma)^2}}$$

③ 정상상태 위상각(θ) : $\theta = \tan^{-1}\dfrac{c\omega}{k - m\omega^2}$

④ 공진 진폭(X_r) : $X_r = \dfrac{F_0}{c\omega_n}$

⑤ 공진 위상각($\varnothing$) : $\varnothing = 90°$

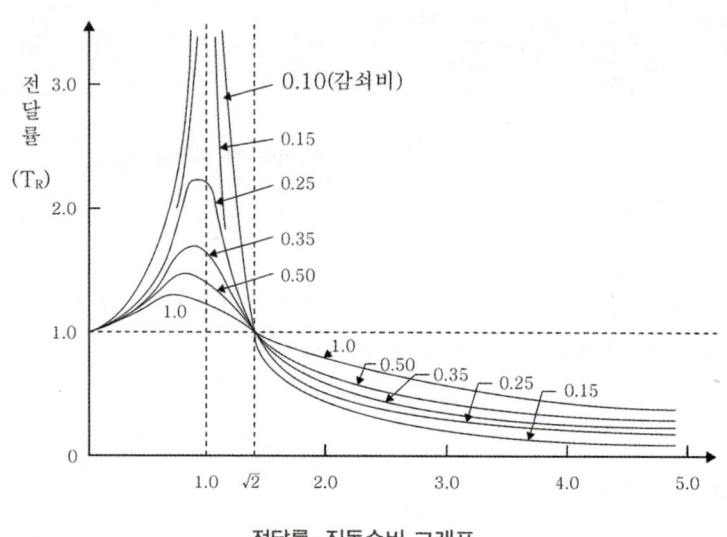

전달률–진동수비 그래프

(1) 전달률(TR) : $TR = \dfrac{최대전달력}{최대가진력} = \dfrac{F}{F_0}$

(2) 감쇠계수(c)가 무시되는 경우 : $TR = \left| \dfrac{1}{1-\gamma^2} \right|$ 여기서, γ : 진동수비

(3) 전달률(TR)과 진동수비(γ)의 관계

① $TR < 1$이면 $\gamma = \dfrac{\omega}{\omega_n} > \sqrt{2}$: 감쇠비 감소, 진동절연(진동 전달이 차단 또는 감쇠)

② $TR = 1$이면 $\gamma = \dfrac{\omega}{\omega_n} = \sqrt{2}$: 임계값

③ $TR > 1$이면 $\gamma = \dfrac{\omega}{\omega_n} < \sqrt{2}$: 감쇠비 증가

구조해석법

13-1 데이터 오류 확인 및 수정

(1) 정적 해석 순서도

시간에 따라 변하지 않는 정적 하중을 받는 구조물에 발생하는 응력의 크기 및 변형 상태를 규명하기 위한 해석이다.

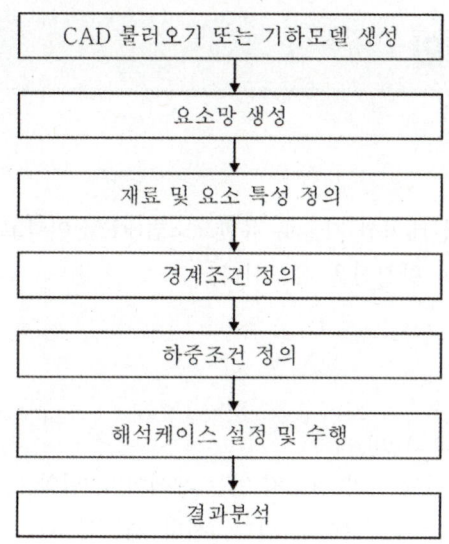

```
┌─────────────────────────────────┐
│  CAD 불러오기 또는 기하모델 생성   │
└─────────────────────────────────┘
                 ↓
┌─────────────────────────────────┐
│           요소망 생성            │
└─────────────────────────────────┘
                 ↓
┌─────────────────────────────────┐
│       재료 및 요소 특성 정의      │
└─────────────────────────────────┘
                 ↓
┌─────────────────────────────────┐
│          경계조건 정의           │
└─────────────────────────────────┘
                 ↓
┌─────────────────────────────────┐
│          하중조건 정의           │
└─────────────────────────────────┘
                 ↓
┌─────────────────────────────────┐
│       해석케이스 설정 및 수행     │
└─────────────────────────────────┘
                 ↓
┌─────────────────────────────────┐
│            결과분석             │
└─────────────────────────────────┘
```

정적 구조해석의 순서도

① 해석 대상 구조물의 기하 형상 작성

캐드에서 작성한 모델을 불러오거나 프로그램에서 직접 전 처리 기능을 이용하여 기하 형상을 모델링한다.

② 유한 요소 모델 작성

요소란, 모델을 미소한 체적으로 나눈 것이며 요소들의 집합체를 요소망이라 한다. 완성된 기하 형상에 대해 요소망을 생성하는데 자동 요소망 생성 기능을 이용하여 간단하게 요소망을 생성할 수 있다.

③ 재료 물성 및 요소 특성 정의

대부분의 재질은 데이터베이스(DB)에서 재질을 선택할 수 있고, 재질 데이터베이스(DB)에 없는 경우에만 사용자가 직접 재료의 물성치를 입력, 정의한다.

④ 하중 및 경계 조건 부여

설계 구조물의 작동 조건을 묘사하는 하중과 경계 조건을 부여한다.

⑤ 해석 조건 설정과 해석 수행

대상에 작용하는 하중과 응력 관계가 선형 그래프로 나타나는 선형 정적 해석의 수행 조건을 설정할 때 대부분은 선형 정적 해석 케이스만 만들어서 바로 해석을 수행하면 되고, 사용자가 특별히 조건을 설정하거나 변경할 필요는 없다.

⑥ 결과 분석

해석이 정상 완료된 후에 응력, 변위 등의 주요 결과를 체크하고 결과의 타당성을 검토한다.

13-2 해석 조건 정의

(1) 유한 요소 해석

공학 분석에 사요되는 컴퓨터 시뮬레이션 기술로 유한요소법(FEM)이라고 불리는 수치적 기법을 사용한다. 대상을 유한개의 요소로 분할하여 방정식을 유도한다.

(2) 유한 요소 해석의 종류

① 선형 정적 해석(Linear Static Analysis)

정적 해석은 작용하는 하중이 시간에 따라 변하지 않는 해석이며, 만약 작용하는 하중이 시간에 따라 변하면 동적 해석(Dynamic Analysis)을 수행하여야 한다. 선형 해석의 3가지 조건은 아래와 같다.

㉠ 재료가 탄성 영역 내에서 후크의 법칙(Hooke's Law)을 따라 거동하여야 한다. 하중과 변위, 응력과 변형률은 선형의 관계를 가져야 한다. 그렇지 않고 소성 영역까지 고려하면 비선형 정적 해석을 수행하여야 한다.

㉡ 발생한 변형에 의해 구조물의 강성 변화를 무시할 수 있을 만큼 변형이 작아야 한다. 만약 구조물의 대변형을 고려하여야 한다면 기하 비선형 해석을 수행하여야 한다.

㉢ 하중이 작용하고 이로 인한 구조물의 변형이 발생하는 동안 경계 조건이 변하지 않아야 한다.

② 비선형 해석(Nonlinear Analysis)

비선형 해석에서는 하중이 가해짐에 따라 재질의 특성이 변하는 문제(재료 비선형), 변위 또는 회전량이 커짐으로써 하중의 작용 방향과 분포, 크기가 달라지는 문제(기하 비선형), 어셈블리 모델에서 인접한 파트가 분리되거나 만나는 문제(접촉 비선형) 모두 고려가 가능하다.

비선형 종류	내 용
재료 비선형	재료의 소성 영역까지 고려하거나 고무와 같이 응력-변형률의 관계가 선형이 아닌 재료의 특성을 고려하여야 한다. 재료의 역학적 특성에 따라 적절한 재료 모델을 선정하고, 응력-변형률 관계를 지정하여 재료의 비선형 거동의 표현이 가능하다.
기하 비선형	변위와 변형률의 관계가 선형이 아니며, 변형이 과도하게 커짐에 따라 재료 물성과 무관하게 구조물의 강성이 변하게 되는 특징을 가지고 있다. 구조물의 변형이 과하게 커지면 작용하는 하중의 크기와 방향에도 변수가 생길 수 있고, 각종 계산도 변형된 형상을 기준으로 재계산하여야 한다.
접촉 비선형	작용하는 하중에 의해 모델이 움직이거나 변형이 발생함에 따라 경계 조건이 변하게 되는 경계 비선형 해석이다. 접촉 해석에서는 다양한 상대 거동을 보다 실제적으로 분석할 수 있다. 비선형 해석에서는 전체에 작용하는 하중을 여러 개의 하중 스텝(Load Step)으로 나누어서 계산하여야 한다. 이 하중 스텝에 따라 하중의 크기가 점진적으로 증가하며, 각 하중 스텝에서는 반복 계산법으로 해당 스텝의 결과를 계산한다. 비선형성이 심할수록 작은 하중 스텝 크기가 요구되고 이에 따라 하중 스텝의 수가 늘어나게 되어 해석 시간이 길어지고 데이터의 양도 현저하게 증가한다.

(2) 유한 요소 해석의 프로세스 3가지 과정

과 정	내 용
전처리 작업 (Pre-Processing)	해석을 위해 모델을 작성하고 하중·경계 조건을 부여한 다음 해석 종류를 지정하여 해석을 수행시키는 작업이다. 가장 많은 시간이 소요되는 단계가 모델을 작성하는 작업이지만 현재는 3차원 캐드 자동 모델링 기능을 이용하여 빠르고 편리하게 작업을 완료할 수 있다.
해석 수행 (Analysis)	솔버에 의해 실제로 유한요소법에 의한 계산이 수행되는 과정이다.
결과 분석 (Post-Processing)	솔버가 해석을 완료하면 계산된 여러 결과를 확인하고 결과의 타당성 등을 검토하는 과정이다. 필요한 경우에는 해석 결과를 이용한 추가적인 연산을 수행하여 설계의 적합성을 판단할 수도 있다.

(3) 유한 요소 해석 수행 절차

① 각 요소 특성을 표현하는 행렬을 구성한다.
② 전체 요소의 행렬을 조립하여 전체 시스템을 묘사하는 행렬식을 구성한다.
③ 주어진 하중, 경계 조건을 행렬식에 반영한다.
④ 시스템의 행렬식을 풀어서 미지의 자유도 값을 계산한다.
⑤ 자유도 값으로부터 추가적인 결과를 계산한다.

13-3 해석 조건 변경 수행

(1) 오류(Error)와 경고(Warning)

① 오류(Error)

컴퓨터상에서 각종 논리 혹은 계산 과정에서 연산이 불가능한 상태가 발생했을 때 프로그램이 보내는 메시지이다.

② 경고(Warning)

연산 작업에는 이상이 없으나 원하는 해답을 구하는 데 있어서 예상되는 문제점을 지적해주는 메시지이다.

(2) 해석 오류 시 확인 사항

① 시스템 자원부족

디스크 공간 혹은 메모리 부족에 의한 해석 실패는 더 많은 시스템 자원을 확보하는 것이 가장 좋은 방법이다.

시스템 자원 확보 방법	내용
대칭성	대칭성이 존재할 때 대칭을 적용하면 모델 크기를 가장 확실하고 안전하게 줄일 수 있다.
불필요한 형상 정리	불필요한 형상을 정리하고 요소망을 재생성하면 모델 크기를 상당히 줄일 수 있다.
요소망의 국부적인 세밀화	전체적으로 거친 요소망(Coarse mesh)으로 시작하여 관심 영역 위주로 요소망을 세밀하게 재생성하는 방법을 사용하면 모델 크기를 상당히 줄일 수 있다.
수동 요소망	자동 요소망에 비해 약 30% 정도 모델 크기를 줄일 수 있다.

② 재료 물성치

가장 흔히 발생하는 실수는 단위계에 대한 오류이고 해석 결과로는 이러한 오류를 분명하게 확인하기 어렵기 때문에 해석을 실행하기 전에 재료 물성치를 면밀하게 다시 한 번 확인하는 것이 안전하다.

③ 불충분한 구속 모델

충분히 구속되지 않은 모델의 대부분은 해석 수행 전 확인 과정에서 찾아낼 수 있다.

(1) 해석 결과 확인 및 분석 평가

아래 그림의 순서도를 유용하게 활용하여 평가할 수 있고, 유한 요소 해석에서 변위가 가장 기본적인 값이고 이 변위로부터 다른 값들을 계산하기 때문에 변위 확인 순서도를 기준으로 평가한다.

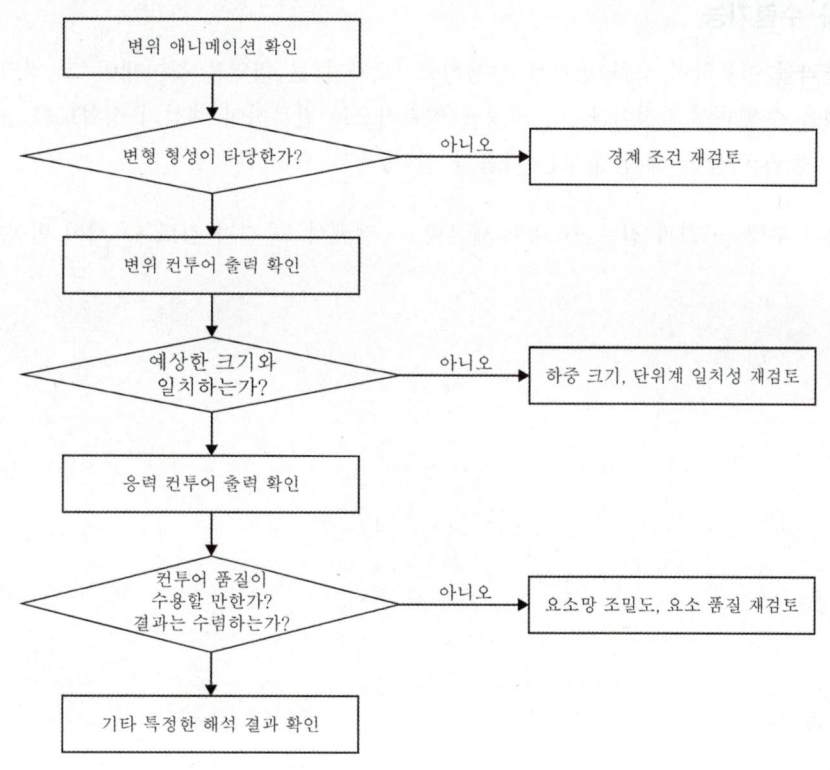

변위 확인 순서도

(2) 해석 결과의 차이

유한요소해석은 기본적으로 몇 가지 가정 이후에 해석을 수행하는 것이므로 아래와 같은 여러 이유들로 오차가 발생하게 된다.

① 캐드 모델을 유한요소 모델로 생성할 때 해석에 불필요한 부분을 모델링에서 제외하면서 오차가 발생한다.

② 유한요소 모델은 100% 균일한 밀도와 재질을 이용하여 해석을 수행하는 반면 실제 모델은 재료내부에 불순물이나 미세한 가공을 포함하고 있을 수 있어 오차가 발생한다.

③ 컴퓨터가 계산할 때 소수점 몇 자리 이하는 버림으로써 오차가 발생한다.

④ 유한요소해석은 연속체를 불연속적인 유한 개의 요소로 분할하여 계산하는데 이 때 오차가 발생한다.

(3) 요소 분할과 해석 결과

유한요소법의 오차는 요소 분할에 의한 오차이므로 요소를 더 많이 나누면 나눌수록 오차가 감소한다. 실제 무한 개의 요소를 가지는 모델을 유한 개의 요소를 가지는 유한 요소 모델로 바꾸어 해석하는 것이므로 유한 개의 요소라도 요소의 수가 많을수록 실제 해와 유사하게 되는 개념이다. 요소의 수를 적게 하면 해석 시간은 빠르나, 해석 결과에 대한 신뢰성은 낮아지게 된다.

(4) 해석 결과와 수렴기능

유한요소해석 결과를 이용하여 오차 평가를 수행하고, 오차가 큰 영역을 찾아내어 그 영역의 요소의 수를 증가시켜 재해석을 수행하는 과정이다. 이 과정을 연속적으로 반복하여 해석의 정확도를 높여 해석 결과를 개선한다. 수렴기능을 이용한 해석 순서는 다음과 같다.

요소 분할 → 해석 수행 → 결과 검토 → 요소 세분화 → 재해석 → 결과 검토 → 해석 반복 또는 수렴 결정

진동해석법

14-1 진동 해석 모델 선정 및 필요 조건 설정

(1) 진동 모드 시험과 진동 모드 해석

① 진동 모드 시험

작고 단순한 형태를 갖는 대상물의 진동 시험은 해머와 가속도계를 사용한 진동모드 시험을 통해 특성을 파악할 수 있다. 시험 결과인 주파수 응답 함수를 통해 고유 진동수와 고유 모드를 정확하게 찾을 수 있다.

② 진동 모드 해석

건축물이나 선박과 같은 대형 구조물의 경우 진동 모드 시험을 수행하기가 어렵다. 왜냐하면 구조물의 크기에 비례하여 입력 하중이 커야하므로 하나 뿐인 대상물에 손상을 가할 수 있다. 따라서 상대적으로 구조물이 크거나 형상이 복잡한 대상물의 경우 해머를 이용한 진동 시험 대신 구조 진동 모드 해석을 통해 대상물의 진동 특성을 파악한다.

(2) 진동 해석 대상 모델에 대한 작동 조건

진동 해석을 하기 위해 선정된 대상물의 작동 조건을 이해하여야 한다. 대표적으로 해석 대상물의 자유도(Degree of Freedom) 등이 있다.

① 자유도(Degree of Freedom)

연속체는 무한개의 질점으로 이루어져 있으나 실제 해석을 위해서는 이를 유한개의 요소로 나누어 해석한다. 아래 그림에서 나타난 바와 같이 1개의 요소는 다수의 노드로 이루어져 있으며, 작동 조건별 설정에 따라 각각 노드별로 0~6의 자유도를 줄 수 있다.

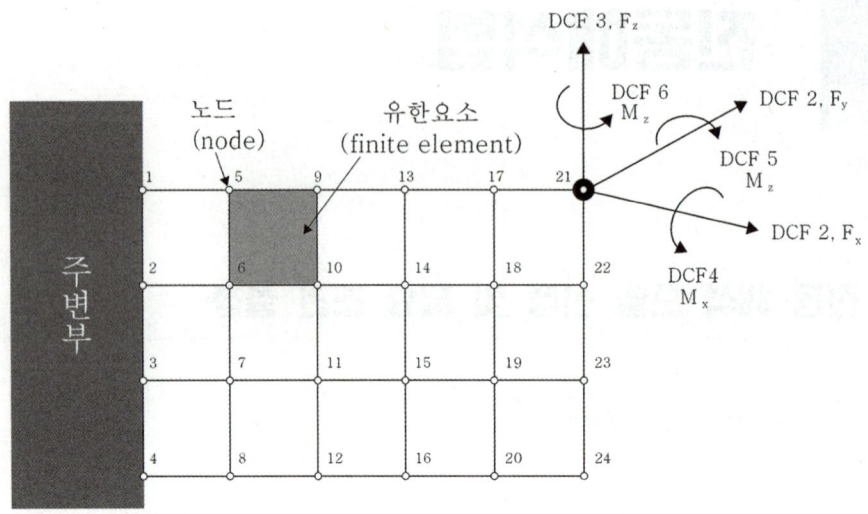

유한 요소와 노드별 자유도

자유도의 개수	노드의 구속 상태
0	완전 구속
1	1개 방향(1차원) 직선 운동 가능
3	3개 방향(3차원) 직선 운동 가능
6	3개 방향 직선 운동, 3개 방향 회전 운동 가능

(3) 진동 해석 대상 모델의 동적 특성

진동 해석 대상물은 여러 가지 동적 특성을 가진다. 대표적으로 해석 대상물의 물성값을 들 수 있다. 대상물의 탄성값 및 점성에 따라 해석의 대표적인 결과물인 고유 진동수 값이 달라질 수 있다.

진동 모델에 대한 모드 해석 및 조화 응답 해석 수행

(1) 모드 해석(Mode Analysis)

무한개의 자유도를 갖는 연속체를 유한개의 자유도를 갖는 수학적 모델로 기술하여 일반적으로 대상 모델의 고유 진동수와 모드 형상을 구하기 위해 수행한다.

① 고유 진동수(Natural Frequency)

유한개의 자유도를 갖는 특정 시스템은 물성 및 형상에 따른 고유 진동수를 갖고 있으며 자유도에 따라 여러 개의 고유 진동수를 구할 수 있다.

② 모드 형상(Mode Shape)

각 모드에 해당하는 시스템의 공간적인 운동 형상을 나타내며 항상 고유 진동수와 같이 구해진다. 일반적으로 시스템이 어떠한 모드에서 물리적으로 진동하는 모양이 궁금할 때 사용한다.

(2) 조화 해석(Harmonic Analysis)

시스템에 일정 주파수를 갖는 조화 가진이 입력될 경우, 충분한 시간이 지나 정상상태에 도달한 후 입출력 관계를 분석하는 작업이다.

(3) 과도 해석(Transient Analysis)

시스템 해석 시 정상상태에 도달한 이후의 입출력 관계를 분석하는 정상상태 해석에 대하여 정상상태 이전의 입출력 관계를 분석하는 작업이다.

(4) 진동 해석 수행 절차

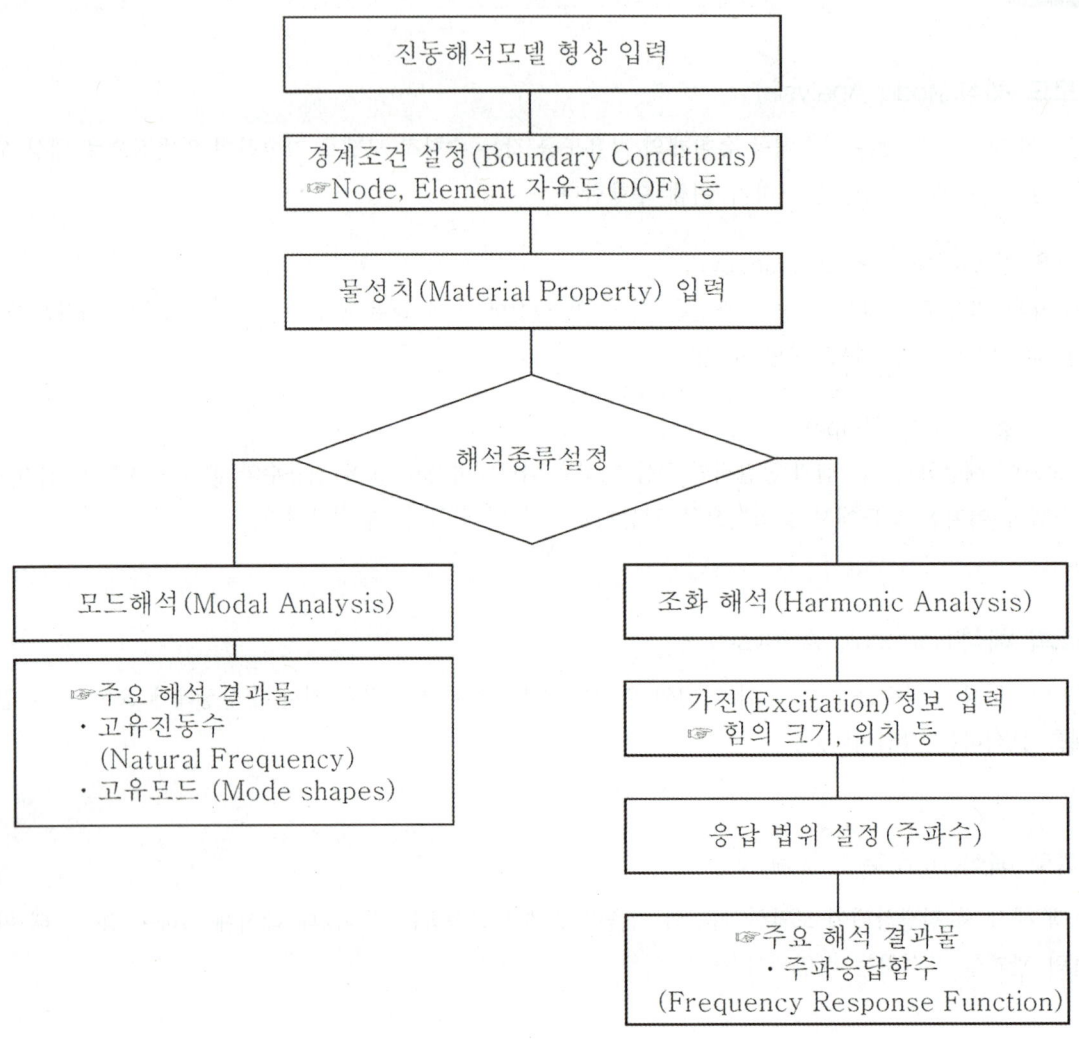

진동 해석 수행 절차

01 기계재료역학의 개요

01

다음 중 단면에 대해 평행으로 작용하는 응력은?

① 인장응력　　　　② 압축응력
③ 전단응력　　　　④ 열응력

───

전단하중은 단면에 대하여 평행으로 작용하는 하중이며 전단하중에 의한 응력이 전단응력이다.

02

다음 설명 중 옳지 않은 것은?

① 변형률의 정의는 변형 전 치수에 대한 변형량의 비이다.
② 횡변형률은 하중과 반대방향으로 생기는 변형률이다.
③ 포아송비는 횡변형률/종변형률 이다.
④ 포아송 비는 1/2보다 작거나 같아야 한다.

───

횡변형률은 하중과 수직한 방향으로 생기는 변형률이다.

03

공칭응력과 진응력에 대한 설명으로 옳은 것은?

① 공칭응력은 하중/처음단면적 이다.
② 진응력은 $\sigma_t = \varepsilon_n(1+\varepsilon_n)$ 이다.
③ 진변형률은 $\varepsilon_t = \ln(1+\sigma_n)$ 이다.
④ 진응력보다 공칭응력이 좀 더 정확한 데이터를 표현할 수 있다.

───

공칭응력 : $\sigma_n = \dfrac{P}{A_o}$

04

다음 중 변형량에 대한 식으로 옳은 것은?

① $\lambda = \dfrac{PA}{\ell E}$　　　② $\lambda = \dfrac{P\ell}{AE}$

③ $\lambda = \dfrac{PE}{A\ell}$　　　④ $\lambda = \dfrac{AE}{P\ell}$

───

변형량 : $\lambda = \dfrac{P\ell}{AE}$

05

다음 중 후크의 법칙에 대한 식으로 옳은 것은?

① $\varepsilon = E\sigma$　　　② $\sigma = G\varepsilon$
③ $\sigma = E\varepsilon$　　　④ $\varepsilon = G\sigma$

───

후크의 법칙 : $\sigma = E\varepsilon$

06

다음 나열된 응력 중 가장 큰 응력은?

① 탄성한도
② 허용응력
③ 사용응력
④ 모두 같다.

사용응력<허용응력<탄성한도

07

다음 중 E, G, m, K 관계식으로 옳지 않은 것은?

① $mE = 2G(m+1) = 3K(m-2)$

② $G = \dfrac{mE}{2(m+1)} = \dfrac{E}{2(1+\nu)}$

③ $K = \dfrac{mE}{3(m-2)} = \dfrac{E}{3(1-2\nu)}$

④ $K = \dfrac{GE}{3G-9E}$

---

④ $K = \dfrac{GE}{9G-3E}$

08

바깥지름 $50\,cm$, 안지름 $40\,cm$의 중공원통 $500\,kN$의 압축하중이 작용했을 때 발생하는 압축응력은 약 몇 MPa인가?

① 5.6
② 7.1
③ 8.4
④ 10.8

압축응력

$$\sigma_c = \frac{P}{A} = \frac{P}{\dfrac{\pi}{4}(d_2^2 - d_1^2)} = \frac{500 \times 10^3}{\dfrac{\pi}{4}(0.5^2 - 0.4^2)} = 7.07\,MPa$$

09

다음과 같이 3개의 링크를 핀을 이용하여 연결하였다. $2000N$의 하중 P가 작용할 경우 핀에 작용되는 전단응력은 약 몇 MPa인가? (단, 핀의 직경은 $1cm$이다.)

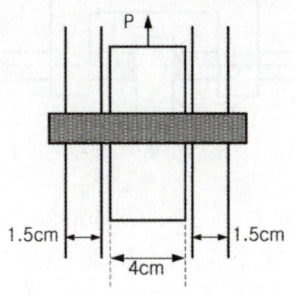

① 12.73
② 13.24
③ 15.63
④ 16.56

$$\tau = \frac{P}{A} = \frac{P}{2 \times \dfrac{\pi d^2}{4}} = \frac{2P}{\pi d^2} = \frac{2 \times 2000}{\pi \times (10)^2} = 12.73\,MPa$$

10

볼트에 $7200N$의 인장하중을 작용시키면 머리부에 생기는 전단응력은 몇 MPa인가?

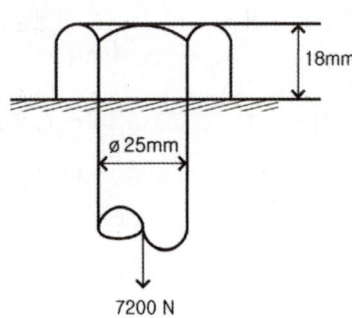

① 2.55
② 3.1
③ 5.1
④ 6.25

$$\tau = \frac{P}{A} = \frac{P}{\pi dt} = \frac{7200}{\pi \times 25 \times 18} = 5.09\,MPa$$

11

다음 구조물에 하중 $P = 1kN$이 작용할 때 연결핀에 걸리는 전단응력은 약 얼마인가?(단, 연결핀의 지름은 $5mm$이다.)

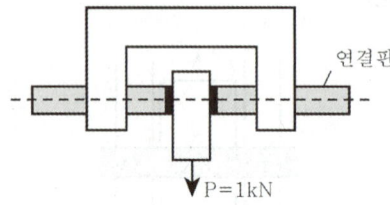

① $25.46kPa$ ② $50.92kPa$

③ $25.46MPa$ ④ $50.92MPa$

$$\tau = \frac{P}{A} = \frac{P}{2 \times \frac{\pi}{4}d^2} = \frac{2P}{\pi d^2} = \frac{2 \times 1 \times 10^3}{\pi \times (0.005)^2} \times 10^{-6}$$
$$= 25.46MPa$$

12

공칭응력(nominal stress: σ_n)과 진응력(true stress : σ_t)사이의 관계식으로 옳은 것은? (단, σ_n은 공칭변형율(nominal strain), σ_t 는 진변형율(true strain)이다.)

① $\sigma_t = \sigma_n(1 + \varepsilon_t)$ ② $\sigma_t = \sigma_n(1 + \varepsilon_n)$

③ $\sigma_t = \ln(1 + \sigma_n)$ ④ $\sigma_t = \ln(\sigma_n + \sigma_n)$

진응력 : $\sigma_t = \sigma_n(1 + \varepsilon_n)$

13

공칭응력(nominal stress : σ_n) 과 진응력(true stress : σ_t) 사이의 관계식으로 옳은 것은? (단, ε_n은 공칭변형율(nominal strain), ε_t는 진변형율(true strain)이다.)

① $\sigma_t = \sigma_n(1 + \varepsilon_t)$ ② $\varepsilon_t = \ln(1 + \varepsilon_n)$

③ $\sigma_t = \sigma_n(\varepsilon_t + \varepsilon_n)$ ④ $\varepsilon_t = \ln(1 + \sigma_n)$

$$\sigma_t = \sigma_n(1 + \varepsilon_n)$$
$$\varepsilon_t = \ln(1 + \varepsilon_n)$$

14

공학적 변형률(engineering strain) e와 진변형률(true strain) ε 사이의 관계식으로 옳은 것은?

① $\varepsilon = \ln(e + 1)$ ② $\varepsilon = e \times \ln(e)$

③ $\varepsilon = \ln(e)$ ④ $\varepsilon = 3e$

$$\varepsilon = \ln(1 + e)$$

15

허용인장강도가 $400MPa$인 연강봉에 $30kN$의 축방향 인장하중이 가해질 경우 이 강봉의 지름은 약 몇 cm인가? (단, 안전율은 5이다.)

① 2.69   ② 2.93

③ 2.19   ④ 3.33

허용인장강도는 인장강도로 취급해야하므로

$$\sigma_w = \frac{\sigma_a}{S} = \frac{400}{5} = 80MPa$$

$$P = \sigma_w \cdot A = \frac{\sigma_w \pi d^2}{4}$$

$$\therefore d = \sqrt{\frac{4P}{\pi \sigma_w}} = \sqrt{\frac{4 \times 30 \times 10^3}{\pi \times 80 \times 10^6}} \times 10^2 = 2.19cm$$

16

그림과 같이 단면적이 $2\,cm^2$인 AB 및 CD막대의 B점과 C점이 $1\,cm$만큼 떨어져 있다. 두 막대에 인장력을 가하여 늘인 후 B점과 C점에 핀을 끼워 두 막대를 연결하려고 한다. 연결 후 두 막대에 작용하는 인장력은 약 몇 kN인가? (단, 재료의 세로탄성계수는 $200\,GPa$이다.)

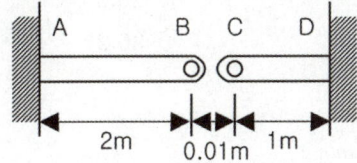

① 33.3
② 37.5
③ 99.9
④ 133.3

서로 같은 하중으로 당기므로

$$\lambda = \lambda_1 + \lambda_2 = \frac{P(\ell_1 + \ell_2)}{AE}$$

$$\therefore P = \frac{\lambda AE}{\ell_1 + \ell_2} = \frac{0.01 \times 2 \times 10^{-4} \times 200 \times 10^6}{2 + 1}$$
$$= 133.33\,kN$$

17

길이 $3m$, 단면의 지름이 $3cm$인 균일 단면의 알루미늄 봉이 있다. 이 봉에 인장하중 $20kN$이 걸리면 봉은 약 몇 cm늘어나는가? (단, 세로탄성계수는 $72\,GPa$이다.)

① 0.118
② 0.239
③ 1.18
④ 2.39

$$\lambda = \frac{P\ell}{AE} = \frac{4 \times 20 \times 10^3 \times 3}{\pi \times (0.03)^2 \times 72 \times 10^9} \times 10^2 = 0.118cm$$

18

재료시험에서 연강재료의 세로탄성계수가 $210\,GPa$로 나타났을 때 포아송 비(ν)가 0.303이면 이 재료의 전단탄성계수 G는 몇 GPa인가?

① 8.05
② 10.51
③ 35.21
④ 80.58

$$mE = 2G(m+1)$$

$$\therefore G = \frac{mE}{2(m+1)} = \frac{E}{2(1+\nu)} = \frac{210}{2 \times (1+0.303)}$$
$$= 80.58\,GPa$$

19

그림과 같이 순수 전단을 받는 요소에서 발생하는 전단응력 $\tau = 70MPa$, 재료의 세로탄성계수는 $200\,GPa$, 포아송의 비는 0.25일 때 전단 변형률은 약 몇 rad인가?

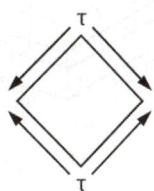

① 8.75×10^{-4}
② 8.75×10^{-3}
③ 4.38×10^{-4}
④ 4.38×10^{-3}

$$mE = 2G(m+1)$$

$$G = \frac{mE}{2(m+1)} = \frac{E}{2(1+\nu)} = \frac{\tau}{\gamma}$$

$$\therefore \gamma = \frac{2\tau(1+\nu)}{E} = \frac{2 \times 70 \times (1+0.25)}{200 \times 10^3} = 8.75 \times 10^{-4}$$

20

지름이 $2cm$, 길이가 $20cm$인 연강봉이 인장하중을 받을 때 길이는 $0.016cm$만큼 늘어나고 지름은 $0.0004cm$만큼 줄었다. 이 연강봉의 포아송 비는?

① 0.25
② 0.5
③ 0.75
④ 4

$$\nu = \frac{\varepsilon'}{\varepsilon} = \frac{\ell}{\lambda} \cdot \frac{\delta}{d} = \frac{20}{0.016} \times \frac{0.0004}{2} = 0.25$$

21

다음 막대의 z방향으로 $80kN$의 인장력이 작용할 때 x 방향의 변형량은 몇 μm인가? (단, 탄성계수 $E = 200\,GPa$, 포아송 비 $v = 0.32$ 막대크기 $x = 100\,mm$, $y = 50\,mm$, $z = 1.5\,m$이다.)

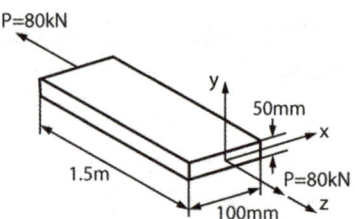

① 2.56
② 25.6
③ −2.56
④ −25.6

---

x 방향의 변형률

$$\varepsilon_x = \frac{\sigma_x}{E} - \frac{\sigma_y}{mE} - \frac{\sigma_z}{mE} = -\frac{\nu\sigma_z}{E} = -\frac{0.32 \times 16 \times 10^6}{200 \times 10^9}$$
$$= -2.56 \times 10^{-5}$$

$\because \sigma_x = \sigma_y = 0$

$\because \sigma_z = \dfrac{P}{A} = \dfrac{80 \times 10^3}{0.05 \times 0.1} = 16MPa$

$\varepsilon_x = \dfrac{\lambda}{\ell}$

$\therefore \lambda = \varepsilon_x \ell = -2.56 \times 10^{-5} \times 0.1 = -2.56\mu m$

22

지름 $50mm$의 알루미늄 봉에 $100kN$의 인장하중이 작용할 때 $300mm$의 표점거리에서 $0.219mm$의 신장이 측정되고, 지름은 $0.01215mm$만큼 감소되었다. 이 재료의 전단탄성계수 G는 약 몇 GPa인가? (단, 알루미늄 재료는 탄성거동 범위 내에 있다.)

① 21.2
② 26.2
③ 31.2
④ 36.2

$mE = 2G(m+1)$

$\therefore G = \dfrac{E}{2(1+\nu)} = \dfrac{69.767}{2(1+0.333)} = 26.17\,GPa$

$\therefore \nu = \dfrac{\varepsilon'}{\varepsilon} = \dfrac{\ell\delta}{\lambda d} = \dfrac{300 \times 0.01215}{0.219 \times 50} = 0.333$

$\therefore \lambda = \dfrac{P\ell}{AE}$ 에서

$$E = \frac{P\ell}{A\lambda} = \frac{4P\ell}{\pi d^2 \lambda} = \frac{4 \times 100 \times 10^3 \times 0.3}{\pi \times 0.05^2 \times 2.19 \times 10^{-4}}$$
$$= 69.767\,GPa$$

23

지름 $20cm$, 길이 $40cm$인 콘크리트 원통에 압축하중 $20kN$이 작용하여 지름이 $0.0006cm$만큼 늘어나고 길이는 $0.0057cm$ 만큼 줄었을 때, 푸아송 비는 약 얼마인가?

① 0.18
② 0.24
③ 0.21
④ 0.27

$$\nu = \frac{\varepsilon'}{\varepsilon} = \frac{\ell}{\lambda} \cdot \frac{\delta}{d} = \frac{40}{0.0057} \times \frac{0.0006}{20}$$
$$= 0.21$$

24

직육면체가 일반적인 3축 응력 σ_x, σ_y, σ_z를 받고 있을 때 체적 변형률 ε는 대략 어떻게 표현되는가?

① $\varepsilon_v \simeq \dfrac{1}{3}(\varepsilon_x + \varepsilon_y + \varepsilon_z)$

② $\varepsilon_v \simeq \varepsilon_x + \varepsilon_y + \varepsilon_z$

③ $\varepsilon_v \simeq \varepsilon_x \varepsilon_y + \varepsilon_y \varepsilon_z + \varepsilon_z \varepsilon_x$

④ $\varepsilon_v \simeq \dfrac{1}{3}(\varepsilon_x \varepsilon_y + \varepsilon_y \varepsilon_z + \varepsilon_z \varepsilon_x)$

직육면체의 체적변형률 : $\varepsilon_V = \varepsilon_x + \varepsilon_y + \varepsilon_z$

25

직경 $20mm$인 구리합금 봉에 $30kN$의 축 방향 인장하중이 작용할 때 체적 변형률은 대략 얼마인가?
(단, 탄성계수 $E = 100GPa$, 포아송비 $\mu = 0.3$)

① 0.38 ② 0.038
③ 0.0038 ④ 0.00038

체적변형률

$$\varepsilon_V = \varepsilon(1 - 2\nu) = \frac{P}{EA}(1 - 2\nu)$$

$$= \frac{30 \times 10^3}{100 \times 10^9 \times \dfrac{\pi \times (0.02)^2}{4}} \times (1 - 2 \times 0.3)$$

$$= 0.00038$$

$$\because \sigma = E\varepsilon, \ \varepsilon = \frac{\sigma}{E} = \frac{P}{AE}$$

26

그림과 같이 원형단면을 가진 보가 인장하중 $P = 90kN$을 받는다. 이 보는 강(steel)으로 이루어져 있고, 세로탄성계수는 $210GPa$이며 포와송비 $\mu = 1/3$이다.

이 보의 체적변화 $\triangle V$는 약 몇 mm^3인가?
(단, 보의 직경 $d = 30mm$, 길이 $L = 5m$이다)

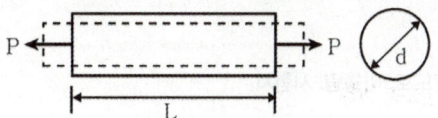

① 114.28 ② 314.28
③ 514.28 ④ 714.28

기존 체적 :

$$V_1 = \frac{\pi}{4}d^2 L = \frac{\pi}{4} \times 30^2 \times 5000 = 3534291 mm^3$$

나중 체적 :

$$V_2 = \frac{\pi}{4}(d - \delta)^2 (L + \lambda)$$

$$= \frac{\pi}{4}(30 - 6.064 \times 10^{-3})^2 \times (5000 + 3.032)$$

$$= 3535005 mm^3$$

$$\therefore \triangle V = V_2 - V_1 = 714 mm^3$$

$$\because \lambda = \frac{P\ell}{AE} = \frac{4P\ell}{\pi d^2 E} = \frac{4 \times 90 \times 10^3 \times 5000}{\pi \times 30^2 \times 210 \times 10^3} = 3.032 mm$$

$$\because \mu = \frac{\varepsilon'}{\varepsilon} = \frac{\ell}{\lambda} \cdot \frac{\delta}{d} \text{ 에서}$$

$$\delta = \frac{\mu \lambda d}{\ell} = \frac{3.302 \times 30}{3 \times 5000} = 6.064 \times 10^{-3} mm$$

27

지름 $4cm$의 원형 알루미늄 봉을 비틀림 재료시험기에 걸어 표면의 $45°$ 나선에 부착한 스트레인 게이지로 변형도를 측정하였더니 토크 $120N·m$일 때 변형률 $\varepsilon = 150 \times 10^{-6}$ 얻었다. 이 재료의 전단탄성계수는?

① $31.8GPa$ ② $38.4GPa$

③ $43.1GPa$ ④ $51.2GPa$

$45°$ 각도로 비틀림 시험시

$\varepsilon = \dfrac{\gamma}{2}$ $\therefore \gamma = 2\varepsilon$

여기서 토크는

$T = \tau \cdot Z_P = G\gamma \cdot Z_P = 2G\varepsilon Z_P$

$\therefore G = \dfrac{T}{2\varepsilon Z_P} = \dfrac{T}{2\varepsilon} \times \dfrac{16}{\pi d^3} = \dfrac{8T}{\pi \varepsilon d^3}$

$\quad = \dfrac{8 \times 120}{\pi \times 150 \times 10^{-6} \times (0.04)^3} = 31.83\,GPa$

28

포아송의 비 0.3, 길이 $3m$인 원형단면의 막대에 축방향의 하중이 가해진다. 이 막대의 표면에 원주방향으로 부착된 스트레인 게이지가 -1.5×10^{-4}의 변형률을 나타낼 때, 이 막대의 길이 변화로 옳은 것은?

① $0.135mm$ 압축   ② $0.135mm$ 인장

③ $1.5mm$ 압축   ④ $1.5mm$ 인장

$\nu = \dfrac{\varepsilon'}{\varepsilon}$

$\therefore \varepsilon = \dfrac{\varepsilon'}{\nu} = \dfrac{-1.5 \times 10^{-4}}{0.3} = -5 \times 10^{-4}$

원주방향 직경이 줄어들면 축 길이는 늘어나므로

$\lambda = \varepsilon \ell = 5 \times 10^{-4} \times 3 \times 10^3 = 1.5mm$(인장)

29

세로탄성계수가 $200GPa$, 포아송의 비가 0.3인 관재에 평면하중이 가해지고 있다. 이 관재의 표면에 스트레인 게이지를 부착하고 측정한 결과 $\varepsilon_x = 5 \times 10^{-4}$, $\varepsilon_y = 3 \times 10^{-4}$ 일 때, σ_x는 약 몇 MPa인가? (단, x축과 y축이 이루는 각은 90도이다.)

① 99 ② 100

③ 118 ④ 130

$\varepsilon_x = \dfrac{\sigma_x - \nu\sigma_y}{E}$, $\varepsilon_y = \dfrac{\sigma_y - \nu\sigma_x}{E}$

$\therefore \sigma_y = E\varepsilon_y + \nu\sigma_x$

$\therefore \varepsilon_x = \dfrac{\sigma_x - \nu(E\varepsilon_y + \nu\sigma_x)}{E} = \dfrac{(1-\nu^2)\sigma_x - \nu E\varepsilon_y}{E}$

$\therefore \sigma_x = \dfrac{E(\varepsilon_x + \nu\varepsilon_y)}{1-\nu^2} = \dfrac{200 \times 10^3 \times (5 + 0.3 \times 3) \times 10^{-4}}{1 - 0.3^2}$

$\quad = 129.67 MPa$

30

강재의 인장시험 후 얻어진 응력-변형률 선도로부터 구할 수 없는 것은?

① 안전계수   ② 탄성계수

③ 인장강도   ④ 비례한도

응력-변형률 선도는 후크의 법칙($\sigma = E\varepsilon$)을 나타내므로 안전계수 (S)와는 관련이 없다.

31

힘에 의한 재료의 변형이 그 힘의 제거(除去)와 동시에 원형(原形)으로 복귀하는 재료의 성질은?

① 소성(plasticity) ② 탄성(elasticity)
③ 연성(ductility) ④ 취성(brittleness)

① 소성 : 외력의 크기가 탄성한도를 초과하여 그 힘을 제거해도 일부 변형이 발생하는 성질
② 탄성 : 외력을 제거하는 즉시 원형으로 복귀하는 성질
③ 연성 : 가느다란 선 형태로 늘어나는 성질
④ 취성 : 부서지고 깨지는 성질

32

길이 $15\,m$, 봉의 지름 $10\,mm$인 강봉에 $P = 8kN$ 을 작용시킬 때 이 봉의 길이 방향 변형량은 약 몇 cm인가? (단, 이재료의 세로탄성계수는 $210\,GPa$이다.)

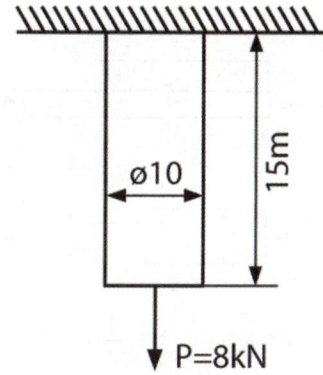

① 0.52 ② 0.64
③ 0.73 ④ 0.85

변형량 식

$$\lambda = \frac{PL}{AE} = \frac{8 \times 10^3 \times 15}{\dfrac{\pi}{4}(0.01)^2 \times 210 \times 10^9} = 0.73\,cm$$

33

세로탄성계수가 $210\,GPa$인 재료에 $200\,MPa$의 인장응력을 가했을 때 재료 내부에 저장되는 단위체적당 탄성변형에너지는 약 몇 $N \cdot m/m^3$인가?

① 95.238 ② 95238
③ 18.538 ④ 185380

단위체적당 탄성변형 에너지는

$$u = \frac{\sigma^2}{2E} = \frac{200 \times 10^6}{2 \times 210 \times 10^9} = 95238.1\,N \cdot m/m^3$$

34

그림과 같이 A, B의 원형 단면봉은 길이가 같고, 지름이 다르며, 양단에서 같은 압축하중 P를 받고 있다. 응력은 각 단면에서 균일하게 분포된다고 할 때 저장되는 탄성 변형 에너지의 비 $\dfrac{U_B}{U_A}$는 얼마가 되겠는가?

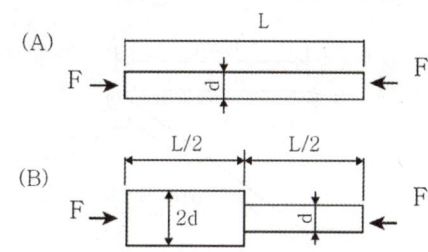

① $\dfrac{1}{4}$ ② $\dfrac{5}{8}$
③ 2 ④ $\dfrac{8}{5}$

$$U_A = \frac{1}{2}P\lambda = \frac{P^2\ell}{2AE} = \frac{P^2\ell}{2E} \cdot \frac{4}{\pi d^2} = \frac{2P^2\ell}{\pi E d^2}$$

$$U_B = \frac{2P^2\left(\dfrac{\ell}{2}\right)}{\pi E(2d)^2} + \frac{2P^2\left(\dfrac{\ell}{2}\right)}{\pi E d^2} = \frac{5P^2\ell}{4\pi E d^2}$$

$$\therefore \frac{U_B}{U_A} = \frac{5}{8}$$

01 02 03 04

35

단면적이 A, 탄성계수가 E, 길이가 L인 막대에 길이방향의 인장하중을 가하여 그 길이가 δ만큼 늘어났다면, 이 때 저장된 탄성변형 에너지는?

① $\dfrac{AE\delta^2}{L}$ ② $\dfrac{AE\delta^2}{2L}$

③ $\dfrac{EL^3\delta^2}{A}$ ④ $\dfrac{EL^3\delta^{-2}}{2A}$

$$U = \frac{P^2 L}{2AE} = \frac{AE\delta^2}{2L}$$

$$\therefore \delta = \frac{PL}{AE}$$

36

그림과 같은 트러스가 점 B에서 그림과 같은 방향으로 $5\,kN$의 힘을 받을 때 트러스에 저장되는 탄성에너지는 약 몇 kJ인가? (단, 트러스의 단면적은 $1.2\,cm^2$, 탄성계수는 $10^6\,Pa$ 이다.)

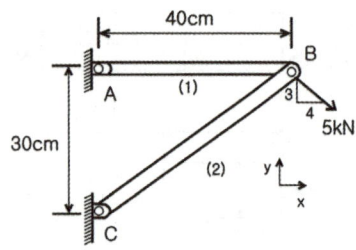

① 52.1   ② 106.7

③ 159.0   ④ 267.7

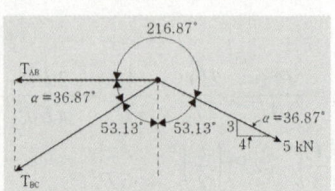

$$\tan\alpha = \frac{3}{4} \qquad \therefore \alpha = \tan^{-1}\frac{3}{4} = 36.87°$$

라미의 정리에 의하여

$$\frac{5}{\sin 36.87°} = \frac{T_{AB}}{\sin(2 \times 53.13°)} = \frac{T_{BC}}{\sin 216.87°}$$

$$\therefore T_{AB} = 8\,kN$$

$$\therefore T_{BC} = |-5\,kN| = 5\,kN$$

$$U = \frac{1}{2}P\lambda = \frac{P^2\ell}{2AE} = \frac{P_1^2\ell_1 + P_2^2\ell_2}{2AE}$$

$$= \frac{(8 \times 10^3)^2 \times 0.4 + (5 \times 10^3)^2 \times 0.5}{2 \times 1.2 \times 10^{-4} \times 10^6} \times 10^{-3}$$

$$= 158.75\,kJ$$

37

그림과 같이 재료가 동일한 A, B의 원형 단면봉에서 같은 크기의 압축하중 F를 받고 있다. 응력은 각 단면에서 균일하게 분포된다고 할 때 저장되는 탄성변형 에너지의 비 $\dfrac{U_B}{U_A}$는 얼마가 되겠는가?

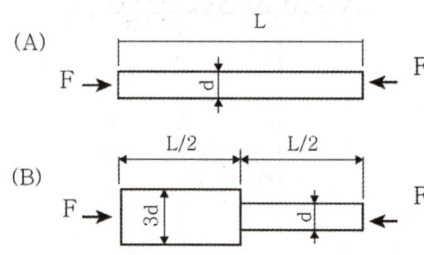

① $\dfrac{5}{9}$ ② $\dfrac{1}{3}$

③ $\dfrac{9}{5}$ ④ 3

$$U_A = \frac{1}{2}P\lambda = \frac{F^2 L}{2AE} = \frac{F^2 L}{2E} \cdot \frac{4}{\pi d^2} = \frac{2F^2 L}{\pi E d^2}$$

$$U_B = \frac{2F^2\left(\dfrac{L}{2}\right)}{\pi E (3d)^2} + \frac{2F^2\left(\dfrac{L}{2}\right)}{\pi E d^2} = \frac{10 F^2 L}{9\pi E d^2}$$

$$\therefore \frac{U_B}{U_A} = \frac{5}{9}$$

38

탄성 계수(영계수) E, 전단 탄성 계수 G, 체적 탄성 계수 K 사이에 성립되는 관계식은?

① $E = \dfrac{9KG}{2K+G}$ ② $E = \dfrac{3K-2G}{6K+2G}$

③ $K = \dfrac{EG}{3(3G-E)}$ ④ $K = \dfrac{9EG}{3E+G}$

$mE = 2G(m+1) = 3K(m-2)$ 식에서

$K = \dfrac{GE}{9G-3E}$

39

그림과 같이 벽돌을 쌓아 올릴 때 최하단 벽돌의 안전계수를 20으로 하면 벽돌의 높이 h를 얼마 만큼 높이 쌓을 수 있는가? (단, 벽돌의 비중량은 $16kN/m^3$, 파괴 압축응력을 $11MPa$로 한다.)

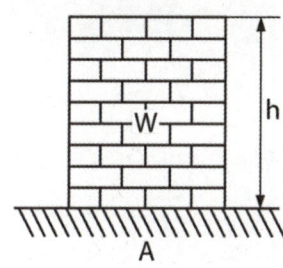

① $34.3m$ ② $25.5m$

③ $45.0m$ ④ $23.8m$

$S = \dfrac{\sigma_u}{\sigma_a}$ $\therefore \sigma_a = \dfrac{\sigma_u}{S} = \dfrac{11}{20} = 0.55\,MPa$

$\sigma_a = \gamma h$ $\therefore h = \dfrac{\sigma_a}{\gamma} = \dfrac{0.55 \times 10^3}{16} = 34.38\,m$

40

열응력에 대한 다음 설명 중 틀린 것은?

① 재료의 선팽창 계수와 관계있다.

② 세로 탄성계수와 관계있다.

③ 재료의 비중과 관계있다.

④ 온도차와 관계있다.

열응력은 $\sigma = E\delta \triangle t$ 이므로 비중과 관계가 없다.

41

길이가 L이고 직경이 d인 강봉을 벽 사이에 고정하고 온도를 $\triangle T$ 만큼 상승시켰다. 이 때 벽에 작용하는 힘은 어떻게 표현되나? (단, 강봉의 탄성계수는 E이고, 선팽창계수는 α이다.)

① $\dfrac{\pi E\alpha \triangle Td^2 L}{16}$ ② $\dfrac{\pi E\alpha \triangle Td^2}{2}$

③ $\dfrac{\pi E\alpha \triangle Td^2 L}{8}$ ④ $\dfrac{\pi E\alpha \triangle Td^2}{4}$

열응력 $\sigma = E\alpha \triangle T$ 이고 $P = \sigma \cdot A$ 이므로

$P = E\alpha \triangle T \cdot A = \dfrac{\pi E\alpha \triangle Td^2}{4}$

42

그림과 같이 초기온도 $20℃$, 초기길이 $19.95cm$, 지름 $5cm$인 봉을 간격이 $20cm$인 두 벽면 사이에 넣고 봉의 온도를 $220℃$로 가열했을 때 봉에 발생되는 응력은 몇 MPa인가? (단, 탄성계수 $E = 210\,GPa$이고, 균일 단면을 갖는 봉의 선팽창계수 $\alpha = 1.2 \times 10^{-5}/℃$이다.)

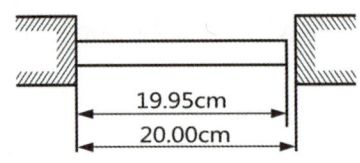

① 0
② 25.2
③ 257
④ 504

$\lambda = \alpha \triangle t \ell = 1.2 \times 10^{-5} \times (220 - 20) \times 19.95$
$= 0.0479\,cm$

틈새가 $0.05\,cm$이므로 반대편 벽에 닿지 않아 응력 생기지 않는다.

43

철도 레일의 온도가 $50℃$에서 $15℃$로 떨어졌을 때 레일에 생기는 열응력은 약 몇 MPa인가?
(단, 선팽창계수는 $0.000012/℃$, 세로탄성계수는 $210\,GPa$이다)

① 4.41
② 8.82
③ 44.1
④ 88.2

$\sigma = E\alpha \triangle t = 210 \times 10^3 \times 1.2 \times 10^{-5} \times 35$
$= 88.2\,MPa$

44

단면적이 $5cm^2$, 길이가 $60cm$인 연강봉을 천장에 매달고 $30℃$에서 $0℃$로 냉각시킬 때 길이의 변화를 없게 하려면 봉의 끝에 몇 kN의 추를 달아야 하는가?
(단, 세로탄성계수 $200\,GPa$, 열팽창계수 $12 \times 10^{-6}/℃$이고, 봉의 자중은 무시한다.)

① 60
② 36
③ 30
④ 24

$\sigma = E\alpha \triangle t = \dfrac{P}{A}$

$\therefore P = \sigma A = E\alpha \triangle t A$
$= 200 \times 10^6 \times 12 \times 10^{-6} \times 30 \times 5 \times 10^{-4}$
$= 36kN$

02 하중의 작용

01

다음과 같은 기둥에서 σ_1에 대한 식으로 옳은 것은?

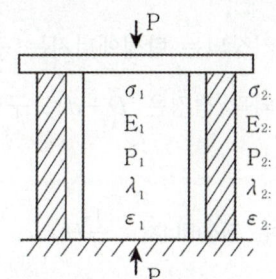

① $\sigma_1 = \dfrac{PE_1}{A_1E_1 + A_2E_2}$ ② $\sigma_1 = \dfrac{PE_2}{A_1E_1 + A_2E_2}$

③ $\sigma_1 = \dfrac{PA_1}{A_1E_1 + A_2E_2}$ ④ $\sigma_1 = \dfrac{PA_2}{A_1E_1 + A_2E_2}$

$$\sigma_1 = \dfrac{PE_1}{A_1E_1 + A_2E_2}$$

02

자중에 의한 응력과 변형량에 대한 설명 중 옳지 않은 것은?

① 원기둥의 자중에 의한 응력은 $\sigma_x = \gamma l_x$ 이다.

② 원기둥의 자중에 의한 변형량은 $\lambda_x = \dfrac{\gamma l_x{}^2}{2E}$ 이다.

③ 원추기둥의 자중에 의한 응력은 $\sigma_x = \dfrac{\gamma l_x}{3}$ 이다.

④ 원추기둥의 자중에 의한 변형량은 $\lambda_x = \dfrac{\gamma l_x{}^2}{9E}$ 이다.

원추기둥의 자중에 의한 변형량 : $\dfrac{\gamma l_x{}^2}{6E}$

03

다음 그림과 같은 힘의 분포에서 라미의 정리에 대한 식으로 옳은 것은?

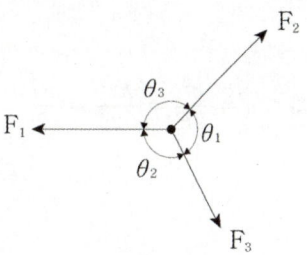

① $\dfrac{F_1}{\sin\theta_3} = \dfrac{F_2}{\sin\theta_1} = \dfrac{F_3}{\sin\theta_2}$

② $\dfrac{F_1}{\sin\theta_1} = \dfrac{F_2}{\sin\theta_2} = \dfrac{F_3}{\sin\theta_3}$

③ $\dfrac{F_1}{\sin\theta_2} = \dfrac{F_2}{\sin\theta_3} = \dfrac{F_3}{\sin\theta_1}$

④ $\dfrac{F_1}{\sin\theta_3} = \dfrac{F_2}{\sin\theta_2} = \dfrac{F_3}{\sin\theta_1}$

라미의 정리 : $\dfrac{F_1}{\sin\theta_1} = \dfrac{F_2}{\sin\theta_2} = \dfrac{F_3}{\sin\theta_3}$

04

다음 열응력에 대한 식들 중 옳지 않은 것은?

① 열응력은 $\sigma = E\alpha\triangle t$ 이다.
② 열에 의한 변형률은 $\varepsilon = \alpha\triangle t$ 이다.
③ 열에 의한 변형량은 $\lambda = \alpha\triangle t\ell$ 이다.
④ 열에 의한 힘은 $P = E\alpha\triangle t\ell$ 이다.

열에 의한 힘 : $P = E\alpha\triangle t A$

05

수직응력에 의한 최대탄성에너지 식으로 옳지 않은 것은?

① $\dfrac{\sigma^2}{2E}$

② $\dfrac{E\varepsilon^2}{2}$

③ $\dfrac{\sigma\varepsilon}{2}$

④ $\dfrac{\sigma V}{2}$

최대탄성에너지 : $u = \dfrac{\sigma^2}{2E} = \dfrac{E\varepsilon^2}{2} = \dfrac{\sigma\varepsilon}{2}$

06

내압을 받는 원통에 대한 설명으로 옳지 않은 것은?

① 원주 방향 응력은 $\sigma_1 = \dfrac{pd}{2t}$ 이다.

② 축 방향 응력은 $\sigma_2 = \dfrac{pd}{4t}$ 이다.

③ 원통 두께 설계시 원주방향 응력보다 축 방향 응력이 더 작으므로 축 방향 응력 기준으로 제작한다.

④ 보일러 동판이 터진다면 길이방향과 평행하게 균열이 일어난다.

원통 두께 설계시 축방향 응력보다 원주 방향 응력이 더 크므로 파괴되기 쉬운 방향이다. 따라서 원주 방향 응력 기준으로 제작한다.

07

다음 중 코일 스프링에 대한 설명으로 옳지 않은 것은?

① 병렬 연결시 전체 스프링 상수는 모든 스프링의 상수를 더한 값이다.

② 스프링의 최대 처짐량은 $\dfrac{8nPD^3}{Gd^4}$ 이다.

③ 스프링에 저장되는 탄성에너지는 $\dfrac{1}{2}P\delta^2$ 이다.

④ 코일의 최외곽 직경은 $D+d$로 구할 수 있다.

스프링에 저장되는 탄성에너지 : $\dfrac{1}{2}P\delta$

08

그림과 같이 길이가 동일한 2개의 기둥 상단 중심에 압축 하중 $2500N$이 작용할 경우 전체 수축량은 약 몇 mm인가? (단, 단면적 $A_1 = 1000mm^2$, $A_2 = 2000mm^2$, 길이 $L = 300mm$, 재료의 탄성계수 $E = 90GPa$이다.)

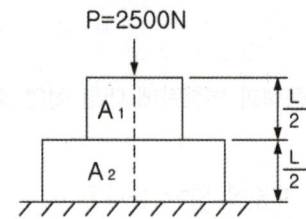

① 0.625

② 0.0625

③ 0.00625

④ 0.000625

$$\lambda = \lambda_1 + \lambda_2 = \frac{P \cdot \dfrac{L}{2}}{A_1 E} + \frac{P \cdot \dfrac{L}{2}}{A_2 E} = \frac{PL}{2E}\left(\frac{1}{A_1} + \frac{1}{A_2}\right)$$

$$= \frac{2500 \times 300}{2 \times 90 \times 10^3} \times \left(\frac{1}{1000} + \frac{1}{2000}\right) = 0.00625\,mm$$

09

그림과 같이 지름 d인 강철봉이 안지름 d, 바깥지름 D인 동관에 끼워져서 두 강체 평판 사이에서 압축되고 있다. 강철봉 및 동관에 생기는 응력을 각각 σ_s, σ_c 라고 하면 응력의 비(σ_s / σ_c)의 값은? (단, 강철(Es) 및 동(Ec)이 탄성계수는 각각 $Es = 200\,GPa$, $Ec = 120\,GPa$이다.)

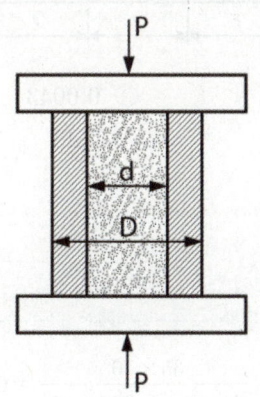

① $\dfrac{3}{5}$ ② $\dfrac{4}{5}$

③ $\dfrac{5}{4}$ ④ $\dfrac{5}{3}$

$$\sigma_s = \frac{PE_s}{A_s E_s + A_c E_c}, \ \sigma_c = \frac{PE_c}{A_s E_s + A_c E_c}$$

$$\therefore \ \frac{\sigma_s}{\sigma_c} = \frac{E_s}{E_c} = \frac{200}{120} = \frac{5}{3}$$

10

그림과 같이 두 가지 재료로 된 봉이 하중 P를 받으면서 강체로 된 보를 수평으로 유지시키고 있다. 강봉에 작용하는 응력이 $150\,MPa$일 때 Al봉에 작용하는 응력은 몇 MPa인가? (단, 강과 Al의 탄성계수의 비는 $E_s / E_a = 3$이다.)

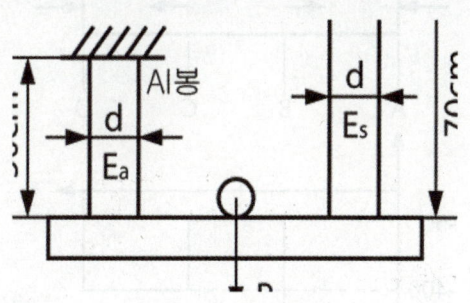

① 70 ② 270

③ 555 ④ 875

알루미늄 봉의 신장량은 강봉의 신장량과 같으므로

$$\frac{P_a \ell_a}{AE_a} = \frac{P_s \ell_s}{AE_s}$$

$$\therefore \sigma_a = \frac{E_a}{E_s} \cdot \frac{\ell_s}{\ell_a} \cdot \sigma_s = \frac{1}{3} \times \frac{70}{50} \times 150 \times 10^6 = 70\,MPa$$

11

지름이 동일한 봉에 위 그림과 같이 하중이 작용할 때 단면에 발생하는 축 하중 선도는 아래 그림과 같다. 단면 C에 작용하는 하중(F)는 얼마인가?

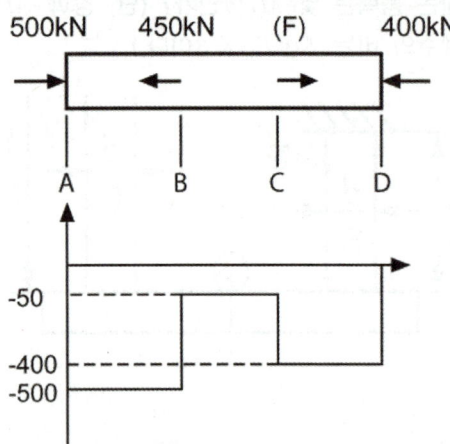

① 150
② 250
③ 350
④ 450

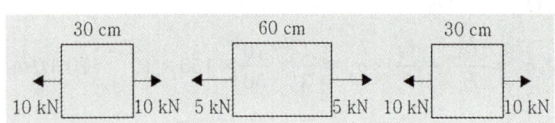

12

단면적이 $4cm^2$인 강봉에 그림과 같은 하중이 작용하고 있다. $W = 60kN$, $P = 25kN$, $\ell = 20cm$일 때, BC부분의 변형률 ε은 얼마인가?
(단, 세로탄성계수는 $200GPa$이다.)

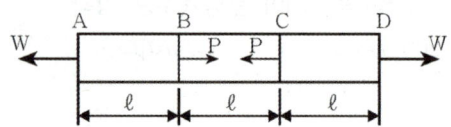

① 0.00043
② 0.0043
③ 0.043
④ 0.43

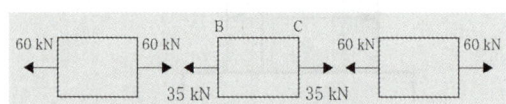

$$\varepsilon = \frac{\lambda}{\ell} = \frac{P}{AE} = \frac{35 \times 10^3}{4 \times 10^{-4} \times 200 \times 10^9} = 0.00043$$

13

길이가 $\ell + 2a$ 인 균일 단면 봉의 양단에 인장력 P가 작용하고 양 단에서의 거리가 a인 단면 Q에 축 하중이 가해져 인장될 때 봉에 일어나는 변형량은 약 몇 cm인가? (단, $\ell = 60cm$, $a = 30cm$, $P = 10kN$, $Q = 5kN$, 단면적 $A = 4cm^2$, 탄성계수는 $210GPa$이다.)

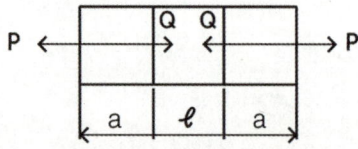

① 0.0107
② 0.0207
③ 0.0307
④ 0.0407

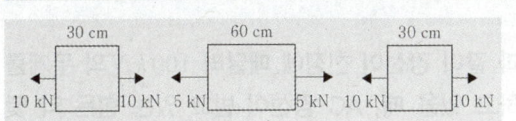

$$\lambda = \lambda_1 + \lambda_2 + \lambda_3 = \frac{P_1\ell_1 + P_2\ell_2 + P_3\ell_3}{AE}$$

$$= \frac{(10 \times 0.3 + 5 \times 0.6 + 10 \times 0.3) \times 10^3}{4 \times 10^{-4} \times 210 \times 10^9} \times 10^2$$

$$= 0.0107\,cm$$

14

그림과 같은 하중을 받고 있는 수직 봉의 자중을 고려한 총 신장량은? (단, 하중$= P$, 막대 단면적$= A$, 비중량$= \gamma$, 탄성계수$= E$ 이다.)

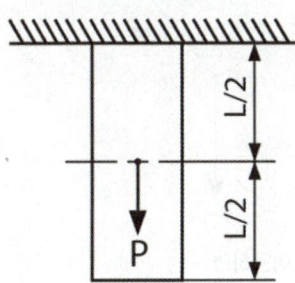

① $\dfrac{L}{E}\left(\gamma L + \dfrac{P}{A}\right)$ ② $\dfrac{L}{2E}\left(\gamma L + \dfrac{P}{A}\right)$

③ $\dfrac{L}{2E^2}\left(\gamma L + \dfrac{P}{A}\right)$ ④ $\dfrac{L}{E^2}\left(\gamma L + \dfrac{P}{A}\right)$

자중을 고려한 신장량

$$\lambda = \lambda_1 + \lambda_2 = \frac{L}{2E}\left(\frac{P}{A} + \gamma L\right)$$

∵ 하중에 의한 신장량 : $\lambda_1 = \dfrac{P\left(\dfrac{L}{2}\right)}{AE}$

∵ 자중에 의한 신장량 : $\lambda_2 = \dfrac{\gamma L^2}{2E}$

15

높이가 L이고 저면의 지름이 D, 단위 체적당 중량 γ의 그림과 같은 원추형의 재료가 자중에 의해 변형될 때 저장된 변형에너지 값은? (단, 세로탄성계수는 E 이다.)

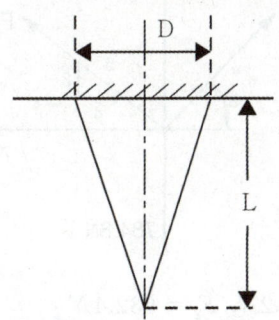

① $\dfrac{\pi\gamma D^2 L^3}{24E}$ ② $\dfrac{(\pi\gamma^2\pi^2 D^3)^2}{72E}$

③ $\dfrac{\pi\gamma DL^2}{96E}$ ④ $\dfrac{\gamma^2\pi D^2 L^3}{360E}$

닮음비 $x : D_x = L : D$ ∴ $D_x = \dfrac{D \cdot x}{L}$

자중에 의한 늘음량으로 생긴 내부에너지는

$$dU = \frac{1}{2}W_x d\delta$$

ⅰ) $W_x = \displaystyle\int_0^x \gamma A_x dx = \gamma \frac{\pi D^2}{4}\int_0^x \left(\frac{x}{L}\right)^2 dx$

$$= \gamma \frac{\pi D^2}{4}\frac{x^3}{3L^2}$$

ⅱ) $\sigma_x = E\varepsilon_x = E\dfrac{d\delta}{dx}$ ∴ $d\delta = \dfrac{\sigma_x dx}{E} = \dfrac{\gamma x}{3E}dx$

$$\sigma_x = \frac{W_x}{A_x} = \frac{\gamma \dfrac{\pi D^2}{4}\dfrac{x^3}{3L^2}}{\dfrac{\pi D^2}{4}\left(\dfrac{x}{L}\right)^2} = \frac{\gamma x}{3}$$

∴ $dU = \dfrac{\gamma^2\pi D^2 x^4}{72EL^2}dx$ 이것을 적분하면

$$\int_0^L dU = \frac{\gamma^2\pi D^2}{72EL^2}\left[\frac{1}{5}x^5\right]_0^L$$

$$U = \frac{\gamma^2\pi D^2 L^3}{360E}dx$$

16

그림에서 $784.8N$과 평형을 유지하기 위한 힘 F_1과 F_2는?

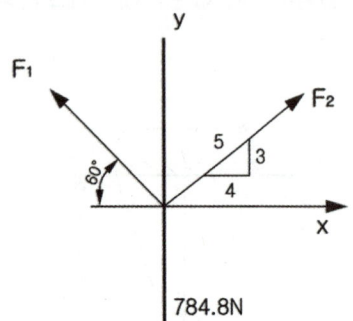

① $F_1 = 395.2N$, $F_2 = 632.4N$

② $F_1 = 790.4N$, $F_2 = 632.4N$

③ $F_1 = 790.4N$, $F_2 = 395.2N$

④ $F_1 = 632.4N$, $F_2 = 395.2N$

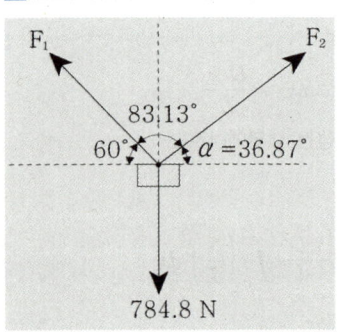

그림에서

$$\sin \alpha = \frac{3}{5} \quad \therefore \alpha = \sin^{-1}\frac{3}{5} = 36.87°$$

라미의 정리를 이용하면

$$\frac{F_1}{\sin 126.87°} = \frac{F_2}{\sin 150°} = \frac{784.8}{\sin 83.13°}$$

$$\therefore F_1 = 632.38\,N, \quad F_2 = 395.24\,N$$

17

그림과 같이 강선이 천정에 매달려 $100\,kN$의 무게를 지탱하고 있을 때, AC 강선이 받고 있는 힘은 약 몇 kN 인가?

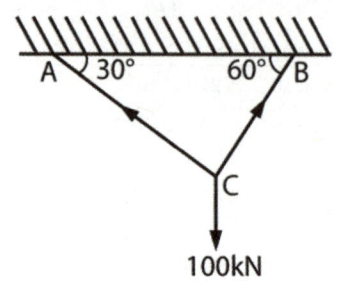

① 30

② 40

③ 50

④ 60

힘의 분포를 그림으로 나타내면 아래와 같으므로

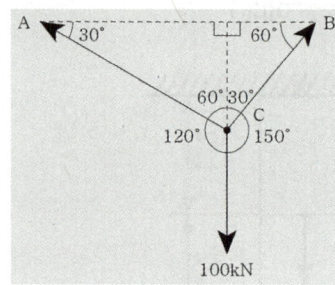

라미의 정리를 이용하면

$$\frac{100 \times 10^3}{\sin 90} = \frac{F_{AC}}{\sin 150}$$

$$F_{AC} = 50\,KN$$

18

그림과 같은 트러스 구조물의 AC, BC부재가 핀 C에서 수직하중 $P = 1000N$의 하중을 받고 있을 때 AC부재의 인장력은 약 몇 N인가?

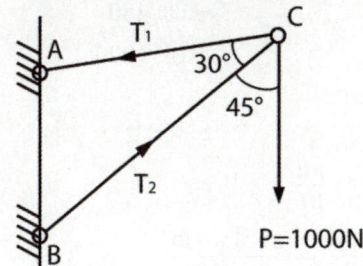

① 141
② 707
③ 1414
④ 1732

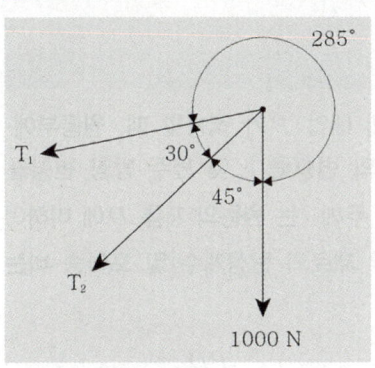

라미의 정리에 의해서

$$\frac{T_1}{\sin 45°} = \frac{1000}{\sin 30°}$$

$$\therefore T_1 = \frac{1000}{\sin 30°} \times \sin 45° = 1414.21\,N$$

19

코일스프링의 권수를 n, 코일의 지름 D, 소선의 지름 d인 코일스프링의 전체처짐 δ는? (단, 이 코일에 작용하는 힘은 P, 가로탄성계수는 G이다.)

① $\dfrac{8nPD^3}{Gd^4}$
② $\dfrac{8nPD^2}{Gd}$

③ $\dfrac{8nPD^2}{Gd^2}$
④ $\dfrac{8nPD}{Gd^2}$

코일 스프링의 처짐량

$$\delta = \frac{8nPD^3}{Gd^4}$$

20

평면 응력 상태에서 $\varepsilon_x = -150 \times 10^{-6}$, $\varepsilon_y = -280 \times 10^{-6}$, $\gamma_{xy} = 850 \times 10^{-6}$ 일 때, 최대주변형률(ε_1)과 최소주변형률(ε_2)은 각각 약 얼마인가?

① $\varepsilon_1 = 215 \times 10^{-6}$, $\varepsilon_2 = -645 \times 10^{-6}$
② $\varepsilon_1 = 645 \times 10^{-6}$, $\varepsilon_2 = 215 \times 10^{-6}$
③ $\varepsilon_1 = 315 \times 10^{-6}$, $\varepsilon_2 = -645 \times 10^{-6}$
④ $\varepsilon_1 = 545 \times 10^{-6}$, $\varepsilon_2 = 315 \times 10^{-6}$

$$\varepsilon_1 = \frac{1}{2}(\varepsilon_x + \varepsilon_y) + \frac{1}{2}\sqrt{(\varepsilon_x - \varepsilon_y)^2 + \gamma_{xy}^2}$$
$$= 214.94 \times 10^{-6}$$

$$\varepsilon_2 = \frac{1}{2}(\varepsilon_x + \varepsilon_y) - \frac{1}{2}\sqrt{(\varepsilon_x - \varepsilon_y)^2 + \gamma_{xy}^2}$$
$$= -644.94 \times 10^{-6}$$

21

원통형 코일스프링에서 코일 반지름 R 소선의 지름 d, 전단탄성계수를 G라고 하면 코일스프링 한 권에 대해서 하중 P가 작용할 때 소선의 비틀림 각 ϕ를 나타내는 식은?

① $\dfrac{32PR}{Gd^2}$ ② $\dfrac{32PR^2}{Gd^2}$

③ $\dfrac{64PR}{Gd^4}$ ④ $\dfrac{64PR^2}{Gd^4}$

스프링의 미소 처짐량

$d\delta = R \cdot d\phi$

$\therefore \delta = R\phi$

스프링의 최대 처짐량

$\delta_{\max} = \dfrac{8nPD^3}{Gd^4} = R\phi_{\max}$

$\therefore \phi_{\max} = \dfrac{8 \times 1 \times P \times 8R^3}{Gd^4 R} = \dfrac{64PR^2}{Gd^4}$

$\therefore$ 한 권 : $n = 1$

22

두께 $10mm$의 강판을 사용하여 직경 $2.5m$의 원통형 압력용기를 제작하였다. 용기에 작용하는 최대 내부 압력이 $1200kPa$일 때 원주응력(후프 응력)은 몇 MPa인가?

① 50   ② 100

③ 150   ④ 200

내압을 받는 원통용기의 원주응력

$\sigma_1 = \dfrac{pd}{2t} = \dfrac{1200 \times 10^3 \times 2.5}{2 \times 0.01} = 150MPa$

23

최대 사용강도($\sigma_{\max}$) $= 240MPa$, 내경 $1.5m$, 두께 $3mm$의 강재 원통형 용기가 견딜 수 있는 최대 압력은 몇 kPa인가? (단, 안전계수는 2이다.)

① 240   ② 480

③ 960   ④ 1920

$\sigma_a = \dfrac{\sigma_{\max}}{S} = \dfrac{pd}{2t}$

$\therefore p = \dfrac{2t\sigma_{\max}}{Sd} = \dfrac{2 \times 3 \times 240}{2 \times 1500}$

$\quad = 0.48MPa = 480kPa$

24

원통형 압력용기에 내압 P가 작용할 때, 원통부에 발생하는 축 방향의 변형률 ε_x 및 원주 방향 변형률 ε_y는? (단, 강판의 두께 t는 원통의 지름 D에 비하여 충분히 작고, 강판 재료의 탄성계수 및 포아송 비는 각각 E, ν이다.)

① $\varepsilon_x = \dfrac{PD}{4tE}(1-2\nu)$, $\varepsilon_y = \dfrac{PD}{4tE}(1-\nu)$

② $\varepsilon_x = \dfrac{PD}{4tE}(1-2\nu)$, $\varepsilon_y = \dfrac{PD}{4tE}(2-\nu)$

③ $\varepsilon_x = \dfrac{PD}{4tE}(2-\nu)$, $\varepsilon_y = \dfrac{PD}{4tE}(1-\nu)$

④ $\varepsilon_x = \dfrac{PD}{4tE}(1-\nu)$, $\varepsilon_y = \dfrac{PD}{4tE}(2-\nu)$

축방향 응력(σ_x) 및 원주방향 응력 (σ_y)은

$\sigma_x = \dfrac{PD}{4t}, \quad \sigma_y = \dfrac{PD}{2t}$

2축 응력에서 변형률은

$\varepsilon_x = \dfrac{\sigma_x - \nu\sigma_y}{E} = \dfrac{PD(1-2\nu)}{4tE}$

$\varepsilon_y = \dfrac{\sigma_y - \nu\sigma_x}{E} = \dfrac{PD(2-\nu)}{4tE}$

25

지름이 $1.2m$, 두께가 $10mm$인 구형 압력용기가 있다. 용기 재질의 허용인장응력이 $42MPa$일 때 안전하게 사용할 수 있는 최대 내압은 약 몇 MPa인가?

① 1.1   ② 1.4
③ 1.7   ④ 2.1

내압을 받는 구형 용기의 허용인장응력은

$$\sigma_a = \frac{pd}{4t}$$

$$\therefore p = \frac{4\sigma_t t}{d} = \frac{4 \times 42 \times 10}{1200} = 1.4\,MPa$$

26

판 두께 $3mm$를 사용하여 내압 $20kN/cm^2$을 받을 수 있는 구형(spherical) 내압용기를 만들려고 할 때, 이 용기의 최대 안전내경 d를 구하면 몇 cm인가? (단, 허용 인장응력은 $\sigma_w = 800kN/cm^2$으로 한다.)

① 24   ② 48
③ 72   ④ 96

$$\sigma_1 = \frac{pd}{4t}$$

$$\therefore d = \frac{4\sigma_1 t}{p} = \frac{4 \times 800 \times 10^3 \times 0.3}{20 \times 10^3} = 48cm$$

27

안지름 $1m$, 두께 $5mm$의 구형 압력 용기에 길이 $15mm$ 스트레인 게이지를 그림과 같이 부착하고, 압력을 가하였더니 게이지의 길이가 $0.009mm$만큼 증가했을 때, 내압 p의 값은 약 몇 MPa인가? (단, 세로탄성계수는 $200GPa$, 포아송 비는 0.3이다.)

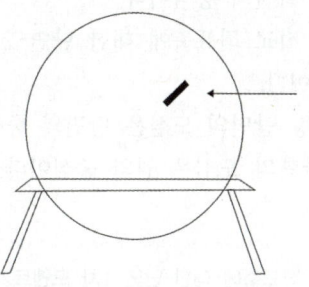

① 3.43MPa ② 6.43MPa
③ 13.4MPa ④ 16.4MPa

구형 압력 용기에서

$$\sigma_x = \sigma_y = \frac{pd}{4t} = \sigma$$

$$\varepsilon = \frac{\sigma}{E} - \frac{\sigma}{mE} = \frac{\sigma(1-\nu)}{E} = \frac{\lambda}{\ell}$$

$$\therefore \frac{pd(1-\nu)}{4tE} = \frac{\lambda}{\ell}$$

$$\therefore p = \frac{4tE\lambda}{\ell d(1-\nu)}$$

$$= \frac{4 \times 5 \times 200 \times 10^3 \times 0.009}{15 \times 1000 \times (1-0.3)}$$

$$= 3.43\,MPa$$

03 재료의 단면

01

다음 중 도심에 대한 설명으로 옳지 않은 것은?

① 도심은 회전의 중심이다.
② 도심은 직교 좌표축에 대한 단면 2차 모멘트가 0인 점이다.
③ 정사각형 단면의 도심은 단면의 중심이다.
④ 원형 단면의 도심은 원의 중심이다.

도심은 직교 좌표축에 대한 단면 1차 모멘트가 0인 점이다.

02

다음과 같이 배열된 직각 삼각형의 도심의 위치로 옳은 것은?

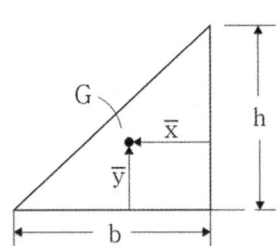

① $\bar{x} = \dfrac{b}{2}, \ \bar{y} = \dfrac{h}{2}$　　② $\bar{x} = \dfrac{b}{3}, \ \bar{y} = \dfrac{h}{2}$

③ $\bar{x} = \dfrac{b}{2}, \ \bar{y} = \dfrac{h}{3}$　　④ $\bar{x} = \dfrac{b}{3}, \ \bar{y} = \dfrac{h}{3}$

직각삼각형의 도심 : $\bar{x} = \dfrac{b}{3}, \ \bar{y} = \dfrac{h}{3}$

03

다음과 같은 도형의 도심의 위치로 옳은 것은?

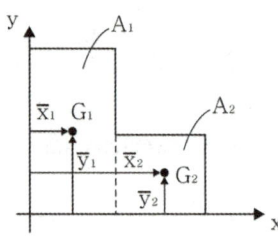

① $\bar{x} = \dfrac{A_1 x_1 + A_2 y_1}{A_1 + A_2}, \quad \bar{y} = \dfrac{A_1 y_1 + A_2 x_2}{A_1 + A_2}$

② $\bar{x} = \dfrac{A_1 x_2 + A_2 x_1}{A_1 + A_2}, \quad \bar{y} = \dfrac{A_1 y_2 + A_2 y_1}{A_1 + A_2}$

③ $\bar{x} = \dfrac{A_1 x_1 + A_2 x_2}{A_1 + A_2}, \quad \bar{y} = \dfrac{A_1 y_1 + A_2 y_2}{A_1 + A_2}$

④ $\bar{x} = \dfrac{A_1 y_1 + A_2 x_2}{A_1 + A_2}, \quad \bar{y} = \dfrac{A_1 x_1 + A_2 y_2}{A_1 + A_2}$

결합도형의 도심 위치
$$\bar{x} = \frac{A_1 x_1 + A_2 x_2}{A_1 + A_2}, \quad \bar{y} = \frac{A_1 y_1 + A_2 y_2}{A_1 + A_2}$$

04

다음 중 단면 2차 모멘트에 대한 설명으로 틀린 것은?

① 도심을 지나는 축에 대한 단면 2차모멘트는 최소값을 가진다.
② 단면 2차모멘트는 $I = AK^2$으로 나타낼 수 있다.
③ x축에 대한 단면 2차모멘트 값이 최소이면 y축에 대한 단면 2차모멘트 값도 최소이다.
④ 회전반경은 단면 2차 반지름이라고 부른다.

---

y축이 도심을 지나지 않을 경우엔 y축에 대한 단면 2차 모멘트가 최소가 아닐 수 있다.

05

다음 그림과 같은 도형의 단면 2차모멘트 값으로 옳은 것은?

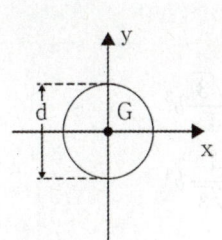

① $I_x = \dfrac{\pi d^4}{16}$, $I_y = \dfrac{\pi d^4}{16}$

② $I_x = \dfrac{\pi d^4}{32}$, $I_y = \dfrac{\pi d^4}{32}$

③ $I_x = \dfrac{\pi d^4}{64}$, $I_y = \dfrac{\pi d^4}{64}$

④ $I_x = \dfrac{\pi d^4}{128}$, $I_y = \dfrac{\pi d^4}{128}$

원형단면의 단면 2차 모멘트

$$I_x = \frac{\pi d^4}{64}, \ I_y = \frac{\pi d^4}{64}$$

06

다음 중 단면 2차모멘트의 단위로 옳은 것은?

① mm ② mm^2

③ mm^3 ④ mm^4

단면 2차 모멘트의 단위 : mm^4

07

다음 중 극단면 2차모멘트의 식으로 옳은 것은?

① $I_P = I_x \times I_y$ ② $I_P = I_x - I_y$

③ $I_P = I_x \div I_y$ ④ $I_P = I_x + I_y$

극단면 2차 모멘트 : $I_P = I_x + I_y$

08

다음 중 평행축 정리에 대한 설명으로 옳지 않은 것은?

① 도심 위에 있지 않은 축에 대한 단면 2차 모멘트이다.

② 도심 위에 있지 않은 축에 대한 단면 2차 모멘트는 항상 도심을 지나는 축에 대한 단면 2차 모멘트보다 작다.

③ x축에 대한 평행축 정리의 식은 $I_x' = I_x + a^2 A$ 이다.

④ 위 보기에서 a는 x축의 y방향으로의 이동 거리를 말한다.

도심을 지나는 축에 대한 단면 2차 모멘트 값이 최소이다.

09

다음 그림과 같은 부채꼴의 도심의 위치 $\overline{x}$는?

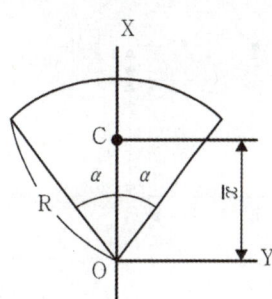

① $\overline{x} = \dfrac{2}{3} R$ ② $\overline{x} = \dfrac{3}{4} R$

③ $\overline{x} = \dfrac{3}{4} R \sin \alpha$ ④ $\overline{x} = \dfrac{2R}{3\alpha} \sin \alpha$

부채꼴의 도심 : $\overline{x} = \dfrac{2R}{3\alpha}\sin\alpha$

10

그림과 같은 직사각형 단면에서 $y_1 = (2/3)h$ 의 위쪽 면적 (빗금 부분)의 중립축에 대한 단면 1차모멘트 Q는?

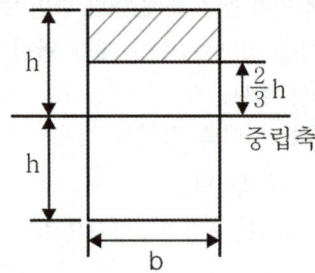

① $\dfrac{3}{8}bh^2$ ② $\dfrac{3}{8}bh^3$

③ $\dfrac{5}{18}bh^2$ ④ $\dfrac{5}{18}bh^3$

$$Q = A\bar{y} = \frac{bh}{3} \cdot \frac{5h}{6} = \frac{5}{18}bh^2$$

$$\because A = b \cdot \frac{h}{3} = \frac{bh}{3}$$

$$\bar{y} = \frac{2}{3}h + \frac{1}{2} \cdot \frac{h}{3} = \frac{5h}{6}$$

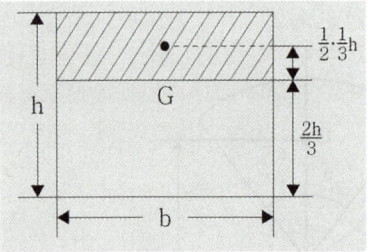

11

지름 d인 원형단면으로부터 절취하여 단면 2차 모멘트 I가 가장 크도록 사각형 단면[폭(b)×높이(h)]을 만들 때 단면 2차 모멘트를 사각형 폭(b)에 관한 식으로 옳게 나타낸 것은?

① $\dfrac{\sqrt{3}}{4}b^4$ ② $\dfrac{\sqrt{3}}{4}b^3$

③ $\dfrac{4}{\sqrt{3}}b^3$ ④ $\dfrac{4}{\sqrt{3}}b^4$

사각형의 각 변과 원의 지름의 관계는
$$d^2 = b^2 + h^2$$
따라서 사각형 단면의 단면 2차 모멘트는

$$I = \frac{bh^3}{12} = \frac{\sqrt{d^2 - h^2} \times h^3}{12} = \frac{(d^2h^6 - h^8)^{\frac{1}{2}}}{12}$$

위 식을 h에 관하여 미분하면

$$\frac{dI}{dh} = \frac{1}{12} \times \frac{1}{2}(d^2h^6 - h^8)^{-\frac{1}{2}} \times (6d^2h^5 - 8h^7) = 0$$

$$\therefore 6d^2h^5 - 8h^7 = 0$$

$$\therefore h = \frac{\sqrt{3}}{2}d$$

$$\therefore d^2 = b^2 + \frac{3}{4}d^2 \quad \therefore d = 2b$$

$$I = \frac{bh^3}{12} = \frac{b \cdot \left(\frac{\sqrt{3}}{2} \times 2b\right)^3}{12} = \frac{3\sqrt{3}}{12}b^4 = \frac{\sqrt{3}}{4}b^4$$

12

단면 2차모멘트가 $251cm^4$인 I형강 보가 있다. 이 단면의 높이가 $20cm$라면, 굽힘 모멘트 $M = 2510$ $N \cdot m$을 받을 때 최대 굽힘 응력은 몇 MPa인가?

① 100 　　② 50 　　③ 20 　　④ 5

보의 최대 굽힘 모멘트
$M = \sigma_b \cdot Z$

$\therefore \sigma_b = \dfrac{M}{Z} = \dfrac{M}{\dfrac{I}{e}} = \dfrac{2510}{\dfrac{251 \times 10^{-8}}{0.1}} = 100MPa$

13

다음 단면의 도심 축$(X-X)$에 대한 관성모멘트는 약 몇 m^4 인가?

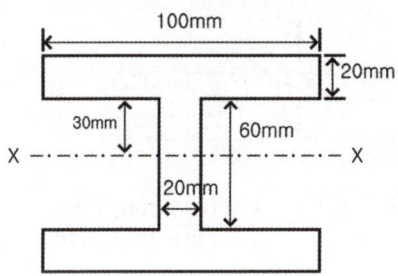

① 3.627×10^{-6} 　　② 4.267×10^{-7}

③ 4.933×10^{-7} 　　④ 6.893×10^{-6}

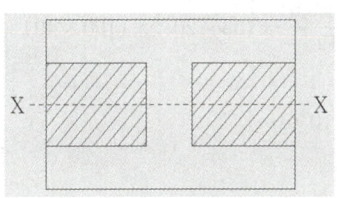

모든 도형의 도심이 중립축 위에 위치하므로 전체 직사각형에서 색칠한 부분을 빼면

$I = \dfrac{0.1^4}{12} - \left(\dfrac{0.1 \times 0.06^3}{12} - \dfrac{0.02 \times 0.06^3}{12} \right)$

$\quad = 6.893 \times 10^{-6} m$

14

그림과 같은 빗금 친 단면을 갖는 중공축이 있다. 이 단면의 O점에 관한 극단면 2차모멘트는?

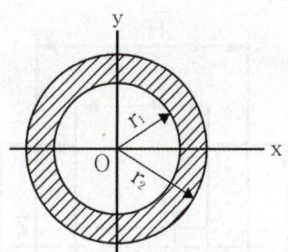

① $\pi(r_2^4 - r_1^4)$ 　　　　② $\dfrac{\pi}{2}(r_2^4 - r_1^4)$

③ $\dfrac{\pi}{4}(r_2^4 - r_1^4)$ 　　　　④ $\dfrac{\pi}{16}(r_2^4 - r_1^4)$

$I_P = \dfrac{\pi(d_2^4 - d_1^4)}{32} = \dfrac{2^4 \pi(r_2^4 - r_1^4)}{32} = \dfrac{\pi}{2}(r_2^4 - r_1^4)$

15

다음 그림과 같은 사각단면의 상승 모멘트(Product of inertia) I_{xy}는 얼마인가?

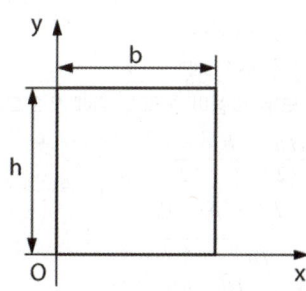

① $\dfrac{b^2 h^2}{4}$ 　② $\dfrac{b^2 h^2}{3}$ 　③ $\dfrac{b^2 h^3}{4}$ 　④ $\dfrac{bh^3}{3}$

상승모멘트

$I_{xy} = \displaystyle\int_A xy\,dA = \bar{x} \cdot \bar{y} \cdot A = \dfrac{b}{2} \times \dfrac{h}{2} \times bh = \dfrac{b^2 h^2}{4}$

그림의 H형 단면의 도심축인 Z축에 관한 회전반경
(radius of gyration)은 얼마인가?

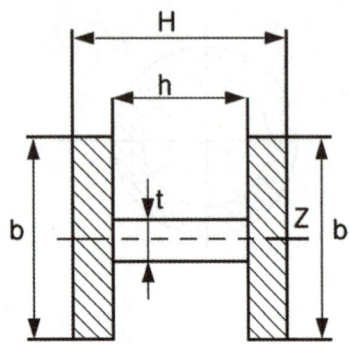

① $K_Z = \sqrt{\dfrac{Hb^3 - (b-t)^3 b}{12(bH - bh + th)}}$

② $K_Z = \sqrt{\dfrac{12Hb^3 + (b-t)^3 b}{(bH + bh + th)}}$

③ $K_Z = \sqrt{\dfrac{ht^3 + Hb^3 - hb^3}{12(bH - bh + th)}}$

④ $K_Z = \sqrt{\dfrac{12Hb^3 + (b+t)^3 b}{(bH + bh - th)}}$

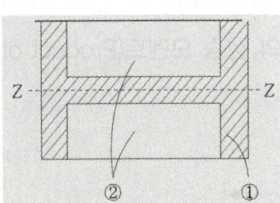

①, ②번 도형 모두 도심이 중립축 위에 있으므로

$I = I_1 - I_2 = \dfrac{Hb^3}{12} - \dfrac{hb^3 - ht^3}{12}$

$A = A_1 - A_2 = Hb - (h-t)b$

$K = \sqrt{\dfrac{I}{A}} = \sqrt{\dfrac{Hb^3 - hb^3 + ht^3}{12(Hb - hb + ht)}}$

그림과 같은 단면에서 가로방향 도심축에 대한 단면
2차모멘트는 약 몇 mm^4인가?

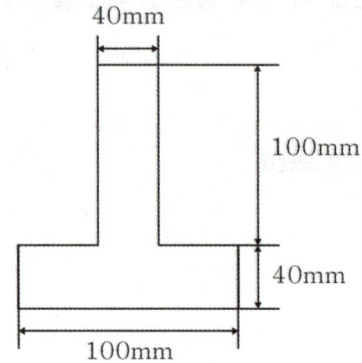

① 10.67×10^6　　② 13.67×10^6

③ 20.67×10^6　　④ 23.67×10^6

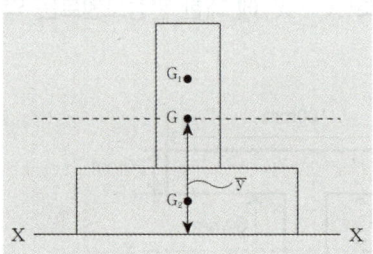

$\bar{y} = \dfrac{\bar{y_1} A_1 + \bar{y_2} A_2}{A_1 + A_2} = \dfrac{90 \times (40 \times 100) + 20 \times (100 \times 40)}{(40 \times 100) + (100 \times 40)}$

　　$= 55mm$

평행축 정리를 사용하면

$I_{x1} = \dfrac{bh^3}{12} + a^2 A = \dfrac{40 \times 100^3}{12} + (90 - 55)^2 \times (40 \times 100)$

　　$= 8.233 \times 10^6 mm^4$

$I_{x2} = \dfrac{bh^3}{12} + a^2 A = \dfrac{100 \times 40^3}{12} + (55 - 20)^2 \times (100 \times 40)$

　　$= 5.433 \times 10^6 mm^4$

$I_x = I_{x1} + I_{x2} = 13.66 \times 10^6 mm^4$

18

바깥지름 $30cm$, 안지름 $10cm$인 중공 원형 단면의 단면계수는 약 몇 cm^3인가?

① 2618

② 3927

③ 6584

④ 1309

$$Z = \frac{\pi d_2^3 (1-x^4)}{32} = \frac{\pi \times 30^3 \times (1-0.333^4)}{32} = 2618.12\,cm^4$$

$$\therefore x = \frac{d_1}{d_2} = 0.333$$

19

그림과 같이 한변의 길이가 d인 정사각형의 단면의 $Z-Z$ 축에 관한 단면계수는?

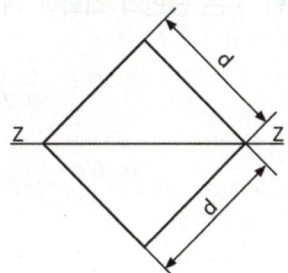

① $\dfrac{\sqrt{2}}{6}d^3$

② $\dfrac{\sqrt{2}}{12}d^3$

③ $\dfrac{d^3}{24}$

④ $\dfrac{\sqrt{2}}{24}d^3$

단면계수는

$$Z = \frac{I}{e} = \frac{\dfrac{d^4}{12}}{\dfrac{\sqrt{2}\,d}{2}} = \frac{\sqrt{2}}{12}d^3$$

$$\therefore I = \frac{d^4}{12}$$

$$\therefore e = \frac{d}{2\cos 45}$$

20

보에서 원형과 정사각형의 단면적이 같을 때, 단면계수의 비 $\dfrac{Z_1}{Z_2}$는 약 얼마인가? (단, 여기에서 Z_1은 원형 단면의 단면계수, Z_2는 정사각형 단면의 단면계수이다.)

① 0.531

② 0.846

③ 1.182

④ 1.258

$$A_1 = A_2 = \frac{\pi d^2}{4} = a^2$$

$$\therefore \frac{d}{a} = \sqrt{\frac{4}{\pi}} = 1.128$$

$$\frac{Z_1}{Z_2} = \frac{\dfrac{\pi d^3}{32}}{\dfrac{a^3}{6}} = \frac{6\pi}{32}\left(\frac{d}{a}\right)^3 = 0.845$$

04 모멘트의 작용

01

다음 중 비틀림 모멘트와 굽힘 모멘트의 표현으로 옳지 않은 것은?

① $T = F \cdot r$ ② $T = \tau \cdot Z_P$

③ $M = P \cdot \ell$ ④ $M = \sigma_b \cdot Z_P$

굽힘모멘트 : $M = \sigma_b \cdot Z$

02

다음 중 벽에 고정된 원기둥의 비틀림 각에 대한 식으로 옳은 것은?

① $\theta = \dfrac{T\ell}{EI_P}[rad]$

② $\theta = \dfrac{180}{\pi} \times \dfrac{T\ell}{EI_P}[°]$

③ $\theta = \dfrac{180}{\pi} \times \dfrac{T\ell}{GI_P}[rad]$

④ $\theta = \dfrac{180}{\pi} \times \dfrac{T\ell}{GI_P}[°]$

비틀림각 : $\theta = \dfrac{T\ell}{GI_P}[rad] = \dfrac{180}{\pi} \times \dfrac{T\ell}{GI_P}[°]$

03

다음 중 각속도를 구하는 식으로 옳은 것은?

① $\omega = \dfrac{\pi N}{60}$ ② $\omega = \dfrac{2\pi N}{60}$

③ $\omega = \dfrac{3\pi N}{60}$ ④ $\omega = \dfrac{4\pi N}{60}$

각속도 : $\omega = \dfrac{2\pi N}{60}$

04

다음 중 모멘트에 의한 탄성에너지에 대한 식으로 옳지 않은 것은? (단, e는 단면의 최외곽 거리이다.)

① $U = \dfrac{1}{2}T\theta$ ② $U = \dfrac{T^2\ell}{2GI_P}$

③ $U = \dfrac{\tau T\ell}{2Ge}$ ④ $U = \dfrac{\tau^2}{2G}$

최대 탄성에너지 : $u = \dfrac{U}{V} = \dfrac{\tau^2}{2G}$

05

다음 중 곡률의 식으로 옳은 것은?

① $\rho = \dfrac{M}{EI}$ ② $\dfrac{1}{\rho} = \dfrac{M}{EI}$

③ $\rho = \dfrac{EI}{M}$ ④ $\dfrac{1}{\rho} = \dfrac{EI}{M}$

곡률 : $\dfrac{1}{\rho} = \dfrac{M}{EI}$

06

다음 중 상당 모멘트에 대한 식으로 옳지 않은 것은?

① $T_e = \sqrt{M^2 + T^2}$ ② $M_e = \dfrac{1}{2}(M+T)$

③ $d = \sqrt[3]{\dfrac{16\,T_e}{\pi\,\tau}}$ ④ $d = \sqrt[3]{\dfrac{32 M_e}{\pi\,\sigma_b}}$

상당 굽힘 모멘트 : $M_e = \dfrac{1}{2}(M + T_e)$

08

지름 d인 강봉의 지름을 2배로 했을 때 비틀림 강도는 몇 배가 되는가?

① 2배 ② 4배

③ 8배 ④ 16배

비틀림 강도는 비틀림 모멘트를 의미하므로

$$T = \tau \cdot Z_P = \tau\frac{\pi d^3}{16} \quad \therefore T \propto d^3$$

따라서 지름이 2배일 때 T는 8배가 된다.

07

그림과 같이 단붙이 원형축(Stepped Circular Shaft)의 풀리에 토크가 작용하여 평형상태에 있다. 이 축에 발생하는 최대 전단응력은 몇 MPa인가?

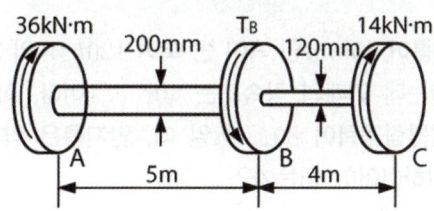

① 18.2 ② 22.9

③ 41.3 ④ 147.4

T_B는 모멘트 평형을 위한 비틀림 모멘트이므로 각 봉에 T_A와 T_C가 각각 작용할 때 봉의 전단응력은

$$\tau_{AB} = \frac{T_A}{Z_{P,\,AB}} = \frac{16\,T_A}{\pi d_{AB}^{\,3}} = \frac{16 \times 36 \times 10^3 \times 10^3}{\pi \times 200^3}$$
$$= 22.92\,MPa$$

$$\tau_{BC} = \frac{T_C}{Z_{P,\,BC}} = \frac{16\,T_C}{\pi d_{BC}^{\,3}} = \frac{16 \times 14 \times 10^3 \times 10^3}{\pi \times 120^3}$$
$$= 41.26\,MPa$$

최대 전단응력은 둘 중 더 큰 전단응력이므로

$$\tau_{\max} = \tau_{BC} = 41.26\,MPa$$

09

중공 원형 축에 비틀림 모멘트 $T = 100N \cdot m$ 가 작용할 때, 안지름이 $20mm$, 바깥지름이 $25mm$라면 최대 전단응력은 약 몇 MPa인가?

① 42.2 ② 55.2

③ 77.2 ④ 91.2

축의 비틀림 모멘트

$$T = \tau_a \cdot Z_P$$

$$\therefore \tau_a = \frac{T}{Z_P} = \frac{T}{\dfrac{\pi d_2^{\,3}(1 - x^4)}{16}}$$

$$= \frac{100}{\dfrac{\pi \times (0.025)^3 \times (1 - 0.8^4)}{16}} = 55.21\,MPa$$

$$\therefore \ \text{내외경비} : x = \frac{d_1}{d_2} = \frac{20}{25} = 0.8$$

10

그림과 같은 하중 P가 작용할 때 스프링의 변위 δ는? (단, 스프링 상수는 k이다.)

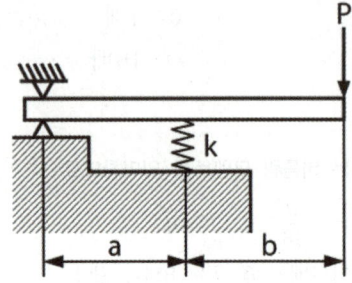

① $\delta = \dfrac{(a+b)}{bk}P$ ② $\delta = \dfrac{(a+b)}{ak}P$

③ $\delta = \dfrac{ak}{(a+b)}P$ ④ $\delta = \dfrac{bk}{(a+b)}P$

아래 그림의 보에서 모멘트 평형식은

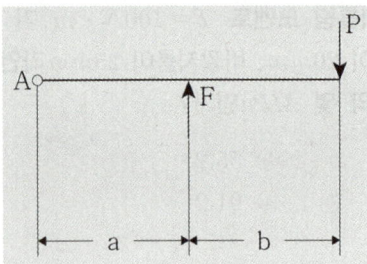

$\sum M_A = F \cdot a - P(a+b) = 0$

$\therefore k\delta \cdot a = P(a+b)$

$\therefore \delta = \dfrac{P(a+b)}{k \cdot a}$

11

바깥지름 $50\,cm$, 안지름 $30\,cm$의 속이 빈 축은 동일한 단면적을 가지며 같은 재질의 원형축에 비하여 약 몇 배의 비틀림 모멘트에 견딜 수 있는가? (단, 중공축과 중심축의 전단응력은 같다.)

① 1.1배   ② 1.2배

③ 1.4배   ④ 1.7배

$A_o = A = \dfrac{\pi}{4}(d_2^2 - d_1^2) = \dfrac{\pi}{4}d^2$

$\therefore d = \sqrt{50^2 - 30^2} = 40\,cm$

$\dfrac{T_0}{T} = \dfrac{\tau \cdot Z_{0P}}{\tau \cdot Z_P} = \dfrac{\dfrac{\pi d_2^3(1-x^4)}{16}}{\dfrac{\pi d^3}{16}} = \dfrac{50^3\left[1-\left(\dfrac{3}{5}\right)^4\right]}{40^3}$

$\qquad = 1.7$

12

바깥지름이 $46mm$인 속이 빈 축이 $120kW$의 동력을 전달하는데 이때의 각속도는 $40rev/s$이다. 이 축의 허용비틀림응력이 $80MPa$일 때, 안지름은 약 몇 mm 이하이어야 하는가?

① 29.8   ② 41.8

③ 36.8   ④ 48.8

$T = \dfrac{H}{\omega} = \tau_a \cdot Z_P = \tau_a \cdot \dfrac{\pi d_2^3(1-x^4)}{16}$

$\therefore 1-x^4 = \dfrac{16H}{\omega \tau_a \pi d_2^3} = \dfrac{16H}{2\pi N \tau_a \pi d_2^3}$

$\qquad = \dfrac{16 \times 120 \times 10^3}{2\pi^2 \times 40 \times 80 \times 10^6 \times (0.046)^3}$

$\qquad = 0.312$

$\therefore x = \sqrt[4]{1-0.312} = 0.911$

$\therefore d_1 = xd_2 = 0.911 \times 46 = 41.91\,mm$

13

J를 극단면 2차 모멘트, G를 전단탄성계수, L을 축의 길이, T를 비틀림모멘트라 할 때 비틀림각을 나타내는 식은?

① $\dfrac{\ell}{GT}$

② $\dfrac{TJ}{G\ell}$

③ $\dfrac{J\ell}{GT}$

④ $\dfrac{T\ell}{GJ}$

비틀림각 $\theta = \dfrac{T\ell}{GJ}$

14

길이가 $3.14m$인 원형 단면의 축 지름이 $40mm$일 때 이 축이 비틀림 모멘트 $100N \cdot m$를 받는다면 비틀림각은? (단, 전단 탄성계수는 $80GPa$이다.)

① $0.156°$

② $0.251°$

③ $0.895°$

④ $0.625°$

$$\theta = \frac{T\ell}{GI_p} \times \frac{180}{\pi} = \frac{100 \times 3.14}{80 \times 10^9 \times \frac{\pi(0.04)^4}{32}} \times \frac{180}{\pi} = 0.895°$$

15

$400rpm$으로 회전하는 바깥지름 $60mm$, 안지름 $40mm$인 중공 단면축의 허용 비틀림 각도가 $1°$일 때 이 축이 전달할 수 있는 동력의 크기는 약 몇 kW인가? (단, 전단 탄성계수 $G = 80GPa$, 축 길이 $L = 3m$이다.)

① 15

② 20

③ 25

④ 30

$$\theta = \frac{TL}{GI_P} \times \frac{180}{\pi}$$

$$\therefore T = \frac{\pi\theta GI_P}{180L} = \frac{\pi \times 1 \times 80 \times 10^9 \times 1.02 \times 10^{-3}}{180 \times 3} \times 10^{-3}$$
$$= 0.475\,kN \cdot m$$

$$\therefore I_P = \frac{\pi(d_2^4 - d_1^4)}{32} = \frac{\pi \times (0.06^4 - 0.04^4)}{32}$$
$$= 1.02 \times 10^{-6}\,m^4$$

$$H = T\omega = T \cdot \frac{2\pi N}{60} = 0.475 \times \frac{2\pi \times 400}{60}$$
$$= 19.9\,kW$$

16

강재 중공축이 $25kN \cdot m$의 토크를 전달한다. 중공축의 길이가 $3m$이고, 이 때 축에 발생하는 최대전단응력이 $90MPa$이며, 축에 발생된 비틀림각이 $2.5°$라고 할 때 축의 외경과 내경을 구하면 각각 약 몇 mm인가? (단, 축 재료의 전단탄성계수는 $85GPa$이다.)

① 146, 124

② 136, 114

③ 140, 132

④ 133, 112

$$\theta = \frac{T\ell}{GI_P} \times \frac{180}{\pi} = \frac{180\tau Z_P\ell}{\pi GI_P} = \frac{180\tau\ell}{\pi Ge}$$

$$\because T = \tau \cdot Z_P, \ Z_P = \frac{I_P}{e}$$

$$\therefore e = \frac{180\tau\ell}{\pi G\theta} = \frac{180 \times 90 \times 3000}{\pi \times 85 \times 10^3 \times 2.5} = 72.8mm$$

외경은 최외곽거리 (e)의 2배이므로
$$d_2 = 2e = 145.6mm$$

17

길이가 L이고 지름이 d_0인 원통형의 나사를 끼워 넣을 때 나사의 단위 길이 t_0의 토크가 필요하다. 나사 재질의 전단탄성계수가 G일 때 나사 끝단 비틀림 회전량$[rad]$은 얼마인가?

① $\dfrac{16t_0L^2}{\pi d_0^4 G}$

② $\dfrac{32t_0L^2}{\pi d_0^4 G}$

③ $\dfrac{t_0L^2}{16\pi d_0^4 G}$

④ $\dfrac{t_0L^2}{32\pi d_0^4 G}$

$d\theta = \dfrac{T}{GI_P}dL = \dfrac{t_o L}{GI_P}dL$ 이것을 적분하면

$\theta = \dfrac{t_o}{GI_P}\int L\,dL = \dfrac{32t_o}{\pi d_o^4 G}\cdot\dfrac{L^2}{2} = \dfrac{16t_oL^2}{\pi d_o^4 G}$

18

동일한 길이와 재질로 만들어진 두 개의 원형단면 축이 있다. 각각의 지름이 d_1, d_2일 때 각 축에 저장되는 변형에너지 u_1, u_2의 비는? (단, 두 축은 모두 비틀림 모멘트 T를 받고 있다.)

① $\dfrac{u_1}{u_2} = \left(\dfrac{d_2}{d_1}\right)^4$

② $\dfrac{u_2}{u_1} = \left(\dfrac{d_2}{d_1}\right)^3$

③ $\dfrac{u_1}{u_2} = \left(\dfrac{d_2}{d_1}\right)^3$

④ $\dfrac{u_2}{u_1} = \left(\dfrac{d_2}{d_1}\right)^4$

축에 저장되는 변형에너지

$u = \dfrac{1}{2}T\theta = \dfrac{1}{2}T\cdot\dfrac{T\ell}{GI_p} = \dfrac{1}{2}T\cdot\dfrac{T\ell}{G\cdot\dfrac{\pi d^4}{32}}$

$\therefore \dfrac{u_1}{u_2} = \dfrac{\dfrac{1}{d_1^4}}{\dfrac{1}{d_2^4}} = \left(\dfrac{d_2}{d_1}\right)^4$

19

길이가 L이며, 관성 모멘트가 I_P이고, 전단탄성계수가 G인 부재에 토크 T가 작용될 때 이 부재에 저장된 변형 에너지는?

① $\dfrac{TL}{GI_P}$

② $\dfrac{T^2L}{2GI_P}$

③ $\dfrac{T^2L}{GI_P}$

④ $\dfrac{TL}{2GI_P}$

$U = \dfrac{1}{2}T\theta = \dfrac{1}{2}\cdot\dfrac{T^2\ell}{GI_P}$

20

가로탄성계수가 $5GPa$인 재료로 된 봉의 지름이 $4cm$이고, 길이가 $1m$이다. 이 봉의 비틀림 강성(단위 회전각을 일으키는데 필요한 토크, torsional stiffness)은 약 몇 $kN\cdot m/rad$인가?

① 1.26

② 1.08

③ 0.74

④ 0.53

$\theta = \dfrac{T\theta}{GI_P}$

$\therefore \dfrac{T}{\theta} = \dfrac{GI_P}{\ell} = \dfrac{5\times10^9\times\pi\times(0.04)^4}{1\times32}\times10^{-3}$

$\quad = 1.26\,kN\cdot m/rad$

21

길이 $1\,m$의 자축 중심에 집중하증 $100\,kN$이 작용하고, $100\,rpm$으로 $400\,kW$의 동력을 전달할 때 필요한 자축의 지름은 최소 몇 cm인가? (단, 축의 허용 굽힘응력은 $85\,MPa$로 한다.)

① 4.1 ② 8.1
③ 12.3 ④ 16.3

$$M = \frac{P\ell}{4} = \frac{100 \times 10^3 \times 1}{4} = 25000\,N \cdot m$$

$$T = \frac{H}{\omega} = \frac{H}{\frac{2\pi N}{60}} = \frac{400 \times 10^3}{\frac{2\pi \times 100}{60}} = 38197.19\,N \cdot m$$

굽힘과 비틀림이 동시에 작용하므로 상당치를 고려하면

$$T_e = \sqrt{M^2 + T^2} = 45651.13\,N \cdot m$$

$$M_e = \frac{1}{2}(M + T_e) = \frac{1}{2}(25000 + 45651.13)$$
$$\quad = 35325.57\,N \cdot m$$

위 모멘트들을 단면계수에 대한 식으로 나타내면

$$T_e = \tau_a \cdot Z_P \quad , \quad M_e = \sigma_b \cdot Z$$

이 때 문제에서 굽힘응력(σ_b)만 제시했으므로 굽힘모멘트(M_e)의 관점에서만 확인하면

$$Z = \frac{\pi d^3}{32} = \frac{M_e}{\sigma_b}$$

$$\therefore d = \sqrt[3]{\frac{32 M_e}{\pi \sigma_b}} = \sqrt[3]{\frac{32 \times 35325.57}{\pi \times 85 \times 10^6}} = 16.3\,cm$$

22

최대 굽힘모멘트 $M = 8kN \cdot m$를 받는 단면의 굽힘응력을 $60\,MPa$로 하려면 정사각단면에서 한 변의 길이는 약 몇 cm 인가?

① 8.2 ② 9.3
③ 10.1 ④ 12.0

굽힘 모멘트 $M = \sigma_b \cdot Z$ 이고 정사각형 단면이므로

$$Z = \frac{a^3}{6} = \frac{M}{\sigma_b}$$

$$\therefore a = \sqrt[3]{\frac{6M}{\sigma_b}} = \sqrt[3]{\frac{6 \times 8 \times 10^3}{60 \times 10^6}} = 9.28\,cm$$

23

그림과 같이 $800\,N$의 힘이 브래킷의 A에 작용하고 있다. 이 힘의 점 B에 대한 모멘트는 약 몇 $N \cdot m$인가?

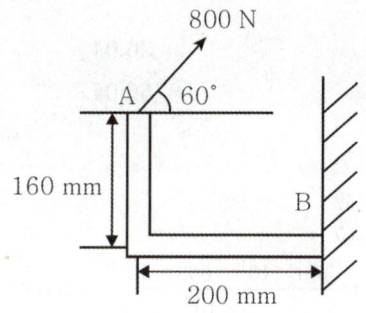

① 160.6 ② 202.6
③ 238.6 ④ 253.6

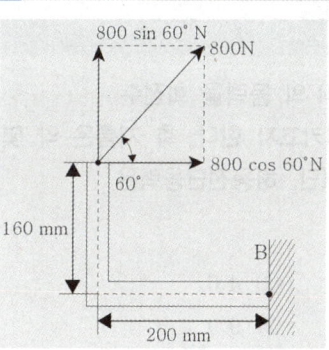

모멘트는 힘×수직방향의 거리이므로

$$\sum M_B = 800\cos 60° \times 0.16 + 800\sin 60° \times 0.2$$
$$\quad = 202.56\,N \cdot m$$

24

T형 단면을 갖는 외팔보에 $5kN \cdot m$의 굽힘 모멘트가 작용하고 있다. 이 보의 탄성선에 대한 곡률 반지름은 몇 m 인가? (단, 탄성계수 $E = 150\,GPa$, 중립축에 대한 2차 모멘트 $I = 868 \times 10^{-9}m^4$이다.)

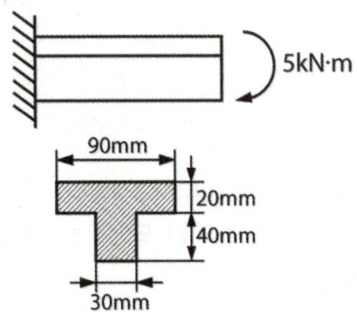

① 26.04
② 36.04
③ 46.04
④ 56.04

곡률 $\dfrac{1}{\rho} = \dfrac{M}{EI}$

$\therefore \rho = \dfrac{EI}{M} = \dfrac{150 \times 10^9 \times 868 \times 10^{-9}}{5 \times 10^3} = 26.04\,m$

25

원형단면 축에 $147kW$의 동력을 회전수 $2000rpm$으로 전달시키고자 한다. 축 지름은 약 몇 cm로 해야 하는가? (단, 허용전단응력은 $\tau_w = 50MPa$이다.)

① 4.2
② 4.6
③ 8.5
④ 9.9

$T = \tau \cdot Z_P = \tau \cdot \dfrac{\pi d^3}{16} = \dfrac{H}{\omega} = \dfrac{60H}{2\pi N}$

$\therefore d = \sqrt[3]{\dfrac{480H}{\tau \pi^2 N}} = \sqrt[3]{\dfrac{480 \times 147 \times 10^3}{50 \times 10^6 \times \pi^2 \times 2000}} \times 10^2$

$= 4.2\,cm$

26

그림과 같이 지름 $50mm$의 연강봉의 일단을 벽에 고정하고, 자유단에는 $50cm$ 길이의 레버 끝에 $600N$의 하중을 작용시킬 때 연강봉에 발생하는 최대굽힘응력과 최대전단응력은 각각 몇 MPa인가?

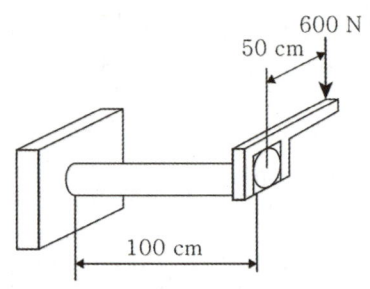

① 최대굽힘응력 : 51.8 최대전단응력 : 27.3
② 최대굽힘응력 : 27.3 최대전단응력 : 51.8
③ 최대굽힘응력 : 41.8 최대전단응력 : 27.3
④ 최대굽힘응력 : 27.3 최대전단응력 : 41.8

$T = P \cdot \ell = 600 \times 0.5 = 300N \cdot m$

$M = P \cdot L = 600 \times 1 = 600N \cdot m$

$T_e = \sqrt{T^2 + M^2} = \sqrt{300^2 + 600^2} = 670.82N \cdot m$

$M_e = \dfrac{1}{2}(T_e + M) = \dfrac{1}{2} \times (670.82 + 600) = 635.41N \cdot m$

$\sigma_{max} = \dfrac{M_e}{Z} = \dfrac{32M_e}{\pi d^3} = \dfrac{32 \times 635.41}{\pi \times (0.05)^3} \times 10^{-6} = 51.78MPa$

$\tau_{max} = \dfrac{T_e}{Z_P} = \dfrac{16T_e}{\pi d^3} = \dfrac{16 \times 670.82}{\pi \times (0.05)^3} \times 10^{-6} = 27.33MPa$

05 조합응력과 모어원

01

다음 중 단순응력에 대한 설명으로 옳지 않은 것은?

① 임의의 경사각 θ에서의 수직응력은
   $\sigma_n = \sigma_x \cos^2\theta$으로 구할 수 있다.

② 임의의 경사각 θ에서의 전단응력은
   $\tau = \frac{1}{2}\sigma_x \sin2\theta$으로 구할 수 있다.

③ 임의의 경사각 θ에서의 전단응력과 공액
   전단응력은 서로 역수관계이다.

④ 외부응력이 존재할 때, 임의의 각도에서의
   내부응력을 나타낸다.

임의의 경사각 θ에서의 전단응력과 공액전단응력은 서로 부호
가 반대이다.

03

다음 중 평면응력을 받는 재료에 대한 내용으로 옳지
않은 것은?

① 모어원의 반지름은 최대 전단응력의 크기와 같다.

② 모어원이 x좌표와 만나는 점은 최대 주응력이다.

③ 최대 주응력과 최소 주응력의 평균값은 최대
   전단응력의 값과 같다.

④ 같은 크기의 2축응력을 받을 때, 전단응력이
   추가되면 모어원의 크기가 더 커진다.

최대 주응력과 최소 주응력의 차를 절반으로 나눈 것이 최대 전
단응력의 값이다.

02

다음 중 재료시편에 두 개의 축방향으로 하중이 작용할
때, 응력의 식으로 옳지 않은 것은?

① $\sigma_n = \frac{1}{2}(\sigma_x + \sigma_y) + \frac{1}{2}(\sigma_x - \sigma_y)\cos2\theta$

② $\sigma_n{}' = \frac{1}{2}(\sigma_x + \sigma_y) - \frac{1}{2}(\sigma_x + \sigma_y)\cos2\theta$

③ $\tau = \frac{1}{2}(\sigma_x - \sigma_y)\sin2\theta$

④ 경사각이 $\theta = 45°$ 인 경우에는
   $\sigma_n = \sigma_n{}' = \frac{1}{2}(\sigma_x + \sigma_y)$이다.

공액법선응력 : $\sigma_n{}' = \frac{1}{2}(\sigma_x + \sigma_y) - \frac{1}{2}(\sigma_x - \sigma_y)\cos2\theta$

04

다음 중 평면응력에서 응력과 변형률에 대한 식으로
옳지 않은 것은?

① $\sigma_1 = \frac{1}{2}(\sigma_x + \sigma_y) + \frac{1}{2}\sqrt{(\sigma_x - \sigma_y)^2 + 4\tau_{xy}^2}$

② $\tau_{\max} = \frac{1}{2}\sqrt{(\sigma_x - \sigma_y)^2 + 4\tau_{xy}^2}$

③ $\varepsilon_1 = \frac{1}{2}(\varepsilon_x + \varepsilon_y) + \frac{1}{2}\sqrt{(\varepsilon_x - \varepsilon_y)^2 + \gamma_{xy}^2}$

④ $\gamma_{\max} = \frac{1}{2}\sqrt{(\varepsilon_x - \varepsilon_y)^2 + \gamma_{xy}^2}$

최대전단변형률 : $\gamma_{\max} = \sqrt{(\varepsilon_x - \varepsilon_y)^2 + \gamma_{xy}^2}$

05

내압을 받는 압력 용기에 대한 설명으로 옳지 않은 것은?

① 원통형 압력 용기는 최대 주응력이 $\sigma_1 = \dfrac{pd}{2t}$, 최소 주응력이 $\sigma_2 = \dfrac{pd}{4t}$이다.

② 원통형 압력 용기 모어원의 반지름은 $\dfrac{pd}{8t}$이다.

③ 슬롯형 압력 용기는 최대 주응력이 $\sigma_1 = p$, 최소 주응력이 $\sigma_2 = \dfrac{pd}{4t}$이다.

④ 슬롯형 압력 용기 모어원의 반지름은 $\dfrac{p}{2}\left(\dfrac{r}{t}+1\right)$이다.

슬롯형 압력 용기는 최대 주응력이 $\sigma_1 = \dfrac{pd}{2t}$, 최소 주응력이 $\sigma_2 = -p$이다.

06

그림과 같이 균일단면 봉이 $100kN$의 압축하중을 받고있다. 재료의 경사 단면 Z-Z에 생기는 수직응력 σ_n, 전단응력 τ_n의 값은 각각 약 몇 MPa인가? (단, 균일 단면 봉의 단면적은 $1000mm^2$이다.)

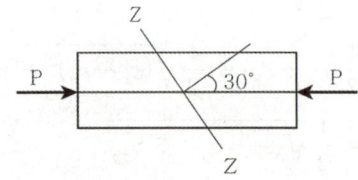

① $\sigma_n = -38.2,\ \tau_n = 26.7$

② $\sigma_n = -68.4,\ \tau_n = 58.8$

③ $\sigma_n = -75.0,\ \tau_n = 43.3$

④ $\sigma_n = -86.2,\ \tau_n = 56.8$

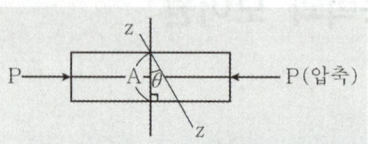

그림과 같은 하중 상황에서 각도 $\theta = 30°$이고

수직응력 $\sigma = \dfrac{P}{A} = \dfrac{100 \times 10^3}{1000} = 100MPa$이다.

1축 응력이므로

$\sigma_n = \sigma\cos^2\theta = 100\cos^2 30° = 75MPa$(압축)

$\tau_n = \dfrac{1}{2}\sigma\sin 2\theta = \dfrac{1}{2} \times 100 \times \sin 60°$

$= 43.4MPa$

07

다음 정사각형 단면$(40mm \times 40mm)$을 가진 외팔보가 있다. a-a면 에서의 수직응력(σ_n)과 전단응력(τ_s)은 각각 몇 kPa인가?

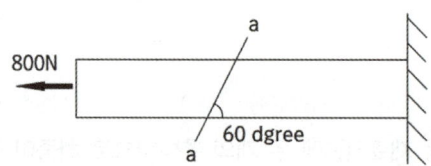

① $\sigma_n = 693,\ \tau_s = 400$

② $\sigma_n = 400,\ \tau_s = 693$

③ $\sigma_n = 375,\ \tau_s = 217$

④ $\sigma_n = 217,\ \tau_s = 375$

$\sigma_x = \dfrac{P}{A} = \dfrac{800}{0.04^2} \times 10^{-3} = 500\,kPa$

$\sigma_n = \sigma_x\cos^2\theta = 500\cos^2 30° = 375\,kPa$

$\tau_{xy} = \dfrac{1}{2}\sigma_x\sin 2\theta = \dfrac{1}{2} \times 500\sin 60° = 216.51\,kPa$

08

평면 응력상태에서 σ_x와 σ_y만이 작용하는 2축 응력에서 모어원의 반지름이 되는 것은? (단, $\sigma_x > \sigma_y$ 이다.)

① $(\sigma_x + \sigma_y)$

② $(\sigma_x - \sigma_y)$

③ $\dfrac{1}{2}(\sigma_x + \sigma_y)$

④ $\dfrac{1}{2}(\sigma_x - \sigma_y)$

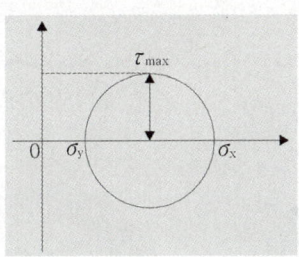

$$R = \tau_{\max} = \frac{1}{2}(\sigma_x - \sigma_y)$$

09

평면 응력상태에 있는 재료 내부에 서로 직각인 두 방향에서 수직 응력 σ_x, σ_y가 작용할 때 생기는 최대 주응력과 최소 주응력을 각각 σ_1, σ_2라 하면 다음 중 어느 관계식이 성립하는가?

① $\sigma_1 + \sigma_2 = \dfrac{\sigma_x + \sigma_y}{2}$

② $\sigma_1 + \sigma_2 = \dfrac{\sigma_x + \sigma_y}{4}$

③ $\sigma_1 + \sigma_2 = \sigma_x + \sigma_y$

④ $\sigma_1 + \sigma_2 = 2(\sigma_x + \sigma_y)$

$$\sigma_1 = \frac{1}{2}(\sigma_x + \sigma_y) + \frac{1}{2}\sqrt{(\sigma_x - \sigma_y)^2 + 4\tau_{xy}^2}$$

$$\sigma_2 = \frac{1}{2}(\sigma_x + \sigma_y) - \frac{1}{2}\sqrt{(\sigma_x - \sigma_y)^2 + 4\tau_{xy}^2}$$

$$\therefore \sigma_1 + \sigma_2 = \sigma_x + \sigma_y$$

10

$\sigma_x = 700MPa$, $\sigma_y = -300MPa$이 작용하는 평면응력 상태에서 최대 수직응력 $(\sigma_{\max})$과 최대 전단응력 $(\tau_{\max})$은 각각 몇 MPa인가?

① $\sigma_{\max} = 700$, $\tau_{\max} = 300$

② $\sigma_{\max} = 700$, $\tau_{\max} = 500$

③ $\sigma_{\max} = 600$, $\tau_{\max} = 400$

④ $\sigma_{\max} = 500$, $\tau_{\max} = 700$

$$\sigma_{\max} = \sigma_1 = \frac{1}{2}(\sigma_x + \sigma_y) + \frac{1}{2}\sqrt{(\sigma_x - \sigma_y)^2 + 4\tau_{xy}^2}$$

$$= \frac{1}{2}(700 - 300) + \frac{1}{2}\sqrt{(700 + 300)^2}$$

$$= 700MPa$$

$$\tau_{\max} = \frac{1}{2}\sqrt{(\sigma_x - \sigma_y)^2 + 4\tau_{xy}^2}$$

$$= \frac{1}{2}\sqrt{(700 + 300)^2} = 500MPa$$

11

2축 응력 상태의 재료 내에서 서로 직각 방향으로 $400MPa$의 인장응력과 $300MPa$의 압축응력이 작용할 때 재료 내에 생기는 최대 수직응력은 몇 MPa인가?

① 300

② 350

③ 400

④ 500

$$\sigma_1 = \frac{1}{2}(\sigma_x + \sigma_y) + \frac{1}{2}\sqrt{(\sigma_x - \sigma_y)^2 + 4\tau_{xy}^2}$$

$$= \frac{1}{2}(400 - 300) + \frac{1}{2}\sqrt{(400 + 300)^2}$$

$$= 400MPa$$

12

다음과 같은 평면응력상태에서 최대전단응력은 약 몇 MPa인가?

x 방향 인장응력 : $175MPa$
y 방향 인장응력 : $35MPa$
xy 방향 전단응력 : $60MPa$

① 381   ② 53

③ 92   ④ 108

$$\tau_{\max} = \frac{1}{2}\sqrt{(\sigma_x - \sigma_y)^2 + 4\tau_{xy}^2}$$

$$= \frac{1}{2}\sqrt{(175-35)^2 + 4 \times 60^2} = 92.2\,MPa$$

13

다음과 같은 평면응력상태에서 X축으로부터 반시계방향으로 $30°$ 회전 된 X'축 상의 수직응력($\sigma_{X'}$)은 약 몇 MPa인가?

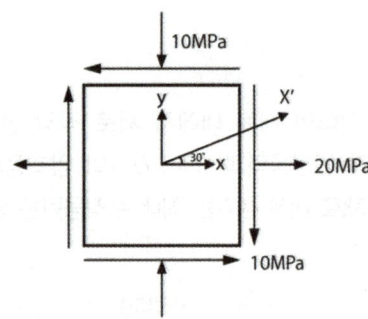

① $\sigma_{x'} = 3.84$ ② $\sigma_{x'} = -3.84$

③ $\sigma_{x'} = 17.99$ ④ $\sigma_{x'} = -17.99$

임의의 경사각 θ에서의 수직응력

$$\sigma_n = \frac{1}{2}(\sigma_x + \sigma_y) + \frac{1}{2}(\sigma_x - \sigma_y)\cos 2\theta - \tau_{xy}\sin 2\theta$$

$$= \frac{1}{2}(20-10) + \frac{1}{2}(20+10)\cos 60° - 10 \times \sin 60°$$

$$= 3.84\,MPa$$

14

$\sigma_x = 700MPa$, $\sigma_y = -300MPa$가 작용하는 평면응력 상태에서 최대 수직응력($\sigma_{\max}$)과 최대 전단응력($\tau_{\max}$)은 각각 몇 MPa인가?

① $\sigma_{\max} = 700$, $\tau_{\max} = 300$

② $\sigma_{\max} = 600$, $\tau_{\max} = 400$

③ $\sigma_{\max} = 500$, $\tau_{\max} = 700$

④ $\sigma_{\max} = 700$, $\tau_{\max} = 500$

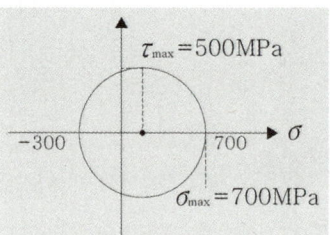

15

평면 응력 상태에서 $\varepsilon_x = -150 \times 10^{-6}$, $\varepsilon_y = -280 \times 10^{-6}$, $\gamma_{xy} = 850 \times 10^{-6}$ 일 때, 최대주변형률(ε_1)과 최소주변형률(ε_2)은 각각 약 얼마인가?

① $\varepsilon_1 = 215 \times 10^{-6}$, $\varepsilon_2 = -645 \times 10^{-6}$

② $\varepsilon_1 = 645 \times 10^{-6}$, $\varepsilon_2 = 215 \times 10^{-6}$

③ $\varepsilon_1 = 315 \times 10^{-6}$, $\varepsilon_2 = -645 \times 10^{-6}$

④ $\varepsilon_1 = 545 \times 10^{-6}$, $\varepsilon_2 = 315 \times 10^{-6}$

$$\varepsilon_1 = \frac{1}{2}(\varepsilon_x + \varepsilon_y) + \frac{1}{2}\sqrt{(\varepsilon_x - \varepsilon_y)^2 + \gamma_{xy}^2}$$

$$= 214.94 \times 10^{-6}$$

$$\varepsilon_2 = \frac{1}{2}(\varepsilon_x + \varepsilon_y) - \frac{1}{2}\sqrt{(\varepsilon_x - \varepsilon_y)^2 + \gamma_{xy}^2}$$

$$= -644.94 \times 10^{-6}$$

16

다음과 같은 평면응력 상태에서 최대 주응력 σ_1은?

$$\sigma_x = \tau, \ \sigma_y = 0, \ \tau_{xy} = -\tau$$

① 1.414τ ② 1.80τ

③ 1.618τ ④ 2.828τ

$$\sigma_1 = \frac{1}{2}(\sigma_x + \sigma_y) + \frac{1}{2}\sqrt{(\sigma_x - \sigma_y)^2 + 4\tau_{xy}{}^2}$$

$$= \frac{1}{2}(\tau + 0) + \frac{1}{2}\sqrt{(\tau - 0)^2 + 4 \times (-\tau)^2}$$

$$= \frac{1}{2}\tau + \frac{1}{2}\sqrt{\tau^2 + 4\tau^2} = \frac{1+\sqrt{5}}{2}\tau$$

$$= 1.618\tau$$

17

두께가 $1\,cm$, 지름 $25\,cm$의 원통형 보일러에 내압이 작용하고 있을 때, 면내 최대 전단응력이 $-62.5\,MPa$이었다면 내압 P는 몇 MPa인가?

① 5   ② 10

③ 15   ④ 20

원주방향 응력 : $\sigma_1 = \dfrac{pd}{2t}$

축방향 응력 : $\sigma_2 = \dfrac{pd}{4t}$

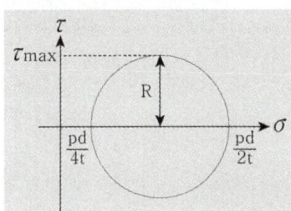

$$\therefore \tau_{\max} = R = \frac{1}{2}\left(\frac{pd}{2t} - \frac{pd}{4t}\right) = \frac{pd}{8t} = 62.5\,MPa$$

$$\therefore p = \frac{8t\tau_{\max}}{d} = \frac{8 \times 0.01 \times 62.5}{0.25} = 20\,MPa$$

18

끝이 닫혀있는 얇은 벽의 둥근 원통형 압력 용기에 내압 p가 작용한다. 용기의 벽의 안쪽 표면응력상태에서 일어나는 절대 최대전단응력을 구하면? (단, 탱크의 반경 $= r$, 벽 두께 $= t$ 이다.)

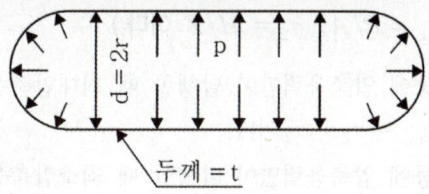

① $\dfrac{pr}{2t} - \dfrac{p}{2}$ ② $\dfrac{pr}{4t} - \dfrac{p}{2}$

③ $\dfrac{pr}{4t} + \dfrac{p}{2}$ ④ $\dfrac{pr}{2t} + \dfrac{p}{2}$

원주방향 응력: $\sigma_1 = \dfrac{pd}{2t}$

축 방향 응력: $\sigma_2 = \dfrac{pd}{4t}$

평평한 면의 응력: $\sigma_3 = -p$

세 응력을 모어원 상에 표시하면 아래 그림과 같다.

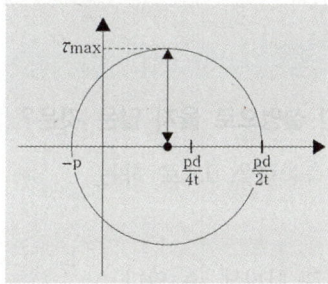

여기서 $\tau_{\max}$는 모어원의 반지름 크기이므로

$$\tau_{\max} = \frac{\dfrac{pd}{2t} + p}{2} = \frac{pd}{4t} + \frac{p}{2} = \frac{pr}{2t} + \frac{p}{2}$$

06 기둥

01

다음 중 기둥에 대한 설명으로 옳지 않은 것은?
(단, $\sigma_1 = P/A$, $\sigma_2 = M/Z$ 이다.)

① 기둥에 압축응력만이 발생할 때 최대압축응력은
$\sigma_{\max} = \sigma_1 + \sigma_2$ 이다.

② 기둥에 압축응력만이 발생할 때 최소압축응력은
$\sigma_{\min} = \sigma_1 - \sigma_2$ 이다.

③ 기둥에 인장응력이 발생할 때 최대인장응력은
$\sigma_{\max} = \sigma_1 + \sigma_2$ 이다.

④ 기둥에 인장응력이 발생할 때 최소인장응력은
$\sigma_{\min} = 0$ 이다.

기둥에 인장응력이 발생할 경우 최대인장응력은
$\sigma_{\max} = \sigma_1 - \sigma_2$ 이다.

02

다음 중 핵반경에 대한 설명으로 옳지 않은 것은?

① 핵반경이란 최소압축응력을 0으로 하는
편심거리이다.

② 핵반경은 $a = \dfrac{K^2}{e_2}$ 로 나타낼 수 있다.

③ 원형 단면일 때 핵반경은 $a = \dfrac{d}{8}$ 이다.

④ 사각형 단면일 때 핵반경은 $a = \dfrac{b}{8}$ 이다.

사각형단면 : $a = \dfrac{b}{6}$ 또는 $\dfrac{h}{6}$

03

다음 중 좌굴하중의 식으로 옳은 것은?

① $P_{cr} = n\pi^2 \dfrac{EI}{\ell^2}$ ② $P_{cr} = n^2\pi \dfrac{AI}{\ell^2}$

③ $P_{cr} = n^2\pi \dfrac{EI}{\ell^2}$ ④ $P_{cr} = n\pi^2 \dfrac{AI}{\ell^2}$

좌굴하중 : $P_{cr} = n\pi^2 \dfrac{EI}{\ell^2}$

04

다음 중 각 기둥의 단말계수 값으로 옳지 않은 것은?

① 일단고정, 타단자유 : $n = 0.5$
② 양단회전 : $n = 1$
③ 일단고정, 타단회전 : $n = 2$
④ 양단고정 : $n = 4$

일단고정, 타단자유 : $n = \dfrac{1}{4}$

05

그림과 같은 직사각형 단면의 보에 $P = 4kN$ 의 하중이 $10°$ 경사진 방향으로 작용한다. A점에서의 길이 방향의 수직응력을 구하면 약 몇 MPa 인가?

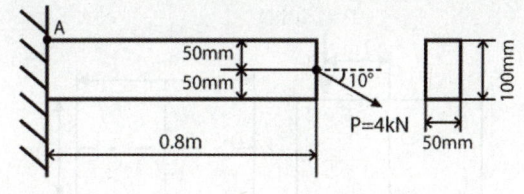

① 0.79

② 3.89

③ 5.67

④ 7.46

힘의 성분을 x, y 방향으로 나눠보면

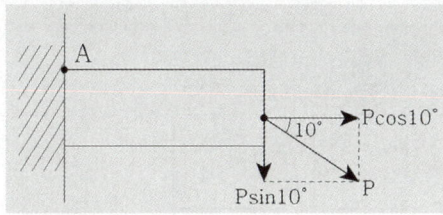

A점에 발생하는 수직응력은

$\sigma_1 = \dfrac{P}{A}$ (인장) , $\sigma_2 = \dfrac{M}{Z}$ (인장) 이므로

$\sigma_1 + \sigma_2$

$= \dfrac{P}{A} + \dfrac{M}{Z} = \dfrac{P}{bh} + \dfrac{6M}{bh^2}$

$= \dfrac{4 \times 10^3 \times \cos 10°}{50 \times 100} + \dfrac{6 \times 4 \times 10^3 \times \sin 10° \times 800}{50 \times 100^2}$

$= 7.46 MPa$

06

지름이 d인 짧은 환봉의 축 중심으로부터 a만큼 떨어진 지점에 편심압축하중이 P가 작용할 때 단면상에서 인장응력이 일어나지 않는 a범위는?

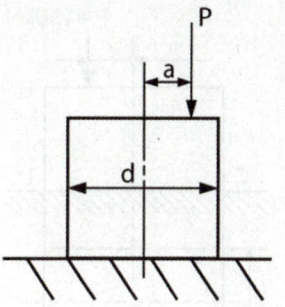

① $\dfrac{d}{8}$ 이내

② $\dfrac{d}{6}$ 이내

③ $\dfrac{d}{4}$ 이내

④ $\dfrac{d}{2}$ 이내

편심 압축하중을 받고 있는 상태에서 인장응력이 일어나지 않는 범위를 핵반경(a)이라고 한다.

원형단면 : $a = \dfrac{d}{8}$

사각형단면: $a = \dfrac{b}{6}$ 또는 $\dfrac{h}{6}$

07

직사각형 단면의 단주에 $150kN$ 하중이 중심에서 $1m$만큼 편심되어 작용할 때 이 부재 BD에서 생기는 최대 압축응력은 약 몇 kPa인가?

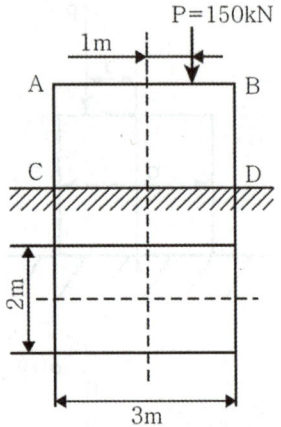

① 25
② 50
③ 75
④ 100

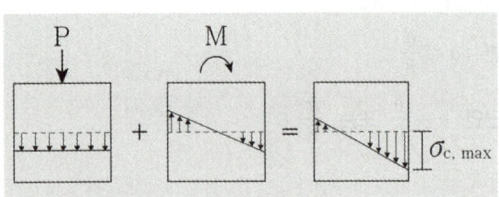

$$\sigma_{BD} = \frac{P}{A} + \frac{M}{Z} = \frac{P}{bh} + \frac{6M}{bh^2}$$
$$= \frac{150}{2 \times 3} + \frac{6 \times 150 \times 1}{2 \times 3^2} = 75kPa$$

08

직사각형 단면의 단주에 $150kN$ 하중이 중심에서 $1m$만큼 편심되어 작용할 때 이 부재 AC에서 생기는 최대 인장응력은 몇 kPa인가?

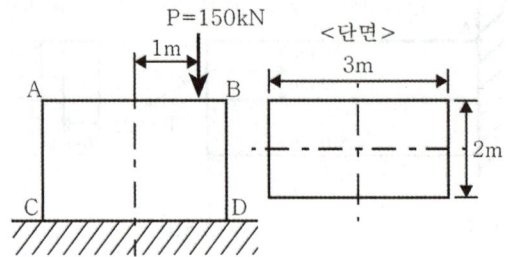

① 25
② 50
③ 87.5
④ 100

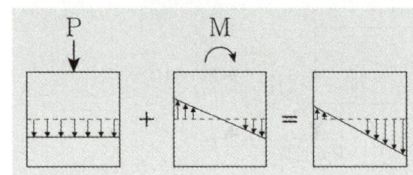

$$\sigma_{AC} = -\frac{P}{A} + \frac{M}{Z} = -\frac{P}{bh} + \frac{6PL}{bh^2}$$
$$= -\frac{150}{2 \times 3} + \frac{6 \times 150 \times 1}{2 \times 3^3} = 25kPa$$

09

그림과 같이 반지름이 $5cm$인 원형 단면을 갖는 ㄱ자 프레임에서 A점 단면의 수직응력(σ)은 약 몇 MPa인가?

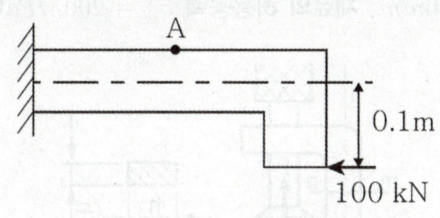

① 79.1   ② 89.1
③ 99.1   ④ 109.1

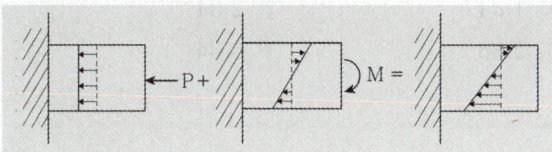

$$\sigma_A = -\frac{P}{A} + \frac{M}{Z} = -\frac{4P}{\pi d^2} + \frac{32PL}{\pi d^3}$$

$$= -\frac{4 \times 100 \times 10^3}{\pi \times 100^2} + \frac{32 \times 100 \times 10^3 \times 100}{\pi \times 100^3}$$

$$= 89.13 MPa$$

10

그림과 같은 블록의 한쪽 모서리에 수직력 $10kN$이 가해질 경우, 그림에서 위치한 A점에서의 수직응력 분포는 약 몇 kPa인가?

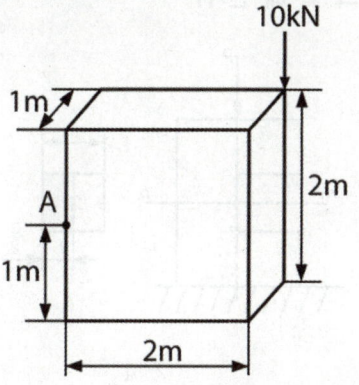

① 25   ② 30
③ 35   ④ 40

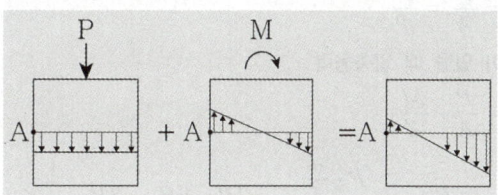

$$\sigma = \sigma_1 + \sigma_2 = -\frac{P}{A} + \frac{M}{Z} = -\frac{P}{bh} + \frac{6M}{bh^2}$$

$$= -\frac{10}{2 \times 1} + \frac{6 \times 10 \times 2}{1 \times 2^2} = 25\,kPa$$

11

정육면체 형상의 짧은 기둥에 그림과 같이 측면에 홈이 파여져 있다. 도심에 작용하는 하중 P로 인하여 단면 m–n에 발생하는 최대 압축응력은 홈이 없을 때 압축응력의 몇 배 인가?

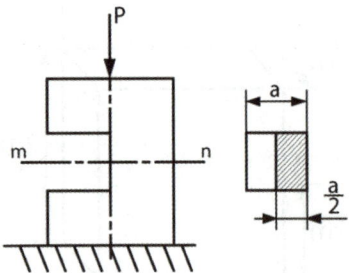

① 2   ② 4

③ 8   ④ 12

ⅰ) 홈이 없을 때 압축응력

$$\sigma_1 = \frac{P}{A} = \frac{P}{a^2}$$

ⅱ) 홈이 있을 때 압축응력

$$\sigma_2 = \frac{P}{A} + \frac{M}{Z}$$

$$= \frac{P}{a \cdot \dfrac{a}{2}} + \frac{P \cdot \dfrac{a}{4}}{\dfrac{a \cdot \left(\dfrac{a}{2}\right)^2}{6}} = \frac{2P}{a^2} + \frac{6P}{a^2} = \frac{8P}{a^2}$$

$$\therefore \frac{\sigma_2}{\sigma_1} = 8$$

12

그림에서 클램프(clamp)의 압축력이 $P = 5kN$일 때, $m - n$ 단면의 최소두께 h를 구하면 약 몇 cm인가? (단, 직사각형 단면의 폭 $b = 10mm$, 편심거리 $e = 50mm$, 재료의 허용응력 $\sigma_w = 200MPa$이다.)

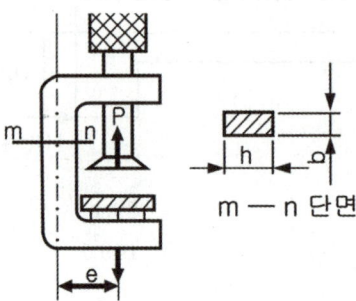

m — n 단면

① 1.34   ② 2.34

③ 2.86   ④ 3.34

$$\sigma_w = \sigma_1 + \sigma_2 = \frac{P}{A} + \frac{M}{Z} = \frac{P}{bh} + \frac{6M}{bh^2}$$

$$200 = \frac{5 \times 10^3}{10h} + \frac{6 \times 5 \times 10^3 \times 50}{10h^2}$$

$$\therefore 200h^2 - 500h - 150000 = 0$$

$$h^2 - 2.5h - 750 = 0$$

$$\therefore h = \frac{-b \pm \sqrt{b^2 - 4ac}}{2a}$$

$$= \frac{2.5 \pm \sqrt{2.5^2 - 4 \times 1 \times (-750)}}{2 \times 1}$$

답이 될 수 있는 해는 $h = 2.86\,cm$

13

그림과 같은 단주에서 편심거리 e에 압축하중 $P = 80kN$이 작용할 때 단면에 인장응력이 생기지 않기 위한 a의 한계는 몇 cm인가? (단, G는 편심하중이 작용하는 단주 끝단의 평면상 위치를 의미한다.)

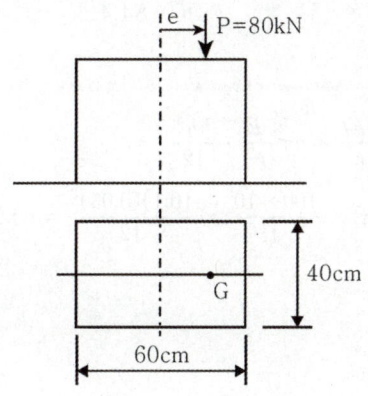

① 8
② 10
③ 12
④ 14

핵반경 $a = \dfrac{K^2}{e} = \dfrac{K^2}{\dfrac{h}{2}} = \dfrac{2 \times 300}{60} = 10cm$

$\therefore K^2 = \dfrac{I}{A} = \dfrac{bh^3}{12} \cdot \dfrac{1}{bh} = \dfrac{h^2}{12} = \dfrac{60^2}{12} = 300cm^2$

14

다음 중 좌굴(buckling) 현상에 대한 설명으로 가장 알맞은 것은?

① 보에 휨하중이 작용할 때 굽어지는 현상
② 트러스의 부재에 전단하중이 작용할 때 굽어지는 현상
③ 단주에 축방향의 인장하중을 받을 때 기둥이 굽어지는 현상
④ 장주에 축방향의 압축하중을 받을 때 기둥이 굽어지는 현상

좌굴
기둥의 축방향에 압축하중을 받을 때, 기둥이 굽어지는 현상

15

지름이 $2cm$이고 길이가 $1m$인 원통형 중실기둥의 좌굴에 관한 임계하중을 오일러공식으로 구하면 약 몇 kN인가? (단, 기둥의 양단은 회전단이고, 세로탄성계수는 $200GPa$이다.)

① 11.5
② 13.5
③ 15.5
④ 17.5

$P_{cr} = n\pi^2 \dfrac{EI}{\ell^2}$

$= 1 \times \pi^2 \times \dfrac{200 \times 10^9}{1^2} \times \dfrac{\pi \times (0.02)^4}{64} \times 10^{-3}$

$= 15.51kN$

16

그림과 같은 장주(long column)에 P_{cr}을 가했더니 오른쪽 그림과 같이 좌굴이 일어났다. 이 때 오일러 좌굴응력 σ_{cr}은? (단, 세로탄성계수는 E, 기둥 단면의 회전반경(radius of gyration)은 r, 길이는 L이다.)

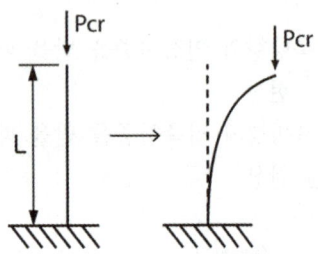

① $\dfrac{\pi^2 E r^2}{4L^2}$

② $\dfrac{\pi^2 E r^2}{L^2}$

③ $\dfrac{\pi E r^2}{4L^2}$

④ $\dfrac{\pi E r^2}{L^2}$

$$\sigma_{cr} = \dfrac{P_{cr}}{A} = \dfrac{\dfrac{n\pi^2 EI}{L^2}}{A} = \dfrac{n\pi^2 EI}{L^2 A}$$

여기서 $n = \dfrac{1}{4}$(일단고정,타단자유), $r^2 = K^2 = \dfrac{I}{A}$

$$\therefore \sigma_{cr} = \dfrac{\pi^2 E r^2}{4L^2}$$

17

지름 d인 원형단면 기둥에 대하여 오일러 좌굴식의 회전반경은 얼마인가?

① $\dfrac{d}{2}$

② $\dfrac{d}{3}$

③ $\dfrac{d}{4}$

④ $\dfrac{d}{6}$

$$K = \sqrt{\dfrac{I}{A}} = \sqrt{\dfrac{\pi d^4}{64} \times \dfrac{4}{\pi d^2}} = \dfrac{d}{4}$$

18

부재의 양단이 자유롭게 회전할 수 있도록 되어있고, 길이가 $4\,m$인 압축 부재의 좌굴하중을 오일러 공식으로 구하면 약 몇 kN 인가? (단, 세로탄성계수는 $100\,GPa$이고, 단면 $b \times h = 100\,mm \times 50\,mm$이다.)

① 52.4

② 64.4

③ 72.4

④ 84.4

$$P_{cr} = n\pi^2 \dfrac{EI}{\ell^2} = n\pi^2 \dfrac{E}{\ell^2} \cdot \dfrac{bh^3}{12}$$

$$= 1 \times \pi^2 \times \dfrac{100 \times 10^6}{4^2} \times \dfrac{(0.1)(0.05)^3}{12} = 64.26\,kN$$

19

오일러 공식이 세장비 $\dfrac{\ell}{k} > 100$에 대해 성립한다고 할 때, 양단이 힌지인 원형단면 기둥에서 오일러 공식이 성립하기 위한 길이 ℓ과 지름 d와의 관계가 옳은 것은?

① $\ell > 4d$

② $\ell > 25d$

③ $\ell > 50d$

④ $\ell > 100d$

$$\lambda = \dfrac{\ell}{K} = \dfrac{\ell}{\sqrt{\dfrac{I}{A}}} = \dfrac{\ell}{\sqrt{\dfrac{\pi d^4}{64} \times \dfrac{4}{\pi d^2}}} = \dfrac{4\ell}{d} > 100$$

$$\therefore \ell > 25d$$

20

그림과 같이 $20\,cm \times 10\,cm$의 단면적을 갖고 양단이 회전단으로 된 부재가 중심축 방향으로 압축력 P가 작용하고 있을 때 장주의 길이가 $2\,m$라면 세장비는?

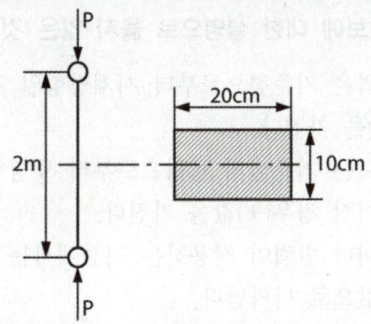

① 89 　　② 69 　　③ 49 　　④ 29

$$\lambda = \frac{\ell}{K} = \frac{2}{0.029} = 68.97$$

$$\therefore K = \sqrt{\frac{I}{A}} = \sqrt{\frac{\dfrac{0.2 \times 0.1^3}{12}}{0.2 \times 0.1}} = 0.029\,m$$

21

안지름이 $80\,mm$, 바깥지름이 $90\,mm$이고 길이가 $3\,m$인 좌굴 하중을 받는 파이프 압축 부재의 세장비는 얼마 정도인가?

① 100 　　② 110 　　③ 120 　　④ 130

$$\lambda = \frac{\ell}{K} = \frac{3}{3.01 \times 10^{-2}} = 99.67$$

$$\therefore K = \sqrt{\frac{I}{A}} = \sqrt{\frac{\dfrac{\pi(d_2^4 - d_1^4)}{64}}{\dfrac{\pi(d_2^2 - d_1^2)}{4}}} = \sqrt{\frac{d_2^2 + d_1^2}{16}}$$

$$= \sqrt{\frac{(0.09)^2 + (0.08)^2}{16}} = 3.01 \times 10^{-2}\,m$$

22

그림과 같이 일단 고정 타단 자유인 기둥이 축방향으로 압축력을 받고 있다. 단면은 한쪽 길이가 $10\,cm$의 정사각형이고 길이(ℓ)는 $5\,m$, 세로탄성 계수는 $10\,GPa$이다. Euler 공식에 따라 좌굴에 안전하기 위한 하중은 약 몇 kN인가? (단, 안전계수를 10으로 적용한다.)

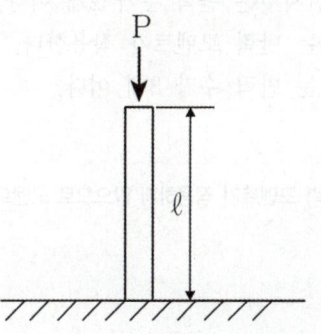

① 0.72 　　　　② 0.82

③ 0.92 　　　　④ 1.02

$$P_{cr} = n\pi^2 \frac{EI}{\ell^2} = \frac{1}{4}\pi^2 \times \frac{10 \times 10^9 \times (0.1)^4}{5^2 \times 12} \times 10^{-3}$$

$$= 8.22\,kN$$

$$P_w = \frac{P_{cr}}{S} = \frac{8.22}{10} = 0.82\,kN$$

01
02
03
04

07 보(Beam)

01

다음 중 보의 반력수에 대한 설명으로 옳지 않은 것은?

① 가동 힌지부는 반력 수가 1개 이다.
② 부동 힌지부는 반력 수가 2개 이다.
③ 힌지부는 반력 모멘트가 작용한다.
④ 고정부는 반력 수가 3개 이다.

힌지부는 반력 모멘트가 작용하지 않으므로 모멘트가 항상 0이다.

02

다음 중 부정정보에 해당하는 것은?

① 단순보 ② 외팔보
③ 양단 고정보 ④ 돌출보

부정정보의 종류
일단고정, 타단지지보, 양단 고정보 등

03

다음 중 보에 대한 설명으로 옳지 않은 것은?

① 전단력은 기준점으로부터 시계방향일 경우 (+)값을 가진다.
② 모멘트는 기준점의 방향으로부터 윗방향으로 기울어질 경우(+)값을 가진다.
③ 하중이나 반력이 작용하는 지점에서는 모멘트가 최소값으로 나타난다.
④ 자유단은 반력의 개수가 0개이므로 힘과 모멘트가 작용하지 않는다.

하중이나 반력이 작용하는 지점에서 최대모멘트가 발생할 확률이 높다.

04

일단고정, 타단지지보 중앙에 집중하중(P)이 작용할 경우 고정부의 반력은?

① $R = \dfrac{11}{16}P$ ② $R = \dfrac{9}{16}P$

③ $R = \dfrac{5}{16}P$ ④ $R = \dfrac{3}{16}P$

일단고정, 타단지지보 중앙에 집중하중이 작용할 경우

$R = \dfrac{11}{16}P$ (고정부), $R = \dfrac{5}{16}P$ (힌지부)

05

일단고정, 타단지지보 전체에 균일분포하중(w)이
작용할 경우 힌지부의 반력은?

① $R = \dfrac{7}{8}w\ell$ ② $R = \dfrac{5}{8}w\ell$

③ $R = \dfrac{3}{8}w\ell$ ④ $R = \dfrac{1}{8}w\ell$

일단고정, 타단지지보 전체에 균일분포하중이 작용할 경우

$R = \dfrac{5}{8}w\ell$ (고정부), $R = \dfrac{3}{8}w\ell$ (힌지부)

06

일단고정, 타단지지보 전체에 균일분포하중(w)이
작용할 경우 최대굽힘모멘트는?

① $M = \dfrac{3w\ell^2}{16}$ ② $M = \dfrac{11w\ell^2}{16}$

③ $M = \dfrac{5w\ell^2}{128}$ ④ $M = \dfrac{9w\ell^2}{128}$

일단고정, 타단지지보 전체에 균일분포하중이 작용할 경우

최대 굽힘 모멘트 $M_{\max} = \dfrac{9w\ell^2}{128}$

07

양단고정부 전체에 균일분포하중(w)이 작용할 경우
최대굽힘모멘트는?

① $M = \dfrac{w\ell^2}{3}$ ② $M = \dfrac{w\ell^2}{4}$

③ $M = \dfrac{w\ell^2}{8}$ ④ $M = \dfrac{w\ell^2}{12}$

일단고정, 타단지지보 전체에 균일분포하중이 작용할 경우
최대 굽힘 모멘트

$M_{\max} = \dfrac{w\ell^2}{12}$

01

02

03

04

08

길이 $6m$인 단순 지지보에 등분포하중 q가 작용할 때
단면에 발생하는 최대 굽힘응력이 $337.5MPa$ 이라면
등분포하중 q는 약 몇 kN/m인가? (단, 보의 단면은
폭$\times$높이 $= 40mm \times 100mm$이다.)

① 4   ② 5

③ 6   ④ 7

단순 지지보에 등분포하중 q가 작용할 때 최대 굽힘 모멘트는

$M_{\max} = \dfrac{q\ell^2}{8} = \sigma_b \cdot Z = \sigma_b \cdot \dfrac{bh^2}{6}$

$\therefore q = \dfrac{8\sigma_b bh^2}{6\ell^2} = \dfrac{8 \times 337.5 \times 10^6 \times 0.04 \times (0.1)^2}{6 \times 6^2} \times 10^{-3}$

$= 5\,kN/m$

09

그림과 같이 단순화한 길이 $1\,m$의 자축 중심에 집중하중 $100\,kN$이 작용하고, $100\,rpm$으로 $400\,kW$의 동력을 전달할 때 필요한 자축의 지름은 최소 몇 cm인가? (단, 축의 허용 굽힘응력은 $85\,MPa$로 한다.)

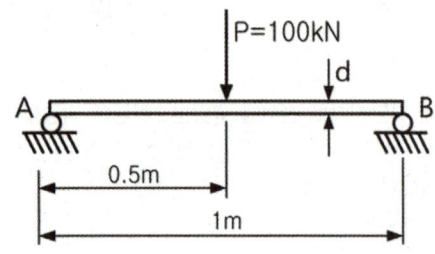

① 4.1   ② 8.1

③ 12.3   ④ 16.3

$$M = \frac{P\ell}{4} = \frac{100 \times 10^3 \times 1}{4} = 25000\,N \cdot m$$

$$T = \frac{H}{\omega} = \frac{H}{\dfrac{2\pi N}{60}} = \frac{400 \times 10^3}{\dfrac{2\pi \times 100}{60}} = 38197.19\,N \cdot m$$

굽힘과 비틀림이 동시에 작용하므로 상당치를 고려하면

$$T_e = \sqrt{M^2 + T^2} = 45651.13\,N \cdot m$$

$$M_e = \frac{1}{2}(M + T_e) = \frac{1}{2}(25000 + 45651.13)$$
$$= 35325.57\,N \cdot m$$

위 모멘트들을 단면계수에 대한 식으로 나타내면
$$T_e = \tau_a \cdot Z_P \quad , \quad M_e = \sigma_b \cdot Z$$

이 때 문제에서 굽힘응력(σ_b)만 제시했으므로 굽힘모멘트(M_e)의 관점에서만 확인하면

$$Z = \frac{\pi d^3}{32} = \frac{M_e}{\sigma_b}$$

$$\therefore d = \sqrt[3]{\frac{32 M_e}{\pi \sigma_b}} = \sqrt[3]{\frac{32 \times 35325.57}{\pi \times 85 \times 10^6}} = 16.3\,cm$$

10

그림과 같이 분포하중이 작용할 때 최대 굽힘모멘트가 일어나는 곳은 보의 좌측으로부터 얼마나 떨어진 곳에 위치하는가?

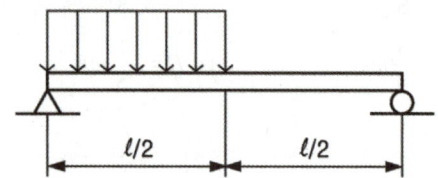

① $\dfrac{1}{4}\ell$ ② $\dfrac{3}{8}\ell$

③ $\dfrac{5}{12}\ell$ ④ $\dfrac{7}{16}\ell$

왼쪽 지점을 A점으로 놓고 모멘트 평형식을 세우면

$$\sum M_A = -\frac{w\ell}{2} \times \frac{\ell}{4} + R_B \times \ell = 0$$

오른쪽 지점을 B점이라 하면 $R_B = \dfrac{w\ell}{8}$, $R_A = \dfrac{3w\ell}{8}$

최대 굽힘 모멘트가 발생하는 지점은 전단력이 0인 지점이므로

$$F(x) = \frac{3w\ell}{8} - wx = 0$$

$$\therefore x = \frac{3}{8}\ell$$

11

단면의 치수가 $b \times h = 6cm \times 3cm$인 강철보가 그림과 같이 하중을 받고 있다. 보에 작용하는 최대 굽힘응력은 약 몇 N/cm^2인가?

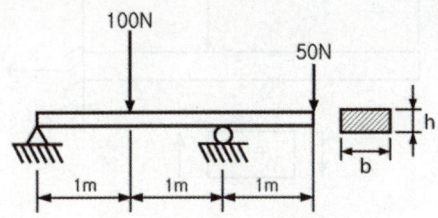

① 278   ② 556

③ 1111   ④ 2222

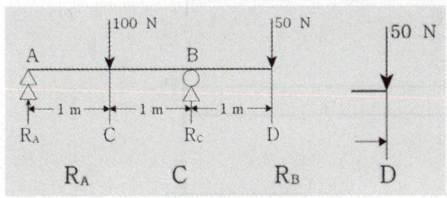

돌출보에서 B 지지점을 기준으로
왼쪽 모멘트의 합 = 오른쪽 모멘트의 합이므로
$R_A \times 2 - 100 \times 1 = -50 \times 1$
$\therefore R_A = 25\,N,\ R_B = 125\,N$

A, B, C, D 각 지점의 모멘트는
$M_A = M_D = 0$
$M_C = 25\,N \cdot m$
$M_B = -50\,N \cdot m = M_{max} = \sigma_b \cdot Z$
$\therefore \sigma_b = \dfrac{M_{max}}{Z} = \dfrac{50 \times 10^2}{\dfrac{6 \times 3^2}{6}} = 555.56\,N/cm^2$

12

그림과 같은 단순보의 중앙점(C)에서 굽힘모멘트는?

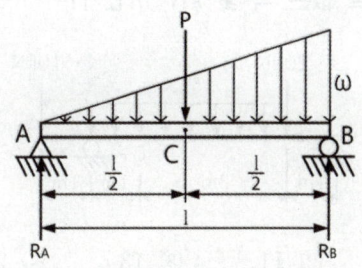

① $\dfrac{Pl}{2} + \dfrac{wl^2}{8}$ ② $\dfrac{Pl}{4} + \dfrac{wl^2}{16}$

③ $\dfrac{Pl}{2} + \dfrac{wl^2}{48}$ ④ $\dfrac{Pl}{4} + \dfrac{5}{48}wl^2$

A지점을 기준으로 모멘트 평형식을 세우면
$$\sum M_A = -P \times \frac{\ell}{2} - \frac{w\ell}{2} \times \frac{2}{3}\ell + R_B \times \ell = 0$$
$$\therefore R_B = \frac{P}{2} + \frac{w\ell}{3}$$
$$\therefore R_A = \frac{P}{2} + \frac{w\ell}{6}$$

따라서 C점의 굽힘모멘트는
$$M_C = R_A \times \frac{\ell}{2} - \left(\frac{1}{2} \times \frac{w}{2} \times \frac{\ell}{2}\right) \times \frac{\ell}{6} = \frac{P\ell}{4} + \frac{w\ell^2}{16}$$

13

그림과 같은 단순지지보에서 반력 R_A는 몇 kN 인가?

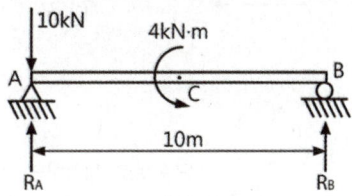

① 8   ② 8.4   ③ 10   ④ 10.4

B점을 기준으로 모멘트 평형식을 세우면
$$\sum M_B = -4 - 10 \times 10 + R_A \times 10 = 0$$
$$\therefore R_A = 10.4\,kN$$

14

아래와 같은 보에서 C점 (A에서 $4m$ 떨어진 점) 에서의 굽힘모멘트 값은 약 몇 $kN \cdot m$인가?

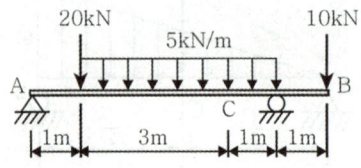

① 5.5 ② 11 ③ 13 ④ 22

두 번째 힌지점의 반력을 R_D라 하면

$R_A + R_D = 20 + 5 \times 4 + 10 = 50kN$

$\sum M_A = -20 \times 1 - (5 \times 4) \times 3 + R_D \times 5 - 10 \times 6 = 0$

$\therefore R_D = 28kN, \ R_A = 22kN$

C점을 기준으로 오른쪽의 모멘트를 계산하면

$M_C = -(5 \times 1) \times 0.5 + R_D \times 1 - 10 \times 2 = 5.5 \, kN \cdot m$

15

반원 부재에 그림과 같이 $0.5R$지점에 하중 P가 작용할 때 지지점 B에서의 반력은?

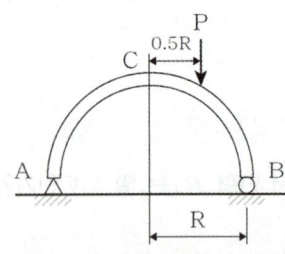

① $\dfrac{P}{4}$

② $\dfrac{P}{2}$

③ $\dfrac{3P}{4}$

④ P

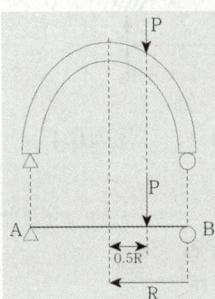

단순보로 생각하면

$\sum M_A$

$= -P \times 1.5R + R_B \times 2R$

$= 0$

$\therefore R_B = \dfrac{3}{4}P$

16

그림과 같은 외팔보에 대한 전단력 선도로 옳은 것은? (단, 아랫방향을 양($+$)으로 본다.)

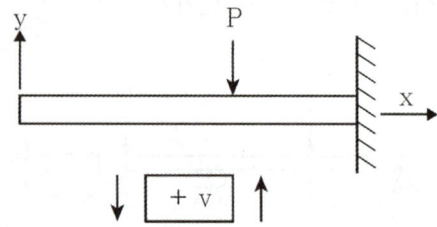

①

②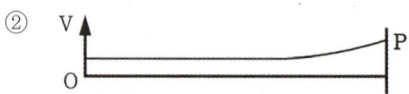

③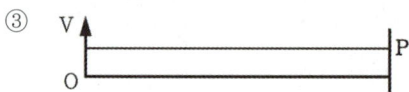

④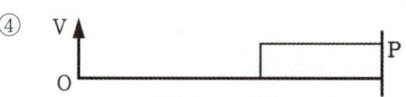

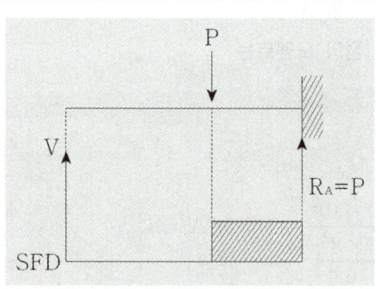

17

그림과 같은 선형 탄성 균일단면 외팔보의 굽힘 모멘트 선도로 가장 적당한 것은?

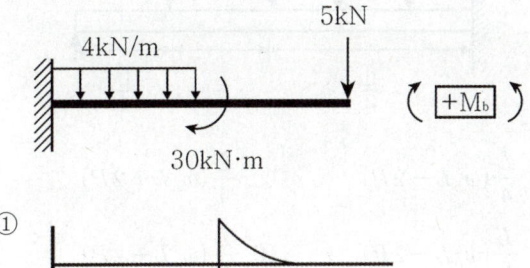

①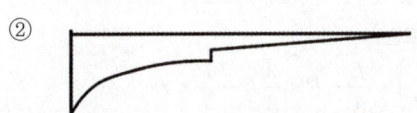

②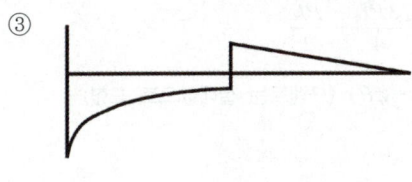

③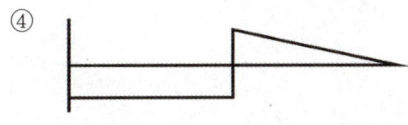

④

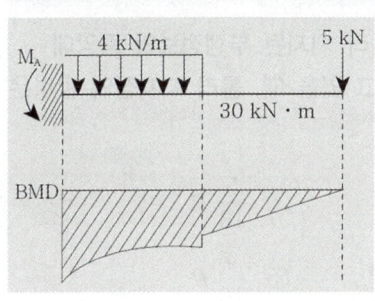

18

그림과 같은 외팔보가 하중을 받고 있다. 고정단에 발생하는 최대굽힘 모멘트는 몇 $N \cdot m$인가?

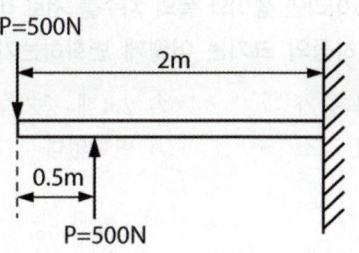

① 250   ② 500

③ 750   ④ 1000

외팔보의 고정단에서 최대굽힘모멘트는 작용하는 모든 모멘트의 합이므로

$$\therefore M_{\max} = 500 \times 2 - 500 \times 1.5 = 250 \, N \cdot m$$

19

다음 그림과 같은 외팔보에 하중 P_1, P_2가 작용될 때 최대 굽힘 모멘트의 크기는?

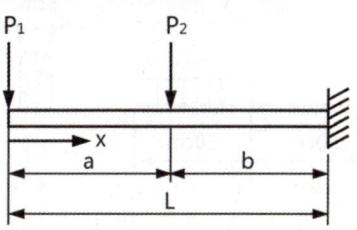

① $P_1 \cdot a + P_2 \cdot b$ ② $P_1 \cdot b + P_2 \cdot a$

③ $(P_1 + P_2) \cdot L$ ④ $P_1 \cdot L + P_2 \cdot b$

외팔보의 고정단에서 최대굽힘모멘트는 작용하는 모든 모멘트의 합이므로

$$\sum M = P_1 \cdot L + P_2 \cdot b$$

20

직사각형 단면 폭×높이는 $12cm \times 5cm$이고, 길이 $1m$인 외팔보가 있다. 이 보의 허용굽힘응력이 $500MPa$이라면 높이와 폭의 치수를 서로 바꾸면 받을 수 있는 하중의 크기는 어떻게 변화하는가?

① 1.2배 증가   ② 2.4배 증가

③ 1.2배 감소   ④ 변화없다.

$M = P \cdot \ell = \sigma_b \cdot Z \quad \therefore P \propto Z = \dfrac{bh^2}{6}$

$\therefore \dfrac{P_2}{P_1} = \dfrac{b_2 h_2^2}{b_1 h_1^2} = \dfrac{5 \times 12^2}{12 \times 5^2} = \dfrac{12}{5} = 2.4$

21

그림과 같은 외팔보가 있다. 보의 굽힘에 대한 허용응력을 $80MPa$로 하고, 자유단 B로부터 보의 중앙점 C사이에 등분포하중 w를 작용시킬 때, w의 허용 최대값은 몇 kN/m인가? (단, 외팔보의 폭×높이는 $5cm \times 9cm$이다.)

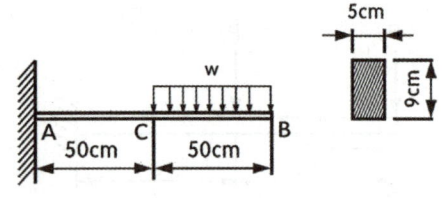

① 12.4   ② 13.4

③ 14.4   ④ 15.4

$M_{\max} = \sigma_b Z = \sigma_b \cdot \dfrac{bh^2}{6}$

$0.5w \times 0.75 = 80 \times 10^3 \times \dfrac{0.05 \times 0.09^2}{6}$

$\therefore w = 14.4 \, kN/m$

22

다음 보에 발생하는 최대 굽힘 모멘트는?

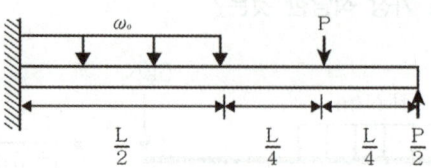

① $\dfrac{L}{4}(\omega_o L - 2P)$ ② $\dfrac{L}{4}(\omega_o L + 2P)$

③ $\dfrac{L}{8}(\omega_o L - 2P)$ ④ $\dfrac{L}{8}(\omega_o L + 2P)$

고정단에서 모멘트는

$M = -\left(w_o \cdot \dfrac{L}{2}\right) \times \dfrac{L}{4} - P \times \dfrac{3}{4}L + \dfrac{P}{2} \times L$

$= -\dfrac{w_o L^2}{8} - \dfrac{3PL}{4} + \dfrac{PL}{2}$

$= -\dfrac{L}{8}(w_o L + 2P)$ (모멘트는 절대값으로 표현)

23

일단 고정 타단 롤러 지지된 부정정보의 중앙에 집중하중 P를 받고 있을 때, 롤러 지지점의 반력은 얼마인가?

① $\dfrac{3}{16}P$ ② $\dfrac{5}{16}P$

③ $\dfrac{7}{16}P$ ④ $\dfrac{9}{16}P$

일단고정, 타단지지보의 중앙에 집중하중 P가 가해질 때 반력은

고정단 : $R_A = \dfrac{11}{16}P$,   힌지부 : $R_B = \dfrac{5}{16}P$

24

그림과 같은 일단 고정 타단 롤러로 지지된 등분포 하중을 받는 부정정보의 B단에서 반력은 얼마인가?

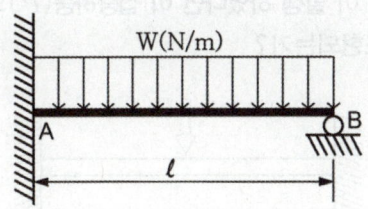

① $\dfrac{W\ell}{3}$ ② $\dfrac{5}{8}W\ell$

③ $\dfrac{2}{3}W\ell$ ④ $\dfrac{3}{8}W\ell$

일단고정, 타단지지보에 분포하중이 작용할 때 반력은

고정단 : $R_A = \dfrac{5}{8}W\ell$

힌지부 : $R_B = \dfrac{3}{8}W\ell$

25

다음과 같이 길이 L인 일단고정, 타단지지보에 등분포 하중 w가 작용할 때, 고정단 A로부터 전단력이 0이 되는 거리(X)는 얼마인가?

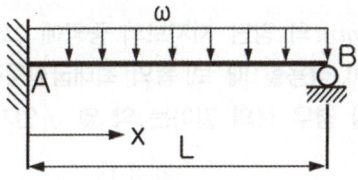

① $\dfrac{2}{3}L$ ② $\dfrac{3}{4}L$

③ $\dfrac{5}{8}L$ ④ $\dfrac{3}{8}L$

최대 모멘트가 발생하는 위치는 전단력이 0이 되는 위치이다. 일단고정, 타단 지지보에 분포하중 w가 작용할 때 각 지점의 반력은

$$R_A = \frac{5}{8}wL, \ R_B = \frac{3}{8}wL$$

따라서 SFD를 그려보면

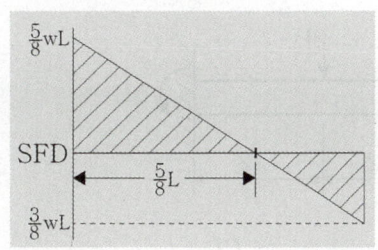

26

그림과 같이 한쪽 끝을 지지하고 다른 쪽을 고정한 보가 있다. 보의 단면은 직경 $10cm$의 원형이고 보의 길이는 L이며, 보의 중앙에 $2094N$의 집중하중 P가 작용하고 있다. 이 때 보에 작용하는 최대굽힘응력이 $8MPa$라고 한다면, 보의 길이 L은 약 몇 m인가?

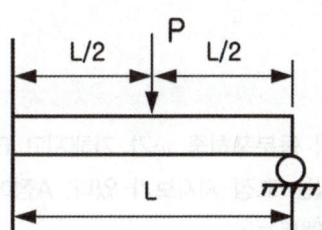

① 2.0   ② 1.5

③ 1.0   ④ 0.7

일단 고정, 타단 지지보의 중앙에 집중하중이 작용할 때 최대 굽힘 모멘트는

$$M_{\max} = \frac{3PL}{16} = \sigma_b Z = \sigma_b \cdot \frac{\pi d^3}{32}$$

$$\therefore L = \frac{\sigma_b \pi d^3}{6P} = \frac{8 \times 10^6 \times \pi \times 0.1^3}{6 \times 2094} = 2m$$

27

다음 부정정보에서 고정단의 모멘트 M_0는?

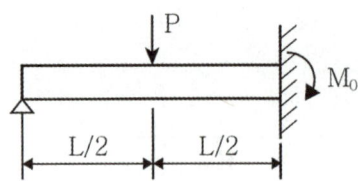

① $\dfrac{PL}{3}$

② $\dfrac{PL}{4}$

③ $\dfrac{PL}{6}$

④ $\dfrac{3PL}{16}$

일단 고정, 타단 지지보 중앙에 집중하중 P가 가해질 경우

$R_A = \dfrac{5}{16}P$(힌지부), $R_B = \dfrac{11}{16}P$(고정단)

$M_{\max} = \dfrac{3}{16}PL$ (고정단)

28

그림과 같이 등분포하중 w가 가해지고 B점에서 지지되어 있는 고정 지지보가 있다. A점에 존재하는 반력 중 모멘트는?

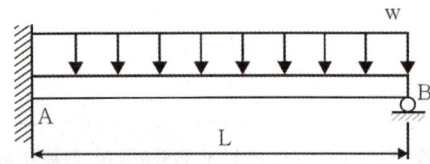

① $\dfrac{1}{8}wL^2$(시계방향) ② $\dfrac{1}{8}wL^2$(반시계방향)

③ $\dfrac{7}{8}wL^2$(시계방향) ④ $\dfrac{7}{8}wL^2$(반시계방향)

일단 고정, 타단 지지보에 분포하중 w가 작용할 때,

$R_A = \dfrac{5}{8}wL$(고정단), $R_B = \dfrac{3}{8}wL$(힌지부)

$M_{\max} = \dfrac{wL^2}{8}$(고정단)

29

그림과 같이 길이가 $2L$인 양단고정보의 중앙에 집중하중이 아래로 가해지고 있다. 이 때 중앙에서 모멘트 M이 발생 하였다면 이 집중하중(P)의 크기는 어떻게 표현되는가?

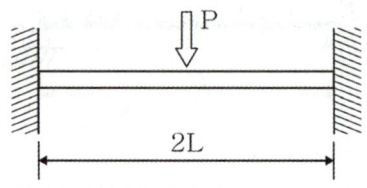

① $\dfrac{M}{L}$

② $\dfrac{8M}{L}$

③ $\dfrac{2M}{L}$

④ $\dfrac{4M}{L}$

양단 고정보 중앙에 집중하중 P가 작용할 경우
최대 굽힘모멘트

$M_{\max} = \dfrac{P\ell}{8}$ (중앙)

$M = \dfrac{P \cdot 2L}{8} = \dfrac{PL}{4}$

$\therefore P = \dfrac{4M}{L}$

30

지름 $100mm$의 양단 지지보의 중앙에 $2kN$의 집중하중이 작용할 때 보 속의 최대굽힘응력이 $16MPa$일 경우 보의 길이는 약 몇 m인가?

① 1.51

② 3.14

③ 4.22

④ 5.86

양단 지지보(=단순보)의 중앙에 집중하중 P가 작용할 때 최대 굽힘 모멘트는

$M_{\max} = \dfrac{P\ell}{4} = \sigma_b \cdot Z$

$\therefore \ell = \dfrac{4\sigma_b \pi d^3}{32P} = \dfrac{4 \times 16 \times 10^6 \times \pi \times 0.1^3}{32 \times 2 \times 10^3} = 3.14m$

31

양단이 고정된 막대의 한 점(B점)에 그림과 같이 축방향 하중 P 가 작용하고 있다. 막대의 단면적이 A이고 탄성계수가 E 일 때, 하중 작용점(B점)의 변위 발생량은?

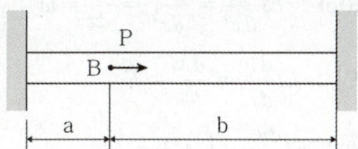

① $\dfrac{abP}{EA(a+b)}$ ② $\dfrac{abP}{2EA(a+b)}$

③ $\dfrac{abP}{EA(b-a)}$ ④ $\dfrac{abP}{2EA(b-a)}$

양단 고정보에 수평하중 P 가 작용한 경우 그 위치에서의 하중 (그림에서는 B점에서의 하중)

$$P_b = \frac{b}{a+b}P$$

$$\lambda = \frac{P\ell}{AE} = \frac{P_a \cdot a}{AE} = \frac{abP}{EA(a+b)}$$

32

그림과 같은 T형 단면을 갖는 돌출보의 끝에 집중하중 $P = 4.5kN$ 이 작용한다. 단면 A–A에서의 최대 전단응력은 약 몇 kPa인가? (단, 보의 단면 2차 모멘트는 $5313cm^4$이고, 밑면에서 도심까지의 거리는 $125mm$이다.)

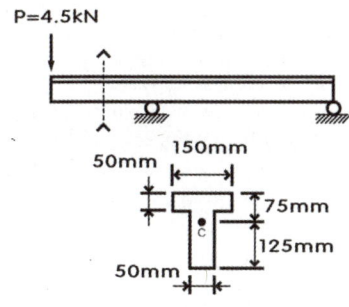

① 421 ② 521 ③ 662 ④ 721

보의 최대 전단응력 일반식은

$$\tau_{\max} = \frac{FQ}{bI} = \frac{4.5 \times 10^3 \times 3.91 \times 10^{-4}}{0.05 \times 5313 \times 10^{-8}} \times 10^{-3}$$

$$= 661.7\,kPa$$

∴ Q 는 τ 를 구하고자 하는 위치로부터 도심점 바깥에 대한 단면 1차 모멘트

$$Q = A\bar{y} = (0.05 \times 0.125) \times \frac{0.125}{2} = 3.91 \times 10^{-4}\,m^3$$

b 는 τ 를 구하고자 하는 위치에서의 폭
$b = 0.05\,m$

33

양단이 고정된 직경 $30\,mm$, 길이가 $10\,m$인 중실축에서 그림과 같이 비틀림 모멘트 $1.5\,kN \cdot m$가 작용할 때 모멘트 작용점에서의 비틀림 각은 약 몇 rad인가? (단, 봉재의 전단탄성계수 $G = 100\,GPa$이다.)

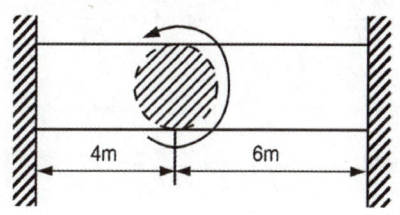

① 0.45 ② 0.56
③ 0.63 ④ 0.77

양단 고정보 중간에 비틀림 모멘트가 작용할 때, 각 고정단에서 발생하는 모멘트는

$$T_A = \frac{bT}{a+b}, \quad T_B = \frac{aT}{a+b}$$

양단의 비틀림각은 같으므로 어느 한쪽의 모멘트만 고려한다.

$$\therefore \theta = \frac{T_A \ell_A}{GI_P} = \frac{bT}{a+b} \cdot \frac{\ell_A}{G} \cdot \frac{32}{\pi d^4}$$

$$= \frac{6 \times 1.5 \times 10^3 \times 4 \times 32}{(4+6) \times 100 \times 10^9 \times \pi \times (0.03)^4} = 0.45\,rad$$

08 보의 처짐과 내부 응력

01

다음 중 보의 처짐을 구하는 방법이 아닌 것은?

① 전단력 선도법 ② 면적 모멘트법

③ 미분방정식법 ④ 중첩법

보의 처짐을 구하는 방법

면적 모멘트법, 미분방정식법, 중첩법

02

다음 중 면적 모멘트법으로 옳은 것은?

① $\theta = \dfrac{A_M}{EI_P}$ ② $\delta = \dfrac{A_M}{EI_P}$

③ $\theta = \dfrac{A_M}{EI}\overline{x}$ ④ $\delta = \dfrac{A_M}{EI}\overline{x}$

면적모멘트법 : $\theta = \dfrac{A_M}{EI}$, $\delta = \dfrac{A_M}{EI}\overline{x}$

03

다음 중 처짐곡선의 미분방정식으로 옳지 않은 것은?

① 분포하중(w) : $EI\dfrac{d^4y}{dx^4} = \dfrac{d^2M}{dx^2} = \dfrac{dF}{dx} = w$

② 전단력(F) : $EI\dfrac{d^3y}{dx^3} = \dfrac{dM}{dx} = F$

③ 처짐각(θ) : $EI\dfrac{dy}{dx} = \displaystyle\int Mdx = EI\theta$

④ 처짐량(δ) : $y = \displaystyle\iint Mdx = \delta$

처짐곡선의 미분방정식

① 분포하중(w) : $EI\dfrac{d^4y}{dx^4} = \dfrac{d^2M}{dx^2} = \dfrac{dF}{dx} = w$

② 전단력(F) : $EI\dfrac{d^3y}{dx^3} = \dfrac{dM}{dx} = F$

③ 처짐각(θ) : $EI\dfrac{dy}{dx} = \displaystyle\int Mdx = EI\theta$

④ 처짐량(δ) : $EIy = \displaystyle\iint Mdx = EI\delta$

04

다음 중 중첩법에 대한 내용으로 옳지 않은 것은?

① 여러 가지 하중이 동시에 작용할 경우 처짐량의 총 합은 각각을 더한 것과 같다.

② 분포하중과 집중하중이 동시에 작용하더라도 각각을 더한 값이 전체 처짐량이 된다.

③ 처짐이 반대로 작용할 경우에도 처침의 합을 이용하여 전체 처짐량을 구할 수 있다.

④ 외팔보에 2개 이상의 처짐이 작용할 경우 처짐각에 의한 추가 처짐을 고려한다.

처짐이 반대로 작용할 경우에는 처짐의 차를 이용하여 전체 처짐량을 구할 수 있다.

05

단순보 중앙에 집중하중(P)이 작용할 경우 최대 처짐각으로 옳은 것은?

① $\theta = \dfrac{P\ell^2}{8EI}$ ② $\theta = \dfrac{P\ell^2}{16EI}$

③ $\theta = \dfrac{P\ell^2}{32EI}$ ④ $\theta = \dfrac{P\ell^2}{64EI}$

단순보 중앙에 집중하중이 작용할 경우

$\theta_{max} = \dfrac{P\ell^2}{16EI}$, $\delta_{max} = \dfrac{P\ell^3}{48EI}$

06

단순보 전체에 균일분포하중(w)이 작용할 경우 최대 처짐량으로 옳은 것은?

① $\delta = \dfrac{w\ell^4}{384EI}$ ② $\delta = \dfrac{5w\ell^4}{384EI}$

③ $\delta = \dfrac{7w\ell^4}{384EI}$ ④ $\delta = \dfrac{11w\ell^4}{384EI}$

단순보 전체에 분포하중이 작용할 경우

$\theta_{max} = \dfrac{w\ell^3}{24EI}$, $\delta_{max} = \dfrac{5w\ell^4}{384EI}$

07

외팔보에 집중하중(P)이 작용할 경우 최대 처짐각으로 옳은 것은?

① $\theta = \dfrac{P\ell^2}{2EI}$ ② $\theta = \dfrac{P\ell^2}{3EI}$

③ $\theta = \dfrac{P\ell^2}{5EI}$ ④ $\theta = \dfrac{P\ell^2}{8EI}$

외팔보에 집중하중이 작용할 경우

$\theta_{max} = \dfrac{P\ell^2}{2EI}$, $\delta_{max} = \dfrac{P\ell^3}{3EI}$

08

외팔보에 전체에 균일분포하중(w)이 작용할 경우 최대 처짐량으로 옳은 것은?

① $\delta = \dfrac{w\ell^4}{2EI}$ ② $\delta = \dfrac{w\ell^4}{3EI}$

③ $\delta = \dfrac{w\ell^4}{5EI}$ ④ $\delta = \dfrac{w\ell^4}{8EI}$

외팔보에 분포하중이 작용할 경우

$\theta_{max} = \dfrac{w\ell^3}{6EI}$, $\delta_{max} = \dfrac{w\ell^4}{8EI}$

09

일단고정, 타단지지보 전체에 균일분포하중(w)이 작용할 경우 최대 처짐량으로 옳은 것은?

① $\delta = \dfrac{wL^4}{40EI}$ ② $\delta = \dfrac{wL^4}{85EI}$

③ $\delta = \dfrac{wL^4}{135EI}$ ④ $\delta = \dfrac{wL^4}{185EI}$

일단고정, 타단지지보에 분포하중이 작용할 경우

$\delta_{max} = \dfrac{wL^4}{185EI}$

10

양단고정보 전체에 균일분포하중(w)이 작용할 경우 최대 처짐량으로 옳은 것은?

① $\delta = \dfrac{w\ell^4}{384EI}$ ② $\delta = \dfrac{5w\ell^4}{384EI}$

③ $\delta = \dfrac{7w\ell^4}{384EI}$ ④ $\delta = \dfrac{11w\ell^4}{384EI}$

양단고정보에 분포하중이 작용할 경우

$\delta_{max} = \dfrac{w\ell^4}{384EI}$

11

사각형 단면의 최대전단응력을 구하는 식으로 옳은 것은?

① $\tau_{max} = \dfrac{3}{2}\dfrac{F}{A}$　　② $\tau_{max} = \dfrac{4}{3}\dfrac{F}{A}$

③ $\tau_{max} = \dfrac{5}{4}\dfrac{F}{A}$　　④ $\tau_{max} = \dfrac{6}{5}\dfrac{F}{A}$

보의 최대 전단응력

사각형 단면 : $\tau_{max} = \dfrac{3}{2}\dfrac{F}{A}$

원형 단면 : $\tau_{max} = \dfrac{4}{3}\dfrac{F}{A}$

12

다음 중 굽힘탄성에너지의 일반식으로 옳은 것은?

① $U = \dfrac{1}{EI}\displaystyle\int_0^\ell M_x\,dx$

② $U = \dfrac{1}{EI}\displaystyle\int_0^\ell M_x^2\,dx$

③ $U = \dfrac{1}{2EI}\displaystyle\int_0^\ell M_x\,dx$

④ $U = \dfrac{1}{2EI}\displaystyle\int_0^\ell M_x^2\,dx$

굽힘탄성에너지의 일반식 : $U = \dfrac{1}{2EI}\displaystyle\int_0^\ell M_x^2\,dx$

13

보의 길이 ℓ에 등분포하중 w를 받는 직사각형 단순보의 최대 처짐량에 대하여 옳게 설명한 것은? (단, 보의 자중은 무시한다.)

① 보의 폭에 정비례한다.

② ℓ의 3승에 정비례한다.

③ 보의 높이의 2승에 반비례한다.

④ 세로탄성계수에 반비례한다.

등분포하중을 받는 단순보의 최대처짐량

$\delta_{max} = \dfrac{5w\ell^4}{384EI}$

14

균일분포하중을 받고 있는 길이가 L인 단순보의 처짐량을 δ로 제한한다면 균일 분포하중의 크기는 어떻게 표현되겠는가? (단, 보의 단면은 폭이 b이고 높이가 h인 직사각형이고 탄성계수는 E이다.)

① $\dfrac{32Ebh^3\delta}{5L^4}$　　② $\dfrac{32Ebh^3\delta}{7L^4}$

③ $\dfrac{16Ebh^3\delta}{5L^4}$　　④ $\dfrac{16Ebh^3\delta}{7L^4}$

단순보에 균일분포하중 w가 작용할 때 최대처짐량은

$\delta = \dfrac{5wL^4}{384EI}$

$\therefore w = \dfrac{384\delta EI}{5L^4} = \dfrac{384\delta E}{5L^4} \times \dfrac{bh^3}{12} = \dfrac{32Ebh^3\delta}{5L^4}$

15

그림과 같은 단순 지지보의 중앙에 집중하중 P 가 작용할 때 단면이 (가)일 경우의 처짐 y_1은 단면이 (나)일 경우의 처짐 y_2의 몇 배인가? (단, 보의 전체 길이 및 보의 굽힘 강성은 일정하며 자중은 무시한다.)

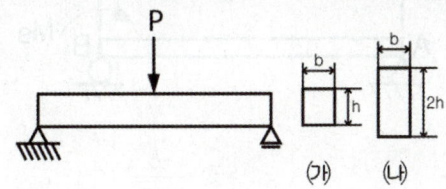

① 4

② 8

③ 16

④ 32

단순보 중앙에 집중하중 P 가 가해질 경우 최대처짐량은

$\delta_{\max} = \dfrac{P\ell^3}{48EI} \propto \dfrac{1}{I} = \dfrac{12}{bh^3}$

(가) : $\dfrac{1}{I} = \dfrac{12}{bh^3}$

(나) : $\dfrac{1}{I} = \dfrac{12}{b(2h)^3} = \dfrac{1}{8} \times \dfrac{12}{bh^3}$

$\therefore \dfrac{\delta_{(가)}}{\delta_{(나)}} = 8$

16

단순지지보의 중앙에 집중하중(P)이 작용한다. 점 C에서의 기울기를 M/EI 선도를 이용하여 구하면? (단, E : 재료의 종탄성계수, I : 단면 2차 모멘트)

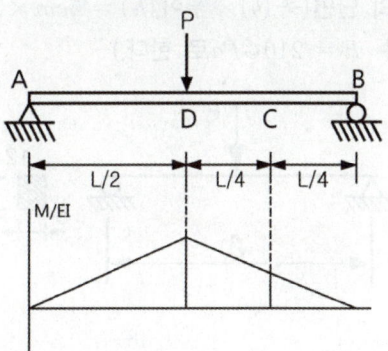

① $\dfrac{1}{64} \dfrac{PL^2}{EI}$

② $\dfrac{PL^2}{EI}$

③ $\dfrac{3}{64} \dfrac{PL^2}{EI}$

④ $\dfrac{1}{16} \dfrac{PL^2}{EI}$

면적 모멘트 법에서

A_M은 D점을 기준으로 하여 C점까지의 $B.M.D$ 면적이다.

$M_{\max} = \dfrac{PL}{4}$ 이므로

$\therefore A_M = \dfrac{1}{2} \times \dfrac{L}{2} \times \dfrac{PL}{4} - \dfrac{1}{2} \times \dfrac{L}{4} \times \dfrac{PL}{8} = \dfrac{3PL^2}{64}$

$\theta = \dfrac{A_M}{EI} = \dfrac{3PL^2}{64EI}$

17

그림과 같은 단순 지지보에서 길이(L)는 $5m$, 중앙에서 집중하중 P가 작용할 때 최대 처짐이 $43mm$라면 이 때 집중하중 P의 값은 약 몇 kN인가? (단, 보의 단면(폭(b) × 높이(h) = $5cm × 12cm$), 탄성계수 $E = 210GPa$로 한다.)

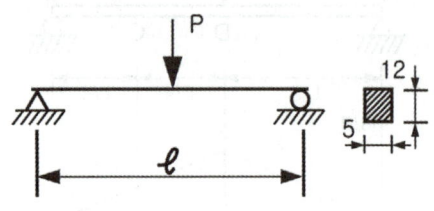

① 50   ② 38
③ 25   ④ 16

단순보 중앙에 집중하중 P가 작용할 때 최대처짐량

$$\delta_{max} = \frac{PL^3}{48EI}$$

$$\therefore P = \frac{48EI\delta_{max}}{L^3} = \frac{48E\delta_{max}}{L^3} \cdot \frac{bh^3}{12}$$

$$= \frac{48 \times 210 \times 10^9 \times 0.043}{5^3} \times \frac{0.05 \times (0.12)^3}{12} \times 10^{-3}$$

$$= 24.97kN$$

18

그림과 같이 단순 지지보가 B점에서 반시계방향의 모멘트를 받고 있다. 이 때 최대의 처짐이 발생하는 곳은 A점으로부터 얼마나 떨어진 거리인가?

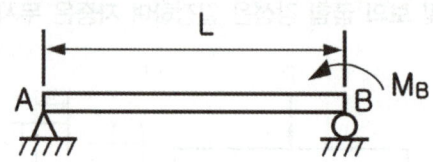

① $\dfrac{L}{2}$ ② $\dfrac{L}{\sqrt{2}}$

③ $L(1 - \dfrac{1}{\sqrt{3}})$ ④ $\dfrac{L}{\sqrt{3}}$

단순보 한 쪽 지점에 모멘트가 작용할 때

최대처짐 위치 : A로부터 $\dfrac{L}{\sqrt{3}}$

$$\theta_B = \frac{M_B L}{3EI}, \quad \theta_A = \frac{M_B L}{6EI}$$

$$\delta_{max} = \frac{M_B L^2}{9\sqrt{3}EI}, \quad \delta_{center} = \frac{M_B L^2}{16EI}$$

19

직사각형 단면(폭×높이)이 $4cm × 8cm$이고 길이 $1m$의 외팔보의 전 길이에 $6kN/m$의 등분포하중이 작용할 때 보의 최대 처짐각은? (단, 탄성계수 $E = 210GPa$이고 보의 자중은 무시한다.)

① $0.0028rad$ ② $0.0028°$
③ $0.0008rad$ ④ $0.0008°$

등분포하중을 받는 외팔보의 최대처짐각

$$\theta_{max} = \frac{w\ell^3}{6EI} = \frac{6 \times 10^3 \times 1^3}{6 \times 210 \times 10^9 \times 1.71 \times 10^{-6}} = 0.0028rad$$

$$\therefore I = \frac{bh^3}{12} = \frac{0.04 \times 0.08^3}{12} = 1.71 \times 10^{-6}m^4$$

20

지름 $2cm$, 길이 $1m$의 원형단면 외팔보의 자유단에 집중하중이 작용할 때, 최대 처짐량이 $2cm$가 되었다면, 최대 굽힘응력은 약 몇 MPa인가? (단, 보의 세로탄성계수는 $200\,GPs$이다.)

① 80   ② 120
③ 180   ④ 220

외팔보 자유단에 집중하중 P가 작용할 경우 최대처짐량은

$$\delta = \frac{P\ell^3}{3\,EI}$$

$$\therefore P = \frac{3\delta EI}{\ell^3} = \frac{3\delta E}{\ell^3} \times \frac{\pi d^4}{64}$$

$$= \frac{3 \times 0.02 \times 200 \times 10^9 \times \pi \times (0.02)^4}{64 \times 1^3}$$

$$= 94.278\,N$$

$$\sigma_b = \frac{M}{Z} = \frac{32P\ell}{\pi d^3} = \frac{32 \times 94.278 \times 1000}{\pi \times (20)^3} = 120.04\,MPa$$

21

보의 자중을 무시할 때 그림과 같이 자유단 C에 집중하중 $2P$가 작용할 때 B점에서 처짐 곡선의 기울기각은?

(단, 세로탄성계수 E, 단면 2차모멘트를 I라고 한다.)

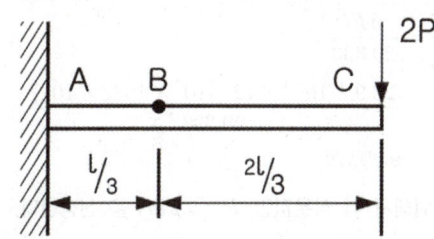

① $\dfrac{5}{9}\dfrac{P\ell^2}{EI}$ ② $\dfrac{5}{18}\dfrac{P\ell^2}{EI}$

③ $\dfrac{5}{27}\dfrac{P\ell^2}{EI}$ ④ $\dfrac{5}{36}\dfrac{P\ell^2}{EI}$

외팔보 중간에는 모멘트가 작용하므로

ⅰ) 외팔보에 집중하중이 작용할 때 처짐각

$$\theta_1 = \frac{P\ell^2}{2\,EI} = \frac{(2P) \times \left(\frac{\ell}{3}\right)^2}{2\,EI} = \frac{P\ell^2}{9\,EI}$$

ⅱ) 외팔보에 모멘트가 작용할 때 처짐각

$$\theta_2 = \frac{M\ell}{EI} = \frac{\left(\frac{4}{3}P\ell\right) \times \left(\frac{\ell}{3}\right)}{EI} = \frac{4P\ell^2}{9\,EI}$$

$$\therefore \theta = \theta_1 + \theta_2 = \frac{5P\ell^2}{9\,EI}$$

22

자유단에 집중하중 P를 받는 외팔보의 최대 처짐 δ_1과 $W = wL$이 되게 균일분포하중(w)이 작용하는 외팔보의 자유단 처짐 δ_2가 동일하다면 두 하중들의 비 W/P는 얼마인가? (단, 보의 굽힘 강성은 EI로 일정하다.)

① $\dfrac{8}{3}$ ② $\dfrac{3}{8}$

③ $\dfrac{5}{8}$ ④ $\dfrac{8}{5}$

외팔보에 각각 자유단 하중 P, 분포하중 w를 작용할 때 최대 처짐량이 같다고 하면

$$\delta_1 = \delta_2 = \frac{PL^3}{3EI} = \frac{wL^4}{8EI} = \frac{WL^3}{8EI}$$

$$\therefore \frac{W}{P} = \frac{8}{3}$$

01
02
03
04

23

그림과 같이 전체 길이가 $3L$인 외팔보에 하중 P가 B점과 C점에 작용할 때 자유단 B에서의 처짐량은? (단, 보의 굽힘강성 EI는 일정하고, 자중은 무시한다.)

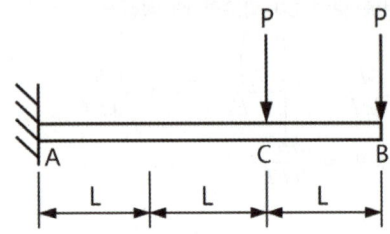

① $\dfrac{35}{3}\dfrac{PL^3}{EI}$ ② $\dfrac{37}{3}\dfrac{PL^3}{EI}$

③ $\dfrac{41}{3}\dfrac{PL^3}{EI}$ ④ $\dfrac{44}{3}\dfrac{PL^3}{EI}$

중첩법에 의해 두점에서의 처짐량을 더하고 처짐각에 의한 처짐량까지 고려하면

$$\delta = \delta_C + \delta_B + L \cdot \theta_C = \frac{8PL^3}{3EI} + \frac{9PL^3}{EI} + L \cdot \frac{2PL^2}{EI}$$
$$= \frac{41PL^3}{3EI}$$

$$\therefore \delta_c = \frac{P(2L)^3}{3EI} = \frac{8PL^3}{3EI}$$

$$\therefore \delta_B = \frac{P(3L)^3}{3EI} = \frac{9PL^3}{EI}$$

$$\therefore \theta_C = \frac{P(2L)^2}{2EI} = \frac{2PL^2}{EI}$$

24

그림과 같이 직사각형 단면의 목재 외팔보에 집중하중 P가 C점에 작용하고 있다. 목재의 허용굽힘응력을 $8MPa$, 끝단 B점에서의 허용처짐량을 $23.9mm$라고 할 때 허용굽힘응력과 허용처짐량을 모두 고려한, 이 목재에 가할 수 있는 집중하중 P의 최대값은 약 몇 kN인가? (단, 목재의 탄성계수는 $12GPa$, 단면2차모멘트 $1022 \times 10^{-6}m^4$, 단면계수는 $4.601 \times 10^{-3}m^3$이다.)

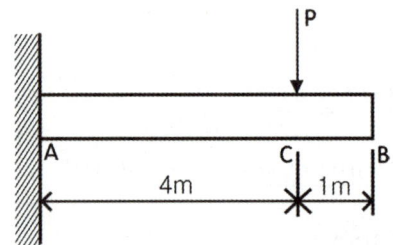

① 7.8 ② 8.5

③ 9.2 ④ 10.0

ⅰ) 허용 굽힘응력 고려시
$$M = P \cdot \ell = \sigma_b \cdot Z$$
$$\therefore P = \frac{\sigma_b \cdot Z}{\ell} = \frac{8 \times 10^6 \times 4.601 \times 10^{-3}}{4} \times 10^{-3}$$
$$= 9.2 \, kN$$

ⅱ) 허용 처짐량 고려시
$$\delta = \delta_1 + \delta_2 = \frac{P}{EI}\left(\frac{\ell^3}{3} + \frac{\ell^2}{2}\right) = 29.333\frac{P}{EI}$$
$$\therefore \delta_1 = \frac{P\ell}{3EI}, \; \delta_2 = r\theta_1 = 1 \times \frac{P\ell^2}{2EI}$$
$$\therefore P = \frac{\delta EI}{29.333}$$
$$= \frac{23.9 \times 10^{-3} \times 12 \times 10^9 \times 1022 \times 10^{-6}}{29.333} \times 10^{-3}$$
$$= 9.99 \, kN$$

안전을 위해서 더 작은값인 $P = 9.2 \, kN$을 선정한다.

25

다음 보의 자유단 A지점에서 발생하는 처짐은 얼마인가? (단, EI는 굽힘강성이다.)

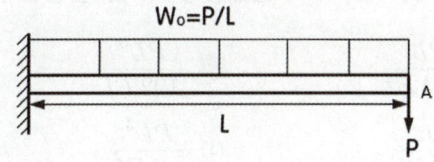

$W_o = P/L$

L

A

P

① $\dfrac{5PL^3}{6EI}$ ② $\dfrac{7PL^3}{12EI}$

③ $\dfrac{11PL^3}{24EI}$ ④ $\dfrac{17PL^3}{48EI}$

외팔보의 자유단에 집중하중 P가 작용할 때 처짐량

$\delta_1 = \dfrac{PL^3}{3EI}$

외팔보에 분포하중 w가 작용할 때 처짐량

$\delta_2 = \dfrac{wL^4}{8EI} = \dfrac{PL^3}{8EI}$

$\therefore \delta = \delta_1 + \delta_2$

$\quad = \dfrac{PL^3}{3EI} + \dfrac{PL^3}{8EI} = \dfrac{11PL^3}{24EI}$

26

그림과 같이 전길이에 걸쳐 균일 분포하중 w를 받는 보에서 최대처짐 $\delta_{\max}$를 나타내는 식은?
(단, 보의 굽힘 강성계수는 EI 이다.)

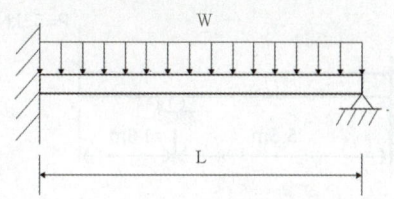

W

L

① $\dfrac{wL^4}{64EI}$ ② $\dfrac{wL^4}{128.5EI}$

③ $\dfrac{wL^4}{184.6EL}$ ④ $\dfrac{wL^4}{192EL}$

일단 고정, 타단 지지보에 분포하중 w가 작용할 때 최대처짐량

$\delta_{\max} = \dfrac{wL^4}{185EI}$

27

그림과 같이 중앙에 집중하중 P를 받는 보에서 최대처짐 $\delta_{\max}$를 나타내는 식은? (단, 보의 굽힘 강성계수는 EI 이다.)

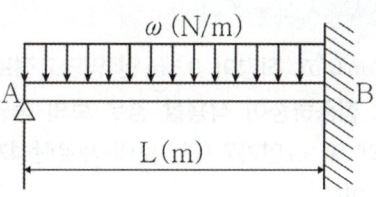

$\omega\ (\mathrm{N/m})$

A

B

$L\,(\mathrm{m})$

① $\dfrac{P\ell^3}{24\sqrt{5}\,EI}$ ② $\dfrac{P\ell^3}{24\sqrt{2}\,EI}$

③ $\dfrac{P\ell^3}{48\sqrt{5}\,EI}$ ④ $\dfrac{P\ell^3}{48\sqrt{2}\,EI}$

일단 고정, 타단 지지보에 집중하중 P가 작용할 때 최대처짐량

$\delta_{\max} = \dfrac{P\ell^3}{48\sqrt{5}\,EI}$

28

다음 그림과 같이 집중하중 P 를 받고 있는 고정 지지보가 있다. B점에서의 반력의 크기를 구하면 몇 kN인가?

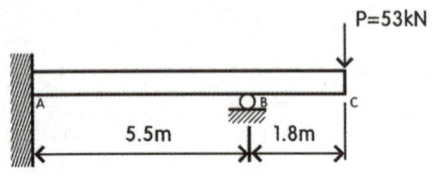

① 54.2   ② 62.4   ③ 70.3   ④ 79.0

B점이 고정돼 있으므로 B점에서의 R_B에 의한 처짐량과 P에 의한 처짐량이 같다. 또한 B점에는 모멘트가 존재하므로 P로 인해 생기는 모멘트에 의한 처짐량도 고려하여 계산해야 한다. 집중하중과 굽힘 모멘트에 의한 처짐량은 각각 다음과 같다.

$$\delta = \frac{P\ell^3}{3EI}, \ \delta = \frac{M\ell^2}{2EI}$$

따라서 식을 정리해보면

$$\frac{R_B\ell^3}{3EI} = \frac{P\ell^3}{3EI} + \frac{M\ell^2}{2EI}$$

$$\frac{R_B \times (5.5)^3}{3EI} = \frac{53 \times (5.5)^3}{3EI} + \frac{(53 \times 1.8) \times (5.5)^2}{2EI}$$

$$\therefore R_B = 79.02\,kN$$

29

길이가 $5m$이고 직경이 $0.1m$인 양단고정보 중앙에 $200N$의 집중하중이 작용할 경우 보의 중앙에서의 처짐은 약 몇 m인가? (단, 보의 세로탄성계수는 $200GPa$이다.)

① 2.36×10^{-5} ② 1.33×10^{-4}
③ 4.58×10^{-4} ④ 1.06×10^{-3}

양단고정보 중앙에 집중하중 P가 작용할 때 최대처짐량

$$\delta_{max} = \frac{P\ell^3}{192EI}$$

$$= \frac{200 \times 5 \times 64}{192 \times 200 \times 10^9 \times \pi \times (0.1)^4} = 1.33 \times 10^{-4}$$

30

길이가 L인 양단 고정보의 중앙점에 집중하중 P가 작용할 때 모멘트가 0이 되는 지점에서의 처짐량은 얼마인가? (단, 보의 굽힘강성 EI는 일정하다.)

① $\dfrac{PL^3}{384EI}$ ② $\dfrac{PL^3}{192EI}$
③ $\dfrac{PL^3}{96EI}$ ④ $\dfrac{PL^3}{48EI}$

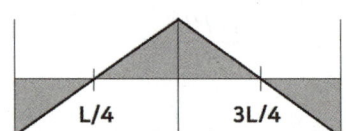

위 BMD에서 볼 수 있듯이 모멘트가 0이 되는 지점은 $L/4$, $3L/4$ 지점이며 해당 지점에서의 처짐량은 $\delta = \dfrac{PL^3}{384EI}$이다.

31

반지름이 r인 원형 단면의 단순보에 전단력 F가 가해졌다면, 이 때 단순보에 발생하는 최대 전단응력은?

① $\dfrac{2F}{3\pi r^2}$ ② $\dfrac{3F}{3\pi r^2}$
③ $\dfrac{4F}{3\pi r^2}$ ④ $\dfrac{5F}{3\pi r^2}$

원형단면 단순보의 최대전단응력

$$\tau_{max} = \frac{4F}{3A} = \frac{4F}{3\pi r^2}$$

32

전단력 $10kN$이 작용하는 지름 $10cm$인 원형단면의 보에서 그 중립축 위에 발생하는 최대 전단응력은 약 몇 MPa인가?

① 1.3　　② 1.7　　③ 130　　④ 170

원형단면보의 최대 전단응력

$$\tau_{max} = \frac{4F}{3A} = \frac{4 \times 10 \times 10^3 \times 4}{3 \times \pi \times 100^2} = 1.7\,MPa$$

33

그림과 같이 단순지지되어 중앙에서 집중하중 P를 받는 직사각형 단면보에서 보의 길이는 L, 폭이 b, 높이가 h일 때, 최대굽힘응력(σ_{max})과 최대 전단응력(τ_{max})의 비$\left(\frac{\sigma_{max}}{\tau_{max}}\right)$는?

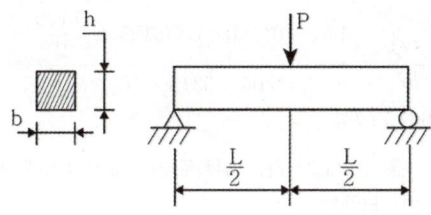

① $\dfrac{h}{L}$　　② $\dfrac{2h}{L}$　　③ $\dfrac{L}{h}$　　④ $\dfrac{2L}{h}$

단순보 중앙에 집중하중 P가 작용할 경우 최대굽힘 모멘트

$$M_{max} = \frac{PL}{4}$$

$$\sigma_{max} = \frac{M_{max}}{Z} = \frac{PL}{4} \cdot \frac{6}{bh^2} = \frac{3PL}{2bh^2}$$

또한 최대 반력은

$$F = R_A = R_B = \frac{P}{2}, \quad \tau_{max} = \frac{3F}{2A} = \frac{3P}{4bh}$$

$$\frac{\sigma_{max}}{\tau_{max}} = \frac{\dfrac{3PL}{2bh^2}}{\dfrac{3P}{4bh}} = \frac{2L}{h}$$

34

그림과 같은 단순보(단면 $8\,cm \times 6\,cm$)에 작용하는 최대 전단응력은 몇 kPa인가?

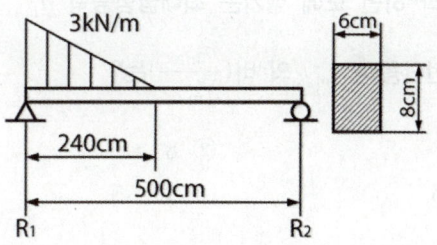

① 315　　　　② 630
③ 945　　　　④ 1260

분포하중을 집중하중화 할 경우

$$P = \frac{1}{2} \times 3 \times 2.4 = 3.6\,kN$$

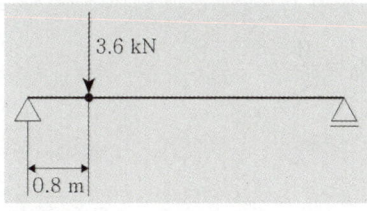

$$\sum F = R_1 - 3.6 + R_2 = 0$$

$$\therefore R_1 + R_2 = 3.6\,kN$$

$$\sum M = -3.6 \times 0.8 + R_2 \times 5 = 0$$

$$\therefore R_2 = 0.58\,kN$$

$$\therefore R_1 = 3.02\,kN$$

최대전단응력은 반력 중 큰 값에 대한 전단응력 이므로

$$\tau_{max} = \frac{3R_1}{2A} = \frac{3R_1}{2A} = \frac{3 \times 3.02 \times 10^3}{2 \times 0.06 \times 0.08}$$
$$= 943750\,Pa = 943.75\,kPa$$

35

직사각형 단면을 가진 단순지지보의 중앙에 집중하중 W 를 받을 때, 보의 길이 ℓ 이 단면의 높이 h 의 10배라 하면 보에 생기는 최대굽힘응력 $\sigma_{\max}$ 와 최대전단응력 $\tau_{\max}$ 의 비$(\frac{\sigma_{\max}}{\tau_{\max}})$는?

① 4   ② 8

③ 16   ④ 20

단순보 중앙에 집중하중 W 가 작용할 때 최대굽힘모멘트

$$M_{\max} = \frac{W\ell}{4} = \sigma_{\max} \cdot Z = \sigma_{\max} \cdot \frac{bh^2}{6}$$

$$\therefore \sigma_{\max} = \frac{3W\ell}{2bh^2}$$

또한 최대전단응력은

$$\tau_{\max} = \frac{3F}{2A} = \frac{3W}{4bh}$$

$$\because F = R_A = R_a = R_B = \frac{W}{2}$$

$$\frac{\sigma_{\max}}{\tau_{\max}} = \frac{2\ell}{h} = 20$$

$$\therefore \ell = 10h$$

36

그림과 같은 T형 단면을 갖는 돌출보의 끝에 집중하중 $P = 4.5kN$ 이 작용한다. 단면 A−A에서의 최대 전단응력은 약 몇 kPa 인가? (단, 보의 단면 2차 모멘트는 $5313cm^4$ 이고, 밑면에서 도심까지의 거리는 $125mm$ 이다.)

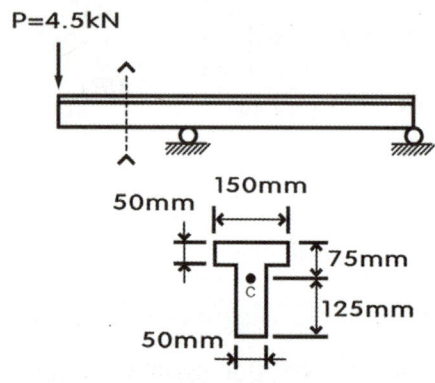

① 421   ② 521

③ 662   ④ 721

보의 최대 전단응력 일반식은

$$\tau_{\max} = \frac{FQ}{bI} = \frac{4.5 \times 10^3 \times 0.05 \times 0.125 \times \frac{0.125}{2}}{0.05 \times 5313 \times 10^{-8}} \times 10^{-3}$$
$$= 661.7\,kPa$$

$\because Q$는 τ 를 구하고자 하는 위치로부터 도심점 바깥에 대한 단면 1차 모멘트

$$Q = A\bar{y} = (0.05 \times 0.125) \times \frac{0.125}{2}\,m^3$$

b 는 τ 를 구하고자 하는 위치에서의 폭 $b = 0.05\,m$

37

$5cm \times 10cm$ 단면의 3개의 목재를 목재용 접착제로 접착 하여 그림과 같은 $10cm \times 15cm$의 사각 단면을 갖는 합성 보를 만들었다. 접착부에 발생하는 전단응력은 약 몇 kPa 인가? (단, 이 합성보는 양단이 길이 $2m$인 단순지지보이며 보의 중앙에 $800N$의 집중하중을 받는다.)

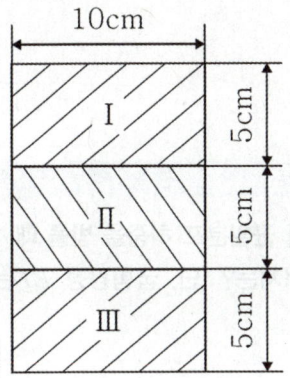

① 57.6   ② 35.5

③ 82.4   ④ 160.8

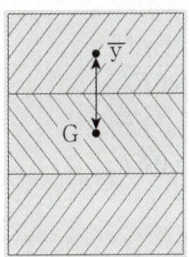

$$\tau = \frac{FQ}{bI} = \frac{800 \times 2.5 \times 10^{-4}}{0.1 \times 2.812 \times 10^{-5}} \times 10^{-3} = 35.56 kPa$$

$$\therefore F = R_A = R_B = \frac{P}{2} = \frac{800}{2} = 400N$$

$$Q = A\overline{y} = (0.1 \times 0.05) \times 0.05 = 2.5 \times 10^{-4} m^3$$

$$I = \frac{bh^3}{12} = \frac{0.1 \times 0.15^3}{12} = 2.812 \times 10^{-5} m^4$$

38

그림과 같은 단면을 가진 외팔보가 있다. 그 단면의 자유단에 전단력 $V = 40kN$이 발생한다면 단면 $a-b$ 위에 발생하는 전단 응력은 약 몇 MPa인가?

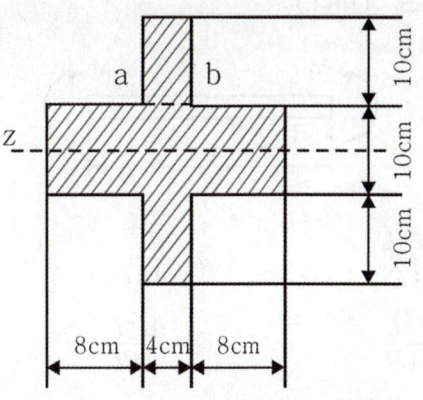

① 4.57   ② 4.22

③ 3.87   ④ 3.14

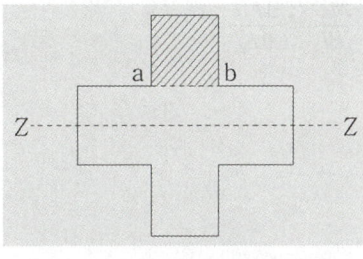

그림에서 전단을 구하고자하는 면적은 위와 같으므로

$$\tau_{\max} = \frac{FQ}{bI} = \frac{40 \times 10^3 \times 4 \times 10^5}{40 \times 1.033 \times 10^8} = 3.87 MPa$$

$$\therefore Q = A\overline{y} = (40 \times 100) \times 100 = 4 \times 10^5 mm^3$$

$$I = \frac{40 \times 300^3}{12} + 2 \times \frac{80 \times 100^3}{12} = 1.033 \times 10^8 mm^4$$

39

길이가 L인 균일단면 막대기에 굽힘 모멘트 M이 그림과 같이 작용하고 있을 때, 막대에 저장된 탄성 변형 에너지는? (단, 막대기의 굽힘강성 EI는 일정하고, 단면적은 A이다.)

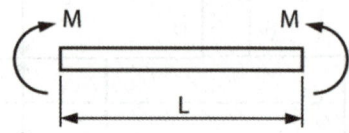

① $\dfrac{M^2 L}{2AE^2}$

② $\dfrac{L^3}{4EI}$

③ $\dfrac{M^2 L}{2AE}$

④ $\dfrac{M^2 L}{2EI}$

곡률 $\dfrac{1}{\rho} = \dfrac{\theta}{\ell} = \dfrac{M}{EI}$ 이므로 $\theta = \dfrac{M\ell}{EI}$

탄성 변형에너지

$$U = \frac{1}{2}M\theta = \frac{1}{2}M \cdot \frac{M\ell}{EI} = \frac{M^2 \ell}{2EI}$$

40

그림과 같은 외팔보에 저장된 굽힘 변형에너지는? (단, 세로탄성계수는 E이고, 단면의 관성모멘트는 I이다.)

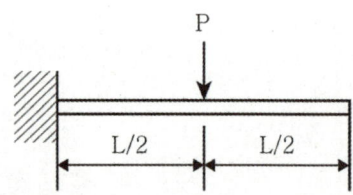

① $\dfrac{P^2 L^3}{8EI}$

② $\dfrac{P^2 L^3}{12EI}$

③ $\dfrac{P^2 L^3}{24EI}$

④ $\dfrac{P^2 L^3}{48EI}$

외팔보에서 $M_x = Px$ 이므로

$$U = \int_0^{\frac{L}{2}} \frac{M_x^2 dx}{2EI} = \int_0^{\frac{L}{2}} \frac{P^2 x^2 dx}{2EI}$$

$$= \frac{P^2}{2EI}\left[\frac{x^3}{3}\right]_0^{\frac{L}{2}} = \frac{P^2}{6EI} \cdot \left(\frac{L}{2}\right)^3 = \frac{P^2 L^3}{48EI}$$

41

다음 외팔보가 균일분포 하중을 받을 때, 굽힘에 의한 탄성변형 에너지는? (단, 굽힘강성 EI는 일정하다.)

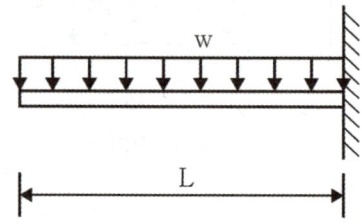

① $U = \dfrac{\omega^2 L^5}{20EI}$

② $U = \dfrac{\omega^2 L^5}{30EI}$

③ $U = \dfrac{\omega^2 L^5}{40EI}$

④ $U = \dfrac{\omega^2 L^5}{50EI}$

외팔보에 분포하중 w가 작용할 때 굽힘에 의한 탄성 변형 에너지

$$U = \frac{w^2 x^5}{40EI}$$

42

길이가 l이고 원형 단면의 직경이 d인 외팔보의 자유단에 하중 P가 가해진다면, 이 외팔보의 전체 탄성에너지는? (단, 재료의 탄성계수는 E이다.)

① $U = \dfrac{3P^2 l^3}{64\pi E d^4}$ ② $U = \dfrac{62P^2 l^3}{9\pi E d^4}$

③ $U = \dfrac{32P^2 l^3}{3\pi E d^4}$ ④ $U = \dfrac{64P^2 l^3}{3\pi E d^4}$

호의 길이 : $\ell = \rho\theta$

$\therefore \dfrac{1}{\rho} = \dfrac{\theta}{\ell} = \dfrac{M}{EI}$ ················ ①

굽힘 모멘트에 의한 탄성에너지

$U = \dfrac{1}{2}M\theta$ ····················· ②

①식과 ②식을 연립하면

$U = \dfrac{1}{2}M \cdot \dfrac{M\ell}{EI} = \dfrac{M^2 \ell}{2EI}$

길이에 대하여 미분하면

$dU = \dfrac{M_x^2 dx}{2EI}$

길이 ℓ에 대하여 적분하면

$U = \displaystyle\int_0^\ell \dfrac{M_x^2 dx}{2EI} = \int_0^\ell \dfrac{(-Px)^2}{2EI} dx$

$= \dfrac{P^2}{2EI}\left[\dfrac{x^3}{3}\right]_0^\ell = \dfrac{P^2 \ell^3}{6EI} = \dfrac{32P^2 \ell^3}{3\pi E d^4}$

$\because I = \dfrac{\pi d^4}{64}$

43

길이가 $50cm$인 외팔보의 자유단에 정적인 힘을 가하여 자유단에서의 처짐량이 $1cm$가 되도록 외팔보를 탄성변형 시키려고 한다. 이 때 필요한 최소한의 에너지는 약 몇 J인가? (단, 외팔보의 세로탄성계수는 $200GPa$, 단면은 한 변의 길이가 $2cm$인 정사각형이라고 한다.)

① 3.2   ② 6.4

③ 9.6   ④ 12.8

외팔보 자유단에 집중하중 P가 작용할 때 처짐량

$\delta = \dfrac{P\ell^3}{3EI}$

$\therefore P = \dfrac{3\delta EI}{\ell^3} = \dfrac{3 \times 0.01 \times 200 \times 10^9 \times 0.02^4}{0.5^3 \times 12}$

$= 640\,N$

외팔보의 탄성에너지는

$U = \dfrac{P^2 \ell^3}{6EI} = \dfrac{640^2 \times 0.5^2 \times 12}{6 \times 200 \times 10^9 \times 0.02^4} = 3.2J$

09 질점의 운동

01

물방울이 떨어지기 시작하여 3초 후의 속도는 약 몇 m/s인가? (단, 공기의 저항은 무시하고, 초기 속도는 0으로 한다.)

① 3   ② 9.8
③ 19.6   ④ 29.4

$$V = V_0 + at = 0 + 9.8 \times 3 = 29.4 m/s$$

03

정지된 물에서 $0.5 m/s$의 속도를 낼 수 있는 뱃사공이 있다. 이 뱃사공이 $0.1 m/s$로 흐르는 강물을 거슬러 $400m$를 올라가는 데 걸리는 시간은?

① 10분   ② 13분 20초
③ 16분 40초   ④ 22분 13초

강물을 거슬러 올라가므로 뱃사공의 속도
$$V = 0.5 - 0.1 = 0.4 m/s$$

거리=속력×시간에서
$$t = \frac{S}{V} = \frac{400}{0.4} = 1000s = 16m\,40s$$

02

어떤 물체가 정지 상태로부터 다음 그래프와 같은 가속도(a)로 속도가 변화한다. 이 때 20초 경과 후의 속도는 약 몇 m/s인가?

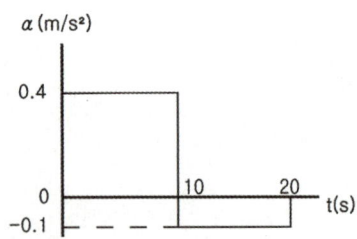

① 1   ② 2
③ 3   ④ 4

$$V = V_0 + at = 0 + (0.4 \times 10 - 0.1 \times 10) = 3 m/s$$
($a-t$선도의 면적과 동일)

04

직선운동을 하고 있는 한 질점의 위치가
$s = 2t^3 - 24t + 6$ 으로 주어졌다. 이 때 $t = 0$의 초기 상태로부터 $126 m/s$의 속도가 될 때까지의 걸린 시간은 얼마인가? (단, s는 임의의 고정으로부터의 거리이고 단위는 m이며, 시간의 단위는 초(sec)이다.)

① 2초   ② 4초
③ 5초   ④ 6초

$$V = \frac{ds}{dt} = 6t^2 - 24 = 126$$
$$6t^2 = 150, \quad t = \sqrt{\frac{150}{6}} = 5s$$

05

지표면에서 공을 초기속도 v_0로 수직 상방으로 던졌다. 공이 제자리로 돌아올 때까지 걸린 시간은? (단, 공기저항은 무시한다.)

① $t = \dfrac{v_0}{g}$ ② $t = \dfrac{2v_0}{g}$

③ $t = \dfrac{3v_0}{g}$ ④ $t = \dfrac{4v_0}{g}$

$V_{나중} = V_0 + at$에서 $V_{나중} = V_0 - gt$

최대 높이에서 속도는 0이므로, $V_{나중} = 0$

$t = \dfrac{V_0}{g}$ 이고 상승 , 하강의 총 시간은 $2t$

$\therefore 2t = \dfrac{2V_0}{g}$

06

중기 줄에 $200N$과 $160N$의 일정한 힘이 작용하고 있다. 처음에 물체의 속도는 밑으로 $2m/s$였는데, 5초 후에 물체 속도의 크기는 약 몇 m/s인가?

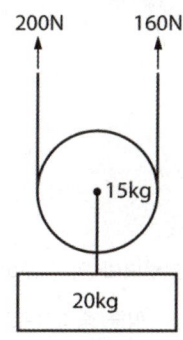

① $0.18m/s$ ② $0.28m/s$

③ $0.38m/s$ ④ $0.48m/s$

$\sum F = ma$

$-360 + 35 \times 9.81 = 35a$

$a = -0.476m/s^2$

$V = V_0 + at = 2 - 5a = 2 - 5 \times 0.476 = 0.38m/s$

07

그림에서 자전거 선수는 $2m/s^2$의 일정 가속도를 달리고 있다. 만약 정지상태에서 출발하였다면 5초 후의 위치는? (단, 지면과 자전거의 마찰은 무시한다.)

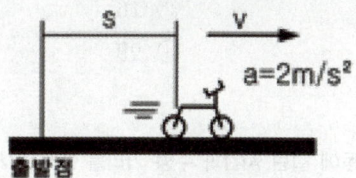

① $10m$ ② $12.5m$

③ $20m$ ④ $25m$

5초 후 속도

$V = V_0 + at = 0 + 2 \times 5 = 10m/s$

$V^2 = V_0^2 + 2a(S - S_0) = 2aS$ 에서

$S = \dfrac{V^2}{2a} = \dfrac{10^2}{2 \times 2} = 25m$

08

어떤 사람이 정지 상태에서 출발하여 직선방향으로 등가속도 운동을 하여 5초 만에 $10m/s$의 속도가 되었다. 출발하여 5초 동안 이동한 거리는 몇 m인가?

① 5 ② 10

③ 25 ④ 50

등가속도 운동의 변위 $S = S_0 + V_0 t + \dfrac{1}{2}at^2$

정지상태에서 출발하였으므로 $S_0 = V_0 = 0$

$S = \dfrac{1}{2}at^2 = \dfrac{1}{2}\dfrac{V}{t}t^2 = \dfrac{Vt}{2} = \dfrac{1}{2} \times 10 \times 5 = 25m$

(단, 등가속도 운동에서 $a = \dfrac{V}{t}$ 가 성립)

09

타격연습용 투구기가 지상 $1.5m$ 높이에서 수평으로 공을 발사한다. 공이 수평거리 $16m$를 날아가 땅에 떨어진다면, 공의 발사속도의 크기는 약 몇 m/s인가?

① 11   ② 16

③ 21   ④ 29

자유낙하운동에 걸린 시간과 수평 거리를 통해 발사속도를 알 수 있다.

수직변위 $S = S_0 + V_0 t + \dfrac{1}{2} a t^2$에서

수직속도 $V_0 = 0$,

초기 위치 $S_0 = 0$,

변위 $S = H$ 가속도 $a = g$를 대입하여 시간 t에 대해 정리하면

$$t = \sqrt{\frac{2H}{g}} = \sqrt{\frac{2 \times 1.5}{9.8}} = 0.553s$$

수평운동은 등속도 운동이므로

$$R = V_{x0} t, \quad V_{x0} = \frac{R}{t} = \frac{16}{0.553} = 28.93 m/s$$

10

북극과 남극이 일직선으로 관통된 구멍을 통하여, 북극에서 지구 내부를 향하여 초기속도 $v_0 = 10m/s$로 한 질점을 던졌다. 그 질점이 A점$(S = R/2)$을 통과할 때의 속력은 약 얼마인가? (단, 지구내부는 균일한 물질로 채워져 있으며, 중력가속도는 O점에서 0이고, O점으로 부터의 위치 S에 비례한다고 가정한다. 그리고 지표면에서 중력가속도는 $9.8m/s^2$, 지구 반지름은 $R = 6371km$이다.)

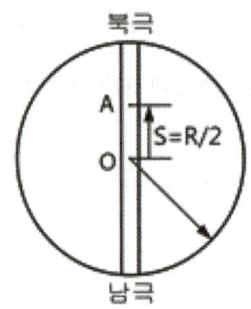

① $6.84km/s$ ② $7.90km/s$

③ $8.44km/s$ ④ $9.81km/s$

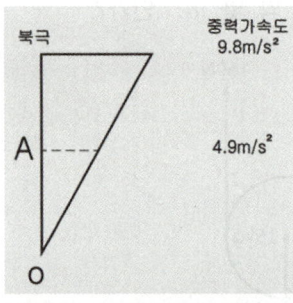

(중력가속도가 O점으로부터의 위치 S에 비례)

A점을 통과하는 질점의 평균 중력가속도

$$g = \frac{9.8 + 4.9}{2} = 7.35 m/s^2$$

$V^2 = V_0^2 + 2a(S - S_0)$에서

$$V = \sqrt{V_0^2 + 2as} = \sqrt{10^2 + 2 \times 7.35 \times \frac{6371 \times 10^3}{2}}$$

$$= 6843 m/s \fallingdotseq 6.84 km/s$$

11

총포류의 반동을 감소시키는 제동장치는 피스톤과 포신의 이동속도(v)에 비례하여 감속하게 된다. 즉, 가속도 $a = -kv$의 관계로 나타날 때 속도 v를 시간 t에 대한 함수로 나타내는 수식은? (단, 초기 속도는 v_0, 초기 위치는 0이라고 가정한다.)

① $v = v_0 t$ ② $v = v_0 e^{-kt}$

③ $v = v_0 - kt$ ④ $v = v_0(1 - e^{-kt})$

$a = -kv = \dfrac{dv}{dt}$에서 v와 t를 좌, 우항으로 나누어 적분하면

$$\int_{v_0}^{v} \frac{dv}{v} = \int_{o}^{t} -k dt$$

$$[\ln v]_{v_0}^{v} = -kt$$

$$\ln v - \ln v_o = -kt$$

$$\ln \frac{v}{v_0} = -kt$$

$$e^{-kt} = \frac{v}{v_0}$$

$$\therefore v = v_0 e^{-kt}$$

12

원판의 각속도가 5초 만에 0부터 $1800 rpm$까지 일정하게 증가하였다. 이 때 원판의 각가속도는 몇 rad/s^2인가?

① 360   ② 60

③ 37.7   ④ 3.77

각가속도

$$\alpha = \dot{\omega} = \frac{\omega}{t} = \frac{2\pi N}{60t} = \frac{2\pi \times 1800}{60 \times 5} = 37.7 rad/s^2$$

(단, 등각가속도에서 $\dot{\omega} = \dfrac{\omega}{t}$ 성립)

13

원판 A와 B는 중심점이 각각 고정되어 있고, 고정점을 중심으로 회전운동을 한다. 원판 A가 정지하고 있다가 일정한 각가속도 $\alpha_A = 2 rad/s^2$으로 회전한다. 이 과정에서 원판 A는 원판 B와 접촉하고 있으며, 두 원판 사이에 미끄럼은 없다고 가정한다. 원판 A가 10회전하고 난 직후 원판 B의 각속도는 약 몇 rad/s인가? (단, 원판 A의 반지름은 $20cm$, 원판 B의 반지름은 $15cm$이다.)

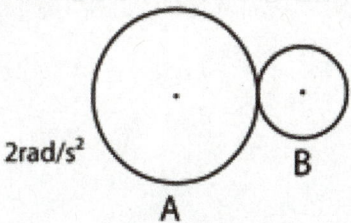

2rad/s² A   B

① 15.9   ② 21.1

③ 31.4   ④ 62.8

등각가속도 운동이므로 $\omega_B = \omega_0 + \alpha_B t$
초기 각속도 $\omega_0 = 0$이니 α_B와 t를 각각 구한다.

1) 각가속도 α_B

원판 A, B가 함께 회전하므로 접선가속도 동일
접선가속도 $a_t = r\alpha$에서

$$r_A \alpha_A = r_B \alpha_B$$

$$\alpha_B = \frac{r_A}{r_B} \alpha_A = \frac{20}{15} \times 2 = 2.67 rad/s^2$$

2) 10회전에 걸린 시간 t

등각가속도 운동이므로 $\theta = \theta_0 + \omega_0 t + \dfrac{1}{2}\alpha t^2$이 성립한다.

$\theta_0 = 0$, $\omega_0 = 0$을 대입 후 t에 대해 정리하면,

$$t = \sqrt{\frac{2\theta}{\alpha_A}} = \sqrt{\frac{2\pi n}{\alpha_A}} = \sqrt{\frac{2 \times 2\pi \times 10}{2}} = 7.93s$$

$$\therefore \omega_B = 0 + 2.67 \times 7.93 = 21.17 rad/s$$

14

고정축에 대하여 등속회전운동을 하는 강체 내부에 두 점 A, B가 있다. 축으로부터 점 A까지의 거리는 축으로부터 점 B까지 거리의 3배이다. 점 A의 선속도는 점 B의 선속도의 몇 배인가?

① 같다

② 1/3배

③ 3배

④ 9배

$V = r\omega$에서 같은 강체 내부이므로 ω일정,
$V \propto r$

15

지름 $1m$의 플라이휠(flywheel)이 등속 회전운동을 하고 있다. 플라이휠 외측의 접선속도가 $4m/s$ 일 때, 회전수는 약 몇 rpm인가?

① 76.4

② 86.4

③ 96.4

④ 106.4

$V = r\omega = r \times \dfrac{2\pi N}{60}$

$N = \dfrac{60V}{2\pi r} = \dfrac{60 \times 4}{2\pi \times \dfrac{1}{2}} = 76.39 rpm$

16

반지름이 R인 구가 수평한 평면 위를 그림과 같이 미끄러짐 없이 구르고 있다. 중심점 O의 속도가 V일 때 A점 속도의 크기는?

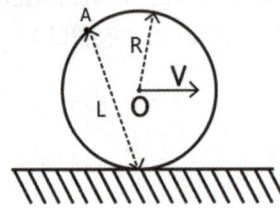

① V

② $V + \dfrac{R \cdot V}{L}$

③ $\dfrac{R \cdot V}{L}$

④ $\dfrac{L \cdot V}{R}$

중심속도 $V = r\omega = R\omega$에서 $\omega = \dfrac{V}{R}$

$V_A = r\omega = L\omega = L \times \dfrac{V}{R}$

17

반경이 R인 바퀴가 미끄러지지 않고 구른다. O점의 속도(V_0)에 대한 A점의 속도(V_A)의 비는 얼마인가?

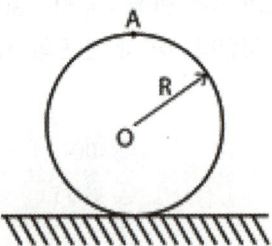

① $V_A / V_0 = 1$

② $V_A / V_0 = \sqrt{2}$

③ $V_A / V_0 = 2$

④ $V_A / V_0 = 4$

$V_0 = R\omega$, $V_A = 2R\omega$

$\dfrac{V_A}{V_0} = \dfrac{2R\omega}{R\omega} = 2$

18

그림과 같이 바퀴가 가로방향(x축 방향)으로 미끄러지지 않고 굴러가고 있을 때 A점의 속력과 그 방향은? (단, 바퀴 중심점의 속도는 v이다.)

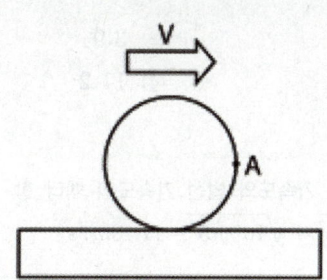

① 속력 : v
　방향 : x축 방향
② 속력 : v
　방향 : $-y$축 방향
③ 속력 : $\sqrt{2}\,v$
　방향 : $-y$축 방향
④ 속력 : $\sqrt{2}\,v$
　방향 : x축 방향에서 아래로 $45°$ 방향

회전 중심의 속도 $V = r\omega$

$V_A = r_A\omega$, r_A는 지면에서 A점까지의 거리

$r_A = \sqrt{2}\,r$

$\therefore V_A = r_A\omega = \sqrt{2}\,r \times \dfrac{V}{r} = \sqrt{2}\,V$

A점의 속력은 지면과 A점을 이은 가상의 선과 수직 방향이다. 즉, x축 아래 $45°$ 방향

19

반경 r인 균일한 원판이 평면위에서 미끄럼 없이 각속도 ω, 각가속도 α로 굴러가고 있다. 이 원판 중심점의 수평방향의 가속도 성분의 크기는?

① $r\alpha$
② $r\omega$
③ ω^2/r
④ α^2/r

수평방향 가속도 = 접선가속도 $a_t = r\alpha$

20

직경 $600mm$인 플라이휠이 z축을 중심으로 회전하고 있다. 플라이휠의 원주상의 점 P의 가속도가 그림과 같은 위치에서 $a = -1.8i - 4.8j$ 라면 이 순간 플라이휠의 각가속도 α는 얼마인가? (단, i, j는 각각 x, y방향의 단위벡터이다.)

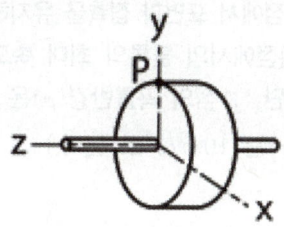

① $3rad/s^2$
② $4rad/s^2$
③ $5rad/s^2$
④ $6rad/s^2$

접선가속도

$a_t = r\alpha$에서 $\alpha = \dfrac{a_t}{r} = \dfrac{1.8}{0.3} = 6rad/s^2$

(단, a_t는 점P 가속도의 x방향 성분 $1.8i$)

21

곡률 반경이 ρ인 커브길을 자동차가 달리고 있다. 자동차의 법선방향(횡방향) 가속도가 $0.5g$를 넘지 않도록 하면서 달릴 수 있는 최대속도는? (여기서, g는 중력가속도이다.)

① $\sqrt{0.1\rho g}$　　② $\sqrt{2\rho g}$

③ $\sqrt{\rho g}$　　④ $\sqrt{0.5\rho g}$

법선방향 가속도 $a_n = 0.5g = r\omega^2$에서

ω에 대해 정리하면 $w = \sqrt{\dfrac{0.5g}{r}}$

이를 $V = r\omega$에 대입하면

$V = r\omega = r \times \sqrt{\dfrac{0.5g}{r}} = \sqrt{0.5rg} = \sqrt{0.5\rho g}$

22

그림과 같이 질량 $1kg$인 블록이 궤도를 마찰 없이 움직일 때 A점에서 표면과 접촉을 유지하면서 통과할 수 있는 A지점에서의 블록의 최대 속도 V는 몇 m/s인가? (단, A점의 곡률반경(ρ)은 $10m$, 중력가속도(g)는 $10m/s^2$로 본다.)

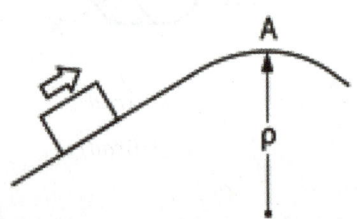

① 100　　② 10000

③ 0.01　　④ 10

$F = ma = mg$에서 $a = a_n$(법선 가속도)

$mg = ma_n = mr\omega^2 = m\dfrac{V^2}{r}$ (단, $V = r\omega$)

$V = \sqrt{gr} = \sqrt{g\rho} = \sqrt{10 \times 10} = 10m/s$

23

회전하는 원판 위의 점 P에서 접선 가속도가 $10m/s^2$, 법선 가속도가 $5m/s^2$일 때, 이 점 P에서의 가속도의 크기는 몇 m/s^2인가?

① 2.2　　② 3.9

③ 7.1　　④ 11.2

가속도＝접선 가속도와 법선 가속도의 벡터 합

$a = \sqrt{a_t^2 + a_n^2} = \sqrt{10^2 + 5^2} = 11.18m/s^2$

24

평면상에서 운동하고 있는 로봇 팔의 끝단, P점의 위치를 극좌표계로 나타내면 다음과 같다.

| 거리 : $r(t) = 2 - \sin(\pi t)$ |
| 각 : $\theta(t) = 1 - 0.5\cos(2\pi t)$ |

$t = 1$ 일 때, P 점의 가속도의 크기로 알맞은 것은?

① π^2　　② $2\pi^2$

③ $3\pi^2$　　④ $4\pi^2$

가속도 $a = \sqrt{a_t^2 + a_n^2}$

접선가속도 $a_t = r\alpha = 2 \times (-2\pi^2) = -4\pi^2$

법선가속도 $a_n = r\omega^2 = 2 \times 0 = 0$

($t = 1$초에서 $r(t) = 2 - \sin(\pi t) = 2$

$\omega = \dfrac{d\theta}{dt} = \pi\sin(2\pi t) = 0$)

$a = \sqrt{a_t^2 + a_n^2} = \sqrt{(-4\pi^2)^2 + 0^2} = 4\pi^2$

25

그림과 같이 반지름이 $45mm$인 바퀴가 미끄럼이 없이 왼쪽으로 구르고 있다. 바퀴 중심의 속력은 $0.9m/s$로 일정하다고 할 때, 바퀴 끝단의 한 점(A)의 속도 ($v_A, m/s$)와 가속도($a_A, m/s^2$)의 크기는?

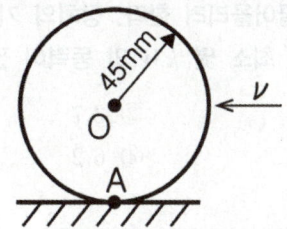

① $v_A = 0$, $a_A = 0$ ② $v_A = 0$, $a_A = 18$

③ $v_A = 0.9$, $a_A = 0$ ④ $v_A = 0.9$, $a_A = 18$

중심의 속력 $V_0 = rw = 0.9m/s$의 r은 A점으로 부터의 거리다. $V_A = rw = 0$

가속도 $a = \sqrt{a_t^2 + a_n^2}$에서

$a_t = r\alpha$, $a_n = rw^2 = \dfrac{V^2}{r}$

중심의 속력이 일정하면 각속도가 일정하고, 각가속도 $\alpha = 0$

$\therefore a = a_n = \dfrac{V^2}{r} = \dfrac{0.9^2}{0.045} = 18m/s^2$

26

자동차 A는 시속 $60km$로 달리고 있으며, 자동차 B는 A의 바로 앞에서 같은 방향으로 시속 $80km$로 달리고 있다. 자동차 A에 타고 있는 사람이 본 자동차 B의 속도는?

① $20km/h$ ② $60km/h$

③ $-20km/h$ ④ $-60km/h$

$\overrightarrow{V_{B/A}} = \overrightarrow{V_B} - \overrightarrow{V_A} = 80 - 60 = 20km/h$

27

OA와 AB의 길이가 각각 $1m$인 강체 막대 OAB가 $x-y$ 평면 내에서 O점을 중심으로 회전하고 있다. 그림의 위치에서 막대 OAB의 각속도는 반시계 반향으로 $5rad/s$이다. 이 때 A에서 측정한 B점의 상대속도 $\overrightarrow{v_{B/A}}$의 크기는?

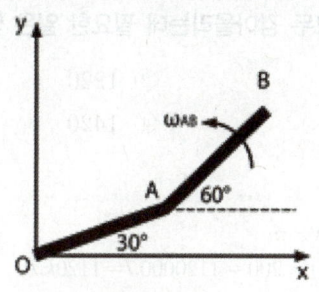

① $4m/s$ ② $5m/s$

③ $6m/s$ ④ $7m/s$

$\overrightarrow{V_{B/A}} = rw = 1 \times 5 = 5m/s$

28

동쪽으로 $40km/h$의 속도로 가는 차 A가 북쪽으로 $30km/h$의 속도로 가는 차 B를 보았을 때 A에 대한 B의 상대속도는 몇 km/h인가?

① $40km/h$ ② $50km/h$

③ $60km/h$ ④ $70km/h$

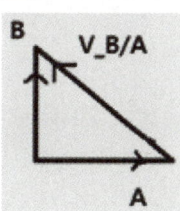

$\overrightarrow{V_{B/A}} = \sqrt{V_B^2 + V_A^2} = \sqrt{30^2 + 40^2} = 50km/h$

01
02
03
04

10 질점의 운동역학

01

체중이 $600N$인 사람이 타고 있는 무게 $5000N$의 엘리베이터가 $200m$의 케이블에 매달려 있다. 이 케이블을 모두 감아올리는데 필요한 일은 몇 kJ인가?

① 1120   ② 1220

③ 1320   ④ 1420

일 $= W = N \times m$

$(3000 + 600) \times 200 = 1120000J = 1120kJ$

02

장력이 $100N$ 걸려 있는 줄을 모터가 지속적으로 $5m/s$의 속력으로 끌어당기고 있다면 사용된 모터의 일률(power)은 몇 W인가?

① 51   ② 250

③ 350   ④ 500

일률 $P = FV = 100 \times 5 = 500W$

03

전동기를 이용하여 무게 $9800N$의 물체를 속도 $0.3m/s$로 끌어올리려 한다. 장치의 기계적 효율을 80%로 하면 최소 몇 kW의 동력이 필요한가?

① 3.2   ② 3.7

③ 4.9   ④ 6.2

$$\frac{P}{\eta} = \frac{FV}{\eta} = \frac{9800 \times 0.3}{0.8} = 3675W \fallingdotseq 3.7kW$$

04

그림과 같이 줄의 길이 L, 질량 m인 공을 1의 위치에서 놓을 때, 2의 위치까지 공이 오려면 최초의 위치각 α는 몇 도이면 되는가? (단, 마찰력, 공기저항, 줄의 질량은 무시한다.)

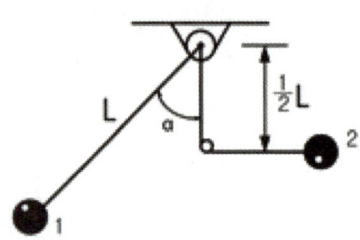

① 30도   ② 45도

③ 60도   ④ 90도

마찰력, 공기저항, 줄의 질량을 무시하므로 1의 위치와 2의 위치에서 위치에너지가 보존되는 성질을 이용한다.

$mgh_1 = mgh_2$에서 $h_1 = h_2$

$h_1 = L\cos\alpha$, $h_2 = \frac{1}{2}L$에서 $\cos\alpha = \frac{1}{2}$

$\therefore \alpha = 60°$

05

계의 등가 스프링 상수 값은 어떤 것인가?

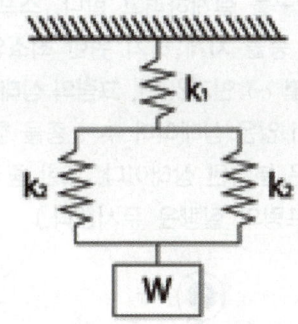

① $\dfrac{2k_1 k_2}{k_1 + 2k_2}$　　② $\dfrac{2k_1 k_2}{2k_1 + k_2}$

③ $\dfrac{k_1 + 2k_2}{2k_1 k_2}$　　④ $\dfrac{k_1 k_2}{2k_1 + k_2}$

K_2 스프링 병렬연결 〉 $K_2 + K_2 = 2K_2$

$2K_2$와 K_1의 직렬연결 $\dfrac{1}{K_{eq}} = \dfrac{1}{K_1} + \dfrac{1}{2K_2}$

$K_{eq} = \dfrac{1}{\dfrac{1}{K_1} + \dfrac{1}{2K_2}} = \dfrac{1}{\dfrac{K_1 + 2K_2}{2K_1 K_2}} = \dfrac{2K_1 K_2}{K_1 + 2K_2}$

06

인장코일 스프링에서 $100N$의 힘으로 $10cm$ 늘어나는 스프링을 평형 상태에서 $5cm$만큼 늘어나게 하려면 몇 J의 일이 필요한가?

① 10　　② 5

③ 2.5　　④ 1.25

$F = kx$에서 $k = \dfrac{F}{x} = \dfrac{100}{0.1} = 1000N/m$

스프링의 탄성 $E = \dfrac{1}{2}kx^2 = \dfrac{1}{2} \times 1000 \times 0.05^2$

$\qquad\qquad = 1.25N \cdot m = 1.25J$

07

그림과 같이 스프링 상수는 $400N/m$, 질량은 $100kg$인 1자유도계 시스템이 있다. 초기에 변위는 0이고 스프링 변형량도 없는 상태에서 x방향으로 $3m/s$의 속도로 움직이기 시작한다고 가정할 때 이 질량체의 속도 v를 위치 x에 관한 함수로 나타내면?

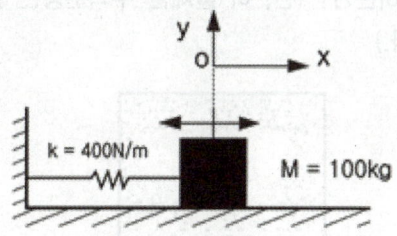

① $\pm(9 - 4x^2)$

② $\pm\sqrt{(9 - 4x^2)}$

③ $\pm(16 - 9x^2)$

④ $\pm\sqrt{(16 - 9x^2)}$

스프링의 탄성에너지＝운동에너지

$-\dfrac{1}{2}kx^2 = \dfrac{1}{2}m(v_2^2 - v_1^2)$

$v_2 = \pm\sqrt{v_1^2 - \dfrac{k}{m}x^2} = \pm\sqrt{9 - 4x^2}$

01

02

03

04

08

무게 $20N$인 물체가 2개의 용수철에 의하여 그림과 같이 놓여 있다. 한 용수철은 $1cm$늘어나는데 $1.7N$이 필요하며 다른 용수철은 $1cm$늘어나는데 $1.3N$이 필요하다. 변위 진폭이 $1.25cm$가 되려면 정적평형 위치에 있는 물체는 약 얼마의 초기속도(cm/s)를 주어야 하는가? (단, 이 물체는 수직운동만 한다고 가정한다.)

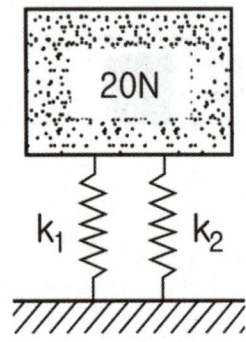

① 11.5　　　　② 18.1

③ 12.4　　　　④ 15.2

정적평형상태에서 가한 속도의 운동에너지=스프링의 탄성에너지에서

$$\frac{1}{2}mV^2 = \frac{1}{2}kx^2$$

$$V = \sqrt{\frac{k}{m} \times x^2} = \sqrt{\frac{3}{\frac{20}{980}} \times 1.25^2} = 15.15cm$$

(단, $g = 980cm/s^2$)

09

압축된 스프링으로 $100g$의 추를 밀어올려 위에 있는 종을 치는 완구를 설계하려고 한다. 스프링 상수가 $80N/m$라면 종을 치게 하기 위한 최소의 스프링 압축량은 약 몇 cm인가? (단, 그림의 상태는 스프링이 전혀 변형되지 않은 상태이며 추가 종을 칠 때는 이미 추와 스프링은 분리된 상태이다. 또한 중력은 아래로 작용하고 스프링의 질량은 무시한다.)

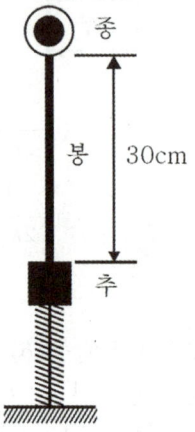

① $8.5cm$　　　② $9.9cm$

③ $10.6cm$　　④ $12.4cm$

위치에너지=스프링의 탄성에너지 관계에서

$$mg(h+x) = \frac{1}{2}kx^2$$

$$0.1 \times 9.8 \times (0.3+x) = \frac{1}{2} \times 80 \times x^2$$

$$40x^2 - 0.98x - 0.294 = 0$$

근의 공식을 통해 2차방정식의 해를 구하면

$$x = \frac{0.98 \pm \sqrt{(-0.98)^2 - 4 \times 40 \times -0.294}}{2 \times 40}$$

$$\therefore x = 0.0988m \fallingdotseq 9.9cm$$

(단, 스프링의 압축량은 양의 값이어야 하므로 −부호는 고려하지 않는다.)

10

자동차 운전자가 정지된 차의 속도를 $42km/h$로 증가시켰다. 그 후 다른 차를 추월하기 위해 속도를 $84km/h$로 높였다. 그렇다면 $42km/h$에서 $84km/h$의 속도로 증가시킬 때 필요한 에너지는 처음 정지해 있던 차의 속도를 $42km/h$로 증가 하는데 필요한 에너지의 몇 배인가? (단, 마찰로 인한 모든 에너지 손실은 무시한다.)

① 1배 　　　　　　② 2배
③ 3배 　　　　　　④ 4배

$42km > 84km$ 속도변화 시 필요한 운동E

$$T_1 = \frac{1}{2}m(V_2^2 - V_1^2) = \frac{1}{2} \times m(84^2 - 42^2)$$

$0km > 42km$ 속도변화 시 필요한 운동E

$$T_2 = \frac{1}{2}mV^2 = \frac{1}{2}m \times 42^2$$

$$\frac{T_1}{T_2} = \frac{84^2 - 42^2}{42^2} = 3배$$

11

질량 관성모멘트가 $7.036kg \cdot m^2$인 플라이휠이 $3600rpm$으로 회전할 때, 이 휠이 갖는 운동 에너지는 약 몇 kJ인가?

① 300 　　　　　　② 400
③ 500 　　　　　　④ 600

$$T = \frac{1}{2}J_G\omega^2 = \frac{1}{2} \times 7.036 \times \left(\frac{2\pi \times 3600}{60}\right)^2$$
$$= 499986.26N \cdot m = 499.86kJ$$

12

질량 m, 반경 r인 균질한 구(球)의 질량중심을 지나는 축에 대한 관성모멘트는?

① $\frac{2}{5}mr^2$ 　　　　② $\frac{1}{3}mr^2$

③ $\frac{1}{2}mr^2$ 　　　　④ $\frac{2}{3}mr^2$

구의 $J_G = \dfrac{2mr^2}{5}$

원통의 $J_G = \dfrac{mr^2}{2}$

13

그림과 같이 길이 L, 질량 m인 일정 단면의 가늘고 긴 봉에서 봉의 한 끝을 지나고 봉에 수직인 축에 대한 질량관성모멘트 I_y는?

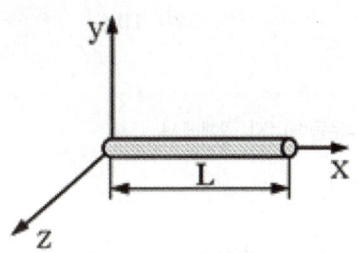

① $\frac{1}{3}mL^2$ 　　　　② $\frac{1}{6}mL^2$

③ $\frac{1}{12}mL^2$ 　　　　④ $\frac{1}{24}mL^2$

봉의 질량관성모멘트 $I_G = \dfrac{mL^2}{12}$

봉의 한끝을 지나므로, 평행축 정리를 사용하면

$$I_y = I_G + m\left(\frac{L}{2}\right)^2 = \frac{mL^2}{12} + \frac{mL^2}{4} = \frac{mL^2}{3}$$

14

질량 m인 물체가 h의 높이에서 자유 낙하한다. 공기 저항을 무시할 때, 이 물체가 도달할 수 있는 최대 속력은? (단, g는 중력가속도이다.)

① $\sqrt{mgh}$ ② $\sqrt{mh}$

③ $\sqrt{gh}$ ④ $\sqrt{2gh}$

위치에너지=운동에너지의 관계에서

$mgh = \dfrac{1}{2}mV^2$

$\therefore V = \sqrt{2gh}$

15

공이 지면에서 수직방향으로 $9.81m/s$의 속도로 던져졌을 때 최대 도달 높이는 지면으로부터 약 몇 m인가?

① 4.9   ② 9.8

③ 14.7   ④ 19.6

위치에너지=운동에너지 관계에서

$mgh = \dfrac{1}{2}mV^2$

$h = \dfrac{V^2}{2g} = \dfrac{9.81^2}{2 \times 9.8} = 4.91m$

16

질량이 $2500kg$인 화물차가 수평면에서 견인되고 있다. 정지 상태로부터 일정한 가속도로 견인되어 $150m$를 움직였을 때, 속도가 $8m/s$이었다면, 화물차에 가해진 수평견인력의 크기는 약 몇 N인가?

① 443   ② 533

③ 622   ④ 712

운동E=일량

$\dfrac{1}{2}m(V_2^2 - V_1^2) = F \times S$

$\dfrac{1}{2} \times 2500 \times (8^2 - 0) = F \times 150$

$\therefore F = 533.33N$

17

네 개의 가는 막대로 구성된 정사각 프레임이 있다. 막대 각각의 질량과 길이는 m과 b이고, 프레임은 ω의 각속도로 회전하고 질량 중심 G는 v의 속도로 병진운동하고 있다. 프레임의 병진운동에너지와 회전운동에너지가 같아질 때 질량중심 G의 속도(v)는 얼마인가?

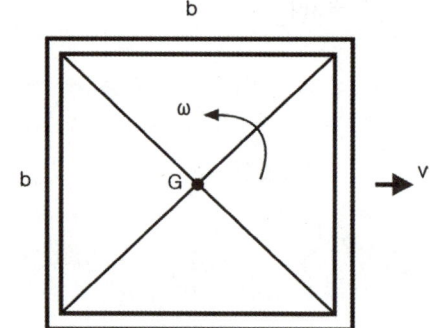

① $\dfrac{b\omega}{\sqrt{2}}$ ② $\dfrac{b\omega}{\sqrt{3}}$

③ $\dfrac{b\omega}{2}$ ④ $\dfrac{b\omega}{\sqrt{5}}$

운동에너지=회전운동에너지의 관계에서

$\dfrac{1}{2}(4m)V^2 = \dfrac{1}{2}J_0 w^2$

$2mV^2 = \dfrac{1}{2} \times [\dfrac{mb^2}{12} + (\dfrac{b}{2})^2 m \times 4] \times w^2$

$\therefore V = \sqrt{\dfrac{b^2 w^2}{3}} = \dfrac{bw}{\sqrt{3}}$

18

질량 $70kg$인 군인이 고공에서 낙하산을 펼치고 $10m/s$의 초기속도로 낙하하였다. 공기의 저항이 $350N$일 때 $20m$낙하한 후의 속도는 약 몇 m/s인가?

① $16.4m/s$ ② $17.1m/s$

③ $18.9m/s$ ④ $20.0m/s$

에너지 보존 법칙에서

위치E=운동E $mgh = \frac{1}{2}mV^2$

mgh를 저항일량으로 대체하면

$FS = \frac{1}{2}m(V_2^2 - V_1^2)$ (단, F=공기저항, S=낙하 거리)

$V_2 = \sqrt{\frac{2FS}{m} + V_1^2} = \sqrt{\frac{2 \times 350 \times 20}{70} + 10^2}$

$\quad = 17.32m/s$

19

질량 $30kg$의 물체를 담은 두레박 B가 레일을 따라 이동하는 크레인 A에 수직으로 매달려 이동하고 있다. 매단 줄의 길이는 $6m$이다. 일정한 속도로 이동하던 크레인이 갑자기 정지하자, 두레박 B가 수평으로 $3m$까지 흔들렸다. 크레인 A의 이동 속력은 몇 m/s인가?

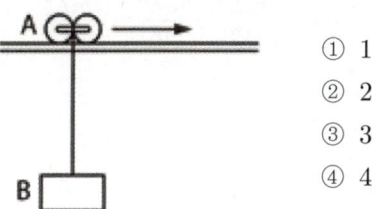

① 1
② 2
③ 3
④ 4

일정한 속도로 이동 중인 크레인이 가진 운동에너지가 전환된 위치에너지만큼 두레박의 높이가 상승한다.

$3^2 + x^2 = 6^2$에서

$x = \sqrt{6^2 - 3^2} = 5.196m$

$h = 6 - 5.196 = 0.804m$

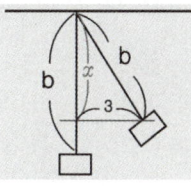

운동에너지 = 위치에너지에서

$\frac{1}{2}mV^2 = mgh$,

$V = \sqrt{2gh} = \sqrt{2 \times 9.8 \times 0.804} = 3.97m/s$

20

반경 $1m$, 질량 $2kg$인 균일한 디스크가 그림과 같은 30도 경사면에 놓여 있다. 정지 상태에서 놓아 주어 $10m$ 굴러갔을 때 디스크 중심부의 속도는 약 몇 m/s인가? (단, 디스크와 경사면 사이에는 미끄러짐이 없으며 중력가속도는 $10m/s^2$으로 계산한다.)

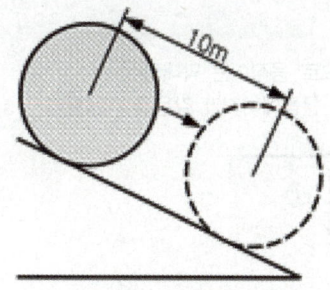

① 4.1
② 6.2
③ 8.2
④ 10.4

에너지 보존 법칙의 운동E=위치E 관계에서 나중속도 V를 도출한다.

디스크의 회전을 고려한 운동E

$\frac{1}{2}mV^2 + \frac{1}{2}J_G\omega^2 = \frac{1}{2}mV^2 + \frac{1}{2} \times \frac{mr^2}{2} \times (\frac{V}{r})^2$

$= \frac{3mV^2}{4}$

경사면을 고려한 위치E

$mgh = mg(l\sin30°)$

$\frac{3mV^2}{4} = mgl\sin30°$

$V = \sqrt{\frac{4gl\sin30°}{3}} = \sqrt{\frac{4 \times 10 \times 10\sin30°}{3}}$

$\quad = 8.16m/s$

01
02
03
04

21

길이가 L인 가늘고 긴 일정한 단면의 봉이 좌측단에서 핀으로 지지되어 있다. 봉을 그림과 같이 수평으로 정지시킨 후, 이를 놓아서 중력에 의해 회전시킨다면, 봉의 각속도는? (단, g는 중력가속도를 나타내고, 핀 부분의 마찰은 무시한다.)

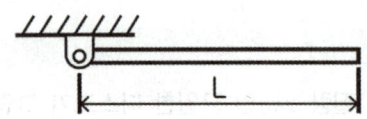

① $\sqrt{\dfrac{g}{L}}$

② $\sqrt{\dfrac{2g}{L}}$

③ $\sqrt{\dfrac{3g}{L}}$

④ $\sqrt{\dfrac{5g}{L}}$

O점을 기준으로 움직이는 막대의 위치에너지와 운동에너지가 같음을 이용한다.

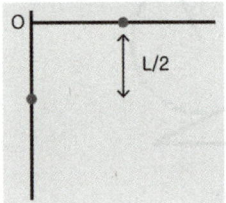

위치에너지 $T_1 = mgh = mg \times \dfrac{L}{2} = \dfrac{mgL}{2}$

운동에너지 $T_2 = \dfrac{1}{2} J_0 \omega^2$

$J_0 = J_G + (\dfrac{L}{2})^2 \times m = \dfrac{mL^2}{12} + \dfrac{mL^2}{4} = \dfrac{mL^2}{3}$

$T_2 = \dfrac{mL^2\omega^2}{6}$

$T_1 = T_2$

$\dfrac{mgL}{2} = \dfrac{mL^2\omega^2}{6}$

에서 각속도 ω에 대해 정리하면

$\omega = \sqrt{\dfrac{3g}{L}}$

22

길이 ℓ의 가는 막대가 O 점에 고정되어 회전한다. 수평위치에서 막대를 놓아 수직위치에 왔을 때, 막대의 각속도는 얼마인가? (단 g는 중력가속도이다.)

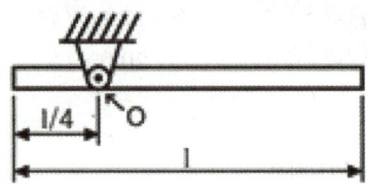

① $\sqrt{\dfrac{7\ell}{24g}}$

② $\sqrt{\dfrac{24g}{7\ell}}$

③ $\sqrt{\dfrac{9\ell}{32g}}$

④ $\sqrt{\dfrac{32g}{9\ell}}$

O점을 기준으로 움직이는 막대의 위치에너지와 운동에너지가 같음을 이용한다.

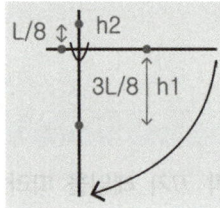

위치에너지

$T_1 = mg(h_1 - h_2) = mg \times (\dfrac{3L}{8} - \dfrac{L}{8}) = \dfrac{mgL}{4}$

운동에너지

$T_2 = \dfrac{1}{2} J_0 \omega^2$

$J_0 = J_G + (\dfrac{L}{4})^2 \times m = \dfrac{mL^2}{12} + \dfrac{mL^2}{16} = \dfrac{7mL^2}{48}$

$T_2 = \dfrac{7mL^2\omega^2}{96}$

$T_1 = T_2$

$\dfrac{mgL}{4} = \dfrac{7mL^2\omega^2}{96}$

에서 각속도 ω에 대해 정리하면

$w = \sqrt{\dfrac{24g}{7L}}$

23

반경이 r인 실린더가 위치 1의 정지상태에서 경사를 따라 높이 h만큼 굴러 내려갔을 때, 실린더 중심의 속도는? (단, g는 중력가속도이며, 미끄러짐은 없다고 가정한다.)

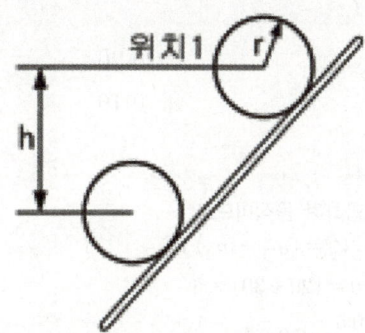

① $0.707\sqrt{2gh}$ ② $0.816\sqrt{2gh}$

③ $0.845\sqrt{2gh}$ ④ $\sqrt{2gh}$

에너지 보존 법칙에 의해 위치E=운동E

위치E $T_1 = mgh$

운동E $T_2 = \dfrac{1}{2}mv^2 + \dfrac{1}{2}J_G\omega^2$

$\qquad = \dfrac{1}{2}mv^2 + \dfrac{1}{2} \times \dfrac{1}{2}mr^2 \times (\dfrac{v}{r})^2$

$\qquad = \dfrac{3}{4}mv^2$

(굴러 내려오므로 $J_G\omega^2$고려)

$T_1 = T_2$

$mgh = \dfrac{3}{4}mv^2$

$\therefore v = \sqrt{\dfrac{4}{3}gh} = \sqrt{\dfrac{2}{3} \times 2gh} = 0.816\sqrt{2gh}$

24

무게가 $5.3kN$인 자동차가 시속 $80km$로 달릴 때 선형운동량의 크기는 약 몇 $N \cdot s$인가?

① 4240   ② 8480

③ 12010   ④ 16020

$mV = \dfrac{5300}{9.8} \times \dfrac{80 \times 10^3}{3600} = 12018.14 N \cdot s$

25

반지름이 $1m$인 원을 각속도 $60rpm$으로 회전하는 $1kg$질량의 선형운동량 (linear momentum)은 몇 $kg \cdot m/s$인가?

① 6.28   ② 1.0   ③ 62.8   ④ 10.0

선형운동량

$mV = mr\omega = mr \times \dfrac{2\pi N}{60}$

$\qquad = 1 \times 1 \times \dfrac{2\pi \times 60}{60} = 6.28 kg \cdot m/s$

26

$20m/s$의 속도를 가지고 직선으로 날아오는 무게 $9.8N$의 공을 0.1초 사이에 멈추게 하려면 약 몇 N의 힘이 필요한가?

① 20   ② 200   ③ 9.8   ④ 98

충격량=운동량의 관계에서

$Ft = mV$

$F = \dfrac{mV}{t} = \dfrac{9.8 \times 20}{9.8 \times 0.1} = 200N$

27

$12000N$의 차량이 $20m/s$의 속도로 평지를 달리고 있다. 자동차의 제동력이 $6000N$이라고 할 때, 정지하는데 걸리는 시간은?

① 4.1초　　　　　② 6.8초

③ 8.2초　　　　　④ 10.5초

물체에 작용하는 충격량은 운동량과 같다.

$Ft = mV$

$t = \dfrac{mV}{F} = \dfrac{12000 \times 20}{9.8 \times 6000} = 4.08s$

(단, $m[kg] = \dfrac{N}{g} = \dfrac{12000}{9.8}$)

28

높이 $2h$인 창문에서 질량 m인 물체를 떨어뜨렸는데 지상에 있는 사람이 이 물체를 받았을 경우 이 사람이 받은 충격량은 얼마인가?

① mg　　　　　② $2m\sqrt{gh}$

③ $m\sqrt{2gh}$　　　　　④ $\dfrac{1}{2}mgh$

충격량 $= m(V - V_0)$

에너지 보존 법칙의 운동E=위치E 관계에서 나중속도 V를 도출한다.

$\dfrac{1}{2}mV^2 = mgh$, $V = \sqrt{2gh}$

높이 $2h$인 창문이므로

나중속도 $V = \sqrt{2g(2h)}$

충격량 공식에

대입하면, $m(2\sqrt{gh}) = 2m\sqrt{gh}$

29

$20Mg$의 철도차량이 $0.5m/s$의 속력으로 직선 운동하여 정지되어 있는 $30Mg$의 화물차량과 결합한다. 결합하는 과정에서 차량에 공급되는 동력은 없으며 브레이크도 풀려 있다. 결합 직후의 속력은 약 몇 m/s인가?

① 0.25　　　　　② 0.20

③ 0.15　　　　　④ 0.10

충돌 후 결합하여 움직이므로

$m_1V_1 + m_2V_2 = (m_1 + m_2)V$

$20 \times 0.5 + 0 = (20 + 30) \times V$

$V = \dfrac{20 \times 0.5}{20 + 30} = 0.2m/s$

30

$6kg$의 물체 A가 마찰이 없는 표면 위를 정지 상태에서 미끄러져 내려가 정지하고 있던 $4kg$의 물체 B와 충돌한 후 두 물체가 붙어서 함께 움직였다. 이 때의 속도는 몇 m/s인가? (단, 두 물체 사이의 수직 방향 거리 차이는 $5m$이고, 중력가속도는 $10m/s^2$로 본다.)

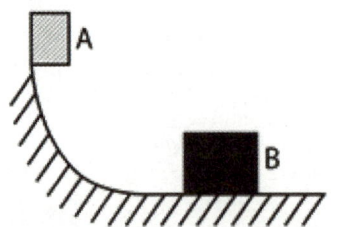

① 3

② 4

③ 5

④ 6

충돌 직전 A의 속도는 에너지 보존 법칙에 의해

$mgh = \dfrac{1}{2}mV^2$, $V = \sqrt{2gh}$ 에서

$V = \sqrt{2gh} = \sqrt{2 \times 10 \times 5} = 10m/s$

충돌 후 속도는 운동량 보존 법칙에 의해

$m_AV_A + m_BV_B = (m_A + m_B)V$

$6 \times 10 + 4 \times 0 = (6 + 4)V$

$\therefore V = 6m/s$

31

$20g$의 탄환이 수평으로 $1200m/s$의 속도로 발사되어 정지해 있던 $300g$의 블록에 박힌다. 이 후 스프링에 발생한 최대 압축 길이는 약 몇 m인가?
(단, 스프링상수는 $200N/m$이고 처음에 변형되지 않은 상태였다. 바닥과 블록 사이의 마찰은 무시한다.)

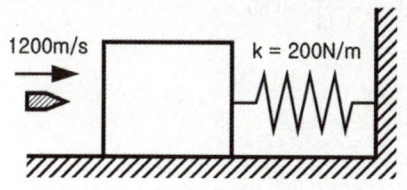

① 2.5
② 3.0
③ 3.5
④ 4.0

운동량 보존의 법칙에서

$$m_1 V_1 + m_2 V_2 = (m_1 + m_2) \acute{V_2}$$

$$\acute{V_2} = \frac{m_1}{m_1 + m_2} V_1 = \frac{0.02}{0.02 + 0.3} \times 1200 = 75 m/s$$

블록의 운동에너지=스프링의 탄성에너지 관계에서

$$\frac{1}{2}(m_1 + m_2) \acute{V_2}^2 = \frac{1}{2} kx^2$$

$$\therefore x = \sqrt{\frac{m_1 + m_2}{k} \times \acute{V_2}^2} = \sqrt{\frac{0.02 + 0.3}{200} \times 75^2} = 3m$$

32

무게 $10kN$의 해머(hammer)를 $10m$의 높이에서 자유 낙하시켜서 무게 $300N$의 말뚝을 $50cm$박았다. 충돌한 직후에 해머와 말뚝은 일체가 된다고 볼 때 충돌 직후의 속도는 몇 m/s인가?

① 50.4
② 20.4
③ 13.6
④ 6.7

운동량 보존의 법칙을 사용한다.

$$m_1 V_1 + m_2 V_2 = (m_1 + m_2) \acute{V}$$

(충돌한 직후 일체가 되므로 나중 속도 동일)

충돌직전 해머의 속도 V_1은

$$mgh = \frac{1}{2} m V_1^2$$

$$V_1 = \sqrt{2gh} = \sqrt{2 \times 9.8 \times 10} = 14 m/s$$

해머와 말뚝의 m_1, m_2를 kg단위로 변환

$$m_1 = \frac{10 \times 10^3}{9.8} = 1020 kg$$

$$m_2 = \frac{300}{9.8} = 30.6 kg$$

초기 정지상태인 말뚝의 $V_2 = 0$이므로

$$\acute{V} = \frac{m_1 V_1}{m_1 + m_2} = \frac{1020 \times 14}{1020 + 30.6} = 13.59 m/s$$

33

질량이 m인 공이 그림과 같이 속력이 v, 각도가 α로 질량이 큰 금속판에 사출되었다. 만일 공과 금속판 사이의 반발계수가 0.8이고, 공과 금속판 사이의 마찰이 무시된다면 입사각 α와 출사각 β의 관계는?

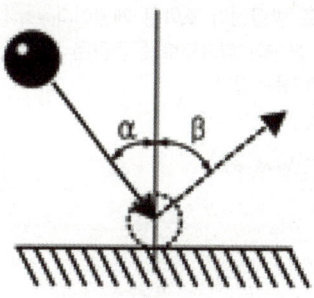

① $\beta = 0$
② $\alpha > \beta$
③ $\alpha = \beta$
④ $\alpha < \beta$

반발계수 e와 입사각 α와 출사각 β의 관계는
$e = 1$, $\alpha = \beta$
$e > 1$, $\alpha > \beta$
$e < 1$, $\alpha < \beta$

34

작은 공이 그림과 같이 수평면에 비스듬히 충돌한 후 튕겨져 나갔을 경우의 설명으로 틀린 것은? (단, 공과 수평면 사이의 마찰, 그리고 공의 회전은 무시하며 반발계수는 1이다.)

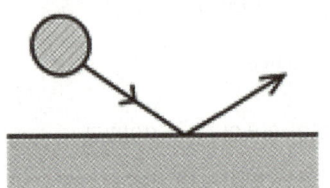

① 충돌 직전 직후 공의 운동량은 같다.
② 충돌 직전 직후에 공의 운동에너지는 보존된다.
③ 충돌과정에서 공이 받은 충격량과 수평면이 받은 충격량의 크기는 같다.
④ 공의 운동방향이 수평면과 이루는 각의 크기는 충돌 직전과 직후가 같다.

반발계수 $e = 1$: 완전탄성충돌
1. 충돌 전, 후의 속도가 같다.
2. 충돌 전, 후의 입사각 반사각이 같다.
3. 충돌 전, 후의 운동 에너지가 보존된다.
4. 충돌 전, 후의 운동량의 크기가 보존된다.

운동량은 벡터로 방향성이 포함된 개념이다.
충돌 전·후의 방향이 다르므로 운동량은 다르다.
단, 운동량의 크기는 같다.

35

축구공을 지면으로부터 $1m$ 높이에서 자유낙하시켰더니 $0.8m$ 높이까지 다시 튀어올랐다. 이 공의 반발계수는 얼마인가?

① 0.89   ② 0.83
③ 0.80   ④ 0.77

충돌 직전 공의 속도
$$V_1 = \sqrt{2gh} = \sqrt{2 \times 9.8 \times 1} = 4.43 m/s$$

충돌 후 공의 속도
$$\acute{V_1} = \sqrt{2gh} = \sqrt{2 \times 9.8 \times 0.8} = -3.96 m/s$$
(V_1과 반대 방향이므로 $-$부호 사용)

$$e = \frac{\acute{V_2} - \acute{V_1}}{V_1 - V_2} 에서$$

지면의 속도 V_2, $\acute{V_2}$는 모두 0이다.

$$e = \frac{-\acute{V_1}}{V_1} = \frac{3.96}{4.43} = 0.89$$

36

그림과 같이 질량이 동일한 두 개의 구슬 A, B가 있다. 초기에 A의 속도는 v이고 B는 정지되어 있다. 충돌 후 A와 B의 속도에 관한 설명으로 옳은 것은? (단, 두 구슬 사이의 반발계수는 1이다.)

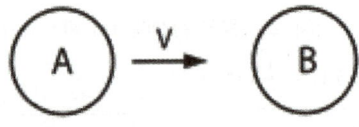

① A와 B 모두 정지한다.
② A와 B 모두 v의 속도를 가진다.
③ A와 B 모두 $\frac{v}{2}$의 속도를 가진다.
④ A는 정지하고 B는 v의 속도를 가진다.

---

1) 운동량 보존의 법칙에서
$$m(V_A + V_B) = m(\acute{V_A} + \acute{V_B})$$
$$\acute{V_A} + \acute{V_B} = v$$

2) 반발계수 공식에서
$$e = \frac{\acute{V_B} - \acute{V_A}}{V_A - V_B} = \frac{\acute{V_B} - \acute{V_A}}{v} = 1, \quad \acute{V_B} - \acute{V_A} = v$$

두 식을 연립하면 $\acute{V_B} = v$, $\acute{V_A} = 0$

37

같은 차종인 자동차 B, C가 브레이크가 풀린 채 정지하고 있다. 이 때 같은 차종의 자동차 A가 $1.5m/s$의 속력으로 B와 충돌하면, 이후 B와 C가 다시 충돌하게 되어 결국 3대의 자동차가 연쇄 충돌하게 된다. 이때, B와 C가 충돌한 직후 자동차 C의 속도는 약 몇 m/s인가? (단, 모든 자동차 간 반발계수는 $e=0.75$이다.)

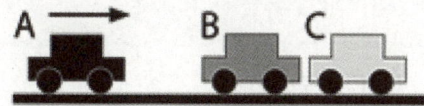

① 0.16　　　　② 0.39

③ 1.15　　　　④ 1.31

운동량 보존의 법칙과 반발계수 공식을 활용하여 충돌 직후 자동차 B의 속도 $\acute{V_B}$를 구하면

$$\acute{V_B} = V_B + \frac{m_A}{m_A + m_B}(1+e)(V_A - V_B)$$

$$= 0 + \frac{1}{2} \times (1+0.75) \times (1.5-0) = 1.3125 m/s$$

B와 C가 다시 충돌하여 생기는 $\acute{V_C}$는

$$\acute{V_C} = V_C + \frac{m_B}{m_B + m_C}(1+e)(\acute{V_B} - V_C)$$

$$= 0 + \frac{1}{2} \times (1+0.75) \times (1.3125-0) = 1.148 m/s$$

38

$20m/s$의 같은 속력으로 달리던 자동차 A, B가 교차로에서 직각으로 충돌되었다. 충돌 직후 자동차 A의 속력은 몇 m/s인가? (단, 자동차 A, B의 질량은 동일하며 반발계수 $e=0.7$, 마찰은 무시한다.)

① 17.3　　　　② 18.7

③ 19.2　　　　④ 20.4

---

x, y 각 방향에 대해 운동량 보존 법칙을 적용한다.

1) x방향

반발계수 $e = 0.7 = \dfrac{\acute{V_{Bx}} - \acute{V_{Ax}}}{V_{Ax} - V_{Bx}}$

$V_{Ax} = 0$이므로 정리하면 $\acute{V_{Bx}} = \acute{V_{Ax}} - 0.7 V_{Bx}$

$m V_{Ax} + m V_{Bx} = m \acute{V_{Ax}} + m \acute{V_{Bx}}$

$\acute{V_{Ax}} = V_{Bx} - \acute{V_{Bx}} = V_{Bx} - (\acute{V_{Ax}} - 0.7 V_{Bx})$

$\therefore \acute{V_{Ax}} = \dfrac{1.7}{2} V_{Bx} = \dfrac{1.7}{2} \times 20 = 17 m/s$

2) y방향

반발계수 $e = 0.7 = \dfrac{\acute{V_{By}} - \acute{V_{Ay}}}{V_{Ay} - V_{By}}$

$V_{By} = 0$이므로 정리하면 $\acute{V_{By}} = \acute{V_{Ay}} + 0.7 V_{Ay}$

$m V_{Ay} + m V_{By} = m \acute{V_{Ay}} + m \acute{V_{By}}$

$\acute{V_{Ay}} = V_{Ay} - \acute{V_{By}} = V_{Ay} - (\acute{V_{Ay}} + 0.7 V_{Ay})$

$\therefore \acute{V_{Ay}} = \dfrac{0.3}{2} V_{Ay} = \dfrac{0.3}{2} \times 20 = 3 m/s$

3) 자동차 A의 속력

$$V_A = \sqrt{V_{Ax}^2 + V_{Ay}^2} = \sqrt{17^2 + 3^2} = 17.26 m/s$$

39

$36km/h$의 속력으로 달리던 자동차 A가, 정지하고 있던 자동차 B와 충돌하였다. 충돌 후 자동차 B는 $2m$만큼 미끄러진 후 정지하였다. 두 자동차 사이의 반발계수 e는 얼마인가? (단, 자동차 A, B의 질량은 동일하며 타이어와 노면의 동마찰계수는 0.8이다.)

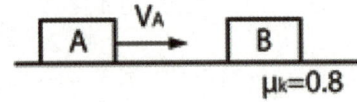

① 0.06　　　　② 0.08

③ 0.10　　　　④ 0.12

---

1) 마찰일량 = 운동에너지의 관계에서
$$\mu_k mgS = \frac{1}{2}m \acute{V}_B^2$$
$$\acute{V}_B = \sqrt{2\mu_k gS} = \sqrt{2 \times 0.8 \times 9.8 \times 2} = 5.6m/s$$

2) 운동량보존에서
$$m V_A + m V_B = m \acute{V}_A + m \acute{V}_B$$
(단, $V_A = 36km/h = \frac{36 \times 10^3 m}{3600s} = 10m/s$)
$$\acute{V}_A = V_A - \acute{V}_B = 10 - 5.6 = 4.4m/s$$

$$\therefore e = \frac{\acute{V}_B - \acute{V}_A}{V_A - V_B} = \frac{5.6 - 4.4}{10 - 0} = 0.12$$

40

질량 $0.6kg$인 강철 블록이 오른쪽으로 $4m/s$의 속도로 이동하고, 질량 $0.9kg$인 강철 블록이 왼쪽으로 $2m/s$의 속도로 이동하다가 정면으로 충돌하였다. 반발계수가 0.75일 때 충돌하는 동안 손실된 에너지는 약 몇 J인가?

① 2.8　　　　② 3.8

③ 6.6　　　　④ 10.4

나중속도 $\acute{V}_1, \acute{V}_2$을 구하면
$$\acute{V}_1 = V_1 - \frac{m_2}{m_1 + m_2}(1+e)(V_1 - V_2)$$
$$= 4 - \frac{0.9}{0.6 + 0.9}(1 + 0.75)(4 + 2) = -2.3m/s$$

$$\acute{V}_2 = V_2 + \frac{m_1}{m_1 + m_2}(1+e)(V_1 - V_2)$$
$$= -2 + \frac{0.6}{0.6 + 0.9}(1 + 0.75)(4 + 2) = 2.2m/s$$

손실된 에너지 = 충돌 전, 후 에너지의 차이

1) $\triangle T_1$
$$T_1 = \frac{1}{2}m_1 V_1^2 = \frac{1}{2} \times 0.6 \times 4^2 = 4.8J$$
$$\acute{T}_1 = \frac{1}{2}m_1 \acute{V}_1^2 = \frac{1}{2} \times 0.6 \times (-2.3)^2 = 1.587J$$
$$\triangle T_1 = 4.8J - 1.587J = 3.213J$$

2) $\triangle T_2$
$$T_2 = \frac{1}{2}m_2 V_2^2 = \frac{1}{2} \times 0.9 \times 2^2 = 1.8J$$
$$\acute{T}_2 = \frac{1}{2}m_2 \acute{V}_2^2 = \frac{1}{2} \times 0.9 \times 2.2^2 = 2.178J$$
$$\triangle T_2 = 1.8J - 2.178J = -0.378J$$

손실된 에너지의 총량 $\triangle T$는
$$\triangle T = \triangle T_1 + \triangle T_2 = 3.213 - 0.378 = 2.835J$$

11 강체의 평면운동

01

다음 그림에 나타낸 위치에서 질량 m인 균일한 봉이 병진 운동을 할 때 필요한 힘 P를 구하면? (단, 마찰력은 무시한다.)

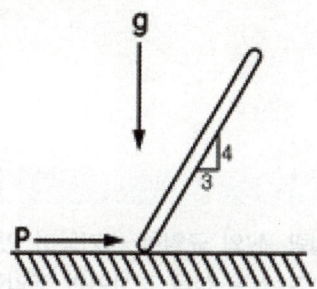

① $\dfrac{1}{4}mg$ ② $\dfrac{2}{4}mg$

③ $\dfrac{3}{4}mg$ ④ mg

병진 운동 : 힘의 비례가 같아야 한다.

$mg : P = 4 : 3, \quad P = \dfrac{3}{4}mg$

02

질량 관성모멘트가 $20kg \cdot m^2$인 플라이 휠(flywheel)을 정지 상태로부터 10초 후 $3600rpm$으로 회전시키기 위해 일정한 비율로 가속하였다. 이 때 필요한 토크는 약 몇 $N \cdot m$인가?

① 654   ② 754   ③ 854   ④ 954

$$\sum M_0 = J_0\alpha = J_0 \times \frac{w}{t} = J_0 \times \frac{1}{t} \times \frac{2\pi N}{60}$$

$$= 20 \times \frac{1}{10} \times \frac{2\pi \times 3600}{60} = 753.98 N \cdot m$$

(일정한 비율로 가속 〉 등가속도이므로 $\alpha = \dfrac{w}{t}$)

03

반지름이 r인 균일한 원판의 중심에 $200N$의 힘이 수평방향으로 가해진다. 원판의 미끄러짐을 방지하는데 필요한 최소 마찰력(F)은?

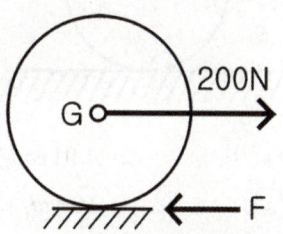

① $200N$ ② $100N$

③ $66.67N$ ④ $33.33N$

$$\sum M_0 = J_0\alpha$$

$$200 \times r = \left(\frac{mr^2}{2} + mr^2\right)\alpha$$

$$mr\alpha = \frac{400}{3}$$

$$\sum F_x = ma_t$$

$$200 - F = mr\alpha$$

$$F = 200 - mr\alpha = 200 - \frac{400}{3} = 66.67N$$

(단, 접선가속도 $a_t = r\alpha$)

01
02
03
04

04

질량이 $50kg$이고 반경이 $2m$인 원판의 중심에 $1000N$의 힘이 그림과 같이 작용하여 수평면 위를 구르고 있다. 미끄럼이 없이 굴러간다고 가정할 때 각가속도는?

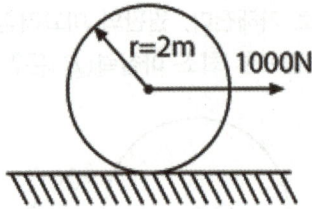

① $3.34 \, rad/s^2$ ② $4.91 \, rad/s^2$

③ $6.67 rad/s^2$ ④ $10 \, rad/s^2$

$\sum M_0 = J_0\alpha$

$\Pr = (J_G + mr^2)\alpha = \dfrac{3mr^2}{2}\alpha$

(단, 원판의 $J_G = \dfrac{mr^2}{2}$)

$\alpha = \dfrac{2P}{3mr} = \dfrac{2 \times 1000}{3 \times 50 \times 2} = 6.67 rad/s^2$

05

질량이 $100kg$이고 반지름이 $1m$인 구의 중심에 $420N$의 힘이 그림과 같이 작용하여 수평면 위에서 미끄러짐 없이 구르고 있다. 바퀴의 각가속도는 몇 rad/s^2인가?

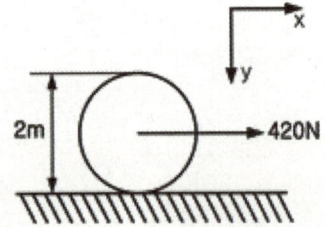

① 2.2   ② 2.8

③ 3   ④ 3.2

모멘트 평형에서

$\sum M_0 = J_0\alpha$

$\Pr = (J_G + mr^2)\alpha$

구의 $J_G = \dfrac{2mr^2}{5}$을 대입하여 정리

$\Pr = (\dfrac{2mr^2}{5} + mr^2)\alpha$

$\alpha = \dfrac{5P}{7m} = \dfrac{5 \times 420}{7 \times 100} = 3rad/s^2$

06

경사면에 질량 M의 균일한 원기둥이 있다. 이 원기둥에 감겨 있는 실을 경사면과 동일한 방향으로 위쪽으로 잡아당길 때, 미끄럼이 일어나지 않기 위한 실의 장력 T의 조건은? (단, 경사면의 각도를 α, 경사면과 원기둥사이의 마찰계수를 μ_s, 중력가속도를 g라 한다.)

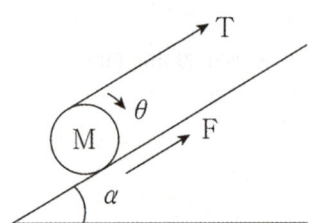

① $T \le Mg(3\mu_s \sin\alpha + \cos\alpha)$

② $T \le Mg(3\mu_s \sin\alpha - \cos\alpha)$

③ $T \le Mg(3\mu_s \cos\alpha + \sin\alpha)$

④ $T \le Mg(3\mu_s \cos\alpha - \sin\alpha)$

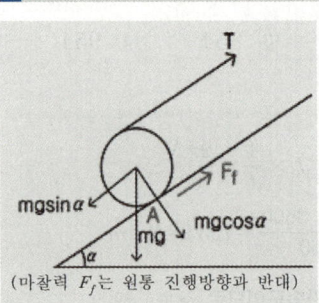

(마찰력 F_f는 원통 진행방향과 반대)

(마찰력 F_f는 원통 진행방향과 반대)

1) 힘의 합력 $\sum F = ma$

$$T + F_f - mgsina = ma_t$$
$$T + \mu_s mgcosa - mgsina = ma_t$$

에서 $a_t = \dfrac{T}{m} + g(\mu cosa - sina)$

2) 회전 운동 $\sum M_A = I_A \alpha$

$$2rT - r\,mgsina = (\dfrac{mr^2}{2} + mr^2)\alpha$$
$$2rT - r\,mgsina = \dfrac{3mr^2}{2}\alpha$$

1)에서 구한 $a_t = r\alpha$에서 $\alpha = \dfrac{a_t}{r}$를 대입하여 연립하면

$$2rT - gsina = \dfrac{3mr}{2}(\dfrac{T}{m} + g(\mu_s cosa - sina))$$

$$2rT - \dfrac{3}{2}rT = 1.5rmg(\mu_s cosa - sina) + rmgsina$$

$$\dfrac{1}{2}rT \le 1.5rmg\mu_s cosa - 0.5gsina$$

$$\therefore T \le mg(3\mu_s cosa - sina)$$

07

각각 중량이 $10kN$인 객차 10량이 $2m/s^2$의 가속도로 직선주로를 달리고 있을 때, 5번째와 6번째 차량사이의 연결부에 작용하는 힘은?

① $8.2kN$ ② $9.2kN$

③ $10kN$ ④ $11.2kN$

1번째 객차에 작용하는 힘을 구하면

$F = ma$

중량 $W = mg = 10kN$에서 $m = \dfrac{10}{9.8}$

$F = \dfrac{10}{9.8} \times 2 = 2.04kN$

5번째와 6번째 차량사이 연결부는 객차 5량 분량의 힘을 받으므로, $5F = 5 \times 2.04 = 10.2kN$

08

질량 $50kg$의 상자가 넘어가지 않도록 하면서 질량 $10kg$의 수레에 가할 수 있는 힘 P의 최댓값은 얼마인가? (단, 상자는 수레 위에서 미끄러지지 않는다고 가정한다.)

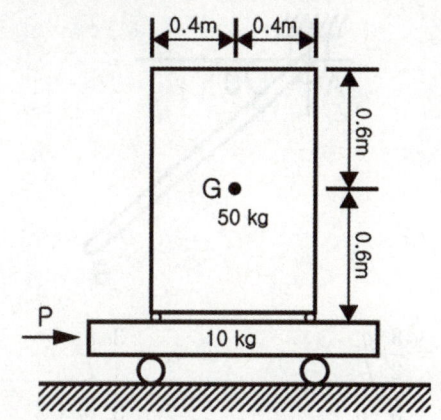

① $292N$ ② $392N$

③ $492N$ ④ $592N$

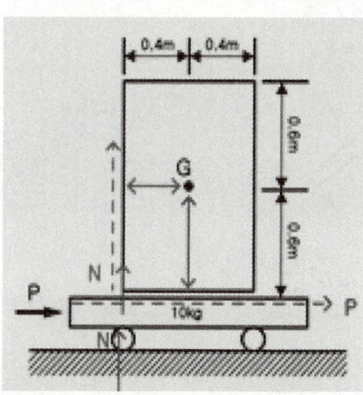

$\sum M_G = 0$에서

$N \times 0.4 = P \times 0.6$

$(50 + 10) \times 9.8 \times 0.4 = P \times 0.6$

$P = 392N$

09

질량이 m, 길이가 L인 균일하고 가는 막대 AB가 A점을 중심으로 회전한다. $\theta = 60°$에서 정지 상태인 막대를 놓는 순간 막대 AB의 각가속도(α)는? (단, g는 중력가속도이다.)

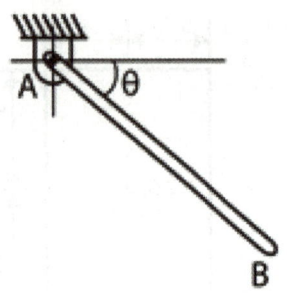

① $\alpha = \dfrac{3}{2}\dfrac{g}{L}$

② $\alpha = \dfrac{3}{4}\dfrac{g}{L}$

③ $\alpha = \dfrac{3}{2}\dfrac{g}{L^2}$

④ $\alpha = \dfrac{3}{4}\dfrac{g}{L^2}$

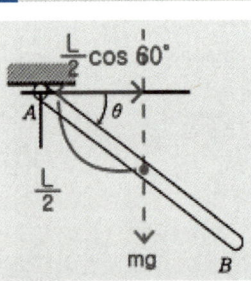

$$\sum M_A = J_A\ddot{\theta}$$
$$mg \times \dfrac{L}{2}\cos 60° = \dfrac{mL^2}{3}\ddot{\theta}$$
$$\therefore \ddot{\theta} = \dfrac{3g}{4L}$$

10

그림과 같이 $0.6m$길이에 질량 $5kg$의 균질봉이 축의 직각방향으로 $30N$의 힘을 받고 있다. 봉이 $\theta = 0°$일 때 시계방향으로 초기 각속도 $w_1 = 10rad/s$이면 $\theta = 90°$일 때 봉의 각속도는? (단, 중력의 영향을 고려한다.)

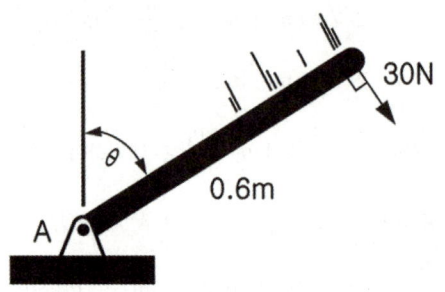

① $12.6rad/s$

② $14.2rad/s$

③ $15.6rad/s$

④ $17.2rad/s$

위치E=운동E의 관계에서

$$mgh + T\theta = J_G \times \dfrac{\omega^2 - \omega_0^2}{2}$$

(단, 자중 외에 외력도 존재하므로 $T\theta$항 고려)

$$5 \times 9.8 \times 0.3 + 30 \times 0.6 \times \dfrac{\pi}{2} = \dfrac{5 \times 0.6^2}{3} \times \dfrac{(\omega^2 - 10^2)}{2}$$

($h = 0.3m$ 봉의 중점에서 고려, $90° = \dfrac{\pi}{2}rad$)

$$\therefore \omega = 15.6rad/s$$

11

그림과 같이 길이 $1m$, 질량 $20kg$인 봉으로 구성된 기구가 있다. 봉은 A점에서 카트에 핀으로 연결되어 있고, 처음에는 움직이지 않고 있었으나 하중 P가 작용하여 카트가 왼쪽 방향으로 $4m/s^2$의 가속도가 발생하였다. 이 때 봉의 초기 각가속도는?

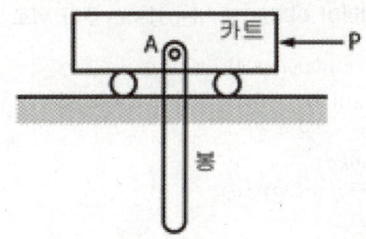

① $6.0rad/s^2$, 시계방향

② $6.0rad/s^2$, 반시계방향

③ $7.3rad/s^2$, 시계방향

④ $7.3rad/s^2$, 반시계방향

봉의 무게중심을 기준으로 한 모멘트 평형식

$$\sum M_A = J_A \ddot{\theta}$$

$$P \times \frac{L}{2} = \frac{mL^2}{3} \times \alpha$$

$$ma \times \frac{L}{2} = \frac{mL^2}{3} \times \alpha$$

$$\alpha = \frac{3a}{2L} = \frac{3 \times 4}{2 \times 1} = 6rad/s^2$$

하중 P가 카트를 왼쪽으로 이동시키므로 반시계 방향으로 회전한다.

12

보 AB는 질량을 무시할 수 있는 강체이고 A점은 마찰 없는 힌지(hinge)로 지지되어 있다. 보의 중점 C와 끝점 B에 각각 질량 m_1과 m_2가 놓여 있을 때 이 진동계의 운동 방정식을 $m\ddot{x} + kx = 0$이라고 하면 m의 값으로 옳은 것은?

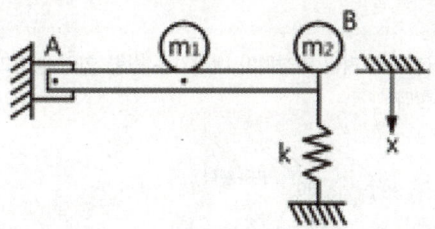

① $m = \dfrac{m_1}{4} + m_2$

② $m = m_1 + \dfrac{m_2}{2}$

③ $m = m_1 + m_2$

④ $m = \dfrac{m_1 - m_2}{2}$

1) 정적 평형 관계에서

$$\sum M_A = 0, \quad \frac{L}{2}m_1 g + Lm_2 g - Lkx = 0$$

2) 변위 x_1이 생성될 때

$$\sum M_A = I_A \ddot{\theta} = \frac{L}{2}m_1 g + Lm_2 g - Lk(x + x_1)$$
$$= Lkx - Lk(x + x_1) = -Lkx_1$$

(단, 정적 평형에서 $\frac{L}{2}m_1 g + Lm_2 g = Lkx$)

$$I_A = m_1 \left(\frac{L}{2}\right)^2 + m_2 L^2 \text{이므로}$$

$$I_A \ddot{\theta} = \left(\frac{m_1}{4} + m_2\right) L^2 \ddot{\theta} = -Lkx_1$$

여기서 $x_1 \approx L\theta$를 대입하여 정리하면

$$\left(\frac{m_1}{4} + m_2\right) L^2 \ddot{\theta} + L^2 k\theta = 0$$

$$\therefore \left(\frac{m_1}{4} + m_2\right) \ddot{\theta} + k\theta = 0$$

13

자동차가 경사진 30도 비탈길에 주차되어있다. 미끄러지지 않기 위해서는 노면과 바퀴와의 마찰계수 값이 얼마 이상이어야 하는가?

① 0.500

② 0.578

③ 0.366

④ 0.122

미끄러지지 않으려면 마찰력이 내려가는 방향 힘의 성분과 같거나 커야한다

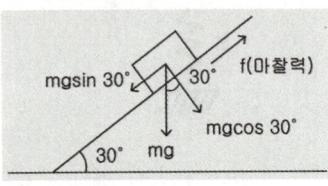

$$\mu mg\cos30° \geq mg\sin30°$$

$$\mu \geq \frac{\sin30°}{\cos30°} = 0.577$$

14

그림과 같이 경사진 표면에 $50kg$의 블록이 놓여있고 이 블록은 질량이 m인 추와 연결되어 있다. 경사진 표면과 블록사이의 마찰계수를 0.5라 할 때 이 블록을 경사면으로 끌어올리기 위한 추의 최소 질량(m)은 약 몇 kg인가?

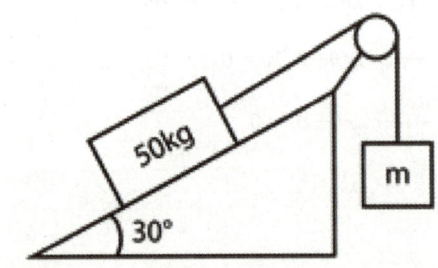

① 36.5

② 41.8

③ 46.7

④ 54.2

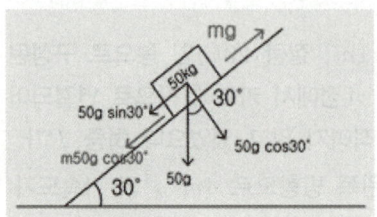

블록이 경사면을 거슬러 올라가려면
자중과 마찰력이 아래로 당기는 힘 ≤ 추가 위로 당기는 힘

$$50g\sin30° + \mu50g\cos30° \leq mg$$

$$50 \times 9.8 \times \sin30° + 0.5 \times 50 \times 9.8 \times \cos30°$$
$$\leq 9.8m$$

$$\therefore m \geq 46.6kg$$

15

지면으로부터 경사각이 $30°$인 경사면에 정지된 블록이 미끄러지기 시작하여 $10m/s$의 속력이 될 때까지 걸린 시간은 약 몇 초인가? (단, 경사면과 블록과의 동마찰계수는 0.3이라고 한다.)

① 1.42

② 2.13

③ 2.84

④ 4.24

$$\sum F = ma$$

$$mg\sin30° - \mu mg\cos30° = ma$$

경사면을 내려오며 일정한 마찰력을 받는 등가속도 운동이므로

$$a = \frac{V}{t} \text{가 성립}$$

$$a = \frac{V}{t} = g(\sin30° - \mu\cos30°)$$
$$= 9.8 \times (\sin30° - 0.3\cos30°)$$
$$= 2.354$$

$$\therefore t = \frac{V}{a} = \frac{10}{2.354} ≒ 4.24$$

16

아이스하키 선수가 친 퍽이 얼음 바닥 위에서 $30m$를 가서 정지하였는데, 그 시간이 9초가 걸렸다. 퍽과 얼음 사이의 마찰계수는 얼마인가?

① 0.046 　　　　　② 0.056

③ 0.066 　　　　　④ 0.076

외력으로 마찰력 하나만 일정하게 작용하므로 등가속도 운동이다. $30m$이동에 9초가 소요

$$V_{평균} = \frac{30}{9} = \frac{V_0 + V_1}{2} = \frac{V_0}{2}$$

$$V_0 = \frac{60}{9}m/s \quad (단, \ V_0 : 초기속도 \ V_1 : 나중속도)$$

$V_0 = at$에서 $a = \dfrac{V_0}{t} = \dfrac{\frac{60}{9}}{9} = \dfrac{60}{81}m/s^2$

퍽의 합력식에서

$$\sum F = ma$$

$$\mu mg = ma$$

$$\therefore \mu = \frac{a}{g} = \frac{\frac{60}{81}}{9.8} = 0.0755$$

17

그림에서 질량 $100kg$의 물체 A와 수평면 사이의 마찰계수는 0.3이며 물체 B의 질량은 $30kg$이다. 힘 Py의 크기는 시간$t[s]$의 함수이며 $Py[N] = 15t^2$이다. t는 $0s$에서 물체 A가 오른쪽으로 $2.0m/s$로 운동을 시작한다면 t가 $5s$일 때 이 물체의 속도는 약 몇 m/s인가?

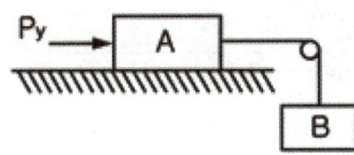

① 6.81 　　　　　② 6.92

③ 7.31 　　　　　④ 7.54

$$\sum F = ma$$

$$P_y - \mu m_A g + m_B g = (m_A + m_B)a = (100 + 30)a$$

$$-\mu m_A g + m_B g = -0.3 \times 100 \times 9.8 + 30 \times 9.8 = 0$$

으로 소거하면, 가속도 $a = \dfrac{15}{130}t^2$

$$V = V_0 + \int_0^5 a dt = 2 + \int_0^5 \frac{15}{130}t^2 dt$$

$$= 2 + [\frac{t^3}{26}]_0^5 = 6.807 m/s$$

18

$3kg$의 칼라 C가 고정된 막대 A, B에 초기에 정지해 있다가 그림과 같이 변동하는 힘 Q에 의해 움직인다. 막대 AB와 칼라 C사이의 마찰계수가 0.3일 때 시각 $t = 1$초일 때의 칼라의 속도는?

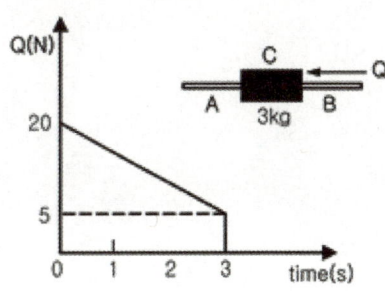

① $2.89m/s$ 　　　　② $5.25m/s$

③ $7.26m/s$ 　　　　④ $9.32m/s$

$$\sum F = ma$$

$20 - 5t - \mu mg = ma$ (단, $5t$는 그래프의 기울기에서 도출)

$$20 - 5t - 0.3 \times 3 \times 9.8 = 3a$$

$$a = \frac{11.18 - 5t}{3}$$

$a = \dfrac{dV}{dt}$의 관계에서 시간t에 대해 적분하면

$$V = \frac{11.18}{3}t - \frac{5}{6}t^2$$

$$= \frac{11.18}{3} \times 1 - \frac{5}{6} \times 1^2 = 2.89 m/s$$

19

그림과 같이 질량 $100kg$의 상자를 동마찰계수가 $\mu_1 = 0.2$인 길이 $2.0m$의 바닥 a와 동마찰계수가 $\mu_2 = 0.3$인 길이 $2.5m$의 바닥 b를 지나 A지점에서 C지점까지 밀려고 한다. 사람이 하여야 할 일은 약 몇 J인가?

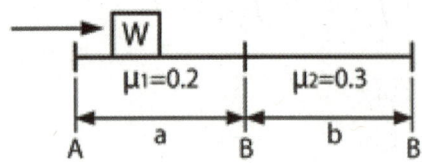

① $1128J$ ② $2256J$

③ $3760J$ ④ $5640J$

마찰일량

$\mu_1 m g S_1 + \mu_2 m g S_2$
$= 0.2 \times 100 \times 9.8 \times 2 + 0.3 \times 100 \times 9.8 \times 2.5$
$= 1127J$

20

질량 $2000kg$의 자동차가 평평한 길을 시속 $90km/h$로 달리다 급제동을 걸었다. 바퀴와 노면사이의 동마찰계수가 0.45일 때 자동차의 정지거리는 몇 m인가?

① 60 ② 71

③ 81 ④ 86

마찰력으로 정지하였으므로 운동E와 마찰 일량이 같음을 이용한다.

$\dfrac{1}{2} m V^2 = \mu N \times S$

$S = \dfrac{m V^2}{2 \mu N} = \dfrac{2000 \times (\frac{90 \times 10^3}{3600})^2}{2 \times 0.45 \times 2000 \times 9.8} = 70.86m$

(단, $90km/h$ 는 $\dfrac{90 \times 10^3}{3600} m/s$)

21

수평 직선 도로에서 일정한 속도로 주행하던 승용차의 운전자가 앞에 놓인 장애물을 보고 급제동을 하여 정지하였다. 바퀴자국으로 파악한 제동거리가 $25m$이고, 승용차 바퀴와 도로의 운동마찰계수는 0.35일 때 제동하기 직전의 속력은 약 몇 m/s인가?

① 11.4 ② 13.1

③ 15.9 ④ 18.6

마찰일량＝운동에너지의 관계에서

$\mu_k m g S = \dfrac{1}{2} m V^2$

$\therefore V = \sqrt{2 \mu_k g S} = \sqrt{2 \times 0.35 \times 9.8 \times 25}$
$= 13.1m/s$

22

질량 $10kg$인 상자가 정지한 상태에서 경사면을 따라 A지점에서 B지점까지 미끄러져 내려왔다. 이 상자의 B지점에서의 속도는 약 몇 m/s인가? (단, 상자와 경사면 사이의 동마찰 계수(u_k)는 0.3이다.)

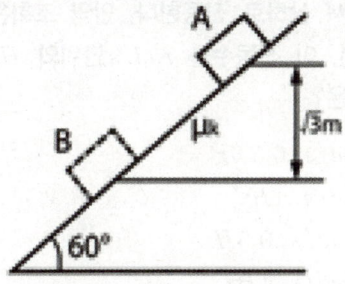

① 5.3   ② 3.9
③ 7.2   ④ 4.6

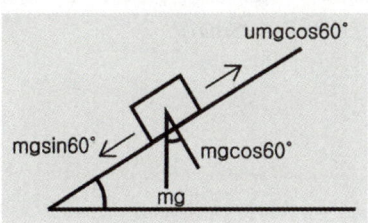

마찰일량＝운동에너지에서

$(F-\mu N)\times S=\dfrac{1}{2}m(V_B^2-V_A^2)$

$(mgsin60°-\mu_kmgcos60°)\times S=\dfrac{1}{2}mV_B^2$

$V_B=\sqrt{2S\times9.8\times(\sin60°-0.3\cos60°)}$

경사면 방향 이동거리 S는 $\sin60°=\dfrac{\sqrt{3}}{S}$ 에서

$\dfrac{\sqrt{3}}{\sin60°}=2m$

$\therefore V_B=5.298m/s$

23

$10°$의 기울기를 가진 질량 $100kg$인 물체에 수평방향의 힘 $500N$을 가하여 경사면 위로 물체를 밀어올린다. 경사면의 마찰계수가 0.2라면 경사면 방향으로 $2m$를 움직인 위치에서 물체의 속도는 약 얼마인가?

① $1.1m/s$ ② $2.1m/s$
③ $3.1m/s$ ④ $4.1m/s$

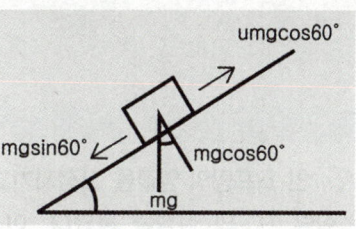

$2m$이동에 필요한 에너지＝운동에너지의 관계에서

$F\times S=\dfrac{1}{2}m(V_2^2-V_1^2)$

경사면 방향의 합력

$\sum F=\sum F_x-\mu N$
$=(500\cos10°-mgsin10°)$
$\quad-0.2(500\sin10°+mgcos10°)$
$=(500\cos10°-100\times9.8\times\sin10°)$
$\quad-0.2(500\sin10°+100\times9.8\times\cos10°)=118.84N$

$\therefore V_2=\sqrt{\dfrac{2F\times S}{m}}=\sqrt{\dfrac{2\times118.84\times2}{100}}$
$\quad\quad=2.18m/s$

12 진동과 시간응답

01

다음은 진동수(f), 주기(T), 각 진동수(ω)의 관계를 표시한 식이다. 옳은 것은?

① $f = \dfrac{1}{T} = \dfrac{\omega}{2\pi}$ ② $f = T = \dfrac{\omega}{2\pi}$

③ $f = \dfrac{1}{T} = \dfrac{2\pi}{\omega}$ ④ $f = \dfrac{2\pi}{T} = w$

$$f = \dfrac{1}{T} = \dfrac{\omega}{2\pi}$$

02

스프링 상수가 $1N/cm$인 스프링의 양끝을 고정시키고 스프링의 중앙점에 질량 $1kg$의 질점을 붙였다. 이 시스템의 주기는?

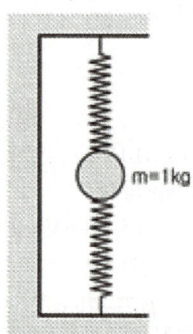

m=1kg

① $0.314s$ ② $0.628s$

③ $1.257s$ ④ $1.571s$

$$\omega_n = \sqrt{\dfrac{k_e}{m}} = \sqrt{\dfrac{4k}{m}} = \sqrt{\dfrac{4\times100}{1}} = 20$$

(스프링 상수가 k인 스프링을 반으로 나누어 $2k$, $2k$인 스프링 두 개를 병렬 연결하여 $4k$가 된다.)

주기 $T = \dfrac{2\pi}{\omega_n} = \dfrac{2\pi}{20} = 0.314s$

03

스프링으로 지지되어 있는 어떤 물체가 매분 60회 반복 하면서 상하로 진동한다. 만약 조화운동으로 움직인다면, 이 진동수를 rad/s단위와 Hz로 옳게 나타낸 것은?

① $6.28rad/s$, $0.5Hz$

② $6.28rad/s$, $1Hz$

③ $12.56rad/s$, $0.5Hz$

④ $12.56rad/s$, $1Hz$

진동수 $f = \dfrac{\omega}{2\pi} = \dfrac{\dfrac{2\pi N}{60}}{2\pi} = \dfrac{\dfrac{2\pi\times60}{60}}{2\pi} = 1Hz$

고유각진동수 $\omega = 2\pi f = 2\pi = 6.28rad/s$

04

두 조화운동 $x_1 = 4\sin10t$ 와 $x_2 = 4\sin10.2t$를 합성하면 맥놀이(beat) 현상이 발생하는데 이 때 맥놀이 진동수(Hz)는? (단, t의 단위는 s이다.)

① 31.4 ② 62.8

③ 0.0159 ④ 0.0318

$$\begin{aligned}
x_1 + x_2 &= 4\sin10t + 4\sin10.2t \\
&= 4\left[2\sin\dfrac{20.2t}{2}\cos\dfrac{0.2t}{2}\right] \\
&= 8\sin10.1t\cos0.1t
\end{aligned}$$

맥놀이 진동수

$$f = \dfrac{\omega_2 - \omega_1}{2\pi} = \dfrac{10.2 - 10}{2\pi} = 0.0318Hz$$

05

1자유도 질량-스프링계에서 초기조건으로 변위 x_0가 주어진 상태에서 가만히 놓아 진동이 일어난다면 진동변위를 나타내는 식은? (단, ω_n은 계의 고유진동수이고, t는 시간이다.)

① $x_0\cos\omega_n t$ ② $x_0\sin\omega_n t$

③ $x_0\cos^2\omega_n t$ ④ $x_0\sin^2\omega_n t$

초기조건 $t=0$일 때 변위가 x_0이므로 cos함수를 사용하여 표현한다.
$x=x_0\cos\omega_n t$

06

질점의 단순조화진동을 $y=C\cos(\omega_n t-\phi)$라 할 때 이 진동의 주기는?

① $\dfrac{\pi}{w_n}$ ② $\dfrac{2\pi}{w_n}$ ③ $\dfrac{w_n}{2\pi}$ ④ $2\pi w_n$

$T=\dfrac{2\pi}{\omega_n}$

07

단순조화운동(Harmonic motions)일 때 속도와 가속도의 위상차는 얼마인가?

① $\dfrac{\pi}{2}$ ② π ③ 2π ④ 0

$a=\dot{V}$에서
속도가 sin함수면 가속도는 cos함수,
속도가 cos함수면 가속도는 sin함수로 나타난다.
즉 위상차 $=\dfrac{\pi}{2}$

08

다음 식과 같은 단순조화운동(simple harmonic motion)에 대한 설명으로 틀린 것은? (단, 변위 x는 시간 t에 대한 함수이고, A, ω, ϕ는 상수이다.)

$$x(t)=A\sin(\omega t+\phi)$$

① 변위와 속도 사이에 위상차가 없다.
② 주기적으로 같은 운동이 반복된다.
③ 가속도의 진폭은 변위의 진폭에 비례한다.
④ 가속도의 주기와 변위의 주기는 동일하다.

$V(t)=\dot{x}(t)=A\omega\cos(\omega t+\phi)$
변위와 속도가 각각 sin, cos이므로 위상차가 존재한다.

09

$x=Ae^{j\omega t}$인 조화운동의 가속도 진폭의 크기는?

① $\omega^2 A$ ② ωA

③ ωA^2 ④ $\omega^2 A^2$

속도 $V=\dot{x}=j\omega Ae^{j\omega t}$
가속도 $a=\dot{V}=\ddot{x}=(j\omega)^2 Ae^{j\omega t}$
가속도 진폭의 크기는 $\omega^2 A$다.

10

물체의 최대 가속도가 $680cm/s^2$, 매분 480사이클의 진동수로 조화운동을 한다면 물체의 진동 진폭은 약 몇 mm인가?

① $1.8mm$ ② $1.2mm$

③ $2.4mm$ ④ $2.7mm$

$\ddot{x}_{max} = X\omega^2$에서

$$X = \frac{\ddot{x}_{max}}{\omega^2} = \frac{6800}{(\frac{2\pi \times 480}{60})^2} = 2.69mm \fallingdotseq 2.7mm$$

11

최대가속도가 $720cm/s^2$이고, 매분 480사이클의 진동수로 조화운동을 하고 있는 물체의 진동 진폭은?

① $2.85mm$ ② $5.71mm$

③ $11.42mm$ ④ $28.52mm$

$\ddot{x} = X\omega^2$, $X = \frac{\ddot{x}}{\omega^2} = \frac{7200}{50.27^2} = 2.85mm$

$(\omega = \frac{2\pi N}{60} = \frac{2\pi \times 480}{60} = 50.27 rad/s)$

12

진폭 $2mm$, 진동수 $250Hz$로 진동하고 있는 물체의 최대 속도는 몇 m/s인가?

① 1.57 ② 3.14

③ 4.71 ④ 6.28

$x = X\sin\omega t$, $V = \dot{x} = X\omega\cos\omega t$

진동수 $f = 250Hz = \frac{\omega}{2\pi}$에서

$\omega = 2\pi \times 250 = 1570.8 rad/s$

최대속도 $V_{max} = \dot{x}_{max} = X\omega$

$\qquad\qquad = 0.002 \times 1570.8 = 3.14 m/s$

13

$100kg$의 균일한 원통(반지름 $2m$)이 그림과 같이 수평면 위를 미끄럼 없이 구른다. 이 원통에 연결된 스프링의 탄성계수는 $300N/m$, 초기 변위 $x(0) = 0m$ 이며, 초기속도는 $\dot{x}(0) = 2m/s$일 때 변위 $x(t)$를 시간의 함수로 옳게 표현한 것은? (단, 스프링의 시작점에서는 늘어나지 않은 상태로 있다고 가정한다.)

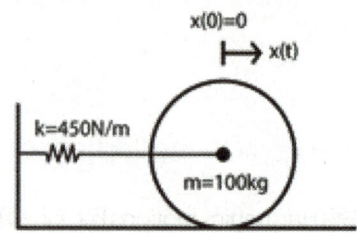

① $1.15\cos(\sqrt{3}t)$ ② $1.15\sin(\sqrt{3}t)$

③ $3.46\cos(\sqrt{2}t)$ ④ $3.46\sin(\sqrt{2}t)$

$x(0) = 0$이므로 $x = X\sin\omega t$, $V = \dot{x} = X\omega\cos\omega t$

초기속도 $\dot{x} = 2 = X\omega$에서 $X = \frac{2}{\omega}$

$\omega = \sqrt{\frac{k}{m}} = \sqrt{\frac{300}{100}} = \sqrt{3} rad/s$

$x = \frac{2}{\sqrt{3}}\sin(\sqrt{3}t) = 1.15\sin(\sqrt{3}t)$

14

두 파동 $x_1 = \sin\omega t$, $x_2 = \cos\omega t$를 합성하였을 때, 진폭과 위상각으로 옳은 것은?

① 진폭은 $\sqrt{2}$, 위상각은 $90°$

② 진폭은 2, 위상각은 $45°$

③ 진폭은 $\sqrt{2}$, 위상각은 $60°$

④ 진폭은 $\sqrt{2}$, 위상각은 $45°$

$A\sin\omega t + B\cos\omega t = \sqrt{A^2 + B^2}\sin\left(\omega t + \tan^{-1}\dfrac{A}{B}\right)$

또는 $\sqrt{A^2 + B^2}\cos\left(wt - \tan^{-1}\dfrac{B}{A}\right)$

진폭 $= \sqrt{A^2 + B^2} = \sqrt{2}$

위상각 $= \tan^{-1}\dfrac{B}{A} = \tan^{-1}\dfrac{A}{B} = \tan^{-1}1 = 45°$

16

스프링으로 지지되어 있는 질량의 정적처짐이 $0.05cm$일 때 스프링의 고유진동수는 얼마인가?

① $22.3Hz$ ② $223Hz$

③ $310Hz$ ④ $3100Hz$

$f_n = \dfrac{\omega_n}{2\pi} = \dfrac{1}{2\pi}\sqrt{\dfrac{k}{m}} = \dfrac{1}{2\pi}\sqrt{\dfrac{g}{\delta}}$

$= \dfrac{1}{2\pi}\sqrt{\dfrac{980}{0.05}} = 22.28Hz$

(단, $0.05cm$에 맞추어 $g = 980cm/s^2$)

15

무게 $468N$인 큰 기계가 스프링으로 탄성지지 되어있다. 이 스프링의 정적 변위(정적 수축량)가 $0.24cm$일 때 비감쇠 고유진동수는 약 몇 Hz인가?

① 6.5 ② 10.2

③ 8.3 ④ 7.4

$f_n = \dfrac{1}{2\pi}\sqrt{\dfrac{g}{\delta}}$

$\dfrac{1}{2\pi}\sqrt{\dfrac{980}{0.24}} = 10.17Hz$

17

직선 진동계에서 질량 $98kg$의 물체가 16초간에 10회 진동하였다. 이 진동계의 스프링 상수는 몇 N/cm인가?

① 37.8 ② 15.1

③ 22.7 ④ 30.2

16초간 10회 진동하므로

고유진동수 $f_n = \dfrac{10}{16} = \dfrac{\omega_n}{2\pi} = \dfrac{1}{2\pi}\sqrt{\dfrac{k}{98}}$

$k = 1511.28N/m = 15.11N/cm$

18

그림과 같은 용수철-질량계의 고유진동수는 약 몇 Hz인가? (단, $m = 5kg$, $k_1 = 15N/m$, $k_2 = 8N/m$이다.)

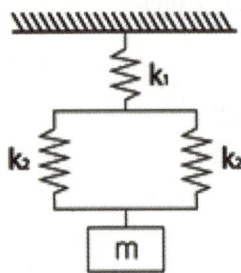

① $0.1Hz$

② $0.2Hz$

③ $0.3Hz$

④ $0.4Hz$

$$\frac{1}{k_{eq}} = \frac{1}{k_1} + \frac{1}{2k_2}$$

$$k_{eq} = \frac{2k_1 k_2}{k_1 + 2k_2} = \frac{2 \times 15 \times 8}{15 + 2 \times 8} = 7.742 N/m$$

고유진동수

$$f_n = \frac{w_n}{2\pi} = \frac{1}{2\pi}\sqrt{\frac{k_{eq}}{m}} = \frac{1}{2\pi}\sqrt{\frac{7.742}{5}} = 0.198 Hz$$

19

그림과 같은 단진자 운동에서 길이 L이 4배로 늘어나면 진동주기는 약 몇 배로 변하는가?
(단, 운동은 단일 평면상에서만 한다고 가정하고, 진동 각변위(θ)는 충분히 작다고 가정한다.)

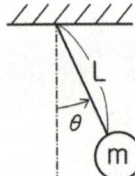

① $\sqrt{2}$

② 2

③ 4

④ 16

주기 $T = \frac{2\pi}{\omega} = \frac{1}{f}$에서 $\frac{2\pi}{\omega} = \frac{2\pi}{\sqrt{\frac{k}{m}}} = \frac{2\pi}{\sqrt{\frac{g}{\delta}}}$

길이 L은 δ에 해당하므로 $\frac{1}{\sqrt{\frac{1}{4}}} = 2$배

20

x방향에 대한 비감쇠 자유진동 식은 다음과 같이 나타난다. 여기서 시간(t)=0일 때의 변위를 x_0, 속도를 v_0라 하면 이 진동의 진폭을 옳게 나타낸 것은?
(단 m은 질량, k는 스프링 상수이다.)

$$m\ddot{x} + kx = 0$$

① $\sqrt{\frac{m}{k}x_0^2 + v_0^2}$

② $\sqrt{\frac{k}{m}x_0^2 + v_0^2}$

③ $\sqrt{x_0^2 + \frac{m}{k}v_0^2}$

④ $\sqrt{x_0^2 + \frac{k}{m}v_0^2}$

비감쇠 자유진동의

$x(t) = A\cos\omega_n t + B\sin\omega_n t$

$\dot{x}(t) = -A\omega_n \sin\omega_n t + B\omega_n \cos w_n t$

$x(0) = x_0$, $\dot{x}(0) = v_0$을 대입하여 정리하면

$A = x_0$, $B = \frac{v_0}{\omega_n}$이고

이 진동의 진폭

$$X = \sqrt{A^2 + B^2} = \sqrt{x_0^2 + \left(\frac{v_0}{\omega_n}\right)^2} = \sqrt{x_0^2 + \frac{m}{k}v_0^2}$$

21

다음 그림과 같은 두 개의 질량이 스프링에 연결 되어 있다. 이 시스템의 고유진동수는?

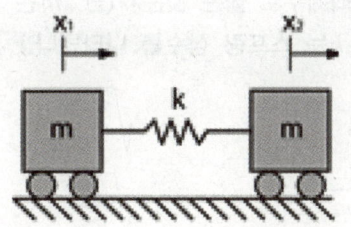

① $0, \sqrt{\dfrac{k}{m}}$ ② $\sqrt{\dfrac{k}{m}}, \sqrt{\dfrac{2k}{m}}$

③ $0, \sqrt{\dfrac{2k}{m}}$ ④ $\sqrt{\dfrac{k}{m}}, \sqrt{\dfrac{3k}{m}}$

좌측 블록을 기준으로 하면
$k(x_2 - x_1) = ma_1$
$ma_1 - k(x_2 - x_1) = 0 \cdots (1)$
우측 블록을 기준으로 하면
$-k(x_2 - x_1) = ma_2$
$ma_2 + k(x_2 - x_1) = 0 \cdots (2)$

$(2) - (1) = m(a_2 - a_1) + 2k(x_2 - x_1) = 0 \cdots (3)$
$(2) + (1) = m(a_2 - a_1) = 0 \cdots (4)$

$a_2 - a_1 = a = \ddot{x}, \quad x_2 - x_1 = x$로 정리하면

(3)식에서 $m\ddot{x} + 2kx = 0 \quad \therefore w_n = \sqrt{\dfrac{2k}{m}}$

(4)식에서 $m\ddot{x} = 0 \quad \therefore w_n = 0$

22

외력이 없는 다음과 같은 계의 운동방정식은 어느 것인가?

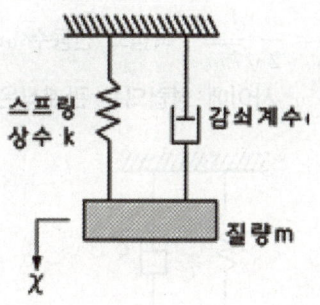

① $m\ddot{x} + c\dot{x} + kx = 0$ ② $m\ddot{x} + cx + k = 0$

③ $c\ddot{x} + k\dot{x} + mx = 0$ ④ $c\dot{x} + kx + m = 0$

외력이 없고 m, c, k가 존재하는 감쇠자유진동 방정식
$m\ddot{x} + c\dot{x} + kx = 0$

23

다음 중 감쇠 형태의 종류가 아닌 것은?

① Hysteretic damping
② Coulomb damping
③ Viscous damping
④ Critical damping

---

1. Hysteretic damping(이력 감쇠)
   이력곡선의 면적에 의해 나타내어지는 에너지 손실에 해당하는 감쇠
2. Coulomb damping(쿨롱 감쇠)
   마찰에 의한 감쇠
3. Viscous damping(점성 감쇠)
   유체의 점성에 의한 감쇠

24

그림의 진동계를 자유 진동시킬 때 변위 $x(t)$는

$x(t) = Ae^{-\zeta\omega_n t}\sin(\omega_d t - \psi)$로 표시된다. 여기서

감쇠계수 $\zeta = \dfrac{c}{2\sqrt{km}}$, 비감쇠 진동수 $\omega_n = \sqrt{\dfrac{k}{m}}$,

감쇠진동수 ω_d사이에 성립되는 관계식은?

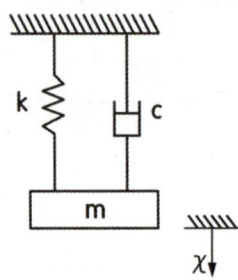

① $\omega_n = \sqrt{1-\zeta^2}\,\omega_d$ ② $\omega_n = (1-\zeta^2)\omega_d$

③ $\omega_d = \sqrt{1-\zeta^2}\,\omega_n$ ④ $\omega_d = \sqrt{\zeta-1}\,\omega_n$

$\omega_d = \sqrt{1-\zeta^2}\,\omega_n$

25

동일한 질량과 스프링 상수를 가진 2개의 시스템에서 하나는 감쇠가 없고, 다른 하나는 감쇠비가 0.12인 점성감쇠가 있다. 이 때 감쇠진동 시스템의 감쇠 고유진동수와 비감쇠진동 시스템의 고유진동수의 차이는 비감쇠진동 시스템 고유진동수의 약 몇 %인가?

① 0.72%   ② 1.24%

③ 2.15%   ④ 4.24%

$\omega_{nd} = \omega_n\sqrt{1-\zeta^2}$

(ω_{nd} : 감쇠고유각진동수 , ω_n : 고유각진동수)

$\omega_n - \omega_{nd} = \left(\dfrac{1}{\sqrt{1-0.12^2}}-1\right)\omega_{nd} = 0.00728\omega_{nd}$

$\dfrac{\omega_n - \omega_{nd}}{\omega_{nd}} = 0.00728 \fallingdotseq 0.72\%$

26

1자유도 진동시스템의 운동방정식은

$m\ddot{x} + c\dot{x} + kx = 0$ 으로 나타내고 고유 진동수가 ω_n일 때 임계감쇠계수로 옳은 것은? (단, m은 질량, c는 감쇠계수, k는 스프링 상수를 나타낸다.)

① $2\sqrt{mk}$ ② $\sqrt{\dfrac{\omega_n}{2k}}$

③ $\sqrt{2m\omega_n}$ ④ $\sqrt{\dfrac{2k}{\omega_n}}$

임계감쇠계수

$C_{cr} = 2\sqrt{mk} = 2m\times\sqrt{\dfrac{k}{m}} = 2m\omega_n$

$\qquad\quad = 2k\times\sqrt{\dfrac{m}{k}} = \dfrac{2k}{\omega_n}$

27

그림과 같은 1자유도 진동 시스템에서 임계 감쇠계수는 약 몇 $N\cdot s/m$인가?

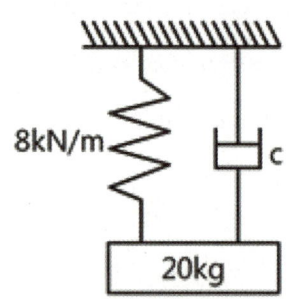

① 80   ② 400

③ 800   ④ 2000

임계감쇠계수

$C_{cr} = 2\sqrt{mk} = 2\sqrt{20\times 8\times 10^3} = 800 N\cdot s/m$

28

다음 1자유도계의 감쇠 고유진동수는 몇 Hz인가?

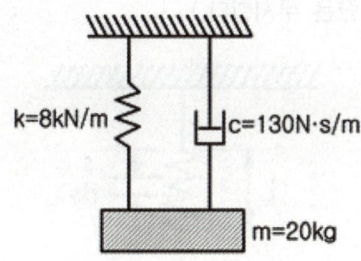

① 1.14 ② 2.14 ③ 3.14 ④ 4.14

감쇠 고유 각진동수

$$\omega_{nd} = \omega_n \sqrt{1-\zeta^2} = \sqrt{\frac{k}{m}} \sqrt{1-\zeta^2}$$

$$\zeta = \frac{C}{C_{cr}} = \frac{C}{2\sqrt{mk}} = \frac{130}{2\sqrt{20\times8000}} = \frac{13}{80}$$

$$f_{nd} = \frac{\omega_{nd}}{2\pi} = \frac{1}{2\pi}\sqrt{\frac{k}{m}}\sqrt{1-\zeta^2}$$

$$= \frac{1}{2\pi}\sqrt{\frac{8\times10^3}{20}}\sqrt{1-(\frac{13}{80})^2} = 3.14Hz$$

29

x방향에 대한 운동 방정식이 다음과 같이 나타날 때 이 진동계에서의 감쇠 고유진동수(damped natural frequency)는 약 몇 rad/s인가?

$$2\ddot{x} + 3\dot{x} + 8x = 0$$

① 2.75 ② 1.35 ③ 2.25 ④ 1.85

감쇠고유진동수

$$\omega_{nd} = \omega_n\sqrt{1-\zeta^2} \quad w_n = \sqrt{\frac{k}{m}} = \sqrt{\frac{8}{2}} = 2$$

$$\zeta = \frac{c}{c_{cr}} = \frac{c}{2\sqrt{mk}} = \frac{3}{2\sqrt{2\times8}} = 0.375$$

$$\therefore \omega_{nd} = 2\times\sqrt{1-0.375^2} = 1.854rad/s$$

30

그림과 같이 Coulomb 감쇠를 일으키는 진동계에서 지면과의 마찰계수는 0.1, 질량 $m=100kg$, 스프링 상수 $k=981N/cm$이다. 정지 상태에서 초기 변위를 $2cm$ 주었다가 놓을 때 $4\,cycle$ 후의 진폭은 약 몇 cm가 되겠는가?

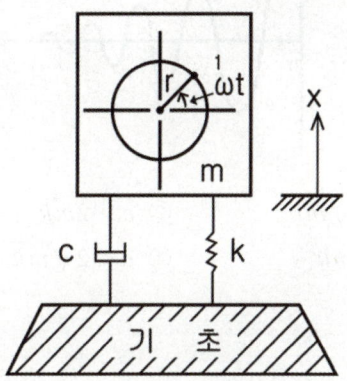

① 0.4 ② 0.1
③ 1.2 ④ 0.8

쿨롱감쇠에서 n개의 반사이클 후의 진폭공식

$$x_n = x_0 - 2an$$

($n=$반사이클 수, 쿨롱감쇠계수 $a = \frac{\mu mg}{k}$)

$$x_n = 2 - 2\times\frac{0.1\times100\times0.8}{981}\times8$$

$$= 0.4cm$$

31

1자유도계에서 질량을 m, 감쇠계수를 c, 스프링 상수를 k라 할 때, 임펄스 응답이 그림과 같기 위한 조건은?

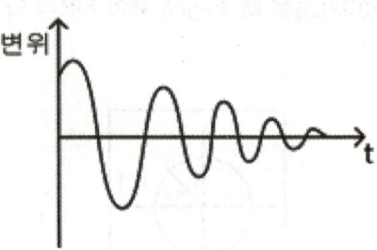

① $c > 2\sqrt{mk}$ ② $c > 2mk$

③ $c < 4mk$ ④ $c < 2\sqrt{mk}$

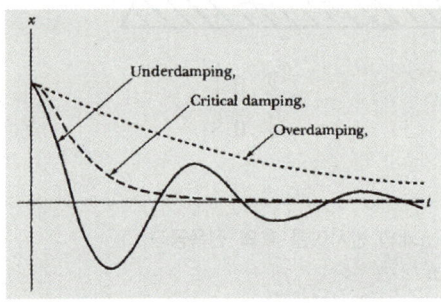

$C > 2\sqrt{mk}$: overdamping (과도감쇠)

$C = 2\sqrt{mk}$: criticaldamping (임계감쇠)

$C < 2\sqrt{mk}$: underdamping (부족감쇠)

32

그림과 같은 진동계에서 임계감쇠치(C_{cr})는? (단, 막대의 질량은 무시한다.)

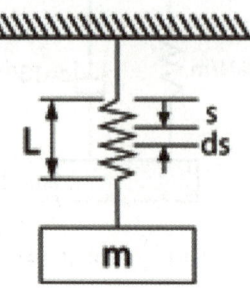

① $\dfrac{1}{2}\sqrt{mk}$ ② $\sqrt{mk}$

③ $2\sqrt{mk}$ ④ $\sqrt{4}\,mk$

$m\ddot{x} + c\dot{x} + kx = 0$에서 $C_{cr} = 2\sqrt{mk}$

그림의 진동계를 위 식의 꼴로 나타내자.

m이 위치한 지점의 동적 처짐을 x라 하면, 스프링이 위치한 지점의 동적 처짐은 비례 관계에 의해 $\dfrac{1}{2}x$다.

스프링의 처짐은 δ로 둔다.

정적 평형, 동적 평형 상태의 식을 각각 세우면

정적 평형식 $mg - \dfrac{1}{2}k\delta = 0$

동적 평형식 $\dfrac{1}{2}k(\delta + \dfrac{1}{2}x) + c\dot{x} - mg = -m\ddot{x}$

정적 평형식의 $mg = \dfrac{1}{2}k\delta$를 동적 평형식에 대입하여 정리하면

$m\ddot{x} + c\dot{x} + \dfrac{1}{4}kx = 0$

$\therefore C_{cr} = 2\sqrt{m \times \dfrac{k}{4}} = \sqrt{mk}$

33

질량, 스프링, 댐퍼로 구성된 단순화된 1자유도 감쇠계에서 다음 중 그 값만으로 직접 감쇠비(damped ratio, ζ)를 구할 수 있는 것은?

① 대수 감소율(logarithmic decrement)
② 감쇠 고유 진동수(damped natural frequency)
③ 스프링 상수(spring coefficient)
④ 주기(period)

대수감소율 $\delta = \dfrac{2\pi\zeta}{\sqrt{1-\zeta^2}}$

35

질량이 $12kg$, 스프링 상수가 $150N/m$, 감쇠비가 0.033인 진동계를 자유진동시키면 5회 진동후 진폭은 최초 진폭의 몇 %인가?

① 15%   ② 25%
③ 35%   ④ 45%

$\dfrac{X_0}{X_n} = e^{n\delta}$

$\delta = \dfrac{2\pi\zeta}{\sqrt{1-\zeta^2}} = \dfrac{2\pi \times 0.033}{\sqrt{1-0.033^2}} = 0.21$

을 대입하여 정리하면

$\dfrac{X_n}{X_0} = \dfrac{1}{e^{5\times0.21}} = 0.35 = 35\%$

34

$2\ddot{x} + 3\dot{x} + 8x = 0$으로 주어지는 진동계에서 대수 감소율(logarithmic decrement)은?

① 1.28   ② 1.58
③ 2.18   ④ 2.54

$m = 2, c = 3, k = 8$

감쇠비 $\zeta = \dfrac{C}{C_{cr}} = \dfrac{C}{2\sqrt{mk}} = \dfrac{3}{2\sqrt{3\times8}} = 0.375$

대수 감소율 $\delta = \dfrac{2\pi\zeta}{\sqrt{1-\zeta^2}} = 2.542$

36

감쇠 강제진동 $x(t) = X\sin(\omega t - \phi)$의

$F_0/k = 3cm$, 진동수비 $\gamma = 1$, 감쇠비 $\zeta = \dfrac{1}{2}$이면

정상상태 진폭 X는 몇 cm인가?

① $\sqrt{2}$ ② 2
③ $2\sqrt{2}$ ④ 3

정상상태 진폭 $X = \dfrac{F_0}{\sqrt{(k-m\omega^2)^2 + (c\omega)^2}}$

$= \dfrac{F_0/k}{\sqrt{(1-\gamma^2)^2 + (2\zeta\gamma)^2}}$

에서 $\dfrac{3}{\sqrt{(1-1^2)^2 + (2\times\frac{1}{2}\times1)^2}} = 3cm$

37

중량 $2400N$, 회전수 $1500rpm$인 공기 압축기가 있다. 스프링으로 균등하게 6개소를 지지시켜 진동수비를 2.4로 할 때, 스프링 1개의 스프링 상수를 구하면 약 몇 kN/m인가? (단, 감쇠비는 무시한다.)

① 175
② 165
③ 194
④ 125

$\omega_n = \sqrt{\dfrac{k}{m}}$ 에서

$k = m\omega_n^2$

w_n은 주어진 ω와 진동수비를 통해 구한다.

$w = \dfrac{2\pi N}{60} = \dfrac{2\pi \times 1500}{60} = 157rad/s$

$\gamma = \dfrac{\omega}{\omega_n}$ 에서 $\omega_n = \dfrac{\omega}{\gamma} = \dfrac{157}{2.4} = 65.4rad/s$

$k = m\omega_n^2 = \dfrac{1}{6} \times \dfrac{W}{g} \times \omega_n^2 = \dfrac{2400}{6 \times 9.8} \times 65.4^2$

$\quad = 174577.96N/m$ 약 $175kN/m$

(6개소를 지지, 중량단위 확인)

38

감쇠진동계의 조화가진에서 공진이 발생할 때 외력과 변위의 위상각은 서로 몇 도 차이가 나는가?

① $0°$
② $30°$
③ $60°$
④ $90°$

공진위상각 $\phi = 90°$

39

동방정식 $m\ddot{x} + c\dot{x} + kx = F\sin wt$에서 변위에 대한 식이 $x = Xe^{-\zeta w_n t} \sin\left(\sqrt{1-\zeta^2}\, \omega_n t + \phi_1\right) + X_0 \sin(\omega t - \phi_2)$ 로 표시될 때 초기조건에 의해 결정되어야 할 임의상수는?

① X와 X_0
② X와 ϕ_1
③ X_0와 ϕ_1
④ X_0와 ϕ_2

기진력이 작용하는 감쇠강제진동에서 초기조건에 의해 결정되어야 할 임의상수는 진폭과 위상각 X, ϕ_1이다.

40

질량 $20kg$의 기계가 스프링상수 $10kN/m$인 스프링 위에 지지되어 있다. 크기 $100N$의 조화 가진력이 기계에 작용할 때 공진 진폭은 약 몇 cm인가? (단, 감쇠계수는 $6kN \cdot s/m$이다.)

① 0.75
② 7.5
③ 0.0075
④ 0.075

공진진폭 $X_n = \dfrac{F_0}{C\omega_n}$

$X_n = \dfrac{100}{6 \times 10^3 \times 22.36} = 0.000745m = 0.0745cm$

(단, $\omega_n = \sqrt{\dfrac{k}{m}} = \sqrt{\dfrac{10 \times 10^3}{20}} = 22.36rad/s$)

41

질량 m인 기계가 강성계수 $k/2$인 2개의 스프링에 의해 바닥에 지지되어 있다. 바닥이 $y = 6\sin\sqrt{\dfrac{4k}{m}}\, t\,[mm]$로 진동하고 있다면 기계의 진폭은 얼마인가? (단, t는 시간이다.)

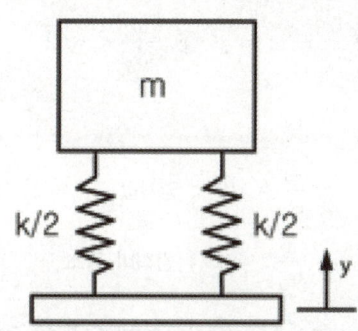

① $1mm$ ② $2mm$

③ $4mm$ ④ $6mm$

$$X = \frac{X_0}{\gamma^2 - 1}$$

$$X_0 = 6,\ \omega = \sqrt{\frac{4k}{m}},\ \gamma = \frac{\omega}{\omega_n} = \frac{\sqrt{\dfrac{4k}{m}}}{\sqrt{\dfrac{k}{m}}} = 2$$

$$X = \frac{6}{2^2 - 1} = 2mm$$

42

1자유도 시스템 A, B의 전달률을 나타낸 그래프에서 두 시스템의 감쇠비 ζ의 관계로 옳은 것은?

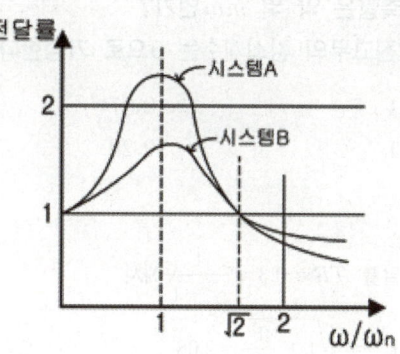

① $\zeta_A < \zeta_B$ ② $\zeta_B < \zeta_A$

③ $\zeta_A = \zeta_B$ ④ $|\zeta_A| = |\zeta_B|$

감쇠비와 그래프의 기울기는 반비례한다.

43

회전속도가 $2000rpm$인 원심 팬이 있다. 방진고무로 비감쇠 탄성 지지시켜 진동 전달률을 0.3으로 하고자 할 때, 이 팬의 고유진동수는 약 몇 Hz인가?

① 26   ② 12

③ 16   ④ 24

진동 전달률 $TR = 0.3 = \dfrac{1}{\gamma^2 - 1}$에서

진동수비 $\gamma = \sqrt{1 + \dfrac{1}{0.3}} = 2.08$

$\gamma = \dfrac{\omega}{\omega_n}$에서

$$\omega_n = \frac{\omega}{\gamma} = \frac{\dfrac{2\pi N}{60}}{2.08} = \frac{\dfrac{2\pi \times 2000}{60}}{2.08} = 100.7\, rad/s$$

$$\therefore f_n = \frac{\omega_n}{2\pi} = \frac{100.7}{2\pi} = 16.03Hz$$

44

회전속도가 $2000rpm$인 원심 팬이 있다. 방진고무로 탄성 지지시켜 진동 전달률을 0.3으로 하고자 할 때, 정적수축량은 약 몇 mm인가?
(단, 방진고무의 감쇠계수는 0으로 가정한다.)

① 0.71　　　　② 0.97
③ 1.41　　　　④ 2.20

진동 전달률 $TR = 0.3 = \dfrac{1}{\gamma^2 - 1}$ 에서

진동수비 $\gamma = \sqrt{1 + \dfrac{1}{0.3}} = 2.08$

$\gamma = \dfrac{\omega}{\omega_n}$ 에서

$\omega_n = \dfrac{\omega}{\gamma} = \dfrac{\dfrac{2\pi N}{60}}{2.08} = \dfrac{\dfrac{2\pi \times 2000}{60}}{2.08} = 100.7 rad/s$

$\omega_n = \sqrt{\dfrac{k}{m}} = \sqrt{\dfrac{g}{\delta}}$ 에서

$\delta = \dfrac{g}{\omega_n^2} = \dfrac{9.8}{100.7^2} = 9.66 \times 10^{-4} m \fallingdotseq 0.97 mm$

45

감쇠비 ζ가 일정할 때 전달률을 1보다 작게하려면 진동수비는 얼마의 크기를 가지고 있어야 하는가?

① 1보다 작아야 한다.
② 1보다 커야 한다.
③ $\sqrt{2}$ 보다 작아야 한다.
④ $\sqrt{2}$ 보다 커야 한다.

전달률과 진동수 비는 반대관계다.
$TR < 1, \gamma > \sqrt{2}$
$TR = 1, \gamma = \sqrt{2}$
$TR > 1, \gamma < \sqrt{2}$

46

ω인 진동수를 가진 기저 진동에 대한 전달률(TR, transmissibility)을 1 미만으로 하기 위한 조건으로 가장 옳은 것은? (단, 진동계의 고유진동수는 ω_n이다.)

① $\dfrac{\omega}{\omega_n} < 2$　　　　② $\dfrac{\omega}{\omega_n} > \sqrt{2}$

③ $\dfrac{\omega}{\omega_n} > 2$　　　　④ $\dfrac{\omega}{\omega_n} < \sqrt{2}$

$TR = 1$이면 $\gamma = \dfrac{\omega}{\omega_n} = \sqrt{2}$: 임계값

$TR < 1$이면 $\gamma = \dfrac{\omega}{\omega_n} > \sqrt{2}$: 감쇠비 감소

$TR > 1$이면 $\gamma = \dfrac{\omega}{\omega_n} < \sqrt{2}$: 감쇠비 증가

13 구조해석법

01

다음 보기는 일반적인 정적 구조해석의 순서도 일 때, 빈 칸에 알맞은 것은 무엇인가?

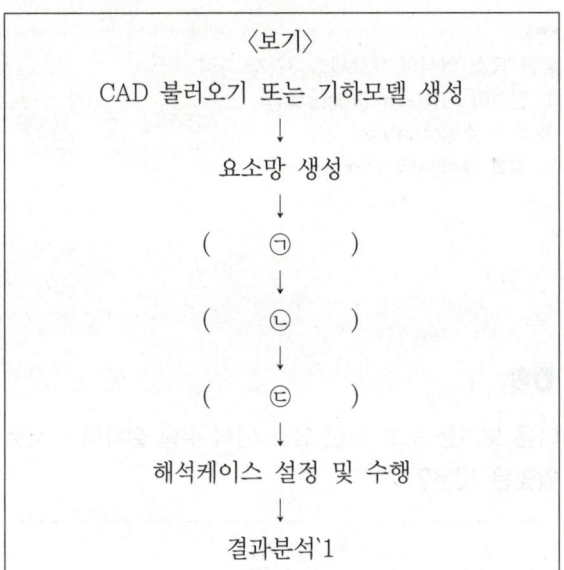

① ㉠ 재료 및 요소 특성 정의
   ㉡ 경계조건 정의
   ㉢ 하중조건 정의
② ㉠ 재료 및 요소 특성 정의
   ㉡ 하중조건 정의
   ㉢ 경계조건 정의
③ ㉠ 경계조건 정의
   ㉡ 하중조건 정의
   ㉢ 재료 및 요소 특성 정의
④ ㉠ 하중조건 정의
   ㉡ 경계조건 정의
   ㉢ 재료 및 요소 특성 정의

정적 구조해석의 순서도

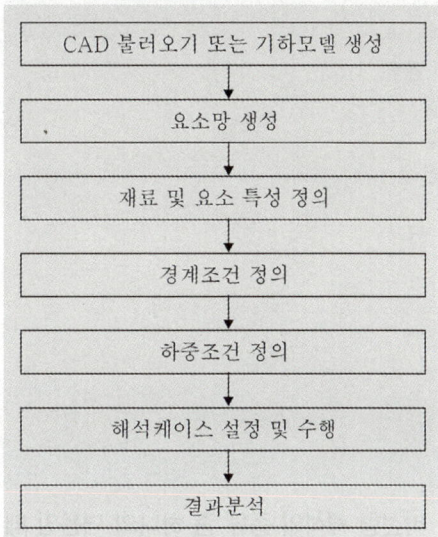

02

작용하는 하중이 시간에 따라 변하지 않는 것을 의미하는 유한 요소 해석은 무엇인가?

① 비선형 해석
② 선형 정적 해석
③ 선형 동적 해석
④ 정상 거동 해석

선형 정적 해석(Linear Static Analysis)

정적은 작용하는 하중이 시간에 따라 변하지 않는 것을 의미하며 만약, 작용하는 하중이 시간에 따라 변하면 동적 해석(Dynamic Analysis)을 수행하여야 한다. 그리고, 선형 해석의 3가지 조건은 다음과 같다.

① 재료가 탄성 영역 내에서 후크의 법칙을 따라 거동하여야 한다. 즉 하중과 변위, 응력과 변형률은 선형의 관계를 가져야 한다. 그렇지 않고 소성 영역까지 고려하면 비선형 정적 해석을 수행하여야 한다.
② 발생한 변형에 의해 구조물의 강성 변화를 무시할 수 있을 만큼 변형이 작아야 한다. 만약, 구조물의 대변형을 고려하여야 한다면 기하 비선형 해석을 수행하여야 한다.
③ 하중이 작용하고 이로 인한 구조물의 변형이 발생하는 동안 경계 조건이 변하지 않아야 한다.

03

다음 비선형 해석의 종류가 아닌 것은?

① 재료 비선형   ② 기하 비선형
③ 재질 비선형   ④ 접촉 비선형

비선형 해석의 종류
① 재료 비선형
② 기하 비선형
③ 접촉 비선형

04

다음 보기는 비선형 해석의 종류 중 하나의 내용일 때 알맞은 것은?

〈보기〉
변위와 변형률의 관계가 선형이 아니며, 변형이 과도하게 커짐에 따라 재료 물성과 무관하게 구조물의 강성이 변하게 되는 특징을 가지고 있다. 구조물의 변형이 과하게 커지면 작용하는 하중의 크기와 방향에도 변수가 생길 수 있고, 각종 계산도 변형된 형상을 기준으로 재계산하여야 한다.

① 재료 비선형   ② 기하 비선형
③ 접촉 비선형   ④ 해석 비선형

기하 비선형
변위와 변형률의 관계가 선형이 아니며, 변형이 과도하게 커짐에 따라 재료 물성과 무관하게 구조물의 강성이 변하게 되는 특징을 가지고 있다. 구조물의 변형이 과하게 커지면 작용하는 하중의 크기와 방향에도 변수가 생길 수 있고, 각종 계산도 변형된 형상을 기준으로 재계산하여야 한다.

05

다음 유한 요소 해석의 프로세스 과정이 아닌 것은?

① 전처리 작업(Pre-Processing)
② 해석 수행(Analysis)
③ 결과 분석(Post-Processing)
④ 조화 해석(Harmonic Analysis)

유한 요소 해석의 프로세스 3가지 과정
① 전처리 작업(Pre-Processing)
② 해석 수행(Analysis)
③ 결과 분석(Post-Processing)

06

다음 보기를 보고 유한 요소 해석 수행 절차의 순서로 알맞은 것은?

〈보기〉
㉠ 각 요소 특성을 표현하는 행렬을 구성한다.
㉡ 주어진 하중, 경계 조건을 행렬식에 반영한다.
㉢ 전체 요소의 행렬을 조립하여 전체 시스템을 묘사하는 행렬식을 구성한다.
㉣ 시스템의 행렬식을 풀어서 미지의 자유도 값을 계산한다.
㉤ 자유도 값으로부터 추가적인 결과를 계산한다.

① ㉠ → ㉡ → ㉢ → ㉣ → ㉤
② ㉠ → ㉢ → ㉡ → ㉣ → ㉤
③ ㉡ → ㉠ → ㉣ → ㉢ → ㉤
④ ㉡ → ㉣ → ㉠ → ㉢ → ㉤

유한 요소 해석 수행 절차
① 각 요소 특성을 표현하는 행렬을 구성한다.
② 전체 요소의 행렬을 조립하여 전체 시스템을 묘사하는 행렬식을 구성한다.
③ 주어진 하중, 경계 조건을 행렬식에 반영한다.
④ 시스템의 행렬식을 풀어서 미지의 자유도 값을 계산한다.
⑤ 자유도 값으로부터 추가적인 결과를 계산한다.

07

다음 보기에서 설명하는 용어는 무엇인가?

〈보기〉

컴퓨터상에서 각종 논리 혹은 계산 과정에서 연산이 불가능한 상태가 발생했을 때 프로그램이 보내는 메시지

① 오류(Error)　　　　② 경고(Warning)
③ 바이러스(Virus)　　④ 디버그(Debug)

오류(Error)

컴퓨터상에서 각종 논리 혹은 계산 과정에서 연산이 불가능한 상태가 발생했을 때 프로그램이 보내는 메시지이다.

08

다음 보기에서 설명하는 용어는 무엇인가?

〈보기〉

연산 작업에는 이상이 없으나 원하는 해답을 구하는 데 있어서 예상되는 문제점을 지적해주는 메시지

① 오류(Error)
② 바이러스(Virus)
③ 경고(Warning)
④ 디버그(Debug)

경고(Warning)

연산 작업에는 이상이 없으나 원하는 해답을 구하는 데 있어서 예상되는 문제점을 지적해주는 메시지이다.

09

해석 오류 시 확인하여야 하는 사항 중 아닌 것은?

① 시스템 자원부족
② 재료 물성치
③ 불충분한 구속 모델
④ 재질의 타당성

해석 오류 시 확인사항
① 시스템 자원부족
② 재료 물성치
③ 불충분한 구속 모델

01

02

03

04

10

시스템 자원부족으로 인해 해석 실패를 막기위해 더 많은 시스템 자원을 확보하는 방법의 종류로 잘못된 것은?

① 대칭성
② 불필요한 형상 정리
③ 요소망의 국부적인 세밀화
④ 자동 요소망

시스템 자원 확보 방법의 종류
① 대칭성
② 불필요한 형상 정리
③ 요소망의 국부적인 세밀화
④ 수동 요소망

여기서, 수동으로 요소망을 생성하면 자동 요소망에 비해 약 30% 정도 모델 크기를 줄일 수 있다.

11

유한 요소 해석에서 가장 기본적인 값은 무엇인가?

① 질량 ② 하중
③ 변위 ④ 재질

유한 요소 해석에서 변위가 가장 기본적인 값이고 이 변위로부터 다른 값들을 계산한다.

12

유한요소해석은 기본적으로 몇 가지 가정 이후에 해석을 수행하는데, 여러 이유들로 오차가 발생하게 된다. 이 때 이러한 이유에 해당하지 않은 것은?

① 캐드 모델을 유한요소 모델로 생성할 때 해석에 불필요한 부분을 모델링에서 제외하면서 오차가 발생한다.
② 유한요소 모델은 100% 균일한 밀도와 재질을 이용하여 해석을 수행하는 반면 실제 모델은 재료내부에 불순물이나 미세한 가공을 포함할 수 있어 오차가 발생한다.
③ 컴퓨터가 계산할 때 소수점 몇 자리 이하는 버림으로써 오차가 발생한다.
④ 유한요소해석은 불연속체를 연속적인 유한 개의 요소로 합하여 계산하는데 이때 오차가 발생한다.

유한요소해석의 오차 발생 이유
① 캐드 모델을 유한요소 모델로 생성할 때 해석에 불필요한 부분을 모델링에서 제외하면서 오차가 발생한다.
② 유한요소 모델은 100% 균일한 밀도와 재질을 이용하여 해석을 수행하는 반면 실제 모델은 재료 내부에 불순물이나 미세한 가공을 포함하고 있을 수 있어 오차가 발생한다.
③ 컴퓨터가 계산할 때 소수점 몇 자리 이하는 버림으로써 오차가 발생한다.
④ 유한요소해석은 연속체를 불연속적인 유한 개의 요소로 분할하여 계산하는데 이때 오차가 발생한다.

13

유한요소해석 결과를 이용하여 오차 평가를 수행하고, 오차가 큰 영역을 찾아내어 그 영역의 요소의 수를 증가시켜 재해석을 수행하는 과정을 연속적으로 반복함으로써 최적의 격자를 구성하여 해석의 정확도를 높여 해석 결과를 좋게 개선한다. 이때 다음 보기를 참고하여 수렴기능을 이용한 해석 순서일 때 빈칸에 알맞은 말은 무엇인가?

〈보기〉
요소 분할 → 해석 수행 → (   ) → 요소 세분화
→ 재해석 → (   ) → 해석 반복 또는 수렴결정

① 요소 재분할 ② 결과 검토
③ 해석 반복 ④ 요소 재해석

수렴기능을 이용한 해석 순서
요소 분할 → 해석 수행 → 결과 검토 → 요소 세분화 → 재해석 → 결과 검토 → 해석 반복 또는 수렴 결정

14 진동해석법

01

다음 빈칸에 알맞은 용어는 무엇인가?

〈보기〉
(㉠) : 작고 단순한 형태를 갖는 대상물의 진동 시험은 가진 해머와 가속도계를 사용한 진동 모드 시험을 통해 진동 특성을 파악할 수 있다. 시험 결과인 주파수 응답 함수를 통해 고유 진동수와 고유 모드를 정확하게 찾을 수 있다.
(㉡) : 건축물이나 선박과 같은 대형 구조물의 경우 (㉠)을 수행하기가 어렵다. 구조물의 크기에 비례하여 입력 하중이 커야 하며, 이 경우 하나 뿐인 대상물에 손상을 가할 수 있다. 따라서 상대적으로 구조물이 크거나 형상이 복잡한 대상물의 경우 임팩트 해머를 이용한 진동 시험 대신 구조 (㉡)을 통해 대상물의 진동 특성을 파악한다.

① ㉠ : 진동 모드 시험 ㉡ : 진동 모드 해석
② ㉠ : 진동 모드 해석 ㉡ : 진동 모드 시험
③ ㉠ : 진동 모드 특성 ㉡ : 진동 모드 성질
④ ㉠ : 진동 모드 성질 ㉡ : 진동 모드 특성

진동 모드 시험
작고 단순한 형태를 갖는 대상물의 진동 시험은 가진 해머와 가속도계를 사용한 진동 모드 시험을 통해 진동 특성을 파악할 수 있다. 시험 결과인 주파수 응답 함수를 통해 고유 진동수와 고유 모드를 정확하게 찾을 수 있다.

진동 모드 해석
건축물이나 선박과 같은 대형 구조물의 경우 진동 모드 시험을 수행하기가 어렵다. 구조물의 크기에 비례하여 입력 하중이 커야 하며, 이 경우 하나 뿐인 대상물에 손상을 가할 수 있다. 따라서 상대적으로 구조물이 크거나 형상이 복잡한 대상물의 경우 임팩트 해머를 이용한 진동 시험 대신 구조 진동 모드 해석을 통해 대상물의 진동 특성을 파악한다.

02

다음 그림은 유한 요소, 노드, 노드별 자유도에 대한 그림이다. 노드의 구속 상태가 '1차원 직선 운동 가능'일 때 자유도의 개수는 몇 개 인가?

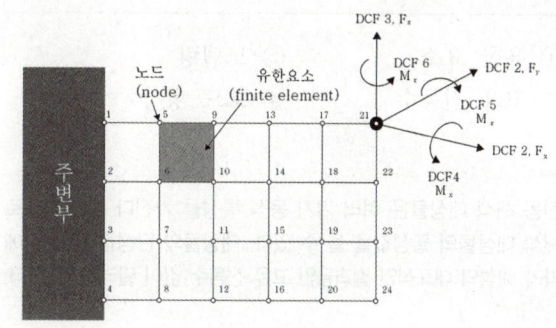

① 0 ② 1
③ 3 ④ 6

자유도의 개수

자유도의 개수	노드의 구속 상태
0	완전 구속
1	1개 방향(1차원) 직선 운동 가능
3	3개 방향(3차원) 직선 운동 가능
6	3개 방향 직선 운동, 3개 방향 회전 운동 가능

03

다음 보기는 진동 해석 대상 모델의 동적 특성에 대한 내용일 때 빈칸에 알맞은 용어는 무엇인가?

〈보기〉

진동 해석 대상물은 여러 가지 동적 특성을 가진다. 대표적으로 해석 대상물의 물성값을 들 수 있다. 대상물의 탄성값 및 점성에 따라 해석의 대표적인 결과물인 (   ) 값이 달라질 수 있다.

① 유한 요소　　　② 모델링
③ 고유 진동수　　④ 모드 형상

진동 해석 대상물은 여러 가지 동적 특성을 가진다. 대표적으로 해석 대상물의 물성값을 들 수 있다. 대상물의 탄성값 및 점성에 따라 해석의 대표적인 결과물인 고유 진동수 값이 달라질 수 있다.

04

다음 중 진동 모델에 대한 해석의 종류가 아닌 것은?

① 모드 해석　　　② 주파수 해석
③ 조화 해석　　　④ 과도 해석

진동 모델에 대한 해석의 종류
① 모드 해석(Modal Analysis)
② 조화 해석(Harmonic Analysis)
③ 과도 해석(Transient Analysis)

05

모드 해석(Modal Analysis)을 하는 이유는 무한개의 자유도를 갖는 연속체를 유한개의 자유도를 갖는 수학적 모델로 기술하여 일반적으로 대상 모델의 고유진동수와 '어떤 것'을 구하기 위해 수행한다. 이 때 '어떤 것'은 무엇인가?

① 모드 형상　　　② 주파수
③ 유한 요소　　　④ 파형

모드 해석(Modal Analysys)
무한개의 자유도를 갖는 연속체를 유한개의 자유도를 갖는 수학적 모델로 기술하여 일반적으로 대상 모델의 고유 진동수와 모드 형상을 구하기 위해 수행한다.
① 고유 진동수(Natural Frequency)
   유한개의 자유도를 갖는 특정 시스템은 물성 및 형상에 따른 고유 진동수를 갖고 있으며, 자유도에 따라 여러 개의 고유 진동수를 구할 수 있다.
② 모드 형상(Mode Shape)
   각 모드에 해당하는 시스템의 공간적인 운동 형상을 나타내며 고유 진동수와 항상 세트로 구해지고, 일반적으로 시스템이 어떠한 모드에서 물리적으로 진동하는 모양이 궁금할 때 사용한다.

06

다음 보기는 어떤 진동 모델에 대한 해석의 종류일 때 보기의 해석은 무엇인가?

〈보기〉

시스템에 일정 주파수를 갖는 조화 가진(加振)이 입력될 경우, 충분한 시간이 지나 정상상태에 도달한 후 입출력 관계를 분석하는 작업

① 모드 해석　　　② 조화 해석
③ 과도 해석　　　④ 재료 해석

조화 해석(Harmonic Analysis)
시스템에 일정 주파수를 갖는 조화 가진이 입력될 경우, 충분한 시간이 지나 정상상태에 도달한 후 입출력 관계를 분석하는 작업

07

다음 보기는 어떤 진동 모델에 대한 해석의 종류일 때 보기의 해석은 무엇인가?

〈보기〉
시스템 해석 시 정상상태에 도달한 이후의 입출력 관계를 분석하는 정상상태 해석에 대하여 정상상태 이전의 입출력 관계를 분석하는 작업

① 모드 해석　　　　② 조화 해석
③ 과도 해석　　　　④ 재료 해석

과도 해석(Transient Analysis)
시스템 해석 시 정상상태에 도달한 이후의 입출력 관계를 분석하는 정상상태 해석에 대하여 정상상태 이전의 입출력 관계를 분석하는 작업

02

열 · 유체해석

01 기계열역학의 개요

1-1 힘과 압력

(1) 힘(F) : 물체의 위치, 가속도, 형상을 변화시키는 상태량 $[N]$

$$F = mg$$

여기서, m : 질량 $[kg]$
g : 중력가속도 $[m/s^2]$

① $1kg_f$: 지구의 중력가속도($g = 9.8m/s^2$)로 $1kg$의 질량을 끌어당기는 힘

② SI단위 : $1kg_f = 1kg \times 9.8m/s^2 = 9.8kg \cdot m/s^2 = 9.8N$

③ 중력단위 : $1kg_f = 1kg \times 9.8m/s^2 = 9.8kg \cdot m/s^2$

④ 그 외 단위 : $1kg_f = 1kg \times 9.8m/s^2 = 9.8 \times 10^5 g \cdot cm/s^2 = 9.8 \times 10^5 dyne$

(2) 압력(p) : 단위 면적당 작용하는 힘의 크기 $[kPa]$

$$p = \frac{F}{A}$$

여기서, A : 힘이 작용하는 단면적 $[m^2]$

① $1Pa$: $1N$의 힘이 $1m^2$에 가해졌을 때의 압력

② 대기압(p_o) : 공기 무게에 의해 생기는 대기의 압력

  ㉠ 표준대기압 : 지구상 기압의 표준값

$$1atm = 101325N/m^2 = 101325Pa = 101.325kPa$$
$$= 760mmHg = 10.332mAq$$
$$= 1.01325bar\,(1bar = 10^5Pa)$$
$$= 1.0332at\,(1at = 1kg_f/cm^2)$$

  ㉡ 국소대기압 : 특정 지역에 대한 대기의 압력

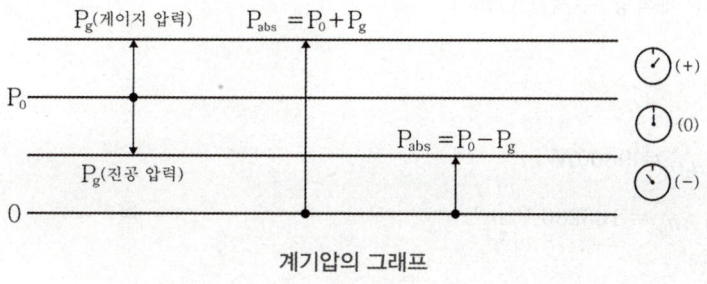

계기압의 그래프

③ 게이지 압력(=계기압, p_g) : 대기압을 기준으로 그 이상으로 측정한 압력

④ 진공 압력(=부압 : p_g) : 대기압을 기준으로 그 이하로 측정한 압력

진공도 : $\dfrac{p_g}{p_o} \times 100\,[\%]$

⑤ 절대압력(p_{abs}) : 완전 진공을 기준으로 측정한 압력

$p_{abs} = p_o + p_g$

(3) 체적(V) : 넓이와 높이를 가진 물건이 공간에서 차지하는 크기 $[m^3]$

$V = Ah$

여기서,
h : 물체의 높이 $[m]$

① 리터(L) : $1L = 10^{-3}\,m^3$

② 구(Sphere)의 체적 : $V_s = \dfrac{4}{3}\pi R^3$

여기서,
R : 구의 반지름 $[m]$

(4) 밀도(ρ) : 단위 체적당 질량 $[kg/m^3]$

$\rho = \dfrac{m}{V}$

① 물의 밀도 : $\rho_{H_2O} = 1000\,kg/m^3$

② 수은의 밀도 : $\rho_{Hg} = 13600\,kg/m^3$

(5) 비중량(γ) : 단위 체적당 무게 $[N/m^3]$

$$\gamma = \rho g = \frac{mg}{V}$$

① 물의 비중량 : $\gamma_{H_2O} = 9800 N/m^3$

② 수은의 비중량 : $\gamma_{Hg} = 133280 N/m^3$

(6) 비중(SG) : 물의 비중량에 대한 물체의 비중량

$$SG = \frac{\gamma}{\gamma_{H_2O}}$$

수은의 비중 : $SG_{Hg} = \dfrac{\gamma_{Hg}}{\gamma_{H_2O}} = \dfrac{133280 N/m^3}{9800 N/m^3} = 13.6$

(7) 비상태량 : 단위 질량당 상태량 $[\square/kg]$

① 비체적($v : m^3/kg$)

② 비내부에너지($u : kJ/kg$)

③ 비엔탈피($h : kJ/kg$)

④ 비엔트로피($s : kJ/kg \cdot K$)

(8) 온도(T) : 따뜻함과 차가움의 정도를 나타내는 수치 $[K]$

① 섭씨온도(℃) : 빙점(0℃)과 비등점(100℃)을 100등분

② 화씨온도(°F) : 빙점(32°F)과 비등점(212°F)을 180등분

③ 정리하면 $\dfrac{T_c - 0}{100} = \dfrac{T_f - 32}{180}$ 여기서, T_c : 섭씨온도 $[\text{℃}]$
                                                           T_f : 화씨온도 $[\text{°F}]$

④ 절대온도(K) : -273℃(열역학적 최저온도)를 $0K$로 측정한 온도

  ㉠ Kelvin 온도(K) : 섭씨 절대온도 $[K]$

   $K = T_c + 273$

  ㉡ Rankine 온도(R) : 화씨 절대온도 $[R]$

   $R = T_f + 460$

(9) 일량(W) : 물체에 힘을 가했을 때 힘과 이동한 거리 곱한 상태량 $[kJ]$

$$W = Fx$$

여기서, x : 물체가 이동한 거리 $[m]$

① $1J$: $1N$의 힘으로 물체를 $1m$ 이동시켰을 때의 일량 $[N \cdot m = J]$

② 전기에너지(E) $[kJ]$

$$E = VAt$$

여기서, V : 전압 $[V]$
A : 전류 $[A]$
t : 시간 $[sec]$

(10) 동력(H) : 단위 시간당 행한 일량 $[kW]$

$$H = \frac{W}{t} = \frac{Fx}{t} = Fv$$

여기서 v : 물체의 속도 $[m/s]$

① $1W$: $1N$의 힘을 가해 물체를 $1m/s$의 속도로 움직이는 동력 $[J/s = W]$

② 마력(PS) : $1PS = 75kg_f \cdot m/s = 735J/s = 735W$

1-2 계(System)

(1) 계(System) : 상태량의 변화를 관찰하기 위한 열역학적 특정 범위

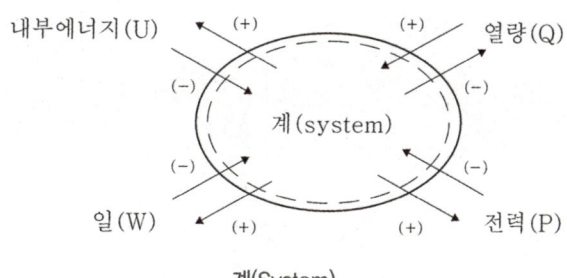

계(System)

① 밀폐계(=닫힌계, 폐쇄계) : 질량(m)의 유동이 없는 계
② 개방계 : 질량(m)의 유동이 있는 계
③ 단열계 : 다른 계와 열(Q)교환이 없는 계
④ 고립계 : 열역학적 요소의 교환이 없는 계

(2) 함수의 표현

① 점함수(=상태함수)

계의 주어진 상태에만 의존하며 경로와 무관한 물리량

ex) 압력(p), 온도(T), 체적(V) 등

② 경로함수(=과정함수, 도정함수)

계가 한 상태에서 다른 상태로 변화할 때 경로에 따라 그 값이 달라지는 물리량

ex) 일(W), 열(Q)

(3) 상태량

① 강도성 상태량 : 물질의 질량에 관계없이 크기가 결정되는 상태량

ex) 온도(T), 압력(p), 밀도(ρ), 비체적(v) 등

② 종량성 상태량 : 물질의 질량에 따라 크기가 결정되는 상태량

ex) 체적(V), 내부에너지(U), 엔탈피(H), 엔트로피(S) 등

02 열량

2-1 열량과 비열

(1) 열량(Q) $[kJ]$

① $1kcal(=4.2kJ)$: 순수한 물 $1kg$을 $14.5℃$ 에서 $15.5℃$ 로 증가시키는데 필요한 열량

② 열량의 단위

  ㉠ $1B.T.U$ (British Thermal Unit)

   : 순수한 물 $1lb$의 온도를 $1℉$ 증가시키는데 필요한 열량

   $1B.T.U = 0.252\,kcal = 1.0584kJ$

  ㉡ $1C.H.U$ (Centigrade Heat Unit)

   : 순수한 물 $1lb$의 온도를 $1℃$ 증가시키는데 필요한 열량

   $1C.H.U = 0.4536\,kcal = 1.90512kJ$

(2) 비열(C) : 어떤 물질 $1kg$을 $1℃$ 상승시키는데 요하는 열량 $[kJ/kg \cdot K]$

① 비열의 단위 : $[kJ/kg \cdot K]$, $[kcal/kg \cdot ℃]$, $[B.T.U/lb \cdot ℉]$, $[C.H.U/lb \cdot ℃]$

② 물의 비열 : $C_w = 4.2kJ/kg \cdot K$

③ 열량의 일반식(Q)

   $Q = mC\triangle T$ 여기서, $\triangle T$: 온도 변화량 $[K]$

④ 평균비열(C_m)과 평균열량(Q_m)

  비열이 온도에 대한 함수 $C(T)$로 주어졌을 경우 평균 비열을 구해 열량을 구할 수 있다.

  ㉠ 평균비열(C_m) : $C_m = \dfrac{1}{T_2 - T_1} \displaystyle\int_{T_1}^{T_2} Cdt$

  ㉡ 평균열량(Q_m) : $Q_m = mC_m(T_2 - T_1)$

(3) 열효율

① 열효율 기본식(η)

   $\eta = \dfrac{출력}{입력} = \dfrac{H}{Q_\ell \times f_e}$

② 동력(H) : 출력되는 동력 $[kJ/hr]$

③ 저위발열량(Q_ℓ) : 단위 중량당 발생하는 열량 $[kJ/kg]$

④ 연료소비율(f_e) : 단위 시간당 소비되는 연료의 질량 $[kg/hr]$

2-2 비열의 종류

(1) 정적비열(C_V)

일정한 체적($V = c$)하에서 $1kg$ 가스의 온도를 1℃ 상승시키는데 필요한 열량

① 일반 공기의 정적비열 : $C_V = 0.714kJ/kg \cdot K$

② 정적비열의 표현 : $C_V = \left(\dfrac{\partial q}{\partial T}\right)_V = \left(\dfrac{\partial u}{\partial T}\right)_V = T\left(\dfrac{\partial s}{\partial T}\right)_V$

(2) 정압비열(C_P)

일정한 압력($p = c$)하에서 $1kg$ 가스의온도를 1℃ 상승시키는데 필요한 열량

① 일반 공기의 정압비열 : $C_P = 1.001kJ/kg \cdot K$

② 정압비열의 표현 : $C_P = \left(\dfrac{\partial q}{\partial T}\right)_P = \left(\dfrac{\partial h}{\partial T}\right)_P = T\left(\dfrac{\partial s}{\partial T}\right)_P$

(3) 비열비(k) : 정압비열과 정적비열의 비

$$k = \frac{C_P}{C_V}$$

① 비열비는 항상 1보다 크다.

② 냉매의 비열비는 작을수록 성능이 좋다.

③ 원자수가 같으면 비열비는 같다.

(4) 내부에너지(U)와 엔탈피(H)

① 내부에너지(U) : 계의 내부에 잠재돼있는 에너지 $[kJ]$

$$\triangle U = m C_V \triangle T$$

$$du = C_V dT$$

② 엔탈피(H) : 내부에너지(U)와 유동에너지(pV)의 합 [kJ]

$\triangle H = m C_P \triangle T$

$dh = C_P dT$

③ 내부에너지(U)와 엔탈피(H)는 온도만의 함수이다.

2-3 열기관과 냉동기관

(1) 열기관 : 고열원으로부터 열을 공급받아 기계적인 일로 전환시키는 기관

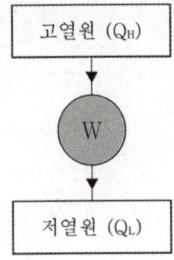

① 유효열량(W) : $W = Q_H - Q_L$

② 열효율(η)

$$\eta = \frac{\text{유효열량}}{\text{공급열량}} = \frac{W}{Q_H} = \frac{Q_H - Q_L}{Q_H} = 1 - \frac{Q_L}{Q_H}$$

(2) 냉동기관과 열펌프 : 냉매가 압축기를 통과하며 저열원으로부터 열을 공급받아 고열원으로 운반하는 기관

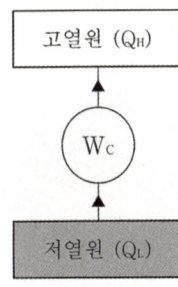

① 압축기의 소요열(W_c) : $W_c = Q_H - Q_L$

② 냉동기 성능계수(ε_r) : $\varepsilon_r = \frac{Q_L}{W_c} = \frac{Q_L}{Q_H - Q_L}$

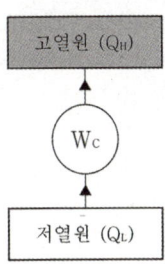

① 압축기의 소요열(W_c) : $W_c = Q_H - Q_L$

② 열펌프 성능계수(ε_h) : $\varepsilon_h = \frac{Q_H}{W_c} = \frac{Q_H}{Q_H - Q_L}$

③ 냉동기와 열펌프의 성능계수관계

$$\varepsilon_h = \frac{Q_H}{W_c} = \frac{W_c + Q_L}{W_c} = 1 + \frac{Q_L}{W_c} = 1 + \varepsilon_r$$

열역학 제1법칙

3-1 열역학 법칙의 종류

(1) 열역학 제1법칙(=에너지 보존의 법칙)

① 제 1종 영구기관은 존재하지 않는다.
② 열은 일로 일은 열로 100% 변환이 가능하다
③ 가역, 비가역 과정에서 모두 성립한다.

(2) 열역학 제2법칙(=엔트로피 증가의 법칙)

① 제 2종 영구기관은 존재하지 않는다.
② 열은 일로 일은 열로 100% 변환할 수 없다.
③ 비가역 과정에서 성립한다.

(3) 열역학 제0법칙(=열 평형의 법칙)

온도계의 원리를 제공해주는 법칙이다.

(4) 열역학 제3법칙(=네른스트의 열 정리)

절대온도가 $0K$ 일 때, 계의 엔트로피는 0이 된다.

3-2 밀폐계의 일과 열

(1) 밀폐계의 일량($_1W_2$) $[kJ]$

일량의 기본식은 $W =$ 힘×거리 이다.
여기서 힘 $F =$ 압력×면적 으로 나타낼 수 있다. 따라서
$$W = F \times x = pAx$$

이것을 미분할 경우 다음과 같다.

$$\delta W = pAdx = pdV$$

이를 적분하면 밀폐계의 일량의 일반식이다.

$$\int \delta W = {}_1W_2 = \int_1^2 pdV$$

(2) 밀폐계의 에너지 방정식

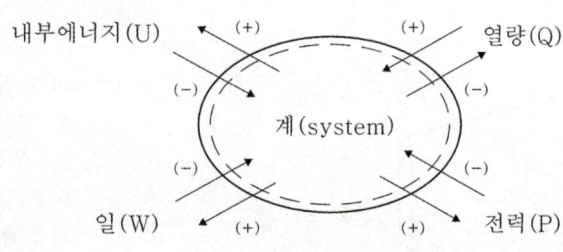

밀폐계의 에너지 출입

밀폐계 에너지 방정식은 ${}_1Q_2 + U_1 = {}_1W_2 + U_2$ 이다.

이를 정리하면

$${}_1Q_2 = \triangle U + {}_1W_2$$

여기서, ${}_1Q_2$: 열량 $[kJ]$

$\triangle U$: 내부에너지 변화량 $[kJ]$

${}_1W_2$: 밀폐계의 일량 $[kJ]$

이 때, 위 그림과 같이 내부에너지(U)와 열량(Q)은 계로 유입될 때 (+)부호이고 일(W)과 전력(P)은 계로 유입될 때 (−)부호를 가진다. 따라서 밀폐계의 에너지 방정식에 대입할 때, 계를 기준으로 해당 상태량의 출입을 확인하고 부호를 정한 후에 대입해야 한다.

(3) 미분형 제1식

밀폐계 에너지 방정식을 비상태량으로 바꾼 후 양변을 미분하면

$$\delta q = du + \delta_1 w_2$$

이를 정리하면

$$\delta q = du + pdv$$
$$\triangle Q = \triangle U + {}_1W_2$$

여기서, q : 비열량 $[kJ/kg]$

u : 비내부에너지 $[kJ/kg]$

p : 압력 $[kPa]$

v : 비체적 $[m^3/kg]$

(1) 개방계의 일량(W_t)

$$\int \delta W = W_t = -\int_1^2 V dp$$

(2) 개방계의 에너지 방정식

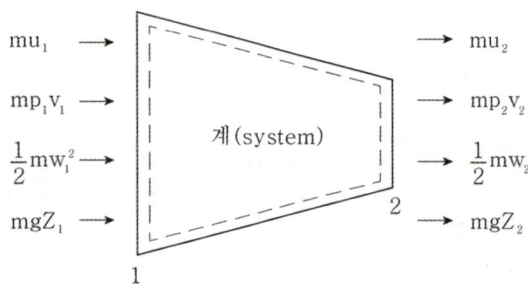

여기서, m : 질량 $[kg]$
u : 비내부에너지 $[kJ/kg]$
p : 압력 $[kPa]$
v : 비체적 $[m^3/kg]$
w : 속도 $[m/s]$
g : 중력가속도 $[m/s^2]$
Z : 지면으로부터 높이 $[m]$

개방계의 에너지 출입

① 내부에너지 : $mu\,[kg \cdot kJ/kg = kJ]$

② 유동에너지(=pv에너지) : $mpv\,[kg \cdot N/m^2 \cdot m^3/kg = kJ]$

③ 운동에너지 : $\dfrac{1}{2}mw^2\,[kg \cdot m^2/s^2 = J]$

④ 위치에너지 : $mgZ\,[kg \cdot m/s^2 \cdot m = J]$

위에서 언급한 4가지의 에너지에 열량과 일량의 에너지 보존법칙을 적용하면 다음과 같다.

$$_1Q_2 + mu_1 + mp_1v_1 + \frac{mw_1^2}{2} + mgZ_1 \text{ (입력항)}$$

$$= W_t + mu_2 + mp_2v_2 + \frac{mw_2^2}{2} + mgZ_2 \text{ (출력항)}$$

같은 항끼리 묶은 후에 질량(m)을 앞으로 내보내면

$$_1Q_2 = W_t + m\left[(u_2 - u_1) + (p_2v_2 - p_1v_1) + \frac{(w_2^2 - w_1^2)}{2} + g(Z_2 - Z_1)\right]$$

또한 모든 항에 질량(m)을 나누면

$$_1q_2 = w_t + (u_2 - u_1) + (p_2v_2 - p_1v_1) + \frac{(w_2^2 - w_1^2)}{2} + g(Z_2 - Z_1)$$

또한 $h = u + pv\,(kJ/kg)$ 이므로

$$_1Q_2 = W_t + m\left[(u_2 + p_2v_2) - (u_1 + p_1v_1) + \frac{(w_2^2 - w_1^2)}{2} + g(Z_2 - Z_1)\right]$$

이를 정리하면

$$_1Q_2 = W_t + m(h_2 - h_1) + \frac{m(w_2^2 - w_1^2)}{2} + mg(Z_2 - Z_1)$$

(3) 미분형 제2식

엔탈피의 정의(내부에너지+유동에너지)를 식으로 나타내면 $h = u + pv$ 이다. 여기서 양변을 미분하면 $dh = du + pdv + vdp$ 로 나타낼 수 있고 미분형 제1식에 의해 $du + pdv = \delta q$ 이다.

따라서 $dh = \delta q + vdp$ 로 나타낼 수 있고 이것을 δq에 대해서 정리하면

$$\delta q = dh - vdp$$

(4) 밀폐계 일과 개방계 일의 비교

	밀폐계 일 (=절대일)	개방계 일 (=공업일, 압축일)
계의 형태	질량 유동이 없는 경우 ex) 피스톤–실린더, 내연기관, 가역팽창	질량의 유동이 있는 경우 ex) 펌프, 터빈, 노즐, 디퓨저, 가역압축
식의 표현	$_1W_2 = \int_1^2 pdV$	$W_t = -\int_1^2 Vdp$
에너지 방정식	$_1Q_2 = \triangle U + {_1W_2}$	$_1Q_2 = W_t + m(h_2 - h_1)$ $+ \dfrac{m(w_2^2 - w_1^2)}{2} + mg(Z_2 - Z_1)$
$p - V$ 선도 표현	 V축으로 투영한 면적	 p축으로 투영한 면적
밀폐계의 일($_1W_2$)과 개방계의 일(W_t)의 관계식	$_1W_2 = W_t + p_2V_2 - p_1V_1$ $W_t = {_1W_2} + p_1V_1 - p_2V_2$	

(5) 일량 및 열량선도

① $p-V$선도

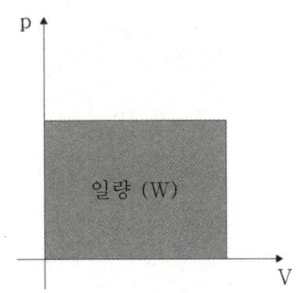

② $T-S$선도

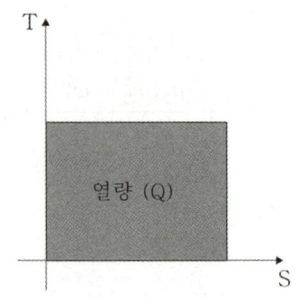

3-4 여러 가지 계의 예시

(1) 교축과정(=등엔탈피 과정, 조름팽창 과정, 비가역 정상류 과정)

유체가 좁은 통로를 흐를 때 마찰이나 난류 등으로 인해 압력이 급격히 낮아지는 현상으로 동작 유체(=냉매)의 증발을 목적으로 한다.

(2) 노즐 : 일량과 위치에너지 변화가 0이다. 교축과정이란 표현이 없을 경우 엔탈피는 변화한다.
$(W_t = 0, \triangle Z = 0)$

(3) 단열노즐 : 열전달량, 일량, 위치에너지 변화가 0이다. 교축과정이란 표현이 없을 경우 엔탈피는 변화한다.
$(_1Q_2 = 0, W_t = 0, \triangle Z = 0)$

(4) 줄-톰슨(Joule-Thomson) 계수(μ_J) : 교축과정(=등엔탈피 과정)에 대한 온도변화와 압력변화의 비이다.

$$\mu_J = \left(\frac{dT}{dp} \right)_H$$

줄-톰슨 계수는 교축과정에 대한 계수이므로 압력이 낮아지는 현상에 대한 계수이다.
따라서 분모인 dp는 항상 음수(−)값을 가지기 때문에 분자인 dT에서 온도가 높아지는 과정의 경우 줄-톰슨 계수는 음수(−), 온도가 낮아지는 과정의 경우 줄-톰슨 계수는 양수(+)를 나타낸다.

04 이상기체

4-1　이상기체 상태방정식

(1) 이상기체(=완전가스) : 보일-샤를의 법칙을 따르는 기체로 분자들이 상호 작용을 하지 않는 기체이다.

〈이상기체에 가까워질 조건〉
①　분자량이 작을수록
②　압력이 낮을수록
③　온도가 높을수록
④　비체적이 클수록

(2) 보일-샤를의 법칙

① 보일의 법칙(=등온법칙)
기체의 온도가 일정할 때, 기체의 절대압력과 비체적은 반비례한다.

$$p \propto \frac{1}{v}$$

② 샤를의 법칙(=정압 법칙)
기체의 압력이 일정할 때, 기체의 비체적은 절대온도에 비례한다.

$$v \propto T$$

③ 보일-샤를의 법칙
보일의 법칙과 샤를의 법칙을 동시에 만족하는 법칙이다.

$$\frac{pv}{T} = C$$

(3) 이상기체 상태방정식

보일-샤를의 법칙의 비례상수 C를 기체상수 R이라고 하면 $\dfrac{pv}{T} = C = R$ 이므로

$$pv = RT$$

여기서 비체적을 체적으로 바꾸면 $p\dfrac{V}{m} = RT$ 이므로

$$pV = mRT$$

① 환산계수와 압축성 인자

   ⊙ 환산압력 : $p_r = \dfrac{p}{p_c}$

   ⊙ 환산온도 : $T_r = \dfrac{T}{T_c}$

   ⊙ 압축성 인자 : $Z = \dfrac{pv}{RT}$

여기서, p_r : 임계압력 $[kPa]$
        T_c : 임계온도 $[K]$

② 반데르왈스(Van der Waals) 방정식

  실제 기체에서 작용하는 기체 분자의 영향을 고려한 식

$$\left(p + \dfrac{a}{v^2}\right)(v - b) = RT$$

여기서, a : 기체 분자의 인력에 대한 계수
        b : 기체 분자들 자체의 체적

(1) 일반 공기의 기체상수(R)

$pV = mRT$ 에서 $R = \dfrac{pV}{mT} = \dfrac{pv}{T}$ 이다. 일반 공기에서의 기체상수 값은

$$R = 0.287 kJ/kg \cdot K$$

(2) 일반기체상수($\overline{R}$) $[kJ/kmol \cdot K]$

일반기체상수는 질량(m) 대신 분자량(M)의 단위 $[kmol]$이 적용되므로

$pv = MRT$ 에서 $MR = \overline{R}$ 이라고 하면

$$\overline{R} = \dfrac{pv}{T}$$

각각에 일반 상태에서의 상태량들을 대입하면

$$\overline{R} = \dfrac{101.325kPa \times 22.4m^3/kmol}{273K} = 8.314 kJ/kmol \cdot K$$

따라서 $MR = \overline{R}$이므로 특정 기체의 기체상수값 R은

$$R = \dfrac{\overline{R}}{M} = \dfrac{8.314}{M} \ [kJ/kg \cdot K]$$

(3) 주요 기체의 분자량

① H_2(수소) : 2

② He(헬륨) : 4

③ H_2O(수증기) : 18

④ O_2(산소) : 32

⑤ CO_2(이산화탄소) : 44

⑥ N_2(질소) : 28

(4) 기체상수와 비열의 관계식

미분형 제1식과 제2식을 δq의 관점에서 등호 처리하면

$$\delta q = du + pdv = dh - vdp$$

여기서 내부에너지와 엔탈피를 정적비열과 정압비열에 관한 식으로 나타내면

$$C_V dT + pdv = C_P dT - vdp$$

이항 후 dT로 묶고 이상기체에서 $pv = RT$ 이므로

$$(C_P - C_V)dT = pdv + vdp = d(pv) = d(RT) = RdT$$

양변에 dT를 약분하면

$$C_P - C_V = R$$

또한 비열비 $k = \dfrac{C_P}{C_V}$ 이므로 $C_P = kC_V$

여기서 $C_P - C_V = R$ 식과 연립하면

$$C_P - C_V = C_V(k-1) = R$$

C_P와 C_V로 정리하면

$$C_V = \frac{R}{k-1} , \;\; C_P = \frac{kR}{k-1}$$

(5) 기체의 혼합

① 혼합 기체의 기체상수

혼합된 기체의 기체상수는 질량에 대한 산술평균으로 구할 수 있다. 또한 기체상수뿐만 아니라 비열 등과 같은 상태량도 마찬가지이다.

$$R_t = \frac{X \times R_1 + Y \times R_2 + Z \times R_3}{X + Y + Z}$$

여기서, m_1, m_2, m_3 : 각 기체의 질량 $[kg]$
R_1, R_2, R_3 : 각 기체의 기체상수 $[kJ/kg \cdot K]$

② 달톤의 분압법칙

혼합된 기체의 압력은 각각의 가스가 단독일 때 압력들의 합과 같다는 법칙이다.

$$P_{total} = P_1 + P_2 + P_3 + \cdots$$

앞서 언급한 에너지량들을 비상태량으로 표시하면 아래 표와 같다.

절대일 ($_1w_2$)	$_1w_2 = \int_1^2 pdv \ [kJ/kg]$
공업일 (w_t)	$w_t = -\int_1^2 vdp \ [kJ/kg]$
내부에너지변화 ($\triangle u$)	$\triangle u = C_V(T_2 - T_1) \ [kJ/kg]$
엔탈피변화 ($\triangle h$)	$\triangle h = C_P(T_2 - T_1) \ [kJ/kg]$
열량 ($_1q_2$)	$\delta q = du + pdv \ [kJ/kg]$ $= dh - vdp \ [kJ/kg]$

위 에너지량들은 각각의 변화 과정에서 서로 다른 식으로 정리된다.

(1) 정적변화(=등적변화, 강체용기)

정적과정이므로 $dv = 0$이다. 또한 $pv = RT$ 에서 $\dfrac{p}{T} = \dfrac{R}{v} = $(일정) 이므로

$$\frac{p_1}{T_1} = \frac{p_2}{T_2}$$

① 절대일 ($_1w_2$) : $_1w_2 = \int_1^2 pdv = 0$

② 공업일 (w_t) : $w_t = -\int_1^2 vdp = -v(p_2 - p_1) = v(p_1 - p_2) = R(T_1 - T_2)$

③ 내부에너지변화 ($\triangle u$) : $\triangle u = C_V(T_2 - T_1)$

④ 엔탈피변화 ($\triangle h$) : $\triangle h = C_P(T_2 - T_1) = kC_V(T_2 - T_1) = k\triangle u$

⑤ 열량 ($_1q_2$)

  미분형 제1식 $\delta q = du + pdv$ 에서 $dv = 0$ 이므로

  $\delta q = du$ 이다. 여기서 양변을 적분하면

    $_1q_2 = \triangle u$

(2) 정압변화(=등압변화, 압력용기)

정압과정이므로 $dp = 0$이다. 또한 $pv = RT$ 에서 $\dfrac{v}{T} = \dfrac{R}{p} =$ (일정) 이므로

$$\frac{v_1}{T_1} = \frac{v_2}{T_2}$$

① 절대일 $({}_1w_2)$: $\quad {}_1w_2 = \displaystyle\int_1^2 pdv = p(v_2 - v_1) = R(T_2 - T_1)$

② 공업일 (w_t) : $dp = 0$ 이므로 $\quad w_t = -\displaystyle\int_1^2 vdp = 0$

③ 내부에너지변화 $(\triangle u)$: $\quad \triangle u = C_V(T_2 - T_1)$

④ 엔탈피변화 $(\triangle h)$: $\quad \triangle h = C_P(T_2 - T_1) = kC_V(T_2 - T_1) = k\triangle u$

⑤ 열량 $({}_1q_2)$

　미분형 제2식 $\delta q = dh - vdp$ 에서 $dp = 0$ 이므로

$\delta q = dh$ 이다. 여기서 양변을 적분하면

$\quad {}_1q_2 = \triangle h$

(3) 등온변화(=정온변화, 격막의 갑작스런 파손, 자유팽창)

등온과정이므로 $dT = 0$이다. 또한 $pv = RT$ 에서 $pv = RT =$ (일정) 이므로

$\quad p_1v_1 = p_2v_2$

① 절대일 $({}_1w_2)$

　이상기체이므로 $pv = RT$ 에서 $p = \dfrac{RT}{v}$

　${}_1w_2 = \displaystyle\int_1^2 pdv$ 에 대입하면

$$\quad {}_1w_2 = \int_1^2 \frac{RT}{v}dv = RT\ln\frac{v_2}{v_1} = RT\ln\frac{p_1}{p_2}$$

　또한, $p_1v_1 = p_2v_2$ 에서 $\dfrac{p_1}{p_2} = \dfrac{v_2}{v_1}$ 이고 $p_1v_1 = p_2v_2 = RT$ 이므로

$$\quad {}_1w_2 = RT\ln\frac{v_2}{v_1} = RT\ln\frac{p_1}{p_2} = p_1v_1\ln\frac{v_2}{v_1} = p_1v_1\ln\frac{p_1}{p_2}$$

② 공업일 (w_t)

이상기체이므로 $pv = RT$ 에서 $v = \dfrac{RT}{p}$

$w_t = -\displaystyle\int_1^2 vdp$ 에 대입하면

$$w_t = -\int_1^2 \frac{RT}{p}dp = -RT\ln\frac{p_2}{p_1} = RT\ln\frac{p_1}{p_2}$$

이것은 절대일($_1w_2$)과 같으므로 $w_t = {}_1w_2$ 이고, 따라서

$$w_t = RT\ln\frac{v_2}{v_1} = RT\ln\frac{p_1}{p_2} = p_1v_1\ln\frac{v_2}{v_1} = p_1v_1\ln\frac{p_1}{p_2}$$

③ 내부에너지변화 $(\triangle u)$

내부에너지의 미분형태 $du = C_V dT$ 에서 $dT = 0$ 이므로

$\triangle u = 0$

④ 엔탈피변화 $(\triangle h)$

내부에너지의 미분형태 $dh = C_P dT$ 에서 $dT = 0$ 이므로

$\triangle h = 0$

⑤ 열량 $(_1q_2)$

미분형 제1식 $\delta q = du + pdv$ 에서 $du = C_V dT$ 이고,

이를 대입하면 $\delta q = C_V dT + pdv$ 이다. 이 식을 적분하면

$\displaystyle\int_1^2 \delta q = C_V\int_1^2 dT + \int_1^2 \delta w$ 이고 여기서 $dT = 0$ 이므로

$_1q_2 = {}_1w_2$

또한, 미분형 제2식 $\delta q = dh - vdp$ 에서 $dh = C_P dT$ 이고,

이를 대입하면 $\delta q = C_P dT - vdp$ 이다. 이 식을 적분하면

$\displaystyle\int_1^2 \delta q = C_P\int_1^2 dT + \int_1^2 \delta w_t$ 이고 여기서 $dT = 0$ 이므로

$_1q_2 = w_t$

(4) 단열변화(=등엔트로피 변화)

단열과정이므로 $\delta q = 0$ 이고

$pv^k = $ (일정) 이므로 $p_1 v_1^{\,k} = p_2 v_2^{\,k}$

또한 $Tv^{k-1} = $ (일정) 에서 $T_1 v_1^{\,k-1} = T_2 v_2^{\,k-1}$ 이다.

따라서 $\dfrac{p_2}{p_1} = \left(\dfrac{v_1}{v_2}\right)^k$ 이고, $\dfrac{T_2}{T_1} = \left(\dfrac{v_1}{v_2}\right)^{k-1}$ 이다.

압력(p)과 비체적(v)의 관계를 정리하면 $\left(\dfrac{p_2}{p_1}\right)^{\frac{k-1}{k}} = \left(\dfrac{v_1}{v_2}\right)^{k-1}$ 이므로

단열지수 관계 : $\dfrac{T_2}{T_1} = \left(\dfrac{v_1}{v_2}\right)^{k-1} = \left(\dfrac{p_2}{p_1}\right)^{\frac{k-1}{k}}$

① 절대일 ($_1w_2$)

$du = C_V dT$ 이므로 미분형 제1식에서 $\delta q = du + pdv = C_V dT + \delta_1 w_2$

양변을 적분하면 $\displaystyle\int_1^2 \delta q = C_V \int_1^2 dT + \int_1^2 \delta_1 w_2$ 이며 $\delta q = 0$ 이므로

$0 = C_V(T_2 - T_1) + {}_1w_2$ 이다. 이항하여 정리하면

$_1w_2 = C_V(T_1 - T_2)$ 이고 $C_V = \dfrac{R}{k-1}$ 이므로 $_1w_2 = \dfrac{R}{k-1}(T_1 - T_2)$ 이다.

이를 T_1으로 정리하면

$$_1w_2 = \frac{RT_1}{k-1}\left(1 - \frac{T_2}{T_1}\right) = \frac{RT_1}{k-1}\left[1 - \left(\frac{v_1}{v_2}\right)^{k-1}\right] = \frac{RT_1}{k-1}\left[1 - \left(\frac{p_2}{p_1}\right)^{\frac{k-1}{k}}\right]$$

② 공업일 (w_t)

$dh = C_P dT$ 이므로 미분형 제2식에서 $\delta q = dh - vdp = C_P dT + \delta w_t$

양변을 적분하면 $\displaystyle\int_1^2 \delta q = C_P \int_1^2 dT + \int_1^2 \delta w_t$ 이며 $\delta q = 0$ 이므로

$0 = C_P(T_2 - T_1) + w_t$ 이다. 이항하여 정리하면

$w_t = C_P(T_1 - T_2)$ 이며 $C_P = \dfrac{kR}{k-1}$ 이므로 $w_t = \dfrac{kR}{k-1}(T_1 - T_2)$

이를 T_1으로 정리하면

$$w_t = \frac{kRT_1}{k-1}\left(1 - \frac{T_2}{T_1}\right) = \frac{kRT_1}{k-1}\left[1 - \left(\frac{v_1}{v_2}\right)^{k-1}\right] = \frac{kRT_1}{k-1}\left[1 - \left(\frac{p_2}{p_1}\right)^{\frac{k-1}{k}}\right]$$

③ 내부에너지변화 ($\triangle u$)

미분형 제1식 $\delta q = du + pdv$ 에서 $\delta q = 0$ 이므로 적분하면

$0 = \triangle u + {}_1w_2$ 이다. 이항하여 정리하면

$$\triangle u = - {}_1w_2$$

④ 엔탈피변화 ($\triangle h$)

미분형 제2식 $\delta q = dh - vdp$ 에서 $\delta q = 0$ 이므로 적분하면

$0 = \triangle h + w_t$ 이다. 이항하여 정리하면

$$\triangle h = - w_t$$

⑤ 열량 (${}_1q_2$)

$\delta q = 0$ 이므로

$${}_1q_2 = 0$$

(5) 폴리트로픽 변화

폴리트로픽지수(n)값의 범위를 $1 < n < k$ 로 취하면서 상태변화의 오차가 발생하는 경우에 사용하며 등온과정(pv=일정) 에서부터 단열과정(pv^k=일정)까지의 임의의 상태변화를 나타낸다.

$pv^n = $ (일정) 이므로 $p_1v_1^{\ n} = p_2v_2^{\ n}$

또한 $Tv^{n-1} = $ (일정) 에서 $T_1v_1^{\ n-1} = T_2v_2^{\ n-1}$ 이다.

따라서 $\dfrac{p_2}{p_1} = \left(\dfrac{v_1}{v_2}\right)^n$ 이고, $\dfrac{T_2}{T_1} = \left(\dfrac{v_1}{v_2}\right)^{n-1}$ 이다.

압력(p)과 비체적(v)의 관계를 정리하면 $\left(\dfrac{p_2}{p_1}\right)^{\frac{n-1}{n}} = \left(\dfrac{v_1}{v_2}\right)^{n-1}$ 이므로

폴리트로픽지수 관계 : $\dfrac{T_2}{T_1} = \left(\dfrac{v_1}{v_2}\right)^{n-1} = \left(\dfrac{p_2}{p_1}\right)^{\frac{n-1}{n}}$

① 절대일 (${}_1w_2$)

${}_1w_2 = \dfrac{R}{n-1}(T_1 - T_2)$ 에서

$${}_1w_2 = \dfrac{RT_1}{n-1}\left(1 - \dfrac{T_2}{T_1}\right) = \dfrac{RT_1}{n-1}\left[1 - \left(\dfrac{v_1}{v_2}\right)^{n-1}\right] = \dfrac{RT_1}{n-1}\left[1 - \left(\dfrac{p_2}{p_1}\right)^{\frac{n-1}{n}}\right]$$

② 공업일 (w_t)

$$w_t = \frac{nR}{n-1}(T_1 - T_2) \ \text{에서}$$

$$w_t = \frac{nRT_1}{n-1}\left(1 - \frac{T_2}{T_1}\right) = \frac{nRT_1}{n-1}\left[1 - \left(\frac{v_1}{v_2}\right)^{n-1}\right] = \frac{nRT_1}{n-1}\left[1 - \left(\frac{p_2}{p_1}\right)^{\frac{n-1}{n}}\right]$$

③ 열량 $({}_1q_2)$

미분형 제1식 $\delta q = du + pdv$ 을 적분하면 ${}_1q_2 = \triangle u + {}_1w_2$ 이고

$$\triangle u = \frac{R}{k-1}(T_2 - T_1) = -\frac{R}{k-1}(T_1 - T_2)$$

또한 $R(T_1 - T_2) = (n-1){}_1w_2$ 이므로

$$\triangle u = -\frac{n-1}{k-1}\,{}_1w_2$$

${}_1q_2 = \triangle u + {}_1w_2$ 에 대입하면

$${}_1q_2 = -\frac{n-1}{k-1}\,{}_1w_2 + {}_1w_2 = \frac{k-n}{k-1}\,{}_1w_2 \ \text{이다. 정리하면}$$

$$\left(\frac{k-n}{k-1}\right){}_1w_2 = \left(\frac{k-n}{k-1}\right)\frac{R}{n-1}(T_1 - T_2)$$

$$= \left(\frac{n-k}{n-1}\right)\frac{R}{k-1}(T_2 - T_1)$$

$$= \left(\frac{n-k}{n-1}\right)C_V(T_2 - T_1)$$

여기서 $\left(\frac{n-k}{n-1}\right)C_V = C_n$(폴리트로픽 비열) 이라고 하면

$${}_1q_2 = C_n(T_2 - T_1)$$

④ 상태변화에 따른 폴리트로픽 비열값

상태변화	폴리트로픽지수 (n)	폴리트로픽비열 (C_n)
정압변화 $(\triangle p = 0)$	0	C_P
등온변화 $(\triangle T = 0)$	1	∞
단열변화 $(\triangle q = 0)$	k	0
정적변화 $(\triangle v = 0)$	∞	C_V

(6) 상태변화에 따른 선도

① $p-V$선도

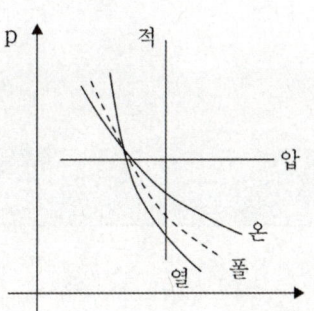

② $T-S$선도

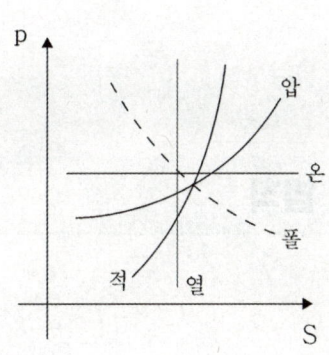

③ 대수선도

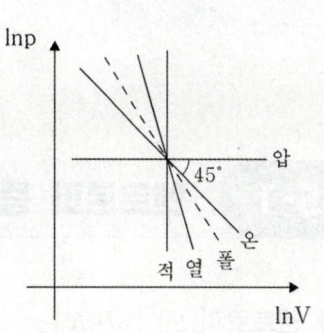

열역학 제2법칙

5-1 엔트로피 증가의 법칙

(1) 엔트로피(S) $[kJ/K]$

열에너지가 이동하면서 여러 종류의 에너지로 변환이 되는데 이 중에는 일에너지와 같이 효용가치가 큰 에너지가 있을 수 있지만 소리에너지나 빛에너지와 같이 효용가치가 낮은 에너지도 있다.

이 때, 발생한 에너지의 효용가치를 수치상으로 나타낸 것이 엔트로피이다.

(2) 엔트로피 증가의 법칙

에너지는 전달 과정에서 계속해서 다른 에너지로 변환될 수 있고, 그에 따라 효용가치가 낮은 에너지가 발생하게 된다. 전체의 계로 봤을 때, 엔트로피는 에너지가 이동함에 따라 계속해서 증가한다.

이러한 엔트로피의 일반식은 $S = \dfrac{Q}{T}$ 이다.

이 식은 에너지 전달과정에서 온도(T)가 높을수록 발생하는 엔트로피를 줄일 수 있음을 나타낸다.

주전자의 열전달

① 주전자 내부 : 냉각 되었으므로 엔트로피 감소

$$\triangle S_1 = \frac{Q_1}{T_1} = \frac{-300}{273+90} = -0.83 kJ/K$$

② 주전자 외부 : 가열 되었으므로 엔트로피 증가

$$\triangle S_2 = \frac{Q_2}{T_2} = \frac{300}{273+20} = 1.02 kJ/K$$

③ 주전자 내 외부 전체 : 전체 엔트로피 변화량은 각각의 엔트로피 변화량의 합이므로

$$\triangle S = \triangle S_1 + \triangle S_2 = -0.83 + 1.02 = 0.19 kJ/K$$

(1) 엔트로피 변화량의 일반식($\triangle S$) $[kJ/kg \cdot K]$

비상태량 $dS = \dfrac{\delta Q}{T}$ 에서 $\delta Q = mCdT$ 이므로

$dS = mC\dfrac{dT}{T}$ 이를 적분하면

$$\triangle S = mC\ln\frac{T_2}{T_1}$$

(2) 이상기체의 엔트로피 변화량($\triangle S$) $[kJ/kg \cdot K]$

① $T - V$ 관계식

미분형 제1식 $\delta Q = dU + pdV$, 그리고 엔트로피 미분식 $\delta Q = TdS$ 에서
$TdS = mC_V dT + pdV$ 로 놓을 수 있다.

양변에 T를 나누고 $pV = mRT$에서 $\dfrac{p}{T} = \dfrac{mR}{V}$ 이므로

$dS = mC_V \dfrac{dT}{T} + mR\dfrac{dV}{V}$ 적분하면

$$\triangle s = mC_V \ln\frac{T_2}{T_1} + mR\ln\frac{V_2}{V_1}$$

② $p - T$ 관계식

미분형 제2식 $\delta q = dh - vdp$, 그리고 엔트로피 미분식 $\delta Q = TdS$ 에서
$TdS = mC_P dT - Vdp$ 로 놓을 수 있다.

양변에 T를 나누고 $pV = mRT$에서 $\dfrac{V}{T} = \dfrac{mR}{p}$ 이므로

$dS = mC_P \dfrac{dT}{T} - mR\dfrac{dp}{p}$ 적분하면

$$\triangle S = mC_P \ln\frac{T_2}{T_1} - mR\ln\frac{p_2}{p_1}$$

③ $p - V$ 관계식

$$\triangle S = m C_P \ln \frac{T_2}{T_1} - m R \ln \frac{p_2}{p_1}$$

$$= m C_P \ln \frac{T_2}{T_1} - m(C_P - C_V) \ln \frac{p_2}{p_1} = m C_P \ln \frac{T_2}{T_1} - m C_P \ln \frac{p_2}{p_1} + m C_V \ln \frac{p_2}{p_1}$$

$$= m C_P \left(\ln \frac{T_2}{T_1} - \ln \frac{p_2}{p_1} \right) + m C_V \ln \frac{p_2}{p_1}$$

$$= m C_P \ln \frac{T_2 p_1}{T_1 p_2} + m C_V \ln \frac{p_2}{p_1}$$

$p V = m R T$ 에서 $\dfrac{T}{p} = \dfrac{m R}{V}$ 이므로

$$\triangle S = m C_P \ln \frac{v_2}{v_1} + m C_V \ln \frac{p_2}{p_1}$$

(3) 상태변화에 따른 엔트로피 변화량

상태변화	$T - V$ 관계식	$T - p$ 관계식	$p - V$ 관계식
정적변화 $\left(\ln \dfrac{V_2}{V_1} = 0 \right)$	$m C_V \ln \dfrac{T_2}{T_1}$	$m \left(C_P \ln \dfrac{T_2}{T_1} - R \ln \dfrac{p_2}{p_1} \right)$	$m C_V \ln \dfrac{p_2}{p_1}$
정압변화 $\left(\ln \dfrac{p_2}{p_1} = 0 \right)$	$m \left(C_V \ln \dfrac{T_2}{T_1} + R \ln \dfrac{V_2}{V_1} \right)$	$m C_P \ln \dfrac{T_2}{T_1}$	$m C_P \ln \dfrac{V_2}{V_1}$
등온변화 $\left(\ln \dfrac{T_2}{T_1} = 0 \right)$	$m R \ln \dfrac{V_2}{V_1}$	$- m R \ln \dfrac{p_2}{p_1}$	$m \left(C_P \ln \dfrac{V_2}{V_1} + C_V \ln \dfrac{p_2}{p_1} \right)$
단열변화 $(\delta Q = 0)$	$dS = \dfrac{\delta Q}{T}$ 에서 $\delta Q = 0$ 이다. 따라서 $\triangle S = 0$		
폴리트로픽 변화	$\triangle S = m C_n \ln \dfrac{T_2}{T_1} = m \left(\dfrac{n-k}{n-1} \right) C_V \ln \dfrac{T_2}{T_1}$		

5-3 열역학적 관계식

(1) 클라우지우스 부등식(Clausius inequality)

① 가역사이클 : 클라우지우스의 적분값은 0이다.

$$\oint \frac{\delta Q}{T} = 0$$

② 비가역사이클 : 클라우지우스의 적분값은 0보다 작다.

$$\oint \frac{\delta Q}{T} < 0$$

③ 가역 및 비가역에 대한 언급이 없을 경우 클라우지우스의 적분값은

$$\oint \frac{\delta Q}{T} \leq 0$$

④ 클라우지우스의 적분식

$$\oint \frac{\delta Q}{T} = \frac{Q_1}{T_1} + \frac{Q_2}{T_2}$$

(2) 맥스웰 관계식(Mexwell Relation)

엔트로피 변화량 등과 같은 직접 측정할 수 없는 양들을 압력, 비체적, 온도와 같은 측정 가능한 상태량으로 나타낸 관계식이다. 멕스웰 관계식은 아래와 같다.

① $\left(\dfrac{\partial T}{\partial p} \right)_S = \left(\dfrac{\partial V}{\partial S} \right)_p$

② $\left(\dfrac{\partial P}{\partial T} \right)_V = \left(\dfrac{\partial S}{\partial V} \right)_T$

③ $-\left(\dfrac{\partial S}{\partial p} \right)_T = \left(\dfrac{\partial V}{\partial T} \right)_P$

④ $-\left(\dfrac{\partial p}{\partial S} \right)_V = \left(\dfrac{\partial T}{\partial V} \right)_S$

증기

(1) 증기(H_2O)의 특징

① 온도 및 압력 변화에 따라 상의 변화가 쉽게 일어난다.

② 비열이 커서 많은 에너지를 저장할 수 있다.

③ 액체상태에서는 철과 반응하여 철을 부식시킬 수 있다.

(2) 정압(p = 일정)하에서 물의 증발

100℃ 이하 물	100℃ 물	100℃ 물+증기	100℃ 증기	100℃ 이상 증기
압축수 (=과냉액)	포화수 (=포화액)	습증기 (=습포화증기)	포화증기 (=건포화증기)	과열증기
$x = 0$	$x = 0$	$0 < x < 1$	$x = 1$	$x = 1$

① 건도(x) : 습증기 구역하에서 포화증기의 함유량을 질량 백분율로 나타낸 값

$$x = \frac{m_1}{m_1 + m_2}$$

여기서, m_1 : 포화증기의 질량 $[kg]$
m_2 : 포화수의 질량 $[kg]$

② 습도($1-x$) : 습증기 구역하에서 포화수의 함유량을 질량백분율로 나타낸 값

$$x = \frac{m_2}{m_1 + m_2}$$

③ 증기선도

㉠ $p-V$선도

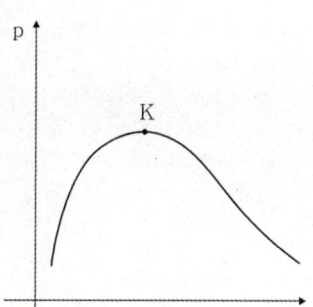

㉡ $T-S$선도

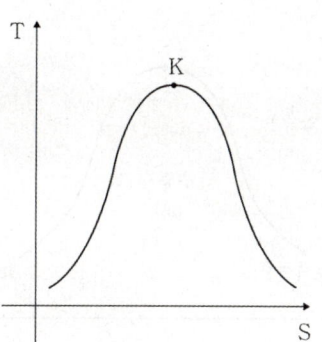

㉢ $h-S$선도(=몰리에선도)

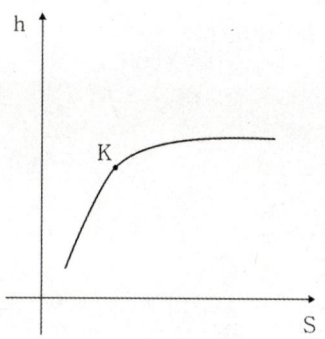

㉣ $p-h$선도

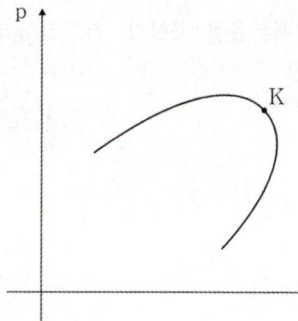

㉤ $p-T$선도

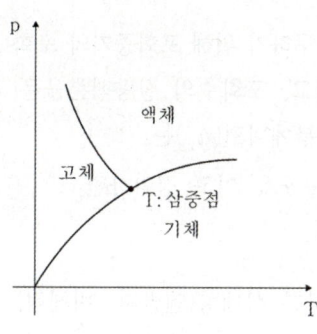

(3) 증기의 상태변화 그래프

① 습증기의 정압, 등온 그래프

습증기 상태에서는 에너지가 상태변화에 쓰이므로 압력과 온도가 일정한 그래프를 나타낸다.

㉠ $p-V$선도

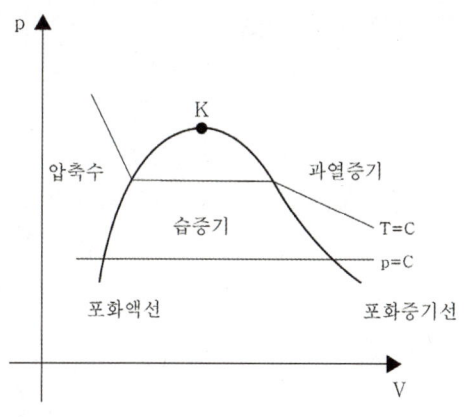

㉡ $T-S$선도

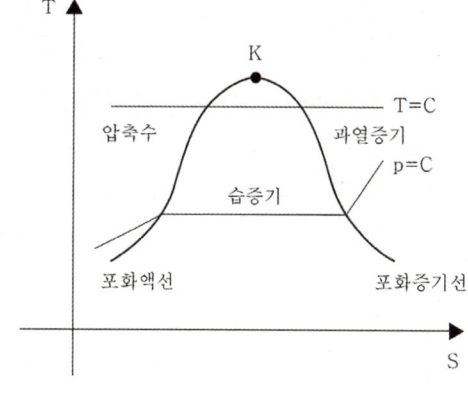

② 습증기의 상태변화식

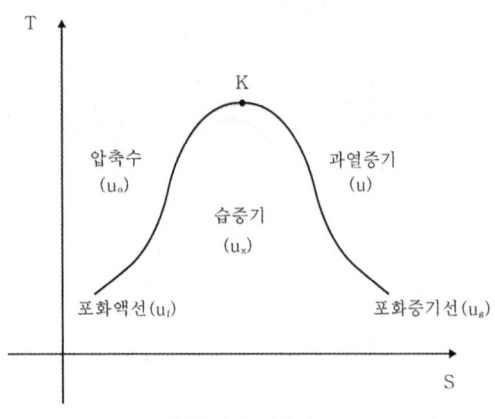

습증기의 상태선도

위 그래프에서 습증기의 내부에너지를 구하기 위해 포화증기와 포화수의 질량백분율을 구한다. 건도가 x라고 할 때, 포화증기의 질량백분율은 x이고, 포화수의 질량백분율은 $1-x$이다.

따라서 특정 위치에서의 습증기의 내부에너지(u_x)는

$u_x = u_g x + u_f(1-x) = u_g x + u_f - u_f x$ 이고 정리하면

$u_x = u_f + x(u_g - u_f)$

이 식은 내부에너지 뿐만이 아니라 다른 상태량(엔탈피, 비체적, 엔트로피)에도 적용될 수 있다.

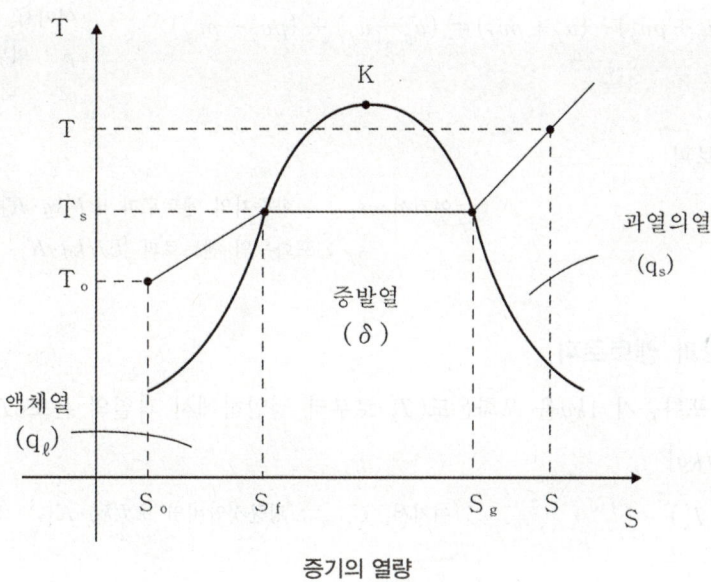

증기의 열량

(1) 포화수의 열량과 엔트로피

① 액체열(q_l) : 임의의 압력하에서 $0℃$의 압축수 $1kg$을 포화온도(T_s)까지 높이는데 필요한 열량 $[kJ/kg]$

미분형 제2식 $\delta q = dh - vdp$ 에서 압축수의 가열과정이 정압과정이므로 $\delta q = dh$이고 이를 적분하면 $q_l = \triangle h$ 이다.

이는 포화액의 엔탈피와 압축수의 엔탈피의 차이를 의미하므로

$$q_l = h_f - h_0$$

여기서, q_l : 액체열 $[kJ/kg]$
h_f : 포화수의 엔탈피 $[kJ/kg]$
h_0 : 압축수의 엔탈피 $[kJ/kg]$

② 포화수의 엔트로피

엔트로피 일반식 $ds = \dfrac{\delta q}{T} = \dfrac{CdT}{T}$ 을 적분하고 $0℃$와 포화온도(T_s)를 적용하면

$\displaystyle\int_{273}^{T_s} ds = C\int_{273}^{T_s} \dfrac{dT}{T}$ 이다. 정리하면

$$\triangle s = s_f - s_0 = C\ln\dfrac{T_s}{273}$$

여기서, s_f : 포화수의 엔트로피 $[kJ/kg \cdot K]$
s_0 : 압축수의 엔트로피 $[kJ/kg \cdot K]$
T_s : 포화온도 $[K]$

(2) 포화증기의 열량과 엔트로피

① 증발열(=잠열 : r) : 임의의 압력하에서 $1kg$의 포화액을 포화증기로 모두 증발시키는데 필요한 열량 $[kJ/kg]$

$$r = h_g - h_f = (u_g + pv_g) - (u_f + pv_f) = (u_g - u_f) + (pv_g - pv_f)$$
$$= \rho + \varnothing$$

여기서,
ρ : 외부증발열 $[kJ/kg]$
$\varnothing$: 내부증발열 $[kJ/kg]$

② 포화증기의 엔트로피

$$\triangle s = s_g - s_f$$

여기서, s_g : 포화증기의 엔트로피 $[kJ/kg \cdot K]$
s_f : 포화수의 엔트로피 $[kJ/kg \cdot K]$

(3) 과열증기의 열량과 엔트로피

① 과열의 열(q_s) : 포화증기 $1kg$을 포화온도(T_s)로부터 정압하에서 과열의 온도(T)까지 과열시키는데 필요한 열량 $[kJ/kg]$

$$q_s = C_{P,m}(T - T_s)$$

여기서, $C_{P,m}$: 평균정압비열 $[kJ/kg \cdot K]$

② 과열증기의 엔트로피

$$\triangle s = s - s_g = C_{P,m} \ln \frac{T}{T_s}$$

여기서, s : 과열증기의 엔트로피 $[kJ/kg \cdot K]$
s_g : 포화증기의 엔트로피 $[kJ/kg \cdot K]$
T : 과열의 온도 $[K]$

6-3 상태변화에 따른 증기선도

(1) 정적변화(V = 일정)

① $p - V$선도

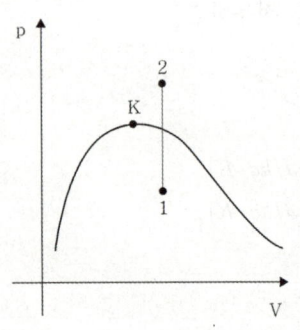

② $T - S$선도

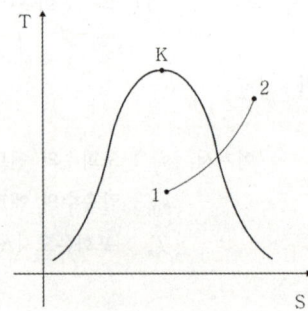

③ $h - S$선도

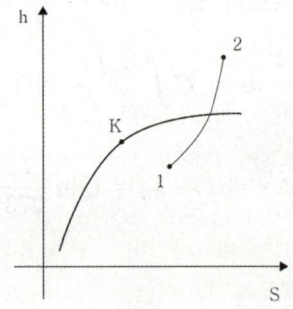

(2) 정압변화(p=일정)

① $p-V$선도

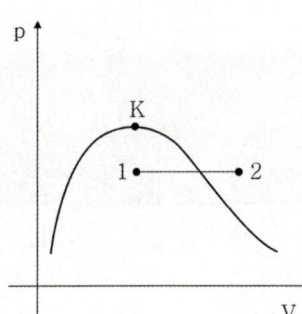

② $T-S$선도

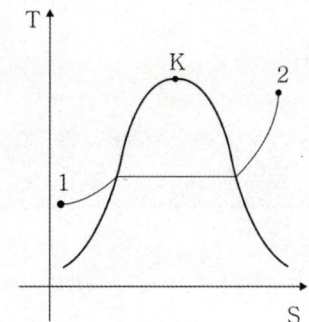

③ $h-S$선도

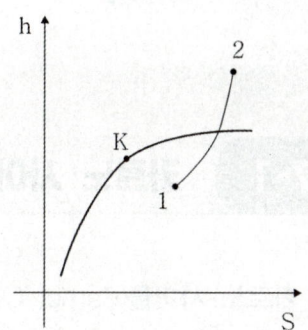

(3) 등온변화(T=일정)

① $p-V$선도

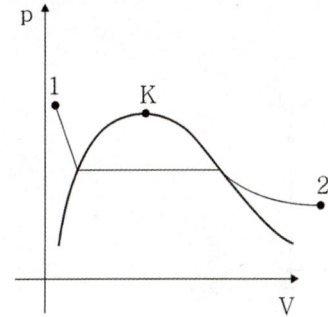

② $T-S$선도

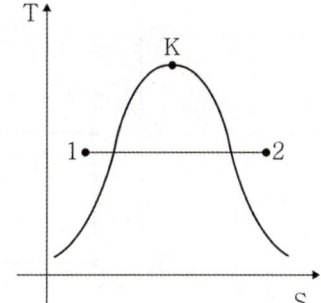

③ $h-S$선도

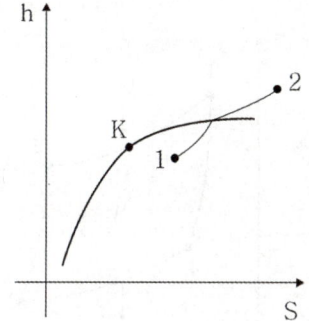

(4) 단열변화(Q=일정)

① $p-V$선도

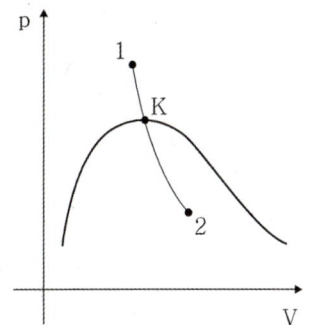

② $T-S$선도

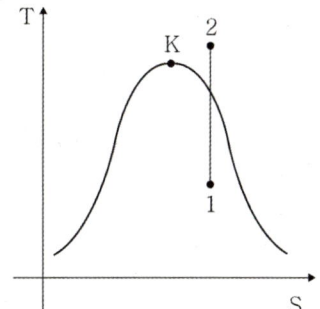

③ $h-S$선도

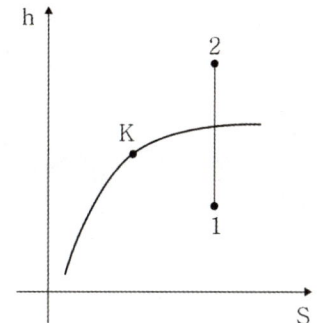

07 열기관 사이클

7-1 카르노 사이클

(1) 카르노 사이클(Carnot Cycle)

이상적인 열기관 사이클로서 열기관 사이클 중에 효율이 가장 높다.

① 사이클 과정 : 등온팽창 → 단열팽창 → 등온압축 → 단열압축

② 카르노 사이클 선도

  ㉠ $p-V$ 선도   ㉡ $T-S$ 선도

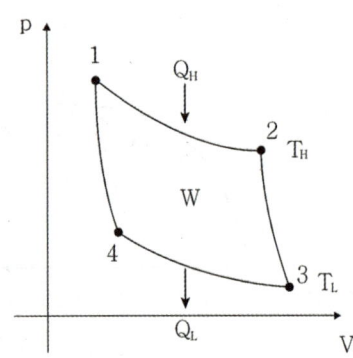   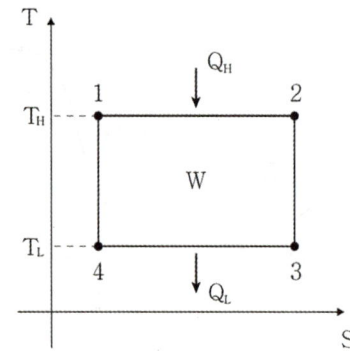

③ 카르노 사이클의 열효율(η_c) : $\eta_c = \dfrac{W}{Q_H} = 1 - \dfrac{Q_L}{Q_H} = 1 - \dfrac{T_L}{T_H}$

증기 사이클

(1) 랭킨 사이클(Rankine Cycle)

동작유체를 증기(H_2O)로 하는 사이클이다.

① 사이클 과정 : 정압가열 → 단열팽창 → 정압방열 → 단열압축

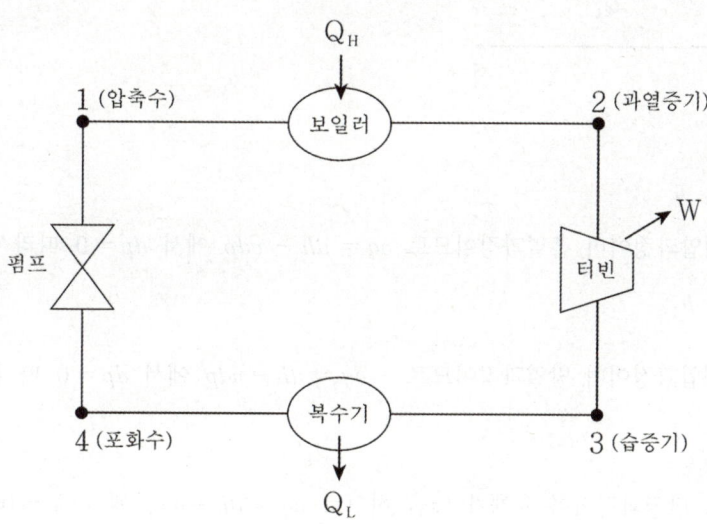

랭킨 사이클의 동적유체 경로

② 랭킨 사이클의 선도

㉠ $p-V$선도

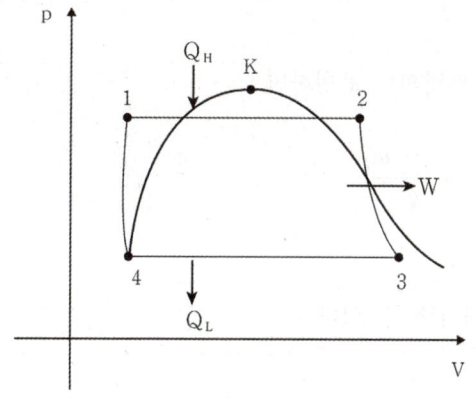

㉡ $T-S$선도

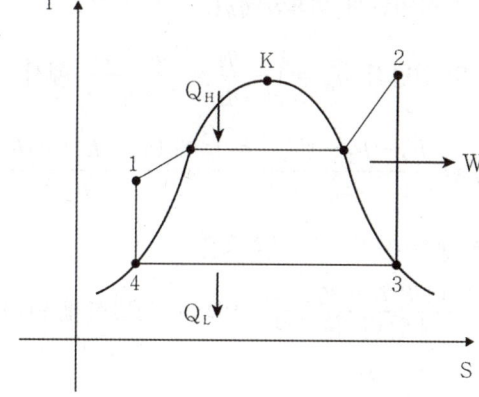

ⓒ $h-S$ 선도

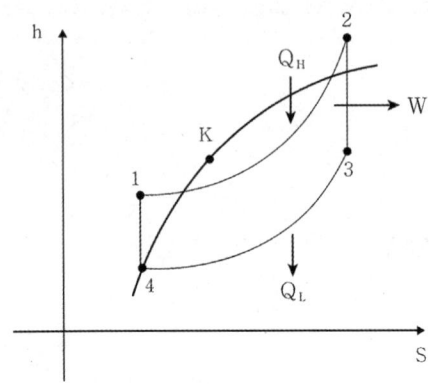

③ 열량의 출입

ㄱ 가열량(q_1) : 정압과정이며 흡열과정이므로 $\delta q = dh - vdp$ 에서 $dp = 0$ 따라서

$q_1 = \triangle h = h_2 - h_1$

ㄴ 방열량(q_2) : 정압과정이며 방열과정이므로 $-\delta q = dh - vdp$ 에서 $dp = 0$ 따라서

$q_2 = -\triangle h = h_3 - h_4$

ㄷ 터빈일량(w_T) : 단열과정이며 유체가 일을 하므로 $\delta q = dh + \delta w_t$ 에서 $\delta q = 0$ 따라서

$w_T = -\triangle h = h_2 - h_3$

ㄹ 펌프일량(w_P) : 단열과정이며 유체가 일을 받으므로 $\delta q = dh - \delta w_t$ 에서 $\delta q = 0$ 따라서

$w_P = \triangle h = h_1 - h_4$

④ 랭킨 사이클의 열효율(η_R)

열효율 일반식 $\eta_R = 1 - \dfrac{q_2}{q_1} = \dfrac{q_1 - q_2}{q_1}$ 에서 각 열량을 엔탈피로 표현하면

$$\eta_R = \frac{h_2 - h_1 - (h_3 - h_4)}{h_2 - h_1} = \frac{(h_2 - h_3) - (h_1 - h_4)}{h_2 - h_1} = \frac{w_T - w_P}{q_1}$$

결국 랭킨 사이클의 열효율은

$\eta_R = \dfrac{\text{터빈일} - \text{펌프일}}{\text{보일러 흡열량}}$ 이므로 간단하게 아래와 같이 나타낼 수 있다.

$$\eta_R = \frac{T - P}{B}$$

⑤ 랭킨 사이클의 열효율이 커지는 경우

㉠ 보일러의 압력은 높고 복수기의 압력은 낮을수록 커진다.

㉡ 터빈 입구의 온도와 압력이 높을수록 커진다.

㉢ 터빈 출구에서 압력이 낮을수록 커진다.

㉣ 터빈 출구에서 온도가 낮으면 터빈 날개를 부식시키므로 기계효율이 떨어진다.

(2) 재열 사이클(Reheat Cycle)

랭킨 사이클에서 1차 가열 후, 추가 가열로 터빈 출구 증기의 건도를 유지하여 효율을 증대시키는 사이클이다.

① 사이클 과정 : 정압가열 → 추가가열 → 단열팽창 → 정압방열 → 단열압축

② 재열 사이클 선도

㉠ $p-V$ 선도

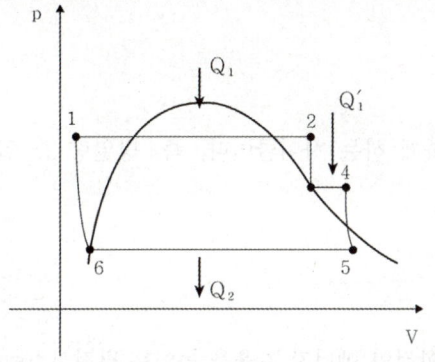

㉡ $T-S$ 선도

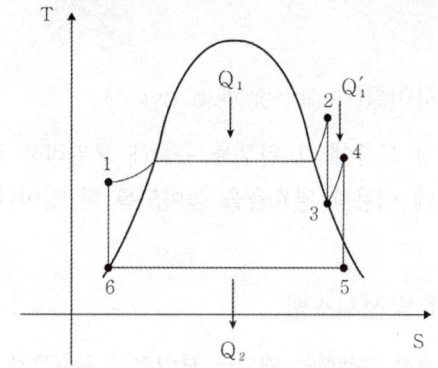

㉢ $h-S$ 선도

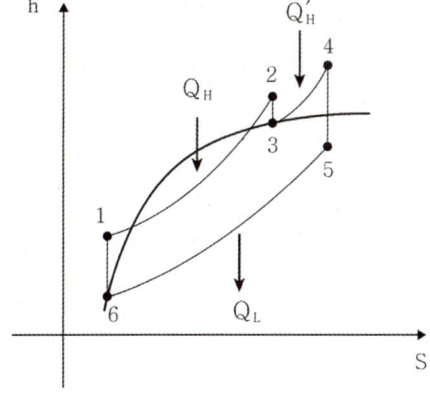

③ 재열 사이클의 열량

　㉠ 가열량(q_1) : $q_1 = (h_2 - h_1) + (h_4 - h_3)$

　㉡ 방열량(q_2) : $q_2 = h_5 - h_6$

　㉢ 터빈열량(w_T) : $w_T = (h_2 - h_3) + (h_4 - h_5)$

　㉣ 펌프열량(w_P) : $w_P = h_1 - h_6$

④ 재열 사이클의 효율

　㉠ 열효율(η_{Re})

$$\eta_{Re} = \frac{w_T - w_P}{q_1} = \frac{T - P}{B} = \frac{(h_2 - h_3) + (h_4 - h_5) - (h_1 - h_6)}{(h_2 - h_1) + (h_4 - h_3)}$$

　㉡ 개선율 : 재열 사이클을 이용함으로써 개선된 정도

$$개선율 = \frac{\eta_{Reh} - \eta_R}{\eta_R} \times 100(\%)$$

(3) 재생 사이클(Regenerative cycle)

증기의 팽창 도중에 그 일부를 유출해 보일러용 급수를 가열하게 하는 사이클이다. 즉, 방열량 중 일부를 급수 가열에 이용해 열효율을 높이도록 한 것이다.

(4) 열병합 발전시스템

전기 발전에서 발생하는 폐열을 보일러의 열원으로 사용하여 종합적인 에너지 효율을 높이는 발전시스템이다. 하나의 에너지원으로부터 전력과

(5) 실제 사이클 선도

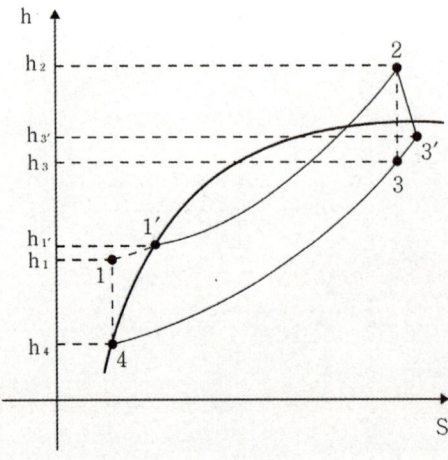

① 펌프 효율(η_P)

$$\eta_P = \frac{\text{이론적인 펌프일}}{\text{실제 펌프일}} = \frac{w_P}{w_P{'}} = \frac{h_1 - h_4}{h_1{'} - h_4} = \frac{T_1 - T_4}{T_1{'} - T_4}$$

② 터빈 효율(η_T)

$$\eta_T = \frac{\text{실제 터빈일}}{\text{이론적인 터빈일}} = \frac{w_T{'}}{w_T} = \frac{h_2 - h_3{'}}{h_2 - h_3} = \frac{T_2 - T_3{'}}{T_2 - T_3}$$

01

02

03

04

7-3 내연기관 사이클

(1) 내연기관의 명칭

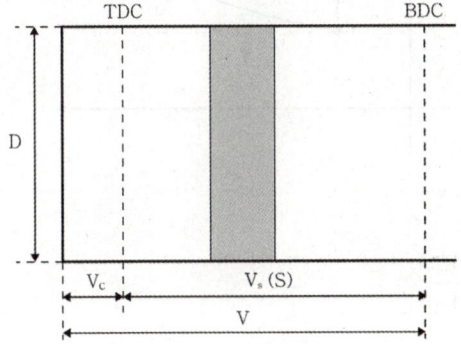

① $T.D.C$ (Top Dead Center) : 상사점
② $B.D.C$ (Bottom Dead Center) : 하사점
③ S (Stroke) : 행정
④ D : 안지름
⑤ V_c : 간극(=극간 =통극 =틈새 =연소실) 체적
⑥ V_s : 행정 체적
⑦ $V = V_c + V_s$: 실린더 체적
⑧ $\lambda = \dfrac{V_c}{V_s}$: 통극체적비(=극간비)
⑨ $\varepsilon = \dfrac{V}{V_c} = \dfrac{V_c + V_s}{V_c} = 1 + \dfrac{V_s}{V_c} = 1 + \dfrac{1}{\lambda}$: 압축비

(2) 오토 사이클(Otto Cycle)

① 사이클 과정 : 단열압축 → 정적가열 → 단열팽창 → 정적방열

② 오토 사이클 선도

　⊙ $p - V$ 선도　　　　　　　　　　　　　　⊙ $T - S$ 선도

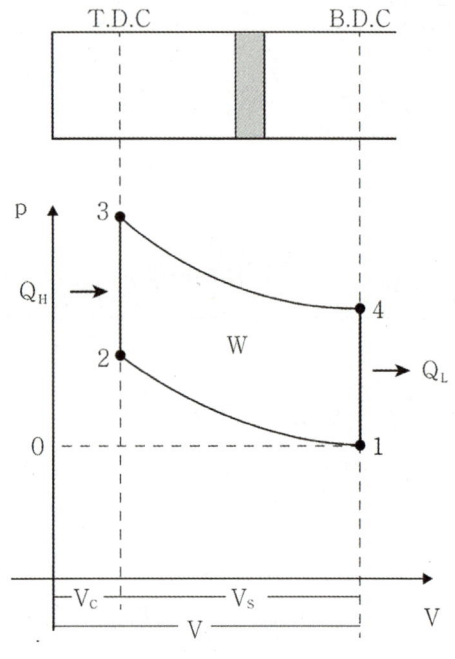
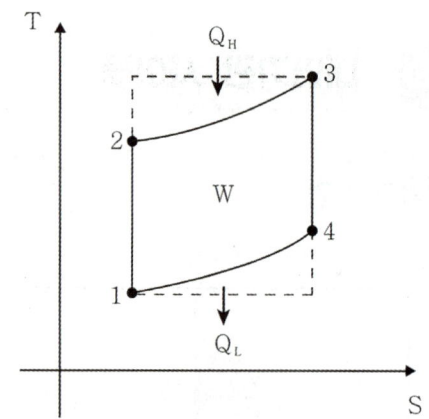

　⊙ 압축비 : $\varepsilon = \dfrac{\text{실린더체적}}{\text{간극체적}} = \dfrac{\text{최대체적}}{\text{최소체적}} = \dfrac{V_1}{V_2} = \dfrac{V_4}{V_3}$

③ 오토 사이클의 열효율(η_o)

$$\eta_o = 1 - \left(\dfrac{1}{\varepsilon}\right)^{k-1}$$

(3) 디젤 사이클(Diesel Cycle)

① 사이클 과정 : 단열압축 → 정압가열 → 단열팽창 → 정적방열

② 디젤 사이클 선도

㉠ $p-V$선도

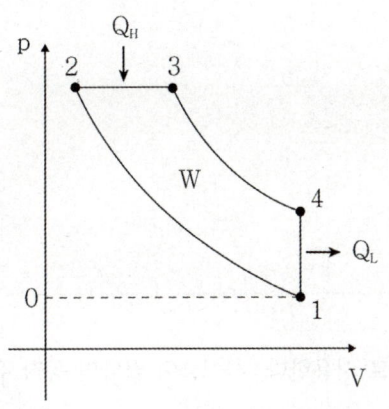

㉡ $T-S$선도

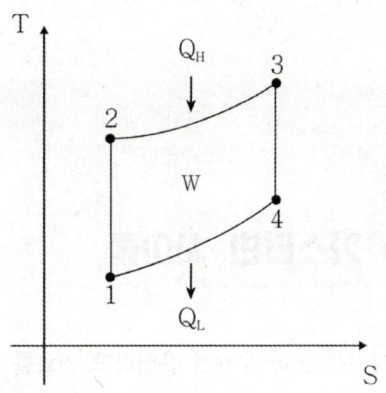

㉢ 단절비(=체적비) : $\sigma = \dfrac{V_3}{V_2}$ (정압가열시 체적의 비)

③ 디젤 사이클의 열효율(η_d)

$$\eta_d = 1 - \left(\frac{1}{\varepsilon}\right)^{k-1} \cdot \frac{\sigma^k - 1}{k(\sigma - 1)}$$

(4) 사바테 사이클(Sabathe Cycle)

① 사이클 과정 : 단열압축 → (정적가열 + 정압가열) → 단열팽창 → 정적방열

② 사바테 사이클 선도

㉠ $p-V$선도

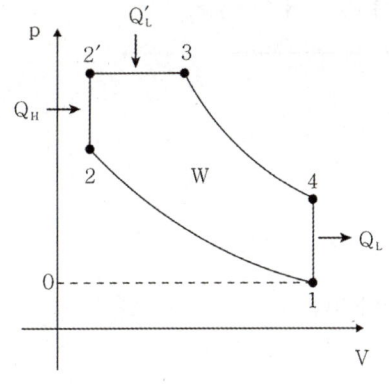

㉡ $T-S$선도

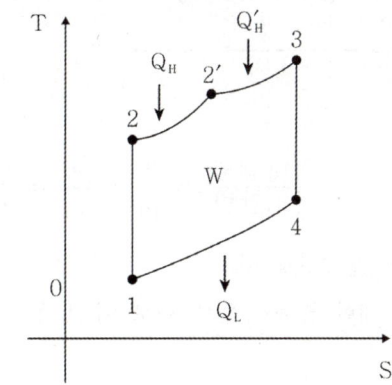

㉢ 압력상승비(=폭발비) : $\rho = \dfrac{p_2{}'}{p_2} = \dfrac{p_3}{p_2}$ (정적가열시 압력의 비)

③ 사바테 사이클의 열효율(η_s)

$$\eta_s = 1 - \left(\frac{1}{\varepsilon}\right)^{k-1} \cdot \frac{\rho\sigma^k - 1}{(\rho-1) + k\rho(\sigma-1)}$$

7-4 가스터빈 사이클

사이클마다 새로운 동작 유체를 흡입하고 연료를 분사하여 연소 가스로 사용한다. 사이클이 끝나면 동작 유체는 대기로 배출한다.

(1) 브레이튼(Brayton) 사이클

① 사이클 과정 : 단열압축 → 정압가열 → 단열팽창 → 정압방열

② 브레이튼 사이클의 선도

　㉠ $p-V$ 선도

　㉡ $T-S$ 선도

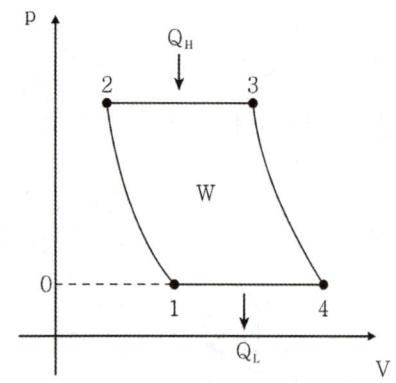

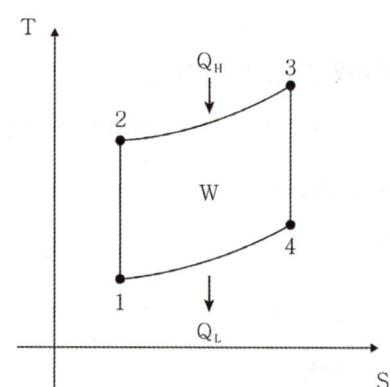

　㉢ 압력비 : $\gamma = \dfrac{최대압력}{최소압력} = \dfrac{p_2}{p_1} = \dfrac{p_3}{p_1} = \dfrac{p_2}{p_4} = \dfrac{p_3}{p_4}$

　㉣ 역일비(Back Work Ratio)

　　터빈 일에 대한 압축기 일의 비로 이 비가 클수록 열효율은 낮아진다.

$$\lambda = \frac{W_c}{W_T}$$

③ 브레이튼 사이클의 열효율(η_B)

$$\eta_B = 1 - \left(\frac{1}{\gamma}\right)^{\frac{k-1}{k}}$$

또한 온도의 식으로 나타내면

$$\eta_B = \frac{T-P}{B} = \frac{(h_3 - h_4) - (h_2 - h_1)}{h_3 - h_2} = \frac{C_P(T_3 - T_4) - C_P(T_2 - T_1)}{C_P(T_3 - T_2)}$$

$$= \frac{(T_3 - T_4) - (T_2 - T_1)}{T_3 - T_2}$$

(2) 에릭슨 사이클(Ericsson Cycle)

2개의 정압과정과 2개의 등온과정으로 이루어진 이상적인 가스터빈 사이클

(3) 스털링 사이클(Stirling Cycle)

2개의 정적과정과 2개의 등온과정으로 이루어진 이상적인 가스터빈 사이클

(4) 르누아 사이클(Lenoir Cycle)

정적, 단열, 정압과정으로 이루어진 이상적인 가스터빈 사이클

(5) 아트킨슨 사이클(Atkinson Cycle)

2개의 정적과정과 2개의 정압과정에서 흡열 및 방열이 일어나고 2개의 단열과정으로 이루어진 이상적인 가스터빈 사이클

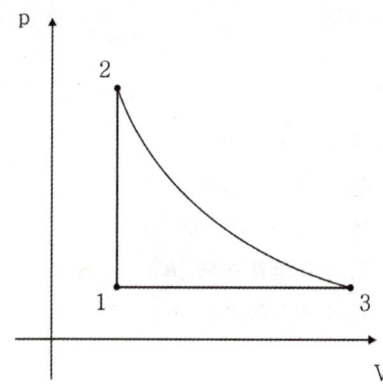
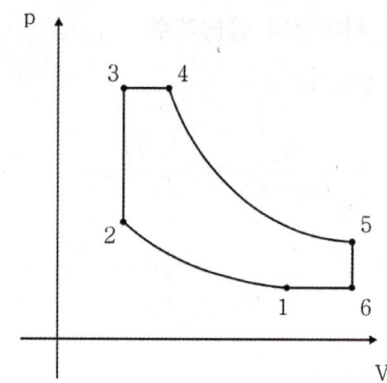

냉동기관 사이클

8-1 **역카르노 사이클**

(1) 사이클 과정

단열팽창 → 등온팽창 → 단열압축 → 등온압축

(2) 역카르노 사이클의 선도

① $p-V$ 선도

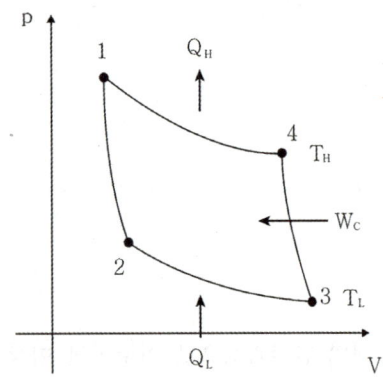

② $T-S$ 선도

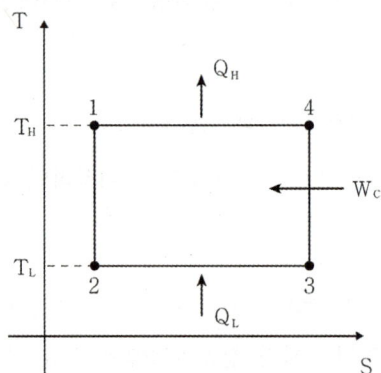

(3) 역카르노 사이클의 성능계수

① 냉동기의 성능계수(ε_r)

$$\varepsilon_r = \frac{Q_L}{W_c} = \frac{Q_L}{Q_H - Q_L} = \frac{T_L}{T_H - T_L}$$

여기서, Q_L : 흡열량 $[kJ]$
$\qquad\quad Q_H$: 방열량 $[kJ]$
$\qquad\quad W_c$: 압축기의 일량 $[kJ]$
$\qquad\quad T_H$: 고열원 온도 $[K]$
$\qquad\quad T_L$: 저열원 온도 $[K]$

② 열펌프의 성능계수(ε_h)

$$\varepsilon_h = \frac{Q_H}{W_c} = \frac{Q_H}{Q_H - Q_L} = \frac{T_H}{T_H - T_L}$$

(1) 사이클 과정

단열팽창 → 정압흡열 → 단열압축 → 정압방열

(2) 역브레이튼 사이클의 선도

① $p - V$선도

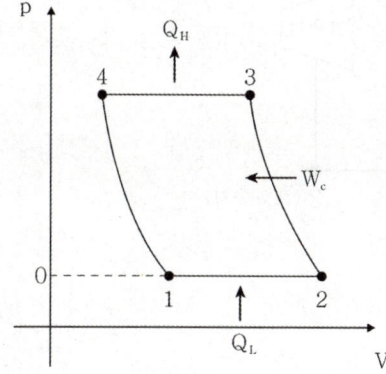

② $T - S$선도

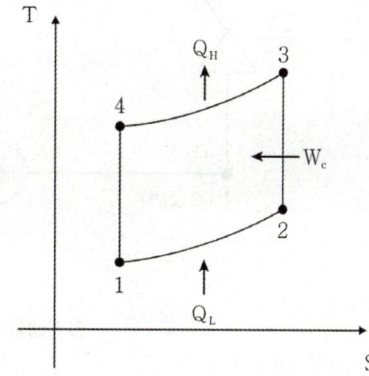

(3) 역브레이튼 사이클의 성능계수

① 냉동기의 성능계수(ε_r)

$$\varepsilon_r = \frac{q_L}{w_c} = \frac{q_L}{q_H - q_L} = \frac{h_2 - h_1}{(h_4 - h_3) - (h_2 - h_1)} = \frac{C_P(T_2 - T_1)}{C_P(T_4 - T_3) - C_P(T_2 - T_1)}$$

$$= \frac{T_2 - T_1}{(T_4 - T_3) - (T_2 - T_1)}$$

② 열펌프의 성능계수(ε_h)

$$\varepsilon_h = \frac{q_H}{w_c} = \frac{q_H}{q_H - q_L} = \frac{h_4 - h_3}{(h_4 - h_3) - (h_2 - h_1)} = \frac{C_P(T_4 - T_3)}{C_P(T_4 - T_3) - C_P(T_2 - T_1)}$$

$$= \frac{T_4 - T_3}{(T_4 - T_3) - (T_2 - T_1)}$$

(1) 증기냉동 사이클의 냉매 경로

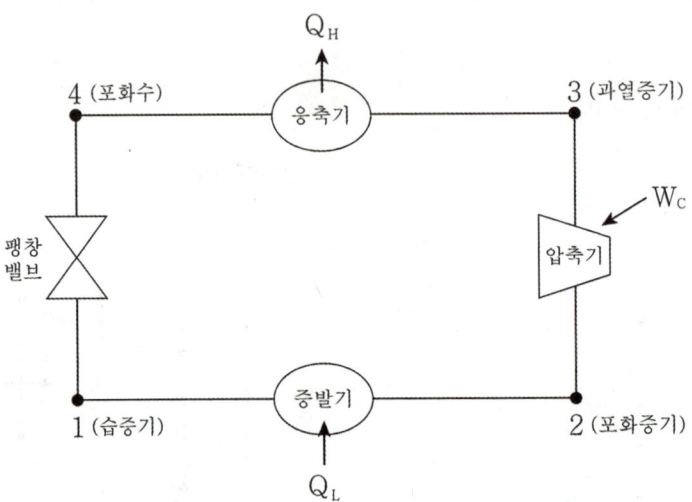

증기냉동 사이클의 냉매 경로

(2) 증기냉동 사이클의 선도

① $T-S$선도

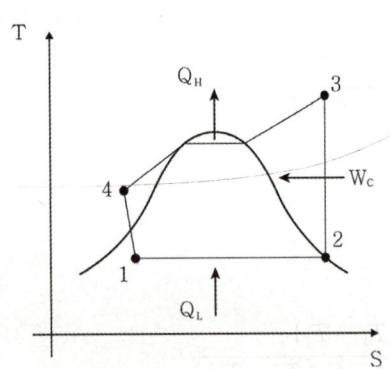

② $p-h$선도

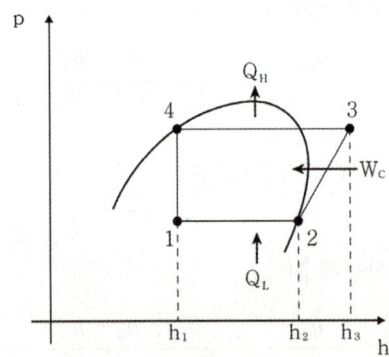

③ $h-S$ 선도

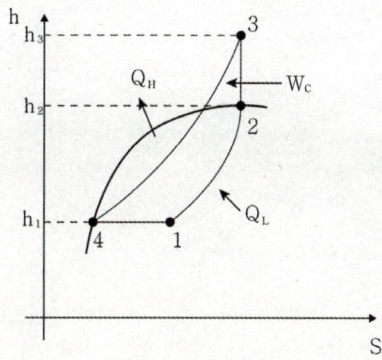

(3) 증기냉동 사이클의 성능계수

① 흡열량(q_L) : 정압과정

미분형 제2식 $\delta q_L = dh - vdp$ 을 적분하면

$q_L = h_2 - h_1$

② 방열량(q_H) : 정압과정

미분형 제2식 $\delta q_H = dh - vdp$ 을 적분하면

$-q_H = \triangle h = h_4 - h_3$ 양변에 (−)를 곱하면

$q_H = h_3 - h_4$

③ 압축기의 소요열(w_c) : 단열과정

미분형 제2식 $\delta q = dh - vdp$ 에서 단열과정이므로 $\delta q = 0$이다.

$0 = dh + \delta w_c$ 을 정리하면 $\delta w_c = -dh$ 이고 이것을 적분하면

$w_c = -\triangle h$ 인데 유체 입장에서 압축기에 의해 일을 받으므로 (−)를 곱하면

$w_c = \triangle h = h_3 - h_2$

④ 성능계수(ε)

㉠ 냉동기 성능계수(ε_r) : $\varepsilon_r = \dfrac{q_L}{w_c} = \dfrac{h_2 - h_1}{h_3 - h_2}$

㉡ 열펌프 성능계수(ε_h) : $\varepsilon_h = \dfrac{q_H}{w_c} = \dfrac{h_3 - h_4}{h_3 - h_2}$

(4) 응축기와 증발기의 관계

① 열출입량 : 응축기 > 증발기

② 응축기의 온도가 일정하고
  증발기의 온도가 높을수록 - 성능계수는 증가한다.
  증발기의 온도가 낮을수록 - 성능계수는 감소한다.

③ 증발기의 온도가 일정하고
  응축기의 온도가 높을수록 - 성능계수는 감소한다.
  응축기의 온도가 낮을수록 - 성능계수는 증가한다.

(5) 그 외 냉동 사이클

① 2원 냉동 사이클 : 서로 다른 냉매를 사용하는 2개의 냉동기가 각각 저온측과 고온측에서 사이클을 행하는
  냉동 사이클
② 흡수식 냉동 사이클 : 액체 냉매를 가열하여 고온 고압의 기체 냉매로 상태변화시키는 냉동 사이클

한 시간동안 냉동기가 흡수하는 열량 $[kJ/hr]$

(1) 얼음의 융해열(q_m)

0℃물을 0℃얼음으로 또는 0℃얼음을 0℃물로 상태변화 시키는데 필요한 열량

$$q_m = 334.66kJ/kg = 79.68kcal/kg$$

(2) 물의 기화열(q_v)

100℃물을 100℃증기로 또는 100℃증기를 100℃물로 상태변화 시키는데 필요한 열량

$$q_v = 2255.81kJ/kg = 537.1kcal/kg$$

(3) 냉동톤(RT)

0℃물 1을 24시간 동안에 0℃얼음으로 냉동시킬 수 있는 능력

$$1RT = \frac{1000\,kg \times 334.66kJ/kg}{24hr} = 13994\,kJ/hr = 3320kcal/hr$$

(4) 냉매의 구비조건

① 증발열과 증기의 비열은 크고 액체의 비열은 작을 것
② 응고점이 낮을 것
③ 증기의 비체적이 작을 것
④ 점성계수가 작을 것
⑤ 열전도계수가 클 것
⑥ 부식성이 없을 것
⑦ 가능한 한 윤활유에 녹지 않을 것
⑧ 전기저항이 클 것
⑨ 불활성이고 비가연성일 것

09 열전달

9-1 전도

고체 내부 또는 정지한 유체, 기체의 내부의 온도차에 의한 열의 전달이다.

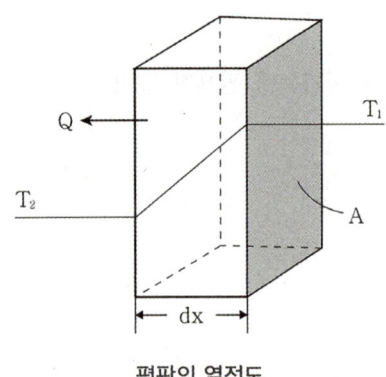

평판의 열전도

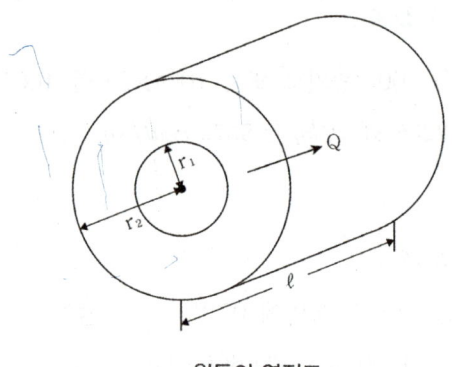

원통의 열전도

(1) 평판의 경우

위 그림에서 평판에서의 열전달량(Q)은

$$Q = -kA\frac{\triangle T}{\triangle x}\,[kW]$$

여기서, k : 열전도계수 $[kW/m\cdot K]$
A : 전열면적 $[m^2]$
$\triangle T$: 온도 변화량 $[K]$
$\triangle x$: 전열면 두께 $[m]$

(2) 원통의 경우

위 그림에서 원통에서의 열전달량(Q)은

$$Q = \frac{2\pi \ell k \triangle T}{\ln \dfrac{r_2}{r_1}}\,[kW]$$

여기서, ℓ : 원관의 길이 $[m]$
r_1 : 원관의 내경 $[m]$
r_2 : 원관의 외경 $[m]$

(1) 대류 : 고체의 표면과 이에 접하는 유체 사이의 열의 흐름이다.

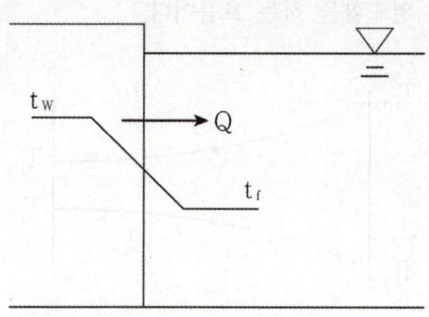

대류로 인한 열전달

위 그림에서 대류로 인한 열전달량(Q)은

$$Q = \alpha A(t_w - t_f)\,[kW]$$

여기서, α : 열전달계수 $[kW/m \cdot K]$
t_w : 벽의 온도 $[K]$
t_f : 유체의 온도 $[K]$

(2) 복사 : 열이 고온체로부터 전자파 형태로 저온체에 도달하여 열이 되는 현상이다. 복사에너지(E_b)의 식은 다음과 같다.

$$E_b = \sigma T^4\,[kW/m^2]$$

여기서, σ : 스테판 볼츠만 상수
$(\sigma = 5.67 \times 10^{-8}[kW/m^2 \cdot K^4])$
T : 흑체 표면의 절대온도 $[K]$

(1) 평행류(=병행류)

고온(T_H)과 저온(T_L)의 유체가 서로 같은 방향으로 흐르며 열교환을 하는 흐름이다.

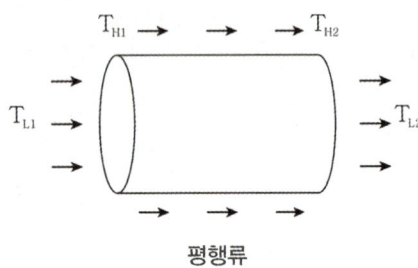

평행류

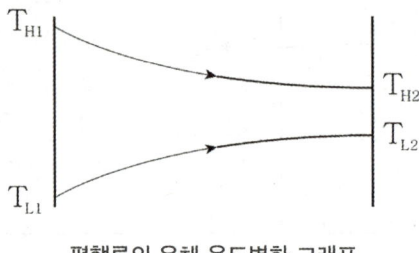

평행류의 유체 온도변화 그래프

(2) 대향류

고온(T_H)과 저온(T_L)의 유체가 서로 다른 방향으로 흐르며 열교환을 하는 흐름이다.

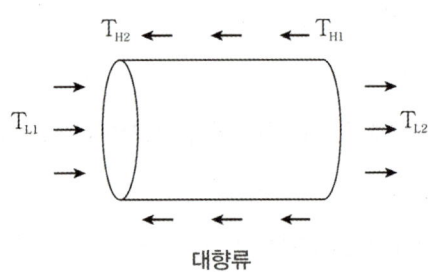

대향류

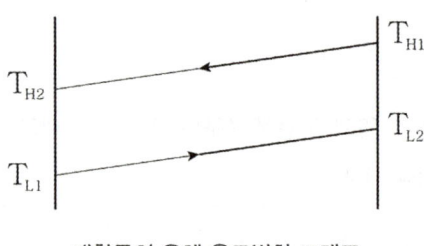

대향류의 유체 온도변화 그래프

(3) 직교류

고온(T_H)과 저온(T_L)의 유체가 서로 수직한 방향으로 흐르며 열교환을 하는 흐름이다.

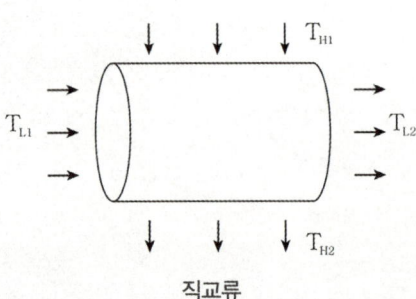

직교류

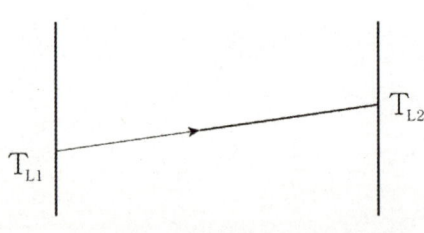

직교류의 유체 온도변화 그래프

유체역학의 개요

10-1 유체의 정의와 분류

(1) 유체의 정의 : 아무리 작은 전단력이라도 작용하면 변형하는 물질을 의미한다.

(2) 검사 체적(Control Volume)

  부피는 변하지 않지만 질량, 운동량, 에너지 등의 물리량은 유동적인 가상의 체적이다.

(3) 유체의 분류

① 압축성유체 : 압력변화($\triangle p$)에 대하여 밀도(ρ), 비중량(γ), 체적(V)등의 변수를 무시할 수 없는 유체이다.   ex) 공기

② 비압축성유체 : 압력변화($\triangle p$)에 대하여 밀도(ρ), 비중량(γ), 체적(V)등의 변수를 무시할 수 있는 유체이다.   ex) 물

③ 점성유체(=실제유체) : 점성을 가지고있는 모든 유체를 의미한다.

④ 비점성유체 : 점성을 무시할 수 있는 유체를 의미한다.

⑤ 이상유체(=완전유체) : 비점성, 비압축성 유체를 의미한다.

(4) 유동 상태의 분류

① 정상류 : 유동장 내의 임의의 한 점에 있어서 흐름의 특성이 시간에 관계없이 항상 일정한 흐름이다.

$$\frac{\partial p}{\partial t} = 0, \ \frac{\partial v}{\partial t} = 0, \ \frac{\partial \rho}{\partial t} = 0, \ \frac{\partial T}{\partial t} = 0$$

② 비정상류 : 유동장 내의 임의의 한 점에 있어서 흐름의 특성이 시간에 따라 변화하는 흐름이다.

$$\frac{\partial p}{\partial t} \neq 0, \ \frac{\partial v}{\partial t} \neq 0, \ \frac{\partial \rho}{\partial t} \neq 0, \ \frac{\partial T}{\partial t} \neq 0$$

③ 등류(=균속도유동 =등속류) : 거리의 변화에 관계없이 항상 속도가 일정한 흐름이다.

$$\frac{\partial v}{\partial s} = 0$$

④ 비등류(=비균속도유동 =비등속류) : 거리의 변화에 따라 속도가 변화하는 흐름이다.

$$\frac{\partial v}{\partial s} \neq 0$$

(1) 뉴턴의 점성법칙

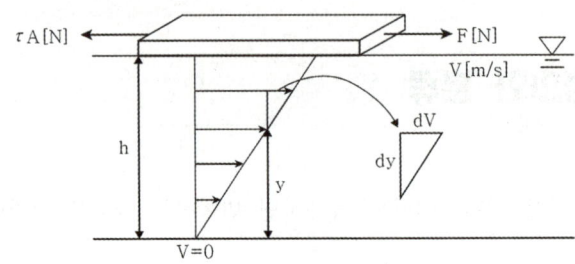

물에 떠있는 평판에 작용하는 힘

① 점성계수(μ) $[N\cdot s/m^2 = kg/m\cdot s]$
   위 그림에서
   평판을 당기는 힘(F)이 강해질 경우 속도(V)가 커진다. $F \propto V$
   평판의 면적(A)이 클 경우 평판을 당기는 힘(F)이 강해진다. $F \propto A$

   바닥에서부터의 거리(h)가 커질수록 평판을 당기는 힘(F)이 작아진다. $F \propto \dfrac{1}{h}$

   따라서 비례관계는 아래와 같이 나타낼 수 있다.

$$F \propto \frac{VA}{h}$$

   이 때, 비례상수(=점성계수, μ)를 적용하여 식을 정리하면
   평판을 당기는 힘(F)은

$$F = \mu \frac{V}{h} A \ [N]$$

여기서, μ : 점성계수 $[N\cdot s/m^2]$
V : 속도 $[m/s]$
A : 평판의 면적 $[m^2]$
h : 바닥으로부터 거리 $[m]$

〈점성계수의 단위〉
   ㉠ $N\cdot s/m$ ㉡ $kg/m\cdot s$
   ㉢ $poise$ ㉣ $dyne\cdot s/cm^2$

② 전단응력(τ) $[N/m^2]$
   위 그림의 힘의 평형식을 전개해보면

$$F - \tau A = 0$$
$$F = \tau A = \mu \frac{VA}{h}$$

여기서 τ에 대해서 정리하면 유체의 전단응력(τ)은

$$\tau = \mu \frac{V}{h} \ [N/m^2]$$

위 식을 미분형으로 나타내면 $\tau = \mu \dfrac{dV}{dh}$ 이고

여기서 $\dfrac{dV}{dh}$ 를 속도구배(=전단변형률 =각변형률)라고 한다.

③ 동점성계수(ν) $[m^2/s]$

$$\nu = \frac{\mu}{\rho}$$ 여기서, ρ : 밀도 $[kg/m^3]$

〈동점성계수의 단위〉

㉠ m^2/s ㉡ $stokes = cm^2/s$

(2) 체적유량과 질량유량

① 유량(=체적유량, Q) $[m^3/s]$: 단위 시간당 흐르는 유체의 체적

$$Q = AV$$

② 질량유량($\dot{m}$) $[kg/s]$: 단위 시간당 흐르는 유체의 질량

(3) 체적탄성계수(K) $[N/m^2]$: 체적변화율에 따른 압력 변화의 비

$$K = \frac{\Delta p}{-\dfrac{\Delta V}{V}} = \frac{\Delta p}{\dfrac{\Delta \gamma}{\gamma}} = \frac{\Delta p}{\dfrac{\Delta \rho}{\rho}}$$

여기서, Δp : 압력 변화량 $[N/m^2]$
ΔV : 체적 변화량 $[m^3]$
V : 기존 체적 $[m^3]$

(4) 압축률(β) $[m^2/N]$: $\beta = \dfrac{1}{K}$

정지한 유체의 역학

(1) 정지한 유체의 성질

① 유체내의 특정한 검사 체적에 작용하는 압력은 모든 면에 수직으로 작용한다.

② 유체내의 한 점에 작용하는 압력의 크기는 모든 방향에서 동일하다.

③ 동일 수평선상에 있는 두 점의 압력의 크기는 같다.

④ 밀폐 용기 속의 유체에 가한 압력은 모든 방향에서 같은 크기로 전달된다.(=파스칼의 원리)

$$\frac{F_1}{A_1} = \frac{F_2}{A_2} = p_1 = p_2$$

(2) 표면장력(σ) $[N/m]$: 유체의 표면을 따라 단위 길이당 작용하는 힘

ex) 물방울, 비눗방울

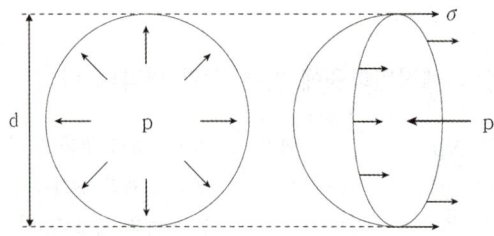

내압과 표면장력의 작용

① 힘의 평형식

위 그림의 힘의 평형식을 전개해보면 $p\frac{\pi d^2}{4} - \sigma \pi d = 0$ 이고 이를 표면장력(σ) 정리하면

$$\sigma = \frac{pd}{4}$$

여기서, p : 내부압력 $[N/m^2]$
d : 직경 $[m]$

② 외부압력(p_o)이 존재할 경우

외부 압력을 p_o라고 하면 $p - p_o = \triangle p$ 이고 이를 표면장력의 식에 대입하면

$\sigma = \dfrac{\triangle pd}{4}$ 이다. 이 때 식을 $\triangle p$로 정리하면

$\triangle p = \dfrac{4\sigma}{d}$ 로 나타낼 수 있고 $p - p_o = \triangle p$ 이므로

$p = p_o + \dfrac{4\sigma}{d}$

③ 박막(=얇은 막)의 경우   ex) 비눗방울

비눗방울과 같은 박막의 경우엔 경계막을 2겹으로 가정하므로 표면장력이 2배로 작용한다.

따라서 힘의 평형식을 세워보면

$\dfrac{p\pi d^2}{4} - \sigma\pi d \times 2 = 0$

$\sigma = \dfrac{pd}{8}$

01

02

03

04

11-2 액주계

(1) 모세관 현상

외력과 상관없이 유체가 가느다란 관과 같은 좁은 공간을 타고 올라가는 현상이다.

① 가느다란 원관의 모세관 현상

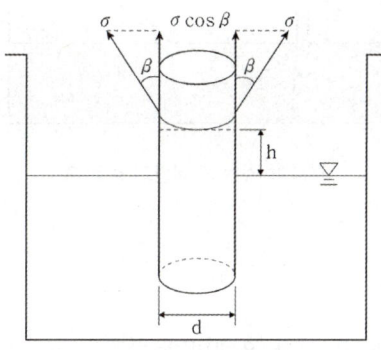

원관의 모세관 현상

위 그림에서 유체의 상승 높이(h)만큼의 무게와 표면장력이 평형을 이룬다고 가정하면

$\sigma\cos\beta\pi d - \gamma\dfrac{\pi d^2}{4}h = 0$ 이므로 유체의 상승 높이(h)로 정리하면

$$h = \frac{4\sigma\cos\beta}{\gamma d} \ [m]$$

여기서, σ : 표면장력 $[N/m]$
β : 접촉각 $[\degree]$
γ : 액체의 비중량 $[N/m^3]$
d : 원관의 직경 $[m]$

② 좁은 평판 사이의 모세관 현상

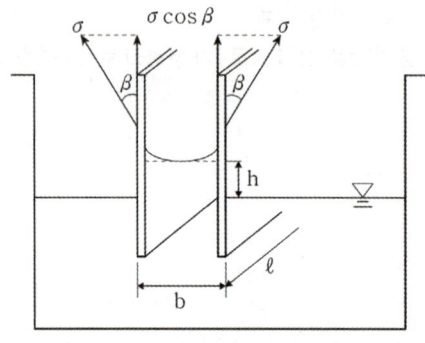

평판의 모세관 현상

위 그림에서 유체의 상승 높이(h)만큼의 무게와 표면장력이 평형을 이룬다고 가정하면
$\sigma\cos\beta 2\ell - \gamma b\ell h = 0$ 이므로 유체의 상승 높이(h)로 정리하면

$$h = \frac{2\sigma\cos\beta}{\gamma b} \ [m]$$

여기서, b : 평판 사이의 간격 $[m]$
ℓ : 평판의 길이 $[m]$

③ 경사가 져 있을 때 모세관 현상
아래 그림과 같이 경사가 지더라도 모세관 현상에 의한 액면의 높이(h)는 변함이 없다.

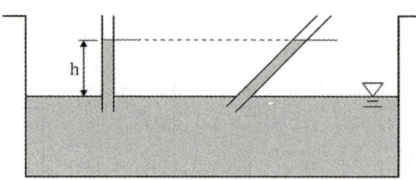

경사가 있는 모세관과의 비교

(2) 여러 가지 액주계

유체의 비중량은 $\gamma[N/m^3]$로 나타낼 수 있고 유체의 높이는 $h[m]$로 나타낼 수 있다.
이 때 $\gamma \times h = [N/m^3 \times m] = [N/m^2]$ 이므로 γ의 비중량을 가진 유체가 h의 높이만큼 있을 때의 압력(p)은 다음과 같다.

$$p = \gamma h \ [kPa]$$

위 식은 앞으로 공부할 액주계의 압력을 계산하는 가장 기본적인 식이다.

① 피에조미터 : 탱크나 용기 속에 있는 유체의 압력을 측정하는 액주계

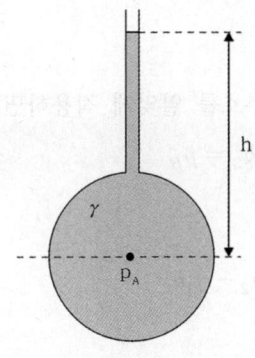

유체의 높이가 상승했으므로 h에 (−)부호를 적용하면
$p_A - \gamma h = p_o$ 이를 정리하면

$$p_A - p_o = \gamma h$$

② U자관 액주계

㉠ 한 가지 유체가 존재할 때

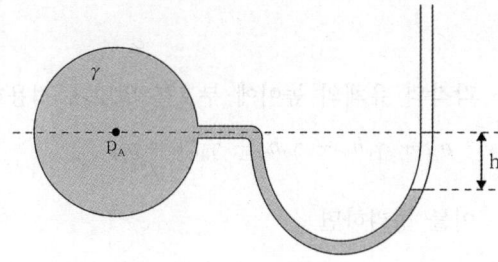

유체의 높이가 하강했으므로 h에 (+)부호를 적용하면
$p_A + \gamma h = p_o$ 이를 정리하면

$$p_A - p_o = -\gamma h$$

㉡ 두 가지 유체가 존재할 때

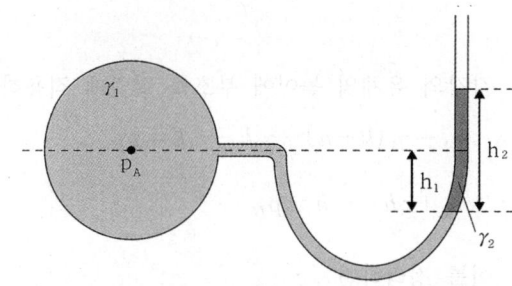

유체의 높이가 하강한 h_1에 (+)부호를 적용하고 상승한 h_2에 (−)부호를 적용하면
$p_A + \gamma_1 h_1 - \gamma_2 h_2 = p_o$ 이를 정리하면

$$p_A - p_o = \gamma_2 h_2 - \gamma_1 h_1$$

③ 역 U자관 시차액주계

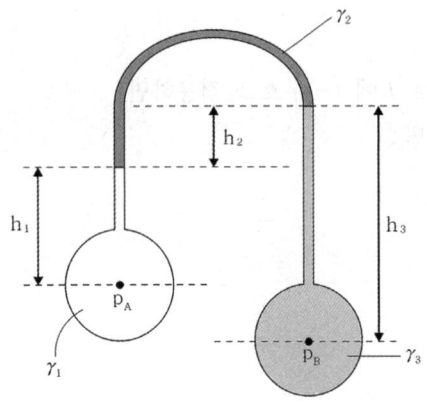

각각의 유체의 높이에 부호를 알맞게 적용하면
$$p_A - \gamma_1 h_1 - \gamma_2 h_2 + \gamma_3 h_3 = p_B$$

이를 정리하면
$$p_A - p_B = \gamma_1 h_1 + \gamma_2 h_2 - \gamma_3 h_3$$

④ U자관 시차액주계

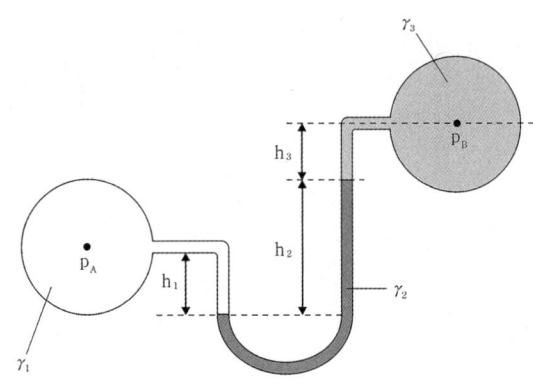

각각의 유체의 높이에 부호를 알맞게 적용하면
$$p_A + \gamma_1 h_1 - \gamma_2 h_2 - \gamma_3 h_3 = p_B$$

이를 정리하면
$$p_A - p_B = \gamma_2 h_2 + \gamma_3 h_3 - \gamma_1 h_1$$

⑤ 벤투리미터 : 관수로의 일부에 단면을 변화시킨 관을 부착하고, 여기를 통과하는 유체의 수압변화로부터 유량을 구하는 장치이다.

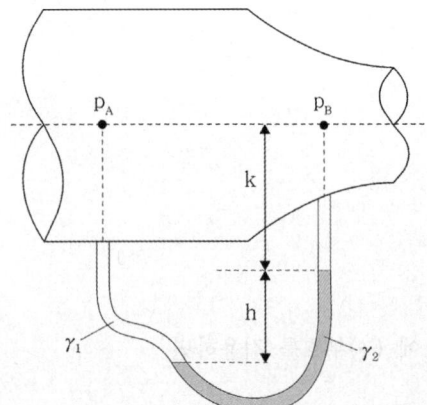

각각의 유체의 높이에 부호를 알맞게 적용하면
$$p_A + \gamma_1 (k + h) - \gamma_2 h - \gamma_1 k = p_B$$
$$p_A + \gamma h - \gamma_o h = p_B$$

이를 정리하면
$$p_A - p_B = (\gamma_0 - \gamma) h$$

11-3 유체에 잠긴 물체에 작용하는 힘

(1) 수평으로 잠긴 평판에 작용하는 힘

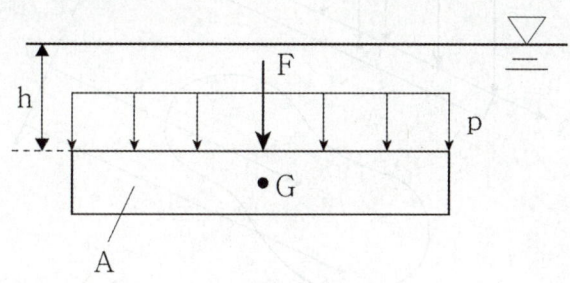

수평으로 잠긴 평판

① 전압력(F) [N]

수면으로부터 평판의 도심까지의 높이를 기준으로한 힘으로 유체가 물체의 도심에 작용하는 힘이다.

전압력(F)은 평판의 도심에 가해지는 압력과 평판의 면적의 곱이므로 정리하면 $F = pA = \gamma hA$ 이다.

여기서 높이(h)는 수면으로부터 평판의 도심까지의 높이이므로

$$F = \gamma \bar{h} A$$

여기서, γ : 액체의 비중량 [N/m^3]

$\bar{h}$: 수면으로부터 도심까지 높이 [m]

A : 평판 면적[m^2]

② 작용점의 위치(y_F)

전압력이 실제 작용하는 힘의 작용점으로 평판이 수평으로 잠겼을 경우에는 작용점의 위치(y_F)가 도심의 위치(G)와 같다.

$$y_F = G$$

(2) 기울어져 잠긴 평판에 작용하는 힘

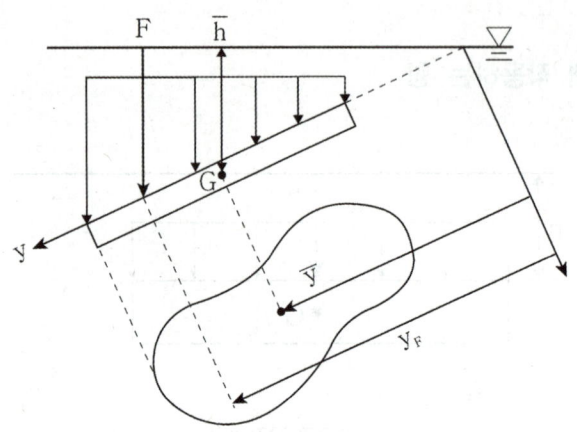

기울어져 잠긴 평판

① 전압력(F) $[N]$: $F = \gamma \overline{h} A$

② 작용점의 위치(y_F) $[m]$

$$y_F = \overline{y} + \frac{I_G}{A \overline{y}}$$

여기서, $\overline{y}$: y축상 도심까지의 거리 $[m]$
I_G : 도심축에 대한 단면 2차 모멘트 $[m^4]$
A : 평판 면적 $[m^2]$

③ 도심축에 대한 단면 2차 모멘트(I_G)

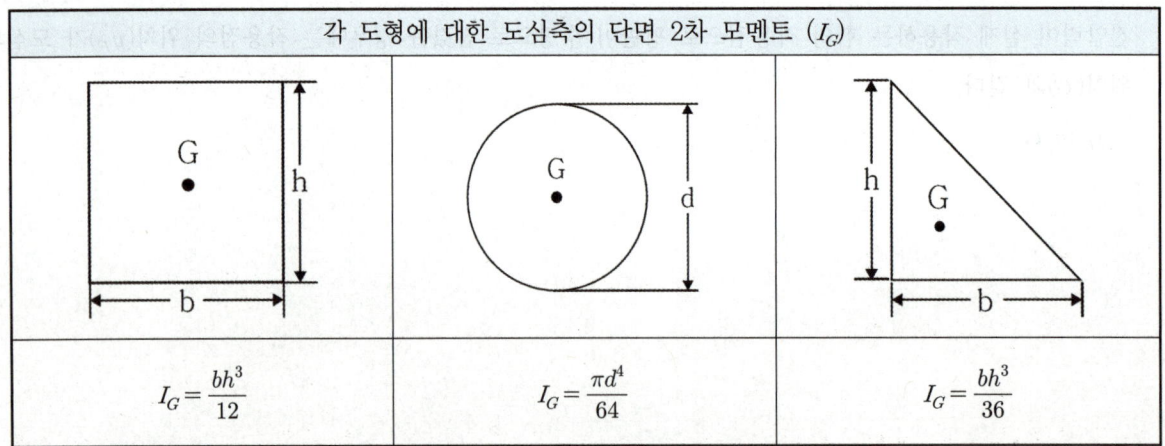

각 도형에 대한 도심축의 단면 2차 모멘트 (I_G)		
$I_G = \dfrac{bh^3}{12}$	$I_G = \dfrac{\pi d^4}{64}$	$I_G = \dfrac{bh^3}{36}$

(3) 수조의 곡면에 작용하는 전압력

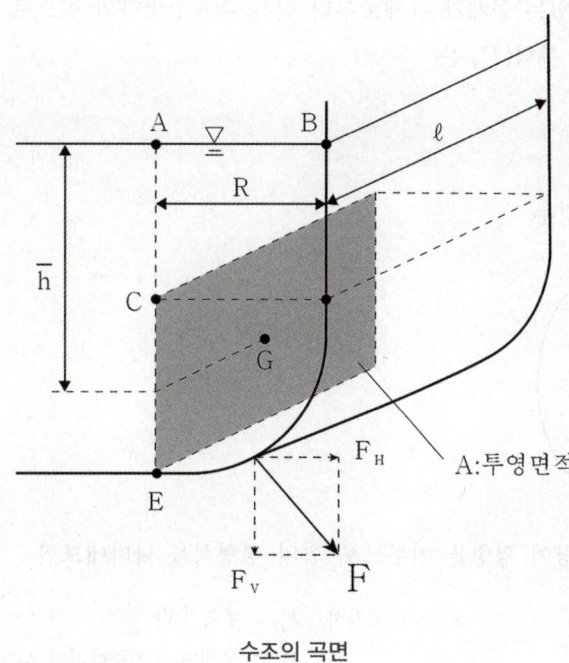

수조의 곡면

① 수평방향의 힘(F_H) [N]

곡면을 x방향으로 투영한 후 투영면의 도심점 압력과 곡면을 x방향으로 투영한 투영 면적의 곱이다.

$$F_H = \gamma\overline{h} \times A$$

② 수직성분(F_V) [N]

곡면의 연직상방향에 실려있는 액체의 무게이다.

$$F_V = W_{ABCD} + W_{CDE} = \gamma(V_{ABCD} + V_{CDE})$$

$$F_V = \gamma\left(\overline{AC} \times R\ell + \frac{\pi R^2}{4}\ell\right)$$

③ 곡면에 작용하는 유체의 전압력(F) [N]

$$F = \sqrt{(F_H)^2 + (F_V)^2}$$

(4) 부력(F_B)

정지 유체에 잠겨있거나 떠있는 물체가 유체로부터 받는 수직상방향의 힘으로 물체로 인해 밀려난 유체의 중량만큼의 힘이다. 따라서 부력(F_B)은

$$F_B = \gamma_{유체} V_{잠긴}$$

① 물체가 유체에 떠있는 경우

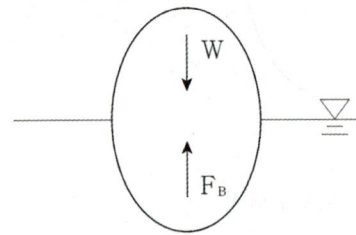

유체의 부력과 물체의 중량이 평형을 이루므로 힘의 평형식을 나타내보면

$$F_B = W$$

$$\gamma_{유체} V_{잠긴} = \gamma_{물체} V_{물체}$$

여기서, F_B : 부력 $[N]$

W : 물체의 공기중에서의 무게 $[N]$

② 물체가 유체에 잠긴 경우

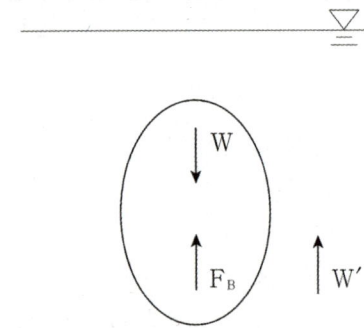

유체의 부력 + 유체속 무게와 물체의 중량이 평형을 이루므로 힘의 평형식을 전개해보면

$$F_B + W' = W$$

$$\gamma_{유체} V_{잠긴} + W' = \gamma_{물체} V_{물체}$$

여기서, W' : 물체의 유체 속에서의 무게 $[N]$

(1) 수평방향 등가속도 운동을 하는 유체

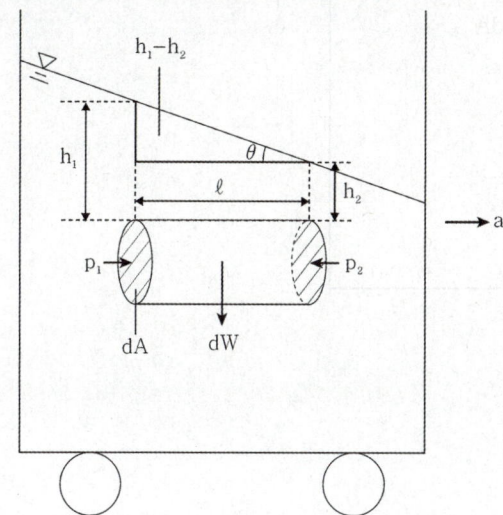

여기서,

dW : 미소 유체의 무게 $[N]$

dA : 미소 유체의 단면적 $[m^2]$

γ : 유체의 비중량 $[N/m^3]$

θ : 수면의 각도 $[°]$

위 그림에서 힘의 평형식을 전개해보면 $F = ma_x$ 이므로

$$dF = p_1 dA - p_2 dA = dm \cdot a_x = \frac{dW}{g} a_x = \frac{\gamma \ell dA}{g} a_x$$

양변을 γdA로 약분하면 $\dfrac{p_1 - p_2}{\gamma} = \ell \dfrac{a_x}{g}$

여기서 $\dfrac{p_1 - p_2}{\gamma} = h_1 - h_2$ 이므로 $\dfrac{h_1 - h_2}{\ell} = \dfrac{a_x}{g}$

또한 $\dfrac{h_1 - h_2}{\ell} = \tan\theta$ 이므로 식을 정리하면

$$\tan\theta = \frac{a_x}{g}$$

① $a_x = 9.8 \, m/s^2$ 이면 $\tan\theta = 1$ $\therefore \theta = 45°$

② $a_x = 5.65 \, m/s^2$ 이면 $\tan\theta = \dfrac{1}{\sqrt{3}}$ $\therefore \theta = 30°$

(2) 수직방향 등가속도 운동을 하는 유체

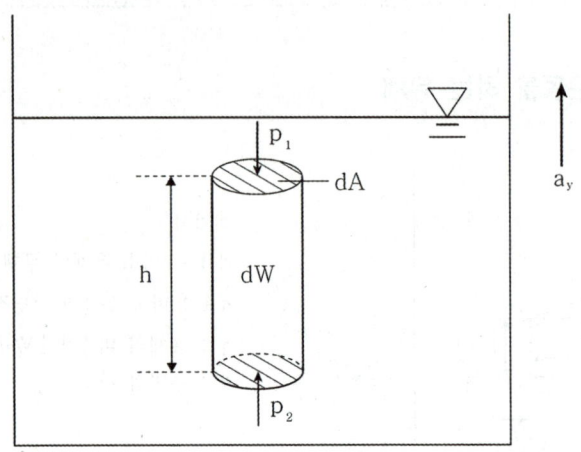

위 그림에서 힘의 평형식을 전개해보면 $F = ma$ 이므로

$$dF = -p_1 dA + p_2 dA - dW = dm \cdot a_y$$

$$= -p_1 dA + p_2 dA - \gamma h dA = \frac{\gamma h dA}{g} a_y$$

양변을 dA로 약분하면 $-p_1 + p_2 - \gamma h = \gamma h \frac{a_y}{g}$

γh로 묶어서 정리하면

$$\triangle p = \gamma h \left(1 + \frac{a_y}{g} \right)$$

만약 자유낙하 시킬 경우 $a_y = -9.8 \, m/s^2$이므로

$$\triangle p = \gamma h \left(1 + \frac{(-9.8)}{9.8} \right) = 0 \qquad \therefore p_2 = p_1$$

(3) 등속회전 운동을 하는 유체

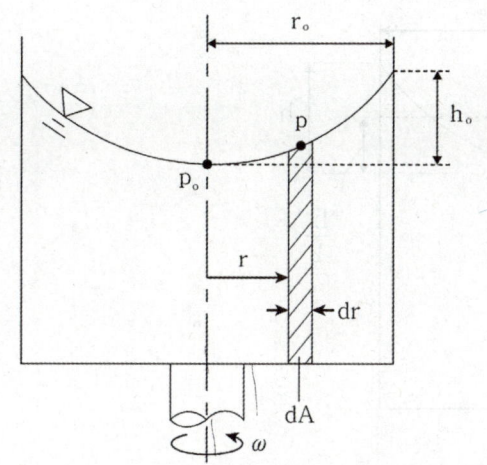

여기서,
a_n : 구심가속도 $[m/s^2]$
ω : 각속도 $[rad/s]$
r : 미소유체 까지의 반경 $[m]$
h : 중심수면과의 높이차 $[m]$

위 그림에서 힘의 평형식을 전개해보면 $F = m a_n$ 이므로

$$dF = p_1 dA - p_2 dA = dm \cdot a_n$$
$$= p_1 dA - p_2 dA = \frac{\gamma dr dA}{g} a_n$$

양변을 dA로 약분하고 $p_1 - p_2 = dp$ 로 표현하면 $dp = \gamma dr \dfrac{a_n}{g}$ 이고

여기서 $a_n = r\omega^2$ 이므로

$dp = \dfrac{\gamma \omega^2}{g} r \, dr$ 이다. 양변을 적분하면

$$\triangle p = \frac{\gamma \omega^2}{2g} r^2$$

① 임의의 반경(r) 에서의 높이(h)

$\triangle p = \gamma \triangle h = \dfrac{\gamma \omega^2}{2g} r^2$ 이므로 양변에 γ를 약분하면

$$\triangle h = \frac{\omega^2}{2g} r^2$$

② 최대 높이(h_o)에서의 반지름(r_o) 과 압력(p_o)

$h_o = \dfrac{\omega^2}{2g} r_o^2$ 이므로

$r_o = \dfrac{1}{\omega} \sqrt{2g h_o}$ 또한 $p_o = \gamma h_o = \dfrac{\gamma \omega^2}{2g} r_o^2$

여기서, ω : 각속도 $[rad/s]$
$$\left(\omega = \frac{2\pi N}{60} \right)$$
N: 회전수 $[rpm]$

③ 초기 수면의 높이와 회전시 수면의 높이

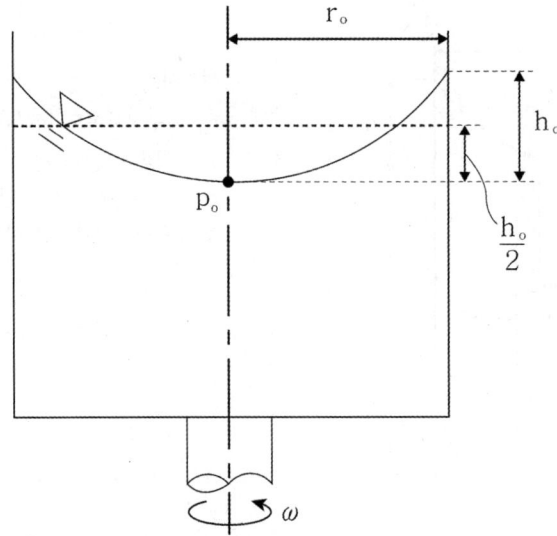

유체가 회전할 경우 초기에 평평했던수면이 포물선 형태로 변하는데 이 때 최대 수면의 높이차(h_o)는 초기 수면을 기준으로 올라가고 내려간 수면의 높이를 각각 더한값이다. 이 때, 올라가고 내려간 수면의 높이는 같으므로 각각 $\dfrac{h_o}{2}$로 표시할 수 있다.

유체역학 방정식

12-1 유선의 방정식

(1) 유체 흐름의 표현

① 유선(Stream Line)
 임의의 유동장 내에서 유체 입자가 곡선을 따라 움직일 때 곡선의 접선과 유체 입자의 속도 벡터의 방향을 일치하도록 해석한 곡선

② 유관(Stream Tube) : 유선으로 둘러싸인 유체의 관

③ 유적선(Path Line) : 주어진 시간동안 유체입자가 유선을 따라 진행한 자취

④ 유맥선(streak line) : 공간상에 임의의 한 점에 있어서 유체입자의 순간 궤적
　　　　　　　　　　ex) 담배연기

(2) 유선의 방정식

유선을 따라가는 한 유체입자의 경로에서 그은 접선과 그 유체입자의 속도 벡터의 방향이 일치하도록 해석한 곡선

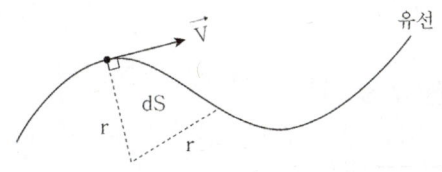

유체입자의 이동 경로

① 속도 벡터($\overrightarrow{V}$) : $\overrightarrow{V} = ui + vj + wk$

② 미소거리 벡터(dS) : $dS = dx\,i + dy\,j + dz\,k$

③ 유선의 방정식 : 속도 벡터와 미소거리 벡터의 접선이 일치해야하므로 속도 백터와 미소거리 벡터의 외적은 0이 된다. 따라서 유선의 방정식 표현은

㉠ $\overrightarrow{V} \times dS = 0$

㉡ $\dfrac{dx}{u} = \dfrac{dy}{v} = \dfrac{dz}{w}$

(1) 베르누이 방정식

유체가 유선을 그리며 흐를 때 두 점 A와 B의 압력(p), 속도(V), 높이(Z)의 관점에서 역학적 에너지가 보존됨을 나타낸 방정식이다.

$$\frac{p_1}{\gamma} + \frac{V_1^2}{2g} + Z_1 = \frac{p_2}{\gamma} + \frac{V_2^2}{2g} + Z_2 = h$$

여기서, $\dfrac{p}{\gamma}$: 압력수두 $[m]$

$\dfrac{V^2}{2g}$: 속도수두 $[m]$

Z : 위치수두 $[m]$

h : 전수두 $[m]$

베르누이 방정식을 사용할 땐 다음과 같은 4가지 조건을 만족해야 한다.

① 유체입자는 유선을 따라 움직인다.
② 유체는 마찰이 없다. 즉, 비점성유체 이다.
③ 정상류이다.
④ 비압축성이다.

(2) 수정 베르누이 방정식

마찰로 인한 손실을 무시할 수 없을 경우 베르누이 방정식은 아래와 같다.

$$\frac{p_1}{\gamma} + \frac{V_1^2}{2g} + Z_1 = \frac{p_2}{\gamma} + \frac{V_2^2}{2g} + Z_2 + h_\ell$$

여기서, h_ℓ : 손실수두 $[m]$

(3) 에너지선($E.L$)과 수력구배선($H.G.L$)

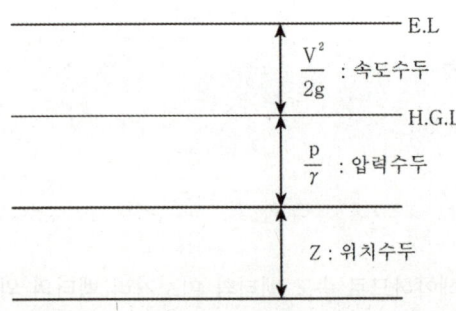

① 에너지선(=전수두선, $E.L$)

$$E.L = \frac{p}{\gamma} + \frac{V^2}{2g} + Z$$

② 수력구배선($H.G.L$)

$$H.G.L = \frac{p}{\gamma} + Z$$

(3) 베르누이 방정식의 응용

① 토리첼리의 정리(Torricelli's Theorem)

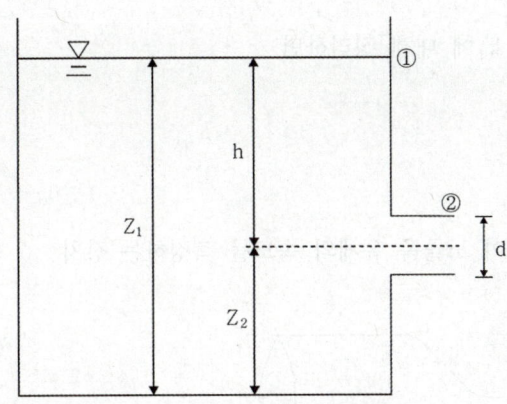

여기서,
Z_1 : 수면의 최대 높이 $[m]$
Z_2 : 노즐 중심의 높이 $[m]$
h : 수면의 높이차 $[m]$

탱크에 물이 차 있는 경우

단면 ①-②에 베르누이 방정식을 적용하면

$$\frac{p_1}{\gamma} + \frac{V_1^2}{2g} + Z_1 = \frac{p_2}{\gamma} + \frac{V_2^2}{2g} + Z_2 \text{ 이다.}$$

여기서 p_1과 p_2는 대기에 접촉했으므로 0, V_1은 매우 작으므로 0으로 취급한다.

따라서 남은 항들을 정리해보면

$$\frac{V_2^2}{2g} = Z_1 - Z_2 = h \text{ 이고 출구 속도}(V_2)\text{로 정리하면}$$

$$V_2 = \sqrt{2gh}$$

② 피토관(Pitot Tube)

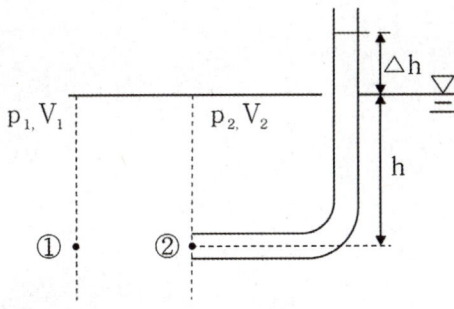

여기서,
h : 측정선에서 수면까지의 높이 $[m]$
$\triangle h$: 피토정압관에 표시되는 높이 $[m]$

단면 ①-②에 베르누이 방정식을 적용하면

$$\frac{p_1}{\gamma} + \frac{V_1^2}{2g} + Z_1 = \frac{p_2}{\gamma} + \frac{V_2^2}{2g} + Z_2 \text{ 이다.}$$

여기서 Z_1과 Z_2는 동일 높이, V_2는 정체점에서의 속도이므로 0이 된다.

따라서 남은 항들을 정리해보면

$$\frac{p_1}{\gamma} + \frac{V_1^2}{2g} = \frac{p_2}{\gamma} \quad \text{이고} \quad \begin{matrix} p_1 = \gamma h \\ p_2 = \gamma(h + \triangle h) \end{matrix} \quad \text{이라고 하면}$$

$$\frac{p_2 - p_1}{\gamma} = \frac{\gamma(h + \triangle h) - \gamma h}{\gamma} = \frac{V_1^2}{2g} \quad \text{이고 이 식을 } V_1 \text{에 대해 정리하면}$$

$$V_1 = \sqrt{2g\triangle h}$$

③ 마노미터(Manometer)

압력에 의해 밀려 올라간 액체 기둥의 높이를 측정하여 노즐쪽 유체의 속도를 측정하는 장치

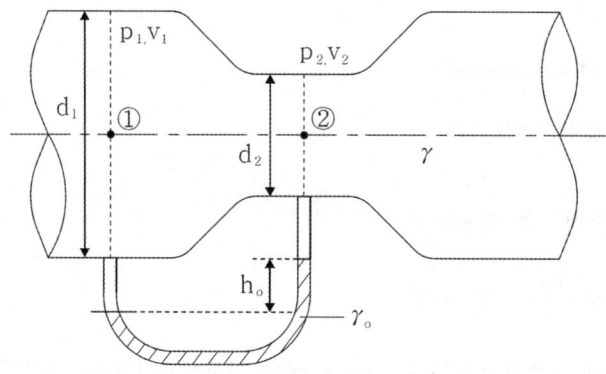

단면 ①-②에 베르누이 방정식을 적용하면

$$\frac{p_1}{\gamma} + \frac{V_1^2}{2g} + Z_1 = \frac{p_2}{\gamma} + \frac{V_2^2}{2g} + Z_2 \quad \text{이다.}$$

여기서 Z_1과 Z_2는 동일 높이이므로 정리하면

$$\frac{p_1}{\gamma} + \frac{V_1^2}{2g} = \frac{p_2}{\gamma} + \frac{V_2^2}{2g} \quad \text{이다.}$$

압력항과 속도항끼리 정리하면

$$\frac{p_1 - p_2}{\gamma} = \frac{V_2^2 - V_1^2}{2g} = \frac{V_2^2}{2g}\left[1 - \left(\frac{V_1}{V_2}\right)^2\right]$$

V_2로 식을 정리하면

$$V_2 = \sqrt{\frac{1}{1 - \left(\frac{V_1}{V_2}\right)^2} \cdot 2g \cdot \frac{p_1 - p_2}{\gamma}}$$

여기서 실험치로써 $\dfrac{1}{1 - \left(\dfrac{V_1}{V_2}\right)^2} \fallingdotseq 1$ 로 생각하고 $p_1 - p_2 = \gamma_o h - \gamma h$ 이므로

$V_2 = \sqrt{2g \cdot \dfrac{\gamma_o h - \gamma h}{\gamma}}$ 이를 정리하면

$V_2 = \sqrt{2g h \cdot \left(\dfrac{\gamma_o}{\gamma} - 1 \right)}$

12-3 연속방정식

흐르는 유체에 질량보존의 법칙을 적용한 방정식이다.

(1) 질량 유량($\dot{m}$) $[kg/s]$: 단위 시간당 통과하는 유체의 질량

질량유량이 일정할 경우

$\dot{m} = \rho Q = \rho A V = Const$ 따라서

$\rho_1 A_1 V_1 = \rho_2 A_2 V_2 = Const$

(2) 체적 유량(=유량, Q) $[m^3/s]$: 단위 시간당 통과하는 유체의 체적

비압축성 유동의 경우 $\rho_1 = \rho_2$ 이므로

$A_1 V_1 = A_2 V_2 = Q_1 = Q_2$

따라서 비압축성 유체에 질량보존의 법칙을 적용할 경우 유량(Q)은 일정하다.

(3) 1차원 연속방정식의 미분형

연속방정식의 양변을 미분하면 상수는 0이 되므로 $d(\rho A V) = 0$
이를 전개하면 $A V d\rho + \rho V dA + \rho A dV = 0$ 이다.
이 때 양변을 $\rho A V$로 나누면

$\dfrac{d\rho}{\rho} + \dfrac{dV}{V} + \dfrac{dA}{A} = 0$

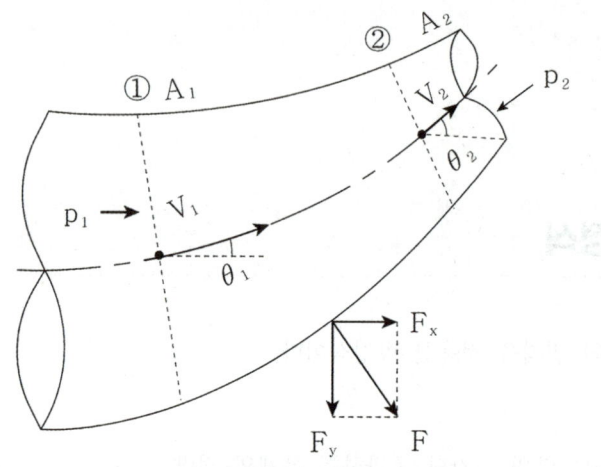

유체의 하중이 작용하는 곡관

(1) 속도(V)에 의한 합력

뉴턴의 법칙에 의해 $F = ma$ 이고, 또한 $F = \dot{m}V = \rho A V^2 = \rho Q V$ 이므로 다음과 같이 나타낼 수 있다.

① x방향의 합력 : $\sum F_x = ma_x = \rho Q(V_{x2} - V_{x1})$

② y방향의 합력 : $\sum F_y = ma_y = \rho Q(V_{y2} - V_{y1})$

(2) 유체의 운동방정식

① x방향에 대한 운동방정식

$\sum F_x = \rho Q(V_{x2} - V_{x1})$ 에서 그림의 x방향 합력과 V의 x방향 성분을 구하면

$F_x + p_1 A_1 \cos\theta_1 - p_2 A_2 \cos\theta_2 = \rho Q(V_2 \cos\theta_2 - V_1 \cos\theta_1)$ 이고 이를 정리하면

$\qquad F_x = p_2 A_2 \cos\theta_2 - p_1 A_1 \cos\theta_1 + \rho Q(V_2 \cos\theta_2 - V_1 \cos\theta_1)$

② y방향에 대한 운동방정식

$\sum F_y = \rho Q(V_{y2} - V_{y1})$ 에서 그림의 y방향 합력과 V의 y방향 성분을 구하면

$-F_y + p_1 A_1 \sin\theta_1 - p_2 A_2 \sin\theta_2 = \rho Q(V_2 \sin\theta_2 - V_1 \sin\theta_1)$ 이고 이를 정리하면

$\qquad -F_y = p_2 A_2 \sin\theta_2 - p_1 A_1 \sin\theta_1 + \rho Q(V_2 \sin\theta_2 - V_1 \sin\theta_1)$

(3) 유체의 운동방정식의 응용

① 고정된 곡관

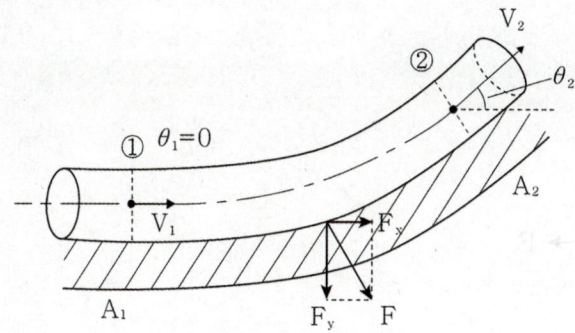

단면 ①-②에 운동 방정식을 적용한다.

비압축성 유체에 질량보존의 법칙을 적용할 경우 유량(Q)이 일정하다. 이 때, 단면적(A)이 일정하면 압력(p)과 속도(V)가 일정하므로 압력항은 소거되고 $V_1 = V_2 = V$로 놓으면

㉠ x방향의 힘 : $F_x = \rho Q V(1-\cos\theta) = \rho A V^2(1-\cos\theta)$

㉡ y방향의 힘 : $F_y = \rho Q V\sin\theta = \rho A V^2\sin\theta$

② 이동하는 곡관

고정된 곡관과 동일하지만 u의 속도로 이동하는 곡관은 상대속도를 적용해

$V_1 = V_2 = V-u$ 로 나타낼 수 있다. 따라서

㉠ x방향의 힘 : $F_x = \rho Q(V-u)(1-\cos\theta) = \rho A(V-u)^2(1-\cos\theta)$

㉡ y방향의 힘 : $F_y = \rho Q(V-u)\sin\theta = \rho A(V-u)^2\sin\theta$

㉢ 동력(H) $[kW]$

유체의 힘으로 인해 이동하는 경우에는 이동하는 방향으로 동력이 발생하며 만약 x방향으로 u의 속도로 움직일 경우 동력은 아래와 같다.

$H = F_x \cdot u$

01

02

03

04

③ 고정된 평판

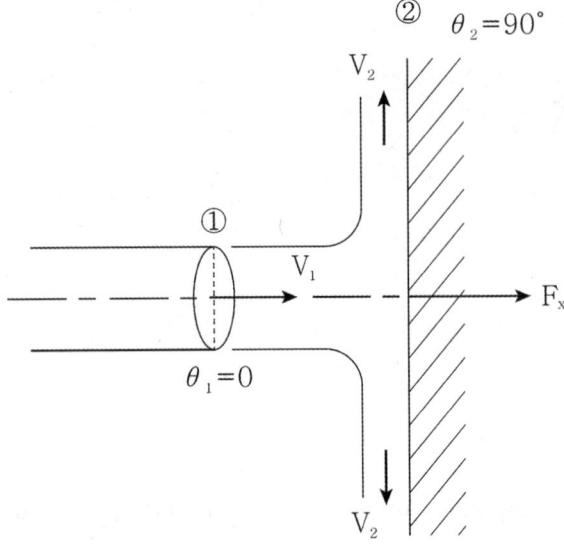

단면 ①-②에 운동 방정식을 적용한다.

마찬가지로 압력항은 무시되고 단면 ②에서 유체의 흐름이 상하로 동일한 속도(V)로 흘러 상쇄된다. 따라서 $V_1 = V$, $V_2 = 0$ 이라고 하면

x방향의 힘 : $F_x = \rho QV = \rho AV^2$

④ 이동하는 평판

고정된 평판과 동일하지만 u의 속도로 이동하는 곡관은 상대속도를 적용해 $V_1 = V - u$ 로 나타낼 수 있다. 따라서

㉠ x방향의 힘 : $F_x = \rho Q(V - u) = \rho A(V - u)^2$

㉡ 동력(H) $[kW]$

유체의 힘으로 인해 이동하는 경우에는 이동하는 방향으로 동력이 발생하며 만약 x방향으로 u의 속도로 움직일 경우 동력은 아래와 같다.

$H = F_x \cdot u$

⑤ 탱크 노즐에 의한 추진

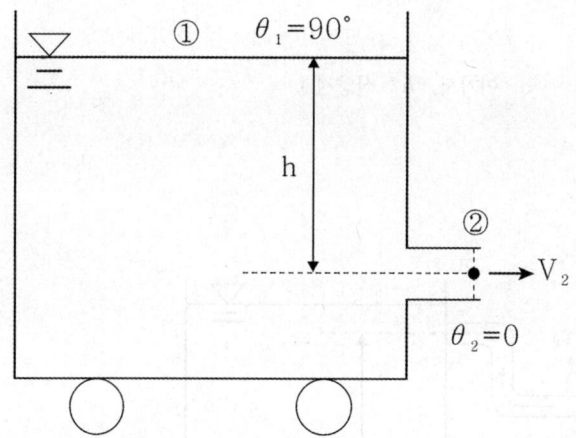

토리첼리 정리에 의해 탱크 노즐의 유체속도는 $V = \sqrt{2gh}$ 이므로

$$F = \rho Q V = \rho A V^2 = \rho A (2gh) = 2\gamma A h$$

⑥ 제트 추진

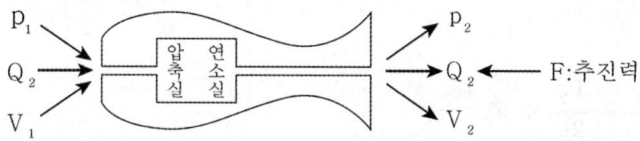

$$F = \rho_2 Q_2 V_2 - \rho_1 Q_1 V_1 = \dot{m}_2 V_2 - \dot{m}_1 V_1$$

⑦ 로켓 추진

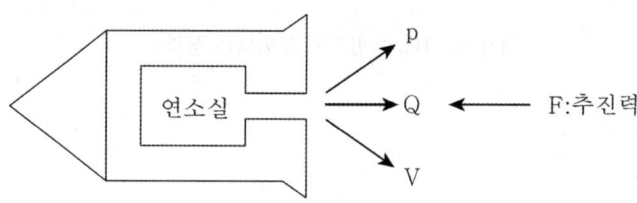

$$F = \rho Q V = \dot{m} V$$

(1) 동력(H)의 일반식 : $H = \gamma Q h$ 여기서, h : 실양정

(2) 펌프의 동력(H_P) $[kW]$

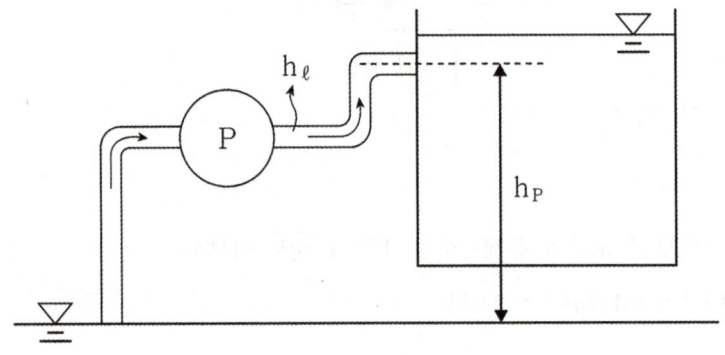

펌프의 양수 과정

① 펌프의 베르누이 방정식

$$\frac{p_1}{\gamma} + \frac{V_1^2}{2g} + Z_1 + (h_P - h_\ell) = \frac{p_2}{\gamma} + \frac{V_2^2}{2g} + Z_2$$

② 펌프의 동력

$$H_P = \gamma Q (h_P - h_\ell)$$

③ 펌프의 효율

$$\eta_P = \frac{출력}{입력} = \frac{H_P}{W_P} = \frac{\gamma Q (h_P - h_\ell)}{W_P}$$ 여기서, W_P : 펌프에 투입되는 동력

(3) 터빈의 동력(H_T) $[kW]$

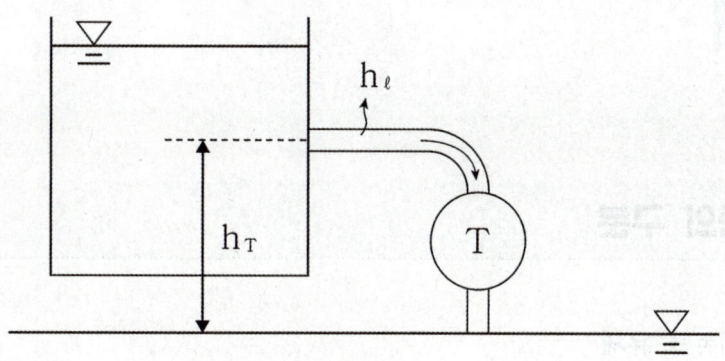

터빈의 발전 과정

① 터빈의 베르누이 방정식

$$\frac{p_1}{\gamma} + \frac{V_1^2}{2g} + Z_1 = \frac{p_2}{\gamma} + \frac{V_2^2}{2g} + Z_2 + (h_T - h_\ell)$$

② 터빈의 동력

$$H_T = \gamma Q (h_T - h_\ell)$$

③ 터빈의 효율

$$\eta_P = \frac{출력}{입력} = \frac{W_T}{H_T} = \frac{W_T}{\gamma Q (h_T - h_\ell)}$$
여기서, W_T : 터빈에서 생산되는 동력

13-1 유동의 구분

(1) 뉴턴 유체와 비뉴턴 유체

① 뉴턴 유체

㉠ 속도구배$\left(\dfrac{dV}{dy}\right)$의 크기에 관계없이 일정한 점도를 나타내는 유체이다. 즉, 점성계수(μ)가 일정한 유체이다.

㉡ 전단응력(τ)과 속도구배$\left(\dfrac{dV}{dy}\right)$의 그래프가 선형을 나타낸다.

② 비뉴턴 유체

㉠ 속도구배$\left(\dfrac{dV}{dy}\right)$의 크기에 따라 점도가 변화하는 유체이다.

㉡ 전단응력(τ)과 속도구배$\left(\dfrac{dV}{dy}\right)$의 그래프가 비선형을 나타낸다.

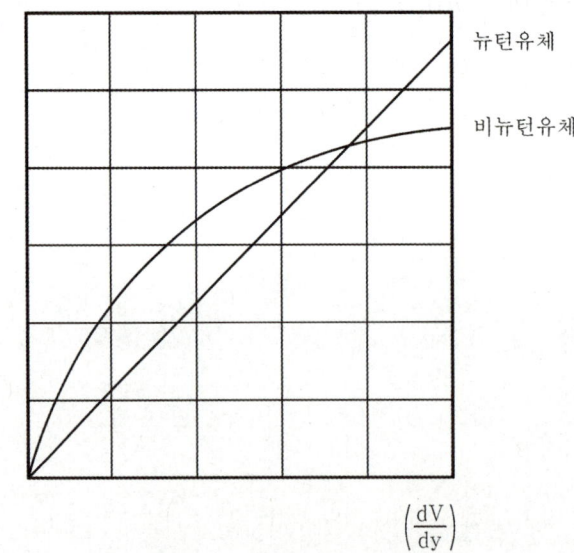

유체의 전단응력-속도구배 그래프

(2) 층류와 난류

① 층류 : 유체입자들이 질서정연하게 흐르는 유동상태이다.
  ㉠ 점성계수(μ)가 일정한 흐름이다.
  ㉡ 전단응력(τ)과 속도구배$\left(\dfrac{dV}{dy}\right)$의 그래프가 선형을 나타낸다.
  ㉢ 뉴턴 유체이다.

② 난류 : 유체입자들이 불규칙하게 흐르는 유동상태이다.
  ㉠ 점성계수(μ)가 일정하지 않은 흐름이다.
  ㉡ 전단응력(τ)과 속도구배$\left(\dfrac{dV}{dy}\right)$의 그래프가 비선형을 나타낸다.
  ㉢ 비뉴턴 유체이다.

(3) 레이놀즈수(Re) : 층류와 난류를 구분하는 척도이다.

① 원관의 레이놀즈수

$$Re = \frac{Vd}{\nu} = \frac{\rho Vd}{\mu}$$

여기서, V : 유체의 속도 $[m/s]$
d : 원관의 직경 $[m]$
ν : 동점성계수 $[m^2/s]$
ρ : 유체의 밀도 $[kg/m^3]$
μ : 점성계수 $[N\cdot s/m^2]$

② 사각관의 레이놀즈수

$$Re = \frac{V\ell}{\nu} = \frac{\rho V\ell}{\mu}$$

여기서, ℓ : 사각관의 너비 $[m]$

③ 원관 또는 사각관에서 유동상태 판별

  ㉠ 층류유동 : $Re \leq 2100$(하임계 레이놀즈수)
  ㉡ 천이유동 : $2100 < Re < 4000$
  ㉢ 난류유동 : $Re \geq 4000$(상임계 레이놀즈수)

(1) 원관의 층류유동

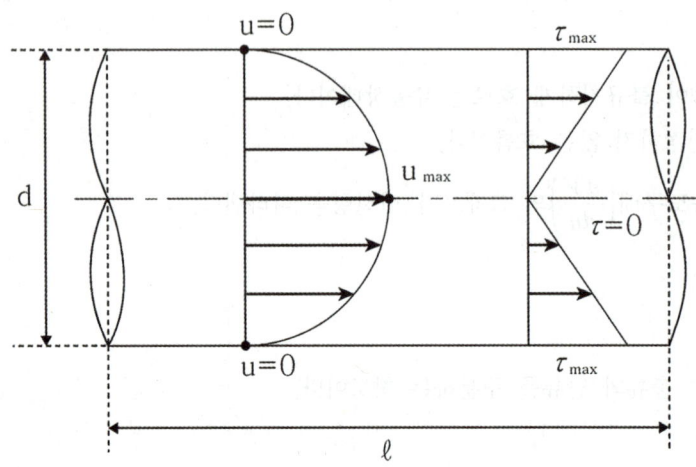

원관의 유동 그래프

① 유량(하겐-포아젤 방정식, Q) $[m^3/s]$

$$Q = \frac{\triangle p \pi d^4}{128 \mu \ell}$$

여기서, $\triangle p$: 압력차 $[N/m^2]$
d : 원관의 직경 $[m]$
μ : 점성계수 $[N \cdot s/m^2]$
ℓ : 원관의 길이 $[m]$

② 평균속도(V)와 최대속도($V_{\max}$)의 관계식

$$V = \frac{V_{\max}}{2}$$

(2) 사각관에서 층류유동

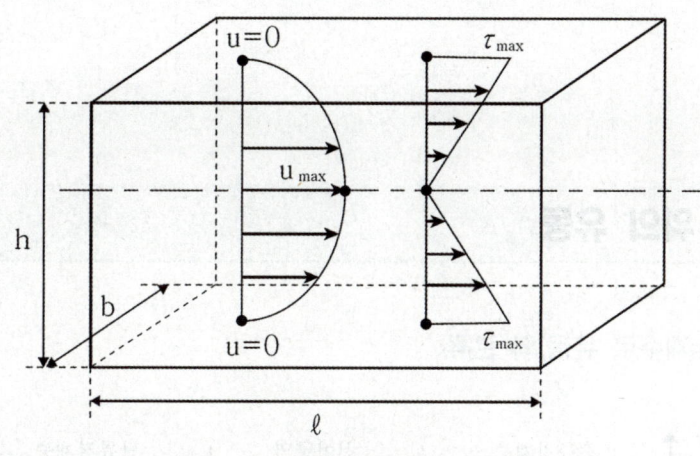

사각관의 유동 그래프

① 유량(하겐–포아젤 방정식, Q) $[m^3/s]$

$$Q = \frac{\triangle pbh^3}{12\mu l}$$

여기서, b : 사각관의 너비 $[m]$
h : 사각관의 높이 $[m]$
l : 사각관의 길이 $[m]$

② 평균속도(V)와 최대속도(V_{max})의 관계식

$$V = \frac{2V_{max}}{3}$$

14 유체의 흐름

14-1 평판 위의 유동

(1) 평판 위의 유동(=개수로 유동)의 분류

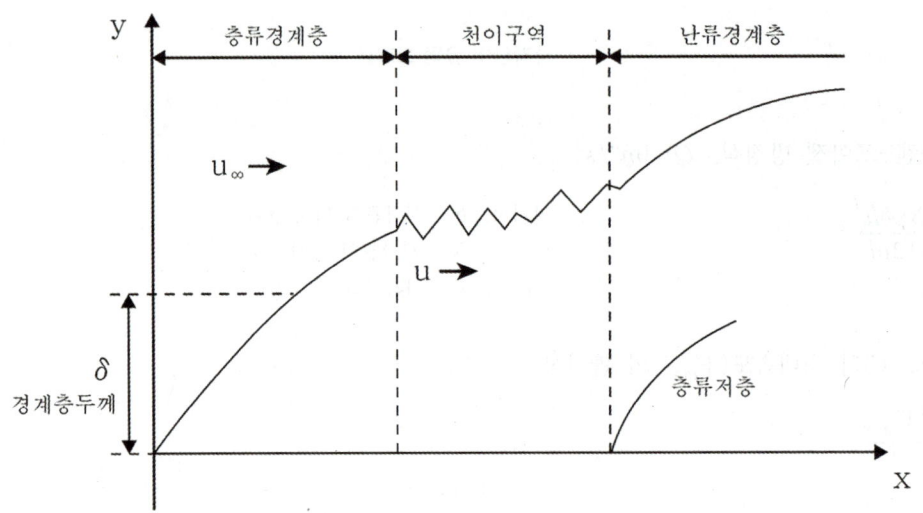

평판 위의 유동의 흐름 변화 과정

① 유체경계층 : 유체가 유동할 때 점성의 영향으로 생긴 얇은 층

② 포텐셜 흐름(=자유흐름) : 경계층 밖에서 보이는 이상 유체와 같은 흐름

  ⊙ 유체 경계층 내에서는 속도구배가 대단히 커서 전단응력이 크게 작용한다.

  ⓒ 유체 경계층 밖에서는 점성에 의한 영향이 거의 없어 이상 유체와 같은 흐름을 나타낸다.

③ 층류 저층 : 난류 경계층 안에서 생기는 여전히 층류를 이루는 구간

(2) 평판 위의 유동의 레이놀즈수(Re_x)

$$Re_x = \frac{u_\infty x}{\nu} = \frac{\rho u_\infty x}{\mu}$$

여기서, u_∞ : 자유흐름 속도 $[m/s]$

x : 흐름이 바닥으로부터 떨어진 거리 $[m]$

① 층류유동 : $Re_x \leq 3 \times 10^5$(하임계 레이놀즈수)

② 천이유동 : $3 \times 10^5 < Re_x < 5 \times 10^5$

③ 난류유동 : $Re_x \geq 5 \times 10^5$(상임계 레이놀즈수)

(3) 평판 위의 유동의 경계층

① 경계층 두께(δ) $[mm]$

경계층 내의 속도(u)가 포텐셜 흐름속도(u_∞)의 99%가 되는 점, 즉 $u = 0.99 u_\infty$인 곳을 기준으로 한 수직 두께이다.

㉠ 층류의 경계층 두께(δ) : $\delta = \dfrac{4.65x}{Re_x^{1/2}} \fallingdotseq \dfrac{5x}{Re_x^{1/2}}$

㉡ 층류 경계층 두께(δ)와 흐름 거리(x)의 비례식 : $\delta \propto x^{1/2}$

㉢ 난류의 경계층 두께(δ) : $\delta = \dfrac{0.376x}{Re_x^{1/5}}$

㉣ 난류 경계층 두께(δ)와 흐름 거리(x)의 관계식 : $\delta \propto x^{4/5}$

② 배제 두께(δ_b) : 주 흐름에서 배제된 거리

$$\delta_b = \int_0^\delta \left(1 - \frac{u}{u_\infty}\right) dy$$

③ 운동량 두께(δ_m)

$$\delta_m = \frac{1}{u_\infty^2} \int_0^\delta u(u_\infty - u) dy$$

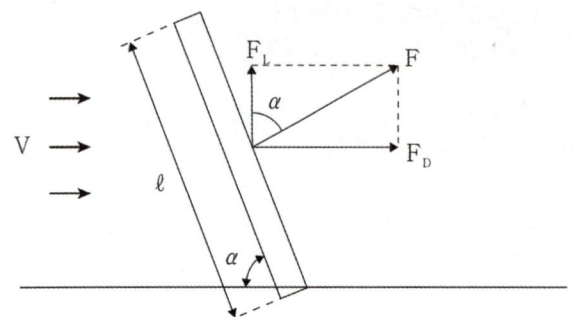

날개에 작용하는 항력과 양력

(1) 항력(Drag, F_D) $[N]$

물체와 유체 사이에 움직임이 있을 때, 그 움직임에 반대 방향으로 작용하여 물체의 운동을 방해하는 힘이다.

$$F_D = C_D \frac{\gamma V^2}{2g} A = C_D \frac{\rho V^2}{2} A$$

여기서, C_D : 항력 계수

γ : 유체의 비중량 $[N/m^3]$

V : 유체의 속도 $[m/s]$

A : 투영 면적 $[m^2]$

(2) 양력(Lift, F_L) $[N]$

물체와 유체 사이에 움직임이 있을 때, 그 움직임에 수직한 방향으로 발생하는 힘이다.

$$F_L = C_L \frac{\gamma V^2}{2g} A = C_L \frac{\rho V^2}{2} A$$

여기서, C_L : 항력 계수

(3) 동력(H) : $H' = F_D \cdot v$

(4) 스토크스(Stokes)의 법칙

작은 구를 액체속에서 천천히 침전시킬 때 항력을 측정하는 식으로 속도가 매우 느린 유동이나 $Re \leq 1$인 유동에 대한 대한 항력을 구할 수 있다.

$$F_D = 3\pi\mu VD = 6\pi\mu Vr$$

여기서, D : 구의 지름 $[mm]$

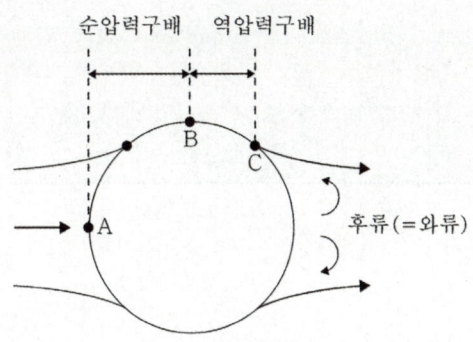

여기서, A : 정체점($V = 0$)
B : 최대유속, 최소압력점
C : 박리점

유체의 박리과정

(1) 박리

① 유체가 흐름 속의 물체를 지나가면서 물체 표면으로부터 분리되는 현상이다.

② 박리점 : 속도구배$\left(\dfrac{dV}{dy}\right)$가 0이 되어 박리가 최초로 일어나는 점이다.

③ 박리는 압력항력과 밀접한 관계가 있으며 역구배(=역압력구배)에서 나타난다.

(2) 후류

① 박리점 이후에 소용돌이치는 불규칙한 흐름이다.
② 압력항력이 생기는 주 원인이다.

(3) 음속(a) $[m/s]$

① 액체속에서의 음속 : 등온변화 취급

$$a = \sqrt{\dfrac{K}{\rho}}$$

여기서, K : 체적탄성계수 $[N/m^2]$
ρ : 밀도 $[kg/m^3]$

② 공기중(=대기중)에서의 음속 : 단열변화 취급

$$a = \sqrt{kRT}$$

여기서, k : 비열비
R : 기체상수 $[kJ/kg \cdot K]$
T : 절대온도 $[K]$

유체 에너지의 손실

(1) 관 속 유체의 손실수두

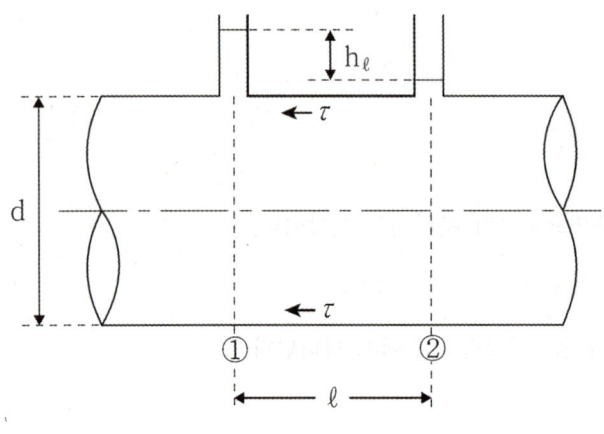

여기서, h_ℓ : 손실수두 $[m]$
τ : 전단응력 $[MPa]$
d : 원관의 직경 $[m]$
ℓ : 유체가 흐른 거리 $[m]$

유체의 손실수두

① 손실수두(달시-바이스바하 방정식, h_ℓ) $[m]$

유체가 관을 통과하며 손실된 에너지를 $[m]$단위로 환산한 값이다.

$$h_\ell = f \cdot \frac{\ell}{d} \cdot \frac{V^2}{2g}$$

여기서, f : 관마찰 계수
V : 유체의 평균속도 $[m/s]$

② 관마찰계수(f)

㉠ 층류유동 : $f = \dfrac{64}{Re}$

㉡ 천이유동 : $f = F\left(Re, \dfrac{e}{d}\right)$ 여기서, $\dfrac{e}{d}$: 상대조도

㉢ 난류유동 : $f = \dfrac{0.3164}{Re^{1/4}}$ (매끈한 관), $f = F\left(\dfrac{e}{d}\right)$ (거친 관)

(2) 부차적 손실수두

① 확대, 축소관의 손실수두(h_ℓ) $[m]$

$$h_\ell = K_e \frac{V^2}{2g}$$

여기서, K_e : 관의 손실계수

② 곡관 및 밸브에 의한 손실수두(h_ℓ) $[m]$

$$h_\ell = (K_1 + K_2 + K_3 + \cdots) \frac{V^2}{2g}$$

여기서, K_1, K_2, K_3 : 곡관 및 밸브의 손실계수

③ 관의 상당길이(ℓ_e) $[m]$

부차적 손실수두$\left(h_\ell = K \dfrac{V^2}{2g}\right)$와 관마찰에 의한 손실수두$\left(h_\ell = f \dfrac{\ell}{d} \dfrac{V^2}{2g}\right)$를 같게 했을 때의 관의 길이

$$\ell_e = \frac{K \cdot d}{f}$$

(3) 프란틀의 혼합거리(ℓ, Prandtl's Mixing Length) $[m]$

난류 속에서 유체 입자가 자신의 운동량을 상실하지 않고 진행할 수 있는 거리이다.

$$\ell = ky$$

여기서, k : 프란틀 계수
y : 관 벽으로부터의 거리 $[m]$

① 난류는 전단응력이 강하게 작용하므로 전단응력과의 관계를 나타낼 수 있다.
② 벽에서는 $y = 0$ 이므로 프란틀의 혼합거리도 0이다.
③ 난류 유동의 거동을 계산하는데 응용할 수 있다.
④ 프란틀 계수(k)는 매끈한 원관의 경우 0.4의 실험치를 적용한다.

(4) 수력반경과 수력직경

비원형관의 손실수두나 레이놀즈수 등을 원형관의 상당치로 바꾸어 계산하기 위한 방법이다.

① 수력반경(R_h)

$$R_h = \frac{A}{P} = \frac{\pi d^2/4}{\pi d} = \frac{d}{4}$$

여기서, A : 유동 단면적 $[m^2]$
P : 접수길이 $[m]$

② 수력직경(d) : $d = 4R_h$

③ 수력반경(R_h)과 수력직경(d)의 활용

㉠ 손실수두 : $h_\ell = f \dfrac{\ell}{d} \dfrac{V^2}{2g}$ (원형), $h_\ell = f \dfrac{\ell}{4R_h} \dfrac{V^2}{2g}$ (비원형)

㉡ 레이놀즈수 : $Re = \dfrac{Vd}{\nu}$ (원형), $Re = \dfrac{V(4R_h)}{\nu}$ (비원형)

16 상사법칙과 유선함수

16-1 상사법칙

(1) 차원계

① $M.L.T$ 차원계 : 질량$[M]$, 길이$[L]$, 시간$[T]$

② $F.L.T$ 차원계 : 힘$[F]$, 길이$[L]$, 시간$[T]$

    ex) 힘 : $F[kg \cdot m/s^2] = [MLT^{-2}]$

         동력 : $H'[J/s] = [ML^2 T^{-3}]$

(2) 버킹햄의 π정리(Buckingham's pi theorem)

물리량의 수가 n개 있을 때 그 물리량으로부터 얻을 수 있는 무차원의 개수를 정의한 것

$$\pi = n - m$$

여기서, n : 물리량의 수

m : 기본 차원의 수

(3) 무차원수의 종류

① 레이놀즈수 : $Re = \dfrac{\text{관성력}}{\text{점성력}} = \dfrac{Vd}{\nu} = \dfrac{\rho Vd}{\mu}$

② 프루우드수 : $F = \dfrac{\text{관성력}}{\text{중력}} = \dfrac{V}{\sqrt{g \cdot \ell}}$

③ 코시수 : $C = \dfrac{\text{관성력}}{\text{탄성력}} = \dfrac{\rho V^2}{K}$

④ 웨버수 : $We = \dfrac{\text{관성력}}{\text{표면장력}} = \dfrac{\rho V^2 \ell}{\sigma}$

⑤ 오일러수 : $Eu = \dfrac{\text{압축력}}{\text{관성력}} = \dfrac{p}{\rho V^2}$

⑥ 마하수 : $M = \dfrac{\text{속도}}{\text{음속}}$ 또는 $\dfrac{\text{관성력}}{\text{탄성력}} = \dfrac{V}{a}$

⑦ 스트라홀수 : $St = \dfrac{\text{진동}}{\text{평균속도}} = \dfrac{\ell \omega}{V} = \dfrac{d\omega}{V}$

(4) 상사법칙

자연에서 실제 규모(Prototype)와 실험에 의해 재현하는 규모(modeltype)가 서로 다를 때 그 둘 간의 물리량을 서로 연관하여 해석하는 방법이다.

① 레이놀즈수(Re) : 물체에 한 가지 유체만이 작용할 때

            ex) 잠수함, 파이프 유동, 풍동 실험 등

② 프루우드수(F) : 물체에 두 가지 이상의 유체가 작용할 때

            ex) 선박, 댐, 개수로 유동 등

③ 레이놀즈수(Re)와 마하수(M) : 유체 기계에서 사용하는 무차원수

16-2   유선함수와 속도포텐셜

(1) 속도장과 가속도장

① 2차원 속도장의 표현 : $\vec{V} = u\vec{i} + v\vec{j}$

② 2차원 가속도장의 표현 : $\vec{a} = u\dfrac{\partial \vec{V}}{\partial x} + v\dfrac{\partial \vec{V}}{\partial y} + \dfrac{\partial \vec{V}}{\partial t}$

(2) 유선함수와 속도포텐셜

① 유선함수(ψ) : 각 유선이 가지는 값을 함수로 정의한 것이다.

  ㉠ 유선함수는 비압축성 유동에서만 성립한다.

  ㉡ 따라서 비압축성 유동의 표현인 $\dfrac{\partial u}{\partial x} + \dfrac{\partial v}{\partial y} = 0$ 를 만족하는 함수여야 한다.

② 속도포텐셜($\varnothing$) : 소용돌이가 없는 흐름에서 유체의 속도를 정의하는 함수이다.

  ㉠ 속도포텐셜은 비회전 유동에서만 성립한다.

  ㉡ 따라서 비회전 유동의 표현인 $\dfrac{\partial u}{\partial y} - \dfrac{\partial v}{\partial x} = 0$ 를 만족하는 함수여야 한다.

(3) 직교좌표와 극좌표에서의 속도장

① 직교좌표에서 속도장의 표현

$$u = \frac{\partial \psi}{\partial y} = \frac{\partial \varnothing}{\partial x} \quad , \quad v = -\frac{\partial \psi}{\partial x} = \frac{\partial \varnothing}{\partial y}$$

㉠ 유선함수의 직교좌표 속도장 : $\overrightarrow{V} = \frac{\partial \psi}{\partial y} i - \frac{\partial \psi}{\partial x} j$

㉡ 속도포텐셜의 직교좌표 속도장 : $\overrightarrow{V} = \frac{\partial \varnothing}{\partial x} i + \frac{\partial \varnothing}{\partial y} j$

② 극좌표에서 속도장의 표현

$$u = \frac{1}{r} \cdot \frac{\partial \psi}{\partial \theta} = \frac{\partial \varnothing}{\partial r} \quad , \quad v = -\frac{\partial \psi}{\partial r} = \frac{1}{r} \cdot \frac{\partial \varnothing}{\partial \theta}$$

㉠ 유선함수의 극좌표 속도장 : $\overrightarrow{V} = \frac{1}{r} \cdot \frac{\partial \psi}{\partial \theta} i - \frac{\partial \psi}{\partial r} j$

㉡ 속도포텐셜의 극좌표 속도장 : $\overrightarrow{V} = \frac{\partial \varnothing}{\partial r} i + \frac{1}{r} \cdot \frac{\partial \varnothing}{\partial \theta} j$

(4) 와류의 순환함수

속도장의 표현은 $\overrightarrow{V} = \frac{1}{r} K i_\theta = \frac{K}{r} i_\theta$ 로 나타낼 수 있다.

여기서 순환함수(γ)를 전개하면

$$\gamma = \int \overrightarrow{V} ds = \int_0^{2\pi} \frac{K}{r} i_\theta \cdot \frac{r}{i_\theta} d\theta = K \int_0^{2\pi} d\theta$$

$$= 2\pi K$$

또한 $\varnothing = K\theta$ 에서 $K = \frac{\gamma}{2\pi}$ 이므로

$$\varnothing = \frac{\gamma}{2\pi} \theta$$

유체 계측 기기

(1) 압력 계측 기기

① 브루동관 압력계(Bourdon Tube Pressure Gauge)

타원형의 관을 구부려 한쪽 끝을 고정하고 다른 쪽 끝은 폐쇄한 관이다. 관에 증기압이 가해지면 압력에 비례하게 펴져 직선으로 되는 성질을 이용한 압력계이다.

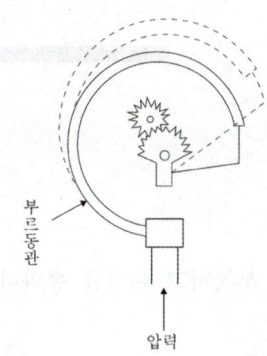

브루동관 압력계(Bourdon Tube Pressure Gauge)

② 피에조미터(Piezometer)

흐르는 물의 정수압을 재는 기구. 측정 지점에 작은 구멍을 만들고 파이프를 연결하여 압력을 측정하는 압력계이다.

③ 시차액주계(Manometer)

역으로된 U자 관을 이용하여 두 지점의 압력차를 측정하는 압력계이다.

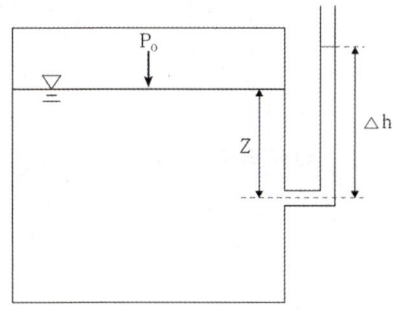

피에조미터(Piezometer)

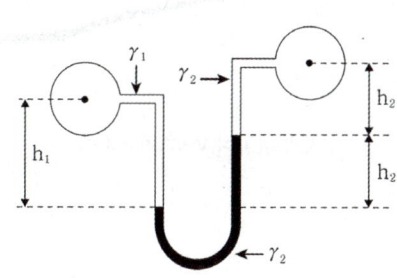

시차액주계(Manometer)

(2) 유량 계측 기기

① 오리피스(Orifice)
작은 구멍이 있는 조임판을 관내에 설치하여 그 전후의 압력차를 이용하여 유량을 측정하는 기기이다.

② 위어(Wire)
수로 도중에 흐름을 막아 넘치게 하여 유량을 측정하는 기기이다.

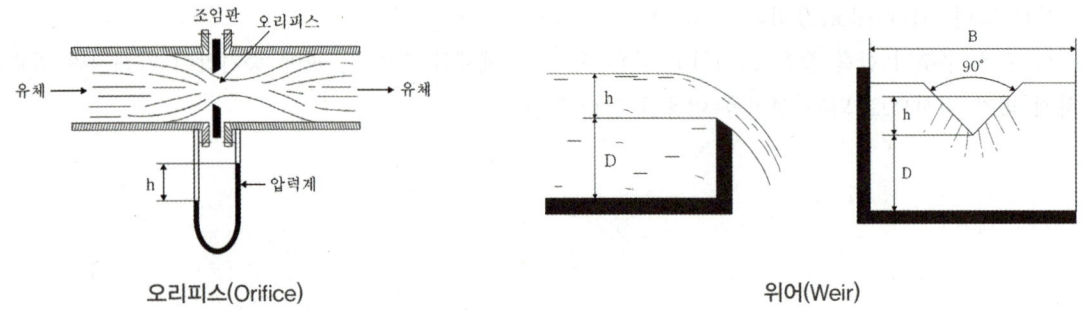

오리피스(Orifice)   위어(Weir)

③ 벤투리미터(Venturimeter)
관수로의 일부에 단면을 변화시킨 관을 부착하고 여기를 통과하는 물의 수압 변화로부터 유량을 구하는 장치이다.

④ 로터미터(Rotameter)
유리관 속에 부표가 장치되어 액체의 유량의 대소에 따라 부표가 정지하는 위치가 달라지는 성질을 이용한 유량계이다.

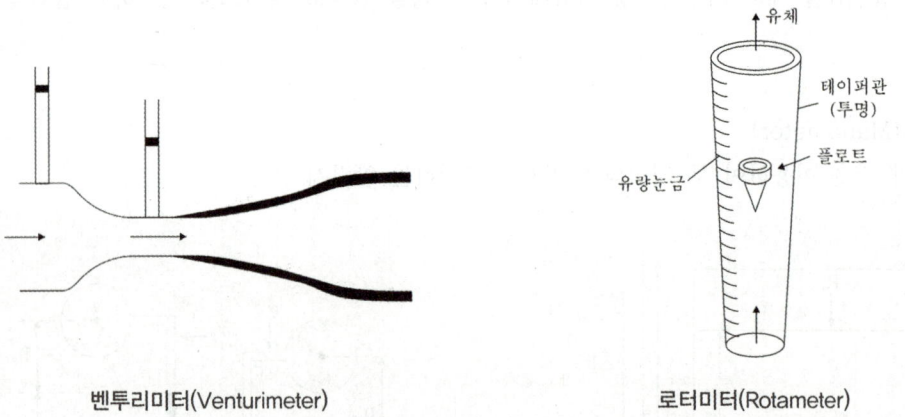

벤투리미터(Venturimeter)   로터미터(Rotameter)

(3) 유속 계측 기기

① 열선속도계(Hot-wire)

유체의 이동으로 일어나는 금속선의 열 손실량을 이용하여 유속을 측정하는 유속계로 난류유동과 같은 매우 빠른 유동 측정에 사용한다.

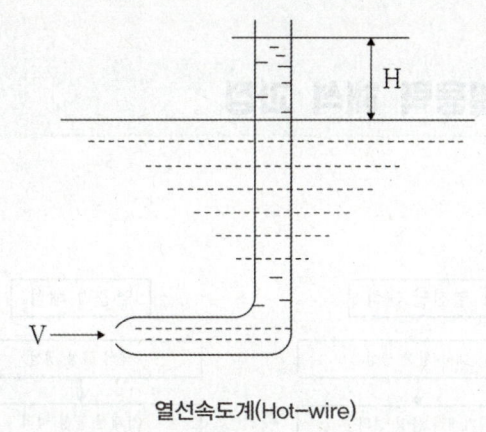

열선속도계(Hot-wire)

② 피토관(Pitot Tube)

유체 흐름의 총압과 정압의 차이로 유체 국부의 속도를 구하는 유속계이다.

③ 레이저 도플러 속도계(Laser Doppler Velocimeter)

레이저 광의 발생 위치와 이를 측정하는 위치 중 한 점 또는 양쪽 지점이 이동함에 따라 측정되는 주파수가 변화하는 도플러 효과에 의한 유속계로 고압의 액체를 분출시킬 때 분출 단면적을 작게 하면 압력에너지가 속도에너지로 바뀌는 것을 이용한 장치이다.

(4) 점도 계측 기기

① 낙구식 점도계 : 스토크스(Stokes)법칙 이용

② 맥미셸(MacMichael) 점도계 : 뉴턴(Newton)의 점성법칙 이용

③ 스토머(Stormer) 점도계 : 뉴턴(Newton)의 점성법칙 이용

④ 세이볼트(Saybolt) 점도계 : 하겐-포아젤(Hagen-Poiselle) 방정식 이용

⑤ 오스왈트(Ostwald) 점도계 : 하겐-포아젤(Hagen-Poiselle) 방정식 이용

열응력해석법

18-1 열전달 및 열응력 해석 과정

(1) 열전달 해석 과정

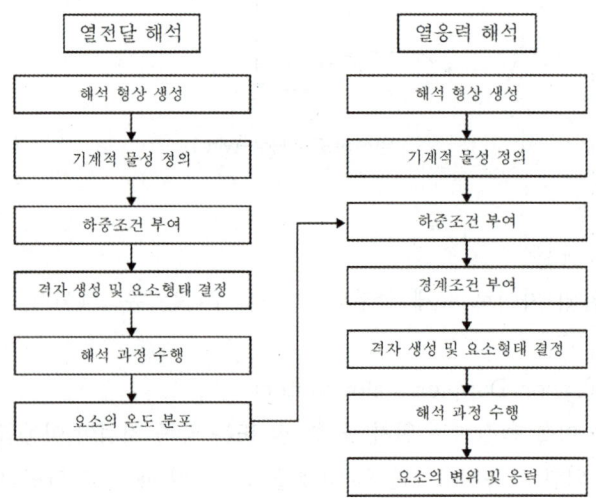

열전달 및 열응력 해석의 흐름도

① 해석 형상 생성
  제품의 형상을 요소로 나누기 위해 필요한 것은 3차원 캐드로 생성된 제품 또는 각 해석 제품에서 제공하는 캐드 기능을 사용한 형상이다.

② 기계적 물성 정의
  열전달 해석에 필요한 기계적 물성(열전도계수, 대류열전달계수, 비열계수 등)을 부여한다.

③ 하중 조건 부여
  표면에 온도 분포나 열유속에 대한 열적인 하중 조건을 부여한다.

④ 격자 생성 및 요소형태 결정
  요소를 생성하기 위해 격자 크기, 격자 형태 및 요소 형태를 결정한다.

⑤ 해석 과정 수행
  유한요소 솔버 내부에서 수행하는 과정으로서 사용자가 직접적인 수행을 하는 것이 아니라 프로그램이 전부 수행을 해준다.

(2) 열응력 해석 과정

① 하중 조건 부여

하중은 열전달에 의하여 계산된 요소 온도 분포를 사용하거나 요소에 직접적인 온도값 부여가 가능하다.

② 경계 조건 부여

열응력 해석에서 요소가 가지고 있는 자유도는 변위이고, 변위가 일어나기 위해서는 물리적인 상태인 구속과 같은 경계 조건을 부여하여야 계산할 수 있다.

③ 격자 생성 및 요소 형태 결정

요소를 생성하기 위해 격자 크기와 격자 형태를 결정하고 요소는 정적 해석과 동일한 요소를 선택한다.

18-2 해석 조건 설정

(1) 열적 거동 상태

① 정상 상태(Steady State)

해석을 수행하는데 충분히 긴 시간 동안 동일 조건으로 있다고 가정된 상태로, 중간 과정의 해석이 무의미한 해석이다.

② 과도 상태(Transient State)

시간이 중요한 요소로 작용하는 상태로, 중간 과정의 해석이 유의미한 해석이다.

(2) 하중 조건에 적용되는 열적 거동

① 전도(Conduction)

분자나 전자의 진동이 연쇄반응을 일으켜 고온에서 저온구간으로 에너지를 전달하는 과정으로 정지된 유체나 고체 상태의 물질에서 이웃한 분자의 운동으로 열이 전달되는 현상이다.

② 대류(Convection)

제품과 인접하는 유체에 의해서 발생하는 것으로 액체 또는 기체에서 고온부분과 저온부분이 서로 이동하면서 이루어지는 열이 전달되는 현상이다.

ⓐ 강제 대류(Forced Convection)

펌프와 같은 것으로 유체를 물체 표면 위에 강제로 흐르게 하여 인위적으로 발생되는 대류이다.

ⓑ 자유 대류(Free Convection)

유체 내의 온도 차에 따라 발생한 밀도 변화로 부력이 생겨서 발생하는 대류

③ 복사(Radiation)

물질의 원자나 분자의 구조가 변하면서 전자파 또는 광자의 형태로 방출되어 열이 전달되는 현상이다.

18-3 열하중 검토

(1) 열전달 및 열응력 해석 절차

① 전처리(Pre-Process)

전처리 과정은 해석하려는 모델에 격자를 생성하여 유한요소 모델을 제작하고 재료 물성을 정의하여 해석에 필요한 경계조건을 설정하는 과정으로 아래의 순서로 이루어진다.

모델 불러오기 → 재료물성 정의 → 연결(Connection) 정의 → 경계조건 정의 → 격자생성

② 해석

전처리를 기반으로 해를 구하기 위해 구성된 방정식들을 풀어 나가는 과정이다.

③ 후처리(Post-Process)

일반적인 후처리 과정은 다음과 같다.

결과 항목 검토 → 결과 출력 → 보고서 생성

(2) 해석결과의 오류 발생 원인

① 해석 대상의 단순화와 이상화
② 요소의 종류, 요소의 크기, 요소의 형상비, 요소의 결점수
③ 재료의 물성치
④ 경계구속 조건
⑤ 하중 설정
⑥ 전산 오차

18-4 해석 결과 분석 및 정리

(1) 열응력해석 결과의 타당성 및 효용성 분석 방법

① 온도 결과 확인

열응력해석은 열전달 해석 결과를 하중으로 적용하여 열응력 해석을 수행하는 과정으로 온도 결과를 확인하여야 한다.

② 변위 결과 확인

고체 형태의 물체는 외부에서 작용하는 구조하중 및 열하중에 의해 변형이 발생된다. 이 때, 변형에 대한 결과는 다음과 같은 방법으로 확인한다.

   ⊙ 동영상 결과 확인
   ⓒ 변위 형상 크기
   ⓒ 열변형률
   ⓔ 변형량

③ 응력 결과 확인

항복점을 확인하여 응력이 항복점을 넘어서면 영구 변형이 생겼다는 것과 극한 한도를 넘어서면서 파손이 되었다고 판단할 수 있다.

④ 타당성 검토 과정

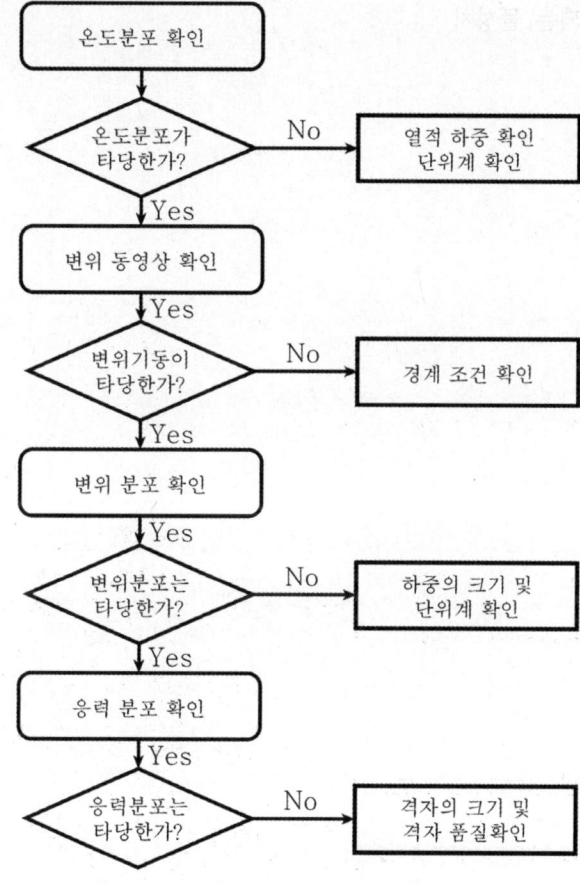

타당성 검토 흐름도

(2) 개선대책 수립 방법

① 소재변경

허용공차 이상으로 변형이 되거나 항복응력 이상으로 응력이 작용하면 기존 적용 재료보다 열전달 계수값이 낮고 항복응력이 높은 재료로 변경하여야 한다.

② 형상 및 두께 변경

항복응력 이상의 응력이 작용할 때 응력 집중부위에 대하여 형상을 변경하거나 두께를 증가하여 응력을 낮출 수 있다.

(3) 열응력해석 결과 확인 및 보고서 작성방법

열응력 보고서에서 확인하여야 할 내용은 열응력해석 결과 분석 흐름도를 기초로 하여 다음과 같이 정리한다.

① 문제에 대한 정의
② 유한 요소 해석에 사용되는 물성치
③ 경계 조건
④ 하중 조건
⑤ 결과 확인

유동해석법

19-1 유동 해석 방법

(1) 수치적 해석 방법

① 유한차분법(FDM, Finite Difference Method)

컴퓨터로 해를 얻기 위해 유동 방정식을 직접 이산화하는 수학적 방법으로 미소성분을 생략하므로 절단오차가 존재한다.

② 유한체적법(FVM, Finite Volume Method)

작은 영역에 대해 이산화하는 것은 유한차분법(FDM)과 비슷하나, 보존항으로 표현되는 연속방정식과 나비에-스토크(Navier-Stokes) 방정식의 적분방정식으로 이루어진다.

③ 유한요소법(FEM, Finite Element Method)

미분방정식을 이산화할 때 물리적인 근삿값을 이용하고, 모든 요소에 대해 동시에 대수방정식을 전개시키는 방법이다. 경계조건을 만족하는 미분방정식의 근사해를 얻게 되고, 유동 영역은 적절한 삼각 요소 또는 사각 요소로 채워지게 된다.

④ 경계요소법(BEM, Boundary Element Method)

경계치를 만족시키는 적분방정식을 사용하며 항공기나 자동차와 같이 외부유동을 해석하는 데 주로 사용되는 방법이다.

(1) 구조 메쉬

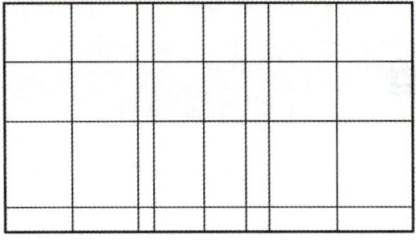

구조 메쉬

해석 영역이 간단히 분할되기 때문에 분할과 조절이 쉽지만, 복잡도가 요구되지 않는 불필요한 지역까지 한꺼번에 메쉬가 늘어나기 때문에 효율이 떨어질 수 있어 복잡한 구조물에 대해서는 적용이 어렵다.

(2) 비구조 메쉬

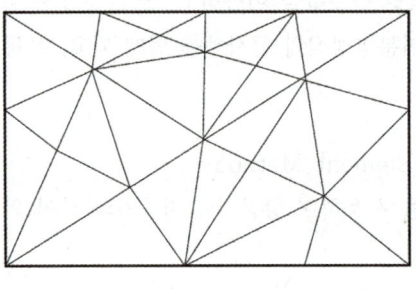

비구조 메쉬

수치해석으로 직접 계산하기 때문에 계산 속도가 느리지만, 적은 메쉬로도 정확한 계산이 가능하기 때문에 복잡한 구조물에 적합하다.

01 기계열역학의 개요

01

$2.5\,kg_f$는 몇 뉴턴(N)인가?

① $19.6N$
② $24.5N$
③ $29.4N$
④ $34.3N$

$kg_f = 9.8N$
$\therefore 2.5kg_f = 2.5 \times 9.8N = 24.5N$

02

다음 중 압력의 단위가 아닌 것은?

① ata
② mAq
③ N/m^3
④ Pa

---

③ N/m^2

03

대기압이 $100kPa$인 장소에서 수은주의 높이가 $500mm$를 나타낼 때, 이 수은주에서 측정되는 절대압력은 약 몇 kPa인가?

① $106kPa$
② $133kPa$
③ $167kPa$
④ $600kPa$

$500mmHg = \gamma h = 133280N/m^3 \times 0.5m$
$\qquad\qquad = 66.64kPa$
$p_{abs} = 100 + 66.64 = 166.64kPa$

04

쇠구슬의 섭씨온도가 $18℃$일 때, 이 구슬의 화씨온도는 약 몇 $℉$인가?

① 32
② 45
③ 52
④ 64

$\dfrac{℃}{100} = \dfrac{℉-32}{180}$에서

$℉ = \dfrac{9}{5} \times 18 + 32 = 64.4℉$

05

다음 중 폐쇄계의 정의를 올바르게 설명한 것은?

① 동작물질 및 일과 열이 그 경계를 통과하지 아니하는 특정 공간
② 동작물질은 계의 경계를 통과할 수 없으나 열과 일은 경계를 통과할 수 있는 특정 공간
③ 동작물질은 계의 경계를 통과할 수 있으나 열과 일은 경계를 통과할 수 없는 특정 공간
④ 동작물질 및 일과 열이 모두 그 경계를 통과할 수 있는 특정 공간

폐쇄계(＝밀폐계)
질량의 유동이 없고 열이나 일은 전달될 수 있는 계

06

다음 중 경로함수인 것은?

① 압력   ② 온도
③ 일   ④ 부피

경로함수 : 일, 열

07

다음 중 종량성 상태량이 아닌 것은?

① 체적   ② 내부에너지
③ 비엔탈피   ④ 질량

비상태량은 모두 강도성 상태량이다.

08

물질의 양을 2배로 늘이면 강도성 상태량의 값은 몇 배가 되는가?

① 1배   ② 2배
③ 1/2배   ④ 4배

강도성 상태량은 물질의 양과 관련이 없다.

09

다음 압력값 중에서 표준대기압($1atm$)과 차이가 가장 큰 압력은?

① $1MPa$ ② $100kPa$
③ $1bar$ ④ $100hPa$

표준 대기압 : $101.325kPa$
① $1MPa = 10^3 kPa$
② $100kPa = 10^2 kPa$
③ $1bar = 10^5 Pa = 10^2 kPa$
④ $100hPa = 100 \times 10^2 Pa = 10kPa$

10

$100kPa$의 대기압 하에서 용기 속 기체의 진공압이 $15kPa$ 이었다. 이 용기 속 기체의 절대압력은 약 몇 kPa인가?

① 85   ② 90   ③ 95   ④ 115

$p_{abs} = p_o + p_g = 100 + (-15) = 85kPa$

11

질량이 m이 비체적이 v인 구(sphere)의 반지름이 R이면, 질량이 $4m$이고, 비체적이 $2v$인 구의 반지름은?

① $2R$ ② $\sqrt{2}R$
③ $\sqrt[3]{2}R$ ④ $\sqrt[3]{4}R$

구의 비체적 : $v = \dfrac{V}{m} = \dfrac{4\pi R^3}{3m}$

$\therefore R = \sqrt[3]{\dfrac{3mv}{4\pi}} \propto \sqrt[3]{mv}$

$R' \propto \sqrt[3]{4m \times 2v} = 2\sqrt[3]{mv}$

$\therefore R' = 2R$

12

어떤 유체의 밀도가 $741kg/m^3$이다. 이 유체의 비체적은 약 몇 m^3/kg인가?

① 0.78×10^{-3} ② 1.35×10^{-3}
③ 2.35×10^{-3} ④ 2.98×10^{-3}

$v = \dfrac{1}{\rho} = \dfrac{1}{741} = 1.35 \times 10^{-3} m^3/kg$

13

그림과 같이 A, B 두 종류의 기체가 한 용기 안에서 박막으로 분리되어 있다. A의 체적은 $0.1m^3$, 질량은 $2kg$이고, B의 체적은 $0.4m^3$, 밀도는 $1kg/m^3$ 이다. 박막이 파열되고 난 후에 평형에 도달하였을 때 기체 혼합물의 밀도(kg/m^3)는 얼마인가?

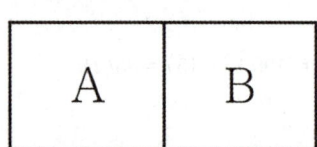

① 4.8 ② 6.0
③ 7.2 ④ 8.4

$m_B = \rho_B V_B = 1 \times 0.4 = 0.4 kg$
여기서 혼합물의 밀도는
$\rho = m$

14

다음 온도에 관한 설명 중 틀린 것은?

① 온도는 뜨겁거나 차가운 정도를 나타낸다.
② 열역학 제0법칙은 온도 측정과 관계된 법칙이다.
③ 섭씨온도는 표준 기압하에서 물의 어는 점과 끓는 점을 각각 0과 100으로 부여한 온도 척도이다.
④ 화씨온도 F와 절대온도 K 사이에는 $K = F + 273.15$의 관계가 성립한다.

---

④ 절대온도(K) = ℃ + 273.15

15

다음 중 가장 낮은 온도는?

① 104℃ ② 284°F
③ 410K ④ 684R

---

② ℃ $= \dfrac{5}{9}(°F - 32) = \dfrac{5}{9}(284 - 32) = 140$℃
③ ℃ $= K - 273 = 410 - 273 = 137$℃
④ ℃ $= \dfrac{5}{9}[(R - 460) - 32] = \dfrac{5}{9}[(684 - 492] = 106.67$℃

16

14.33 W의 전등을 매일 7시간 사용하는 집이 있다. 1개월(30일) 동안 약 몇 kJ의 에너지를 사용하는가?

① 10830 ② 15020
③ 17420 ④ 22840

$14.33[W] \times 7[hr] \times 30[days]$
$= 14.33[J/s] \times 7 \times 3600[s] \times 30[days]$
$= 10833 \times 10^3[J] = 10833[kJ]$
$\because 1[hr] = 3600[s]$

17

전류 $25A$, 전압 $13V$를 가하여 축전지를 충전하고 있다. 충전하는 동안 축전지로부터 $15W$의 열손실이 있다. 축전지의 내부에너지 변화율은 약 몇 W인가?

① 310   ② 340

③ 370   ④ 420

밀폐계 에너지 방정식

$_1Q_2 = {_1}W_2 + \triangle U$에서

전력=전류×전압 이므로

$_1W_2 = VI = 25 \times 13 = 325\,W$

충전되는 것은 전력을 받은 것이므로

$-15 = -325 + \triangle U$ $\therefore \triangle U = 310\,W$

18

다음 중 경로함수(path function)는?

① 엔탈피   ② 엔트로피

③ 내부에너지   ④ 일

경로함수에는 일과 열이 있다.

19

다음의 물리량 중 물질의 최초, 최종상태 뿐 아니라 상태변화의 경로에 따라서도 그 변화량이 달라지는 것은?

① 일   ② 내부에너지

③ 엔탈피   ④ 엔트로피

경로함수의 종류에는 일(W)과 열(Q)이 있다.

20

물질의 양에 따라 변화하는 종량적 상태량(extensive property)은?

① 밀도   ② 체적

③ 온도   ④ 압력

체적은 물질의 양에 따라 상태량 값이 변하므로 종량적 상태량이다.

21

다음 중 강도성 상태량(intensive property)이 아닌 것은?

① 온도   ② 내부에너지

③ 밀도   ④ 압력

내부에너지는 분할시 상태량값이 변하는 종량성 상태량이다.

02 열량

01

$200kcal$는 몇 kJ인가?

① $840kJ$ ② $1080kJ$
③ $1200kJ$ ④ $1560kJ$

$1kcal = 4.2kJ$
$\therefore 200kcal = 200 \times 4.2 = 840kJ$

02

$200kcal$는 몇 약 $B.T.U$인가?

① 793.7 ② 882.1
③ 950.3 ④ 1022.7

$1B.T.U = 0.252kcal$
$\therefore 200kcal = \dfrac{200}{0.252}B.T.U = 793.65B.T.U$

03

이상적인 시스템에 하루 $2200kcal$를 공급한다고 한다. 이 시스템에서 발생하는 평균 동력은 약 얼마인가?

① $63\,W$ ② $88\,W$
③ $98\,W$ ④ $106\,W$

$H = J/s$
$H = 2200kcal/1day = \dfrac{(2200 \times 4.2kJ)}{(3600 \times 24s)}$
$\quad = 0.10694kJ/s = 106.94J/s(= W)$

04

출력 $13kW$의 디젤 기관에서 마찰 손실이 출력의 15%일 때 이 디젤 기관에서 시간당 발생하는 열량은 약 몇 kJ인가?

① 39780 ② 41160
③ 43200 ④ 48420

마찰손실을 제외한 동력은
$13 \times 0.85 = 11.05kW$
$Q = H \times t = 11.05 \times 3600 = 39780kJ$

05

$150kg$의 물을 $10.5℃$에서 $33℃$까지 가열하는데 필요한 열량은 약 몇 kJ인가?

① 12175 ② 14175
③ 16750 ④ 20500

$Q = Cm\triangle T = 4.2 \times 150 \times (33 - 10.5)$
$\quad = 14175kJ$

06

다음 중 정압비열에 대한 표현으로 옳지 않은 것은?

① $\left(\dfrac{\partial q}{\partial T}\right)_P$ ② $T\left(\dfrac{\partial s}{\partial T}\right)_P$
③ $\left(\dfrac{\partial h}{\partial T}\right)_P$ ④ $\left(\dfrac{\partial u}{\partial T}\right)_P$

$C_P = \left(\dfrac{\partial q}{\partial T}\right)_P = \left(\dfrac{\partial h}{\partial T}\right)_P = T\left(\dfrac{\partial s}{\partial T}\right)_P$

07

다음 중 옳은 설명은?

① 내부에너지와 엔탈피는 비열만의 함수이다.
② 내부에너지와 엔탈피는 열량만의 함수이다.
③ 내부에너지와 엔탈피는 온도만의 함수이다.
④ 내부에너지와 엔탈피는 압력만의 함수이다.

내부에너지와 엔탈피는 온도만의 함수이다.

08

냉동기가 고열원으로 $300kJ$의 열량을 방출하고 저열원에서 $200kJ$을 흡수할 때, 이 냉동기의 성능계수는?

① 0.5
② 1
③ 1.5
④ 2

$$\varepsilon_r = \frac{Q_L}{Q_H - Q_L} = \frac{200}{300 - 100} = 2$$

09

다음에 제시된 에너지 값 중 가장 크기가 작은 것은?

① $400N \cdot cm$
② $4cal$
③ $40J$
④ $4000Pa \cdot m^3$

---

① $400N \cdot cm = 4N \cdot m$
② $4cal = 4 \times 4.2J = 16.8N \cdot m$
③ $40J = 40N \cdot m$
④ $4000Pa \cdot m^3 = 4000N/m^2 \times m^3 = 4000N \cdot m$

10

비열이 $0.475kJ/(kg \cdot K)$인 철 $10kg$을 $20℃$에서 $80℃$로 올리는데 필요한 열량은 몇 kJ인가?

① 222
② 252
③ 285
④ 315

$$Q = Cm \triangle T = 0.475 \times 10 \times (80 - 20)$$
$$= 285kJ$$

11

온도 $600℃$의 구리 $7kg$을 $8kg$의 물속에 넣어 열적 평형을 이룬 후 구리와 물의 온도가 $64.2℃$가 되었다면 물의 처음 온도는 약 몇 ℃인가? (단, 이 과정 중 열손실은 없고, 구리의 비열은 $0.386kJ/kg \cdot K$이며 물의 비열은 $4.184kJ/kg \cdot K$이다.)

① $6℃$
② $15℃$
③ $21℃$
④ $84℃$

출입한 열량은 서로 같으므로
$$Q = C_1 m_1 \triangle T_1 = C_2 m_2 \triangle T_2$$
$$= 0.386 \times 7 \times (600 - 64.2) = 1447.732 \, kJ$$
$$\therefore \triangle T_2 = \frac{Q}{C_2 m_2} = \frac{1447.732}{4.184 \times 8} = 43.252 ℃$$
$$\therefore T = 64.2 - 43.252 = 20.95 ℃$$

공기 $1kg$을 정적과정으로 $40℃$에서 $120℃$까지 가열하고, 다음에 정압과정으로 $120℃$에서 $220℃$까지 가열한다면 전체 가열에 필요한 열량은 약 얼마인가? (단, 정압비열은 $1.00kJ/kg \cdot K$, 정적비열은 $0.71kJ/kg \cdot K$이다.)

① $127.8kJ$ ② $141.5kJ$

③ $156.8kJ$ ④ $185.2kJ$

$$_1Q_2 = mC_V \triangle T_1 + mC_P \triangle T_2$$
$$= 1 \times 0.71 \times (120 - 40) + 1 \times 1 \times (220 - 120)$$
$$= 156.8kJ$$

$500W$의 전열기로 $4kg$의 물을 $20℃$에서 $90℃$까지 가열하는데 몇 분이 소요되는가? (단, 전열기에서 열은 전부 온도 상승에 사용되고 물의 비열은 $4180J/(kg \cdot K)$이다.)

① 16   ② 27

③ 39   ④ 45

$$Q = Cm \triangle T = 4 \times 4.18 \times (90 - 20) = 1170.4kJ$$
$$500W = 500J/s = 0.5kJ/s \text{ 이므로}$$
$$0.5 \times t = 1170.4$$
$$\therefore t = \frac{1170.4}{0.5} = 2340.8s = 39.01min$$

온도가 각기 다른 액체 $A(50℃)$, $B(25℃)$, $C(10℃)$가 있다. A와 B를 동일질량으로 혼합하면 $40℃$로 되고, A와 C를 동일질량으로 혼합하면 $30℃$로 된다. B와 C를 동일질량으로 혼합할 때는 몇 ℃로 되겠는가?

① $16.0℃$ ② $18.4℃$

③ $20.0℃$ ④ $22.5℃$

$_1Q_2 = Cm \triangle T$ 에서 모두 동일질량이며 서로 출입한 열량은 같으므로

$$C_A(50 - 40) = C_B(40 - 25) \qquad \therefore C_A = 1.5C_B$$
$$C_A(50 - 30) = C_C(30 - 10) \qquad \therefore C_A = C_C$$

평형온도를 T라고 하면

$$C_B(25 - T) = C_C(T - 10) = 1.5C_B(T - 10)$$
$$\therefore T = 16℃$$

그림과 같은 단열된 용기 안에 $25℃$의 물이 $0.8m^3$ 들어있다. 이 용기 안에 $100℃$, $50kg$의 쇳덩어리를 넣은 후 열적 평형이 이루어 졌을 때 최종 온도는 약 몇 ℃인가? (단, 물의 비열은 $4.18kJ/(kg \cdot K)$, 철의 비열은 $0.45kJ/(kg \cdot K)$이다.)

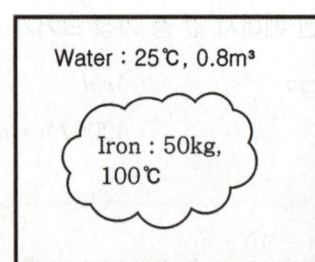

① 25.5   ② 27.4

③ 29.2   ④ 31.4

물과 쇳덩어리의 열 출입량은 서로 같으므로
$Q_1 = Q_2$
$C_1 m_1 \triangle T_1 = C_2 m_2 \triangle T_2$
이 때 물의 질량
$m_1 = \rho V = 1000 \times 0.8 = 800 kg$
$4.18 \times 800 \times (T - 25) = 0.45 \times 50 \times (50 - T)$
$\therefore T = 25.17 ℃$

16

질량이 $5kg$인 강제 용기 속에 물이 $20L$들어있다. 용기와 물이 $24℃$인 상태에서 이 속에 질량이 $5kg$이고 온도가 $180℃$인 어떤 물체를 넣었더니 일정 시간 후 온도가 $35℃$가 되면서 열평형에 도달하였다. 이 때 이 물체의 비열은 약 몇 $kJ/(kg \cdot K)$인가? (단, 물의 비열은 $4.2kJ/(kg \cdot K)$, 강의 비열은 $0.46kJ/(kg \cdot K)$이다.)

① 0.88 ② 1.12
③ 1.31 ④ 1.86

강제 용기와 물의 질량 합을 m_1이라 하면
$m_1 = m_s + m_w = m_s + \rho V = 5 + 1000 \times 0.02 = 25 kg$
강제 용기와 물의 전체 비열을 C_1이라 하면
$C_1 = \dfrac{C_s m_s + C_w m_w}{m_s + m_w} = \dfrac{0.46 \times 5 + 4.2 \times 20}{25}$
$= 3.452 kJ/kg \cdot K$

$Q = mC \triangle T$ 에서 서로 출입한 열량은 같으므로
$C_1 m_1 \triangle T_1 = C_2 m_2 \triangle T_2$
$\therefore C_2 = \dfrac{C_1 m_1 \triangle T_1}{m_2 \triangle T_2} = \dfrac{3.452 \times 25 \times (35 - 24)}{5 \times (180 - 35)}$
$= 1.31 kJ/kg \cdot K$

17

압력이 일정할 때 공기 $5kg$을 $0℃$에서 $100℃$까지 가열하는데 필요한 열량은 약 몇 kJ인가?
(단, 비열(C_P)은 온도 $T(℃)$에 관계한 함수로
$C_P(kJ/(kg \cdot ℃)) = 1.01 + 0.000079 T$ 이다.)

① 365 ② 436
③ 480 ④ 507

$C_m = \dfrac{1}{T_2 - T_1} \int_0^{100} (1.01 + 0.000079 T) dT$

$= \dfrac{1}{100} [1.01 T + \dfrac{0.000079}{2} T^2]_0^{100}$
$= 1.01395 kJ/kg \cdot ℃$

$Q_m = m C_m (T_2 - T_1) = 5 \times 1.01395 \times (100 - 0)$
$= 506.98 kJ$

18

한 시간에 $3600kg$의 석탄을 소비하여 $6050kW$를 발생하는 증기터빈을 사용하는 화력발전소가 있다면, 이 발전소의 열효율은 약 몇 %인가? (단, 석탄의 방열량은 $29900kJ/kg$ 이다.)

① 약 20% ② 약 30%
③ 약 40% ④ 약 50%

$\eta = \dfrac{출력}{입력} = \dfrac{6050}{3600 \times 29900 \times \dfrac{1}{3600}} \times 100 = 20\%$

19

출력 $10000\,kW$의 터빈 플랜트의 시간당 연료소비량이 $5000\,kg/h$이다. 이 플랜트의 열효율은 약 % 인가? (단, 연료의 발열량은 $33440\,kJ/kg$이다.)

① 25.4 % ② 21.5 %

③ 10.9 % ④ 40.8 %

$$\eta = \frac{\text{출력}}{\text{공급}} = \frac{1000kW \times 3600s/h}{5000kg/h \times 33440kJ/kg}$$
$$= 0.215 = 21.5\%$$

21

효율이 40%인 열기관에서 유효하게 발생되는 동력이 $110\,kW$라면 주위로 방출되는 총 열량은 약 몇 kW인가?

① 375 ② 165

③ 135 ④ 85

$$\eta = \frac{W}{Q_H} = \frac{110}{Q_H} = 0.4$$
$$\therefore Q_H = 275kW$$

$W = Q_H - Q_L$ 에서
$$Q_L = Q_H - W = 275 - 110 = 165kW$$

20

시간당 $380000\,kg$의 물을 공급하여 수증기를 생산하는 보일러가 있다. 이 보일러에 공급하는 물의 엔탈피는 $830\,kJ/kg$이고, 생산되는 수증기의 엔탈피는 $3230\,kJ/kg$ 이라고 할 때, 발열량이 $32000\,kJ/kg$인 석탄을 시간당 $34000\,kg$씩 보일러에 공급한다면 이 보일러의 효율은 약 몇 %인가?

① 66.9 % ② 71.5 %

③ 77.3 % ④ 83.8 %

$$\eta = \frac{\text{출력}}{\text{공급}} = \frac{380000kg/h \times (3230 - 830)kJ/kg}{32000kJ/kg \times 34000kg/h}$$
$$= 0.838 = 83.8\%$$

22

이상기체에 대한 다음 관계식 중 잘못된 것은? (단, C_V는 정적비열, C_P는 정압비열, u는 내부에너지, T는 온도, V는 부피, h는 엔탈피, R은 기체상수, k는 비열비이다.)

① $C_V = \left(\dfrac{\partial u}{\partial T}\right)_v$ ② $C_P = \left(\dfrac{\partial h}{\partial T}\right)_v$

③ $C_P - C_V = R$ ④ $C_P = \dfrac{kR}{k-1}$

$$C_V = \left(\frac{\partial q}{\partial T}\right)_v = \left(\frac{du}{dT}\right)_v = T\left(\frac{ds}{dT}\right)_V$$
$$C_P = \left(\frac{\partial q}{\partial T}\right)_p = \left(\frac{dh}{dT}\right)_p = T\left(\frac{ds}{dT}\right)_p$$

23

어떤 기체의 정압비열이 $2436J/(kg \cdot K)$이고, 정적비열이 $1943J/(kg \cdot K)$일 때 이 기체의 비열비는 약 얼마인가?

① 1.15
② 1.21
③ 1.25
④ 1.31

$$k = \frac{C_P}{C_V} = \frac{2436}{1943} = 1.25$$

24

밀폐계가 가역정압 변화를 할 때 계가 받은 열량은?

① 계의 엔탈피 변화량과 같다.
② 계의 내부에너지 변화량과 같다.
③ 계의 엔트로피 변화량과 같다.
④ 계가 주위에 대한 한 일과 같다.

$\delta q = dh - vdp$ 에서 $dp = 0$ 이므로
$dq = dh$, $_1q_2 = \triangle h$

25

$10℃$에서 $160℃$까지 공기의 평균 정적비열은 $0.7315kJ/(kg \cdot K)$이다. 이 온도 변화에서 공기 $1kg$의 내부에너지 변화는 약 몇 kJ인가?

① $101.1kJ$
② $109.7kJ$
③ $120.6kJ$
④ $131.7kJ$

$$\begin{aligned}\triangle U &= C_v m \triangle T \\ &= 0.7315 \times 1 \times (160 - 10) = 109.7kJ\end{aligned}$$

26

매시간 $20kg$의 연료를 소비하여 $74kW$의 동력을 생산하는 가솔린 기관의 열효율은 약 몇 %인가? (단, 가솔린의 저위발열량은 $43470kJ/kg$이다.)

① 31
② 36
③ 43
④ 50

$$\begin{aligned}\eta &= \frac{출력}{공급} = \frac{74kWh = 74 \times 3600kJ}{20kg/h \times 43470kJ/kg} \\ &= 0.3064 = 30.64\%\end{aligned}$$

27

성능계수가 3.2인 냉동기가 시간당 $20MJ$의 열을 흡수한다면 이 냉동기의 소비동력 (kW)은?

① 2.25
② 1.74
③ 2.85
④ 1.45

$$Q_L = \frac{20 \times 10^3}{3600} = 5.56kW$$

$$\varepsilon_R = \frac{Q_L}{W} \quad \therefore W = \frac{Q_L}{\varepsilon_R} = \frac{5.56}{3.2} = 1.74kW$$

28

열펌프를 난방에 이용하려 한다. 실내 온도는 $18℃$이고, 실외 온도는 $-15℃$이며 벽을 통한 열손실은 $12kW$이다. 열펌프를 구동하기 위해 필요한 최소 동력은 약 몇 kW인가?

① $0.65kW$
② $0.74kW$
③ $1.36kW$
④ $1.53kW$

$$\varepsilon_H = \frac{Q_H}{W} = \frac{Q_H}{Q_H - Q_L} = \frac{C_P T_H}{C_P(T_H - T_L)}$$

$$W = Q_H \frac{T_H - T_L}{T_H} = 12 \times \frac{18 - (-15)}{18 + 273} = 1.36kW$$

29

온도 T_2인 저온체에서 열량 Q_A를 흡수해서 온도가 T_1인 고온체로 열량 Q_R를 방출할 때 냉동기의 성능계수 (coefficient of performance)는?

① $\dfrac{Q_R - Q_A}{Q_A}$

② $\dfrac{Q_R}{Q_A}$

③ $\dfrac{Q_A}{Q_R - Q_A}$

④ $\dfrac{Q_A}{Q_R}$

$$\varepsilon_R = \frac{Q_2}{W} = \frac{Q_A}{Q_R - Q_A}$$

30

성능계수가 3.2인 냉동기가 시간당 $20MJ$의 열을 흡수 한다. 이 냉동기를 작동하기 위한 동력은 몇 kW인가?

① 2.25

② 1.74

③ 2.85

④ 1.45

$$\varepsilon_R = \frac{Q_L}{W}$$
$$\therefore W = \frac{Q_L}{\varepsilon_R} = \frac{20}{3.2} \times \frac{1000}{3600}$$
$$= 1.74 kW$$

31

천제연 폭포의 높이가 $55m$이고 주위와 열교환을 무시한다면 폭포수가 낙하한 후 수면에 도달할 때까지 온도 상승은 약 몇 K인가? (단, 폭포수의 비열은 $4.2kJ/(kg \cdot K)$이다.)

① 0.87

② 0.68

③ 0.31

④ 0.13

위치에너지가 모두 열에너지로 바뀌었다고 가정
$$mgh = Cm \triangle T$$
$$\therefore \triangle T = \frac{mgh \times 10^{-3}}{Cm} = \frac{9.8m/s^2 \times 55m \times 10^{-3}}{4.2kJ/kg \cdot K}$$
$$= 0.128K$$

32

$-15℃$와 $75℃$의 열원 사이에서 작동하는 카르노 사이클 열펌프의 난방 성능계수는 얼마인가?

① 2.87

② 3.87

③ 6.16

④ 7.16

$$\varepsilon_H = \frac{T_H}{T_H - T_L} = \frac{75 + 273}{75 - (-15)} = 3.87$$

03 열역학 제1법칙

01

열역학 1법칙에 대한 설명 중 옳지 않은 것은?

① 제 1종 영구기관은 존재하지 않는다.
② 에너지 보존의 법칙이다.
③ 열은 일로 일은 열로 100% 변환이 가능하다.
④ 가역과정에서만 성립한다.

---

④ 열역학 제1법칙은 에너지 보존의 법칙으로서 가역, 비가역 모두 성립한다. 비가역의 경우에도 열과 일 이외에 생기는 부수적인 에너지들을 합하면 에너지 보존이 성립하기 때문이다.

02

다음 중 밀폐계의 일에 대한 식으로 옳은 것은?

① $_1W_2 = \int_1^2 Vdp$ ② $_1W_2 = \int_1^2 pdV$

③ $_1W_2 = \int_1^2 pdT$ ④ $_1W_2 = \int_1^2 VdT$

밀폐계의 일 : $_1W_2 = \int_1^2 pdV$

03

다음 중 밀폐계의 에너지 방정식으로 옳은 것은?

① $_1Q_2 = \triangle H + _1W_2$

② $_1Q_2 = \triangle W + _1W_2$

③ $_1Q_2 = \triangle U + _1W_2$

④ $_1Q_2 = \triangle Q + _1W_2$

밀폐계의 에너지 방정식 : $_1Q_2 = \triangle U + _1W_2$

04

다음은 열역학 미분형 식에 대한 설명이다. 이 중 옳은 것을 고르면?

① 미분형 제1식 : $\delta q = du + pdv$
② 미분형 제1식 : $\delta q = dh + vdp$
③ 미분형 제2식 : $\delta q = dT + pdv$
④ 미분형 제2식 : $\delta q = du - pdv$

미분형 제1식 : $\delta q = du + pdv$
미분형 제2식 : $\delta q = dh - vdp$

05

다음 중 개방계의 일에 대한 식으로 옳은 것은?

① $W_t = \int_1^2 V dp$ ② $W_t = \int_1^2 p dV$

③ $W_t = -\int_1^2 p dV$ ④ $W_t = -\int_1^2 V dp$

개방계의 일 : $W_t = -\int_1^2 V dp$

06

다음 중 줄-톰슨 계수로 옳은 것은?

① $\mu_J = \left(\dfrac{dp}{dT}\right)_H$ ② $\mu_J = \left(\dfrac{dT}{dp}\right)_H$

③ $\mu_J = \left(\dfrac{dp}{dT}\right)_U$ ④ $\mu_J = \left(\dfrac{dT}{dp}\right)_U$

07

열역학 제 1법칙에 관한 설명으로 거리가 먼 것은?

① 열역학적계에 대한 에너지 보존법칙을 나타낸다.
② 외부에 어떠한 영향을 남기지 않고
   계가열원으로부터 받은 열을 모두 일로 바꾸는
   것은 불가능하다.
③ 열은 에너지의 한 형태로서 일을 열로 변환하거나
   열을 일로 변환하는 것이 가능하다.
④ 열을 일로 변환하거나 일을 열로 변환할 때,
   에너지의 총량은 변하지 않고 일정하다.

열역학 제1법칙은 에너지 보존의 법칙이므로 열과 일 사이의
변환이 자유롭다.

08

열역학적 관점에서 일과 열에 관한 설명으로 틀린
것은?

① 일과 열은 온도와 같은 열역학적 상태량이 아니다.
② 일의 단위는 $J(joule)$이다.
③ 일의 크기는 힘과 그 힘이 작용하여 이동한 거리를
   곱한 값이다.
④ 일과 열은 점 함수 $(point\ function)$이다.

일과 열은 점함수가 아닌 경로함수이다.

09

압력이 $10^6\,N/m^2$, 체적이 $1m^3$인 공기가 압력이
일정한 상태에서 $400\,kJ$의 일을 하였다. 변화 후의
체적은 약 m^3인가?

① 1.4 ② 1.0

③ 0.6 ④ 0.4

$$_1W_2 = \int_1^2 p dV = 10^6(V_2 - 1) = 400 \times 10^3 J$$

$$\therefore V_2 = 1.4 m^3$$

10

초기 압력 $100kPa$, 초기 체적 $0.1m^3$인 기체를
버너로 가열하여 기체 체적이 정압과정으로 $0.5m^3$이
되었다면 이 과정 동안 시스템이 외부에 한 일은 약
몇 kJ인가?

① 10 ② 20

③ 30 ④ 40

정압과정이므로

$$_1W_2 = \int_1^2 p dV = 100 \times (0.5 - 0.1) = 40 kJ$$

11

피스톤–실린더 장치 내에 있는 공기가 $0.3m^3$에서 $0.1m^3$으로 압축되었다. 압축되는 동안 압력(P)가 체적(V) 사이에 $P = aV^{-2}$의 관계가 성립하며, 계수 $a = 6kPa \cdot m^6$이다. 이 과정 동안 공기가 한 일은 약 얼마인가?

① $-53.3kJ$ ② $-1.1kJ$

③ $253kJ$ ④ $-40kJ$

$$_1W_2 = \int_1^2 pdV = \int_{0.3}^{0.1} aV^{-2}dV$$
$$= [-6V^{-1}]_{0.3}^{0.1} = -6[V^{-1}]_{0.3}^{0.1}$$
$$= -6(0.1^{-1} - 0.3^{-1}) = -40kJ$$

12

어느 왕복동 내연기관에서 실린더 안지름이 $6.8cm$, 행정이 $8cm$일 때 평균유효압력은 $1200kPa$이다. 이 기관의 1행정당 유효 일은 약 몇 kJ 인가?

① 0.09   ② 0.15

③ 0.35   ④ 0.48

유효일 $W = F \times s = (P \times A) \times s$
$$= 1200 \times \frac{\pi \times (0.068)^2}{4} \times 0.08$$
$$= 0.35kJ$$

13

기체가 열량 $80kJ$을 흡수하여 외부에 대하여 $20kJ$의 일을 하였다면 내부에너지 변화는 몇 kJ인가?

① 20   ② 60

③ 80   ④ 100

밀폐계 에너지 방정식
$$_1Q_2 = {}_1W_2 + \triangle U$$
$$\therefore \triangle U = {}_1Q_2 - {}_1W_2 = 80 - 20 = 60kJ$$

14

어떤 기체가 $5kJ$의 열을 받고 $0.18kN \cdot m$의 일을 외부로 하였다. 이 때의 내부에너지의 변화량은?

① $3.24kJ$ ② $4.82kJ$

③ $5.18kJ$ ④ $6.14kJ$

밀폐계 에너지 방정식
$$_1Q_2 = {}_1W_2 + \triangle U \text{ 에서}$$
$$5 = 0.18 + \triangle U \quad \therefore \triangle U = 4.82kJ$$

15

내부 에너지가 $30kJ$인 물체에 열을 가하여 내부 에너지가 $50kJ$이 되는 동안에 외부에 대하여 $10kJ$의 일을 하였다. 이 물체에 가해진 열량은?

① $10kJ$ ② $20kJ$

③ $30kJ$ ④ $60kJ$

밀폐계 에너지 방정식
$$_1Q_2 = {}_1W_2 + \triangle U \text{ 에서}$$
$$_1Q_2 = 10 + 20 = 30kJ$$

16

$4kg$의 공기를 압축하는데 $300kJ$의 일을 소비함과 동시에 $110kJ$의 열량이 방출되었다. 공기온도가 초기에는 $20℃$이었을 때 압축 후의 공기온도는 약 몇 $℃$인가? (단, 공기는 정적비열이 $0.716kJ/(kg \cdot K)$인 이상 기체로 간주한다.)

① 78.4 　　　　② 71.7

③ 93.5 　　　　④ 86.3

$_1Q_2 = \triangle U + _1W_2$

공기(계)를 압축하는 $300kJ$의 일을 소비하였으므로 공기(계)가 일을 받은 상황이다. 따라서

$-110 = \triangle U - 300$

$\triangle U = 190kJ$

$\triangle U = mC_V \triangle T = 4 \times 0.716 \times (T_2 - 293)$

$\therefore T_2 = 359.34K = 86.34℃$

17

용기 안에 있는 유체의 초기 내부에너지는 $700kJ$이다. 냉각과정 동안 $250kJ$의 열을 잃고, 용기 내에 설치된 회전날개로 유체에 $100kJ$의 일을 한다. 최종상태의 유체의 내부에너지(kJ)는 얼마인가?

① 350 　　　　② 450

③ 550 　　　　④ 650

밀폐계 에너지 방정식

$_1Q_2 = _1W_2 + \triangle U$ 에서

$-250 = -100 + \triangle U$ 　$\therefore \triangle U = -150kJ$

$U_2 = U_1 - 150 = 550kJ$

18

준평형 정적과정을 거치는 시스템에 대한 열전달량은? (단, 운동에너지와 위치에너지의 변화는 무시한다.)

① 0이다.

② 이루어진 일량과 같다.

③ 엔탈피 변화량과 같다.

④ 내부에너지 변화량과 같다.

$\delta q = du + pdv$에서 $dv = 0$이므로 $\delta q = du$

19

밀폐계의 가역 정적변화에서 다음 중 옳은 것은? (단, u : 내부에너지, q : 전달된 열, h : 엔탈피, v : 체적, w : 일이다.)

① $du = dq$ 　　　　② $dh = dq$

③ $dv = dq$ 　　　　④ $dw = dq$

$\delta q = du + pdv$에서 $v = 0$이므로

$\delta q = du$

20

$30℃$, $100kPa$의 물을 $800kPa$까지 압축한다. 물의 비체적이 $0.001m^3/kg$로 일정하다고 할 때, 단위 질량당 소요된 일(공업일)은?

① $167J/kg$ 　　　　② $602J/kg$

③ $700J/kg$ 　　　　④ $1400J/kg$

$w_t = -\int_1^2 vdp = v(p_1 - p_2)$

$= 0.001 \times (100 - 800) \times 10^3 = -700J/kg$(일을 받음)

21

압력 $5kPa$, 체적이 $0.3m^3$인 기체가 일정한 압력하에서 압축되어 $0.2m^3$로 되었을 때 이 기체가 한 일은? (단, $(+)$는 외부로 기체가 일을 한 경우이고, $(-)$는 기체가 외부로부터 일을 받은 경우이다.)

① $-1000J$ ② $1000J$

③ $-500J$ ④ $500J$

정압과정이므로

$$_1W_2 = \int_1^2 p\,dV = 5000 \times (0.2 - 0.3)$$
$$= -500J\,(일을\ 받음)$$

22

내부에너지가 $40kJ$, 절대압력이 $200kPa$, 체적이 $0.1m^3$, 절대온도가 $300K$인 계의 엔탈피는 약 몇 kJ인가?

① 42   ② 60   ③ 80   ④ 240

$$H = U + pV = 40 + 200 \times 0.1 = 60kJ$$

23

$1kg$의 기체가 압력 $50kPa$, 체적 $2.5m^3$의 상태에서 압력 $1.2MPa$, 체적 $0.2m^3$의 상태로 변하였다. 엔탈피의 변화량은 약 몇 kJ인가? (단, 내부에너지의 변화는 없다.)

① 365   ② 206   ③ 155   ④ 115

$\triangle H = \triangle U + \triangle pV$에서 내부에너지 변화가 0이므로
$$\triangle H = p_2 V_2 - p_1 V_1$$
$$= 1.2 \times 10^3 \times 0.2 - 50 \times 2.5 = 115kJ$$

24

질량 유량이 $10kg/s$인 터빈에서 수증기의 엔탈피가 $800kJ/kg$감소한다면 출력(kW)은 얼마인가? (단, 역학적 손실, 열손실은 모두 무시한다.)

① 80   ② 160

③ 1600   ④ 8000

개방계 에너지 방정식

$$_1\dot{Q}_2 = \dot{W}_t + \dot{m}(h_2 - h_1) + \frac{\dot{m}(w_2^2 - w_1^2)}{2} + \dot{m}g(Z_2 - Z_1)$$

에서 열손실과 역학적손실(운동, 위치에너지)을 무시하므로

$$\dot{W}_t = \dot{m}(h_1 - h_2) = 10 \times 800 = 8000kJ/s = 8000\,W$$

25

어느 증기터빈에 $0.4kg/s$로 증기가 공급되어 $260kW$의 출력을 낸다. 입구의 증기 엔탈피 및 속도는 각각 $3000\,kJ/kg$, $720\,m/s$, 출구의 증기 엔탈피 및 속도는 각각 $2500\,kJ/kg$, $120\,m/s$이면, 이 터빈의 열손실은 약 몇 kW가 되는가?

① 15.9   ② 40.8

③ 20.0   ④ 104

개방계 에너지 방정식

$$_1\dot{Q}_2 = \dot{W}_t + \dot{m}(h_2 - h_1) + \frac{\dot{m}(w_2^2 - w_1^2)}{2} + \dot{m}g(Z_2 - Z_1)$$

에서 터빈은 위치에너지를 무시하므로

$$_1\dot{Q}_2 = \dot{W}_t + \dot{m}(h_2 - h_1) + \frac{\dot{m}(w_2^2 - w_1^2)}{2}$$
$$_1\dot{Q}_2 = 260 + 0.4 \times (2500 - 3000)$$
$$+ \frac{0.4(120^2 - 720^2)}{2} \times 10^{-3}$$
$$= -40.8kW = 40.8kW\,(열손실)$$

26

증기터빈 발전소에서 터빈 입구의 증기 엔탈피는 출구의 엔탈피보다 $136kJ/kg$ 높고, 터빈에서의 열손실은 $10kJ/kg$이다. 증기속도는 터빈 입구에서 $10m/s$이고, 출구에서 $110m/s$일 때 이 터빈에서 발생시킬 수 있는 일은 약 몇 kJ/kg인가?

① 10   ② 90
③ 120   ④ 140

개방계 에너지 방정식

$$_1q_2 = w_t + (h_2 - h_1) + \frac{(w_2^2 - w_1^2)}{2} + g(Z_2 - Z_1)$$

에서 터빈은 위치에너지를 무시한다. 따라서

$$_1q_2 = w_t + (h_2 - h_1) + \frac{(w_2^2 - w_1^2)}{2}$$

$$\therefore w_t = {_1q_2} - (h_2 - h_1) - \frac{(w_2^2 - w_1^2)}{2}$$

$$= -10 - (-136) - \frac{(110^2 - 10^2)}{2} \times 10^{-3}$$

$$= 120 kJ/kg$$

27

입구 엔탈피 $3155kJ/kg$, 입구 속도 $24m/s$, 출구 엔탈피 $2385kJ/kg$, 출구 속도 $98m/s$인 증기 터빈이 있다. 증기 유량이 $1.5kg/s$이고, 터빈의 축 출력이 $900kW$일 때 터빈과 주위 사이의 열전달량은 어떻게 되는가?

① 약 $124kW$의 열을 주위로 방열된다.
② 주위로부터 약 $124kW$의 열을 받는다.
③ 약 $248kW$의 열을 주위로 방열한다.
④ 주위로부터 약 $248kW$의 열을 받는다.

개방계 에너지 방정식

$$_1\dot{Q}_2 = \dot{W}_t + \dot{m}(h_2 - h_1) + \frac{\dot{m}(w_2^2 - w_1^2)}{2} + \dot{m}g(Z_2 - Z_1)$$

에서 터빈은 위치에너지 변화가 없으므로

$$_1\dot{Q}_2 = \dot{W}_t + \dot{m}(h_2 - h_1) + \frac{\dot{m}(w_2^2 - w_1^2)}{2}$$

$$= 900 + 1.5 \times (2385 - 3155) + \frac{1.5 \times (98^2 - 24^2)}{2} \times 10^{-3}$$

$$= -248.23 kW = 248.23 kW (방열)$$

28

보일러에 온도 $40℃$, 엔탈피 $167kJ/kg$인 물이 공급되어 온도 $350℃$, 엔탈피 $3115kJ/kg$인 수증기가 발생한다. 입구와 출구에서의 유속은 각각 $5m/s$, $50m/s$이고, 공급되는 물의 양이 $2000kg/h$일 때, 보일러에 공급해야 할 열량(kW)은? (단, 위치에너지 변화는 무시한다.)

① 631   ② 832
③ 1237   ④ 1638

개방계 에너지 방정식

$$_1\dot{Q}_2 = \dot{W}_t + \dot{m}(h_2 - h_1) + \frac{\dot{m}(w_2^2 - w_1^2)}{2} + \dot{m}g(Z_2 - Z_1)$$

에서 보일러이므로 일량과 위치에너지 변화를 무시할 수 있다. 따라서

$$_1\dot{Q}_2 = \dot{m}(h_2 - h_1) + \frac{\dot{m}(w_2^2 - w_1^2)}{2}$$

$$= 0.56 \times (3115 - 167) + \frac{0.56 \times (50^2 - 5^2)}{2} \times 10^{-3}$$

$$= 1638 kW$$

$$\therefore \dot{m} = \frac{2000kg/h}{3600s/h} = 0.56kg/s$$

29

밀폐 시스템에서 가역정압과정이 발생할 때 다음 중 옳은 것은? (단, U는 내부에너지, Q는 열량, H는 엔탈피, S는 엔트로피, W는 일량을 나타낸다.)

① $dH = dQ$ 　　　② $dU = dQ$

③ $dS = dQ$ 　　　④ $dW = dQ$

$\delta Q = dH - VdP$ 에서 정압과정($dP = 0$)이므로
$\delta Q = dH$

30

내부에너지가 $40kJ$, 절대압력이 $200kPa$, 체적이 $0.1m^3$, 절대온도가 $300K$인 계의 엔탈피(kJ)는?

① 42　　　　② 60

③ 80　　　　④ 240

$\triangle H = \triangle U + \triangle pV = 40 + 200 \times 0.1 = 60kJ$

31

공기 $1kg$이 압력 $50kPa$, 부피 $3m^3$인 상태에서 압력 $900kPa$, 부피 $0.5m^3$인 상태로 변화할 때 내부에너지가 $160kJ$증가하였다. 이 때 엔탈피는 약 몇 kJ이 증가 하였는가?

① 30　　　　② 185

③ 235　　　　④ 460

$\triangle H = \triangle U + \triangle pV$
　　　$= \triangle U + (p_2 V_2 - p_1 V_1)$
　　　$= 160 + (900 \times 0.5 - 50 \times 3) = 460kJ$

32

$10kg$의 증기가 온도 $50℃$, 압력 $38kPa$, 체적 $7.5m^3$일 때 총 내부에너지는 $6700kJ$이다. 이와 같은 상태의 증기가 가지고 있는 엔탈피는 약 몇 kJ인가?

① 8346　　　　② 7782

③ 7304　　　　④ 6985

$H = U + pV = 6700 + 38 \times 7.5$
　　$= 6985kJ$

33

실린더에 밀폐된 $8kg$의 공기가 그림과 같이 압력 $P_1 = 800kPa$, 체적 $V_1 = 0.27m^3$에서 $P_2 = 350kPa$, $V_2 = 0.80m^3$으로 직선 변화하였다. 이 과정에서 공기가 한 일은 약 몇 kJ인가?

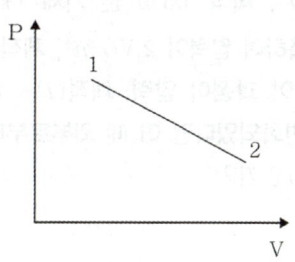

① 305　　　　② 334

③ 362　　　　④ 390

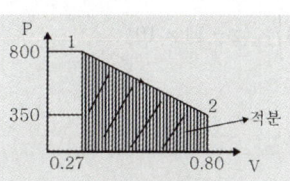

실린더 : 밀폐계 절대일

$W_2(\text{사다리꼴 면적}) = \int_1^2 PdV$

　　　　　　$= \frac{1}{2} \times (800 + 350) \times 0.53 \fallingdotseq 305kJ$

34

밀폐 시스템이 압력 $P_1 = 200kPa$, 체적 $V_1 = 0.1m^3$ 인 상태에서 $P_2 = 100kPa$, $V_2 = 0.3m^3$인 상태까지 가역팽창 되었다. 이 과정이 $P-V$ 선도에서 직선으로 표시된다면 이 과정 동안 시스템이 한 일은 약 몇 kJ인가?

① 10   ② 20
③ 30   ④ 45

사다리꼴 넓이가 일량이므로

$$_1W_2 = 100 \times 0.2 + \frac{1}{2} \times 100 \times 0.2 = 30 kJ$$

35

압력 $1N/cm^2$, 체적 $0.5\,m^3$인 기체 $1\,kg$을 가역 과정으로 압축하여 압력이 $2N/cm^2$, 체적이 $0.3\,m^3$로 변화되었다. 이 과정이 압력-체적($P-V$)선도에서 선형적으로 변화되었다면 이 때 외부로부터 받은 일은 약 몇 $N\cdot m$인가?

① 2000   ② 3000
③ 4000   ④ 5000

가역 압축일은 공업일이므로
p–V 선도의 p축 투영 면적을 구한다.

$$W_t = \left\{ \frac{1}{2} \times (0.5 - 0.3) + 0.3 \right\} \times (2-1) \times 10^4$$
$$= 4000 N \cdot m$$

36

압력(P) – 부피(V) 선도에서 이상기체가 그림과 같은 사이클로 작동한다고 할 때 한 사이클 동안 행한 일은 어떻게 나타내는가?

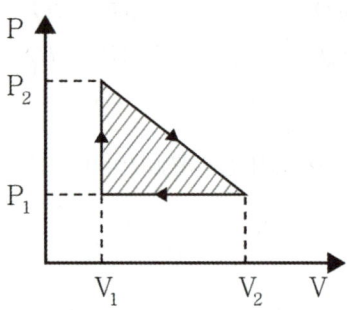

① $\dfrac{(P_2 + P_1)(V_2 + V_1)}{2}$

② $\dfrac{(P_2 - P_1)(V_2 + V_1)}{2}$

③ $\dfrac{(P_2 + P_1)(V_2 - V_1)}{2}$

④ $\dfrac{(P_2 - P_1)(V_2 - V_1)}{2}$

사이클 동안 한 일은 사이클 내부 면적과 같다.
$$W = \frac{(p_2 - p_1)(V_2 - V_1)}{2}$$

37

어느 가역 상태변화를 표시하는 그림과 같은 온도(T)– 엔트로피(S) 선도에서 빗금으로 나타낸 부분의 면적은 무엇을 의미하는가?

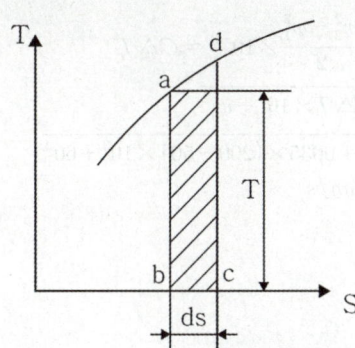

① 힘
② 열량
③ 압력
④ 비체적

$T-S$ 선도의 면적은 열량을 나타낸다.

38

위치에너지의 변화를 무시할 수 있는 단열 노즐 내를 흐르는 공기의 출구속도가 $600m/s$이고 노즐 출구에서의 엔탈피가 입구에 비해 $179.2kJ/kg$ 감소할 때 공기의 입구속도는 약 몇 m/s인가?

① 16
② 40
③ 225
④ 425

단열 노즐 : 열 출입량=0, 일량=0, 위치에너지=0
따라서

$$_1Q_2 = W_t + m(h_2 - h_1) + \frac{m(w_2^2 - w_1^2)}{2} + mg(Z_2 - Z_1)$$

에서

$$0 = m(h_2 - h_1) + \frac{m(w_2^2 - w_1^2)}{2}$$

$$h_2 - h_1 = -179.2kJ/kg, \ w_2 = 600m/s$$

$$0 = -179.2 + \frac{(600^2 - w_1^2)}{2} \times 10^{-3}$$

$$\therefore w_1 = 40m/s$$

39

단열된 노즐에 유체가 $10m/s$의 속도로 들어와서 $200m/s$의 속도로 가속되어 나간다. 출구에서의 엔탈피가 $2770kJ/kg$일 때 입구에서의 엔탈피는 약 몇 kJ/kg인가?

① 4370
② 4210
③ 2850
④ 2790

개방계 에너지

$$_1q_2 = w_t + (h_2 - h_1) + \frac{(w_2^2 - w_1^2)}{2} + g(Z_2 - Z_1)$$

단열 노즐이므로 열량, 일량, 위치에너지 변화가 0이다.
따라서

$$0 = (h_2 - h_1) + \frac{(w_2^2 - w_1^2)}{2}$$

$$h_1 = h_2 + \frac{(w_2^2 - w_1^2)}{2} = 2770 + \frac{(200^2 - 10^2)}{2} \times 10^{-3}$$

$$= 2790kJ/kg$$

40

수증기가 정상과정으로 $40m/s$의 속도로 노즐에 유입되어 $275m/s$로 빠져나간다. 유입되는 수증기의 엔탈피는 $3300kJ/kg$, 노즐로부터 발생되는 열손실은 $5.9kJ/kg$일 때 노즐 출구에서의 수증기 엔탈피는 약 몇 kJ/kg인가?

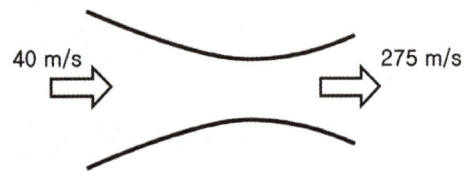

① 3257

② 3024

③ 2795

④ 2612

노즐 : 일량=0, 위치에너지=0

$$_1Q_2 = W_t + m(h_2 - h_1) + \frac{m(w_2^2 - w_1^2)}{2} + mg(Z_2 - Z_1)$$

에서

$$_1q_2 = (h_2 - h_1) + \frac{(w_2^2 - w_1^2)}{2}$$ 이므로

$$-5.9 = (h_2 - 3300) + \frac{(275^2 - 40^2)}{2} \times 10^{-3}$$

$$\therefore h_2 = 3257kJ/kg$$

41

단열 노즐에서 공기가 팽창한다. 노즐 입구에서 공기 속도는 $60m/s$, 온도는 $200℃$ 이며, 출구에서 온도는 $50℃$ 일 때 출구에서 공기 속도는 약 얼마인가? (단, 공기 비열은 $1.0035kJ/(kg \cdot K)$이다.)

① $62.5m/s$

② $328m/s$

③ $552m/s$

④ $1901m/s$

개방계 에너지 방정식

$$_1q_2 = w_t + (h_2 - h_1) + \frac{(w_2^2 - w_1^2)}{2} + g(Z_2 - Z_1)$$

에서 단열 노즐이므로 열량, 일량, 위치에너지 변화가 0이다. 따라서

$$h_1 - h_2 = \frac{w_2^2 - w_1^2}{2} \times 10^{-3} = C\Delta T$$

$$w_2 = \sqrt{2C\Delta T \times 10^3 + w_1^2}$$

$$= \sqrt{2 \times 1.0035 \times (200 - 50) \times 10^3 + 60^2}$$

$$= 551.95m/s$$

42

유체의 교축과정에서 Joule-Thomson 계수(μ_J)가 중요하게 고려되는데 이에 대한 설명으로 옳은 것은?

① 등엔탈피 과정에 대한 온도변화와 압력변화의 비를 나타내며 $\mu_J < 0$인 경우 온도 상승을 의미한다.

② 등엔탈피 과정에 대한 온도변화와 압력변화의 비를 나타내며 $\mu_J < 0$인 경우 온도 강하를 의미한다.

③ 정적 과정에 대한 온도변화와 압력변화의 비를 나타내며 $\mu_J < 0$인 경우 온도 상승을 의미한다.

④ 정적 과정에 대한 온도변화와 압력변화의 비를 나타내며 $\mu_J < 0$인 경우 온도 강하를 의미한다.

$\mu_J = \left(\dfrac{dT}{dp}\right)_H$ 에서 등엔탈피과정(=교축과정)에서 압력이 줄어드는 과정이기 때문에 항상 $dp < 0$이다.

여기서 온도가 내려가면 $dT < 0$ 이므로 $\mu_J > 0$ 이다.

04 이상기체

01

다음 중 실제 기체가 이상기체에 가까워질 조건에 대한 설명으로 옳지 않은 것은?

① 분자량이 작을수록　② 압력이 낮을수록
③ 온도가 낮을수록　④ 비체적이 클수록

실제기체가 이상기체에 가까워질 조건
① 분자량이 작을수록
② 압력이 낮을수록
③ 온도가 높을수록
④ 비체적이 클수록

02

다음 중 이상기체 상태방정식으로 옳은 것은?

① $pv = mRT$　② $pV = RT$
③ $pv = RT$　④ $pT = RV$

이상기체 상태방정식
$pv = RT, \ pV = mRT$

03

$\left(p + \dfrac{a}{v^2}\right)(v - b) = RT$ 의 반데르왈스 방정식에서

a, b가 나타내는 것으로 옳은 것은?

① a : 기체 분자의 질량에 대한 계수
② a : 기체 분자의 인력에 대한 계수
③ b : 기체 분자의 온도에 대한 계수
④ b : 기체 분자의 압력에 대한 계수

---

a : 기체 분자의 인력에 대한 계수
b : 기체 분자들 자체의 체적

04

다음 중 기체상수가 가장 작은 기체는?

① 산소　② 이산화탄소
③ 수증기　④ 수소

$R = \dfrac{\overline{R}}{m}$

여기서 m은 분자량이므로 분자량에 반비례한다.

각 기체의 분자량
산소 : 32, 이산화탄소 : 44, 수증기 : 18, 수소 : 2

05

다음 식 중 옳지 않은 식은?

① $C_P - C_V = R$ ② $k = \dfrac{C_V}{C_P}$

③ $C_V = \dfrac{R}{k-1}$ ④ $C_P = \dfrac{kR}{k-1}$

정압, 정적비열과 기체상수의 관계식

$C_P - C_V = R$

$C_V = \dfrac{R}{k-1}$, $C_P = \dfrac{kR}{k-1}$

② 비열비 : $k = \dfrac{C_P}{C_V}$

06

이상기체의 정적과정에서 열량에 대한 표현으로 옳은 것은?

① $_1q_2 = \triangle u$ ② $_1q_2 = \triangle h$

③ $_1q_2 = \triangle T$ ④ $_1q_2 = {}_1w_2$

$\delta q = du + pdv$ 에서 $dv = 0$ 이므로 $_1q_2 = \triangle u$

07

이상기체의 등온과정에 대한 설명으로 옳지 않은 것은?

① 등온과정은 $pv = $ (일정)의 변화를 따른다.
② 내부에너지 변화는 0이다.
③ 엔탈피 변화는 0이다.
④ 절대일과 공업일의 차이가 열량이다.

등온과정에서

$_1q_2 = {}_1w_2 = w_t$

08

다음 중 단열지수관계식으로 옳은 것은?

① $\dfrac{T_2}{T_1} = \left(\dfrac{v_1}{v_2}\right)^{k-1} = \left(\dfrac{p_2}{p_1}\right)^{\frac{k-1}{k}}$

② $\dfrac{T_2}{T_1} = \left(\dfrac{p_1}{p_2}\right)^{k-1} = \left(\dfrac{v_2}{v_1}\right)^{\frac{k-1}{k}}$

③ $\dfrac{T_2}{T_1} = \left(\dfrac{v_1}{v_2}\right)^{k+1} = \left(\dfrac{p_2}{p_1}\right)^{\frac{k+1}{k}}$

④ $\dfrac{T_2}{T_1} = \left(\dfrac{p_1}{p_2}\right)^{k+1} = \left(\dfrac{v_2}{v_1}\right)^{\frac{k+1}{k}}$

단열지수관계식

$\dfrac{T_2}{T_1} = \left(\dfrac{v_1}{v_2}\right)^{k-1} = \left(\dfrac{p_2}{p_1}\right)^{\frac{k-1}{k}}$

09

다음 중 각 상태변화 과정에 따라 폴리트로픽지수와 폴리트로픽 비열이 옳지 않게 짝지어진 것은?

	상태변화	폴리트로픽 지수(n)	폴리트로픽 비열(C_n)
①	정압변화	0	C_P
②	등온변화	1	∞
③	단열변화	$k-1$	1
④	정적변화	∞	C_V

단열변화 과정

$n = k$, $C_n = 1$

10

대기압 $100kPa$에서 용기에 가득 채운 프로판을 일정한 온도에서 진공펌프를 사용하여 $2kPa$까지 배기하였다. 용기 내에 남은 프로판의 중량은 처음 중량의 몇 %정도 되는가?

① 20%　　　　　　② 2%

③ 50%　　　　　　④ 5%

$pV = mRT$　$\therefore m = \dfrac{pV}{RT} \propto p$

$\dfrac{m'}{m} = \dfrac{2}{100} \times 100 = 2\%$

11

압력이 $100kPa$이며 온도가 $25℃$인 방의 크기가 $240m^3$이다. 이 방에 들어있는 공기의 질량은 약 몇 kg인가? (단, 공기는 이상기체로 가정하며, 공기의 기체상수는 $0.287kJ/(kg \cdot K)$이다.)

① 0.00357　　　　② 0.28

③ 3.57　　　　　　④ 280

$pV = mRT$ 에서

$m = \dfrac{pV}{RT} = \dfrac{100 \times 240}{0.287 \times 298} = 280.61kg$

12

어느 이상기체 $2kg$이 압력 $200kPa$, 온도 $30℃$의 상태에서 체적 $0.8m^3$를 차지한다. 이 기체의 기체상수는 약 몇 $kJ/(kg \cdot K)$인가?

① 0.264　　　　　② 0.528

③ 2.67　　　　　　④ 3.53

$pV = mRT$ 에서

$R = \dfrac{pV}{mT} = \dfrac{200 \times 0.8}{2 \times 303} = 0.264kJ/kg \cdot K$

13

분자량이 M이고 질량이 $2M$인 이상기체 A가 압력 p, 온도 T(절대온도)일 때 부피가 V이다. 동일한 질량의 다른 이상기체 B가 압력 $2p$, 온도 $2T$(절대온도)일 때 부피가 $2V$이면 이 기체의 분자량은 얼마인가?

① $0.5M$　　　　　② M

③ $2M$　　　　　　④ $4M$

$pV = mRT$ 에서 질량이 $2M$이라고 했으므로

$pV = 2M\dfrac{\overline{R}}{M}T$

그 다음 문제의 조건을 적용하면

$2p \cdot 2V = 2M\dfrac{\overline{R}}{M_B} \cdot 2T$

$4 \times 2M\dfrac{\overline{R}}{M} \cdot T = 2M\dfrac{\overline{R}}{M_B} \cdot 2T$

$M_B = 0.5M$

14

Van der waals 상태 방정식은 다음과 같이 나타낸다. 이 식에서 $\dfrac{a}{v^2}$, b는 각각 무엇을 의미하는 것인가? (단, P는 압력, v는 비체적, R은 기체상수, T는 온도를 나타낸다.)

$$\left(P+\frac{a}{v^2}\right)\times(v-b)=RT$$

① 분자간의 작용 인력 , 분자 내부 에너지
② 분자간의 작용 인력 , 기체 분자들이 차지하는 체적
③ 분자 자체의 질량, 분자 내부 에너지
④ 분자 자체의 질량, 기체 분자들이 차지하는 체적

$\left(p+\dfrac{a}{v^2}\right)\times(v-b)=RT$ 에서

a : 분자간의 작용 인력
b : 기체분자 자체의 체적

15

어떤 물질의 기체상수 (R)가 $0.189kJ/(kg \cdot K)$, 임계온도가 $305K$, 임계압력이 $7380kPa$이다. 이 기체의 압축성 인자(compressibility factor, Z)가 다음과 같은 관계식을 나타낸다고 할 때, 이 물질의 $20℃$, $1000kPa$ 상태에서의 비체적(v)은 약 몇 m^3/kg인가? (단, P는 압력, T는 절대온도, P_r은 환산압력, T_r은 환산온도를 나타낸다.)

$$Z=\frac{Pv}{RT}=1-0.8\frac{P_r}{T_r}$$

① 0.0111
② 0.0303
③ 0.0491
④ 0.0554

$Z=\dfrac{Pv}{RT}=1-0.8\dfrac{P_r}{T_r}$ 에서 환산상태량은

$P_r=\dfrac{절대압력}{임계압력}$, $T_r=\dfrac{절대온도}{임계온도}$ 이다. 따라서

$P_r=\dfrac{P}{P_c}=\dfrac{1000}{7380}=0.1355$

$T_r=\dfrac{T}{T_c}=\dfrac{(20+273)}{305}=0.96066$

$\therefore Z=1-0.8\times\dfrac{0.1355}{0.96066}=0.88716$

$\therefore v=\dfrac{ZRT}{P}=\dfrac{0.88716\times0.189\times(20+273)}{1000}$
$\qquad =0.0491m^3/kg$

16

다음 중 기체상수(gas constant, $R[kJ/(kg \cdot K)]$)
값이 가장 큰 기체는?

① 산소(O_2)

② 수소(H_2)

③ 일산화탄소(CO)

④ 이산화탄소(CO_2)

$$R = \frac{\overline{R}}{M} = \frac{8.314}{M} kJ/kg \cdot K$$

분자량은 각각 산소 : 32, 수소 : 2, 일산화탄소 : 28, 이산화탄
소 : 44 이므로 수소가 가장 크다.

18

이상기체에 대한 관계식 중 옳은 것은? (단, C_p, C_v는
정압 및 정적 비열, k는 비열비이고, R은 기체
상수이다.)

① $C_p = C_v - R$ ② $C_v = \dfrac{k-1}{k} R$

③ $C_p = \dfrac{k}{k-1} R$ ④ $R = \dfrac{C_p + C_v}{2}$

$C_p - C_v = R$ 이고 $k = \dfrac{C_p}{C_v}$ 이므로 $C_p = kC_v$

$kC_v - C_v = (k-1)C_v = R$ $\therefore C_v = \dfrac{R}{k-1}$

$C_p = kC_v = \dfrac{k}{k-1} R$

17

수소(H_2)를 이상기체로 생각하였을 때, 절대압력
$1MPa$, 온도 $100℃$에서의 비체적은 약 몇
m^3/kg인가? (단, 일반기체상수는
$8.3145kJ/(kmol \cdot K)$이다.)

① 0.781   ② 1.26

③ 1.55   ④ 3.46

$$pv = RT = \frac{\overline{R}}{M} T$$

$$\therefore v = \frac{\overline{R}T}{pM} = \frac{8.3145 \times (100+273)}{1 \times 10^3 \times 2} = 1.55 m^3/kg$$

19

기체상수 $0.462kJ/(kg \cdot K)$인 수증기를 이상기체로
간주할 때 정압비열 $(kJ/(kg \cdot K))$은 약 얼마인가?
(단, 이 수증기의 비열비는 1.33이다.)

① 1.86   ② 1.54

③ 0.64   ④ 0.44

$$C_P = \frac{kR}{k-1} = \frac{1.33 \times 0.462}{1.33 - 1} = 1.86$$

20

비열비가 1.29, 분자량이 44인 이상 기체의 정압 비열은 약 몇 $kJ/kmol \cdot K$ 인가? (단, 일반기체상수는 $8.314 kJ/kmol \cdot K$ 이다.)

① 0.51　　　　　② 0.69
③ 0.84　　　　　④ 0.91

$$k = \frac{C_P}{C_V} \quad \therefore C_P = kC_V = 1.29\, C_V$$

$$C_P - C_V = R = \frac{\overline{R}}{M} = \frac{8.314}{44} = 0.189 \, kJ/kg \cdot K$$

$$\therefore (1.29 - 1)\, C_V = 0.189$$

$$\therefore C_V = 0.652\, kJ/kg \cdot K, \ C_P = 0.841\, kJ/kg \cdot K$$

21

산소(O_2) $4kg$, 질소(N_2) $6kg$, 이산화탄소(CO_2) $2kg$으로 구성된 기체혼합물의 기체상수$[kJ/(kg \cdot K)]$는 약 얼마인가?

① 0.328　　　　　② 0.294
③ 0.267　　　　　④ 0.241

각 기체의 기체상수

$$O_2 : R_1 = \frac{8.314}{32} = 0.260 \, kJ/kg \cdot K$$

$$N_2 : R_2 = \frac{8.314}{28} = 0.297 \, kJ/kg \cdot K$$

$$CO_2 : R_3 = \frac{8.314}{44} = 0.189 \, kJ/kg \cdot K$$

혼합기체의 기체상수는

$$R_t = \frac{X \times R_1 + Y \times R_2 + Z \times R_3}{X + Y + Z} \ \text{이므로}$$

$$R_t = \frac{4 \times 0.260 + 6 \times 0.297 + 2 \times 0.189}{4 + 6 + 2}$$
$$= 0.267 \, kJ/kg \cdot K$$

22

질량이 m으로 동일하고, 온도가 각각 T_1, T_2 $(T_1 > T_2)$인 두 개의 금속덩어리가 있다. 이 두 개의 금속덩어리가 서로 접촉되어 온도가 평형상태에 도달하였을 때 총 엔트로피 변화량($\triangle S$)은? (단, 두 금속의 비열은 c로 동일하고, 다른 외부로의 열교환은 전혀 없다.)

① $mc \times \ln \dfrac{T_1 - T_2}{2\sqrt{T_1 T_2}}$

② $mc \times \ln \dfrac{T_1 - T_2}{\sqrt{T_1 T_2}}$

③ $2mc \times \ln \dfrac{T_1 + T_2}{2\sqrt{T_1 T_2}}$

④ $2mc \times \ln \dfrac{T_1 + T_2}{\sqrt{T_1 T_2}}$

$$Q = mc(T_1 - T_m) = mc(T_m - T_2)$$

$$T_1 - T_m = T_m - T_2$$

$$\therefore T_m = \frac{T_1 + T_2}{2}$$

$$\triangle s = mc \ln \frac{T_m}{T_1} + mc \ln \frac{T_m}{T_2}$$
$$= mc \left(\ln \frac{T_1 + T_2}{2 T_1} + \ln \frac{T_1 + T_2}{2 T_2} \right)$$
$$= mc \times \ln \frac{(T_1 + T_2)^2}{4 T_1 T_2} = 2mc \times \ln \frac{T_1 + T_2}{2\sqrt{T_1 T_2}}$$

23

온도 20℃에서 계기압력 0.183MPa의 타이어가 고속주행으로 온도 80℃로 상승할 때 압력은 주행 전과 비교하여 약 몇 kPa상승하는가? (단, 타이어의 체적은 변하지 않고, 타이어 내의 공기는 이상기체로 가정한다. 그리고 대기압은 101.3kPa이다.)

① 37kPa   ② 58kPa
③ 286kPa   ④ 445kPa

$pV = mRT$ 에서

$\dfrac{p_1}{T_1} = \dfrac{p_2}{T_2}$ 여기서 p는 절대압력을 의미한다.

$\dfrac{101.3 + 0.183 \times 10^3}{20 + 273} = \dfrac{p_2}{80 + 273}$ $\therefore p_2 = 342.52kPa$

$p_1 = 101.3 + 0.183 \times 10^3 = 284.3kPa$ 이므로

$p_2 - p_1 = 342.52 - 284.3 = 58.22kPa$

24

메탄올의 정압비열(C_P)이 다음과 같은 온도 $T(K)$에 의한 함수로 나타날 때 메탄올 $1kg$을 $200K$에서 $400K$까지 정압과정으로 가열하는데 필요한 열량(kJ)은? (단, C_P의 단위는 $kJ/kg \cdot K$이다.)

$$C_P = a + bT + cT^2$$
$$(a = 3.51, \ b = -0.00135, \ c = 3.47 \times 10^{-5})$$

① 722.9   ② 1311.2
③ 1268.7   ④ 866.2

$C_m = \dfrac{1}{T_2 - T_1} \displaystyle\int_1^2 C_P dT$

$\quad = \dfrac{1}{200} \displaystyle\int_{200}^{400} (3.51 - 0.00135T + 3.47 \times 10^{-5} T^2) dT$

$\quad = 6.34376 kJ/kg \cdot K$

$Q_m = m C_m \triangle T = 1 \times 6.34376 \times (400 - 200)$
$\quad\quad = 1268.7 kJ$

25

체적이 $500cm^3$인 풍선에 압력 0.1MPa, 온도 288K의 공기가 가득 채워져 있다. 압력이 일정한 상태에서 풍선 속 공기 온도가 300K로 상승했을 때 공기에 가해진 열량은 약 얼마인가? (단, 공기는 정압비열이 $1.005kJ/(kg \cdot K)$, 기체상수가 $0.287kJ/(kg \cdot K)$인 이상기체로 간주한다.)

① 7.3J   ② 7.3kJ
③ 14.6J   ④ 14.6kJ

$pV = mRT$ 에서

$m = \dfrac{pV}{RT} = \dfrac{0.1 \times 10^3 \times 500 \times 10^{-6}}{0.287 \times 288} = 6.049 \times 10^{-4} kg$

정압과정이므로 열량은

$_1Q_2 = C_P m \triangle T = 1.005 \times 6.049 \times 10^{-4} \times (300 - 288)$
$\quad\quad = 7.29 \times 10^{-3} kJ = 7.29J$

26

비열비가 k인 이상기체로 이루어진 시스템이 정압과정으로 부피가 2배로 팽창할 때 시스템에 한 일이 W, 시스템에 전달된 열이 Q일 때, $\dfrac{W}{Q}$는 얼마인가? (단, 비열은 일정하다.)

① k ② $\dfrac{1}{k}$ ③ $\dfrac{k}{k-1}$ ④ $\dfrac{k-1}{k}$

팽창 과정이므로 밀폐계로 생각하면

$_1W_2 = \displaystyle\int_1^2 p \, dV$, $pV = mRT$ 에서

$_1W_2 = \displaystyle\int_1^2 mR \, dT = mR \triangle T$

또한 정압 과정이므로

$_1Q_2 = m C_P \triangle T$

$\therefore \dfrac{_1W_2}{_1Q_2} = \dfrac{mR \triangle T}{m C_P \triangle T} = \dfrac{C_P - C_V}{C_P} = \dfrac{k-1}{k}$

27

이상기체 $1\,kg$이 초기에 압력 $2\,kPa$, 부피 $0.1\,m^3$를 차지하고 있다. 가역등온과정에 따라 부피가 $0.3\,m^3$로 변화했을 때 기체가 한 일은 약 몇 J인가?

① 9540   ② 2200

③ 954   ④ 220

등온과정 이므로

$$_1Q_2 = {}_1W_2 = W_t = mRT_1 \ln\frac{V_2}{V_1} = p_1 V_1 \ln\frac{V_2}{V_1}$$

$$= 2 \times 0.1 \times \ln 3 = 0.2197 kJ = 219.7 J$$

28

공기 $1\,kg$을 $1\,MPa$, $250\,℃$의 상태로부터 등온 과정으로 $0.2\,MPa$까지 압력 변화를 할 때 외부에 대하여 한 일은 약 몇 kJ인가? (단, 공기는 기체상수가 $0.287 kJ/(kg \cdot K)$인 이상 기체이다.)

① 157   ② 242

③ 313   ④ 465

등온과정 이므로

$$_1W_2 = W_t = mRT \ln\frac{p_1}{p_2}$$

$$= 1 \times 0.287 \times (250+273) \times \ln\frac{1}{0.2}$$

$$= 241.6 kJ$$

29

$20\,℃$, $400\,kPa$의 공기가 들어 있는 $1\,m^3$의 용기와 $30\,℃$, $150\,kPa$의 공기 $5\,kg$이 들어 있는 용기가 밸브로 연결되어 있다. 밸브가 열려서 전체 공기가 섞인 후 $25\,℃$의 주위와 열적평형을 이룰 때 공기의 압력은 약 몇 kPa인가? (단, 공기의 기체상수는 $0.287 kJ/(kg \cdot K)$이다)

① 110   ② 214

③ 319   ④ 417

$p_1 V_1 = m_1 R T_1$ 에서

$$m_1 = \frac{p_1 V_1}{R T_1} = \frac{400 \times 1}{0.287 \times (20+273)} = 4.757 kg$$

$p_2 V_2 = m_2 R T_2$ 에서

$$V_2 = \frac{m_2 R T_2}{p_2} = \frac{5 \times 0.287 \times (30+273)}{150} = 2.899 m^3$$

평형을 이룬 후엔 체적과 질량이 모두 합쳐지므로

$$p = \frac{mRT}{V} = \frac{(m_1 + m_2)RT}{V_1 + V_2}$$

$$= \frac{(4.757+5) \times 0.287 \times (25+273)}{1 + 2.899} = 214.02 kPa$$

30

이상적인 증기 압축 냉동 사이클의 과정은?

① 정적방열과정 → 등엔트로피 압축과정
    → 정적증발과정 → 등엔탈피 팽창과정
② 정압방열과정 → 등엔트로피 압축과정
    → 정압증발과정 → 등엔탈피 팽창과정
③ 정적증발과정 → 등엔트로피 압축과정
    → 정적방열과정 → 등엔탈피 팽창과정
④ 정압증발과정 → 등엔트로피 압축과정
    → 정압방열과정 → 등엔탈피 팽창과정

증기 압축 냉동 사이클
정압증발과정 → 등엔트로피 압축과정 → 정압방열과정 → 등엔 탈피 팽창과정

31

피스톤-실린더 장치에 들어있는 $100kPa$, $27℃$의 공기가 $600kPa$까지 가역단열과정으로 압축된다. 비열비가 1.4로 일정하다면 이 과정 동안에 공기가 받은 일(kJ/kg)은? (단, 공기의 기체상수는 $0.287kJ/(kg \cdot K)$이다.)

① 263.6   ② 171.8
③ 143.5   ④ 116.9

피스톤 실린더 이므로 밀폐계 일이며 단열과정 이므로

$$_1w_2 = \frac{R}{k-1}(T_1 - T_2) = \frac{RT_1}{k-1}\left(1 - \frac{T_2}{T_1}\right)$$

$$= \frac{RT_1}{k-1}\left\{1 - \left(\frac{p_2}{p_1}\right)^{\frac{k-1}{k}}\right\}$$

$$= \frac{0.287 \times (27+273)}{1.4-1}\left\{1 - \left(\frac{600}{100}\right)^{\frac{1.4-1}{1.4}}\right\}$$

$$= -143.5 kJ/kg = 143.5 kJ/kg \text{ (받은 일)}$$

32

압력(P)과 부피(V)의 관계가 '$PV^k =$일정하다'고 할 때 절대일(W_{12})와 공업일(W_t)의 관계로 옳은 것은?

① $W_t = kW_{12}$ ② $W_t = \frac{1}{k}W_{12}$

③ $W_t = (k-1)W_{12}$ ④ $W_t = \frac{1}{(k-1)}W_{12}$

$pV^k = C$는 단열과정으로 단열과정에서 절대일과 공업일의 관계는 $W_t = kW_{12}$이다.

33

온도 $300K$, 압력 $100kPa$ 상태의 공기 $0.2kg$이 완전히 단열된 강체 용기 안에 있다. 패들(paddle)에 의하여 외부로부터 공기에 $5kJ$의 일이 행해질 때 최종 온도는 약 몇 K인가? (단, 공기의 정압비열과 정적비열은 각각 $1.0035kJ/(kg \cdot K)$, $0.7165kJ/(kg \cdot K)$이다.)

① 315   ② 275
③ 335   ④ 255

밀폐계 에너지 방정식 $_1Q_2 = _1W_2 + \triangle U$ 에서
단열과정이므로 $\triangle U = -_1W_2$
페들에 의해 일을 받았으므로 $_1W_2 = -5kJ$
또한 $\triangle U = mC_V \triangle T$ 이므로
$mC_V \triangle T = 5$

$$\triangle T = T_2 - T_1 = \frac{5}{mC_V} = \frac{5}{0.2 \times 0.7165} = 34.892K$$

$$T_2 = 34.892 + T_1 = 334.89K$$

34

실린더 내부에 기체가 채워져 있고 실린더에는 피스톤이 끼워져 있다. 초기 압력 $50kPa$, 초기 체적 $0.05m^3$인 기체를 버너로 $PV^{1.4} = constant$가 되도록 가열하여 기체 체적이 $0.2m^3$이 되었다면, 이 과정 동안 시스템이 한 일은?

① $1.33kJ$ ② $2.66kJ$
③ $3.99kJ$ ④ $5.32kJ$

플리트로픽 과정의 밀폐계 일량

$$_1W_2 = \frac{mR}{n-1}(T_1 - T_2) = \frac{mRT_1}{n-1}\left(1 - \frac{T_2}{T_1}\right)$$

$$= \frac{p_1V_1}{n-1}\left\{1 - \left(\frac{V_1}{V_2}\right)^{n-1}\right\}$$

$$= \frac{50 \times 0.05}{1.4-1} \times \left\{1 - \left(\frac{0.05}{0.2}\right)^{1.4-1}\right\} = 2.66kJ$$

35

$300L$ 체적의 진공인 탱크가 $25℃$, $6MPa$의 공기를 공급하는 관에 연결된다. 밸브를 열어 탱크 안의 공기 압력이 $5MPa$이 될 때까지 공기를 채우고 밸브를 닫았다. 이 과정이 단열이고 운동에너지와 위치에너지의 변화는 무시해도 좋을 경우에 탱크 안의 공기의 온도는 약 몇 ℃가 되는가? (단, 공기의 비열비는 1.4이다.)

① $1.5℃$ ② $25.0℃$

③ $84.4℃$ ④ $144.3℃$

개방계 에너지 방정식

$$_1Q_2 = W_t + m(u_2 - u_1) + m(p_2 v_2 - p_1 v_1)$$
$$+ \frac{m(w_2^2 - w_1^2)}{2} + mg(Z_2 - Z_1)$$

단열이므로 $_1Q_2 = 0$, 밸브이므로 $W_t = 0$
운동에너지와 위치에너지는 무시한다고 했다.
초기에 밸브가 열렸을 땐 유동에너지가 존재하지만 밸브를 닫을 경우 유동에너지가 존재하지 않는다.
따라서 $p_2 v_2 = 0$ 이고 이를 정리하면

$$m(u_2 - u_1) - m p_1 v_1 = 0$$
$$u_2 = u_1 + p_1 v_1 = h_1$$
$$C_v T_2 = C_p T_1$$
$$\therefore T_2 = \frac{C_p}{C_v} T_1 = k T_1 = 1.4 \times (25 + 273) = 417.2K$$
$$= 144.2℃$$

36

압력 $2MPa$, $300℃$의 공기 $0.3kg$이 폴리트로픽 과정으로 팽창하여, 압력이 $0.5MPa$로 변화하였다. 이 때 공기가 한 일은 약 몇 kJ인가? (단, 공기는 기체상수가 $0.287kJ/(kg \cdot K)$인 이상기체이고, 폴리트로픽 지수는 1.3이다)

① 416 ② 157

③ 573 ④ 45

팽창과정이므로 밀폐계 일을 구하면

$$_1W_2 = \frac{mR}{n-1}(T_1 - T_2)$$
$$= \frac{mRT_1}{n-1}\left(1 - \frac{T_2}{T_1}\right) = \frac{mRT_1}{n-1}\left[1 - \left(\frac{p_2}{p_1}\right)^{\frac{n-1}{n}}\right]$$
$$= \frac{0.3 \times 0.287 \times 573}{1.3 - 1}\left[1 - \left(\frac{0.5}{2}\right)^{\frac{1.3-1}{1.3}}\right]$$
$$= 45.02 kJ/kg$$

37

폴리트로프 지수가 1.33인 기체가 폴리트로프 과정으로 압력이 2배가 되도록 압축된다면 절대온도는 약 몇 배가 되는가?

① 1.19배   ② 1.42배

③ 1.85배   ④ 2.24배

폴리트로픽 지수관계에서

$$\left(\frac{T_2}{T_1}\right) = \left(\frac{p_2}{p_1}\right)^{\frac{n-1}{n}}$$

$$\therefore T_2 = T_1\left(\frac{p_2}{p_1}\right)^{\frac{n-1}{n}} = T_1\left(\frac{2p}{p}\right)^{\frac{1.33-1}{1.33}} = 1.19 T_1$$

38

질량 $1kg$의 공기가 밀폐계에서 압력과 체적이 $100kPa$, $1m^3$ 이었는데 폴리트로픽 과정(PV^n =일정)을 거쳐 체적이 $0.5m^3$이 되었다. 최종 온도 (T_2)와 내부 에너지의 변화량($\triangle U$)은 각각 얼마인가? (단, 공기의 기체상수는 $287J/kg \cdot K$, 정적비열은 $718J/kg \cdot K$, 정압비열은 $1005J/kg \cdot K$, 폴리트로프 지수는 1.3이다.)

① $T_2 = 459.7K$, $\triangle U = 111.3kJ$

② $T_2 = 459.7K$, $\triangle U = 79.9kJ$

③ $T_2 = 428.9K$, $\triangle U = 80.5kJ$

④ $T_2 = 428.9K$, $\triangle U = 57.78kJ$

$p_1 V_2 = mRT_1$

$$\therefore T_1 = \frac{p_1 V_1}{mR} = \frac{100 \times 1}{1 \times 0.287} = 348.432K$$

폴리트로픽 지수관계

$$\frac{T_2}{T_1} = \left(\frac{V_1}{V_2}\right)^{n-1}$$

$$\therefore T_2 = T_1 \cdot \left(\frac{V_1}{V_2}\right)^{n-1} = 348.432 \times \left(\frac{1}{0.5}\right)^{1.3-1} = 428.97K$$

$$\triangle U = m C_V \triangle T$$
$$= 1 \times 0.718 \times (428.97 - 348.432)$$
$$= 57.83kJ$$

39

그림과 같이 다수의 추를 올려놓은 피스톤이 장착된 실린더가 있는데, 실린더 내의 초기압력은 $300kPa$, 초기 체적은 $0.05m^3$이다. 이 실린더에 열을 가하면서 적절히 추를 제거하여 폴리트로픽 지수가 1.3인 폴리트로픽 변화가 일어나도록 하여 최종적으로 실린더 내의 체적이 $0.2m^3$이 되었다면 가스가 한 일은 약 몇 kJ인가?

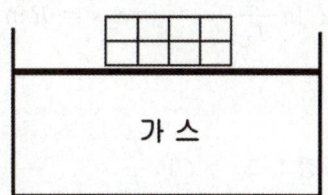

① 17   ② 18

③ 19   ④ 20

밀폐계이므로 폴리트로픽 절대일을 구하면

$$_1W_2 = \frac{mRT_1}{n-1}\left(1 - \frac{T_2}{T_1}\right) = \frac{p_1 V_1}{n-1}\left[1 - \left(\frac{V_1}{V_2}\right)^{n-1}\right]$$

$$= \frac{300 \times 0.05}{1.3-1}\left[1 - \left(\frac{0.05}{0.2}\right)^{1.3-1}\right] = 17.01kJ$$

40

폴리트로픽 변화의 관계식 "PV^n = 일정"에 있어서 n이 무한대로 되면 어느 과정이 되는가?

① 정압과정   ② 등온과정

③ 정적과정   ④ 단열과정

상태변화	n	C_n
정압변화 ($\triangle p = 0$)	0	C_p
등온변화 ($\triangle T = 0$)	1	∞
단열변화 ($\triangle q = 0$)	k	0
정적변화 ($\triangle v = 0$)	∞	C_v

05 열역학 제2법칙

01

다음 중 엔트로피 변화량의 일반식으로 옳은 것은?

① $\triangle s = C \ln \dfrac{p_2}{p_1}$

② $\triangle s = C \ln \dfrac{v_2}{v_1}$

③ $\triangle s = C \ln \dfrac{T_2}{T_1}$

④ $\triangle s = R \ln \dfrac{T_2}{T_1}$

엔트로피 변화량 : $\triangle s = C \ln \dfrac{T_2}{T_1}$

02

다음 중 엔트로피의 단위로 옳은 것은?

① $kJ/kg \cdot K$

② kJ/K

③ $kN/kg \cdot K$

④ $kW/kg \cdot K$

엔트로피의 단위 : kJ/K

03

다음 중 이상기체의 엔트로피 식으로 옳지 않은 것은?

① $\triangle s = C_V \ln \dfrac{T_2}{T_1} + R \ln \dfrac{v_2}{v_1}$

② $\triangle s = C_P \ln \dfrac{T_2}{T_1} - R \ln \dfrac{p_2}{p_1}$

③ $\triangle s = C_P \ln \dfrac{v_2}{v_1} + C_V \ln \dfrac{p_2}{p_1}$

④ $\triangle s = C_P \ln \dfrac{v_2}{v_1} + R \ln \dfrac{p_2}{p_1}$

이상기체의 엔트로피 식

$$\triangle s = C_V \ln \frac{T_2}{T_1} + R \ln \frac{v_2}{v_1}$$
$$= C_P \ln \frac{T_2}{T_1} - R \ln \frac{p_2}{p_1}$$
$$= C_P \ln \frac{v_2}{v_1} + C_V \ln \frac{p_2}{p_1}$$

04

다음 중 비가역과정에서의 클라우지우스 적분값으로 옳은 것은?

① $\displaystyle\oint \frac{\delta Q}{T} = 0$

② $\displaystyle\oint \frac{\delta Q}{T} < 0$

③ $\displaystyle\oint \frac{\delta Q}{T} > 0$

④ $\displaystyle\oint \frac{\delta Q}{T} \leq 0$

클라우지우스 적분값

가역과정 : $\displaystyle\oint \frac{\delta Q}{T} = 0$

비가역과정 : $\displaystyle\oint \frac{\delta Q}{T} < 0$

05

다음 중 맥스웰 관계식으로 옳지 않은 것은?

① $\left(\dfrac{\partial T}{\partial p}\right)_S = \left(\dfrac{\partial V}{\partial S}\right)_p$

② $\left(\dfrac{\partial P}{\partial T}\right)_V = \left(\dfrac{\partial S}{\partial V}\right)_T$

③ $-\left(\dfrac{\partial S}{\partial p}\right)_T = \left(\dfrac{\partial V}{\partial T}\right)_P$

④ $\left(\dfrac{\partial p}{\partial S}\right)_V = \left(\dfrac{\partial T}{\partial V}\right)_S$

---

④ $-\left(\dfrac{\partial p}{\partial S}\right)_V = \left(\dfrac{\partial T}{\partial V}\right)_S$

06

열역학 제2법칙과 관련된 설명으로 옳지 않은 것은?

① 열효율이 100%인 열기관은 없다.
② 저온 물체에서 고온 물체로 열은 자연적으로 전달되지 않는다.
③ 폐쇄계와 주변계가 열교환이 일어날 경우 폐쇄계와 주변계 각각의 엔트로피는 모두 상승한다.
④ 동일한 온도 범위에서 작동되는 가역 열기관은 비가역 열기관보다 열효율이 높다.

열을 잃은 계는 엔트로피가 감소하고 열을 얻은 계는 엔트로피가 증가하며 이 둘을 합치면 항상 기존의 엔트로피보다 크다.

07

이상기체에서 엔탈피 h와 내부에너지 u, 엔트로피 s 사이에 성립하는 식으로 옳은 것은? (단, T는 온도, v는 체적, P는 압력이다.)

① $Tds = dh + vdP$
② $Tds = dh - vdP$
③ $Tds = dh - Pdv$
④ $Tds = dh + d(Pv)$

$\delta q = dh - vdP = Tds$

08

증기를 가역 단열과정을 거쳐 팽창시키면 증기의 엔트로피는?

① 증가한다.
② 감소한다.
③ 변하지 않는다.
④ 경우에 따라 증가도 하고, 감소도 한다.

가역 단열과정 = 등엔트로피 과정

09

온도가 150℃인 공기 $3kg$이 정압 냉각되어 엔트로피가 $1.063kJ/K$ 만큼 감소되었다. 이 때 방출된 열량은 약 몇 kJ 인가? (단, 공기의 정압비열은 $1.01kJ/kg \cdot K$ 이다.)

① 27
② 379
③ 538
④ 715

$$\triangle S = mC_P \ln \frac{T_2}{T_1}$$

$$\therefore \ln \frac{T_2}{T_1} = \frac{\triangle S}{mC_P} = \frac{-1.063}{3 \times 1.01} = -0.351$$

$$\therefore \frac{T_2}{T_1} = e^{-0.351} = 0.704$$

$$\therefore T_2 = 0.704 T_1 = 0.704 \times (150 + 273) = 297.785K$$

$$_1Q_2 = C_P m \triangle T = 1.01 \times 3 \times (297.785 - 423)$$
$$= -379.4kJ$$

10

다음 4가지 경우에서 (　)안의 물질이 보유한 엔트로피가 증가한 경우는?

ⓐ 컵에 있는 (물)이 증발하였다.
ⓑ 목용탕의 (수증기)가 차가운 타일 벽에서 물로 응결되었다.
ⓒ 실린더 안의 (공기)가 가역 단열적으로 팽창 되었다.
ⓓ 뜨거운 (커피)가 식어서 주위온도와 같게 되었다.

① ⓐ
② ⓑ
③ ⓒ
④ ⓓ

계가 흡열을 하여 열량이 증가하였을 경우 엔트로피가 증가한다.

11

비열이 $0.9kJ/(kg \cdot K)$, 질량이 $0.7kg$으로 동일하며, 온도가 각각 $200℃$와 $100℃$인 두 금속 덩어리를 접촉시켜서 온도가 평형에 도달하였을 때 총 엔트로피 변화량은 약 몇 J/K인가?

① 8.86   ② 10.42

③ 13.25   ④ 16.87

$Q=mC\triangle T$에서 서로 주고받은 열량은 같으므로
$mC\triangle T_1 = mC\triangle T_2$
$200 - T = T - 100$
$\therefore T = 150℃$
$\triangle S = \triangle S_1 + \triangle S_2$
$\quad = mC\ln\dfrac{T}{200+273} + mC\ln\dfrac{T}{100+273}$
$\quad = 0.7 \times 0.9 \times \left(\ln\dfrac{150+273}{200+273} + \ln\dfrac{150+273}{100+273}\right) \times 10^3$
$\quad = 8.86 J/K$

12

온도가 $300K$이고, 체적이 $1m^3$, 압력이 $105N/m^2$인 이상기체가 일정한 온도에서 $3 \times 10^4 J$의 일을 하였다. 계의 엔트로피 변화량은?

① $0.1J/K$ ② $0.5J/K$

③ $50J/K$ ④ $100J/K$

등온과정이므로 $_1Q_2 = {_1W_2} = W_t$

$\triangle S = \dfrac{_1Q_2}{T} = \dfrac{W}{T} = \dfrac{3 \times 10^4}{300} = 100 J/K$

13

다음 냉동 사이클에서 열역학 제 1법칙과 제 2법칙을 모두 만족하는 Q_1, Q_2, W는?

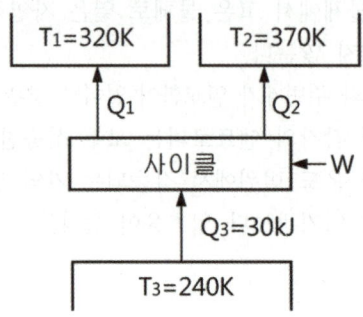

① $Q_1 = 20kJ$, $Q_2 = 20kJ$, $W = 20kJ$

② $Q_1 = 20kJ$, $Q_2 = 30kJ$, $W = 20kJ$

③ $Q_1 = 20kJ$, $Q_2 = 20kJ$, $W = 10kJ$

④ $Q_1 = 20kJ$, $Q_2 = 15kJ$, $W = 5kJ$

열역학 제1법칙을 적용하면
$Q_3 + W = Q_1 + Q_2$
열역학 제2법칙을 적용하면
$S_3 < S_1 + S_2$
$\therefore \dfrac{Q_3}{T_3} < \dfrac{Q_1}{T_1} + \dfrac{Q_2}{T_2}$
두 법칙을 모두 만족하는 보기는 ②

14

온도가 T_1인 고열원으로부터 온도가 T_2인 저열원으로 열전도, 대류, 복사 등에 의해 Q 만큼 열전달이 이루어졌을 때 전체 엔트로피 변화량을 나타내는 식은?

① $\dfrac{T_1 T_2}{Q(T_1 \times T_2)}$　　② $\dfrac{Q(T_1 + T_2)}{T_1 \times T_2}$

③ $\dfrac{Q(T_1 - T_2)}{T_1 \times T_2}$　　④ $\dfrac{T_1 + T_2}{Q(T_1 \times T_2)}$

T_1에서 T_2로 열이 이동했으므로 $T_1 > T_2$

$$\triangle S = \frac{\delta Q}{T} = \frac{-Q}{T_1} + \frac{Q}{T_2}$$

$$= \frac{-T_2 Q + T_1 Q}{T_1 \times T_2} = \frac{Q(T_1 - T_2)}{T_1 \times T_2}$$

15

단위질량의 이상기체가 정적과정 하에서 온도가 T_1에서 T_2로 변하였고, 압력도 P_1에서 P_2로 변하였다면, 엔트로피 변화량 $\triangle S$는? (단, C_V와 C_P는 각각 정적비열과 정압비열이다.)

① $\triangle S = C_V \ln \dfrac{P_1}{P_2}$　　② $\triangle S = C_P \ln \dfrac{P_2}{P_1}$

③ $\triangle S = C_V \ln \dfrac{T_2}{T_1}$　　④ $\triangle S = C_P \ln \dfrac{T_1}{T_2}$

정적과정에서 온도와 압력이 변했으므로 정적과정에서의 T–v, p–v 함수를 확인하면

$$\triangle s = C_V \ln \frac{T_2}{T_1}, \quad \triangle s = C_V \ln \frac{p_2}{p_1}$$

16

$4kg$의 공기가 들어 있는 용기 A(체적 $0.5m^3$)와 진공 용기 B(체적 $0.3m^3$)사이를 밸브로 연결하였다. 이 밸브를 열어서 공기가 자유팽창하여 평형에 도달했을 경우 엔트로피 증가량은 약 몇 kJ/K 인가?
(단, 온도 변화는 없으며 공기의 기체상수는 $0.287kJ/kg \cdot K$ 이다.)

① 0.54　　② 0.49

③ 0.42　　④ 0.37

자유팽창은 등온 과정이므로

$$\triangle S = mR \ln \frac{V_2}{V_1} = 4 \times 0.287 \times \ln \frac{0.8}{0.5} = 0.54 kJ/K$$

$$\therefore V_2 = 0.5 + 0.3 = 0.8 m^3$$

17

그림과 같이 중간에 격벽이 설치된 계에서 A에는 이상기체가 충만되어 있고, B는 진공이며, A와 B의 체적은 같다. A와 B사이의 격벽을 제거하여 A의 기체는 단열비가역 자유팽창을 하여 어느 시간 후에 평형에 도달하였다. 이 경우의 엔트로피 변화 $\triangle s$는? (단, C_V는 정적비열, C_P는 정압비열, R은 기체상수이다.)

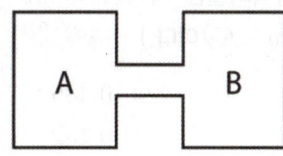

① $\triangle s = C_V \times \ln 2$　　② $\triangle s = C_D \times \ln 2$

③ $\triangle s = 0$　　④ $\triangle s = R \times \ln 2$

격벽제거 = 자유팽창 = 등온과정 이므로

$$\triangle s = R \ell n \frac{V_2}{V_1} = R \ell n 2$$

$$\therefore V_2 = 2 V_1$$

18

어떤 시스템에서 공기가 초기에 $290K$에서 $330K$로 변화하였고, 이 때 압력은 $200kPa$에서 $600kPa$로 변화하였다. 이 때 단위 질량당 엔트로피 변화는 약 몇 $kJ/(kg \cdot K)$인가? (단, 공기는 정압비열이 $1.006kJ/(kg \cdot K)$이고, 기체상수가 $0.287kJ/(kg \cdot K)$인 이상기체로 간주한다.)

① 0.445 ② -0.445
③ 0.185 ④ -0.185

이상기체의 엔트로피 변화량을 사용한다. 문제에서 온도와 압력이 주어졌으므로 T-p 함수를 사용하면

$$\triangle s = C_p \ln \frac{T_2}{T_1} - R \ln \frac{p_2}{p_1}$$
$$= 1.006 \times \ln \frac{330}{290} - 0.287 \times \ln \frac{600}{200}$$
$$= -0.185 kJ/kg \cdot K$$

19

온도 $15\,℃$, 압력이 $100\,kPa$ 상태의 체적이 일정한 용기 안에 어떤 이상 기체 $5\,kg$이 들어있다. 이 기체가 $50\,℃$가 될 때 까지 가열되는 동안의 엔트로피 증가량은 약 몇 kJ/K 인가? (단, 이 기체의 정압비열과 정적비열은 각각 $1.001\,kJ/(kg \cdot K)$, $0.7171\,kJ/(kg \cdot K)$이다.)

① 0.411 ② 0.486
③ 0.575 ④ 0.732

정적과정에서 T-v 함수를 사용하면

$$\triangle S = m C_V \ln \frac{T_2}{T_1} = 5 \times 0.717 \times \ln \frac{50+273}{15+273}$$
$$= 0.411 kJ/K$$

20

피스톤-실린더로 구성된 용기 안에 이상 기체 공기 $1kg$이 $400K$, $200kPa$ 상태로 들어있다. 이 공기가 $300K$의 충분히 큰 주위로 열을 빼앗겨 온도가 양 쪽 모두 $300K$가 되었다. 그 동안 압력은 일정하다고 가정하고, 공기의 정압 비열은 $1.004kJ/(kg \cdot K)$일 때 공기와 주위를 합친 총 엔트로피 증가량은 약 몇 kJ/K인가?

① 0.0229 ② 0.0458
③ 0.1674 ④ 0.3347

이상기체의 엔트로피 변화량을 사용한다. 문제에서 온도가 주어지고 압력이 일정하다고 했으므로 정압과정에서 T-p 함수를 사용하면

$$\triangle S_1 = m C_p \ln \frac{T_2}{T_1} = 1 \times 1.004 \times \ln \frac{300}{400}$$
$$= -0.2888 kJ/K$$

주위의 엔트로피 변화량을 구하면

$$_1Q_2 = C_P m \triangle T = 1.004 \times 1 \times (400 - 300)$$
$$= 100.4 kJ$$

$$\triangle S_2 = \frac{_1Q_2}{T} = \frac{100.4}{300} = 0.3347 kJ/K$$

총 엔트로피 변화는
$$\triangle S = \triangle S_1 + \triangle S_2 = -0.2888 + 0.3347$$
$$= 0.0458 kJ/K$$

21

실린더 내의 공기가 $100kPa$, $20\,℃$ 상태에서 $300kPa$이 될 때까지 가역단열 과정으로 압축된다. 이 과정에서 실린더 내의 계에서 엔트로피의 변화 $(kJ/kg \cdot K)$는? (단, 공기의 비열비(k)는 1.4이다.)

① -1.35 ② 0
③ 1.35 ④ 13.5

$\triangle S = \frac{_1Q_2}{T}$에서 단열과정이므로 $\triangle S = 0$

22

이상기체 $1kg$을 $300K$, $100kPa$에서 $500K$까지 "$PV^n = $ 일정"의 과정($n = 1.2$)을 따라 변화시켰다. 이 기체의 엔트로피 변화량(kJ/K)은? (단, 기체상수는 $0.287kJ/(kg \cdot K)$, 기체의 비열비는 1.3이다.)

① -0.244 ② -0.287

③ -0.344 ④ -0.373

$$\triangle S = m\,C_n \ln\frac{T_2}{T_1} = m\left(\frac{n-k}{n-1}\right)C_V \ln\frac{T_2}{T_1}$$

$$k = \frac{C_P}{C_V} = 1.3 \quad \therefore C_P = 1.3C_V$$

$$R = C_P - C_V = 0.3C_V$$

$$\therefore C_V = \frac{0.287}{0.3} = 0.956 kJ/kg \cdot K$$

$$\triangle S = 1 \times \left(\frac{1.2-1.3}{1.2-1}\right) \times 0.956 \times \ln\frac{500}{300} = -0.244 kJ/kg$$

23

계가 비가역 사이클을 이룰 때 클라우지우스(Clausius)의 적분을 옳게 나타낸 것은? (단, T는 온도, Q는 열량이다.)

① $\oint \frac{\delta Q}{T} < 0$ ② $\oint \frac{\delta Q}{T} > 0$

③ $\oint \frac{\delta Q}{T} \geq 0$ ④ $\oint \frac{\delta Q}{T} \leq 0$

클라우지우스 부등식

가역 사이클 : $\oint \frac{\delta Q}{T} = 0$

비가역 사이클 : $\oint \frac{\delta Q}{T} < 0$

24

$520K$의 고온 열원으로부터 $18.4kJ$열량을 받고 $273K$의 저온 열원에 $13kJ$의 열량 방출하는 열기관에 대하여 옳은 설명은?

① Clausius 적분값은 $-0.0122kJ/K$이고, 가역 과정이다.

② Clausius 적분값은 $-0.0122kJ/K$이고, 비가역 과정이다.

③ Clausius 적분값은 $+0.0122kJ/K$이고, 가역 과정이다.

④ Clausius 적분값은 $+0.0122kJ/K$이고, 비가역 과정이다.

$$\oint \frac{\delta Q}{T} = \frac{Q_1}{T_1} + \frac{Q_2}{T_2} = \frac{18.4}{520} + \frac{-13}{273} = -0.0122kJ/K$$

또한 $\oint \frac{\delta Q}{T} < 0$ 이므로 비가역 과정이다.

25

엔트로피(s)변화 등과 같은 직접 측정할 수 없는 양들을 압력(P), 비체적(v), 온도(T)와 같은 측정 가능한 상태량으로 나타내는 Maxwell 관계식과 관련하여 다음 중 틀린 것은?

① $\left(\frac{\partial T}{\partial P}\right)_s = \left(\frac{\partial v}{\partial s}\right)_P$ ② $\left(\frac{\partial T}{\partial v}\right)_s = -\left(\frac{\partial P}{\partial s}\right)_v$

③ $\left(\frac{\partial v}{\partial T}\right)_P = -\left(\frac{\partial s}{\partial P}\right)_T$ ④ $\left(\frac{\partial P}{\partial v}\right)_T = \left(\frac{\partial s}{\partial T}\right)_v$

Maxwell 관계식

$$\left(\frac{\partial p}{\partial T}\right)_V = \left(\frac{\partial S}{\partial V}\right)_T, \quad \left(\frac{\partial T}{\partial p}\right)_S = \left(\frac{\partial V}{\partial S}\right)_p$$

$$-\left(\frac{\partial S}{\partial p}\right)_T = \left(\frac{\partial V}{\partial T}\right)_p, \quad -\left(\frac{\partial p}{\partial S}\right)_V = \left(\frac{\partial T}{\partial V}\right)_S$$

06 증기

01

다음 중 증기를 동작유체로 사용하는 이유로 옳지 않은 것은?

① 온도 변화에 따라 상의 변화가 쉽게 일어난다.
② 압력 변화에 따라 상의 변화가 쉽게 일어난다.
③ 비체적이 커서 많은 에너지를 저장할 수 있다.
④ 비열이 커서 많은 에너지를 저장할 수 있다.

---

③ 비체적이 클 경우 단위 체적당 분자량이 줄어들어 에너지를 운반하는데 불리하다.

02

다음 중 건도가 존재하는 증기의 상태를 고르면?

① 압축수   ② 포화수
③ 습증기   ④ 과열증기

건도는 습증기 상태에서만 존재한다.

03

$120kPa$, $100℃$ 상태의 H_2O 에서 포화증기가 $0.5kg$, 포화수가 $2kg$ 존재할 때, 이 습증기의 건도는?

① 0.1   ② 0.2
③ 0.3   ④ 0.4

$$x = \frac{m_1}{m_1 + m_2} = \frac{0.5}{0.5 + 2} = 0.2$$

m_1 : 포화증기의 질량
m_2 : 포화수의 질량

04

다음 중 습증기의 내부에너지량 공식으로 알맞은 것은?

① $u_x = u_f + x(u_g + u_f)$

② $u_x = u_g + x(u_g + u_f)$

③ $u_x = u_f + x(u_g - u_f)$

④ $u_x = u_g + x(u_g - u_f)$

습증기의 상태량 공식 : $u_x = u_f + x(u_g - u_f)$

05

다음 중 증기의 $T-S$선도의 개형으로 옳은 것은?

①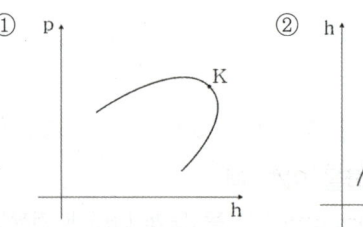

②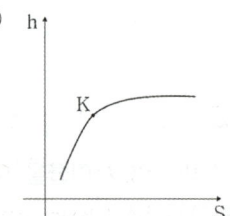

③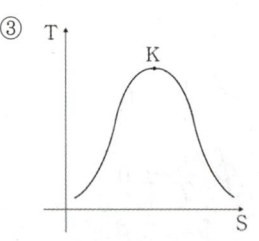

④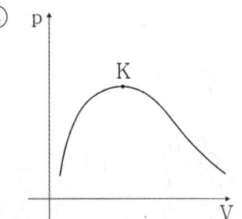

증기의 T-S선도 상태변화곡선

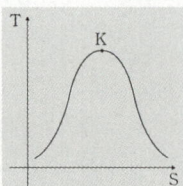

06

다음 선도는 $p-V$ 선도의 어떤 변화과정을 나타낸 선도인가?

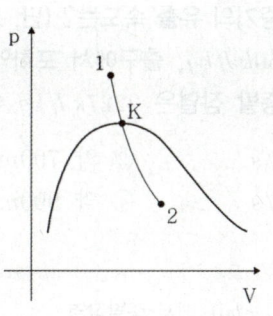

① 정적변화   ② 정압변화

③ 등온변화   ④ 단열변화

증기 p–V선도의 단열변화 곡선

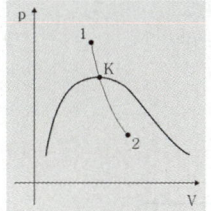

07

일정한 압력하에서 포화수의 체적을 줄이면 어떻게 되겠는가?

① 포화수 그대로이다.
② 습증기로 변한다.
③ 응고된다.
④ 압축수로 변한다.

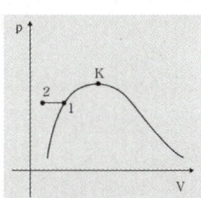

08

일정한 압력하에서 포화증기의 온도를 낮추면 어떻게 되겠는가?

① 포화증기 그대로이다.
② 과열증기로 변한다.
③ 습증기를 거친 후 포화수가 된다.
④ 습증기 상태로 머문다.

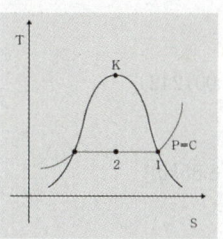

09

물질이 액체에서 기체로 변해 가는 과정과 관련하여 다음 설명 중 옳지 않은 것은?

① 물질의 포화온도는 주어진 압력 하에서 그 물질의 증발이 일어나는 온도이다.
② 물의 포화온도가 올라가면 포화압력도 올라간다.
③ 액체의 온도가 현재 압력에 대한 포화온도보다 낮을 때 그 액체를 압축액 또는 과냉각액이라 한다.
④ 어떤 물질이 포화온도 하에서 일부는 액체로 존재하고 일부는 증기로 존재할 때, 전체 질량에 대한 액체 질량의 비를 건도로 정의한다.

습증기 구간에서 전체 질량에 대한 증기 질량의 비를 건도라고 한다.

10

포화액의 비체적은 $0.001242m^3/kg$이고, 포화증기의 비체적은 $0.3469m^3/kg$인 어떤 물질이 있다. 이 물질이 건도 0.65상태로 $2m^3$인 공간에 있다고 할 때 이 공간 안에 차지한 물질의 질량(kg)은?

① 8.85
② 9.42
③ 10.08
④ 10.84

$$v_x = v_f + x(v_g - v_f)$$
$$= 0.001242 + 0.65 \times (0.3469 - 0.001242)$$
$$= 0.22592 m^3/kg$$
$$v_x = \frac{V}{m} \quad \therefore m = \frac{V}{v_x} = \frac{2}{0.22592} = 8.85 kg$$

11

체적이 $0.01m^3$인 밀폐용기에 대기압의 포화혼합물이 들어있다. 용기 체적의 반은 포화액체, 나머지 반은 포화증기가 차지하고 있다면, 포화혼합물 전체의 질량과 건도는? (단, 대기압에서 포화액체와 포화증기의 비체적은 각각 $0.001044m^3/kg$, $1.6729m^3/kg$이다.)

① 전체질량 : $0.0119kg$, 건도 : 0.50
② 전체질량 : $0.0119kg$, 건도 : 0.00062
③ 전체질량 : $4.792kg$, 건도 : 0.50
④ 전체질량 : $4.792kg$, 건도 : 0.00062

포화액과 포화증기가 각각 용기의 절반을 차지하므로
$$V_f = 0.005 m^3, \quad V_g = 0.005 m^3$$
$$v = \frac{V}{m}$$이므로 $$m = \frac{V}{v}$$에서
$$m_f = \frac{0.005}{0.001044} = 4.789 kg$$
$$m_g = \frac{0.005}{1.6729} = 2.989 \times 10^{-3} kg$$
전체질량: $m = m_f + m_g = 4.792 kg$

건도: $x = \frac{m_g}{m} = 0.00063$

12

$0.6MPa$, $200℃$의 수증기가 $50m/s$의 속도로 단열 노즐로 유입되어 $0.15MPa$, 건도 0.99인 상태로 팽창하였다. 증기의 유출 속도는? (단, 노즐 입구에서 엔탈피는 $2850kJ/kg$, 출구에서 포화액의 엔탈피는 $467kJ/kg$, 증발 잠열은 $2227kJ/kg$ 이다.)

① 약 $600m/s$
② 약 $700m/s$
③ 약 $800m/s$
④ 약 $900m/s$

$h_x = h_f + x(h_g - h_f)$ 에서 증발잠열
$h_g - h_f = 2227kJ/kg$ 이므로
출구에서의 엔탈피는
$$h_x = 467 + 0.99 \times 2227 = 2671.73 kJ/kg$$

개방계 에너지 방정식에서 단열 노즐이므로
$(_1Q_2 = 0, \ W_t = 0, \ Z_2 - Z_1 = 0)$
$$\dot{m}(h_2 - h_1) + \frac{\dot{m}(V_2^2 - V_1^2)}{2} \times 10^{-3} = 0$$
$$\therefore h_1 - h_2 = \frac{w_2^2 - w_1^2}{2} \times 10^{-3}$$
$$\therefore w_2^2 = w_1^2 + 2 \times 10^3 \times (h_1 - h_2)$$
$$\therefore w_2 = \sqrt{50^2 + 2 \times 10^3 \times (2850 - 2671.73)} = 599.2 m/s$$

13

습증기 상태에서 엔탈피 h를 구하는 식은? (단, h_f는 포화액의 엔탈피, h_g는 포화증기의 엔탈피, x는 건도이다.)

① $h = h_f + (x h_g - h_f)$
② $h = h_f + x(h_g - h_f)$
③ $h = h_g + (x h_f - h_g)$
④ $h = h_g + x(h_g - h_f)$

$$h_x = h_f + x(h_g - h_f)$$

14

포화증기를 단열상태에서 압축시킬 때 일어나는 일반적인 현상 중 옳은 것은?

① 과열증기가 된다.　　② 온도가 떨어진다.
③ 포화수가 된다.　　④ 습증기가 된다.

단열상태는 등엔트로피 상태와 같으므로 단열 압축시 수직방향으로 온도가 올라가 과열증기가 된다.

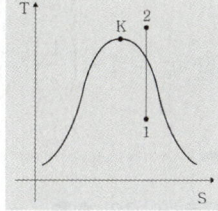

15

$1MPa$의 일정한 압력(이 때의 포화온도는 $180\,℃$) 하에서 물이 포화액에서 포화증기로 상변화를 하는 경우 포화액의 비체적과 엔탈피는 각각 $0.00113\,m^3/kg$, $763\,kJ/kg$이고, 포화증기의 비체적과 엔탈피는 각각 $0.1944\,m^3/kg$, $2778\,kJ/kg$이다. 이 때 증발에 따른 내부에너지 변화(u_{fg})와 엔트로피 변화(s_{fg})는 약 얼마인가?

① $u_{fg}=1822\,kJ/kg$, $s_{fg}=3.704\,kJ(kg\cdot K)$
② $u_{fg}=2002\,kJ/kg$, $s_{fg}=3.704\,kJ(kg\cdot K)$
③ $u_{fg}=1822\,kJ/kg$, $s_{fg}=4.447\,kJ(kg\cdot K)$
④ $u_{fg}=2002\,kJ/kg$, $s_{fg}=4.447\,kJ(kg\cdot K)$

상변화 과정은 정압과정이므로 증발잠열은
$\gamma=h_g-h_f=(u_g-u_f)+p(v_g-v_f)$
$\triangle u=(h_g-h_f)-p(v_g-v_f)$
　　$=(2778-763)-1\times10^3\times(0.1944-0.00113)$
　　$=1821.73kJ/kg$

또한 이때의 엔트로피 변화량은
$\triangle s=\dfrac{\delta q}{T}=\dfrac{\gamma}{T}=\dfrac{h_g-h_f}{T}=\dfrac{2778-763}{180+273}$
　　$=4.448kJ/kg\cdot K$

16

어떤 습증기의 엔트로피가 $6.78kJ/(kg\cdot K)$라고 할 때 이 습증기의 엔탈피는 약 몇 kJ/kg인가?
(단, 이 기체의 포화액 및 포화증기의 엔탈피와 엔트로피는 다음과 같다)

	포화액	포화증기
엔탈피(kJ/kg)	384	2666
엔트로피$(kJ/(kg\cdot K))$	1.25	7.62

① 2365　　　　② 2402
③ 2473　　　　④ 2511

$s_x=s_f+x(s_g-s_f)$
$x=\dfrac{s_x-s_f}{s_g-s_f}=\dfrac{6.78-1.25}{7.62-1.25}=0.8681$
$h_x=h_f+x(h_g-h_f)=384+0.8681\times(2666-384)$
　　$=2365kJ/kg$

17

터빈, 압축기, 노즐과 같은 정상 유동장치의 해석에 유용한 몰리에(Mollier)선도를 옳게 설명한 것은?

① 가로축에 엔트로피, 세로축에 엔탈피를 나타내는 선도이다.
② 가로축에 엔탈피, 세로축에 온도를 나타내는 선도이다.
③ 가로축에 엔트로피, 세로축에 밀도를 나타내는 선도이다.
④ 가로축에 비체적, 세로축에 압력을 나타내는 선도이다.

---

h−s선도 : 몰리에 선도

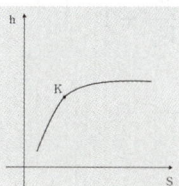

07 열기관 사이클

01

다음 중 카르노 사이클의 효율 식으로 옳지 않은 것은?

① $\eta_c = \dfrac{W}{Q_H}$ ② $\eta_c = 1 - \dfrac{Q_L}{Q_H}$

③ $\eta_c = \dfrac{W}{T_H}$ ④ $\eta_c = 1 - \dfrac{T_L}{T_H}$

카르노 사이클의 효율

$$\eta_c = \frac{W}{Q_H} = 1 - \frac{Q_L}{Q_H} = 1 - \frac{T_L}{T_H}$$

02

다음 중 랭킨 사이클의 과정으로 옳은 것은?

① 등온팽창 → 단열팽창 → 등온압축 → 단열압축
② 정압가열 → 단열팽창 → 정압방열 → 단열압축
③ 단열압축 → 정적가열 → 단열팽창 → 정적방열
④ 단열압축 → 정압가열 → 단열팽창 → 정적방열

랭킨사이클의 과정
정압가열 → 단열팽창 → 정압방열 → 단열압축

03

다음 중 압축비의 식으로 옳은 것은? (단 V : 실린더체적, V_s : 행정체적, V_c : 간극체적 이다.)

① $\varepsilon = \dfrac{V}{V_c}$ ② $\varepsilon = \dfrac{V}{V_s}$

③ $\varepsilon = \dfrac{V_s}{V_c}$ ④ $\varepsilon = \dfrac{V}{V_s} + 1$

$$\varepsilon = \frac{최대체적}{최소체적} = \frac{V}{V_c}$$

04

다음 중 오토사이클의 효율식으로 옳은 것은?

① $\eta_o = 1 - \left(\dfrac{1}{k}\right)^{\varepsilon - 1}$ ② $\eta_o = 1 - \left(\dfrac{1}{\varepsilon}\right)^{k - 1}$

③ $\eta_o = 1 - \left(\dfrac{1}{\varepsilon}\right)^{k}$ ④ $\eta_o = 1 - \left(\dfrac{1}{k}\right)^{\varepsilon}$

오토사이클의 효율 : $\eta_o = 1 - \left(\dfrac{1}{\varepsilon}\right)^{k - 1}$

05

다음 중 디젤사이클의 과정으로 옳은 것은?

① 단열압축 → 정적가열 → 단열팽창 → 정적방열
② 단열압축 → 정압가열 → 단열팽창 → 정적방열
③ 단열압축 → (정적가열 + 정압가열) → 단열팽창 → 정적방열
④ 등온팽창 → 단열팽창 → 등온압축 → 단열압축

디젤사이클의 과정
단열압축 → 정압가열 → 단열팽창 → 정적방열

06

다음 중 폭발비에 대한 설명으로 옳은 것은?

① 정압가열시 비체적의 비
② 정적가열시 압력비
③ 최대체적과 최소체적의 비
④ 정압비열과 정적비열의 비

폭발비(=압력상승비) : 정적가열시 압력비

07

다음 중 디젤사이클의 $p - V$ 선도로 옳은 것은?

①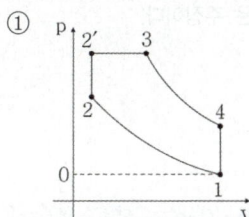

②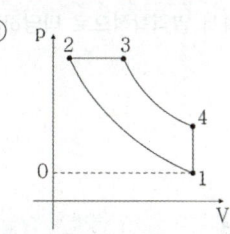

③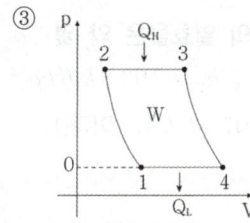

④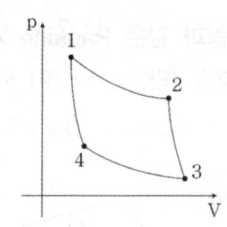

---

① 사바테사이클
③ 브레이튼사이클
④ 카르노사이클

08

다음 중 브레이튼 사이클의 열효율로 옳은 것은?

① $\eta_B = 1 - \left(\dfrac{1}{\gamma}\right)^k$

② $\eta_B = 1 - \left(\dfrac{1}{\gamma}\right)^{k-1}$

③ $\eta_B = 1 - \left(\dfrac{1}{\gamma}\right)^{\frac{1}{k}}$

④ $\eta_B = 1 - \left(\dfrac{1}{\gamma}\right)^{\frac{k-1}{k}}$

브레이튼사이클의 열효율 : $\eta_B = 1 - \left(\dfrac{1}{\gamma}\right)^{\frac{k-1}{k}}$

09

고온 $400\,℃$, 저온 $50\,℃$의 온도 범위에서 작동하는 Carnot 사이클 열기관의 열효율을 구하면 몇 % 인가?

① 37 ② 42
③ 47 ④ 52

$$\eta_c = 1 - \frac{T_L}{T_H} = \left(1 - \frac{50+273}{400+273}\right) \times 100 = 52\,\%$$

10

고열원과 저열원 사이에서 작동하는 카르노사이클 열기관이 있다. 이 열기관에서 $60\,kJ$의 일을 얻기 위하여 $100\,kJ$의 열을 공급하고 있다. 저열원의 온도가 $15\,℃$라고 하면 고열원의 온도는?

① $128\,℃$ ② $288\,℃$
③ $447\,℃$ ④ $720\,℃$

$$\eta_c = \frac{W}{Q_H} = \frac{60}{100} = 0.6 = 1 - \frac{T_L}{T_H} = 1 - \frac{15+273}{T_H}$$

$$\therefore T_H = \frac{15+273}{0.4} = 720\,K = 447\,℃$$

01
02
03
04

11

이상적인 카르노 사이클의 열기관이 $500℃$ 인 열원으로부터 $500kJ$을 받고, $25℃$에 열을 방출한다. 이 사이클의 일(W)과 효율(η_{th})은 얼마인가?

① $W = 307.2kJ,\ \eta_{th} = 0.6143$

② $W = 207.2kJ,\ \eta_{th} = 0.5748$

③ $W = 250.3kJ,\ \eta_{th} = 0.8316$

④ $W = 401.5kJ,\ \eta_{th} = 0.6517$

$$\eta_{th} = 1 - \frac{T_L}{T_H} = 1 - \frac{298}{773} = 0.6143$$

이상적인 카르노 열기관이라고 했으므로
카르노사이클의 효율을 그대로 낼 수 있다고 가정하면
$W = \eta_{th} Q_1 = 0.6143 \times 500 = 307.15kJ$

12

어떤 카르노 열기관 $100℃$와 $30℃$ 사이에서 작동되며 $100℃$의 고온에서 $100kJ$의 열을 받아 $40kJ$의 유용한 일을 한다면 이 열기관에 대하여 가장 옳게 설명한 것은?

① 열역학 제 1법칙에 위배된다.

② 열역학 제 2법칙에 위배된다.

③ 열역학 제 1법칙과 제 2법칙에 모두 위배되지 않는다.

④ 열역학 제 1법칙과 제 2법칙에 모두 위배된다.

카르노 사이클의 효율

$$\eta_c = 1 - \frac{T_L}{T_H} = 1 - \frac{30+273}{100+273} = 0.18 = 18\%$$

열기관의 효율

$$\eta = \frac{출력}{공급} = \frac{40}{100} = 0.4 = 40\%$$

최고 효율인 카르노 사이클의 효율보다 높다고 말했으므로 열역학 2법칙에 위배된다. 열역학 1법칙은 효율이 무조건 100%인 가역과정에서의 법칙이므로 이므로 효율을 고려하는 것과는 거리가 멀다.

13

고열원 $500℃$와 저열원 $35℃$ 사이에 열기관을 설치하였을 때, 사이클당 $10MJ$의 공급열량에 대해서 $7MJ$의 일을 하였다고 주장한다면, 이 주장은?

① 열역학적으로 타당한 주장이다.

② 가역기관이라면 타당한 주장이다.

③ 비가역기관이라면 타당한 주장이다.

④ 열역학적으로 타당하지 않은 주장이다.

열역학적 최고 효율 = 카르노 사이클의 효율

$$\eta_c = 1 - \frac{T_L}{T_H} = 1 - \frac{35+273}{500+273} = 0.602$$

제시된 열기관의 효율

$$\eta = \frac{W}{Q_H} = \frac{7}{10} = 0.7$$

$\eta_c < \eta$ 으로 카르노 사이클보다 효율이 높다.
따라서 열역학적으로 타당하지 않은 주장이다.

14

그림과 같은 Rankine 사이클의 열효율은 약 몇 % 인가? (단, $h_1 = 191.8\,kJ/kg$, $h_2 = 193.8\,kJ/kg$, $h_3 = 2799.5\,kJ/kg$, $h_4 = 2007.5\,kJ/kg$ 이다.)

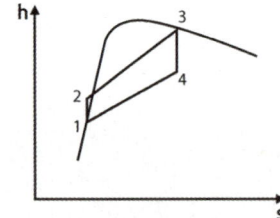

① 30.3%

② 39.7%

③ 46.9%

④ 54.1%

$$\eta_R = \frac{T-P}{B} = \frac{(h_3 - h_4) - (h_2 - h_1)}{h_3 - h_2}$$
$$= \frac{(2799.5 - 2007.5) - (193.8 - 191.8)}{2799.5 - 193.8} \times 100$$
$$= 30.31\%$$

15

그림과 같은 이상적인 Rankine cycle에서 각각의 엔탈피는 $h_1 = 168kJ/kg$, $h_2 = 173kJ/kg$, $h_3 = 3195kJ/kg$, $h_4 = 2071kJ/kg$ 일 때, 이 사이클의 열효율은 약 얼마인가?

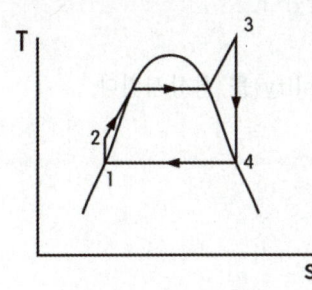

① 30%

② 34%

③ 37%

④ 43%

$$\eta_R = \frac{T-P}{B} = \frac{(h_3-h_4)-(h_2-h_1)}{(h_3-h_2)}$$
$$= \frac{(3195-2071)-(173-168)}{(3195-173)} \times 100 = 37\%$$

16

그림과 같은 Rankine 사이클의 열효율은 약 얼마인가? (단, h는 엔탈피, s는 엔트로피를 나타내며, $h_1 = 191.8kJ/kg$, $h_2 = 193.8kJ/kg$, $h_3 = 2799.5kJ/kg$, $h_4 = 2007.5kJ/kg$이다.)

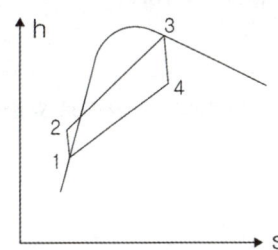

① 30.3%

② 36.7%

③ 42.9%

④ 48.1%

$$\eta_R = \frac{T-P}{B} = \frac{(h_3-h_4)-(h_2-h_1)}{h_3-h_2}$$
$$= 0.303 = 30.3\%$$

17

랭킨사이클의 각 점에서의 엔탈피가 아래와 같을 때 사이클의 이론 열효율 $(\%)$은?

| 보일러 입구 : $58.6kJ/kg$ |
| 보일러 출구 : $810.3kJ/kg$ |
| 응축기 입구 : $614.2kJ/kg$ |
| 응축기 출구 : $57.4kJ/kg$ |

① 32

② 30

③ 28

④ 26

$$\eta_R = \frac{T-P}{B} = \frac{(810.3-614.2)-(58.6-57.4)}{(810.3-58.6)}$$
$$= 0.26 = 26\%$$

18

그림의 랭킨 사이클(온도(T)–엔트로피(s)선도)에서 각각의 지점에서 엔탈피는 표와 같을 때 이 사이클의 효율은 약 몇 % 인가?

	엔탈피(kJ/kg)
1지점	185
2지점	210
3지점	3100
4지점	2100

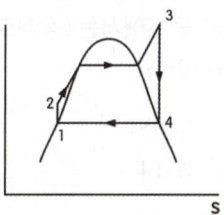

① 33.7%

② 28.4%

③ 25.2%

④ 22.9%

$$\eta_R = \frac{T-P}{B} = \frac{(h_3-h_4)-(h_2-h_1)}{(h_3-h_2)}$$
$$= \frac{(3100-2100)-(210-185)}{(3100-210)} = 0.337 = 33.7\%$$

19

랭킨 사이클의 열효율 증대 방법에 해당하지 않는 것은?

① 복수기(응축기) 압력 저하
② 보일러 압력 증가
③ 터빈의 질량유량 증가
④ 보일러에서 증기를 고온으로 과열

━━

랭킨 사이클의 $p-v$선도 또는 $T-s$선도의 면적이 커질수록 열효율은 증가한다.

20

랭킨 사이클로 작동되는 증기동력 발전소에서 $20MPa$의 압력으로 물이 보일러에 공급되고, 응축기 출구에서 온도는 $20℃$, 압력은 $2.339kPa$ 이다. 이때 급수펌프에서 수행하는 단위질량당 일은 약 몇 kJ/kg인가?

(단, $20℃$에서 포화액 비체적은 $0.001002m^3/kg$, 포화증기 비체적은 $57.79m^3/kg$ 이며, 급수펌프에서는 등엔트로피 과정으로 변화한다고 가정한다.)

① 0.4681   ② 20.04
③ 27.14   ④ 1020.6

━━

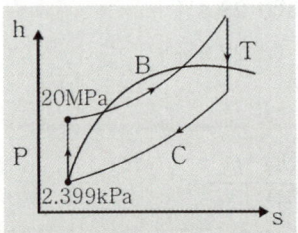

펌프에서 물은 포화액 상태로 존재하므로
$$W_P = |-vdP| = 0.001002 \times (20000 - 2.399)$$
$$= 20.04kJ/kg$$

21

증기동력 사이클의 종류 중 재열사이클의 목적으로 가장 거리가 먼 것은?

① 터빈 출구의 습도가 증가하여 터빈 날개를 보호한다.
② 이론 열효율이 증가한다.
③ 수명이 연장된다.
④ 터빈 출구의 질(quality)을 향상시킨다.

━━

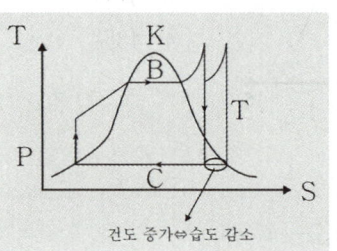

건도 증가⇔습도 감소

22

오토(Otto) 사이클에 관한 일반적인 설명 중 틀린 것은?

① 불꽃 점화 기관의 공기 표준 사이클이다.
② 연소과정을 정적 가열과정으로 간주한다.
③ 압축비가 클수록 효율이 높다.
④ 효율은 작업기체의 종류와 무관하다.

━━

작업기체의 종류가 달라질 경우 비열비가 달라지므로 효율도 변한다.

23

오토 사이클의 압축비가 6인 경우 이론 열효율은 약 몇 % 인가? (단, 비열비 = 1.4이다.)

① 51   ② 54

③ 59   ④ 62

$$\eta_o = 1 - \left(\frac{1}{\varepsilon}\right)^{k-1} = \left[1 - \left(\frac{1}{6}\right)^{1.4-1}\right] \times 100 = 51.16\%$$

24

오토 사이클로 작동되는 기관에서 실린더의 간극 체적이 행정 체적의 15%라고 하면 이론 열효율은 약 얼마인가? (단, 비열비 $k = 1.4$이다.)

① 45.2%   ② 50.6%

③ 55.7%   ④ 61.4%

$$\varepsilon = \frac{\text{행정체적}}{\text{간극체적}} = \frac{V}{V_c} = \frac{V_c + V_s}{V_c} = 1 + \frac{V_s}{V_c}$$

$$= 1 + \frac{V_s}{0.15V_s} = 7.667$$

$$\eta_o = 1 - \left(\frac{1}{\varepsilon}\right)^{k-1} = 1 - \left(\frac{1}{7.667}\right)^{1.4-1} \times 100 = 55.73\%$$

25

이상적인 오토사이클에서 열효율을 55%로 하려면 압축비를 약 얼마로 하면 되겠는가? (단, 기체의 비열비는 1.4 이다)

① 5.9   ② 6.8

③ 7.4   ④ 8.5

$$\eta_o = 1 - \left(\frac{1}{\varepsilon}\right)^{k-1} \text{ 에서}$$

$$\varepsilon = \left(\frac{1}{1-\eta_o}\right)^{\frac{1}{k-1}} = \left(\frac{1}{1-0.55}\right)^{\frac{1}{1.4-1}} = 7.4$$

26

자동차 엔진을 수리한 후 실린더 블록과 헤드사이에 수리 전과 비교하여 더 두꺼운 개스킷을 넣었다면 압축비와 열효율은 어떻게 되겠는가?

① 압축비는 감소하고, 열효율도 감소한다.
② 압축비는 감소하고, 열효율도 증가한다.
③ 압축비는 증가하고, 열효율도 감소한다.
④ 압축비는 증가하고, 열효율도 증가한다.

개스킷을 부착하면 실린더의 부피가 감소한다. 따라서 압축비가 감소하고 결국 열효율이 감소한다.

27

다음 그림과 같은 오토 사이클의 효율(%)은?
(단, $T_1 = 300K$, $T_2 = 689K$, $T_3 = 2364K$,
$T_4 = 1029K$ 이고, 정적비열은 일정하다.)

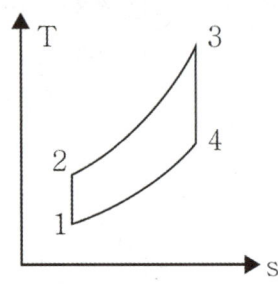

① 42.5　　　　　② 48.5

③ 56.5　　　　　④ 62.5

$$\eta_o = 1 - \frac{Q_2}{Q_1} = 1 - \frac{C_V(T_4 - T_1)}{C_V(T_3 - T_2)} = 1 - \frac{1029 - 300}{2364 - 689}$$
$$= 0.565 = 56.5\%$$

28

공기 표준 사이클로 운전하는 이상적인 디젤 사이클이
있다. 압축비는 17.5, 비열비는 1.4, 체절비(또는
분사단절비, cut-off ratio)는 2.1일 때 이 디젤
사이클의 효율은 약 몇 % 인가?

① 60.5　　　　　② 62.3

③ 64.7　　　　　④ 66.8

$$\eta_d = 1 - \left(\frac{1}{\varepsilon}\right)^{k-1} \frac{\sigma^k - 1}{k(\sigma - 1)}$$
$$= 1 - \left(\frac{1}{17.5}\right)^{1.4-1} \times \frac{2.1^{1.4} - 1}{1.4 \times (2.1 - 1)}$$
$$= 0.623 = 62.3\%$$

29

이상적인 디젤 기관의 압축비가 16일 때 압축 전의
공기 온도가 90℃ 라면 압축 후의 공기 온도 (℃)는
얼마인가? (단, 공기의 비열비는 1.4이다.)

① 1101.9　　　　② 718.7

③ 808.2　　　　　④ 827.4

디젤기관의 압축과정은 단열과정 이므로
단열지수관계를 사용하면

$$\frac{T_2}{T_1} = \left(\frac{V_1}{V_2}\right)^{k-1}$$ 여기서 $\frac{V_1}{V_2}$ 는 압축비이므로

$$T_2 = T_1\left(\frac{V_1}{V_2}\right)^{k-1} = 363 \times (16)^{1.4-1}$$
$$= 1100.4K = 827.4℃$$

30

이상적인 복합 사이클(사바테 사이클)에서 압축비는
16, 최고압력비(압력상승비)는 2.3, 체절비는
1.6이고, 공기의 비열비는 1.4일 때 이 사이클의
효율은 약 몇 % 인가?

① 55.52　　　　　② 58.41

③ 61.54　　　　　④ 64.88

사바테 사이클의 효율
$$\eta_s = 1 - \left(\frac{1}{\varepsilon}\right)^{k-1} \cdot \frac{\rho\sigma^k - 1}{(\rho - 1) + k\rho(\sigma - 1)}$$
$$= 1 - \left(\frac{1}{16}\right)^{1.4-1} \cdot \frac{2.3 \times 1.6^{1.4} - 1}{(2.3 - 1) + 1.4 \times 2.3 \times (1.6 - 1)}$$
$$= 0.649 = 64.9\%$$

31

그림과 같은 공기표준 브레이튼(Brayton) 사이클에서 작동유체 $1kg$당 터빈 일(kJ/kg)은? (단, $T_1 = 300K$, $T_2 = 475.1K$, $T_3 = 1100K$, $T_4 = 694.5K$이고, 공기의 정압비열과 정적비열은 각각 $1.0035k/(kg \cdot K)$, $0.7165kJ/(kg \cdot K)$이다.)

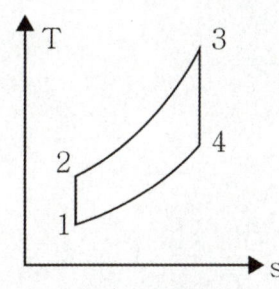

① 290

② 407

③ 448

④ 627

$W_T = C_P(T_3 - T_4)$
$= 1.0035 \times (1100 - 694.5) = 407kJ/kg$

32

공기 표준 Brayton 사이클 기관에서 최고 압력이 $500kPa$, 최저압력은 $100kPa$이다. 비열비(k)는 1.4일 때, 이 사이클의 열효율은?

① 약 3.9%

② 약 18.9%

③ 약 36.9%

④ 약 26.9%

압력비 $\gamma = \dfrac{p_{\max}}{p_{\min}} = \dfrac{500}{100} = 5$ 이므로

$\eta_B = 1 - \left(\dfrac{1}{\gamma}\right)^{\frac{k-1}{k}} = 1 - \left(\dfrac{1}{5}\right)^{\frac{1.4-1}{1.4}} = 0.369 = 36.9\%$

33

가스 터빈 엔진의 열효율에 대한 다음 설명 중 잘못된 것은?

① 압축기 전후의 압력비가 증가할수록 열효율이 증가한다.

② 터빈 입구의 온도가 높을수록 열효율은 증가하나 고온에 견딜 수 있는 터빈 블레이드 개발이 요구된다.

③ 터빈 일에 대한 압축기 일의 비를 back work ratio 라고 하며, 이 비가 클수록 열효율이 높아진다.

④ 가스 터빈 엔진은 증기 터빈 원동소와 결합된 복합시스템을 구성하여 열효율을 높일 수 있다.

역일비(back work ratio) : 터빈일에 대한 압축기일의 비

$\gamma = \dfrac{\text{압축기 일}}{\text{터빈 일}}$ ∴ 압축기 일이 커지면 효율 감소

34

그림과 같은 압력(P)-부피(V) 선도에서 $T_1 = 561K$, $T_2 = 1010K$, $T_3 = 690K$, $T_4 = 383K$인 공기(정압비열 $1kJ/(kg \cdot K)$)를 작동유체로 하는 이상적인 브레이턴 사이클(Brayton cycle)의 열효율은?

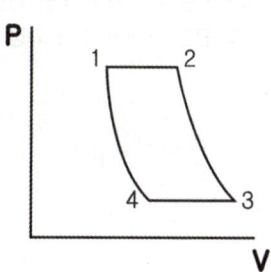

① 0.388

② 0.444

③ 0.316

④ 0.412

$\eta_B = 1 - \dfrac{q_L}{q_H} = 1 - \dfrac{C_P(T_3 - T_4)}{C_P(T_2 - T_1)} = 1 - \dfrac{T_3 - T_4}{T_2 - T_1}$

$= 1 - \dfrac{690 - 383}{1010 - 561} = 0.316 = 31.6\%$

35

Brayton 사이클에서 압축기 소요일은 $175kJ/kg$, 공급열은 $627kJ/kg$, 터빈 발생일은 $406kJ/kg$로 작동될 때 열효율은 약 얼마인가?

① 0.28
② 0.37
③ 0.42
④ 0.48

$$\eta_B = \frac{T-P}{B} = \frac{406-175}{627} = 0.37$$

36

2개의 정적과정과 2개의 등온과정으로 구성된 동력 사이클은?

① 브레이턴(brayton)사이클
② 에릭슨(ericsson)사이클
③ 스털링(stirling)사이클
④ 오토(otto)사이클

브레이턴 사이클 : 2개의 단열, 2개의 정압 과정
에릭슨 사이클 : 2개의 등온, 2개의 정압 과정
오토 사이클 : 2개의 단열, 2개의 정적 과정

08 냉동기관 사이클

01

역카르노 사이클 냉동기의 성능계수로 옳은 것은?

① $\varepsilon_r = \dfrac{Q_H}{Q_H - Q_L}$ ② $\varepsilon_r = \dfrac{Q_H}{W_c}$

③ $\varepsilon_r = \dfrac{T_L}{T_H - T_L}$ ④ $\varepsilon_r = \dfrac{W_c}{Q_H}$

역카르노 사이클 냉동기의 성능계수

$\varepsilon_r = \dfrac{Q_L}{W_c} = \dfrac{Q_L}{Q_H - Q_L} = \dfrac{T_L}{T_H - T_L}$

02

증기 압축 냉동기에서 냉매가 순환되는 경로를 올바르게 나타낸 것은?

① 증발기 → 팽창밸브 → 응축기 → 압축기
② 증발기 → 압축기 → 응축기 → 팽창밸브
③ 팽창밸브 → 압축기 → 응축기 → 증발기
④ 응축기 → 증발기 → 압축기 → 팽창밸브

증기 냉동 사이클 경로
증발기 → 압축기 → 응축기 → 팽창밸브

03

증기냉동 사이클에서 응축기의 역할로 알맞은 것은?

① 저온 습증기 → 저온 포화증기
② 저온 포화증기 → 고온 과열증기
③ 고온 과열증기 → 고온 포화수
④ 고온 포화수 → 저온 습증기

증발기 : 저온 습증기 → 저온 포화증기
압축기 : 저온 포화증기 → 고온 과열증기
응축기 : 고온 과열증기 → 고온 포화수
팽창밸브 : 고온 포화수 → 저온 습증기

04

냉동 사이클에서 성능계수의 증가효과를 가져오는 동작으로 옳은 것은?

① 응축기와 증발기의 온도가 낮아진다.
② 응축기와 증발기의 온도가 높아진다.
③ 응축기의 온도가 낮아지고 증발기의 온도가 높아진다.
④ 응축기의 온도가 높아지고 증발기의 온도가 낮아진다.

사이클 그래프의 면적이 작아지는 동작이 성능계수를 증가시킨다.

05

2원 냉동 사이클에 대한 설명으로 옳은 것은?

① 한 가지 냉매를 사용하여 두 곳에 냉동 효과를 내는 사이클
② 서로 다른 냉매를 사용하는 2개의 냉동기를 사용하는 사이클
③ 액체 냉매를 가열하여 고온 고압의 기체 냉매로 상태변화 시키는 냉동 사이클
④ 발전과정에서 발생한 열을 회수하여 재활용하는 사이클

2원 냉동 사이클
서로 다른 냉매를 사용하는 2개의 냉동기가 각각 저온측과 고온측에서 사이클을 행하는 냉동 사이클

06

어떤 냉동기의 냉동능력이 $2.5RT$ 이다. 이 냉동기의 냉동능력은 몇 $kcal$인가?

① $3320kcal$
② $6640kcal$
③ $8300kcal$
④ $9900kcal$

$2.5RT = 2.5 \times 3320kcal = 8300kcal$

07

냉매의 구비조건으로 옳지 않은 것은?

① 증기의 비체적이 작을 것
② 응고점이 낮을 것
③ 증발열과 증기의 비열이 클 것
④ 액체의 비열이 클 것

④ 액체의 비열이 클 경우 기화가 잘 일어나지 않아 에너지 운반에 불리하다.

08

고열원의 온도가 $157℃$ 이고, 저열원의 온도가 $27℃$ 의 카르노 냉동기의 성적계수는 약 얼마인가?

① 1.5
② 1.8
③ 2.3
④ 3.2

$$\varepsilon_R = \frac{T_L}{T_H - T_L} = \frac{27 + 273}{157 - 27} = 2.31$$

09

온도 $5℃$ 와 $35℃$ 사이에서 역카르노 사이클로 운전하는 냉동기의 최대 성적 계수는 약 얼마인가?

① 12.3
② 5.3
③ 7.3
④ 9.3

$$\varepsilon_R = \frac{T_L}{T_H - T_L} = \frac{5 + 273}{35 - 5} = 9.3$$

10

$100℃$ 와 $50℃$ 사이에서 작동하는 냉동기로 가능한 최대성능계수(COP)는 약 얼마인가?

① 7.46
② 2.54
③ 4.25
④ 6.46

최대 냉동기 성능계수 = 역카르노 냉동기 성능계수
$$\varepsilon_R = \frac{T_L}{T_H - T_L} = \frac{50 + 273}{100 - 50} = 6.46$$

11

카르노 냉동기에서 흡열부와 방열부의 온도가 각각 $-20℃$와 $30℃$인 경우, 이 냉동기에 $40kW$의 동력을 투입하면 냉동기가 흡수하는 열량(RT)은 얼마인가? (단, $1RT = 3.86kW$이다.)

① 23.62　　　　② 52.48

③ 78.36　　　　④ 126.48

$$\varepsilon_R = 1 - \frac{T_L}{T_H} = \frac{Q_L}{W} = \frac{-20 + 273}{30 - (-20)} = \frac{Q_L}{40}$$

$$\therefore Q_L = 202.4kW = \frac{202.4}{3.86}RT = 52.43RT$$

12

다음 그래프와 같은 사이클을 진행하는 브레이튼 냉동기가 있다. $T_1 = 100K$, $T_2 = 500K$, $T_3 = 700K$, $T_4 = 600K$일 때 이 냉동기의 성적계수는 약 몇인가?

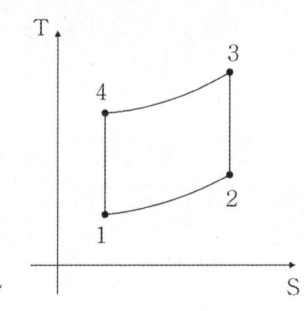

① 2.0　　　　② 1.5

③ 1.0　　　　④ 0.5

$$\varepsilon_r = \frac{q_2}{w_c} = \frac{h_2 - h_1}{h_3 - h_2} = \frac{C_P(T_2 - T_1)}{C_P(T_3 - T_2)} = \frac{T_2 - T_1}{T_3 - T_2}$$

$$= \frac{500 - 100}{700 - 500} = 2$$

13

어떤 냉동기에서 $0℃$의 물로 $0℃$의 얼음 2을 만드는데 $180MJ$의 일이 소요된다면 이 냉동기의 성적계수는? (단, 물의 융해열은 $334kJ/kg$이다.)

① 2.05　　　　② 2.32

③ 2.65　　　　④ 3.71

$$\varepsilon_R = \frac{Q_L}{W} = \frac{mq_L}{W} = \frac{2000 \times 334}{180 \times 10^3}$$

$$= 3.71$$

14

이상적인 증기-압축 냉동사이클에서 엔트로피가 감소하는 과정은?

① 증발과정　　　　② 압축과정

③ 팽창과정　　　　④ 응축과정

엔트로피 감소 과정 = 방열 과정 = 응축기 과정

15

증기 압축 냉동 사이클로 운전하는 냉동기에서 압축기 입구, 응축기 입구, 증발기 입구의 엔탈피가 각각 $387.2\,kJ/kg$, $435.1\,kJ/kg$, $241.8\,kJ/kg$일 경우 성능계수는 약 얼마인가?

① 3.0   ② 4.0

③ 5.0   ④ 6.0

$$\varepsilon_r = \frac{q_L}{w_c} = \frac{h_{\text{압축기입구}} - h_{\text{증발기입구}}}{h_{\text{응축기입구}} - h_{\text{압축기입구}}}$$

$$= \frac{387.2 - 241.8}{435.1 - 387.2} = 3.04$$

16

어떤 냉매를 사용하는 냉동기의 압력-엔탈피 선도($P-h$ 선도)가 다음과 같다. 여기서 각각의 엔탈피는 $h_1 = 1638\,kJ/kg$, $h_2 = 1983\,kJ/kg$, $h_3 = h_4 = 559\,kJ/kg$ 일 때 성적계수는 약 얼마인가? (단, h_1, h_2, $h_3$3, h_4는 $P-h$ 선도에서 각각 1, 2, 3, 4에서의 엔탈피를 나타낸다.)

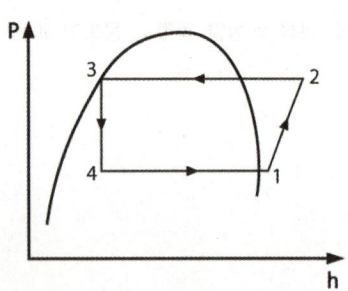

① 1.5   ② 3.1

③ 5.2   ④ 7.9

$$\varepsilon_R = \frac{Q_L}{W} = \frac{\text{증발열}}{\text{압축일}} = \frac{h_1 - h_4}{h_2 - h_1} = \frac{1638 - 559}{1938 - 1638}$$

$$= 3.13$$

17

그림의 증기압축 냉동사이클(온도(T)-엔트로피(s) 선도)이 열펌프로 사용될 때의 성능계수는 냉동기로 사용될 때의 성능계수의 몇 배인가? (단, 각 지점에서의 엔탈피는 $h_1 = 180\,kJ/kg$, $h_2 = 210\,kJ/kg$, $h_3 = h_4 = 50\,kJ/kg$이다.)

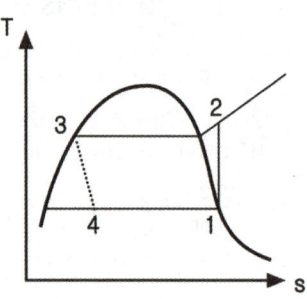

① 0.81   ② 1.23

③ 1.63   ④ 2.12

$$\frac{\varepsilon_h}{\varepsilon_r} = \frac{1 + \varepsilon_r}{\varepsilon_r} = \frac{1}{\varepsilon_r} + 1$$

$$\varepsilon_r = \frac{q_L}{w_c} = \frac{h_1 - h_4}{h_2 - h_1} = \frac{180 - 50}{210 - 180} = 4.33$$

$$\therefore \frac{\varepsilon_h}{\varepsilon_r} = \frac{1}{4.33} + 1 = 1.23$$

18

그림과 같이 작동하는 냉동사이클
(압력(P)−엔탈피(h) 선도)에서
$h_1 = h_4 = 98kJ/kg$,
$h_2 = 246kJ/kg\ h_3 = 298kJ/kg$일 때 이
냉동사이클의 성능계수(COP)는 약 얼마인가?

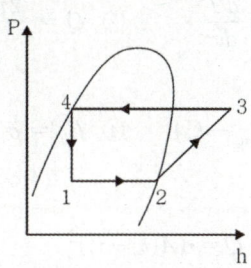

① 4.95
② 3.85
③ 2.85
④ 1.95

$$\varepsilon_R = \frac{Q_L}{W} = \frac{h_2-h_1}{h_3-h_2} = \frac{246-98}{298-246} = 2.85$$

19

냉동실에서의 흡수 열량이 5냉동톤(RT)인 냉동기의
성능계수(COP)가 2, 냉동기를 구동하는 가솔린 엔진의
열효율이 20%, 가솔린의 발열량이 $43000kJ/kg$일
경우, 냉동기 구동에 소요되는 가솔린의 소비율은 약
몇 kg/h인가? (단, 1 냉동톤(RT)은 약 $3.86kW$이다.)

① $1.28kg/h$
② $2.54kg/h$
③ $4.04kg/h$
④ $4.85kg/h$

$$\varepsilon_R = \frac{Q_2}{W} \quad \therefore W = \frac{Q_2}{\varepsilon_R} = \frac{5}{2} = 2.5RT$$

공급전력은 $W_E = \dfrac{W}{\eta} = \dfrac{2.5}{0.2} = 12.5RT$

$\qquad\qquad = 12.5 \times 3.86 = 48.25kW$

$W_E \times$ 시간 = 가솔린 발열량 × 가솔린 소비율(fe)

$$\therefore f_e = \frac{48.25 \times 3600}{43000} = 4.04kg/h$$

20

냉동기 냉매의 일반적인 구비조건으로서 적합하지
않은 사항은?

① 임계 온도가 높고, 응고 온도가 낮을 것
② 증발열이 적고, 증기의 비체적이 클 것
③ 증기 및 액체의 점성이 작을 것
④ 부식성이 없고, 안정성이 있을 것

② 증발열이 적을 경우 에너지를 저장하는데 불리하고 비체적
이 클 경우 단위 체적당 저장할 수 있는 에너지가 줄어든다.

21

냉매가 갖추어야 할 요건으로 틀린 것은?

① 증발온도에서 높은 잠열을 가져야 한다.
② 열전도율이 커야 한다.
③ 표면장력이 커야 한다.
④ 불활성이고 안전하며 비가연성이어야 한다.

표면장력이 작으면 유동성이 좋아 냉매로써 유리하다.

09 열전달

01

다음 중 평판의 열전도량에 대한 식으로 옳은 것은?

① $Q = -kA\dfrac{dT}{dx}$ ② $Q = -kA\dfrac{dx}{dT}$

③ $Q = -kT\dfrac{dA}{dx}$ ④ $Q = -kT\dfrac{dx}{dA}$

평판의 열전도량 : $Q = -kA\dfrac{dT}{dx}$

02

다음 중 원통의 열전도량에 대한 식으로 옳은 것은?

① $Q = \dfrac{2\pi lk\triangle T}{\ln\dfrac{r_1}{r_2}}$ ② $Q = \dfrac{2\pi lk\triangle T}{\ln\dfrac{r_2}{r_1}}$

③ $Q = \dfrac{4\pi lk\triangle T}{\ln\dfrac{r_1}{r_2}}$ ④ $Q = \dfrac{4\pi lk\triangle T}{\ln\dfrac{r_2}{r_1}}$

원통의 열전도량 : $Q = \dfrac{2\pi lk\triangle T}{\ln\dfrac{r_2}{r_1}}$

03

다음 중 대류 열전달에 대한 식으로 옳은 것은?

① $Q = -kA\dfrac{dT}{dx}$ ② $Q = \dfrac{2\pi lk\triangle T}{\ln\dfrac{r_2}{r_1}}$

③ $Q = \alpha A(t_w - t_f)$ ④ $E_b = \sigma T^4$

대류 열전달량 : $Q = \alpha A(t_w - t_f)$

04

복사 에너지에 대한 설명 중 옳은 것은?

① $E_b \propto T^2$ ② $E_b \propto T^4$

③ $E_b \propto \dfrac{1}{T^2}$ ④ $E_b \propto \dfrac{1}{T^4}$

복사에너지량 : $E_b = \sigma T^4$

05

온도가 서로 다른 유체가 서로 다른 방향으로 흐르며 열교환을 하는 흐름은?

① 평행류
② 병행류
③ 대향류
④ 직교류

대향류

고온과 저온의 유체가 서로 다른 방향으로 흐르며 열교환을 하는 흐름

06

두께가 $4cm$인 무한히 넓은 금속 평판에서 가열면의 온도를 $200℃$, 냉각면의 온도를 $50℃$로 유지하였을 때 금속판을 통한 정상상태의 열유속이 $300kW/m^2$이면 금속판의 열전도율(thermal conductivity)은 약 몇 $W/(m \cdot k)$인가? (단, 금속판에서의 열전달은 Fourier 법칙을 따른다고 가정한다)

① 20
② 40
③ 60
④ 80

푸리에의 열전도 법칙을 이용하면

열전달량 : $Q = -KA\dfrac{T_2 - T_1}{L}$

열유속 : $q = \dfrac{Q}{A} = -K\dfrac{T_2 - T_1}{L}$

$300 = -K\dfrac{50 - 200}{0.04}$

$\therefore K = \dfrac{300 \times 0.04}{150} = 0.08kW/m \cdot K = 80W/m \cdot K$

07

유리창을 통해 실내에서 실외로 열전달이 일어난다. 이때 열전달량은 약 몇 W인가? (단, 대류열전달계수는 $50W/(m^2 \cdot K)$, 유리창 표면온도는 $25℃$, 외기온도는 $10℃$, 유리창면적은 $2m^2$이다.)

① 150
② 500
③ 1500
④ 5000

$Q = KAdT = 50 \times 2 \times 15 = 1500W$

08

유리창을 통해 실내에서 실외로 열전달이 일어난다. 이때 열전달량은 약 몇 W인가? (단, 대류열전달계수는 $50W/(m^2 \cdot K)$, 유리창표면온도는 $25℃$, 외기온도는 $10℃$, 유리창면적은 $2m^2$이다.)

① 150
② 500
③ 1500
④ 5000

$Q = KA(T_s - T_\infty) = 50 \times 2 \times (25 - 10)$
$= 1500W$

09

두께 $1cm$, 면적 $0.5m^2$의 석고판의 뒤에 가열판이 부착되어 $1000\,W$의 열을 전달한다. 가열판의 뒤는 완전히 단열되어 열은 앞면으로만 전달된다. 석고판 앞면의 온도는 $100℃$이고, 석고의 열전도율은 $0.79\,W/(m \cdot K)$일 때 가열판에 접하는 석고면의 온도는 약 몇 $℃$인가?

① 110
② 125
③ 140
④ 155

$$Q = KA\frac{\Delta t}{\Delta x}$$

$$\therefore \Delta t = \frac{Q\Delta x}{KA} = \frac{1000 \times 0.01}{0.79 \times 0.5} = 25.32℃$$

$$T_2 = T_1 + \Delta t = 100 + 25.32 = 125.32℃$$

10

다음 중 스테판–볼츠만의 법칙과 관련이 있는 열전달은?

① 대류
② 복사
③ 전도
④ 응축

복사에너지 : $E = \sigma T^4$
여기서 σ : 스테판–볼츠만 상수

11

복사열을 방사하는 방사율과 면적이 같은 2개의 방열판이 있다. 각각의 온도가 A 방열판은 $120℃$, B 방열판은 $80℃$일 때 두 방열판의 복사 열전달량(Q_A / Q_B) 비는?

① 1.08
② 1.22
③ 1.54
④ 2.42

스테판–볼츠만 법칙에서

$Q = \sigma\varepsilon AT^4$이므로 $Q \propto T^4$

$$\therefore \frac{Q_A}{Q_B} = \frac{(120+273)^4}{(80+273)^4} = 1.54$$

12

열교환기를 흐름 배열(flow arrangement)에 따라 분류할 때 그림과 같은 형식은?

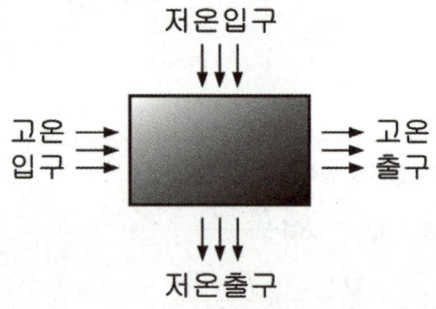

① 평행류
② 대향류
③ 병행류
④ 직교류

두 흐름이 수직한 흐름은 직교류이다.

10 유체역학의 개요

01

유체의 정의를 가장 올바르게 나타낸 것은?

① 아무리 작은 전단응력에도 저항할 수 없어 연속적으로 변형하는 물질

② 탄성계수가 0을 초과하는 물질

③ 수직응력을 가해도 물체가 변하지 않는 물질

④ 전단응력이 가해질 때 일정한 양의 변형이 유지되는 물질

유체의 정의 : 아무리 작은 전단응력에도 저항할 수 없어 연속적으로 변형하는 물질

02

평판으로부터의 거리를 y라고 할 때 평판에 평행한 방향의 속도 분포 $u(y)$가 아래와 같은 식으로 주어지는 유동장이 있다. 여기에서 U와 L은 각각 유동장의 특성속도와 특성길이를 나타낸다. 유동장에서는 속도 $u(y)$만 있고, 유체는 점성계수가 u인 뉴턴 유체일 때 $y = \dfrac{L}{8}$에서의 전단응력은?

$$u(y) = U\left(\frac{y}{L}\right)^{2/3}$$

① $\dfrac{2\mu U}{3L}$

② $\dfrac{4\mu U}{3L}$

③ $\dfrac{8\mu U}{3L}$

④ $\dfrac{16\mu U}{3L}$

뉴턴의 점성법칙 $\tau = \mu \dfrac{du}{dy}$ 에서 $u(y)$를 미분하면

$$\tau = \mu U L^{-\frac{2}{3}} \frac{d}{dy}\left(y^{\frac{2}{3}}\right) = \mu U L^{-\frac{2}{3}} \frac{2}{3}\left(y^{-\frac{1}{3}}\right) = \frac{2}{3}\mu U L^{-\frac{2}{3}} y^{-\frac{1}{3}}$$

$y = \dfrac{L}{8}$을 대입하면

$$\tau = \frac{2}{3}\mu U L^{-\frac{2}{3}}\left(\frac{L}{8}\right)^{-\frac{1}{3}} = \frac{4}{3}\mu U L^{-1} = \frac{4\mu U}{3L}$$

03

뉴턴의 점성법칙은 어떤 변수(물리량)들의 관계를 나타낸 것인가?

① 압력, 속도, 점성계수

② 압력, 속도기울기, 동점성계수

③ 전단응력, 속도기울기, 점성계수

④ 전단응력, 속도, 동점성계수

뉴턴의 점성법칙 : $\tau = \mu \dfrac{du}{dy}$

04

벽면에 평행한 방향의 속도(u) 성분만이 있는 유동장에서 전단응력을 τ, 점성계수를 μ, 벽면으로부터의 거리를 y로 표시 했을때 뉴턴의 점성법칙을 옳게 나타낸 식은?

① $\tau = \mu \dfrac{dy}{du}$

② $\tau = \mu \dfrac{du}{dy}$

③ $\tau = \dfrac{1}{\mu} \dfrac{du}{dy}$

④ $\tau = \mu \sqrt{\dfrac{du}{dy}}$

뉴턴의 점성법칙 : $\tau = \mu \dfrac{du}{dy}$

05

다음 4가지의 유체 중에서 점성계수가 가장 큰 뉴턴 유체는?

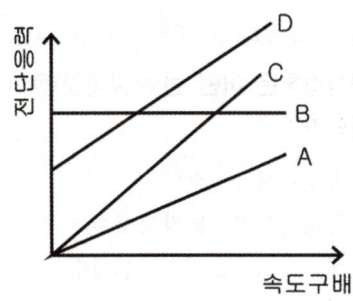

① A

② B

③ C

④ D

뉴턴 유체는 뉴턴의 점성법칙을 만족해야한다.

$\tau = \mu \dfrac{du}{dy}$ 여기서 전단응력(y축), 속도구배(x축)

따라서 μ가 기울기임을 알 수 있고 뉴턴 유체이므로 원점을 지나야 한다. 그러므로 원점을 지나면서 기울기(점성계수)가 가장 큰 뉴턴유체는 C이다.

06

안지름 $10cm$의 원관 속을 $0.0314m^3/s$의 물이 흐를 때 관 속의 평균 유속은 약 몇 m/s인가?

① 1.0

② 2.0

③ 4.0

④ 8.0

$Q = VA$

$\therefore V = \dfrac{Q}{A} = \dfrac{4Q}{\pi d^2} = \dfrac{4 \times 0.0314}{\pi \times 0.1^2} = 4m/s$

07

그림과 같은 원형관에 비압축성 유체가 흐를 때 A 단면의 평균속도가 V_1일 때 B 단면에서의 평균속도 V는?

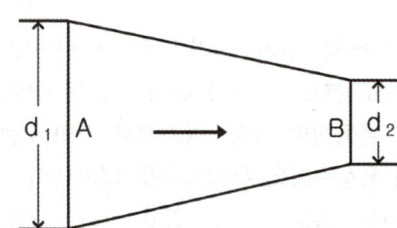

① $V = \left(\dfrac{d_1}{d_2}\right)^2 V_1$

② $V = \dfrac{d_1}{d_2} V_1$

③ $V = \left(\dfrac{d_2}{d_1}\right)^2 V_1$

④ $V = \dfrac{d_2}{d_1} V_1$

$Q = VA$ 에서 $V_1 A_1 = V_2 A_2$ 이므로

$V_2 = V_1 \dfrac{A_1}{A_2} = V_1 \left(\dfrac{d_1}{d_2}\right)^2$

08

단면적이 각각 $10cm^2$와 $20cm^2$인 관이 서로 연결되어 있다. 비압축성 유동이라 가정하면 $20cm^2$ 관속의 평균유속이 $2.4m/s$일 때 $10cm^2$관내의 평균속도는 약 몇 m/s인가?

① 4.8 ② 1.2
③ 9.6 ④ 2.4

$Q = V_1 A_1 = V_2 A_2$ 이므로
$2.4 \times 20 = V_2 \times 10$
$\therefore V_2 = 4.8m/s$

09

안지름이 각각 $2cm$, $3cm$인 두 파이프를 통하여 속도가 같은 물이 유입되어 하나의 파이프로 합쳐져서 흘러나간다. 유출되는 속도가 유입속도와 같다면 유출 파이프의 안지름은 약 몇 cm인가?

① 3.61 ② 4.24
③ 5.00 ④ 5.85

유량 보존의 법칙에 의해 $Q_1 + Q_2 = Q_3$ 이므로
$V_1 A_1 + V_2 A_2 = V_3 A_3$
여기서 속도가 같으므로 $V_1 = V_2 = V_3$ 따라서
$A_1 + A_2 = A_3$
$\frac{\pi}{4}(2^2 + 3^2) = \frac{\pi}{4}d^2$
$\therefore d = \sqrt{2^2 + 3^2} = 3.61cm$

10

원유를 매분 $240L$의 비율로 안지름 $80mm$인 파이프를 통하여 $100m$ 떨어진 곳으로 수송할 때 관내의 평균 유속은 약 몇 m/s인가?

① 0.4 ② 0.8
③ 2.5 ④ 3.1

$Q = VA$
$\therefore V = \frac{Q}{A} = \frac{0.24}{60} \times \frac{4}{\pi \times (0.08)^2} = 0.8m/s$

11

다음 중 동점성계수(kinematic viscosity)의 단위는?

① $N \cdot s/m^2$ ② $kg/(m \cdot s)$
③ m^2/s ④ m/s^2

동점성 계수 $= m^2/s$

12

동점성계수가 $10cm^2/s$이고 비중이 1.2인 유체의 점성계수는 몇 $Pa \cdot s$인가?

① 0.12 ② 0.24
③ 1.2 ④ 2.4

$\nu = \frac{\mu}{\rho}$

$\therefore \mu = \rho_{유체}\nu = S_{유체}\rho_물\nu = 1.2 \times 1000 \times 10 \times 10^{-4}$

$= 1.2 Pa \cdot s$

13

점성계수는 $0.3[poise]$, 동점성계수는 $2[stokes]$인 유체의 비중은?

① 6.7   ② 1.5

③ 0.67   ④ 0.15

점성계수(μ)의 단위

$$1poise = dyne \cdot s/cm^2 = 100cp$$

$$= 1g/cm \cdot s$$

$$= \frac{1}{10} N \cdot s/m^2$$

동점성계수(ν)단위

$$1stokes = 1cm^2/s$$

비중 언급 시

$$S = \frac{\mu}{\rho_{H_2O} \nu} = \mu \frac{1}{\rho_{H_2O}} \times \frac{1}{\nu}$$

$$= 0.3 \times \frac{1}{10} Ns/m^2 \times \frac{1}{\left(\frac{1000kg}{1m^3}\right)} \times \frac{1}{\left(\frac{2cm^2}{1s}\right)}$$

$$= \frac{3Ns}{100m^2} \times \frac{1m^3}{1000kg} \times \frac{10^4 s}{2m^2}$$

$$= 0.15$$

14

다음 중 체적탄성계수와 차원이 같은 것은?

① 체적

② 힘

③ 압력

④ 레이놀드(Reynolds) 수

체적탄성계수는 압력과 차원이 같다.

15

체적탄성계수가 $2.086 GPa$인 기름의 체적을 1% 감소시키려면 가해야 할 압력은 몇 Pa인가?

① 2.086×10^7 ② 2.086×10^4

③ 2.086×10^3 ④ 2.086×10^2

$$K = \frac{\Delta p}{\frac{\Delta V}{V}}$$

$$\therefore \Delta p = K \frac{\Delta V}{V}$$

$$= 2.086 \times 10^9 \times 0.01 = 2.086 \times 10^7 Pa$$

11 정지한 유체의 역학

01

다음 중 정지된 유체의 기본 성질에 대한 설명으로 옳지 않은 것은?

① 유체내의 특정한 검사 체적에 작용하는 압력은 모든 면에 수직으로 작용한다.
② 유체내의 한 점에 작용하는 압력의 크기는 모든 방향에서 동일하다.
③ 동일 수평상에 있는 두 점의 압력의 크기는 같다.
④ 밀폐 용기 속의 유체에 가한 힘은 모든 방향에서 같은 크기로 전달된다.

---

④ 밀폐 용기 속의 유체에 가한 압력은 모든 방향에서 같은 크기로 전달된다.

02

다음 중 표면장력에 대한 설명으로 옳지 않은 것은?

① 단위는 N/m^2이다.

② 표면장력의 식은 $\sigma = \dfrac{pd}{4}$ 이다.

③ 얇은 박막의 경우 $\sigma = \dfrac{pd}{8}$이다.

④ 물방울, 비눗방울 같은 경우가 표면장력의 대표적인 예이다.

---

① 단위는 N/m이다.

03

다음 중 모세관 현상에 대한 설명으로 옳지 않은 것은?

① 물의 경우는 부착력이 응집력보다 크다.
② 원관에서 모세관 현상에 의한 유체의 상승

높이식은 $h = \dfrac{4\sigma\cos\beta}{\gamma d}$이다.

③ 평판 사이에서 모세관 현상에 의한 유체의 상승

높이식은 $h = \dfrac{2\sigma\cos\beta}{\gamma b}$이다.

④ 원관이 경사져 있을 때 모세관 현상에 의한 유체의 상승 높이는 수직으로 서있을 때보다 작다.

---

④ 원관이 경사져 있을 때 모세관 현상에 의한 유체의 상승 높이는 수직으로 서있을 때와 같다.

04

다음 중 전압력의 표현으로 옳은 것은?

① 평판의 도심점 하중×평판의 단면적
② 평판의 도심점 압력×평판의 단면적
③ 평판의 중앙점 하중×평판의 단면적
④ 평판의 중앙점 압력×평판의 단면적

전압력의 크기 : $F = pA = \gamma \overline{h} A$

05

경사진 평판에 작용하는 전압력의 작용점 위치에 대한 식으로 옳은 것은?

① $y_F = \bar{y} + \dfrac{I_G}{A\bar{h}}$ ② $y_F = \bar{y} + \dfrac{I_G}{A\bar{y}}$

③ $y_F = \bar{h} + \dfrac{I_G}{A\bar{h}}$ ④ $y_F = \bar{h} + \dfrac{I_G}{A\bar{y}}$

작용점의 위치 : $y_F = \bar{y} + \dfrac{I_G}{A\bar{y}}$

06

다음 그림과 같은 사각형의 도심점에 대한 단면 2차 모멘트로 옳은 것은?

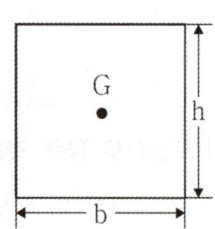

① $I_G = \dfrac{bh^3}{12}$ ② $I_G = \dfrac{bh^3}{24}$

③ $I_G = \dfrac{bh^3}{36}$ ④ $I_G = \dfrac{bh^3}{48}$

사각형 단면 : $I_G = \dfrac{bh^3}{12}$

원형 단면 : $I_G = \dfrac{\pi d^4}{64}$

직각삼각형 단면 : $I_G = \dfrac{bh^3}{36}$

07

곡면에 유체의 전압력이 작용할 때 수평성분의 힘과 수직성분의 힘에 대한 설명으로 옳지 않은 것은?

① 수평 성분의 힘은 곡면을 x방향으로 투영한 후 높이의 중간점의 압력과 면적을 곱한값이다.
② 수직 성분의 힘은 곡면의 연직 상방향에 실려있는 물의 무게이다.
③ 총 전압력은 두 힘의 합력이다.
④ 유체의 비중이 클수록 전압력은 커진다.

---

① 수평 성분의 힘은 곡면을 x방향으로 투영한 후 도심점의 압력과 면적을 곱한 값이다.

08

다음 중 물에 잠긴경우의 부력으로 옳은 것은? (단, W는 물체의 실제 무게, W'는 물체의 물 속 무게이다.)

① $F_B = W + W'$ ② $F_B = W - W'$

③ $F_B = W' - W$ ④ $F_B = W$

물체가 잠긴 경우 : $W = F_B + W'$

09

수평방향으로 등가속도 운동을 하는 유체가 기울어지는 각도에 대한 식으로 옳은 것은?

① $\theta = \sin^{-1}\dfrac{a_x}{g}$ ② $\theta = \cos^{-1}\dfrac{a_x}{g}$

③ $\theta = \tan^{-1}\dfrac{a_x}{g}$ ④ $\theta = \cot^{-1}\dfrac{a_x}{g}$

수평방향으로 등가속도 하는 유체의 수면은 $\tan\theta = \dfrac{a_x}{g}$ 로 나타낼 수 있다.

10

수조가 수평방향으로 $9.8 m/s^2$의 가속도로 운동할 때, 이 안에 있는 유체가 기울어지는 각도는?

① $30°$ ② $45°$ ③ $60°$ ④ $75°$

$\tan\theta = \dfrac{a_x}{g}$ 에서

$\theta = \tan^{-1}\dfrac{a_x}{g} = \tan^{-1}\dfrac{9.8}{9.8} = 45°$

11

등속 회전 운동을 하는 드럼통에 담긴 유체의 수면의 최대상승 높이에 대한 식은? (단 r은 드럼통의 반지름, ω은 각속도이다.)

① $h = \dfrac{r\omega}{2g}$ ② $h = \dfrac{r^2\omega}{2g}$

③ $h = \dfrac{r\omega^2}{2g}$ ④ $h = \dfrac{r^2\omega^2}{2g}$

회전하는 유체의 최대 상승 높이 : $h = \dfrac{r^2\omega^2}{2g}$

12

다음 중 각속도에 대한 식으로 옳은 것은? (단, N은 분당회전수 이며 각속도의 단위는 rad/s이다.)

① $\omega = 2\pi N$ ② $\omega = \dfrac{\pi N}{60}$

③ $\omega = \dfrac{2N}{60}$ ④ $\omega = \dfrac{2\pi N}{60}$

각속도 : $\omega = \dfrac{2\pi N}{60}[rad/s]$

13

평균 반지름이 R인 얇은 막 형태의 작은 비누방울의 내부 압력을 P_i, 외부 압력을 P_o라고 할 경우, 표면 장력(σ)에 의한 압력차 $|P_i - P_o|$는?

① $\dfrac{\sigma}{4R}$ ② $\dfrac{\sigma}{R}$

③ $\dfrac{4\sigma}{R}$ ④ $\dfrac{2\sigma}{R}$

얇은 막이므로 표면장력은

$\sigma = \dfrac{\triangle p d}{8}$

$\therefore \triangle p = P_o - P_i = \dfrac{8\sigma}{d} = \dfrac{4\sigma}{R}$

14

밀도가 ρ인 액체와 접촉하고 있는 기체 사이의 표면장력이 σ라고 할 때 그림과 같은 지름 d의 원통 모세관에서 액주의 높이 h를 구하는 식은? (단, g는 중력가속도이다.)

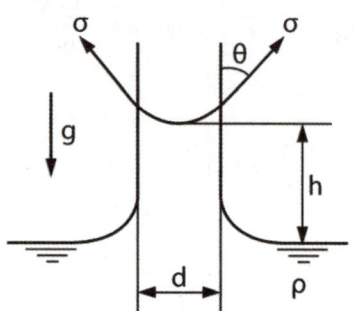

① $\dfrac{\sigma \sin \theta}{\rho g d}$

② $\dfrac{\sigma \cos \theta}{\rho g d}$

③ $\dfrac{4\sigma \sin \theta}{\rho g d}$

④ $\dfrac{4\sigma \cos \theta}{\rho g d}$

$$h = \frac{4\sigma \cos \beta}{\gamma d} = \frac{4\sigma \cos \beta}{\rho g d}$$

15

지름비가 $1 : 2 : 3$인 모세관의 상승높이 비는 얼마인가? (단, 다른 조건은 모두 동일하다고 가정한다.)

① 1:2:3

② 1:4:9

③ 3:2:1

④ 6:3:2

원관일 때 모세관 현상의 높이는

$h = \dfrac{4\sigma \cos \beta}{\gamma d}$ 이므로 $h \propto \dfrac{1}{d}$ 이다. 따라서

$h_1 : h_2 : h_3 = \dfrac{1}{1} : \dfrac{1}{2} : \dfrac{1}{3} = 6 : 3 : 2$

16

그림에서 $h = 100cm$이다. 액체의 비중이 1.5일 때 A점의 계기압력은 몇 kPa인가?

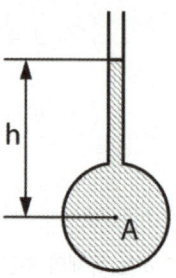

① 9.8

② 14.7

③ 9800

④ 14700

$P = \rho_{액체} g h = \rho_{물} S g h$
$\quad = 1000 \times 1.5 \times 9.8 \times 1 \times 10^{-3}$
$\quad = 14.7 kPa$

17

그림과 같은 밀폐된 탱크 안에 각각 비중이 0.7, 1.0인 액체가 채워져 있다. 여기서 각도 θ가 $20°$로 기울어진 경사관에서 $3m$ 길이까지 비중 1.0인 액체가 채워져 있을 때 점 A의 압력과 점 B의 압력 차이는 약 몇 kPa인가?

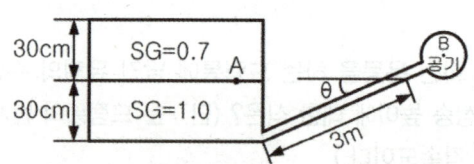

① 0.8

② 2.7

③ 5.8

④ 7.1

A점에 작용하는 압력 P_A를 시작으로 식을 세우면
$P_B + \gamma \times 3\sin 20° - \gamma \times 0.3 = P_A$
$\therefore P_A - P_B = \gamma(3\sin 20° - 0.3)$
$\qquad = 9.8 \times (3\sin 20° - 0.3) = 2.45 kPa$

18

그림에서 압력차$(P_x - P_y)$는 약 몇 kPa인가?

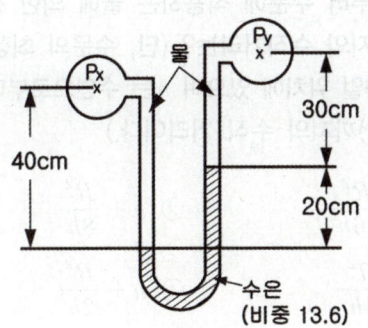

① 25.67   ② 2.57   ③ 51.34   ④ 5.13

$p_x + \gamma_1 h_1 - \gamma_2 h_2 - \gamma_3 h_3 = p_y$

$p_x - p_y = \gamma_2 h_2 + \gamma_3 h_3 - \gamma_1 h_1$

$\qquad = 13.6 \times 9.8 \times 0.2 + 9.8 \times 0.3 - 9.8 \times 0.4$

$\qquad = 25.68 kPa$

20

수두 차를 읽어 관내 유체의 속도를 측정할 때 U자관(U tube) 액주계 대신 역 U자관(inverted U tube) 액주계가 사용되었다면 그 이유로 가장 적절한 것은?

① 계기 유체(gauge fluid)의 비중이 관내 유체보다 작기 때문에

② 계기 유체(gauge fluid)의 비중이 관내 유체보다 크기 때문에

③ 계기 유체(gauge fluid)의 점성계수가 관내 유체보다 작기 때문에

④ 계기 유체(gauge fluid)의 점성계수가 관내 유체보다 크기 때문에

역 U자관은 계기 유체의 비중이 관내 유체보다 작을 때 사용하는 되는 관이다.

19

그림과 같이 오일이 흐르는 수평관로 두 지점의 압력차 $p_1 - p_2$를 측정하기 위하여 오리피스와 수은을 넣은 U자관을 설치하였다. $p_1 - p_2$로 옳은 것은? (단, 오일의 비중량은 γ_{oil}이며 수은의 비중량은 γ_{Hg}이다.)

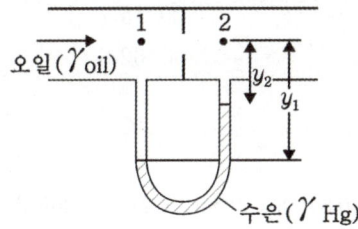

① $(y_1 - y_2)(\gamma_{Hg} - \gamma_{oil})$ ② $y_2(\gamma_{Hg} - \gamma_{oil})$

③ $y_1(\gamma_{Hg} - \gamma_{oil})$ ④ $(y_1 - y_2)(\gamma_{oil} - \gamma_{Hg})$

$p_1 - p_2 = \gamma_{oil}(y_2 - y_1) + \gamma_{Hg}(y_1 - y_2)$

$\qquad = (y_1 - y_2)(\gamma_{Hg} - \gamma_{oil})$

21

그림과 같은 (1), (2), (3), (4)의 용기에 동일한 액체가 동일한 높이로 채워져 있다. 각 용기의 밑바닥에서 측정한 압력에 관한 설명으로 옳은 것은?
(단, 가로 방향 길이는 모두 다르나, 세로 방향 길이는 모두 동일하다.)

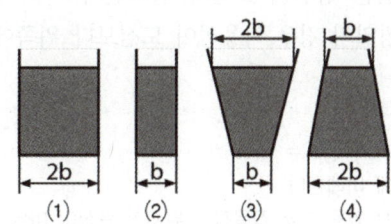

① (2)의 경우가 가장 낮다.

② 모두 동일하다.

③ (3)의 경우가 가장 높다.

④ (4)의 경우가 가장 낮다.

동일 선상에서 측정한 압력의 크기는 동일하다.

22

그림과 같이 용기에 물과 휘발유가 주입되어 있을 때, 용기 바닥면에서의 게이지압력은 약 몇 kPa인가? (단, 휘발유의 비중은 0.7이다.)

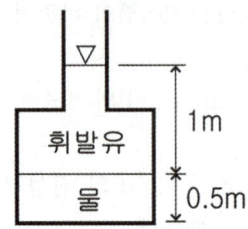

① 1.59   ② 3.64
③ 6.86   ④ 11.77

$p = p_{기름} + p_{물} = \gamma_{기름}h_1 + \gamma_{물}h_2$
$\quad = 0.7 \times 9800 \times 1 + 9800 \times 0.5 = 11.76 kPa$

23

정지된 액체 속에 잠겨있는 평면이 받는 압력에 의해 발생하는 합력에 대한 설명으로 옳은 것은?

① 크기가 액체의 비중량에 반비례한다.
② 크기는 도심에서의 압력에 면적을 곱한 것과 같다.
③ 작용점은 평면의 도심과 일치한다.
④ 수직평면의 경우 작용점이 도심보다 위쪽에 있다.

전압력의 크기 : $F = \gamma \bar{h} A$
① 비중량에 비례한다.
③ 기울어져 있을 경우 작용점의 위치가 도심이 아닐 수 있다.
④ 수직일 경우 작용점이 도심보다 아래쪽에 있다.

24

반지름 R인 원형 수문이 수직으로 설치되어 있다. 수면으로부터 수문에 작용하는 물에 의한 전압력의 작용점까지의 수직거리는? (단, 수문의 최상단은 수면과 동일 위치에 있으며 h는 수면으로부터 원판의 중심(도심)까지의 수직 거리이다.)

① $h + \dfrac{R^2}{16h}$ ② $h + \dfrac{R^2}{8h}$

③ $h + \dfrac{R^2}{4h}$ ④ $h + \dfrac{R^2}{2h}$

$$y_F = \bar{y} + \frac{I_G}{A\bar{y}} = h + \frac{\dfrac{\pi \times (2R)^4}{64}}{\dfrac{\pi \times (2R)^2}{4} \times h} = h + \frac{R^2}{4h}$$

25

$2m \times 2m \times 2m$의 정육면체로 된 탱크 안에 비중이 0.8인 기름이 가득 차 있고, 위 뚜껑이 없을 때 탱크의 한 옆면에 작용하는 전체 압력에 의한 힘은 약 몇 kN인가?

① 7.6   ② 15.7
③ 31.4   ④ 62.8

전압력의 크기
$F = \gamma \bar{h} A = 0.8 \times 9.8 \times 1 \times (2 \times 2) = 31.36 kN$

26

그림과 같이 폭이 $2\,m$, 길이가 $3\,m$인 평판이 물속에 수직으로 잠겨있다. 이 평판의 한쪽 면에 작용하는 전체 압력에 의한 힘은 약 얼마인가?

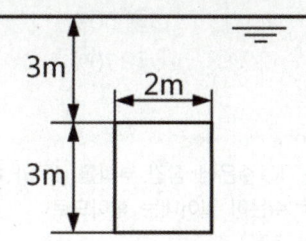

① $88\,kN$ ② $176\,kN$

③ $265\,kN$ ④ $353\,kN$

전압력 $F = \gamma \bar{h} A = 9.8 \times 4.5 \times (2 \times 3) = 264.6 kN$

27

액체 속에 잠겨진 경사면에 작용되는 힘의 크기는? (단, 면적을 A, 액체의 비중량을 γ, 면의 도심까지의 깊이를 h_c라 한다)

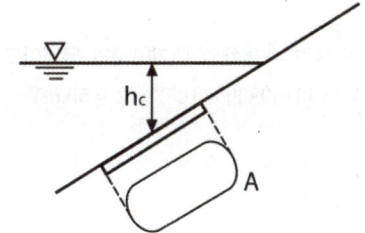

① $\dfrac{1}{3}\gamma h_c A$ ② $\dfrac{1}{2}\gamma h_c A$

③ $\gamma h_c A$ ④ $2\gamma h_c A$

힘의 크기 = 전압력 $F = \rho g \bar{h} A = \gamma h_c A$

28

수평면과 $60\,°$ 기울어진 벽에 지름이 $4m$인 원형창이 있다. 창의 중심으로부터 $5m$ 높이에 물이 차있을 때 창에 작용하는 합력의 작용점과 원형창의 중심(도심)과의 거리(C)는 약 몇 m인가? (단, 원의 2차 면적 모멘트는 $\dfrac{\pi R^4}{4}$이고, 여기서 R은 원의 반지름이다.)

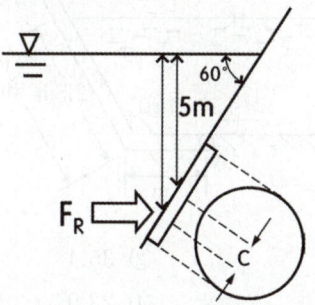

① 0.0866 ② 0.173

③ 0.866 ④ 1.73

$\sin 60 = \dfrac{5}{y} \quad \therefore \bar{y} = \dfrac{5}{\sin 60} = 5.77m$

$C = y_F - y_G = \bar{y} + \dfrac{I_G}{A\bar{y}} - \bar{y} = \dfrac{I_G}{A\bar{y}}$

$= \dfrac{\dfrac{\pi R^4}{4}}{\pi R^2 \times 5.77} = \dfrac{2^2}{4 \times 5.77} = 0.173m$

29

그림과 같이 폭이 $2m$인 수문 ABC가 A점에서 힌지로 연결되어 있다. 그림과 같이 수문이 고정될 때 수평인 케이블 CD에 걸리는 장력은 약 몇 kN인가? (단, 수문의 무게는 무시한다.)

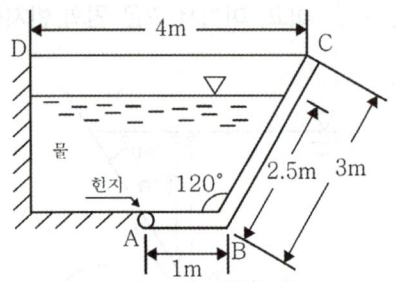

① 38.3   ② 35.4

③ 25.2   ④ 22.9

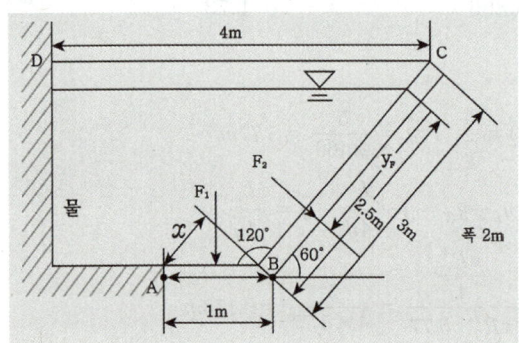

ⅰ) $F_1 = \gamma \overline{h_1} A = 9.8 \times 2.5\cos30° \times (1 \times 2) = 42.44 kN$

ⅱ)

$F_2 = \gamma \overline{h_2} A = 9.8 \times 1.25\cos30° \times (2.5 \times 2) = 53.04 kN$

ⅲ) $y_F = \overline{y} + \dfrac{I_G}{\overline{y} A} = 1.5 + \dfrac{\dfrac{2 \times 2.5^3}{12}}{1.25 \times (2.5 \times 2)} = 1.667 m$

모멘트 평형 $\sum M_A = 0$ 이므로

$F_1 \times (1 \times \cos60°) + F_2 \times \{(1 \times \sin30°) + (2.5 - 1.667)\}$
$= T \times (3 \times \sin60°)$

$\therefore T = 35.4 kN$

30

비중 8.16의 금속을 비중 13.6의 수은에 담근다면 수은 속에 잠기는 금속의 체적은 전체 체적의 약 몇 % 인가?

① 40%   ② 50%

③ 60%   ④ 70%

금속의 부피를 V, 수은에 잠긴 부피를 V'라 하면
금속의 무게 = 수은이 밀어내는 힘이므로
$S_{금속}\gamma V = S_{수은}\gamma V'$

$\therefore \dfrac{V'}{V} = \dfrac{S_{금속}}{S_{수은}} = \dfrac{8.16}{13.6} = 0.6$

31

체적 $2 \times 10^{-3} m^3$의 돌이 물속에서 무게가 $40N$ 이었다면 공기 중에서의 무게는 약 몇 N인가?

① 2   ② 19.6

③ 42   ④ 59.6

물 속 무게 + 부력 = 물체의 대기에서의 무게이므로
$40 + \gamma_{물} \times \overline{V} = 40 + 9800 \times 10^{-3} \times 2 = 59.6 N$

32

물을 담은 그릇을 수평방향으로 $4.2 m/s^2$으로 운동시킬 때 물은 수평에 대하여 약 몇 도(°) 기울어지겠는가?

① $18.4°$　　　　② $23.2°$
③ $35.6°$　　　　④ $42.9°$

$$\theta = \tan^{-1}\frac{a_x}{g} = \tan^{-1}\frac{4.2}{9.8} = 23.2°$$

33

안지름 $20\,cm$의 원통형 용기의 축을 수직으로 놓고 물을 넣어 축을 중심으로 $300\,rpm$의 회전수로 용기를 회전시키면 수면의 최고점과 최저점의 높이 차(H)는 약 몇 cm 인가?

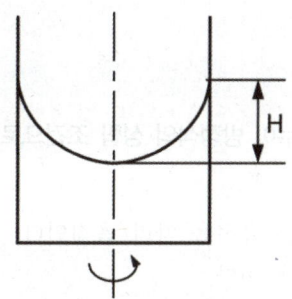

① $40.3\,cm$　　　　② $50.3\,cm$
③ $60.3\,cm$　　　　④ $70.3\,cm$

$$h = \frac{r^2\omega^2}{2g} = \frac{r^2\left(\frac{2\pi N}{60}\right)^2}{2g} = \frac{0.1^2 \times \left(\frac{2\pi \times 300}{60}\right)^2}{2 \times 9.8}$$
$$= 0.5035m = 50.35cm$$

34

안지름이 $20cm$, 높이가 $60cm$인 수직 원통형 용기에 밀도 $850kg/m^3$인 액체가 밑면으로부터 $50cm$ 높이만큼 채워져 있다. 원통형 용기와 액체가 일정한 각속도로 회전할 때, 액체가 넘치기 시작 하는 각속도는 약 몇 rpm인가?

① 134　　　　② 189
③ 276　　　　④ 392

용기의 끝부터 수면까지의 거리는 10cm이므로 유체가 회전해서 생기는 높이 차이는 20cm이다.

$h = \dfrac{\omega^2}{2g}r^2$ 에서

$$\omega = \sqrt{\frac{2gh}{r^2}} = \sqrt{\frac{2 \times 9.8 \times 0.2}{0.1^2}} = 19.8 rad/s$$

$\omega = \dfrac{2\pi N}{60}$ 에서

$$N = \frac{60\omega}{2\pi} = \frac{60 \times 19.8}{2\pi} = 189 rpm$$

12 유체역학 방정식

01

유선의 정의로 옳은 것은?

① 유체 입자 이동 경로의 접선과 속도백터의 방향을 일치하도록 해석한 곡선
② 유체 입자 이동 경로와 속도 백터의 방향을 일치하도록 해석한 곡선
③ 유체 입자의 순간적인 위치에서 속도백터의 방향을 임의로 해석한 곡선
④ 유체 입자의 순간적인 위치에서 가속도 방향을 임의로 해석한 곡선

유선 : 유체 입자 이동 경로의 접선과 속도 백터의 방향을 일치하도록 해석한 곡선

02

공간상의 임의의 한 점에 있어서 유체입자의 순간 궤적을 나타내는 선은?

① 유선 　　　　　 ② 유관선
③ 유적선 　　　　 ④ 유맥선

유맥선 : 공간상의 임의의 한 점에 있어서 유체입자의 순간 궤적

03

유동장 내의 임의의 한 점에 있어서 흐름의 특성이 시간에 관계없이 일정한 흐름은?

① 정상류 　　　　 ② 비정상류
③ 등류 　　　　　 ④ 비등류

정상류 : 유동장 내의 임의의 한 점에 있어서 흐름의 특성이 시간에 관계없이 일정한 흐름

04

다음 중 유선의 방정식을 나타내는 표현으로 옳은 것은?

① $\vec{V} \cdot dS = 0$
② $\vec{V} + dS = 0$
③ $\dfrac{dx}{u} = \dfrac{dy}{v} = \dfrac{dz}{w}$
④ $\dfrac{dx}{u} + \dfrac{dy}{v} + \dfrac{dz}{w} = 0$

유선의 방정식의 표현
$$\vec{V} \times dS = 0$$
$$\frac{dx}{u} = \frac{dy}{v} = \frac{dz}{w}$$

05

다음 중 베르누이 방정식의 성립 조건으로 알맞지 않은 것은?

① 유체입자는 유선을 따라 움직인다.
② 비점성유체 이다.
③ 비정상류이다.
④ 비압축성이다.

베르누의 방정식의 성립 조건
① 유체입자는 유선을 따라 움직인다.
② 비점성유체 이다.
③ 정상류이다.
④ 비압축성이다.

06

다음 중 베르누이 방정식의 각 요소에 대한 설명으로 옳지 않은 것은?

① $\dfrac{p}{\gamma}$: 압력수두

② $\dfrac{v^2}{2g}$: 속도수두

③ mZ : 위치수두

④ H : 전수두

$\dfrac{p}{\gamma}$: 압력수두 $\quad$ $\dfrac{V^2}{2g}$: 속도수두

Z : 위치수두 $\quad$ H : 전수두

07

다음 중 옳지 않은 표현을 고르면?

① 베르누이 방정식에 의하면 모든 단면에서 전수두는 일정하다.
② 에너지선은 수력구배선에 속도수두를 더한 값이다.
③ 수정베르누이 방정식은 유체의 에너지 손실값을 고려한 베르누이 방정식이다.
④ 손실이 생기더라도 모든 단면에서 전수두는 일정하다.

---

④ 손실이 생기면 전수두가 변하기 때문에 손실을 고려한 손실수두를 추가해야한다.

08

피토 정압관에 대한 설명으로 틀린 것은?

① 정압은 유체 입자가 상부의 유체에 의해 받는 압력을 의미한다.
② 동압은 유체 입자의 속도가 0이 되면서 생기는 압력이다.
③ 정체점은 유체 입자의 속도가 0이되는 점이다.
④ 속도수두에 밀도를 곱하면 동압이 된다.

동압 : $\dfrac{\gamma V^2}{2g}$

09

다음 빈칸에 들어갈 말로 알맞은 것은?

> 유체의 연속방정식은 흐르는 유체에 (　　　)을 적용한 방정식이다.

① 에너지보존의 법칙 $\qquad$ ② 질량보존의 법칙

③ 유량보존의 법칙 $\qquad$ ④ 동력보존의 법칙

유체의 연속방정식은 흐르는 유체에 질량보존의 법칙을 적용한 방정식이다.

10

질량 보존의 법칙에 대한 표현으로 옳은 것은?

① $\rho A v = Const$ ② $A v = Const$

③ $\rho Q v = Const$ ④ $\dfrac{v^2}{2g} = Const$

질량보존의 법칙 : $\rho A v = Const$

11

1차원 연속방정식의 미분형으로 옳은 것은?

① $\dfrac{d\rho}{\rho} - \dfrac{dV}{V} - \dfrac{dA}{A} = 0$

② $\dfrac{d\rho}{\rho} + \dfrac{dV}{V} + \dfrac{dA}{A} = 0$

③ $\dfrac{d\rho}{A} - \dfrac{dV}{\rho} - \dfrac{dA}{v} = 0$

④ $\dfrac{d\rho}{A} + \dfrac{dV}{\rho} + \dfrac{dA}{v} = 0$

1차원 연속방정식의 미분형

$\dfrac{d\rho}{\rho} + \dfrac{dV}{V} + \dfrac{dA}{A} = 0$

12

압력을 고려하지 않을 때 유체의 운동방정식으로 옳은 것은?

① $F = \rho A (V_2 - V_1)$ ② $F = \rho Q (V_2 - V_1)$

③ $F = \gamma A (V_2 - V_1)$ ④ $F = \gamma Q (V_2 - V_1)$

유체의 운동방정식에서 압력항을 모두 무시하면
$F = \rho Q (V_2 - V_1)$

13

다음 중 동력의 일반식으로 옳은 것은? (단, H는 실양정을 나타낸다.)

① $H = \gamma Q h$ ② $H = \rho A V$

③ $H = \rho Q V$ ④ $H = \gamma A V^2$

동력의 일반식 : $H = \gamma Q h$

14

다음 중 펌프 효율과 터빈 효율이 올바르게 짝지어진 것은?

① $\eta_P = \dfrac{W_P}{\gamma Q H_P}$, $\eta_T = \dfrac{W_T}{\gamma Q H_T}$

② $\eta_P = \dfrac{\gamma Q H_P}{W_P}$, $\eta_T = \dfrac{W_T}{\gamma Q H_T}$

③ $\eta_P = \dfrac{W_P}{\gamma Q H_P}$, $\eta_T = \dfrac{\gamma Q H_T}{W_T}$

④ $\eta_P = \dfrac{\gamma Q H_P}{W_P}$, $\eta_T = \dfrac{\gamma Q H_T}{W_T}$

효율 $= \dfrac{출력}{공급} = \dfrac{\gamma Q H_P}{W_P} = \dfrac{W_T}{\gamma Q H_T}$

15

다음 중 유선(stream line)을 가장 올바르게 설명한 것은?

① 에너지가 같은 점을 이은 선이다.
② 유체 입자가 시간에 따라 움직인 궤적이다.
③ 유체 입자의 속도벡터와 접선이 되는 가상곡선이다.
④ 비정상유동 대의 유동을 나타내는 곡선이다.

유선 : 유체입자의 속도벡터와 접선이 되는 가상곡선

16

담배연기가 비정상 유동으로 흐를 때 순간적으로 눈에 보이는 담배연기는 다음 중 어떤 것에 해당 하는가?

① 유맥선
② 유적선
③ 유선
④ 유선, 유적선, 유맥선 모두에 해당됨

담배연기는 유맥선과 관련이 있다.

17

다음과 같은 베르누이 방정식을 적용하기 위해 필요한 가정과 관계가 먼 것은? (단, 식에서 P는 압력, ρ는 밀도, V는 유속, γ는 비중량, Z는 유체의 높이를 나타낸다)

$$P_1 + \frac{1}{2}\rho V_1^2 + \gamma Z_1 = P_2 + \frac{1}{2}\rho V_2^2 + \gamma Z_2$$

① 정상 유동
② 압축성 유체
③ 비점성 유체
④ 동일한 유선

베르누이 방정식을 적용하기 위한 조건
정상유동, 비압축성, 비점성 유체, 동일한 유선

18

관속에 흐르는 물의 유속을 측정하기 위하여 삽입한 피토 정압관에 비중이 3인 액체를 사용하는 마노미터를 연결하여 측정한 결과 액주의 높이 차이가 $10cm$로 나타났다면 유속은 약 몇 m/s인가?

① 0.99
② 1.40
③ 1.98
④ 2.43

$$V = \sqrt{2g\ell\left(\frac{\gamma_o}{\gamma}-1\right)}$$
$$= \sqrt{2 \times 9.8 \times 0.1 \times (3-1)} = 1.98 m/s$$

01
02
03
04

19

물이 흐르는 관의 중심에 피토관을 삽입하여 압력을 측정하였다. 전압력은 $20mAq$, 정압은 $5mAq$ 일 때 관 중심에서 물의 유속은 몇 약 m/s인가?

① 10.7 ② 17.2
③ 5.4   ④ 8.6

전압력 = 정압 + 동압이므로

$$P_t = P_0 + \frac{\gamma V^2}{2g}$$

$$\therefore \frac{\gamma V^2}{2g} = 15mAq = 15 \times 9.8 = 147kPa$$

$$V = \sqrt{\frac{147 \times 2g}{\gamma}} = \sqrt{\frac{147 \times 2 \times 9.8}{9.8}}$$
$$= 17.14m/s$$

20

$2m/s$의 속도로 물이 흐를 때 피토관 수두 높이 h는?

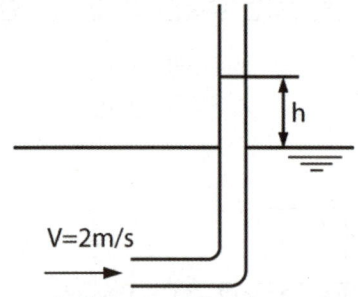

① $0.053m$ ② $0.102m$
③ $0.20m$ ④ $0.412m$

$$V = \sqrt{2gh}$$
$$\therefore h = \frac{V^2}{2g} = \frac{2^2}{2 \times 9.8} = 0.204m$$

21

분수에서 분출되는 물줄기 높이를 2배로 올리려면 노즐 입구에서의 게이지 압력을 약 몇 배로 올려야 하는가? (단, 노즐 입구에서의 동압은 무시한다.)

① 1.414 ② 2
③ 2.828 ④ 4

$$p = \rho gh \quad \therefore p \propto h$$
분출되는 물줄기의 높이(h)를 2배 증가시키면 압력(p)도 2배 증가

22

물제트가 연직하 방향으로 떨어지고 있다. 높이 $12m$ 지점에서의 제트 지름은 $5cm$, 속도는 $24m/s$ 였다. 높이 $4.5m$ 지점에서의 물제트의 속도는 약 몇 m/s인가? (단, 손실수두는 무시한다.)

① 53.9 ② 42.7
③ 35.4 ④ 26.9

역학적 에너지 보존에 의하여
$$(E_K + E_P)_1 = (E_K + E_P)_2$$

$$\frac{1}{2}mV_1^2 + mgh_1 = \frac{1}{2}mV_2^2 + mgh_2$$

양변에 질량 m을 나누면

$$\frac{1}{2}V_1^2 + gh_1 = \frac{1}{2}V_2^2 + gh_2$$

$$\frac{1}{2} \times 24^2 + 9.8 \times 12 = \frac{1}{2}V_2^2 + 9.8 \times 4.5$$

$$\therefore V_2 = 26.88m/s$$

23

다음과 같은 수평으로 놓인 노즐이 있다. 노즐의 입구는 면적이 $0.1m^2$이고 출구의 면적은 $0.02m^2$이다. 정상, 비압축성이며 점성의 영향이 없다면 출구의 속도가 $50m/s$일 때 입구와 출구의 압력차$(P_1 - P_2)$는 약 몇 kPa인가? (단, 이 공기의 밀도는 $1.23kg/m^3$이다.)

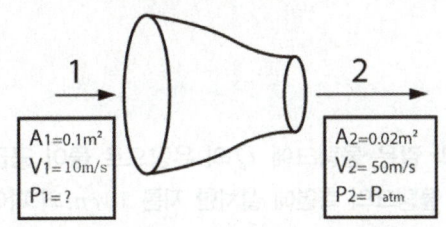

① 1.48
② 14.8
③ 2.96
④ 29.6

$$\frac{p_1}{\gamma} + \frac{v_1^2}{2g} + Z_1 = \frac{p_2}{\gamma} + \frac{v_2^2}{2g} + Z_2$$

에서 2단면 이후 바깥은 대기이므로 $p_2 = 0$
높이차는 없으므로 $Z_1 = Z_2 = 0$ 이다. 따라서

$$\frac{p_1}{\gamma} = \frac{(V_2^2 - V_1^2)}{2g}$$

$$\therefore p_1 = \gamma \frac{(V_2^2 - V_1^2)}{2g} = \rho \frac{(V_2^2 - V_1^2)}{2}$$

$$= \frac{1.23 \times (50^2 - 10^2)}{2} \times 10^{-3} = 1.48kPa$$

24

그림과 같이 유리관 A, B 부분의 안지름은 각각 $30cm$, $10cm$이다. 이 관에 물을 흐르게 하였더니 A에 세운 관에는 물이 $60cm$, B에 세운 관에는 물이 $30cm$ 올라갔다. A와 B 각 부분에서 물의 속도(m/s)는?

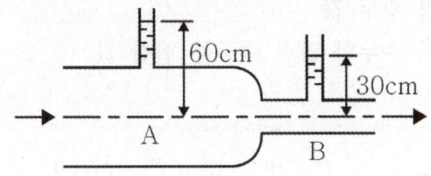

① $V_A = 2.73$, $V_B = 24.5$
② $V_A = 2.44$, $V_B = 22.0$
③ $V_A = 0.542$, $V_B = 4.88$
④ $V_A = 0.271$, $V_B = 2.44$

베르누이 방정식

$$\frac{p_1}{\gamma} + \frac{V_1^2}{2g} + Z_1 = \frac{p_2}{\gamma} + \frac{V_2^2}{2g} + Z_2$$

에서 높이 차이는 없으므로

$$\frac{p_1}{\gamma} + \frac{V_1^2}{2g} = \frac{p_2}{\gamma} + \frac{V_2^2}{2g}$$

$p = \gamma h$ 이므로

$$h_1 + \frac{V_1^2}{2g} = h_2 + \frac{V_2^2}{2g}$$

$$\therefore h_1 - h_2 = \frac{V_2^2 - V_1^2}{2g} = 0.3$$

$$V_2^2 - V_1^2 = 5.88 \quad \cdots\cdots\cdots\cdots\cdots ①$$

연속방정식 $Q = VA$ 에서

$$V_1 A_1 = V_2 A_2, \quad V_1 \frac{\pi}{4}(30)^2 = V_2 \frac{\pi}{4}(10)^2$$

$$V_2 = 9 V_1 \quad \cdots\cdots\cdots\cdots\cdots\cdots ②$$

①, ②식을 연립하면
$$V_1 = V_A = 0.271m/s, \quad V_2 = V_B = 2.44m/s$$

25

다음 중 수력기울기선(Hydraulic Grade Line)은 에너지구배선(Energy Grade Line)에서 어떤 것을 뺀 값인가?

① 위치 수두 값
② 속도 수두 값
③ 압력 수두 값
④ 위치 수두와 압력 수두를 합한 값

$$E.L - H.G.L = \frac{P}{\gamma} + \frac{V^2}{2g} + Z - \left(\frac{P}{\gamma} + Z\right) = \frac{V^2}{2g}$$

26

수력기울기선(Hydraulic Grade Line: HGL)이 관보다 아래에 있는 곳에서의 압력은?

① 완전 진공이다.
② 대기압보다 낮다.
③ 대기압과 같다.
④ 대기압보다 높다.

$H.G.L = \frac{P_1}{\gamma} + Z_1$ 이므로 압력항으로 인해 대기압 이하일 경우 관보다 아래에 위치하게 된다.

27

지름 $200mm$에서 지름 $100mm$로 단면적이 변하는 원형관 내의 유체 흐름이 있다. 단면적 변화에 따라 유체 밀도가 변경 전 밀도의 106%로 커졌다면, 단면적이 변한 후의 유체속도는 약 몇 m/s인가? (단, 지름 $200mm$에서 유체의 밀도는 $800kg/m^3$, 평균 속도는 $20m/s$ 이다.)

① 52   ② 66   ③ 75   ④ 89

질량유량 보존의 법칙에 의해
$$\dot{m}_{in} = \dot{m}_{out} = \rho_1 A_1 v_1 = \rho_2 A_2 v_2$$
$$800 \times \frac{\pi(200)^2}{4} \times 20 = 800 \times (1.06) \times \frac{\pi(100)^2}{4} \times v_2$$
$$\therefore v_2 = 75.47 m/s$$

28

그림과 같은 물탱크에 Q의 유량으로 물이 공급되고 있다. 물탱크의 측면에 설치한 지름 $10\,cm$의 파이프를 통해 물이 배출될 때 배출구로부터의 수위 h를 $3\,m$로 일정하게 유지하려면 유량 Q는 약 몇 m^3/s이어야 하는가? (단, 물탱크의 지름은 $3\,m$ 이다.)

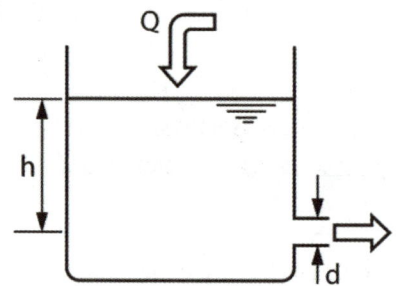

① 0.03   ② 0.04
③ 0.05   ④ 0.06

$\frac{p_1}{\gamma} + \frac{V_1^2}{2g} + Z_1 = \frac{p_2}{\gamma} + \frac{V_2^2}{2g} + Z_2$ 에서
두 단면 모두 대기와 맞닿았으므로 $p_1 = p_2$
1단면의 속도는 거의 0 이므로 $V_1 = 0$
$$Z_1 - Z_2 = 3 = \frac{V_2^2}{2g}$$
$$\therefore V_2 = 7.668 m/s$$
$$Q = V_2 A = 7.668 \times \frac{\pi(0.1)^2}{4} = 0.06 m^3/s$$

29

스프링 상수가 $10N/cm$ 인 4개의 스프링으로 평판 A를 벽 B에 그림과 같이 장착하였다. 유량 $0.01\,m^3/s$, 속도 $10m/s$인 물 제트가 평판 A의 중앙에 직각으로 충돌할 때, 평판과 벽 사이에서 줄어드는 거리는 약 몇 cm 인가?

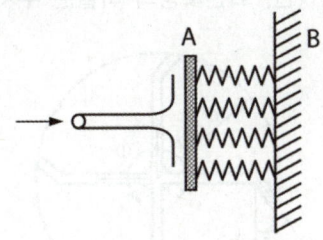

① 2.5   ② 1.25

③ 10.0   ④ 5.0

스프링이 병렬연결이므로 전체 스프링 상수는
$$k = k_1 + k_1 + k_1 + k_1 = 4k_1 = 40N/cm$$
$$F = \rho QV = 1000 \times 0.01 \times 10 = 100N$$
$$F = k\delta \qquad \therefore \delta = \frac{F}{k} = \frac{100}{40} = 2.5cm$$

30

그림과 같이 고정된 노즐로부터 밀도가 ρ인 액체의 제트가 속도 V로 분출하여 평판에 충돌하고 있다. 이때 제트의 단면적이 A이고 평판이 u인 속도로 제트와 반대 방향으로 운동할 때 평판에 작용하는 힘 F는?

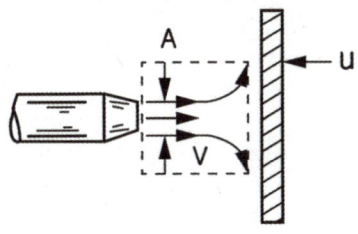

① $F = \rho A(V-u)$ ② $F = \rho A(V-u)^2$

③ $F = \rho A(V+u)$ ④ $F = \rho A(V+u)^2$

평판에 작용하는 힘(F)은
$$F = \rho QV = \rho AV^2$$
단, 평판이 움직이고 있으니 상대속도를 고려해주어야 한다.
마주보는 방향으로 운동하므로
$$F = \rho A(V+u)^2$$

31

그림과 같이 $45°$ 꺾어진 관에 물이 평균속도 $5m/s$로 흐른다. 유체의 분출에 의해 지지점 A가 받는 모멘트는 약 몇 $N \cdot m$인가? (단, 출구 단면적은 $10^{-3}m^2$이다.)

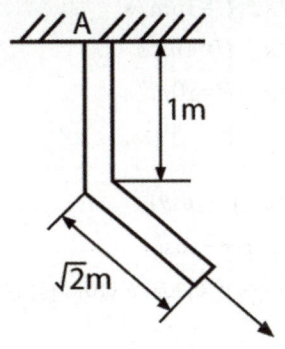

① 3.5   ② 5

③ 12.5   ④ 17.7

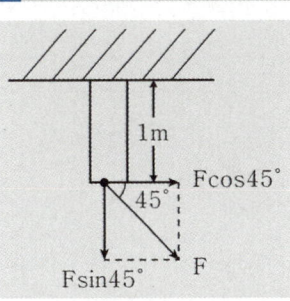

$$\Sigma M_A = F\cos\theta \times 1 = \rho QV\cos\theta \times 1$$
$$= \rho V^2 A\cos\theta \times 1 = 1000 \times 5^2 \times 10^{-3} \times \cos45°$$
$$= 17.7N \cdot m$$

01
02
03
04

32

그림과 같이 속도 V 인 유체가 속도 U 로 움직 이는 곡면에 부딪혀 $90°$ 의 각도로 유동방향이 바뀐다. 다음 중 유체가 곡면에 가하는 힘의 수평방향 성분 크기가 가장 큰 것은? (단, 유체의 유동단면적은 일정하다.)

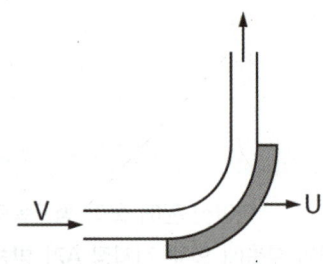

① $V=10m/s$, $U=5m/s$
② $V=20m/s$, $U=15m/s$
③ $V=10m/s$, $U=4m/s$
④ $V=25m/s$, $U=20m/s$

$$F_x = \rho Q(V_x - u)(1 - \cos\theta)$$
$$= \rho(V_x - u)^2 A(1 - \cos\theta)$$

여기서, $F \propto (V - u)^2$ 이므로 F 값이 가장 큰 것은 ③번이다.

33

스프링클러의 중심축을 통해 공급되는 유량은 총 $3L/s$ 이고 네 개의 회전이 가능한 관을 통해 경사를 이루고 있고 회전반지름은 $0.3m$ 이고 각 출구 지름은 $1.5cm$ 로 동일 하다. 작동 과정에서 스프링클러의 회전에 대한 저항토크가 없을 때 회전 각속도는 약 몇 rad/s 인가? (단, 회전축상의 마찰은 무시한다.)

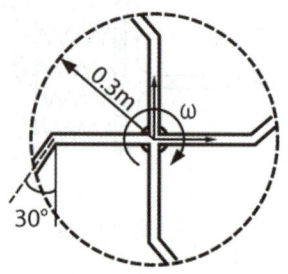

① 1.225 ② 4.42
③ 4.24 ④ 12.25

스프링클러가 총 네 곳의 출구에서 유량을 분배하므로 한 곳의 유량만을 고려했을 때

$$Q = \frac{1}{4} \times 3 \times 10^{-3} = 7.5 \times 10^{-4} m^3/s$$

$$V = \frac{Q}{A} = \frac{7.5 \times 10^{-4}}{\frac{\pi \times (0.015)^2}{4}} = 4.24 m/s$$

$$V_x = V\cos\theta = 4.24 \times \cos 30° = 3.672 m/s$$

접선속도 $V_x = r\omega$ 이므로

$$\therefore \omega = \frac{V_x}{r} = \frac{3.672}{0.3} = 12.25 rad/s$$

34

그림과 같은 원통형 축 틈새에 점성계수가 0.51 $Pa \cdot s$인 윤활유가 채워져 있을 때, 축을 $1800\,rpm$으로 회전시키기 위해서 필요한 동력은 약 몇 W인가? (단, 틈새에서의 유동은 Couette 유동이라고 간주한다.)

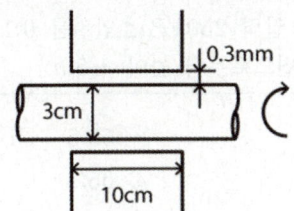

① 45.3   ② 128

③ 4807   ④ 13610

$$\omega = \frac{2\pi N}{60} = \frac{2\pi \times 1800}{60} = 188.4\,rad/s$$

$$u = r\omega = 0.015 \times 188.4 = 2.83\,m/s$$

$$\tau = \mu \frac{dV}{dy} = 0.51 \times \frac{2.83}{3 \times 10^{-4}} = 4811\,N/m^2$$

$$A = \pi d\ell = \pi \times 0.03 \times 0.1 = 9.42 \times 10^{-3}\,m^2$$

$$H = FV = \tau AV = 4811 \times 9.42 \times 10^{-3} \times 2.83$$
$$= 128.25\,W$$

35

지름 $20cm$, 속도 $1m/s$인 물 제트가 그림과 같이 넓은 평판에 $60°$ 경사하여 충돌한다. 분류가 평판에 작용하는 수직방향 힘 F_N은 약 몇 N인가?
(단, 중력에 대한 영향은 고려하지 않는다.)

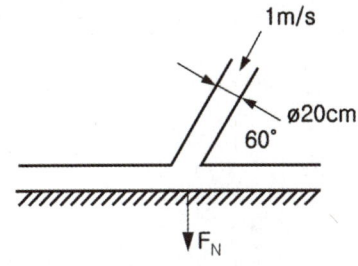

① 27.2   ② 31.4   ③ 2.72   ④ 3.14

관 내 유동이므로 압력은 일정하다고 가정하면
$$F = \rho Q V$$

그림에서와 같이 유체가 $60°$로 유입되므로 수직성분의 힘은
$$F_N = \rho Q V \sin 60 = \rho A V^2 \sin 60$$
$$= 1000 \times \frac{\pi (0.2)^2}{4} \times 1^2 \times \sin 60 = 27.2\,N$$

36

여객기가 $888km/h$로 비행하고 있다. 엔진의 노즐에서 연소가스를 $375m/s$로 분출하고, 엔진의 흡기량과 배출되는 연소가스의 양은 같다고 가정 한다면 엔진의 추진력은 약 몇 N인가? (단, 엔진의 흡기량은 $30kg/s$이다.)

① $3850N$ ② $5325N$

③ $7400N$ ④ $11250N$

흡기량과 배출되는 연소가스의 양은 같으므로 $\dot{m}_1 = \dot{m}_2$

여객기가 $888km/h$로 흡기하고 $375m/s$로 배출하는 상황이므로

$$V_1 = 888km/h = 888 \times \frac{1000m}{3600s} = 246.66m/s$$

$$V_2 = 375m/s$$

$$F = \rho_2 Q_2 V_2 - \rho_1 Q_1 V_1 = \dot{m}_2 V_2 - \dot{m}_1 V_1$$
$$= \dot{m}(V_2 - V_1) = 30 \times (375 - 246.66) = 3850.2N$$

37

그림과 같이 물이 고여있는 큰 댐 아래에 터빈이 설치되어 있고, 터빈의 효율이 이다. 터빈 85% 이외에서의 다른 모든 손실을 무시할 때 터빈의 출력은 약 몇 kW인가? (단, 터빈 출구관의 지름은 $0.8m$, 출구속도 V는 $10m/s$이고 출구압력은 대기압이다)

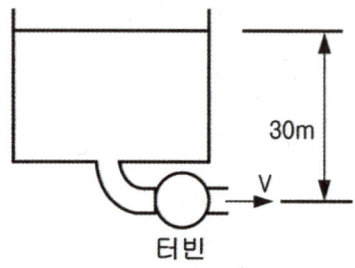

30m

V

터빈

① 1043
② 1227
③ 1470
④ 1732

$$\frac{p_1}{\gamma} + \frac{V_1^2}{2g} + Z_1 = \frac{p_2}{\gamma} + \frac{V_2^2}{2g} + Z_2 + h_T + h_\ell$$

두 단면 모두 대기와 맞닿았으므로 $p_1 = p_2$
1단면의 속도는 매우 느리므로 $V_1 = 0$
손실에 대한 언급은 없으므로 $h_\ell = 0$

$$h_T = (Z_1 - Z_2) - \frac{V_2^2}{2g} = 30 - \frac{10^2}{2 \times 9.8}$$

$$h_T = 24.9m$$

$$H = \gamma Q h_T \eta_T = \gamma V A h_T \eta_T$$
$$= 9.8 \times 10 \times \frac{\pi \times (0.8)^2}{4} \times 24.9 \times 0.85$$
$$= 1043 kW$$

38

물 펌프의 입구 및 출구의 조건이 아래와 같고 펌프의 송출 유량이 $0.2m^3/s$이면 펌프 동력은 약 몇 kW인가? (단, 손실은 무시한다.)

입구 : 계기 압력 $-3kPa$, 안지름 $0.2m$
　　　 기준면으로부터 높이 $+2m$
출구 : 계기 압력 $250kPa$, 안지름 $0.15m$,
　　　 기준면으로부터 높이 $+5m$

① 45.7
② 53.5
③ 59.3
④ 65.2

$$Q = VA = V_1 A_1 = V_2 A_2$$

$$V_1 = \frac{Q}{A_1} = \frac{4 \times 0.2}{\pi \times (0.2)^2} = 6.37 m/s$$

$$V_2 = \frac{Q}{A_2} = \frac{4 \times 0.2}{\pi \times (0.15)^2} = 11.32 m/s$$

$$\frac{p_1}{\gamma} + \frac{V_1^2}{2g} + Z_1 + h_P = \frac{p_2}{\gamma} + \frac{V_2^2}{2g} + Z_2$$

$$h_P = \frac{(p_2 - p_1)}{\gamma} + \frac{V_2^2 - V_1^2}{2g} + (z_2 - z_1)$$
$$= \frac{(250 - (-3)) \times 10^3}{9800} + \frac{(11.32^2 - 6.37^2)}{2 \times 9.8} + 5 - 2$$
$$= 33.284m$$

여기서 동력을 구하면
$$P = \gamma Q h_P = 9.8 \times 0.2 \times 33.284 = 65.2 kW$$

39

물을 사용하는 원심 펌프의 설계점에서의 전양정이 $30\,m$ 이고 유량은 $1.2\,m^3/\text{min}$ 이다. 이 펌프를 설계점에서 운전 할 때 필요한 축 동력이 $7.35\,kW$ 라면 이 펌프의 효율은 약 얼마인가?

① 75% ② 80%

③ 85% ④ 90%

$Q = 1.2\,m^3/\text{min} = 1.2\,m^3 \times \dfrac{1\text{min}}{60s} = \dfrac{1.2}{60}\,m^3/s$

$\quad\quad = 0.02\,m^3/s$

또한 펌프의 효율은 $\dfrac{\text{출력}}{\text{공급}}$ 이므로

$\eta_P = \dfrac{\gamma Q h_P}{H_P} = \dfrac{9.8 \times 0.02 \times 30}{7.35} = 0.8 = 80\%$

40

그림과 같이 비중이 1.3인 유체 위에 깊이 $1.1m$로 물이 채워져 있을 때, 직경 $5cm$의 탱크 출구로 나오는 유체의 평균 속도는 약 몇 m/s인가? (단, 탱크의 크기는 충분히 크고 마찰손실은 무시한다.)

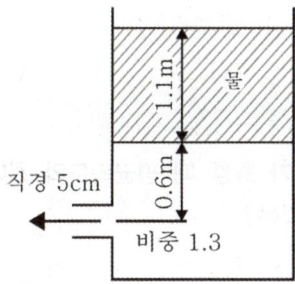

① 3.9 ② 5.3

③ 7.2 ④ 7.7

유출되는 유체가 기준이므로 물의 높이를 수은의 높이로 환산하

면 $H' = H_{H_2O} \dfrac{\gamma_{H_2O}}{\gamma_{Hg}}$ 이다. 따라서

$v = \sqrt{2gH} = \sqrt{2g\left(0.6 + H_{H_2O}\dfrac{\gamma_{H_2O}}{\gamma_{Hg}}\right)}$

$\quad = \sqrt{2 \times 9.8 \times \left(0.6 + 1.1 \times \dfrac{1}{1.3}\right)} = 5.32\,m/s$

41

낙차가 $100m$인 수력발전소에서 유량이 $5m^3/s$이면 수력터빈에서 발생하는 동력(MW)은 얼마인가? (단, 유도관의 마찰손실은 $10m$이고, 터빈의 효율은 80%이다.)

① 3.53 ② 3.92

③ 4.41 ④ 5.52

수력터빈의 동력은

$H = \gamma Q h_T \eta = 9.8 \times 5 \times 90 \times 0.8$

$\quad = 3528\,kW = 3.53\,MW$

$\therefore h_T = 100 - h_\ell = 100 - 10 = 90m$

13 뉴턴 유체

01

다음 중 뉴턴 유체에 대한 설명으로 틀린 것은?

① 속도구배의 크기에 관계없이 일정한 점도를 나타낸다.
② 점성계수가 속도에 대한 함수이다.
③ 점성계수와 속도구배의 그래프가 선형을 나타낸다.
④ 층류는 뉴턴유체의 일종이다.

뉴턴유체의 점성계수는 일정하다.

02

다음 중 난류에 대한 설명으로 옳지 않은 것은?

① 난류는 유체입자들이 불규칙학 흐르는 유동상태를 나타낸다.
② 난류의 점성계수는 일정하지 않다.
③ 속도구배의 그래프가 선형을 나타낸다.
④ 비뉴턴 유체이다.

난류는 속도구배의 그래프가 비선형이다.

03

다음 중 레이놀즈 수에 대한 설명으로 옳은 것은?

① 뉴턴유체와 비뉴턴유체를 구분하는 척도이다.
② 하임계 레이놀즈수는 $Re = 4000$이다.
③ 상임계 레이놀즈수는 $Re = 2100$이다.
④ 레이놀즈 수는 유체의 평균속도에 비례한다.

$$Re = \frac{VD}{\nu} = \frac{\rho VD}{\mu}$$

04

다음 중 원관의 레이놀즈 수를 구하는 식으로 옳은 것은?

① $Re = \dfrac{\rho VD}{\mu}$ ② $Re = \dfrac{VD}{\mu}$

③ $Re = \dfrac{V\ell}{\nu}$ ④ $Re = \dfrac{V\ell}{\mu}$

원관의 레이놀즈수 : $Re = \dfrac{VD}{\nu} = \dfrac{\rho VD}{\mu}$

05

원관에서 층류가 흐를 때 유량식으로 옳은 것은?

① $Q = \dfrac{\triangle p\pi d^4}{128\mu\ell}$ ② $Q = \dfrac{\triangle p\pi d^3}{128\mu\ell}$

③ $Q = \dfrac{\triangle p\pi d^4}{12\mu\ell}$ ④ $Q = \dfrac{\triangle p\pi d^3}{12\mu\ell}$

원관의 층류 유량식 : $Q = \dfrac{\triangle p\pi d^4}{128\mu\ell}$

06

원관에서 층류가 흐를 때 평균속도와 최대속도의 관계로 옳은 것은?

① $V = \dfrac{V_{max}}{4}$ ② $V = \dfrac{V_{max}}{2}$

③ $V = \dfrac{2\,V_{max}}{3}$ ④ $V = \dfrac{3\,V_{max}}{5}$

원관의 층류에서 평균속도와 최대속도의 관계식
$V = \dfrac{1}{2}\,V_{max}$

07

사각관에서 층류가 흐를 때 유량식으로 옳은 것은?

① $Q = \dfrac{\triangle pbh^4}{128\mu\ell}$ ② $Q = \dfrac{\triangle pbh^3}{128\mu\ell}$

③ $Q = \dfrac{\triangle pbh^4}{12\mu\ell}$ ④ $Q = \dfrac{\triangle pbh^3}{12\mu\ell}$

사각관의 층류 유량식 : $Q = \dfrac{\triangle pbh^3}{12\mu\ell}$

08

사각관에서 층류가 흐를 때 평균속도와 최대속도의 관계로 옳은 것은?

① $V = \dfrac{V_{\max}}{4}$ ② $V = \dfrac{V_{\max}}{2}$

③ $V = \dfrac{2V_{\max}}{3}$ ④ $V = \dfrac{3V_{\max}}{5}$

사각관의 층류에서 평균속도와 최대속도의 관계식

$u = \dfrac{2}{3}u_{\max}$

09

뉴턴 유체(Newtonian fluid)에 대한 설명으로 가장 옳은 것은?

① 유체 유동에서 마찰 전단응력이 속도구배에 비례하는 유체이다.
② 유체 유동에서 마찰 전단응력이 속도구배에 반비례하는 유체이다.
③ 유체 유동에서 마찰 전단응력이 일정한 유체이다.
④ 유체 유동에서 마찰 전단응력이 존재하지 않는 유체이다.

뉴턴유체는 $\tau = \mu \dfrac{du}{dy}$ 를 만족하는 유체이다.

10

그림과 같이 수평 원관 속에서 완전히 발달된 층류 유동이라고 할 때 유량 Q 의 식으로 옳은 것은? (단, μ는 점성계수, Q는 유량, P_1과 P_2는 1과 2지점에서의 압력을 나타낸다.)

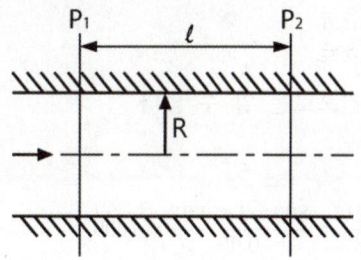

① $Q = \dfrac{\pi R^4}{8\mu\ell}(P_1 - P_2)$

② $Q = \dfrac{\pi R^3}{6\mu\ell}(P_1 - P_2)$

③ $Q = \dfrac{8\pi R^4}{\mu\ell}(P_1 - P_2)$

④ $Q = \dfrac{6\pi R^2}{\mu\ell}(P_1 - P_2)$

하겐 포아젤 방정식

$Q = \dfrac{\triangle P\pi d^4}{128\mu\ell} = \dfrac{(P_1 - P_2) \times \pi(2R)^4}{128\mu\ell} = \dfrac{\pi R^4}{8\mu\ell}(P_1 - P_2)$

11

비중 0.9, 점성계수 $5 \times 10^{-3} N \cdot s/m^2$의 기름이 안지름 $15cm$의 원형관 속을 $0.6m/s$의 속도로 흐를 경우 레이놀즈수는 약 얼마인가?

① 16200   ② 2755
③ 1651   ④ 3120

$Re = \dfrac{\rho_{액체}VD}{\mu} = \dfrac{S\rho_{물}VD}{\mu} = \dfrac{0.9 \times 1000 \times 0.6 \times 0.15}{5 \times 10^{-3}}$

$\quad = 16200$

12

지름이 $0.01m$ 인 관 내로 점성계수 $0.005N \cdot s/m^2$, 밀도 $800kg/m^3$인 유체가 $1m/s$의 속도로 흐를 때 이 유동의 특성은?

① 층류 유동
② 난류 유동
③ 천이 유동
④ 위 조건으로는 알 수 없다.

$$Re = \frac{\rho VD}{\mu} = \frac{800 \times 1 \times 0.01}{0.05} = 1600$$

Re가 2100 이하이므로 층류유동이다.

13

원관 내의 완전 발달된 층류 유동에서 유체의 최대 속도(V_c)와 평균 속도(V)의 관계는?

① $V_c = 1.5V$　　② $V_c = 2V$
③ $V_c = 4V$　　④ $V_c = 8V$

원관 : $V_{max} = 2V_{avg}$
평판 : $V_{max} = 1.5V_{avg}$

14

온도 $27℃$, 절대압력 $380kPa$인 기체가 $6m/s$로 지름 $5cm$인 매끈한 원관 속을 흐르고 있을 때 유동상태는? (단, 기체상수는 $187.8N \cdot m/(kg \cdot K)$, 점성계수는 $1.77 \times 10^{-5}kg/(m \cdot s)$, 상, 하 임계 레이놀즈수는 각각 4000, 2100이라 한다.)

① 층류영역　　② 천이영역
③ 난류영역　　④ 포텐셜영역

$pv = RT$ 에서 $v = \dfrac{1}{\rho} = \dfrac{RT}{p}$

$$\therefore \rho = \frac{p}{RT} = \frac{380 \times 10^3}{187.8 \times (27 + 273)} = 6.74kg/m^3$$

$$Re = \frac{\rho Vd}{\mu} = \frac{6.74 \times 6 \times 0.05}{1.77 \times 10^{-5}} = 114237.29$$

$Re > 4000$ 이므로 난류영역이다.

15

동점성계수가 $1.5 \times 10^{-5}m^2/s$인 유체가 안지름이 $10cm$ 인 관 속을 흐르고 있을 때 층류 임계속도(cm/s)는? (단, 층류 임계레이놀즈수는 2100이다.)

① 24.7　　② 31.5
③ 43.6　　④ 52.3

$$Re = \frac{Vd}{\nu}$$

$$\therefore V = Re\frac{\nu}{d} = 2100 \times 1.5 \times \frac{10^{-5}}{0.1} = 31.5cm/s$$

16

지름 $100mm$ 관에 글리세린이 $9.42L/\min$ 의
유량으로 흐른다. 이 유동은? (단, 글리세린의 비중은
1.26, 점성계수는 $\mu = 2.9 \times 10^{-4} kg/m \cdot s$ 이다.)

① 난류유동   ② 층류유동
③ 천이유동   ④ 경계층유동

$Q = VA$ 에서 $V = \dfrac{Q}{A} = 0.02m/s$

$Re = \dfrac{\rho VD}{\mu} = \dfrac{1260 \times 0.02 \times 0.1}{2.9 \times 10^{-4}}$

$\quad = 8689.65 > 4000 \therefore$ 난류유동

17

직경 $1cm$ 인 원형관 내의 물의 유동에 대한 천이
레이놀즈수는 2300 이다. 천이가 일어날 때 물의
평균유속 (m/s) 은 얼마인가? (단, 물의 동점성계수는
$10^{-6} m^2/s$ 이다.)

① 0.23   ② 0.46
③ 2.3   ④ 4.6

$Re = \dfrac{Vd}{\nu}$

$\therefore V = \dfrac{Re \cdot \nu}{d} = \dfrac{2300 \times 10^{-6}}{0.01} = 0.23m/s$

18

원관 내의 완전발달 층류유동에서 유량에 대한
설명으로 옳은 것은?

① 관의 길이에 비례한다.
② 관 지름의 제곱에 반비례한다.
③ 압력강하에 반비례한다.
④ 점성계수에 반비례한다.

원관 층류유동의 유량식 : $Q = \dfrac{\Delta p \pi d^4}{128 \mu l}$

$\therefore Q \propto \dfrac{1}{\mu}$

19

모세관을 이용한 점도계에서 원형관 내의 유동은
비압축성 뉴턴 유체의 층류유동으로 가정할 수 있다.
원형관의 입구 측과 출구 측의 압력차를 2 배로 늘렸을
때, 동일한 유체의 유량은 몇 배가 되는가?

① 2배   ② 4배
③ 8배   ④ 16배

$Q = \dfrac{\Delta p \pi d^4}{128 \mu \ell}$ 에서 $Q \propto \Delta p$ 이므로 2배이다.

14 유체의 흐름

01

다음은 평판 위에서의 유동에 대한 설명이다. 옳지 않은 것을 고르면?

① 유체가 유동할 때 점성의 영향으로 생긴 얇은 층을 유체경계층이라고 한다.
② 경계층 밖에서 보이는 이상 유체와 같은 흐름을 포텐셜흐름이라고 한다.
③ 유체 경계층 내에서는 속도구배가 작으므로 전단응력이 거의 생기지 않는다.
④ 유체 경계층 밖은 포텐셜 흐름을 나타낸다.

③ 유체 경계층 내에서는 점성의 영향이 커서 전단응력이 크게 생긴다.

02

평판 위에서의 레이놀즈 수에 대한 식으로 옳은 것은? (단, x는 평판으로부터 떨어진 거리, u_∞는 포텐셜 흐름 속도를 나타낸다.)

① $Re_x = \dfrac{\rho u_\infty x}{\gamma}$ 　　② $Re_x = \dfrac{\rho u_\infty x}{\nu}$

③ $Re_x = \dfrac{u_\infty x}{\mu}$ 　　④ $Re_x = \dfrac{u_\infty x}{\nu}$

평판위에서의 레이놀즈수 : $Re_x = \dfrac{u_\infty x}{\nu}$

03

다음 중 경계층 내의 속도와 포텐셜 흐름속도의 관계로 옳은 것은?

① $u = 0.01 u_\infty$ 　　② $u = u_\infty$

③ $u = \dfrac{1}{2} u_\infty$ 　　④ $u = 0.99 u_\infty$

경계층 내의 속도와 포텐셜흐름의 속도 관계 : $u = 0.99 u_\infty$

04

층류의 경계층 두께에 대한 식으로 옳은 것은?

① $\delta = \dfrac{4.65x}{Re_x^{1/2}}$ 　　② $\delta = \dfrac{4.65x}{Re_x^{1/5}}$

③ $\delta = \dfrac{0.376x}{Re_x^{1/5}}$ 　　④ $\delta = \dfrac{0.376x}{Re_x^{1/2}}$

층류의 경계층 두께 : $\delta = \dfrac{4.65x}{Re_x^{1/2}}$

05

다음 중 층류 경계층 두께 (δ)와 흐름 거리(x)의 관계식으로 옳은 것은?

① $\delta \propto x^{1/5}$ 　　② $\delta \propto x$

③ $\delta \propto x^{4/5}$ 　　④ $\delta \propto x^{1/2}$

층류의 경계층 두께

$$\delta = \frac{4.65x}{\left(Re_x\right)^{1/2}} = \frac{4.65x}{\left(\dfrac{u_\infty x}{\nu}\right)^{1/2}}$$

$$\therefore \delta \propto x^{1/2}$$

06

난류의 경계층 두께에 대한 식으로 옳은 것은?

① $\delta = \dfrac{4.65x}{Re_x^{1/2}}$　　② $\delta = \dfrac{4.65x}{Re_x^{1/5}}$

③ $\delta = \dfrac{0.376x}{Re_x^{1/5}}$　　④ $\delta = \dfrac{0.376x}{Re_x^{1/2}}$

난류의 경계층 두께 : $\delta = \dfrac{0.376x}{Re_x^{1/5}}$

07

다음 중 난류 경계층 두께 (δ)와 흐름 거리(x)의 관계식으로 옳은 것은?

① $\delta \propto x^{1/2}$　　② $\delta \propto x^{4/5}$

③ $\delta \propto x^{1/5}$　　④ $\delta \propto x$

난류의 경계층 두께

$\delta = \dfrac{0.376x}{(Re_x)^{1/5}} = \dfrac{0.376x}{\left(\dfrac{u_\infty x}{\nu}\right)^{1/5}}$

$\therefore \delta \propto x^{4/5}$

08

다음 중 박리와 후류에 대한 설명으로 옳지 않은 것은?

① 박리란 유체 입자가 흐르며 물체 표면으로부터 분리되는 현상이다.
② 박리는 압력이 감소하는 역압력구배에서 발생한다.
③ 후류는 박리점 이후에 소용돌이 치는 불규칙한 흐름을 말한다.
④ 후류는 압력항력이 생기는 주 원인이다.

---

② 역압력구배는 압력이 증가하는 구간이다.

09

항력과 양력에 대한 설명으로 옳은 것은?

① 항력과 양력은 동압에 각각 항력계수, 양력계수를 곱한 값이다.
② 항력과 양력을 구할 때 대입하는 면적은 물체 전체의 면적이다.
③ 항력에 의해서 생기는 동력원 항력에 항력 방향의 속도를 곱한값이다.
④ 항력과 양력은 항상 동시에 발생한다.

---

① 항력과 양력은 항력계수×동압×투영면적이다.
② 항력과 양력을 구할 때 대입하는 면적은 투영면적이다.
④ 유체의 운동 방향이 평면의 직각인 방향이라면 양력이 발생하지 않는다.

10

다음 중 $strokes$의 법칙으로 알맞은 것은?

① $F_D = 6\pi\rho v D$　　② $F_D = 3\pi\rho v D$

③ $F_D = 6\pi\mu v D$　　④ $F_D = 3\pi\mu v D$

---

stokes의 법칙 : $F_D = 3\pi\mu v D = 6\pi\mu v r$

11

27℃ 공기중에서의 음속을 구하면? (단, 이때의 비열비는 1.4 이고 기체상수는 $0.287 kJ/kg \cdot k$ 이다.)

① 3.04m/s　　② 10.87m/s

③ 96.13m/s　　④ 347.19m/s

$a = \sqrt{kRT} = \sqrt{1.4 \times 287 \times 300}$
$\quad = 347.19 m/s$

12

경계층(boundary layer)에 관한 설명 중 틀린 것은?

① 경계층 바깥의 흐름은 포텐셜 흐름에 가깝다.

② 균일 속도가 크고, 유체의 점성이 클수록 경계층의 두께는 얇아진다.

③ 경계층 내에서는 점성의 영향이 크다.

④ 경계층은 평판 선단으로부터 하류로 갈수록 두꺼워진다.

② 경계층은 점성과 관련이 있으므로 점성이 커질수록 경계층 두께는 두꺼워진다.

14

평판이서 층류 경계층의 두께는 다음 중 어느 값에 비례하는가? (단, 여기서 x는 평판의 선단으로부터의 거리이다.)

① $x^{-\frac{1}{2}}$ ② $x^{\frac{1}{4}}$

③ $x^{\frac{1}{7}}$ ④ $x^{\frac{1}{2}}$

$$\delta = \frac{5x}{\sqrt{Re}} = \frac{5x}{\sqrt{\dfrac{\rho V x}{\mu}}} \propto x^{\frac{1}{2}}$$

13

경계층 밖에서 퍼텐셜 흐름의 속도가 $10m/s$일 때, 경계층의 두께는 속도가 얼마일 때의 값으로 잡아야 하는가? (단, 일반적으로 정의하는 경계층 두께를 기준으로 삼는다.)

① $10m/s$ ② $7.9m/s$

③ $8.9m/s$ ④ $9.9m/s$

자유흐름속도(u_∞)란 자유흐름속도의 99%가 되는 점을 기준한 수직두께이며 경계층 두께라고도 한다.

즉, $\dfrac{u}{u_\infty} = 0.99 \rightarrow u = 0.99 u_\infty$

$\therefore u = 0.99 \times 10 = 9.9m/s$

15

동점성 계수가 $15.68 \times 10^{-6} m^2/s$인 공기가 평판 위를 길이 방향으로 $0.5m/s$의 속도로 흐르고 있다. 선단으로부터 $10cm$ 되는 곳의 경계층 두께의 2배가 되는 경계층의 두께를 가지는 곳을 선단으로부터 몇 cm되는 곳인가?

① 14.14   ② 20

③ 40   ④ 80

$$Re = \frac{Vx}{\nu} = \frac{0.5 \times 0.1}{15.68 \times 10^{-6}} = 3188.78$$

$Re = 3188.78 < 5 \times 10^5$ 이므로 층류이다.

$$\delta = \frac{5x}{\sqrt{Re}} = \frac{5x}{\sqrt{\dfrac{\rho V x}{\mu}}} \propto x^{\frac{1}{2}}$$

경계층 두께 δ은 선단으로부터 거리 $x^{\frac{1}{2}}$에 비례한다. 따라서

$\delta : \sqrt{10} = 2\delta : \sqrt{x}$ $\therefore x = 40cm$

16

평판 위에서 이상적인 층류 경계층 유동을 해석하고자 할 때 다음 중 옳은 설명을 모두 고른 것은?

> ㉮ 속도가 커질수록 경계층 두께는 커진다.
> ㉯ 경계층 밖의 외부유동등은 비점성유동으로 취급할 수 있다.
> ㉰ 동일한 속도 및 밀도일 때 점성계수가 커질수록 경계층 두께는 커진다.

① ㉯
② ㉮, ㉯
③ ㉮, ㉰
④ ㉯, ㉰

$$\delta = \frac{5x}{\sqrt{Re}} = \frac{5x}{\sqrt{\dfrac{\rho V x}{\mu}}}$$

따라서 속도(V)가 커질수록 경계층의 두께는 얇아진다.

17

평판 위의 경계층 내에서의 속도분포(u)가
$\dfrac{u}{U} = \left(\dfrac{y}{\delta}\right)^{1/7}$ 일 때 경계층 배제분포(boundary layer dislacement thickness)는 얼마인가? (단, y는 평판에서 수직한 방향으로의 거리이며, U는 자유유동의 속도, δ는 경계층의 두께이다.)

① $\dfrac{\delta}{8}$
② $\dfrac{\delta}{7}$
③ $\dfrac{6}{7}\delta$
④ $\dfrac{7}{8}\delta$

$$\delta_b = \left[1 - \frac{y}{U}\right]dy = \int_0^\delta \left[1 - \left(\frac{y}{\delta}\right)^{\frac{1}{7}}\right]dy$$
$$= \left[y - \frac{1}{\delta^{\frac{1}{7}}} \times \frac{7}{8} y^{\frac{8}{7}}\right]_0^\delta = \delta - \frac{7}{8}\delta = \frac{1}{8}\delta$$

18

평판 위에 점성, 비압축성 유체가 흐르고 있다. 경계층 두께 δ에 대하여 유체의 속도 u의 분포는 아래와 같다. 이 때, 경계층 운동량 두께에 대한 식으로 옳은 것은? (단, U는 상류속도, y는 평판과의 수직거리이다.)

> $$0 \le y \le \delta : \frac{u}{U} = \frac{2y}{\delta} - \left(\frac{y}{\delta}\right)^2$$
> $$y > \delta : \quad u = U$$

① 0.1δ
② 0.125δ
③ 0.133δ
④ 0.166δ

$$\delta_m = \int_0^\delta \frac{u}{U}\left(1 - \frac{u}{U}\right)dy$$
$$= \int_0^\delta \left(\frac{2y}{\delta} - \frac{y^2}{\delta^2}\right)\left(1 - \frac{2y}{\delta} + \frac{y^2}{\delta^2}\right)dy$$
$$= \int_0^\delta \left(\frac{2y}{\delta} - \frac{y^2}{\delta^2} - \frac{4y^2}{\delta^2} + \frac{2y^3}{\delta^3} + \frac{2y^3}{\delta^3} - \frac{y^4}{\delta^4}\right)dy$$
$$= \left[\frac{y^2}{\delta} - \frac{y^3}{3\delta^2} - \frac{4y^3}{3\delta^2} + \frac{y^4}{2\delta^3} + \frac{y^4}{2\delta^3} - \frac{y^5}{5\delta^4}\right]_0^\delta$$
$$= \left(1 - \frac{1}{3} - \frac{4}{3} + \frac{1}{2} + \frac{1}{2} - \frac{1}{5}\right)\delta = 0.133\delta$$

19

비점성, 비압축성 유체의 균일한 유동장에 유동방향과 직각으로 정지된 원형 실린더가 놓여있다고 할 때, 실린더에 작용하는 힘에 관하여 설명한 것으로 옳은 것은?

① 항력과 양력이 모두 영(0)이다.
② 항력은 영(0)이고 양력은 영(0)이 아니다.
③ 양력은 영(0)이고 항력은 영(0)이 아니다.
④ 항력과 양력 모두 영(0)이 아니다.

비점성, 비압축성 유체는 이상유체 이며 항력과 양력이 모두 0 이다.

20

골프공(지름 $D = 4cm$, 무게 $W = 0.4N$)이 $50m/s$의 속도로 날아가고 있을 때, 골프공이 받는 항력은 골프공 무게의 몇 배인가? (단, 골프공의 항력계수 $C_D = 0.24$이고, 공기의 밀도는 $1.2kg/m^3$이다.)

① 4.52배   ② 1.7배
③ 1.13배   ④ 0.452배

$$D = C_D \frac{\rho V^2}{2} A = 0.24 \times \frac{1.2 \times 50^2}{2} \times \frac{\pi (0.04)^2}{4}$$
$$= 0.452N$$

$$\frac{D}{W} = \frac{0.452}{0.4} = 1.13$$

21

조종사가 $2000m$의 상공을 일정속도로 낙하산으로 강하하고 있다. 조종사의 무게가 $1000N$, 낙하산 지름이 $7m$, 항력계수가 1.3 일 때 낙하 속도는 약 몇 m/s 이다. (단, 공기 밀도는 $1kg/m^3$ 이다.)

① 5.0   ② 6.3
③ 7.5   ④ 8.2

$$D = C_D \frac{\rho V^2}{2} A$$
$$\therefore V = \sqrt{\frac{2D}{\rho C_D A}} = \sqrt{\frac{2 \times 1000}{1 \times 1.3 \times \frac{\pi \times 7^2}{4}}}$$
$$= 6.32 m/s$$

22

지름 $2mm$인 구가 밀도 $0.4kg/m^3$, 동점성계수 $1.0 \times 10^{-4} m^2/s$인 기체 속을 $0.03m/s$로 운동한다고 하면 항력은 약 몇 N인가?

① 2.26×10^{-6} ② 3.52×10^{-7}
③ 4.54×10^{-6} ④ 5.86×10^{-7}

$$Re = \frac{Vd}{\nu} = \frac{0.03 \times 0.002}{10^{-4}} = 0.6 \leq 1$$ 이므로
stokes 법칙을 사용한다.

$$\nu = \frac{\mu}{\rho}$$ 이므로
$$\mu = \rho \nu = 0.4 \times 10^{-4}$$
$$= 4 \times 10^{-5} kg/m \cdot s (= N \cdot s/m^2)$$
$$F_D = 3\pi \mu VD$$
$$= 3\pi \times 4 \times 10^{-5} \times 0.03 \times 0.002 = 2.26 \times 10^{-8} N$$

23

지름이 $0.01m$인 구 주위를 공기가 $0.001m/s$로 흐르고 있다. 항력계수 $C_D = \dfrac{24}{Re}$로 정의할 때 구에 작용하는 항력은 약 몇 N인가?
(단, 공기의 밀도는 $1.1774kg/m^3$, 점성계수는 $1.983 \times 10^{-5} kg/m \cdot s$이며, Re는 레이놀즈 수를 나타낸다.)

① 1.9×10^{-9} ② 3.9×10^{-9}
③ 5.9×10^{-9} ④ 7.9×10^{-9}

$$Re = \frac{\rho VD}{\mu} = \frac{1.177 \times 0.001 \times 0.01}{1.983 \times 10^{-5}} = 0.5937$$로 매우 작으므로
스토크스 식을 사용하면
$$F_D = 3\pi \mu VD = 3\pi \times 1.983 \times 10^{-5} \times 0.001 \times 0.01$$
$$= 1.868 \times 10^{-9} N$$

24

지름 $0.1mm$, 비중 2.3인 작은 모래알이 호수바닥으로 가라앉을 때, 잔잔한 물 속에서 가라앉는 속도는 약 몇 mm/s인가? (단, 물의 점성계수는 $1.12 \times 10^{-4} N \cdot s/mm^2$이다.)

① 6.32×10^{-5} ② 4.96×10^{-5}
③ 3.17×10^{-5} ④ 2.24×10^{-5}

작은 모래 알갱이므로 항력(F_D)을 구할 때 스토크스 법칙을 이용한다.

$F_D + F_B = W$

$3\pi\mu VD + \gamma_{물} \dfrac{4}{3}\pi r^3 = \gamma_{모래}\dfrac{4}{3}\pi r^3$

$3\pi\mu VD = \dfrac{4}{3}\pi r^3(\gamma_{모래} - \gamma_{물})$

$\therefore V = \dfrac{4r^3}{9\mu D}(S_{모래} - S_{물})\gamma_{물}$

$\quad = \dfrac{4 \times 0.05^3}{9 \times 1.12 \times 10^{-4} \times 0.1} \times (2.3 - 1) \times 9.8 \times 10^{-6}$

$\quad = 6.32 \times 10^{-5} mm/s$

25

경계층의 박리(separation)현상이 일어나기 시작하는 위치는?

① 하류방향으로 유속이 증가할 때
② 하류방향으로 압력이 감소할 때
③ 경계층 두께가 0으로 감소될 때
④ 하류방향의 압력기울기가 역으로 될 때

박리현상

역압력구배가 시작되는 속도구배가 0 $\left(\dfrac{du}{dy} = 0\right)$이 되는 점에서 유체가 물체 표면으로부터 분리되는 현상

26

온도 $25℃$인 공기에서의 음속은 약 몇 m/s인가? (단, 공기의 기체상수는 $287 J/(kg \cdot K)$, 비열비는 1.4이다.)

① 312 ② 346
③ 388 ④ 433

$a = \sqrt{kRT} = \sqrt{1.4 \times 287 \times 298} = 346 m/s$

27

어떤 액체의 밀도는 $890 kg/m^3$, 체적탄성계수는 $2200 MPa$이다. 이 액체 속에서 전파되는 소리의 속도는 약 몇 m/s인가?

① 1572 ② 1483
③ 981 ④ 345

액체 속에서의 음속

$a = \sqrt{\dfrac{K}{\rho}} = \sqrt{\dfrac{2200 \times 10^6}{890}} = 1572.23 m/s$

15 유체 에너지의 손실

01

원형 관의 손실 수두를 구하는 식으로 알맞은 것은?
(단, f는 관마찰계수이다.)

① $h_\ell = f \cdot \dfrac{\rho}{d} \cdot \dfrac{V^2}{2g}$　　② $h_\ell = f \cdot \dfrac{\ell}{d} \cdot \dfrac{\gamma V^2}{2g}$

③ $h_\ell = f \cdot \dfrac{\ell}{d} \cdot \dfrac{V^2}{2g}$　　④ $h_\ell = f \cdot \dfrac{d}{\ell} \cdot \dfrac{V^2}{2g}$

원형관의 손실 수두 : $h_\ell = f \cdot \dfrac{\ell}{d} \cdot \dfrac{V^2}{2g}$

02

다음 중 층류의 관마찰계수를 구하는 식으로 옳은 것은?

① $f = \dfrac{32}{Re}$　　　　② $f = \dfrac{64}{Re}$

③ $f = \dfrac{0.3164}{Re^{1/4}}$　　④ $f = \dfrac{0.3164}{Re^{1/2}}$

층류 관마찰계수 : $f = \dfrac{64}{Re}$

03

다음 중 난류의 관마찰계수를 구하는 식으로 옳은 것은? (단, $3000 < Re < 10^5$)

① $f = \dfrac{32}{Re}$　　　　② $f = \dfrac{64}{Re}$

③ $f = \dfrac{0.3164}{Re^{1/4}}$　　④ $f = \dfrac{0.3164}{Re^{1/2}}$

난류 관마찰계수 : $f = \dfrac{0.3164}{Re^{1/4}}$

04

다음 중 수력반경을 구하는 식의 물리적 의미로 옳은 것은?

① $R_h = \dfrac{관\ 단면적}{접수길이}$

② $R_h = \dfrac{유동단면적}{접수길이}$

③ $R_h = \dfrac{관\ 단면적}{관\ 길이}$

④ $R_h = \dfrac{유동단면적}{관\ 길이}$

수력반경의 물리적 의미 : $R_h = \dfrac{유동단면적}{접수길이}$

05

다음 중 부차적 손실에 대한 설명으로 옳지 않은 것은? (단, K_e, K_r, K_v는 각각 확대관, 축소관, 밸브의 손실계수이다.)

① 확대관의 손실수두 : $h_l = K_e \dfrac{v^2}{2g}$

② 축소관의 손실수두 : $h_l = K_r \dfrac{v^2}{2g}$

③ 밸브의 손실수두 : $h_l = K_v \dfrac{v^2}{2g}$

④ 만약 동일한 밸브가 여러개 있다면 하나의 밸브에 대한 손실수두만 고려하면 된다.

---

④ 만약 동일한 밸브가 여러개 있다면 밸브의 개수와 밸브의 손실계수를 곱하여 사용한다.

06

관의 상당길이를 구하는 식으로 옳은 것은?

① $\ell_e = \dfrac{K \cdot d}{f}$ ② $\ell_e = \dfrac{K \cdot \ell}{f}$

③ $\ell_e = \dfrac{K \cdot d}{Re}$ ④ $\ell_e = \dfrac{K \cdot \ell}{Re}$

관의 상당길이 : $\ell_e = \dfrac{K \cdot d}{f}$

07

관로 내에 흐르는 완전발달 층류유동에서 유속을 $\dfrac{1}{2}$ 로 줄이면 관로 내 마찰손실수두는 어떻게 되는가?

① 1/4로 줄어든다.
② 1/2로 줄어든다.
③ 변하지 않는다.
④ 2배로 늘어난다.

$h_\ell = f \dfrac{\ell}{d} \dfrac{V^2}{2g}$ 에서 완전발달 층류일 때

$f = \dfrac{64}{Re}$ 이므로

$h_\ell = \dfrac{64}{Re} \dfrac{\ell}{d} \dfrac{V^2}{2g} = \dfrac{32 \mu \ell V}{\rho d^2}$

$\therefore h_\ell \propto V$

따라서 유속을 1/2로 줄이면 손실수두도 1/2 줄어든다.

08

동점성계수가 $0.1 \times 10-5 m^2/s$ 인 유체가 안지름 $10\,cm$ 인 원관 내에 $1\,m/s$ 로 흐르고 있다. 관마찰계수가 0.022 이며, 관의 길이가 $200\,m$ 일 때의 손실수두는 약 몇 m 인가? (단, 유체의 비중량은 $9800\,N/m^3$ 이다.)

① 22.2   ② 11.0
③ 6.58   ④ 2.24

$h_\ell = f \dfrac{\ell}{d} \dfrac{V^2}{2g} = 0.022 \times \dfrac{200}{0.1} \times \dfrac{1^2}{2 \times 9.8} = 2.24m$

09

관마찰계수가 거의 상대조도(relative roughness)에만 의존하는 경우는?

① 완전난류유동   ② 완전층류유동
③ 임계유동   ④ 천이유동

1. 층류 : Re

2. 천이유동 : Re, $\dfrac{e}{d}$

3. 난류
   1) 매끈한관 : Re
   2) 거친 관 : $\dfrac{e}{d}$

상대조도에만 의존하는 경우는 완전난류 유동이다.

10

안지름이 $20mm$인 수평으로 놓인 곧은 파이프 속에 점성계수 $0.4N\cdot s/m^2$, 밀도 $900kg/m^3$인 기름이 유량 $2\times 10^{-5}m^3/s$로 흐르고 있을 때, 파이프 내의 $10m$ 떨어진 두 지점 간의 압력강하는 약 몇 kPa인가?

① 10.2   ② 20.4
③ 30.6   ④ 40.8

층류에서의 하겐-포아젤 방정식

$$Q = \frac{\triangle p \pi d^4}{120 \mu l}$$

$$\therefore \triangle p = \frac{128 \mu l Q}{\pi d^4} = \frac{128 \times 0.4 \times 10 \times 2 \times 10^{-5}}{\pi \times (0.02)^4}$$

$$= 20.4 kPa$$

11

원관에서 난류로 흐르는 어떤 유체의 속도가 2배로 변하였을 때, 마찰계수가 변경 전 마찰계수의 $\dfrac{1}{\sqrt{2}}$로 줄었다. 이 때 압력손실은 몇 배로 변하는가?

① $\sqrt{2}$ 배   ② $2\sqrt{2}$ 배
③ 2배   ④ 4배

$h_\ell = f\dfrac{\ell}{d}\dfrac{V^2}{2g}$ 에서 양변에 비중량을 곱하면

$$\triangle p_\ell = f\frac{\ell}{d}\frac{\gamma V^2}{2g}$$

여기서 $V' = 2V$, $f' = \dfrac{1}{\sqrt{2}}f$ 라고 하면

$$\triangle p_\ell' = f'\frac{\ell}{d}\frac{\gamma (V')^2}{2g} = \frac{4}{\sqrt{2}}f\frac{\ell}{d}\frac{\rho V^2}{2}$$

$$= 2\sqrt{2}f\frac{\ell}{d}\frac{\rho V^2}{2}$$

12

안지름 $0.25m$, 길이 $100m$인 매끄러운 수평 강관으로 비중 0.8, 점성계수 $0.1Pa\cdot s$인 기름을 수송한다. 유량이 $100L/s$ 일 때의 관 마찰손실 수두는 유량이 $50L/s$ 일 때의 몇 배 정도가 되는가? (단, 층류의 관 마찰계수는 $64/Re$ 이고, 난류일 때의 관 마찰계수는 $0.3164Re^{-\frac{1}{4}}$ 이며, 임계레이놀즈 수는 2300이다.)

① 1.55   ② 2.12
③ 4.13   ④ 5.04

층류, 난류 구분은 $Re = \dfrac{\rho VD}{\mu}$를 구해서 한다.

V 언급이 없으니 Q를 활용하면

ⅰ) 유량이 $100L/s = 100\times 10^{-3}m^3/s$

$$Re = \frac{\rho D}{\mu}\times\frac{Q}{A} = 800\times\frac{0.25}{0.1}\times\frac{100\times 10^{-3}\times 4}{\pi\times(0.25)^2}$$

$$= 4074.37$$

$Re = 4074.37 > 2300$ 이므로 난류이다. 따라서

$$f_{난류} = 0.3164Re = 0.3164\times(4074.37)^{-\frac{1}{4}}$$

$$= 0.0396$$

$$h_{난류} = f_{난류}\frac{\ell}{d}\frac{V^2}{2g} = f\frac{\ell}{d}\frac{1}{2g}\left(\frac{Q}{A}\right)^2 = 3.354m$$

ⅱ) 유량이 $50L/s = 50\times 10^{-3}m^3/s$

$$Re = \frac{\rho D}{\mu}\times\frac{Q}{A} = 800\times\frac{0.25}{0.1}\times\frac{50\times 10^{-3}\times 4}{\pi\times(0.25)^2}$$

$$= 2037.18$$

$Re = 2037.18 < 2300$ 이므로 층류이다. 따라서

$$f_{층류} = \frac{64}{Re} = \frac{64}{2037.18} = 0.03142$$

$$h_{층류} = f_{층류}\frac{\ell}{d}\frac{V^2}{2g} = f_{층류}\frac{\ell}{d}\frac{1}{2g}\left(\frac{Q}{A}\right)^2 = 0.6653m$$

$$\therefore \frac{h_{난류}}{h_{층류}} = \frac{3.354}{0.6653} = 5.04$$

13

수평으로 놓인 지름 $10cm$, 길이 $200m$인 파이프에 완전히 열린 글로브 밸브가 설치되어 있고, 흐르는 물의 평균속도는 $2m/s$이다. 파이프의 관 마찰계수가 0.02이고 전체 수두 손실이 $10m$이면, 글로브 밸브의 손실계수는?

① 0.4 ② 1.8
③ 5.8 ④ 9.0

$$h_\ell = \left(f\frac{\ell}{d} + K \right) \frac{V^2}{2g}$$

$$f\frac{\ell}{d} + K = \frac{2gh_\ell}{V^2}$$

$$\frac{0.02 \times 200}{0.1} + K = \frac{2 \times 9.8 \times 10}{2^2}$$

$$\therefore K = 9$$

14

마찰계수가 0.02인 파이프(안지름 $0.1m$, 길이 $50m$) 중간에 부차적 손실계수가 5인 밸브가 부착되어 있다. 밸브에서 발생하는 손실수두는 총 손실수두의 약 몇 %인가?

① 20 ② 25
③ 33 ④ 50

$$h_\ell = f\frac{\ell}{d} \frac{V^2}{2g} \text{ (원형관 내 손실수두)}$$

$$h_\ell = K\frac{V^2}{2g} \text{ (부차적 손실수두)}$$

$\frac{V^2}{2g}$ 항은 공통이므로 소거하면

$$\frac{K}{\left(f\frac{\ell}{d} + K \right)} = \frac{5}{\left(\frac{0.02 \times 50}{0.1} + 5 \right)} = \frac{1}{3}$$

15

부차적 손실계수가 4.5인 밸브를 관마찰계수가 0.02이고, 지름이 $5\,cm$인 관으로 환산한다면 관의 상당길이는 약 몇 m인가?

① 9.34 ② 11.25
③ 15.37 ④ 19.11

$$h_\ell = K\frac{V^2}{2g} = f\frac{\ell_e}{d} \frac{V^2}{2g}$$

$$\ell_e = \frac{dK}{f} = \frac{0.05 \times 4.5}{0.02} = 11.25m$$

16

안지름 $0.1m$의 물이 흐르는 관로에서 관 벽의 마찰손실수두가 물의 속도수두와 같다면 그 관로의 길이는 약 몇 m인가? (단, 관마찰계수는 0.03이다)

① 1.58 ② 2.54
③ 3.33 ④ 4.52

$$h_\ell = f\frac{\ell}{d} \frac{V^2}{2g} = \frac{V^2}{2g}$$

$$\therefore f\frac{\ell}{d} = 1$$

$$\therefore \ell = \frac{d}{f} = \frac{0.1}{0.03} = 3.33m$$

17

그림과 같이 날카로운 사각 모서리 입출구를 갖는 관로에서 전수두 H는? (단, 관의 길이를 ℓ, 지름은 d, 관 마찰계수는 f, 속도수두는 $\dfrac{V^2}{2g}$이고, 입구 손실계수는 0.5, 출구 손실계수는 1.0이다.)

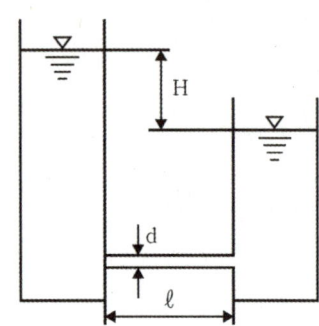

① $H = \left(1.5 + f\dfrac{\ell}{d}\right)\dfrac{V^2}{2g}$

② $H = \left(1 + f\dfrac{\ell}{d}\right)\dfrac{V^2}{2g}$

③ $H = \left(0.5 + f\dfrac{\ell}{d}\right)\dfrac{V^2}{2g}$

④ $H = f\dfrac{\ell}{d}\dfrac{V^2}{2g}$

왼쪽수면을 1단면, 오른쪽 수면을 2단면으로 생각하면 대기와 맞닿아있고 두 수면의 속도는 0으로 간주되므로 높이차(위치수두)만큼 손실이 있었음을 알 수 있다. 따라서 전수두=관 길이에 의한 손실+관 입출구에 의한 손실

$$H = f\dfrac{l}{d}\dfrac{V^2}{2g} + (0.5+1)\dfrac{V^2}{2g} = \left(f\dfrac{l}{d} + 1.5\right)\dfrac{V^2}{2g}$$

18

높이가 $0.7m$, 폭이 $1.8m$인 직사각형 덕트에 유체가 가득차서 흐른다. 이 때 수력직경은 약 몇 m인가?

① 1.01 ② 2.02

③ 3.14 ④ 5.04

$$d = 4R_h = 4 \times \dfrac{A}{P} = 4 \times \dfrac{0.7 \times 1.8}{2(0.7+1.8)} = 1.01m$$

19

프란틀의 혼합거리(mixing length)에 대한 설명으로 옳은 것은?

① 전단응력과 무관하다.

② 벽에서 0이다.

③ 항상 일정하다.

④ 층류 유동문제를 계산하는데 유용하다.

프란틀의 혼합거리 : $\ell = ky$

여기서, k : 난류상수, y : 관 벽으로부터의 거리

① 전단응력과 관련이 있음

② 벽에서 ℓ은 0 ($y=0$, $\ell = ky = 0$)

③ 난류 유동문제를 계산하는데 응용

16 상사법칙과 유선함수

01

다음 중 동점성계수의 MLT 차원을 고르면?

① $[L^2T^{-1}]$　　　　② $[L^1T^{-1}]$

③ $[L^1T^{-2}]$　　　　④ $[L^2T^{-2}]$

동점성계수의 단위 : $m^2/s = [L^2T^{-1}]$

02

버킹햄의 무차원수 정리식으로 옳은 것은? (단 π는 독립무차원수, n은 물리량의 수, m은 기본차원의 수이다.)

① $\pi = n + m$　　　　② $\pi = n - m$

③ $n = \pi - m$　　　　④ $n = \pi + m$

버킹햄의 무차원수 정리 : $\pi = n - m$

03

무차원수 중 관성력/중력으로 나타낼 수 있는 수는?

① 레이놀즈수　　　　② 코시수

③ 프루우드수　　　　④ 웨버수

프루우드수 : $F = \dfrac{관성력}{중력} = \dfrac{v}{\sqrt{g \cdot l}}$

04

다음 무차원수에 대한 설명중 옳지 않은 것은?

① 레이놀즈 수는 관성력과 점성력에 관련된 수이다.
② 오일러 수는 관성력과 압축력에 관련된 수이다.
③ 프루우드 수는 관성력과 중력에 관련된 수이다.
④ 코시수는 관성력과 표면장력에 관련된 수이다.

코시수 : $C = \dfrac{관성력}{탄성력} = \dfrac{\rho v^2}{K}$

05

다음 중 총알의 궤적 해석에 사용되는 무차원 수는?

① 레이놀즈수　　　　② 코시수

③ 프루우드수　　　　④ 웨버수

총알은 공기 중에서 운동하기 때문에 하나의 유체와 상호작용을 한다. 따라서 레이놀즈수의 상사법칙을 사용한다.

06

다음 중 선박 항해의 해석에 사용되는 무차원 수는?

① 레이놀즈수　　　　② 코시수

③ 프루우드수　　　　④ 웨버수

선박은 공기와 물 두가지 유체와 상호작용을 한다.
따라서 프루우스수의 상사법칙을 사용한다.

07

밀도 ρ, 중력가속도 g, 유속 V, 힘 F, 길이 l, 에서 얻을 수 있는 무차원수는?

① $\dfrac{Fg}{\rho V l}$

② $\dfrac{F^2 g^2}{\rho^2 V l^2}$

③ $\dfrac{F^2 \rho l}{g V}$

④ $\dfrac{F^2 g^2}{\rho^2 V^8 l^2}$

$\dfrac{F^2 g^2}{\rho^2 V^8 l^2} = \dfrac{(kg \cdot m/s^2)^2 \times (m/s^2)^2}{(kg/m^3)^2 \times (m/s)^8 \times m^2} = $ 무차원

08

일률(power)을 기본 차원인 M(질량), L(길이), T(시간)으로 나타내면?

① $L^2 T^{-2}$

② $MT^{-2} L^{-1}$

③ $ML^2 T^{-2}$

④ $ML^2 T^{-3}$

$H = FV = kg \cdot m/s^2 \times m/s$
$\quad = kg \cdot m^2/s^3 = ML^2 T^{-3}$

09

함수 $f(a,\ V,\ t,\ v,\ L) = 0$을 무차원 변수로 표시하는데 필요한 독립 무차원수 π는 몇 개인가? (단, a는 음속, V는 속도, t는 시간, v는 동점성계수, L은 특성길이이다.)

① 1

② 2

③ 3

④ 4

버킹험의 π정리
$n = 5,\ m = 2$ 이므로
$\pi = n - m = 3$

10

중력은 무시할 수 있으나 관성력과 점성력 및 표면장력이 중요한 역할을 하는 미세구조물 중 마이크로 채널 내부의 유동을 해석하는데 중요한 역할을 하는 무차원 수만으로 짝지어진 것은?

① Reynolds 수, Froude 수

② Reynolds 수, Mach 수

③ Reynolds 수, Weber 수

④ Reynolds 수, Cauchy 수

$Re\,$수 $= \dfrac{관성력}{점성력}$, $Weber\,$수 $= \dfrac{관성력}{표면장력}$

11

무차원수인 스트라홀 수(Strouhal number)와 가장 관계가 먼 항복은?

① 점도

② 속도

③ 길이

④ 진동흐름의 주파수

스트라홀 수 : $S_t = \dfrac{진동}{평균속도} = \dfrac{\ell \omega}{v}$

12

원관(pipe) 내에 유체가 완전 발달한 층류 유동일 때 유체 유동에 관계한 가장 중요한 힘은 다음 중 어느 것인가?

① 관성력과 점성력

② 압력과 관성력

③ 중력과 압력

④ 표면장력과 점성력

$Re = \dfrac{관성력}{점성력}$ (층류/난류 유동으로 판단)

13

다음 무차원 수 중 역학적 상사(inertia force) 개념이 포함되어 있지 않은 것은?

① Froude number
② Reynolds number
③ Mach number
④ Fourier number

푸리에 수는 열전도와 관련이 있는 수이므로 역학적 상사와 관계가 없다.

14

$\dfrac{1}{10}$ 크기의 모형 잠수함을 해수에서 실험한다. 실제 잠수함을 $2m/s$로 운전하려면 모형 잠수함은 약 몇 m/s의 속도로 실험하여야 하는가?

① 20
② 5
③ 0.2
④ 0.5

잠수함은 물 속에서 운동하기 때문에 하나의 유체와 상호작용하므로 레이놀즈수를 사용한다.

$$\left(\frac{V\ell}{\nu}\right)_p = \left(\frac{V\ell}{\nu}\right)_m \text{ 그대로 대입하면}$$

$$2 \times \ell_p = V_m \times \frac{1}{10}\ell_p \quad \therefore V_m = 20m/s$$

15

높이 $1.5\,m$의 자동차가 $108\,km/h$의 속도로 주행할 때의 공기흐름 상태를 높이 $1\,m$의 모형을 사용해서 풍동 실험하여 알아보고자 한다. 여기서 상사법칙을 만족시키기 위한 풍동의 공기 속도는 약 몇 m/s인가? (단, 그 외 조건은 동일하다고 가정한다.)

① 20
② 30
③ 45
④ 67

자동차는 공기중에서 작동하므로 하나의 유체와 상호작용한다. 따라서 Re로 상사한다.

$$\left(\frac{V\ell}{\nu}\right)_p = \left(\frac{V\ell}{\nu}\right)_m = \frac{108 \times 1.5}{\nu} = \frac{V_m \times 1}{\nu}$$

$$\therefore V_m = 162km/h \times \frac{1000m}{3600s} = 45m/s$$

16

새로 개발한 스포츠카의 공기역학적 항력을 기온 $25℃$, 밀도는 $1.184kg/m^3$, 점성계수는 $1.849 \times 10^{-5}\,(kg/m \cdot s)$, 속력은 $100km/h$에서 예측하고자 한다. $\dfrac{1}{3}$축척 모형을 사용하여 기온이 $5℃$, 밀도는 $1.269kg/m^3$, 점성계수는 $1754 \times 10^{-5}kg(m \cdot s)$인 풍동에서 항력을 측정할 때 모형과 원형 사이의 상사를 유지하기 위해 풍동 내 공기의 유속은 약 몇 km/h가 되어야 하는가?

① 153
② 266
③ 442
④ 549

풍동실험이므로 레이놀즈수를 사용한다.

$$\left(\frac{\rho VD}{\mu}\right)_P = \left(\frac{\rho VD}{\mu}\right)_M$$

$$= \left(\frac{1.269 \times V_P \times 1}{1.754 \times 10^{-5}}\right) = \left(\frac{1.184 \times 100 \times 3}{1.849 \times 10^{-5}}\right)$$

$$\therefore V_P = 265.5km/h$$

17

동점성계수가 $1.5 \times 10^{-5} m^2/s$인 공기 중에서 $30 m/s$의 속도로 비행하는 비행기의 모형을 만들어, 동점성계수가 $1.0 \times 10^{-6} m^2/s$인 물속에서 $6 m/s$의 속도로 모형시험을 하려한다. 모형(L_m)과 실형(L_P)의 길이비(L_m/L_P)를 얼마로 해야 되는가?

① $\dfrac{1}{75}$　　　　② $\dfrac{1}{15}$

③ $\dfrac{1}{5}$　　　　④ $\dfrac{1}{3}$

비행기는 공기중에서만 작동하므로 한 가지 유체와 상호작용한다. 따라서 Re로 상사한다.

$$Re = \frac{Vx}{\nu}$$

$$(Re)_{\text{공기}} = (Re)_{\text{물}} = \frac{30 x_{\text{공기}}}{1.5 \times 10^{-5}} = \frac{6 \times x_{\text{물}}}{1.0 \times 10^{-6}}$$

$$\therefore \frac{x_{\text{물}}}{x_{\text{공기}}} = \frac{30}{1.5 \times 10^{-5}} \times \frac{1.0 \times 10^{-6}}{6} = \frac{1}{3}$$

18

$\dfrac{1}{20}$로 축소한 모형 수력 발전 댐과, 역학적으로 상사한 실제 수력 발전 댐이 생성할 수 있는 동력의 비(모형 : 실제)는 약 얼마인가?

① $1 : 1800$　　　　② $1 : 8000$

③ $1 : 35800$　　　　④ $1 : 160000$

수력발전 댐은 2가지 유체와 상호작용하므로 프루우드수를 사용한다.

$\left(\dfrac{V^2}{g\ell} \right)_p = \left(\dfrac{V^2}{g\ell} \right)_m$ 이므로 $\dfrac{V_p^2}{20} = \dfrac{V_m^2}{1}$

$\therefore v_p = \sqrt{20} \, v_m$

동력 $H' = \gamma QH = \gamma A v H$ 여기서 길이차원을 모두 l로 치환하면

$H' = \gamma v l^3$　$\therefore \gamma = \dfrac{H'}{v l^3}$

$\gamma_p = \gamma_m = $ 물의 비중량이므로

$$\frac{H_p'}{20^3 \times \sqrt{20} \, v_m} = \frac{H_m'}{1^3 \times v_m}$$

$$\therefore H_p' : H_m' = 1 : 20^3 \sqrt{20} = 1 : 35777$$

19

2차원 속도장이 $\vec{V} = y^2 \hat{i} - xy \hat{j}$로 주어질 때 $(1, 2)$ 위치에서의 가속도의 크기는 약 얼마인가?

① 4　　　　② 6

③ 8　　　　④ 10

$u = y^2, \ v = -xy$

$$a = u \frac{\partial \vec{V}}{\partial x} + v \frac{\partial \vec{V}}{\partial y} = y^2(-y\vec{j}) + (-xy)(2y\vec{i} - x\vec{j})$$

$$= y^3(\vec{j}) - 2xy^2\vec{i} + x^2 y\vec{j}$$

$$= -2xy^2\vec{i} + (x^2 y - y^3)\vec{j}$$

$$= (-2 \times 1 \times 2^2)\vec{i} + (1^2 \times 2 - 2^3)\vec{j}$$

$$= -8\vec{i} - 6\vec{j}$$

가속도의 크기는
$$a = \sqrt{(-8)^2 + (-6)^2} = 10 m/s^2$$

20

2차원 유동장이 $\vec{V}(x,y) = cx\vec{i} - cy\vec{j}$로 주어질 때, 가속도장 $\vec{a}(x,y)$는 어떻게 표시되는가? (단, 유동장에서 c는 상수를 나타낸다.)

① $\vec{a}(x,y) = cx^2\vec{i} - cy^2\vec{j}$
② $\vec{a}(x,y) = cx^2\vec{i} + cy^2\vec{j}$
③ $\vec{a}(x,y) = c^2x\vec{i} - c^2y\vec{j}$
④ $\vec{a}(x,y) = c^2x\vec{i} + c^2y\vec{j}$

$\vec{a} = u\dfrac{\partial \vec{V}}{\partial x} + v\dfrac{\partial \vec{V}}{\partial y} + \dfrac{\partial \vec{V}}{\partial t}$ 에서

시간에 대한 항을 제거하면

$cx(c)\vec{i} + (-cy)(-c)\vec{j}$

$= c^2x\vec{i} + c^2y\vec{j}$

21

다음 중 2차원 비압축성 유동의 연속방정식을 만족하지 않는 속도 벡터는?

① $V = (16y - 12x)i + (12y - 9x)j$
② $V = -5x\,i + 5yj$
③ $V = (2x^2 + y^2)i + (-4xy)j$
④ $V = (4xy + y)i + (6xy + 3x)j)j$

연속방정식의 속도벡터 : $\dfrac{\partial u}{\partial x} + \dfrac{\partial v}{\partial y} = 0$

④ $4y + 6x \neq 0$

22

다음과 같은 비회전 속도장의 속도 퍼텐셜을 옳게 나타낸 것은? (단, 속도 퍼텐셜 $\varnothing$ 는 $\vec{V} \equiv \nabla\varnothing = grad\varnothing$ 로 정의되며, a와 C는 상수이다.)

$$u = a(x^2 - y^2),\ v = -2axy$$

① $\varnothing = \dfrac{ax^4}{4} - axy^2 + C$
② $\varnothing = \dfrac{ax^3}{3} - \dfrac{axy^2}{2} + C$
③ $\varnothing = \dfrac{ax^4}{4} - \dfrac{axy^2}{2} + C$
④ $\varnothing = \dfrac{ax^3}{3} - axy^2 + C$

비회전 속도장이므로 속도포텐셜의 속도장이다.
또한 직교좌표로 나타나므로

$u = \dfrac{\partial \varnothing}{\partial x} = a(x^2 - y^2)$ x에 대해 적분하면

$\varnothing = \dfrac{ax^3}{3} - axy^2 + C$ ············· ①식

$v = \dfrac{\partial \varnothing}{\partial y} = -2axy$ y에 대해 적분하면

$\varnothing = -axy^2 + C$ ··············· ②식

다시 미분시 u, v의 형태를 모두 만족시킬 수 있는 식은 ①식

$\therefore \varnothing = \dfrac{ax^3}{3} - axy^2 + C$

23

다음 중 2차원 비압축성 유동이 가능한 유동은 어떤 것인가? (단, u는 x방향 속도 성분이고, v는 y방향 속도 성분이다.)

① $u = x^2 - y^2$, $v = -2xy$

② $u = 2x^2 - y^2$, $v = 4xy$

③ $u = x^2 + y^2$, $v = 3x^2 - 2y^2$

④ $u = 2x + 3xy$, $v = -4xy + 3y$

비압축성 유동의 속도식

$\dfrac{\partial u}{\partial x} + \dfrac{\partial v}{\partial y} = 0$

① $2x - 2x = 0$

24

정상, 비압축성 상태의 2차원 속도장이 (x, y)좌표계에서 다음과 같이 주어졌을 때 유선의 방정식으로 옳은 것은? (단, u와 v는 각각 x, y방향의 속도성분이고, C는 상수이다)

$$u = -2x, \quad v = 2y$$

① $x^2 y = C$

② $xy^2 = C$

③ $xy = C$

④ $\dfrac{x}{y} = C$

연속방정식에 $\dfrac{dx}{u} = \dfrac{dy}{v}$ u, v를 대입하면

$\dfrac{dx}{-2x} = \dfrac{dy}{2y}$ 이고 이것을 적분하면

$\displaystyle\int -\dfrac{dx}{x} = \int \dfrac{dy}{y} = -\ln x = \ln y$

$\therefore \ln x + \ln y = 0$

양변에 지수 e를 취하면

$xy = C$

25

속도성분이 $u = 2x$, $v = -2y$인 2차원 유동의 속도 포텐셜 함수 ϕ로 옳은 것은? (단, 속도 포텐셜 ϕ는 $\vec{V} = \nabla \phi$ 로 정의된다)

① $2x - 2y$

② $x^3 - y^3$

③ $-2xy$

④ $x^2 - y^2$

속도 포텐셜 함수는 $u = \dfrac{\partial \phi}{\partial x}$, $v = \dfrac{\partial \phi}{\partial y}$ 이므로

보기 각각을 미분해보면 만족하는 보기는 ④이다.

④ $\dfrac{\partial \phi}{\partial x} = 2x = u$, $\dfrac{\partial \phi}{\partial y} = -2y = v$

26

비압축성 유체의 2차원 유동 속도성분이 $u = x^2 t$, $v = x^2 - 2xyt$이다. 시간(t)이 2일 때, $(x, y) = (2, -1)$ 에서 x방향 가속도(a_x)는 약 얼마인가? (단, u, v는 각각 x, y 방향 속도성분이고, 단위는 모두 표준단위이다.)

① 32

② 34

③ 64

④ 68

$a_x = u\dfrac{\partial u}{\partial x} + \dfrac{\partial u}{\partial t} = x^2 t(2xt) + x^2$

여기에 $(2, -1)$을 대입하면

$a_x = 2^2 \times 2 \times (2 \times 2 \times 2) + 2^2 = 68$

27

(x, y)좌표계의 비회전 2차원 유동장에서 속도 포텐셜(potential) $\varnothing$는 $\varnothing = 2x^2y$로 주어졌다. 이 때, 점$(3, 2)$인 곳에서 속도 벡터는? (단, 속도포텐셜 $\varnothing$는 $\vec{V} = \nabla \varnothing = grad\varnothing$로 정의된다.)

① $24\vec{i} + 18\vec{j}$　　　　② $-24\vec{i} + 18\vec{j}$
③ $12\vec{i} + 9\vec{j}$　　　　④ $-12\vec{i} + 9\vec{j}$

각각을 x, y로 편미분 해준다.

$u = \dfrac{\partial \varnothing}{\partial x} \Rightarrow u = 4xy \mid_{(3,2)} = 24$

$v = \dfrac{\partial \varnothing}{\partial y} \Rightarrow v = 2x^2 \mid_{(3,2)} = 18$

28

x, y평면의 2차원 비압축성 유동장에서 유동함수 (stream function) ψ는 $\psi = 3xy$로 주어진다. 점$(6, 2)$과 점$(4, 2)$사이를 흐르는 유량은?

① 6　　　　② 12
③ 16　　　　④ 24

2차원 유동에서 유동함수 ψ는 유선사이에 유량으로 정의한다.
$\psi_1 = 3 \times 6 \times 2 = 36$
$\psi_2 = 3 \times 4 \times 2 = 24$
$\therefore Q = \psi_1 - \psi_2 = 36 - 24 = 12$

29

2차원 극좌표계(r, θ)에서 속도 포텐셜이 다음과 같을 때 원주방향 속도(v_θ)는? (단, 속도 포텐셜 $\varnothing$는 $\vec{V} = \triangle \varnothing$로 정의된다.)

$$\varnothing = 2\theta$$

① $4\pi r$　　　　② $2r$
③ $\dfrac{4\pi}{r}$　　　　④ $\dfrac{2}{r}$

극좌표계에서

$V_\theta = \dfrac{1}{r} \dfrac{\partial \phi}{\partial \theta} = \dfrac{1}{r} \times 2 = \dfrac{2}{r}$

30

포텐셜 함수가 $K\theta$인 선와류 유동이 있다. 중심에서 반지름 $1m$인 원주를 따라 계산한 순환(circulation)은?

$\left($단, $\vec{V} = \nabla \varnothing = \dfrac{\partial \varnothing}{\partial r}\hat{i}_r + \dfrac{1}{r}\dfrac{\partial \varnothing}{\partial \theta}\hat{i}_\theta$ 이다.$\right)$

① 0　　　　② K
③ πK　　　　④ $2\pi K$

$\phi = k\theta$

$\vec{V} = \dfrac{1}{r}k\vec{i}_\theta = \dfrac{k}{r}\vec{i}_\theta$

순환함수는

$\Upsilon = \oint \vec{V}ds$

$= \displaystyle\int_0^{2\pi} \dfrac{k}{r}\vec{i}_\theta rd\theta\vec{i}_\theta = k\int_0^{2\pi} d\theta \quad (\because \vec{i}_\theta \cdot \vec{i}_\theta = 1)$

$= 2\pi k$

17 유체 계측 기기

01

부르돈관 압력계(Bourdon gauge)에서 압력에 대한 설명으로 가장 올바른 것은?

① 액주의 중량과 평형을 이룬다.
② 탄성력과 평형을 이룬다.
③ 마찰력과 평형을 이룬다.
④ 게이지압력과 평형을 이룬다.

브루돈관 압력계 : 관에 증기압이 가해지면 압력에 비례하게 펴져 직선으로 되는 성질을 이용한 압력계

02

다음 중 유량 측정과 직접적인 관련이 없는 것은?

① 오리피스(Orifice)
② 벤투리(Venturi)
③ 노즐(Nozzle)
④ 부르돈관(Bourdon tube)

---

④ 브루돈관은 압력 측정 기기이다.

03

다음 중 유동장에 입자가 포함되어 있어야 유속을 측정할 수 있는 것은?

① 열선속도계
② 정압피토관
③ 프로펠러 속도계
④ 레이저 도플러 속도계

레이저 도플러 속도계 : 고압의 액체를 분출시킬 때 분출 단면적을 작게 하면 압력에너지가 속도에너지로 바뀌는 것을 이용한 장치로 유체 입자의 속도를 직접 측정한다.

04

다음 중 유량을 측정하기 위한 장치가 아닌 것은?

① 위어(weir)
② 오리피스(orifice)
③ 피에조미터(piezo meter)
④ 벤투리미터(venturi meter)

---

③ 피에조미터는 압력 측정 기기이다.

05

유량 측정 장치 중 관의 단면에 축소부분이 있어서 유체를 그 단면에서 가속시킴으로써 생기는 압력 강하를 이용 하여 측정하는 것이 있다. 다음 중 이러한 방식을 사용한 측정 장치가 아닌 것은?

① 노즐　　　　　　② 오리피스
③ 로터미터　　　　④ 벤투리미터

로터미터 : 유리관 속에 부표가 장치되어 액체의 유량의 대소에 따라 부표가 정지하는 위치가 달라지는 성질을 이용한 유량계

06

다음 중 유체 속도를 측정할 수 있는 장치로 볼 수 없는 것은?

① Pitot-static tube
② Laser Doppler Velocimetry
③ Hot Wire
④ Piezometer

---

④ 피에조미터는 압력 측정 기기이다.

07

유체 계측과 관련하여 크게 유체의 국소속도를 측정하는 것과 체적유량을 측정하는 것으로 구분할 때 다음 중 유체의 국소속도를 측정하는 계측기는?

① 벤투리미터
② 얇은 판 오리피스
③ 열선 속도계
④ 로터미터

열선 속도계 : 난류유동과 같은 매우 빠른 유동 측정에 사용하며 유체의 국소속도를 측정할 수 있다.

18 열응력해석법

01

다음 보기는 열전달 해석 과정 순서일 때 빈칸에 알맞은 것은?

〈보기〉
해석 형상 생성 → 기계적 물성 정의 → 하중조건 부여 → ( ) → 해석 과정 수행

① 격자 생성 및 요소형태 결정
② 요소의 변위 및 응력 부여
③ 경계조건 부여
④ 요소의 온도 분포

열전달 해석 과정 순서
해석 형상 생성 → 기계적 물성 정의 → 하중조건 부여 → 격자 생성 및 요소형태 결정 → 해석 과정 수행

02

다음 보기는 열적 거동 상태의 예시일 때 무엇을 설명하고 있는가?

〈보기〉
야구장에 열심히 야구를 하는 어느 한 선수가 야구장에 타자 배트를 두고 왔다고 하면 그 주위 환경이 일주일 동안 변화가 없을 때 이 배트의 상태를 예측하고자 할 때를 말한다.

① 강제 상태
② 과도 상태
③ 응답 상태
④ 정상 상태

정상 상태(Steady State)
해석을 수행하는 데 시간이 고려되지 않은 충분히 긴 시간 동안 동일 조건으로 있다고 가정된 상태로 중간 과정의 해석이 무의미한 해석이다.

03

다음 보기는 열적 거동 상태의 예시일 때 무엇을 설명하고 있는가?

〈보기〉
도서관에서 공부를 하고 집에 와서 라면을 끓여 먹고자 한다면, 냄비에 물을 끓일 것이고 끓이는 물을 10초 동안 끓일 것이냐 아니면 10분 동안 끓이는 것은 분명한 시간에 의한 차이가 발생한다.

① 강제 상태
② 과도 상태
③ 응답 상태
④ 정상 상태

과도 상태(Transient State)
시간을 중요한 요소로 작용하는 상태로 중간 과정의 해석이 유의미한 해석이다.

04

하중 조건에 적용될 열적 거동의 종류가 아닌 것은?

① 전도
② 대류
③ 승화
④ 복사

하중 조건에 적용될 열적 거동의 종류
① 전도(Conduction)
② 대류(Convection)
③ 복사(Radiation)

05

다음 보기의 설명은 무엇을 의미하는가?

〈보기〉

분자나 전자의 진동이 연쇄반응을 일으켜 고온에서 저온구간으로 에너지를 전달하는 과정으로 정지된 유체나 고체 상태의 물질에서 이웃한 분자의 운동으로 열이 전달되는 현상

① 전도　　　　　　② 대류
③ 승화　　　　　　④ 복사

전도(Conduction)
분자나 전자의 진동이 연쇄반응을 일으켜 고온에서 저온구간으로 에너지를 전달하는 과정으로 정지된 유체나 고체 상태의 물질에서 이웃한 분자의 운동으로 열이 전달되는 현상이다.

06

다음 보기의 설명은 무엇을 의미하는가?

〈보기〉

제품과 인접하는 유체에 의해서 발생하는 것으로 액체 또는 기체에서 고온부분과 저온부분이 서로 이동하면서 이루어지는 열이 전달되는 현상

① 전도　　　　　　② 대류
③ 승화　　　　　　④ 복사

대류(Convection)
제품과 인접하는 유체에 의해서 발생하는 것으로 액체 또는 기체에서 고온부분과 저온부분이 서로 이동하면서 이루어지는 열이 전달되는 현상이다.

07

다음 보기는 열전달 및 열응력 해석 절차 중 전처리(Pre-Process) 과정의 순서일 때 빈칸은 무엇인가?

〈보기〉

모델 불러오기 → (　　　) → 연결 정의 → 경계조건 정의 → 격자생성

① 결과 항목 검토　　　② 모델 해석
③ 재료물성 정의　　　④ 방정식 정의

열전달 및 열응력 해석 절차 중 전처리 과정의 순서
모델 불러오기 → 재료물성 정의 → 연결 정의 → 경계조건 정의 → 격자생성

08

다음 중 해석결과의 오류 발생 원인이 아닌 것은?

① 해석 대상의 복잡화와 이상화
② 재료의 물성치
③ 경계구속 조건
④ 하중 설정

해석결과의 오류 발생 원인
① 해석 대상의 단순화와 이상화
② 요소의 종류, 요소의 크기, 요소의 형상비, 요소의 결점수
③ 재료의 물성치
④ 경계구속 조건
⑤ 하중 설정
⑥ 전산 오차

09

다음 열응력해석 결과의 타당성 및 효용성 분석 방법 중 아닌 것은?

① 온도 결과 확인
② 변위 결과 확인
③ 응력 결과 확인
④ 변형 결과 확인

열응력해석 결과의 타당성 및 효용성 분석 방법
① 온도 결과 확인
② 변위 결과 확인
③ 응력 결과 확인

10

다음 중 변위 결과 확인 방법의 종류가 아닌 것은?

① 동영상 결과 확인
② 변위 형상 크기
③ 열변형률
④ 열전달계수

변위 결과 확인 방법의 종류
① 동영상 결과 확인
② 변위 형상 크기
③ 열변형률
④ 변형량

11

다음 보기를 참고하여 개선대책 수립 방법의 종류가 각각 무엇인가?

〈보기〉	
㉠ 소재변경	㉡ 형상 및 두께 변경
㉢ 경계조건 변경	㉣ 하중조건 변경

① ㉠   ② ㉠, ㉡
③ ㉡, ㉢   ④ ㉡, ㉣

개선대책 수립 방법의 종류
① 소재변경
　허용공차 이상으로 변형이 되거나 항복응력 이상으로 응력이 작용하면 기존 적용 재료보다 열전달 계수값이 낮고 항복응력이 높은 재료로 변경하여야 한다.
② 형상 및 두께 변경
　항복응력 이상의 응력이 작용할 때 응력 집중부위에 대하여 형상을 변경하거나 두께를 증가하여 응력을 낮출 수 있다.

12

열응력 보고서에서 확인하여야 할 내용은 열응력해석 결과 분석 흐름도를 기초로 하여 정리하는데, 무관한 것은?

① 문제에 대한 정의　　② 경계 조건
③ 하중 조건　　　　　④ 파괴 해석

열응력 보고서에서 확인하여야 할 내용
① 문제에 대한 정의
② 유한 요소 해석에 사용되는 물성치
③ 경계 조건
④ 하중 조건
⑤ 결과 확인

19 유동해석법

01

유동 수치적 해석 방법의 종류가 아닌 것은?

① 유한차분법(FDM)
② 유한체적법(FVM)
③ 유한요소법(FEM)
④ 유한질량법(FMM)

유동 수치적 해석 방법의 종류
① 유한차분법(FDM, Finite Difference Method)
② 유한체적법(FVM, Finite Volume Method)
③ 유한요소법(FEM, Finite Element Method)
④ 경계요소법(BEM, Boundary Element Method)

02

다음 보기는 유동 수치적 해석 방법에 대한 설명일 때 무엇을 의미하는가?

〈보기〉
컴퓨터로 해를 얻기 위해 유동 방정식을 직접 이산화하는 수학적 방법으로 미소성분을 생략하므로 절단오차가 존재한다.

① 유한차분법(FDM)
② 유한체적법(FVM)
③ 유한요소법(FEM)
④ 경계요소법(BEM)

유한차분법(FDM)
컴퓨터로 해를 얻기 위해 유동 방정식을 직접 이산화하는 수학적 방법으로 미소성분을 생략하므로 절단오차가 존재한다.

03

다음 보기는 유동 수치적 해석 방법에 대한 설명일 때 무엇을 의미하는가?

〈보기〉
미분방정식을 이산화할 때 물리적인 근삿값을 이용하고, 모든 요소에 대해 동시에 대수방정식을 전개시키는 방법이다. 경계조건을 만족하는 미분방정식의 근사해를 얻게 되고, 유동 영역은 적절한 삼각 요소 또는 사각 요소로 채워지게 된다.

① 유한차분법(FDM)
② 유한체적법(FVM)
③ 유한요소법(FEM)
④ 경계요소법(BEM)

유한요소법(FEM)
미분방정식을 이산화할 때 물리적인 근삿값을 이용하고, 모든 요소에 대해 동시에 대수방정식을 전개시키는 방법이다. 경계조건을 만족하는 미분방정식의 근사해를 얻게 되고, 유동 영역은 적절한 삼각 요소 또는 사각 요소로 채워지게 된다.

01
02
03
04

04

다음 보기는 유동 수치적 해석 방법에 대한 설명일 때 무엇을 의미하는가?

> 〈보기〉
> 경계치를 만족시키는 적분방정식을 사용하며 항공기나 자동차와 같이 외부유동을 해석하는 데 주로 사용되는 방법이다.

① 유한차분법(FDM)
② 유한체적법(FVM)
③ 유한요소법(FEM)
④ 경계요소법(BEM)

경계요소법(BEM)

경계치를 만족시키는 적분방정식을 사용하며 항공기나 자동차와 같이 외부유동을 해석하는 데 주로 사용되는 방법이다.

05

다음 보기는 유동 수치적 해석 방법에 대한 설명일 때 무엇을 의미하는가?

> 〈보기〉
> 작은 영역에 대해 이산화하는 것은 유한차분법(FDM)과 비슷하나, 보존항으로 표현되는 연속방정식과 나비에르−스토크(Navier−Stokes) 방정식의 적분방정식이다.

① 유한차분법(FDM)
② 유한체적법(FVM)
③ 유한요소법(FEM)
④ 경계요소법(BEM)

유한체적법(FVM)

작은 영역에 대해 이산화하는 것은 유한차분법(FDM)과 비슷하나, 보존항으로 표현되는 연속방정식과 나비에르−스토크(Navier−Stokes) 방정식의 적분방정식이다.

06

다음 보기의 격자 구조 설명 중 알맞은 것은?

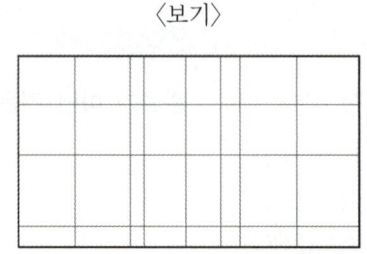

> 〈보기〉

해석 영역이 간단히 분할되기 때문에 분할과 조절이 쉽지만, 복잡도가 요구되지 않는 불필요한 지역까지 한꺼번에 메쉬가 늘어나기 때문에 효율이 떨어질 수 있어 복잡한 구조물에 대해서는 적용이 어렵다.

① 구조 메쉬
② 비구조 메쉬
③ 유한 메쉬
④ 결정 메쉬

구조 메쉬

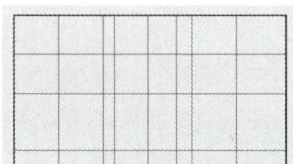

해석 영역이 간단히 분할되기 때문에 분할과 조절이 쉽지만, 복잡도가 요구되지 않는 불필요한 지역까지 한꺼번에 메쉬가 늘어나기 때문에 효율이 떨어질 수 있어 복잡한 구조물에 대해서는 적용이 어렵다.

07

다음 보기의 격자 구조 설명 중 알맞은 것은?

<보기>

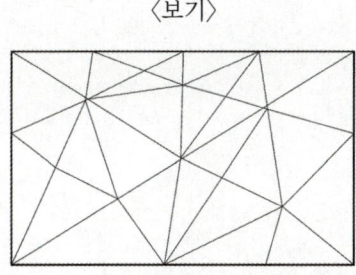

수치해석으로 직접 계산하기 때문에 계산 속도가 느리지만, 적은 메쉬로도 정확한 계산이 가능하기 때문에 복잡한 구조물에 적합하다.

① 구조 메쉬   ② 비구조 메쉬
③ 유한 메쉬   ④ 결정 메쉬

비구조 메쉬

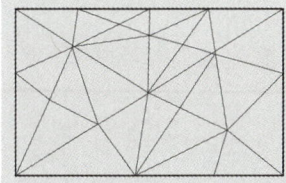

수치해석으로 직접 계산하기 때문에 계산 속도가 느리지만, 적은 메쉬로도 정확한 계산이 가능하기 때문에 복잡한 구조물에 적합하다.

03

기계 제도 및 설계

01 도면 제작 및 검토

1-1 도면 제작

(1) 좌표계

작업 공간상에서의 위치를 지정하는 기준

① 좌표계의 종류

㉠ 표준 좌표계(World coordinate system, WCS)

프로그램이 가지고 있는 고정된 좌표계로서 도면 내 모든 위치는 X, Y, Z 좌표값을 갖는다.
새로운 도면을 실행시키면 자동적으로 WCS좌표계를 유지한다.

㉡ 사용자 좌표계(User coordinate system, UCS)

작업자가 좌표계의 원점이나 방향 등을 필요에 따라 임의로 변화시킬 수 있다. 즉, WCS좌표계를 작업자가
원하는 형태로 변경한 좌표계이다. 이는 3차원 작업 시 필요에 따라 작업 평면을 바꿀 때 많이 사용한다.

② 좌표의 사용

㉠ 절대좌표

좌표계의 절대적인 원점(0, 0, 0)을 기준으로 표현되는 좌표

㉡ 상대좌표

임의의 시작점이나 사용자가 바로 이전에 지정한 작업점이 다음점의 상대적인 원점이 되어 X, Y, Z
좌표값만큼 이동한 위치에 지정되는 좌표

(2) 투상법 및 도형표시법

① 투상법(Projection)

어떤 물체에 광선을 비추어 이웃한 평면에 찍혀지는 물체의 그림자로서 그 형상을 표시하는 화법으로
제1각법과 제3각법을 사용하며, 제3각법을 가장 많이 사용한다.

㉠ 투상선(Projection line) : 광선을 나타내는 선
㉡ 투상면(Plane of projection) : 그림이 찍혀지는 평면
㉢ 투상도(Projection drawing) : 그려진 그림

② 선의 종류

투상도에는 외형선, 숨은선 및 중심선 등이 사용된다.

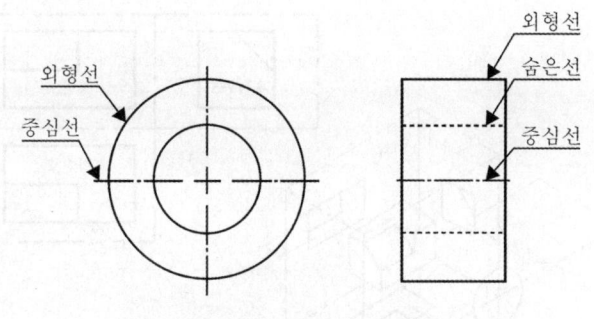

외형선, 숨은선 및 중심선 표현

㉠ 외형선(Visible outline)
  - 물체의 보이는 부분의 형상을 나타내는 선으로, 대상물의 특징을 보여주는 가장 중요한 선이다.
  - 외형선은 연속한 실선을 사용하며, 선의 폭은 일반적으로 0.5~0.7mm의 굵은 선을 그린다.

㉡ 숨은선(Hidden outline)
  - 물체의 구멍이나 홈과 같이 바깥에서 보이지 않는 부분의 형상을 표시하는 선이다.
  - 반선 굵기의 파선을 사용한다.

㉢ 파단선(Break line)
  - 물품 일부의 파단한 곳을 표시하는 선 또는 끊어낸 부분을 표시하는 선이다.
  - 0.3mm 정도의 가는 실선을 사용한다.

㉣ 절단선(Cutting line)
  - 단면도를 그리는 경우 그 잘린린위치를 나타내는데 표시한다.
  - 시작과 끝을 굵게 표시하며 0.3mm 정도의 가는 1점 쇄선을 사용한다.

㉤ 중심선(Center line)
  - 도형의 중심을 나타내는 선이다.
  - 원, 원호, 구의 중심 및 원통 등의 중심축에 대하여 대칭도형인 경우 중심선(대칭축)을 그린다.
  - 0.3mm 정도의 가는 1점 쇄선을 사용한다.
  - 일점 쇄선의 길이는, 긴 선은 10~20mm, 짧은 선은 1mm 정도의 길이로 사용한다.
  - 두 종류의 선 사이의 간격은 짧은 선의 길이와 같도록 한다.

㉥ 선의 표현시 우선 순위

  외형선 > 숨은선 > 파단선 > 절단선> 중심선 > 치수보조선 > 무게중심선

③ 제1각법과 제3각법

㉠ 제1각법

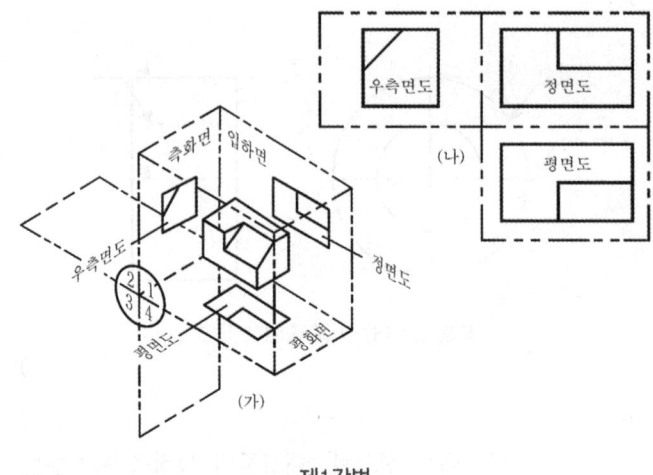

제1각법

 - 투상면을 물체 앞에 놓고 물체를 투사한 방법이다.
 - 물체를 제1각(1사분면)에 두고 투영면에 정투영한 방식이다.
 - 정면도를 기준으로, 오른쪽에서 본 우측면을 정면도 좌측에 표시한다.

㉡ 제3각법

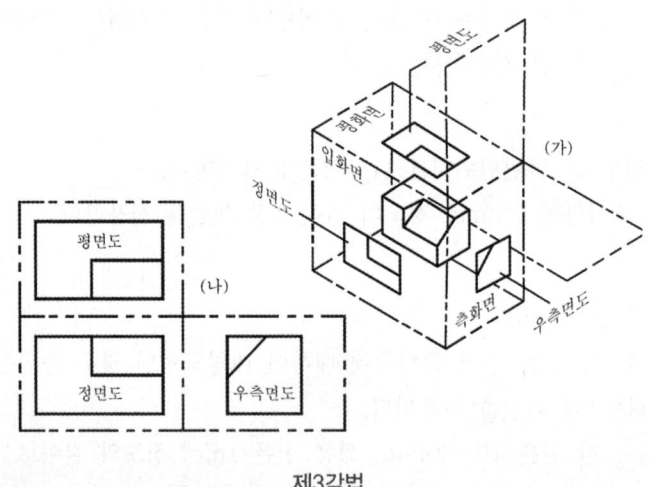

제3각법

 - 투상면을 물체 앞에 놓고 물체를 투사한 방법이다.
 - 물체를 제3각(3사분면)에 두고 투영면에 정투영한 방식이다.
 - 정면도를 기준으로 오른쪽에서 본 우측면을 정면도 우측에 표시한다.
 - 기계제도에서 가장 많이 사용하는 투상법이다.

④ 투상도의 명칭

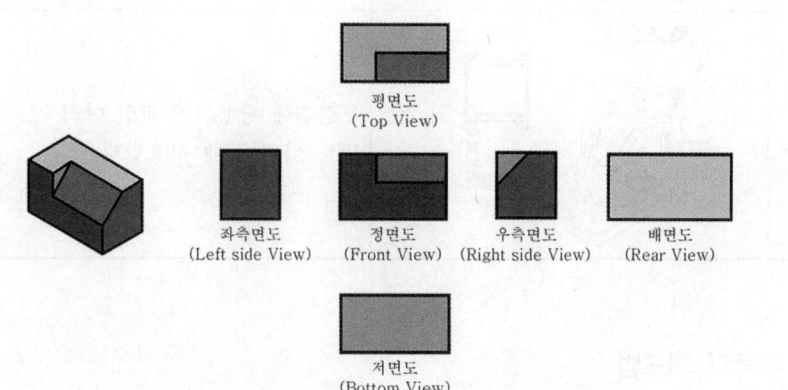

평면도
(Top View)

좌측면도   정면도   우측면도   배면도
(Left side View) (Front View)   (Right side View) (Rear View)

저면도
(Bottom View)

제3각법에 대한 투상도의 명칭

⑤ 단면도

대상물을 가상으로 절단하고 그 앞쪽을 제외한 모양을 표시한 투상도를 말한다.

⑥ 단면도의 종류

종류	그림	설명
온 단면도 (=전 단면도)		물체의 중심에서 반으로 자른 것으로 가정하고 도형 전체를 단면도로 나타낸 것이다. 이 때 절단면은 물체의 중심선을 지나도록 해야 한다.
반 단면도 (=한쪽 단면도)		대칭인 물체를 1/2은 단면도, 나머지 1/2은 외형도로 나타낸 것이다.
부분 단면도		단면도를 따로 그리지 않고 외형도를 그대로 이용하여 내부 형상을 나타내고자 할 때나 축의 키 홈이나 작은 구멍 등 단면으로 나타낼 필요가 있는 부분이 비교적 작을 때, 외형도에서 일부분만을 잘라내어 표시하는 단면도이다.
회전 도시 단면도		단면을 90° 회전시켜서 그린 것이다. 회전단면도는 주로 리브, 암 등의 단면을 나타낼 때 사용하며 별개의 단면도로 그리기 보다는 외형도 내의 절단 위치에 그리는 경우가 많다.

01

02

03

04

종류	그림	설명
계단 단면도		투상면에 평행하게 잘린 여러 개의 단면을 하나의 단면도로 나타낼 때 사용한다.

(3) 여러 가지 부품의 제도법

① 스퍼기어의 제도법

㉠ 스퍼기어는 단면이 나타나는 정면도와 측면도에서 치형을 생략한다.

㉡ 이끝원은 외형선, 피치원은 중심선으로 나타낸다.

㉢ 이뿌리원은 가는실선으로 나타내되 단면도로 표시할 경우 굵은실선으로 나타낸다.

㉣ 기어 제작시 중요한 치형, 모듈, 압력각, 피치원 지름 등은 요목표를 만들어 나타낸다.

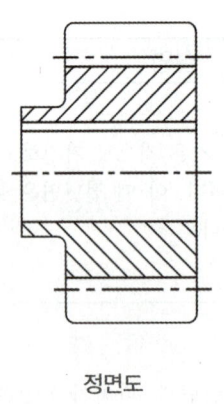

정면도

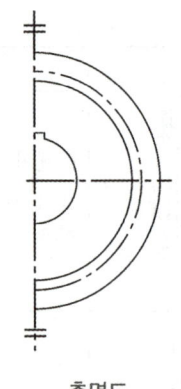

측면도

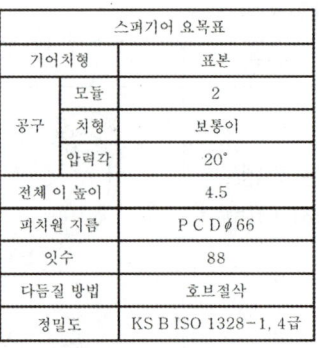

스퍼기어 요목표		
기어치형		표본
공구	모듈	2
	치형	보통어
	압력각	20°
전체 이 높이		4.5
피치원 지름		P C D ⌀66
잇수		88
다듬질 방법		호브절삭
정밀도		KS B ISO 1328-1, 4급

스퍼기어 요목표

② 스프링의 제도법

㉠ 스프링은 무하중 상태를 투상하는 것을 원칙으로 한다. (겹판 스프링은 제외)

㉡ 스프링은 오른쪽으로 감는 것을 원칙으로 하고, 왼쪽으로 감은 경우에는 "감김 방향 왼쪽"이라고 표시한다.

㉢ 스프링의 동일 형상 부분을 생략하는 경우에는 생략 부분을 가상선으로 도시한다.

㉣ 스프링은 간략도로 그릴 경우 스프링 재료의 중심선만을 굵은 실선으로 도시한다.

㉤ 하중과 높이 또는 처짐과의 관계를 표시할 필요가 있을 때는 선도 또는 표로 나타내고, 그 굵기는 스프링의 모양을 나타내는 선과 같게 한다.

㉥ 그림안에 기입하기 어려운 사항은 요목표에 기입한다.

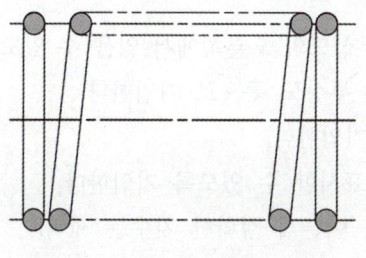

동일형상 부분을 생략하는 경우

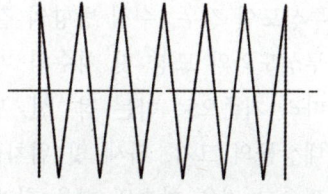

간략도로 나타내는 경우

③ 나사의 제도법

ㄱ 수나사의 제도법

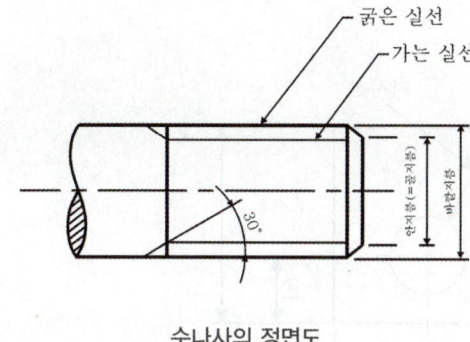

수나사의 정면도

수나사의 측면도

ㄴ 암나사의 제도법

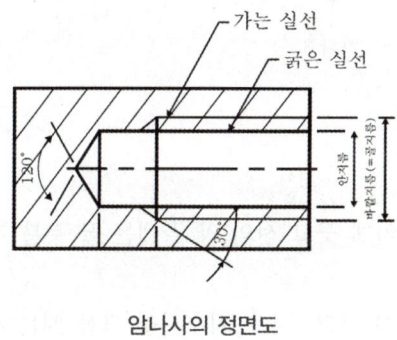

암나사의 정면도

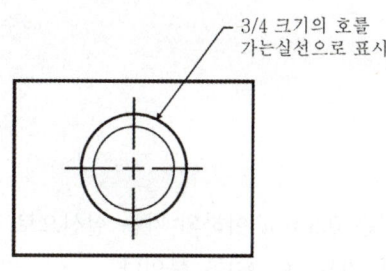

암나사의 측면도

(4) 치수 기입법

① 치수 기입 원칙

ㄱ 중복 치수는 피한다.

ㄴ 치수는 주 투상도에 집중한다.

ㄷ 관련되는 치수는 한 곳에 모아서 기입한다.

ㄹ 치수는 공정마다 배열을 분리해서 기입한다.

ㅁ 치수는 계산해서 구할 필요가 없도록 기입한다.

ⓑ 치수 숫자는 치수선 위 중앙에 기입하는 것이 좋다.

ⓢ 하나의 투상도인 경우, 수직 방향의 길이 치수 위치는 투상도의 오른쪽에서 읽을 수 있도록 기입한다.

ⓞ 치수는 투상도와의 모양 및 치수의 비교가 쉽도록 관련 투상도 쪽으로 기입한다.

ⓩ 필요에 따라 기준으로 하는 점, 선, 면을 기초로 하여 기입한다.

ⓒ 치수는 대상물의 크기, 자세 및 위치를 가장 명확하게 표시할 수 있도록 기입한다.

ⓚ 기능상 필요한 경우 치수의 허용 한계를 지시한다. (단, 이론적 정확한 치수는 제외)

ⓔ 대상물의 기능, 제작, 조립 등을 고려하여 꼭 필요한 치수를 분명하게 기입한다.

ⓟ 하나의 투상도인 경우, 수평 방향의 길이 치수 위치는 투상도의 위쪽에서 읽을 수 있도록 기입한다.

ⓗ 치수 중 참고 치수에 대하여는 수치에 괄호를 붙인다.

② 치수 기입 요소

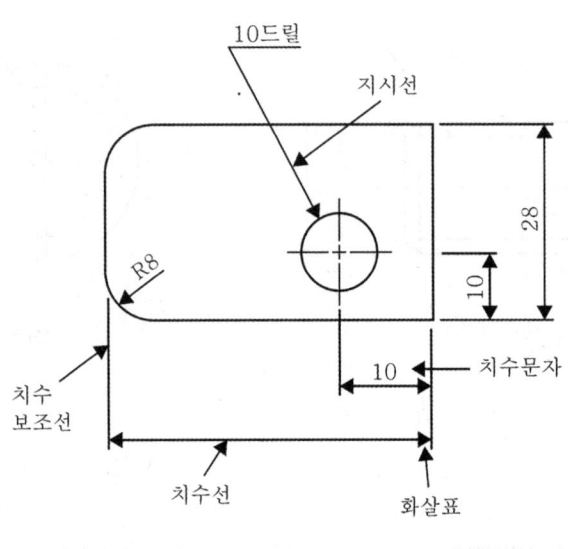

치수 기입 요소

③ 치수선

ⓣ 치수선은 0.3mm 이하의 가는 실선으로 외형선에 평행하게 긋고 선의 양 끝에는 끝 부분 기호(대부분 화살표 기호 ◀, ▶)를 붙인다.

ⓛ 치수선의 간격은 외형선으로부터 약 10 ~ 15mm 띄어서 긋고, 다음 치수선을 그을 때는 8 ~ 10mm 로 정하여 같은 간격으로 긋는다.

ⓒ 치수선은 원칙적으로 치수 보조선을 사용하여 기입한다. 다만, 치수 보조선으로 인해 그림을 혼동하기 쉬울때는 이것에 따르지 않아도 좋다.

④ 치수 보조선

ⓣ 치수 보조선은 지시하는 치수의 끝에 닿는 도형상의 점 또는 선의 중심을 통과하고 치수선에 직각되게 그어서 치수선을 약간 지날 때 까지 연장한다. 다만, 치수 보조선과 도형 사이를 약간 떼어놓아도 좋다.

ⓛ 치수를 지시하는 점 또는 선을 명확히 하기 위하여 특히 필요한 경우에는 치수선에 대하여 적당한 각도를 가진 서로 평행한 치수 보조선을 그을 수 있다. 이 각도는 되도록 60°가 좋다.

⑤ 지시선

가공 구멍의 치수 또는 가공방법, 부품번호 등을 기입하기 위한 선으로 수평선에 대하여 60°의 직선으로 긋고 지시되는 쪽에 화살표를 그리고 반대쪽 끝을 수평으로 그은 다음 그 위에 지시사항이나 치수를 기입한다.

⑥ 화살표

치수선이나 지시선 끝에 붙여 사용되며 길이와 폭의 비율이 약 3 : 1이 되고 $2.5 \sim 3mm$ 길이로 한다.

⑦ 치수보조기호

종류	기호	종류	기호	종류	기호
지름	$\varnothing$	구의 반지름	SR	참고치수	( )
반지름	R	관의 두께	t	정사각형의 변	□
구의 지름	$S\varnothing$	45도 모따기	C	이론적으로 정확한 치수	⬛

(5) 가공기호

가공 방법의 기호					
분류	가공방법	기호	분류	가공방법	기호
절삭 (Cutting)	선삭	L	특수가공 (Special Processing)	방전가공	SPED
	드릴링	D		전해가공	SPEC
	보링	B		전해연삭	SPEG
	밀링	M		초음파가공	SPU
	평삭	P		전자빔가공	SPEB
	형삭	SH		레이저가공	SPLB
	브로칭	BR		액체호닝	SPLH
연삭 (Grinding)	원통연삭	GC	다듬질 (Finishing)	줄 다듬질	FF
	평면연삭	GS		스크레이핑	FS
	벨트연삭	GBL		래핑	FL
	센터연삭	GCN		폴리싱	FP
	래핑	GL		리밍	FR
	호닝	GH		페이퍼 다듬질	FCA
	슈퍼피니싱	GSP			

(7) KS규격에 따른 재료의 표기

명칭	기호	예시	특징
일반구조용 압연 강재 (Steel Structure)	SS	SS235	235는 최저인장강도[N/mm^2]을 나타냄
배관용 탄소강관 (Steel Pipe for Piping)	SPP	SPP	흑관 : 아연 도금을 하지 않는 관 백관 : 아연도금을 한 관
기계구조용 탄소 강재 (Carbon Steel Machine)	SM~C	SM25C	25는 평균 탄소함유량 0.25%를 나타냄
기계구조용 합금 크로뮴강재 (Chromium Alloy Steel)	SCr	SCr410	410은 고유식별번호를 나타냄
용접구조용 압연 강재 (Steel for Marine)	SM (=SWS)	SM400	400은 최저인장강도[N/mm^2]을 나타냄
합금 공구 강재 (Steel Tool Special)	STS	STS3	3은 고유식별번호를 나타냄
합금 공구 강재 (Steel Tool Die)	STD	STD11	11은 고유식별번호를 나타냄
탄소 공구 강재 (Carbon Tool Steel)	STC	STC150	150은 고유식별번호를 나타냄
고속도 공구 강재 (High Speed Tool Steel)	SKH	SKH51	51은 고유식별번호를 나타냄
탄소강 단강품 (Carbon Steel Forgings)	SF	SF340A	340은 최저인장강도[N/mm^2]를 나타냄
탄소강 주강품 (Carbon Steel castings)	SC	SC360	360은 최저인장강도[N/mm^2]를 나타냄
스프링 강재 (Spring Steel)	SPS	SPS1	1은 고유식별번호를 나타냄
회주철품 (Gray Cast Iron)	GC	GC100	100은 최저인장강도[N/mm^2]를 나타냄
다이케스팅용 알루미늄 합금 (Die casting Aluminum Alloy)	ALDC	ALDC1	1은 고유식별번호를 나타냄
열간 아연도금 강판 (Steel Hot Galvanized)	SBHG	SBHG1	1은 고유식별번호를 나타냄

(7) KS 및 ISO 규격 산업규격의 이해와 활용

① 한국 산업 표준의 분류

분류 기호	내 용	분류 기호	내 용	분류 기호	내 용
A	기본	H	식료품	Q	품질 경영
B	기계	I	환경	R	수송 기계
C	전기	J	생물	S	서비스
D	금속	K	섬유	T	물류
E	광산	L	요업	V	조선
F	건설	M	화학	W	항공 우주
G	일용품	P	의료	X	정보

② 주요 공업 국가의 산업 표준 기호

국가	표준 기호
한국	KS (Korean Industrial Standards)
미국	ANSI (American National Standards Institutes)
영국	BS (British Standards)
독일	DIN (Deutsche Industrial Standards)
일본	JIS (Japanese Industrial Standards)
국제 표준화 기구	ISO (International Organization for Standardization)

③ 도면의 크기

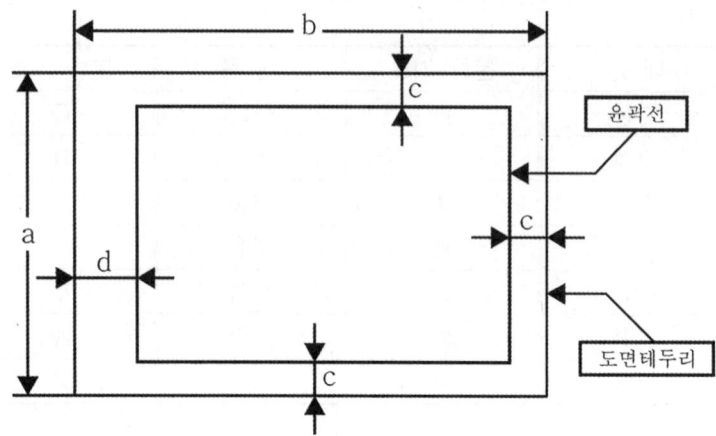

도면의 크기 및 윤곽 치수[mm]

크기의 호칭			A0	A1	A2	A3	A4
a×b			841×1189	594×841	420×594	297×420	210×297
도면 윤곽	c(최소)		20	20	10	10	10
	d(최소)	철하지 않을 때	20	20	10	10	10
		철할 때	25	25	25	25	25

④ 도면에 마련되는 양식

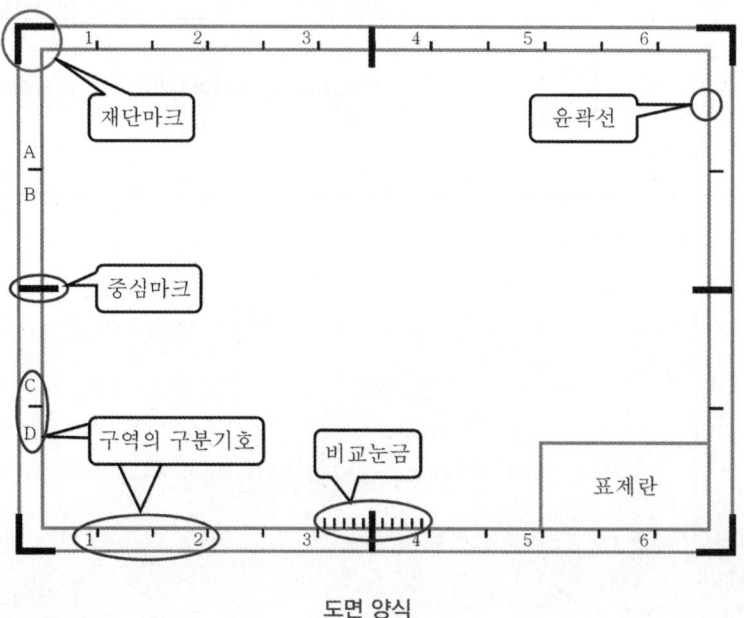

도면 양식

명칭	설명
윤곽선	도면 용지의 안쪽에 그려진 내용이 확실히 구분되도록 하고, 종이의 가장자리가 찢어져서 도면의 내용을 훼손하지 않도록 하기 위해서 굵은 실선으로 표시한다.
표제란	도면 관리에 필요한 사항과 도면 내용에 대한 중요 사항으로서 명칭, 도면번호, 기업(소속명), 척도, 투상법, 작성연월일, 설계자 등이 기입된다.
중심마크	도면의 영구 보존을 위해 마이크로필름으로 촬영하거나 복사하고자 할 때 중심을 정하는 마크로 굵은 실선으로 표시한다.
비교눈금	도면을 축소하거나 확대했을 때 그 정도를 알기 위해 도면 아래쪽의 중앙 부분에 $10mm$ 간격의 눈금을 굵은 실선으로 그려놓은 것이다.
재단마크	인쇄, 복사, 플로터로 출력된 도면을 규격에서 정한 크기로 자르기 편하도록 하기 위해 사용한다.

⑤ 도면에 사용되는 척도

ㄱ 척도 기입 위치 : 도면 전체의 그림 크기에 대한 척도 값은 표제란의 척도란에 표시한다.

ㄴ 척도의 정의

도면상의 길이와 실제 길이의 비를 말한다.

명칭	설명
축척	실물보다 작게 축소해서 그리는 것으로 $1:3$, $1:30$ 등의 형태로 표시
배척	실물보다 크게 확대해서 그리는 것으로 $3:1$, $30:1$ 등의 형태로 표시
현척	실물과 동일한 크기로 $1:1$의 형태로 표시
NS (Not to Scale)	척도가 비례하지 않을 경우에 기입하는데 "비례하지 않음"이나 치수 수치의 아래에 실선($\underline{40}$)을 긋기도 한다.

ㄷ 일부 부품도의 척도를 달리 해야 할 경우의 척도 표시 방법

기입법	설명
부품번호와 표면거칠기 옆에 표시	
표제란의 척도 부분에 기입	

(1) 치수공차

① 용어

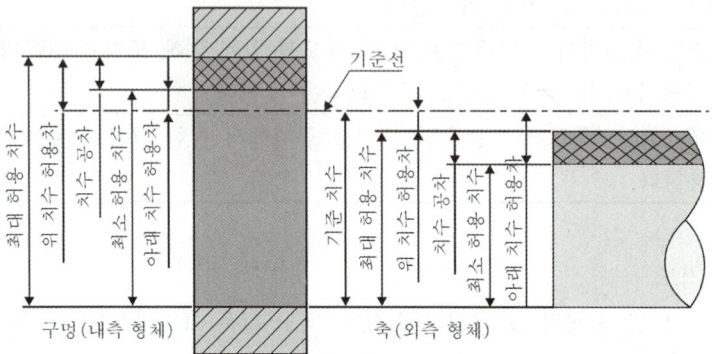

구멍과 축의 치수공차

치수 용어	설명
기준치수(=호칭치수)	치수공차를 선정하는데 기준이 되는 치수
허용한계 치수	허용 가능한 실제 치수의 범위로, 최대 허용치수와 최소 허용치수로 구분
최대 허용치수	허용할 수 있는 가장 큰 실제 치수 ✔ 최대 허용치수 = 호칭치수 + 위치수 허용차
최소 허용치수	허용할 수 있는 가장 작은 실제 치수 ✔ 최소 허용치수 = 호칭치수 + 아래치수 허용차
위치수 허용차	구멍의 경우 ES, 축의 경우 es로 표시 ✔ 위치수 허용차 = 최대 허용치수 – 기준 치수
아래치수 허용차	구멍의 경우 EI, 축의 경우 ei로 표시 ✔ 아래수 허용차 = 최소 허용치수 – 기준 치수
치수공차	설계 의도에 대한 부품 기능상 허용되는 치수의 오차범위 ✔ 치수공차 = 최대 허용치수 – 최소 허용치수 ✔ 치수공차 = 위치수 허용차 – 아래치수 허용차
기초 치수 허용차 (=기초 허용 치수)	기준이 되는 치수 허용차로 위치수 허용차와 아래치수 허용차 중 기준 치수에 가까운 것
기준선	기준치수의 기준이 되는 선
형체	부품의 외측과 내측을 형성하는 형체
축	원통형 외측 형체를 의미하며, 원형 단면이 아닌 외측 형체도 포함
구멍	원통형 내측 형체를 의미하며, 원형 단면이 아닌 내측 형체도 포함

② IT 등급(공차 등급)

용도	구멍	축	가공 방법	공차 범위
게이지 제작공차	IT01 ~ IT5	IT01 ~ IT4	래핑, 호닝, 초정밀 연삭	$0.001mm$
끼워맞춤 공차	IT6 ~ IT10	IT5 ~ IT9	연삭, 리밍, 밀링, 정밀 선삭	$0.01mm$
끼워맞춤 외의 거친부분의 공차	IT11 ~ IT18	IT10 ~ IT18	압연, 압출, 프레스, 단조	$0.1mm$

㉠ IT01, IT0, IT1, …, IT18의 20등급으로 나누어지고 정밀도에 따라 위의 표로 적용한다.

㉡ IT등급의 숫자가 높을수록, 기준 치수가 클수록 공차의 크기가 커진다.

③ 공차역 : 최대 허용치수와 최소 허용치수 사이의 영역

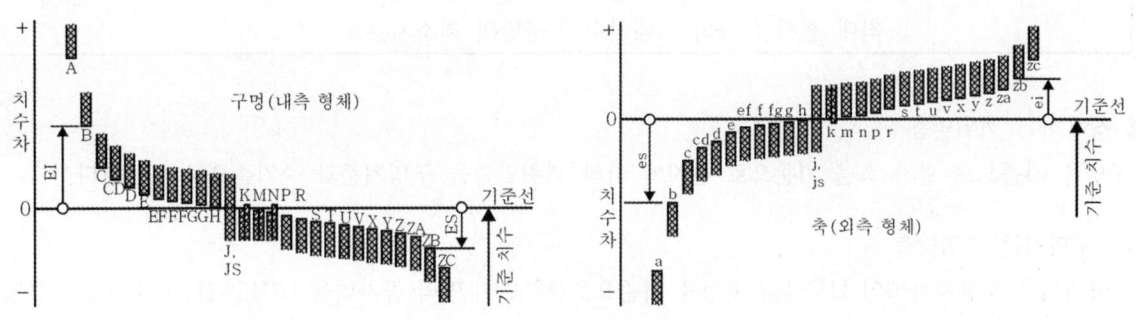

구멍의 공차역 위치　　　　　　　축의 공차역 위치

㉠ 구멍의 공차역

ⅰ) 영문 대문자를 사용하며 A~ZC까지 28개가 있다.

ⅱ) A에 가까울수록 구멍의 크기가 커지고, ZC에 가까울수록 구멍의 크기가 작아진다.

ⅲ) H는 최소 허용치수와 호칭치수가 동일하다.

㉡ 축의 공차역

ⅰ) 영문 소문자를 사용하며 a~zc까지 28개가 있다.

ⅱ) a에 가까울수록 축의 크기가 작아지고 zc에 가까울수록 축의 크기가 커진다.

ⅲ) h는 최대 허용치수와 호칭치수가 동일하다.

④ 공차영역별 허용치수와 호칭치수 크기

㉠ 구멍

ⅰ) A~H : 최소 허용치수 > 호칭치수

ⅱ) K~ZC : 호칭치수 > 최대 허용치수

㉡ 축

ⅰ) a~h : 호칭치수 > 최대 허용치수

ⅱ) k~zc : 최소 허용치수 > 호칭치수

(2) 끼워맞춤공차

구멍과 축의 조립 전 치수 차이에 의하여 생긴 관계로 사용 목적과 기능에 따라 헐겁게, 중간, 억지 끼워맞춤이 있다.

① 용어

끼워맞춤 용어	설 명
틈새	구멍의 치수가 축의 치수보다 클 때, 구멍과 축과의 치수 차 ① 최소 틈새 : 구멍의 최소치수 - 축의 최대치수 ② 최대 틈새 : 구멍의 최대치수 - 축의 최소치수
죔새	구멍의 치수가 축의 치수보다 작을 때, 조립 전의 구멍과 축과의 치수 차 ① 최소 죔새 : 축의 최소치수 - 구멍의 최대치수 ② 최대 죔새 : 축의 최대치수 - 구멍의 최소치수

② 상용하는 끼워맞춤

구멍을 기준으로 할지 축을 기준으로 할지에 따라 끼워맞춤을 구멍기준과 축기준으로 구분한다.

㉠ 구멍기준 끼워맞춤

아래치수 허용차가 0인 H등급의 구멍을 기준으로 하고, 구멍의 공차역을 H(H6~H10)의 5가지 구멍을 기준으로 정하여 이에 적합한 축을 선정하는 끼워맞춤 방식이다.

기준 구멍	축의 공차역 클래스																
	헐거운 끼워맞춤							중간 끼워맞춤			억지 끼워맞춤						
H6						g5	h5	js5	ks5	m5							
					f6	g6	h6	js6	k6	m6	n6[1]	p6[1]					
H7					f6	g6	h6	js6	k6	m6	n6	p6[1]	r6[1]	s6	t6	u6	x6
				e7	f7		h7	js7									
H8					f7		h7										
				e8	f8		h8										
H9			d9	e9													
			d8	e8			h8										
H10		c9	d9	e9			h9										
	b9	c9															

ⓛ 축기준 끼워맞춤

위치수 허용차가 0인 h등급의 축을 기준으로 하고, 축의 공차역을 h(h5~h9)의 5가지 축을 기준으로 정하여 이에 적합한 구멍을 선정하는 끼워맞춤 방식이다.

기준축	구멍의 공차역 클래스																
	헐거운 끼워맞춤							중간 끼워맞춤			억지 끼워맞춤						
h5							H6	JS6	K6	M6	N6[1]	P6					
					F6	G6	H6	JS6	K6	M6	N6	P6[1]					
h6					F7	G7	H7	JS7	K7	M7	N7	P7[1]	R7	S7	T7	U7	X7
				E7	F7		H7										
h7					F8		H8										
			D8	E8	F8		H8										
h8				D9	E9		H9										
				D8	E8		H8										
h9			C0	D9	E9		H9										
	B10	C10	D10														

(3) 기하공차

설계도면에 나타낸 대상물의 모양, 자세, 위치, 흔들림 공차를 통틀어서 기하공차라고 하며, 기하학적 정밀도를 요구하는 부분에만 적용한다.

① 기하공차의 장점
　ⓐ 제품을 가장 경제적이고 효율적으로 생산할 수 있다.
　ⓑ 검사를 용이하게 한다.
　ⓒ 부품 간의 작동 및 호환성이 중요할 때 사용한다.
　ⓓ 제품 제작과 검사의 일관성을 두기 위한 기준이 필요할 때 사용한다.

② 최대 실체공차방식(Maximun material size, MMS)
도면에 그려진 부품이 가능한 최대 부피 상태가 되는 방식

　ⓐ 외측형체 : 실제치수 + 치수공차
　ⓑ 내측형체 : 실제치수 - 치수공차

③ 실효치수(Virtual size, VS)
최대 실체공차방식에 기하공차까지 적용시키는 방식

　ⓐ 외측형체 : 실제치수 + 치수공차 + 기하공차
　ⓑ 내측형체 : 실제치수 - 치수공차 - 기하공차

④ 기하공차의 도시 방법

공차종류	전체 길이에 대한 공차값	데이텀
	지정 길이에 대한 공차값	

예시로 아래와 같이 도시된 기하공차는

//	0.1	A
	0.5/100	

㉠ 평행도 기하공차를 나타낸다.

㉡ 전체 길이에 대한 공차값은 0.1mm이다.

㉢ 지정 길이 100mm에 대한 공차값은 0.5mm이다.

㉣ 데이텀 A를 기준으로 한다.

⑤ 기하공차의 특성 기호

특성 기호	의미	특성 기호	의미
Ⓜ	최대 실체 공차 방식	Ⓛ	최소 실체 공차 방식
Ⓕ	자유 상태 조건	Ⓟ	돌출 공차역

⑥ 기하공차의 종류

적용형체	공차 종류		기호	설명
단독형체	모양공차	진직도	─	투상면에 평행한 임의의 평면으로 부품을 절단할 때 그 절단면의 외형선이 완벽히 평행해야 한다는 것을 나타낸다.
		평면도	▱	부품의 평면이 2개의 완벽히 평행한 평면 사이에 있어야 한다는 것을 나타낸다.
		진원도	○	축의 단면 외형선이 2개의 완벽한 동심원 사이에 있어야 한다는 것을 나타낸다.
단독형체 또는 관련형체		원통도	⌭	원통면이 2개의 완벽히 동축인 원통면 사이에 있어야 한다는 것을 나타낸다.
		선의 윤곽도	⌒	형상이 올바른 윤곽을 지닌 선 위에 중심을 둔 원이 만드는 2개의 포락선 사이에 있어야 한다는 것을 나타낸다.
		면의 윤곽도	⌓	형상이 올바른 윤곽을 지닌 면 위에 중심을 둔 원이 만드는 2개의 포락선 사이에 있어야 한다는 것을 나타낸다.

적용형체	공차 종류		기호	설명
관련형체	자세공차	평행도	//	2개의 형체가 서로 평행하여야 하는 경우에 사용한다.
		직각도	⊥	2개의 형체가 서로 직각하여야 하는 경우에 사용한다.
		경사도	∠	지정한 대상이 데이텀 기준으로 정확히 얼마나 기울어져 있는가를 나타낸다.
	위치공차	위치도	⊕	부품이 가지고 있는 점, 선 및 면의 위치에 대한 정밀도를 나타낸다.
		동축도 또는 동심도	◎	2개의 축심이 동일선상에 있을 때, 축심이 어긋난 오차 크기를 나타낸다.
		대칭도	=	기준으로 지정한 대상에 대해 얼마나 정확히 대칭인 위치에 있는지가를 나타낸다.
	흔들림공차	원주 흔들림	↗	원통 면의 반경 방향 흔들림이 1회전시켰을 때 데이텀 축 직선에 대해 흔들림이 일정량을 초과하지 않아야 한다는 것을 나타낸다.
		온 흔들림	↗↗	원통 면의 반경 방향 흔들림이 1회전시켰을 때 원통 표면상의 임의의 점에 대해 흔들림이 일정량을 초과하지 않아야 한다는 것을 나타낸다.

(4) 표면거칠기

① 표면거칠기의 종류

표면거칠기 기호	다듬질 기호	다듬질 정도	적용 부위
(∨ with ○)	∼	자연면, 요철을 제거하는 정도	- 주조(주물), 압연, 단조 등 표면부 - 제거가공을 허용하지 않는 면 - 다른 부품과 상호작용이 없는 면 - 구조물, 철판, 철골 등의 표면
(∨ with W)	▽	가공 흔적이 남을 정도의 거친 가공	- 선삭, 드릴링, 밀링 등 공작기계 가공으로 가공 흔적이 남을 정도의 거친 가공면 - 끼워맞춤을 하지 않는 일반적인 가공면 - 와셔, 볼트, 너트 등 일반적인 조립면
(∨ with X)	▽▽	가공 흔적이 거의 없는 중 다듬질	- 선반, 밀링, 드릴, 줄 등 가공으로 가공 흔적이 희미하게 남을 정도의 보통 가공면 - 끼워맞춤만 하고 미끄럼 운동을 하지 않아 마찰이 없는 고정된 부품면 - 키, 본체와 커버가 맞닿는 등의 표면
(∨ with y)	▽▽▽	가공 흔적이 전혀 없는 상 다듬질	- 선반, 밀링, 연삭, 리머, 래핑 등의 가공으로 가공 흔적이 남지 않는 매끄럽고 정밀한 고급 가공면 - 끼워맞춤으로 고속 회전 운동이나 미끄럼 운동 및 직선 왕복을 하는 면 - 베어링, 축, 오링, 오일 실, 패킹, 슬라이더, 열처리 되어있는 등의 표면
(∨ with Z)	▽▽▽▽	광택이 나는 고급 다듬질	- 연삭, 래핑, 버핑, 호닝 등에 의한 가공으로 광택이 나며 깨끗한 초정밀 고급 가공면 - 기밀을 요하는 초정밀 부품, 자동차 내연기관 실린더 접촉면, 정밀한 스핀들, 게이지류, 베어링 외면 등의 표면

② 표면거칠기의 표시사항

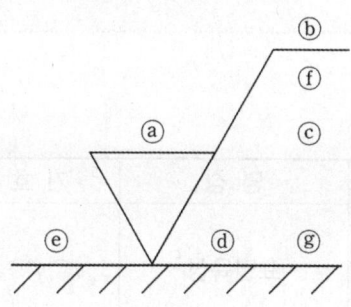

ⓐ 중심선 평균거칠기의 값
ⓑ 가공방법
ⓒ 컷오프값 및 기준길이
ⓓ 줄무늬 방향의 기호
ⓔ 다듬질 여유
ⓕ 중심선 평균거칠기 이외의 표면거칠기 값
ⓖ 표면 파상도(KS B 0610 에 따름)

③ 줄무늬 방향의 기호

기호	의 미	기호	의 미
=	가공으로 생긴 방향이 면에 평행	⊥	가공으로 생긴 방향이 면에 수직
×	가공으로 생긴 선이 서로 교차	M	가공으로 생긴 선이 무(=여러)방향
C	가공으로 생긴 선이 동심원	R	가공으로 생긴 선이 방사상

④ 표면거칠기 기입 방법

㉠ 표면거칠기의 기호를 여러 곳에 반복하여 기입하여야 할 경우에는 가공 지시와 로마자 알파벳 소문자를 표면거칠기 값의 약호로 규정하여 기입하고 의미를 주서에 기입한다.

㉡ 전체의 면을 동일한 표면거칠기로 지시할 경우에는 정면도의 위나 부품 번호의 옆 또는 표제란 부근에 기입한다.

㉢ 대부분은 동일한 표면거칠기이고 일부분만이 다르게 되어 있는 경우에는 투상도에 지시한 기호나 지시하지 않은 기호 다음에 괄호를 사용하여 기입한다.

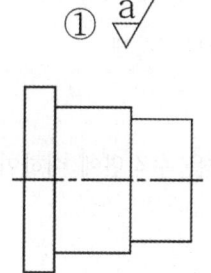

부품 위에 동일 거칠기만 기입한 경우

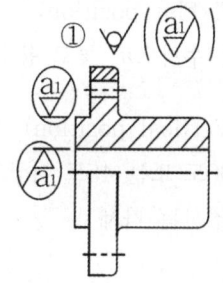

부품 위에 사용한 거칠기들을 기입한 경우

(1) 용접부 명칭에 따른 용접 기호

명 칭	기 호	명 칭	기 호	명 칭	기 호
점용접	○	가장자리 용접	|||	표면육성	⌒⌒
심용접	⊖	평형 맞대기 용접	||	표면 접합부	═
필릿용접	◺	V형 맞대기 용접	∨	경사 접합부	⫽
플러그용접	⊓	U형 맞대기 용접	Y	겹침 접합부	⊋
이면용접	⌓	J형 맞대기 용접	Ⲏ	전체둘레 현장 용접기호	⚑

(2) 용접자세와 기호

① 아래보기 자세(F, Flat position)
　용접하려는 자재를 수평으로 놓고 용접봉을 아래로 향하여 용접하는 자세

② 수직 자세 (V, Vertical position)
　모재가 수평면과 90도 또는 45도 이상의 경사를 가지며, 용접방향은 수직면에 대하여 45도 이하의 경사를 가지고 상하로 용접하는 자세

③ 수평 자세 (H, Horizontal position)
　모재가 수평면과 90도 또는 45도 이상의 경사를 가지며, 용접선이 수평이 되게 하는 용접자세

④ 위보기 자세 (OH, Overhead position)
　모재가 눈위로 들려있는 수평면의 아래쪽에서 용접봉을 위로 향하여 용접하는 자세

형상 모델링

2-1 모델링 작업

(1) 모델링 데이터 생성 및 방법

① 모델링 데이터 생성

  ㉠ 설계 아이디어를 2D로 구현 : AUTOCAD 등의 컴퓨터 제도 시스템을 사용한다.

  ㉡ 설계 아이디어를 3D로 구현 : CATIA, UG 등 형상모델링 시스템을 사용한다.

② 모델링 작업시 고려할 사항

  ㉠ 2D 프로파일 생성시에는 아래 내용을 고려한다.
   - 스케쳐의 적절한 파라메터화
   - 단순형상의 조합에 의한 복잡한 최종 형상의 생성

  ㉡ 모델의 수정 및 재사용을 고려한다.

  ㉢ 솔리드 형상의 국부적인 변형 순서를 고려한다.

  ㉣ 생산을 고려한 모델링 기법을 사용한다.

(2) CAD 모델의 종류와 특성

① 3차원 형상 모델링 생성

㉠ 와이어 프레임 모델링

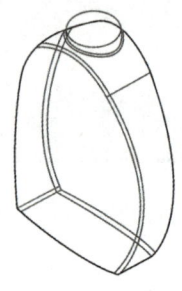

와이어 프레임 모델링

- 데이터 구조가 간단하고 처리 속도가 빠르다.
- 은선제거 및 단면도 작성이 불가능하다.
- 체적의 계산 및 물질 특성에 대한 자료를 얻지 못한다.

㉡ 서피스 모델링

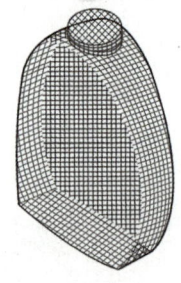

서피스 모델링

- 은선 제거가 가능하다.
- 단면도 작성이 가능하다.
- NC 가공작업이 수월하다.

㉢ 솔리드 모델링

솔리드 모델링

- 은선 제거가 가능하다.
- 단면도 작성이 용이하다.
- 부피, 무게중심, 관성모멘트 등의 물리적 성질의 계산이 가능하나.
- 간섭 체크가 용이하다.
- 컴퓨터의 메모리량이 많아져 데이터 처리시간이 많이 걸린다.

(1) 모델링 데이터 검토 및 수정

① 정보 명령어

선택한 요소 및 형상에 대한 정보를 사용자에게 알려 주는 기능을 모아둔 도구모음이다. 주로 모델링 오류를 검토할 때 사용한다.

명령어	설명
측정	선택한 요소(점, 선, 면 등) 간의 성분을 알려 주는 기능으로 치수 등을 측정한다.
물성치	선택한 형상의 물성치 정보(밀도, 질량, 부피, 면적 등)를 측정해주는 기능이다.
두께 검사	일정 두께 이상의 형상을 요구할 때 최소 두께 등을 확인할 수 있는 기능이다.

② 체크 명령어

어셈블리 상에서 단품에 대한 구속조건을 모두 설정하였다면, 모델링의 조립과정이 끝난 것이지만, 조립체의 단품 및 서브 어셈블리 간의 간섭이 발생한다면 실제 제품은 조립이 되지 않기 때문에 해당 부분을 검토하여야 한다. 주로 간섭 확인 및 수정할 때 사용한다.

명령어	설명
간섭 체크	여러 개의 단품 및 서브 어셈블리와의 간섭이 있는지 확인해주는 명령어이다.

(2) 부품 간 결합상태 분석

① 어셈블리(=조립, Assembly)

하나 이상의 단품들이 조립되어 기능을 할 수 있는 제품은 완성품을 설계하는 작업이다.

3D CAD 프로그램에서는 파트 모델링 디자인한 여러 단품을 조립하기 위하여 어셈블리 작업을 한다. 이러한 어셈블리 작업 방식에는 상향식 설계 방식, 하향식 설계 방식, 혼합형 설계 방식이 있다.

② 어셈블리 방식의 종류

방식	설명
상향식 설계 (Bottom up design)	조립품의 구속 조건을 이용하여 서브 조립품을 제작하고 그 서브 조립품을 상위 조립품에 배치하여 만들어 가는 설계방식
하향식 설계 (Top down design)	완성된 제품에서 제품을 분석하여 세부적인 작업을 진행하는 설계방식
혼합형 설계 (Mixed type design)	상향식 설계와 하향식 설계방식을 적절히 혼합하여 사용하는 설계방식

(1) 파일 저장 및 출력

① 파일 저장

3D 형상모델링 데이터와 2D 도면 데이터는 여러 가지 형식으로 저장이 가능하다. 사용자가 사용하는 프로그램과 데이터 또는 도면을 받아 보는 관계자가 사용하는 프로그램에 따라 저장되는 파일의 형식을 맞추어 저장하면 된다. 작성한 모델 데이터 등을 서로 다른 프로그램을 사용하는 환경에서 작업하기 위해서는 저장 형식을 바꾸어야 한다. 예를 들어, Inventor라는 프로그램의 파트 파일은 .ipt이고, Solidworks라는 프로그램의 파트 파일은 .sldprt인데, Inventor로 작업하고 저장 형식을 .ipt가 아닌 .sldprt로 변경하여 Solidworks를 사용하는 관계자가 해당 파일을 확인할 수 있다.

② 파일 출력

㉠ 파트 및 어셈블리 파일을 이미지 파일로 저장하여 출력

㉡ 도면화 작업을 통해 도면을 출력

(2) 소요자재목록, 부품목록 등 정보 산출

2D 도면 데이터는 가장 널리 사용되는 AutoCAD에서 데이터를 확인할 수 있도록 각 프로그램에서 작성한 소요자재목록과 부품목록 등의 정보를 dwg 확장자로 저장하고, 3D 도면 데이터는 특별한 프로그램의 특성을 따르기보단 일반적인 중립 확장자인 STEP이나 IGES 형식을 많이 사용하는데, STEP의 경우에는 솔리드 모델에, IGES의 경우에는 서페이스 모델에 대해 일반적으로 호환성이 뛰어나다.

3D 형상 모델을 CAM 가공을 위한 프로그램과 연동하려면 STL 형식으로 저장한다. 설계 정보가 아닌 단순한 형상이나 도면 정보를 이미지로 전달할 땐 윈도우 프로그램에서 제공하는 다양한 양식(PNG, GIF, JPEG 등)을 사용하여 정보를 산출하고, 이미지의 손상 또는 데이터 손실 없이 파일 크기를 줄일 땐 주로 PNG 파일을 사용한다.

체결요소설계

3-1   나사, 나사부품

(1) 나사의 구조 및 명칭

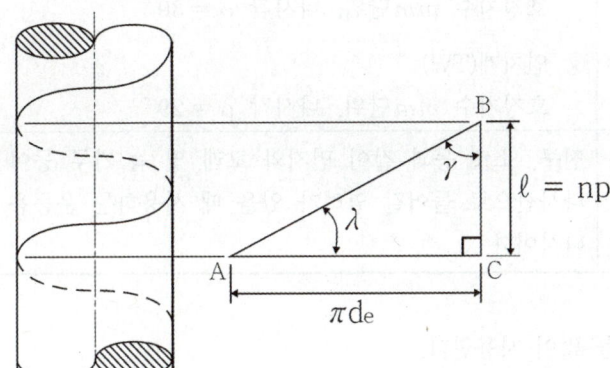

여기서,
ℓ : 리드 [mm]
p : 피치 [mm]
λ : 리드각(=나선각, 경사각) [°]
γ : 비틀림각 [°]
n : 나사의 줄 수
d_e : 유효 지름 [mm]
ρ : 마찰각 [°]
μ : 마찰계수

① 리드(ℓ) : 나사를 1회전 시킬 때, 축방향으로 나아간 거리

$\ell = np$ ex) 1줄 나사($n = 1$)이면 $\ell = p$, 2줄 나사($n = 2$)이면 $\ell = 2p$

② 피치(p) : 나사산과 산 또는 골과 골 사이의 축방향 거리

③ 리드각(=나선각, λ) : 나선곡선이 축선에 직각인 방향과 이루는 각

$$\tan\lambda = \frac{\ell}{\pi d_e} = \frac{np}{\pi d_e}$$

④ 마찰각(ρ) : $\tan\rho = \mu$

$$\therefore \rho = \tan^{-1}\mu$$

⑤ 나사의 줄 수(n) : 리드 내에 포함되는 나사 곡선의 개수

⑥ 나사의 지름

  ㉠ 바깥지름(=호칭지름, d_2) : 수나사의 바깥지름을 의미한다.

  ㉡ 안지름(=골지름, d_1) : 암나사의 안지름을 의미한다.

  ㉢ 유효지름(d_e) : 나사산의 길이와 나사골의 길이가 같아지는 가상 원통상의 지름을 의미한다.

(2) 나사의 종류

① 운동용 나사 : 주로 힘이나 동력 전달용으로 쓰인다.

종류	그림	설명
사각나사		나사산 각도가 없는 운동용 나사로 나사효율은 높은 편이나 공작이 어렵다.
사다리꼴나사 (=애크미나사)		사각나사보다 가공이 쉬워 대체용으로 많이 사용된다. 이뿌리 부위가 두꺼워 강도가 높아 큰 힘에 견딜 수 있다. 사다리꼴 나사는 다음과 같이 두 종류로 구분된다. ① 미터계(Tr) 호칭치수 mm단위, 나사각 $\alpha = 30°$ ② 인치계(TW) 호칭치수 mm단위, 나사각 $\alpha = 29°$
둥근나사 (=너클나사, =원형나사)		전구, 소켓 등과 같이 먼지와 모래 및 녹 가루 등이 나사산으로 들어갈 염려가 있을 때 사용하는 운동용 나사이다.

② 체결용 나사 : 주로 삼각나사(=미터나사)를 많이 사용한다.

종 류	그 림	설 명
미터나사 (=삼각나사)		나사 기호는(M)으로 나타내며 호칭치수 mm, 나사각 $\alpha = 60°$ 이다.
유니파이나사		인치계 나사로 호칭치수 $inch$, 나사각 $\alpha = 60°$ 이다.

(3) 사각나사의 역학

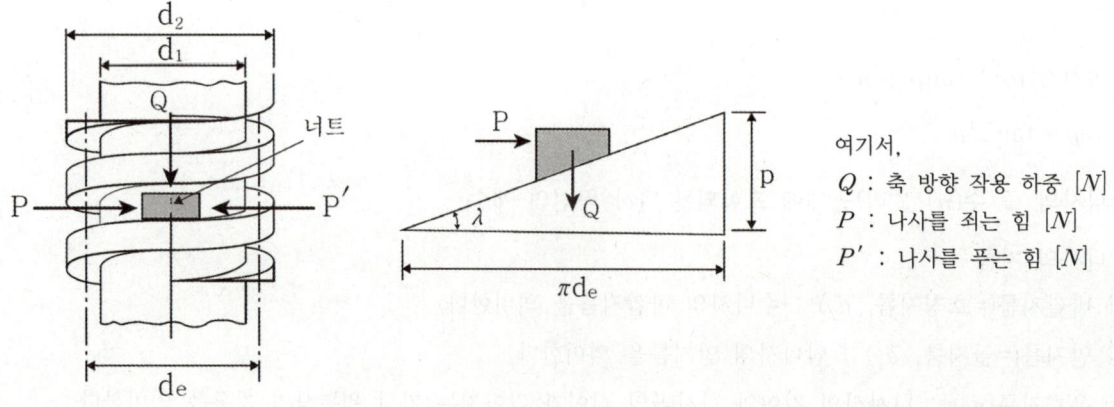

여기서,
Q : 축 방향 작용 하중 $[N]$
P : 나사를 죄는 힘 $[N]$
P' : 나사를 푸는 힘 $[N]$

① 나사를 감아올릴 때(=죌 때)

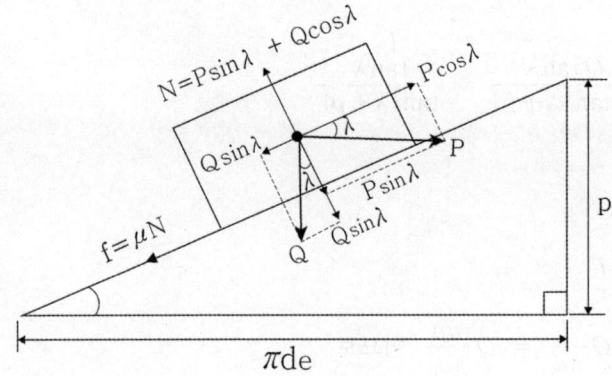

여기서,
P : 나사를 죄는 힘 $[N]$
Q : 축 방향 작용 하중 $[N]$
N : 수직항력 $[N]$ $(N = P\sin\lambda + Q\cos\lambda)$
μ : 마찰계수 $(\mu = \tan\rho$, ρ : 마찰각 $)$

힘의 평형식 $\sum F = 0$ 에서

$$P(\cos\lambda - \mu\sin\lambda) = Q(\sin\lambda + \mu\cos\lambda)$$

$$\therefore P = Q\left(\frac{\sin\lambda + \mu\cos\lambda}{\cos\lambda - \mu\sin\lambda}\right) = Q\left(\frac{\tan\lambda + \mu}{1 - \mu\tan\lambda}\right) = Q\left(\frac{\tan\lambda + \tan\rho}{1 - \tan\lambda\tan\rho}\right)$$

여기서, 마찰각(ρ) : $\tan\rho = \mu$ 이므로 정리하면

㉠ 나사를 죄는 힘(P) $[N]$

$$P = Q\tan(\lambda + \rho) = Q\left(\frac{p + \mu\pi d_e}{\pi d_e - \mu p}\right)$$

㉡ 회전 토크(T) $[N \cdot mm]$

$$T = P \times \frac{d_e}{2} = Q\tan(\lambda + \rho)\frac{d_e}{2} = Q\left(\frac{p + \mu\pi d_e}{\pi d_e - \mu p}\right)\frac{d_e}{2}$$

② 나사를 풀 때
㉠ 나사를 푸는 힘(P') $[N]$

$$P' = Q\tan(\rho - \lambda) = Q\left(\frac{\mu\pi d_e - p}{\pi d_e + \mu p}\right)$$

㉡ 나사를 풀 때 회전토크(T) $[N \cdot mm]$

$$T = Q\tan(\rho - \lambda)\frac{d_e}{2} = Q\left(\frac{\mu\pi d_e - p}{\pi d_e + \mu p}\right)\frac{d_e}{2}$$

(4) 나사의 효율

① 나사의 효율 : 탄젠트 공식(η)

$$\eta = \frac{\text{마찰이 없을 때의 회전력}}{\text{마찰이 있을 때의 회전력}} = \frac{P_o}{P} = \frac{Q\tan\lambda}{Q\tan(\lambda+\rho)} = \frac{\tan\lambda}{\tan(\lambda+\rho)}$$

② 나사의 효율 : 토크 공식(η)

$T = P \cdot \dfrac{d_e}{2}$ 에서 양변에 2를 곱하면 $Pd_e = 2T$

또한 마찰이 없을 때의 회전력 $P_o = Q\tan\lambda = Q\dfrac{\ell}{\pi d_e} = Q\dfrac{np}{\pi d_e}$ 이므로

$$\eta = \frac{\text{마찰이 없을 때의 회전력}}{\text{마찰이 있을 때의 회전력}} = \frac{P_o}{P} = \frac{Q\dfrac{np}{\pi d_e}}{P} = \frac{Qnp}{P\pi d_e} = \frac{npQ}{2\pi T}$$

③ 나사의 최대 효율

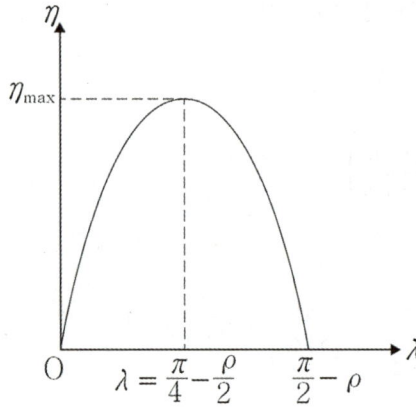

나사의 자립 효율 그래프

㉠ 효율이 최대가 되는 리드각 $[^\circ]$

$$\lambda = \frac{\pi}{4} - \frac{\rho}{2} = 45^\circ - \frac{\rho}{2}$$

㉡ 최대 효율

$$\eta_{max} = \tan^2\left(45^\circ - \frac{\rho}{2}\right)$$

(6) 너트의 높이

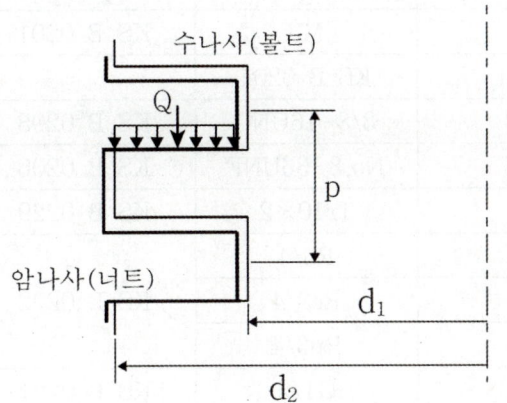

여기서,

p : 피치 $[mm]$

q_a : 허용 접촉면압력 $[N/mm^2]$

Z : 나사산의 수

H : 너트의 높이 $[mm]$

$$H = Zp = \frac{Q}{\frac{\pi}{4}(d_2^2 - d_1^2)q_a} \times p = \frac{pQ}{\frac{\pi}{4}(d_2^2 - d_1^2)q_a} = \frac{pQ}{\pi d h q_a}$$

(7) 너트(또는 나사)의 풀림방지법

① 와셔에 의한 방법 (스프링 와셔, 이붙이 와셔, 고정와셔 등)

② 플라스틱 플러그에 의한 방법

③ 로크너트에 의한 방법

④ 철사를 이용하는 방법

⑤ 분할핀에 의한 방법 (또는 작은나사 사용)

⑥ 멈춤나사에 의한 방법

⑦ 자동죔너트(=절입너트)에 의한 방법

(8) 나사의 호칭

나사산의 방향	나사의 줄 수	나사의 호칭	나사의 등급

① 나사산의 방향 : 왼나사인 경우 '좌' 또는 'L'로 표 시, 오른나사인 경우 표시하지 않는다.

② 나사의 줄 수 : 두 줄 나사의 경우 '2줄' 또는 '2N'로 표시하고, 한 줄 나사는 표시하지 않는다.

③ 나사의 호칭 : 나사 종류에 따른 표시기호를 따른다. (하단 표 참고)

④ 나사의 등급 : 공차의 위치 및 IT 등급을 의미한다.

구 분		나사의 종류	나사의 종류를 표시하는 기호	나사의 호칭에 표시 방법의 보기	관련 규격
일반용	ISO 표준에 있는것	미터보통나사	M	M8	KS B 0201
		미터가는나사	M8×1	KS B 0204	
		유니파이보통나사	UNC	3/8-16UNC	KS B 0203
		유니파이가는나사	UNF	No.8-36UNF	KS B 0206
		미터사다리꼴나사	Tr	Tr10×2	KS B 0229
		관용 테이퍼 나사 테이퍼 수나사	R	R3/4	KS B 0222
		테이퍼 암나사	Rc	Rc3/4	
		평행 암나사	Rp	Rp3/4	
		관용 평행나사	G	G1/2	KS B 0221
	ISO 표준에 없는것	29도 사다리꼴 나사	TW	TW18	KS B 0226
		관용 테이퍼 나사 테이퍼 나사	PT	PT7	KS B 0222
		평행 암나사	PS	PS7	
		관용 평행나사	PF	PF7	KS B 0221
특 수 용		전구 나사	E	E10	KS C 7702
		타이어 밸브 나사	TR	8V1	KS R 4006

(9) 나사 종류에 따른 호칭법

① 피치를 mm로 표시하는 나사의 경우

나사의 종류를 표시하는 기호		호칭지름을 표시하는 숫자	×	피치

② 피치를 산수로 표시하는 나사(유니파이 나사 제외)의 경우

나사의 종류를 표시하는 기호		호칭지름을 표시하는 숫자	×	산의 수

③ 유니파이 나사의 경우

나사의 종류를 표시하는 기호	-	산의 수	나사의 종류를 표시하는 기호

(1) 키(Key)

키는 회전축에 기어, 풀리, 스프로킷 등을 고정하여 회전력을 전달하려 할 때 축과 보스 사이에 사용하는 결합용 기계요소이다.

① 키의 종류

종 류	그 림	설 명
안장 키 (=새들 키)		축에 가공하지 않고 축의 모양에 맞추어 키의 아랫면을 깎아서 때려 박는 키로 작은 토크를 전달하는 곳에 사용된다.
반달 키 (=우드러프 키)		축에 반달 모양의 홈을 가공하여 반달 모양의 키를 넣고 보스에 끼운 것으로 홈의 깊이가 깊어 축의 강도를 저하시킬 수 있는 우려가 있다.
묻힘 키 (=평행 키)		가장 기본적인 키로 키 홈에 억지 끼워맞춤하여 사용하며 비교적 큰 토크를 전달할 수 있다.
접선 키 (=케네디 키)		기울기가 반대인 키 2개를 중심각이 120°가 되도록 조합한 것으로 전달토크가 큰 축에 사용된다.
세레이션		축과 보스에 작은 삼각형의 이를 제작하여 조립시킨 형태의 키로 다음과 같은 특징을 가진다. ① 축압 강도가 크다. ② 스플라인보다 큰 회전력을 전달한다. ③ 이의 높이가 낮고 잇수가 많다. ④ 이동용에는 사용이 불가능하다.

② 묻힘 키(Sunk key)의 역학

㉠ 접선력과 전달토크

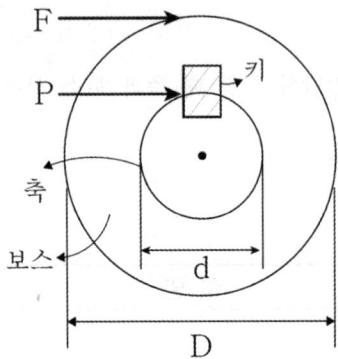

여기서,
P : 키에 작용하는 접선력 $[N]$
τ_s : 축의 허용전단응력 $[N/mm^2]$
Z_P : 축의 극단면계수
F : 보스에 작용하는 접선력 $[N]$
d : 축 지름 $[mm]$
D : 보스의 지름 $[mm]$

$$T = P \times \frac{d}{2} = F \times \frac{D}{2} = \tau_s Z_P$$

㉡ 키의 강도 계산

i) 키에 작용하는 전단응력(τ_k) $[N/mm^2]$

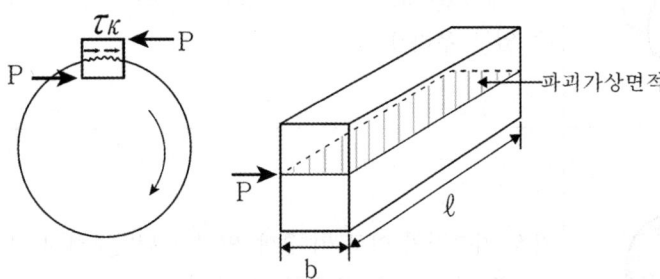

$$\tau_k = \frac{P}{A} = \frac{P}{b\ell} = \frac{2T}{b\ell d}$$

ii) 키에 작용하는 압축응력(=면압력, $\sigma_c = q$) $[N/mm^2]$

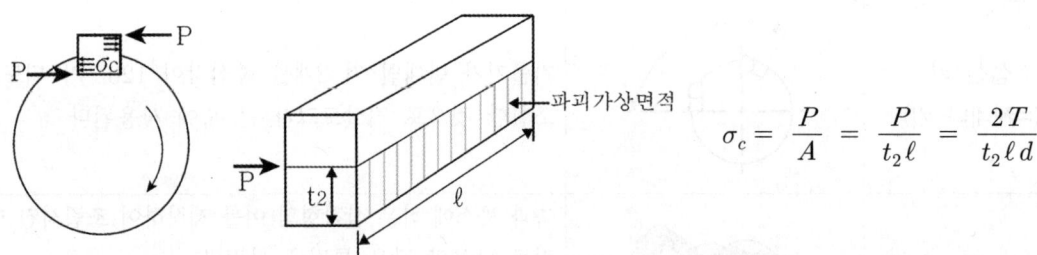

$$\sigma_c = \frac{P}{A} = \frac{P}{t_2 \ell} = \frac{2T}{t_2 \ell d}$$

만약 아무런 설명이 없을 경우 $t_1 = t_2$, $h = 2t$, $t = \dfrac{h}{2}$ $\therefore \sigma_c = \dfrac{4T}{h\ell d}$

(2) 핀(Pin)

키의 역할을 하며 코터가 빠져나오지 못하도록 고정하거나 부품 위치를 결정한다. 너트의 풀림 방지, 핸들과 축의 고정, 조립 부품의 위치 결정 등의 용도로 사용된다.

(3) 코터(Cotter)

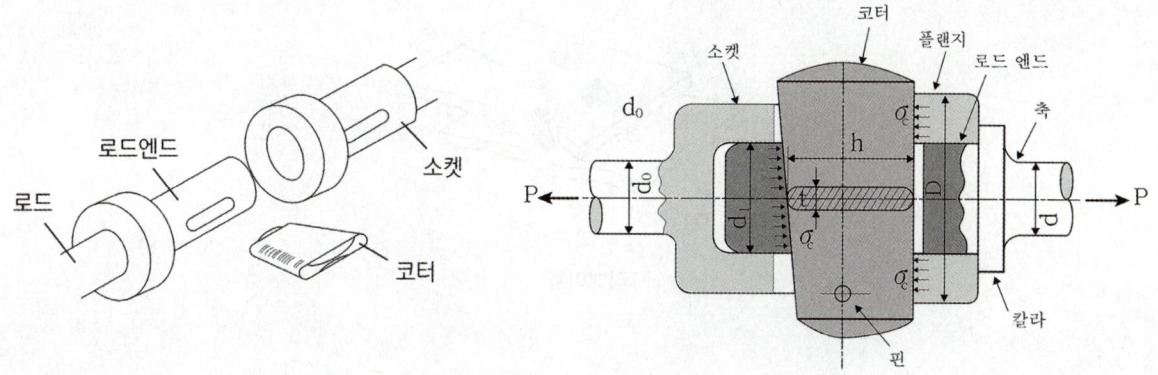

한쪽 또는 양쪽의 기울기를 가진 쐐기형 평판이다. 키와 스플라인은 축의 회전방향으로 부품을 결합하는데 비해, 코터는 두 축을 축방향으로 연결하고 필요에 따라 해체할 수 있는 목적으로 사용되는 결합용 기계요소이다. 축 방향의 인장력이나 압축력을 전달하는 데 가장 적합한 축 이음이다. 코터의 전단응력(τ)은 아래와 같이 구한다.

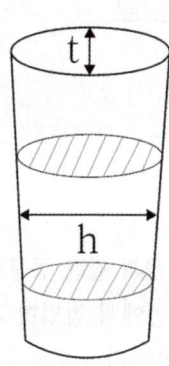

$$\tau = \frac{P}{A} = \frac{P}{2th}$$

여기서,
t : 코터의 두께 $[mm]$
h : 코터의 너비 $[mm]$

(1) 리벳이음의 정의

판재 또는 형강을 잇는 데 사용되는 반영구적 결합용 기계요소로서 구조가 간단하고, 잔류 변형이 거의 없다.

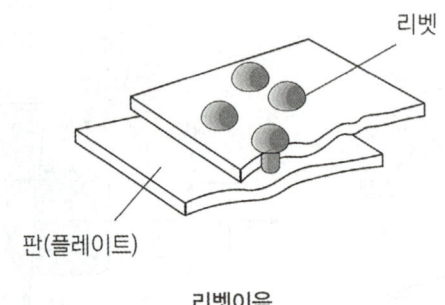

리벳이음

(2) 리벳작업(Riveting)

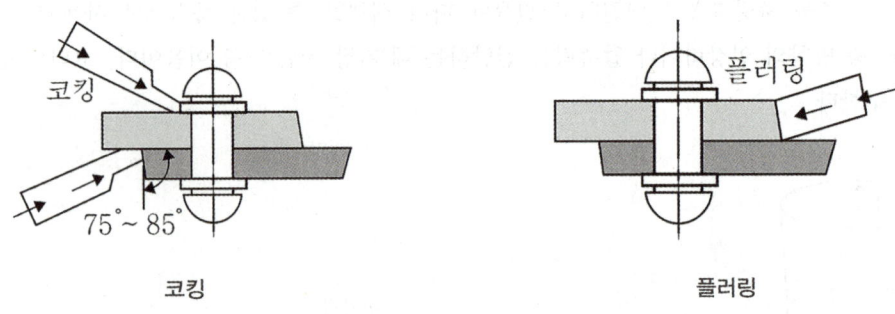

코킹   플러링

① 코킹(Caulking)

기밀을 필요로 하는 경우에는 리벳팅 이후에 리벳머리의 주위와 강판의 가장자리를 정과 같은 공구로 때리는 작업이다. 강판의 가장자리를 약 75°~ 85° 가량 경사지게 놓고 $5mm$ 이상의 강판에서 작업이 가능하다. $5mm$ 이하의 강판에서는 코킹 대신 유지 등 패킹을 넣고 고온에서는 석면을 이용한다.

② 플러링(Fullering)

기밀을 더욱 완벽하게 하기 위해 강판과 같은 너비의 끝이 넓은 공구로 때리는 작업이다.

(3) 리벳이음의 강도 계산

① 리벳의 전단 파괴

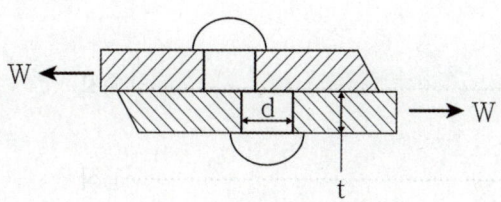

여기서,
W : 1피치 내의 작용 하중 $[N]$
F : 전체 하중 $[N]$
d : 리벳 직경 $[mm]$
n : 1피치당 리벳 수
τ : 리벳의 전단응력 $[MPa]$
t : 강판의 두께 $[mm]$

여기서 하중 = 응력 × 면적 × 리벳 수 이므로

$$1피치당 하중(W) : \quad W = \tau \frac{\pi d^2}{4} n \quad \cdots\cdots ⓐ식$$

② 리벳 강판의 인장파괴

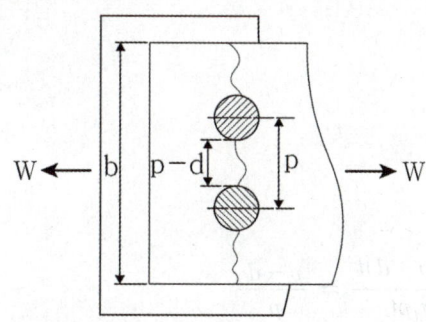

여기서,
d : 강판의 구멍 직경 $[mm]$
t : 강판의 두께 $[mm]$
σ_t : 강판의 인장응력 $[MPa]$
b : 강판의 전체 너비 $[mm]$
n : 파괴면에 속하는 구멍 수

$$1피치당 하중(W) : \quad W = \sigma_t (p - d) t \quad \cdots\cdots ⓑ식$$

③ 리벳 구멍의 압축파괴

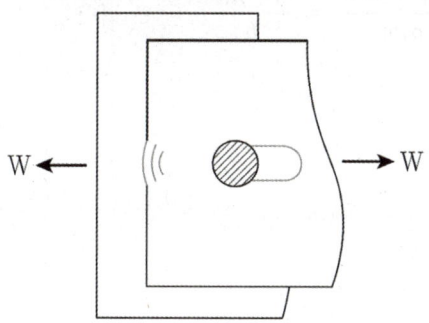

여기서,
d : 리벳 직경 $[mm]$
t : 강판의 두께 $[mm]$
σ_c : 리벳 구멍의 압축응력 $[MPa]$
n : 1피치당 리벳 수
n' : 전체 리벳 수

$$1피치당 하중(W) : \quad W = \sigma_c d t n \quad \cdots\cdots ⓒ식$$

(4) 리벳이음의 설계

① 피치(p), 리벳의 직경(d)

위에서 구한 3개의 식을 정리해보면 다음과 같다.

$$W = \tau \frac{\pi d^2}{4} n \cdots\cdots\cdots\cdots\cdots\cdots\cdots\cdots\cdots\cdots\cdots\cdots\cdots\cdots\cdots\cdots ⓐ식$$

$$W = \sigma_t (p-d)t \cdots\cdots\cdots\cdots\cdots\cdots\cdots\cdots\cdots\cdots\cdots\cdots\cdots\cdots\cdots ⓑ식$$

$$W = \sigma_c d t n \cdots\cdots\cdots\cdots\cdots\cdots\cdots\cdots\cdots\cdots\cdots\cdots\cdots\cdots\cdots\cdots ⓒ식$$

㉠ 피치(p) $[mm]$ (ⓐ식 = ⓑ식)

$$W = \tau \frac{\pi d^2}{4} n = \sigma_t (p-d)t \qquad \therefore p = d + \frac{\tau \pi d^2 n}{4\sigma_t t}$$

㉡ 리벳의 직경(d) $[mm]$ (ⓐ식 = ⓒ식)

$$W = \tau \frac{\pi d^2}{4} n = \sigma_c d t n \therefore d = \frac{4\sigma_c t}{\pi \tau}$$

② 강판의 효율(η_t)

㉠ 1피치당 하중일 때

$$\eta_t = \frac{구멍이\ 뚫린\ 강판의\ 인장강도}{구멍이\ 뚫리지\ 않은\ 강판의\ 인장강도} = \frac{\sigma_t (p-d)t}{\sigma_t p t} = \frac{p-d}{p}$$

$$\therefore \eta_t = 1 - \frac{d}{p}$$

㉡ 전체 하중일 때

$$\eta_t = \frac{구멍이\ 뚫린\ 강판의\ 인장강도}{구멍이\ 뚫리지\ 않은\ 강판의\ 인장강도} = \frac{\sigma_t (b-nd)t}{\sigma_t b t} = \frac{b-nd}{b}$$

$$\therefore \eta_t = 1 - \frac{nd}{b}$$

③ 리벳의 효율(η_s)

㉠ 1피치당 하중일 때

$$\eta_s = \frac{\text{리벳의 전단강도}}{\text{구멍이 뚫리지 않은 강판의 인장강도}} = \frac{\tau \frac{\pi d^2}{4} n}{\sigma_t p t} = \frac{\tau \pi d^2 n}{4 \sigma_t p t}$$

㉡ 전체 하중일 때

$$\eta_s = \frac{\text{리벳의 전단강도}}{\text{구멍이 뚫리지 않은 강판의 인장강도}} = \frac{\tau \frac{\pi d^2}{4} n'}{\sigma_t b t} = \frac{\tau \pi d^2 n'}{4 \sigma_t b t}$$

④ 리벳이음의 효율(η_r) : 안전을 고려하여 강판의 효율(η_t)과 리벳의 효율(η_s)중에 더 작은 값으로 선정한다.

(5) 용접이음

① 용접이음의 정의

모재의 접합부를 용융상태로 가열하며 밀착시켜 반영구적으로 결합시키는 방식이다.

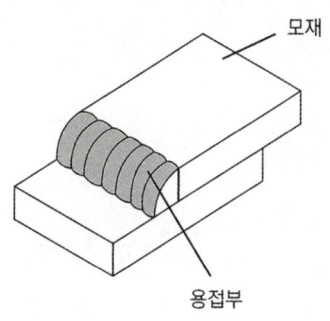

모재

용접부

② 용접이음의 장단점

장 점	단 점
① 작업의 공정수가 적다.	① 진동감쇠 능력이 부족하다.
② 이음(조인트) 효율이 높고 제작비가 저렴하다.	② 용접부 비파괴 검사가 어려운 편이다.
③ 기밀성이 양호하다.	③ 고열로 인한 변형이 생기기 쉽다.
④ 중량을 절감할 수 있다.	④ 잔류응력에 의해 재질이 변화된다.
⑤ 판재 두께 제한이 없다.	⑤ 용접의 최적 조건이 맞지 않을 때 결함이 일어나기
⑥ 소음이 없고 페인트 작업도 쉽게 가능하다.	쉽고 예민한 노치효과를 나타낸다.
⑦ 제품 생산율이 좋고 보수가 쉽다.	⑥ 응력집중에 대해 예민하고 크랙이 발생하면
⑧ 소량생산에 적합하여 제작일이 줄어든다.	전체가 쪼개질 위험이 있다.
⑨ 작업자 양성이 쉬운 편이다.	
⑩ 설비비가 적게든다.	

③ 필렛 용접 이음의 강도설계

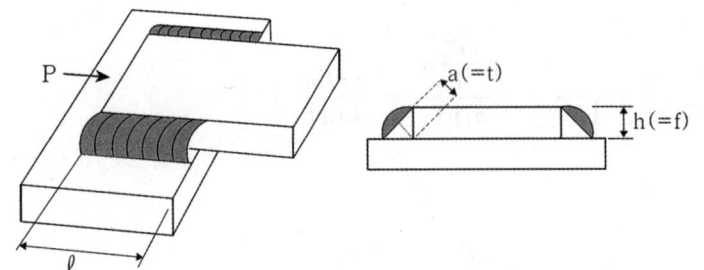

여기서,
P : 전단 하중 $[N]$
ℓ : 용접 길이 $[mm]$
$h(=f)$: 용접 다리 $[mm]$
a : 목 두께$(=h\cos45°)$ $[mm]$

파괴가상면적 $A = a\ell$ 이며 두 곳에서 파괴가 일어나므로 전단 응력(τ)은

$$\tau = \frac{P}{2A} = \frac{P}{2a\ell} = \frac{P}{2h\ell\cos45} = \frac{P}{\sqrt{2}\,h\ell}$$

동력원 전달요소설계

4-1 축, 축이음

(1) 강도를 고려한 축의 설계

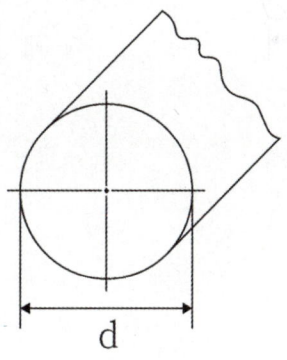

중심축

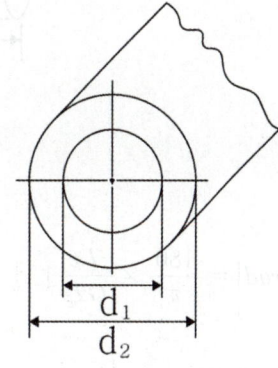

중공축

① 비틀림만 받는 경우

비틀림 모멘트 $T = \tau_a Z_P$ 이므로

㉠ 중실원축 : $Z_P = \dfrac{\pi d^3}{16}$ $\qquad \therefore d = \sqrt[3]{\dfrac{16T}{\pi \tau_a}}$

㉡ 중공원축 : $Z_P = \dfrac{\pi d_2^{\,3}(1-x^4)}{16}$ $\qquad \therefore d_2 = \sqrt[3]{\dfrac{16T}{\pi \tau_a(1-x^4)}}$

② 굽힘만 받는 경우

굽힘 모멘트 $M = \sigma_b Z$ 이므로

㉠ 중실원축 : $Z = \dfrac{\pi d^3}{32}$ $\qquad \therefore d = \sqrt[3]{\dfrac{32M}{\pi \sigma_a}}$

㉡ 중공원축 : $Z = \dfrac{\pi d_2^{\,3}(1-x^4)}{32}$ $\quad \therefore d_2 = \sqrt[3]{\dfrac{32M}{\pi \sigma_a(1-x^4)}}$ $\qquad$ 여기서 $x = \dfrac{d_1}{d_2}$: 내외경비

③ 비틀림과 굽힘이 동시에 작용하는 경우

　㉠ 상당 비틀림 모멘트(T_e) : $T_e = \sqrt{M^2 + T^2} = \tau_a Z_P$

　㉡ 상당 굽힘 모멘트(M_e) : $M_e = \dfrac{1}{2}\left(M + \sqrt{M^2 + T^2}\right) = \dfrac{1}{2}(M + T_e) = \sigma_b Z$

(2) 전동축의 강성설계

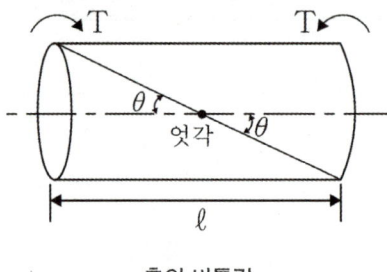

축의 비틀림

① 비틀림각(θ)

$$\theta = \frac{T\ell}{GI_P}\,[rad] = \frac{180}{\pi} \times \frac{T\ell}{GI_P}\,[\,°\,]$$

② 축 설계 시 고려사항

　㉠ 강도　　　　　　㉡ 강성　　　　　　㉢ 진동

　㉣ 열응력　　　　　㉤ 열팽창　　　　　㉥ 부식 및 침식

(3) 커플링(Coupling)

운전 중 탈착이 불가능한 반영구적 축이음이다.

① 올덤 커플링(Oldham Coupling)

　두 축이 서로 평행하고 중심선의 위치가 서로 약간 어긋나 속도의 변화 없이 동력을 전달이 가능한 커플링이다.

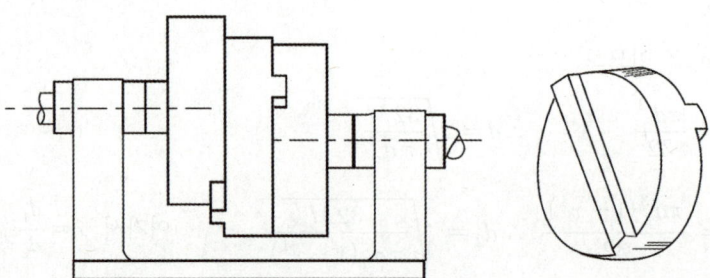

② 플랜지 커플링

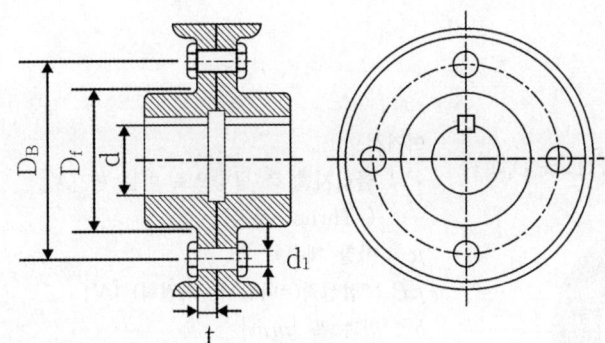

여기서,
d : 축 직경 $[mm]$
δ_B : 볼트의 골지름 $[mm]$
D_f : 플랜지 뿌리부 직경 $[mm]$
D_B : 볼트 중심의 직경 $[mm]$
t : 플랜지 뿌리부의 두께 $[mm]$

㉠ 볼트의 전단응력(τ_B) $[N/mm^2]$

전달토크 $T=$ 힘 $\times$ 거리 $=$ 응력 $\times$ 면적 $\times$ 거리 로 나타낼 수 있으므로

$T = \tau_B \cdot \dfrac{\pi \delta_B^2}{4} \cdot \dfrac{D_B}{2} \cdot n$ 이고 또한 $T = \tau_s \cdot Z_P$ 이므로

$T = \tau_B \cdot \dfrac{\pi \delta_B^2}{4} \cdot \dfrac{D_B}{2} \cdot n = \tau_s \cdot Z_P$

여기서,
τ_B : 볼트의 전단응력 $[N/mm^2]$
τ_s : 축의 허용전단응력 $[N/mm^2]$
Z_P : 축의 극단면계수 $[mm^3]$
n : 볼트의 개수

② 플랜지 뿌리부의 전단응력(τ_f) $[N/mm^2]$

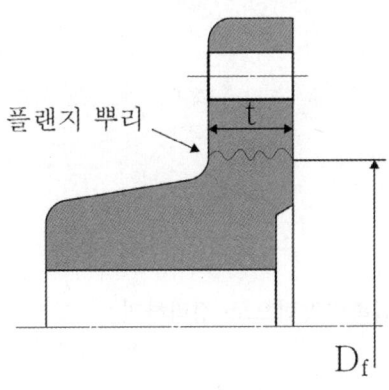

플랜지 뿌리

여기서,
t : 플랜지 뿌리부의 두께 $[mm]$
D_f : 플랜지 뿌리부의 직경 $[mm]$
τ_f : 플랜지 뿌리부의 전단응력 $[N/mm^2]$

전달 토크 $T=$ 힘 $\times$ 거리 $=$ 응력 $\times$ 면적 $\times$ 거리이므로 $T = \tau_f \cdot \pi D_f t \cdot \dfrac{D_f}{2}$ 이다. 따라서

$\tau_f = \dfrac{2T}{\pi D_f^2 t}$

(4) 클러치

운전 중 탈착이 가능한 축이음이다.

① 원판 클러치(=단판 클러치)

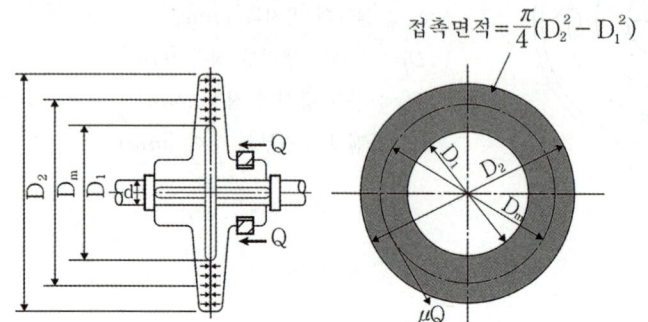

접촉면적 $= \dfrac{\pi}{4}(D_2^{\,2} - D_1^{\,2})$

여기서,

P : 클러치를 축 방향으로 미는 힘 $[N]$
  (=Thrust=추력)
μ : 마찰 계수
μP : 접선력(=마찰력, 회전력) $[N]$
b : 접촉 폭 $[mm]$
D_1 : 클러치의 내경 $[mm]$
D_2 : 클러치의 외경 $[mm]$
D_m : 평균 직경 $[mm]$
$$\left(D_m = \frac{D_2 + D_1}{2} \right)$$

㉠ 접촉면압력(q) $[N/mm^2]$

접촉면압력 $q = \dfrac{P}{A}$ 에서 접촉면의 범위는 위 그림과 같으므로

$$q = \frac{P}{\dfrac{\pi}{4}(D_2^{\,2} - D_1^{\,2})}$$

또한 $q = \dfrac{P}{\dfrac{\pi}{4}(D_2^{\,2} - D_1^{\,2})} = \dfrac{P}{\pi \cdot \dfrac{D_2 + D_1}{2} \cdot \dfrac{D_2 - D_1}{2}}$ 으로 나타낼 수 있으므로

$$q = \frac{P}{\pi D_m b}$$

㉡ 전달 토크(T) $[N \cdot mm]$

전달 토크 $T =$ 마찰력 $\times$ 거리 이므로 $T = \mu P \cdot \dfrac{D_m}{2}$

또한 $P = \pi D_m b q$ 이므로 $T = \mu \pi D_m b q \cdot \dfrac{D_m}{2}$ 이다. 여기서 접촉면압력으로 정리하면

$$q = \frac{2T}{\mu \pi D_m^{\,2} b}$$

② 원추 클러치

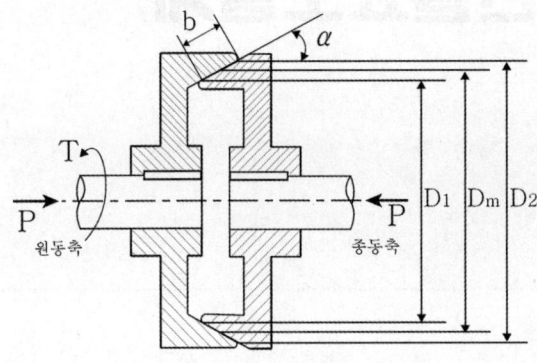

01
02
03
04

여기서,
P : 클러치를 축방향으로 미는 힘 $[N]$
(=thrust =추력)
Q : 접촉면에 수직하는 힘 $[N]$
μQ : 접선력(=마찰력 =회전력) $[N]$
$(F = \mu Q = \mu' P)$
α : 접촉각 $[°]$

㉠ 상당마찰계수(μ')

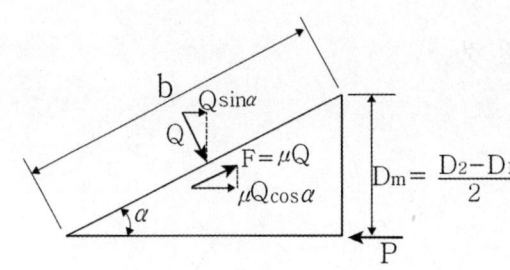

$D_m = \dfrac{D_2 - D_1}{2}$

그림에서 $P = Q\sin\alpha + \mu Q\cos\alpha$ 이므로

$$Q = \dfrac{P}{\sin\alpha + \mu\cos\alpha}$$

또한 마찰력 $F = QP = \mu' P\dfrac{\mu}{\sin\alpha + \mu\cos\alpha}P$ 이므로

$$\mu' = \dfrac{\mu}{\sin\alpha + \mu\cos\alpha}$$

㉡ 접촉면압력(q) $[N/mm^2]$: $q = \dfrac{Q}{A} = \dfrac{Q}{\pi D_m b}$

㉢ 접촉폭(b) $[mm]$

위 그림에서 $D_2 = D_1 + 2b\sin\alpha$ 이므로

$$b = \dfrac{D_2 - D_1}{2\sin\alpha}$$

㉣ 전달 토크(T) $[N \cdot mm]$

전달 토크 $T =$ 마찰력×거리 이므로 $T = \mu Q \cdot \dfrac{D_m}{2}$ 이고 $Q = \pi D_m b q$ 이므로

$T = \mu Q \cdot \dfrac{D_m}{2} = \mu\pi D_m b q \cdot \dfrac{D_m}{2}$ 이다. 이 식을 접촉면압력으로 정리하면

$$q = \dfrac{2T}{\mu\pi D_m^2 b}$$

㉤ 원추 클러치에서 원추각이 마찰각 이하일 때 나타나는 현상
 – 사용할 때에 충격을 수반한다.
 – 안쪽 원추를 빼낼 때 힘이 든다.

동력 보조 전달요소설계

(1) 미끄럼 베어링

① 베어링 재료 구비조건

ㄱ 내식성, 내마멸성, 내구성, 내열성이 좋을 것

ㄴ 마모가 적고 하중 및 피로에 대한 충분한 강도를 가질 것

ㄷ 축 재료보다 연하면서 압축강도가 클 것

ㄹ 충격 흡수력이 클 것

ㅁ 마찰계수가 작을 것

ㅂ 유연성이 좋을 것

ㅅ 유막 형성이 쉬울 것

ㅇ 열전도율이 높을 것

ㅈ 베어링에 흡입된 미세 먼지 등의 흡착력이 좋을 것

② 미끄럼 베어링의 설계

ㄱ 엔드 저널 베어링(=끝 저널 베어링)

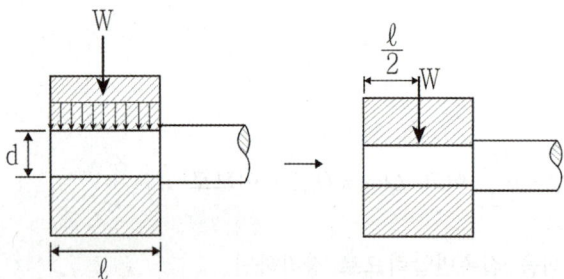

여기서,
W : 베어링 하중 $[N]$
d : 저널 직경 $[mm]$
ℓ : 저널 길이 $[mm]$

ⅰ) 베어링 압력(p) $[N/mm^2]$

$$p = \frac{W}{A} = \frac{W}{d\ell}$$

ⅱ) 원주속도(v) $[m/s]$

$$v = r\omega = \frac{d}{2} \times \frac{2\pi N}{60}[mm/s] = \frac{\pi dN}{60 \times 1000}[m/s]$$

iii) 발열 계수(=압력 속도 계수, pv) $[N/mm^2 \cdot m/s]$

$$pv = \frac{W}{d\ell} \times \frac{\pi d N}{60 \times 1000} = \frac{\pi W N}{60000\ell} \qquad \therefore \ell = \frac{\pi W N}{60000 pv}$$

iv) 앤드 저널의 설계(저널 직경 : d 구하기)

굽힘모멘트 $M_{max} = \sigma_a Z = \sigma_a \dfrac{\pi d^3}{32}$ 이므로 직경 d로 정리하면

$$d = \sqrt[3]{\frac{32 M_{max}}{\pi \sigma_a}} = \sqrt[3]{\frac{32 W \cdot \frac{\ell}{2}}{\pi \sigma_a}} = \sqrt[3]{\frac{16 W \ell}{\pi \sigma_a}}$$

v) 마찰 손실 동력(H_l) $[W]$: 단위 시간당 마찰 일량

$$H_l = \mu W v \qquad\qquad \text{여기서, 원주속도} : v = \frac{\pi d N}{60 \times 1000}$$

(3) 구름 베어링

① 구름 베어링의 종류

종 류	그 림	설 명
단열 깊은 홈 볼베어링		구름 베어링 중 가장 널리 사용되는 것으로 내륜은 축에 고정하고 외륜은 하우징에 고정한다. 구조가 간단하고 정밀도가 높아서 고속회전용으로 가장 적합하며 반경방향 하중을 지지할 수 있다.
앵귤러 볼베어링		볼과 내, 외륜과의 접촉점을 잇는 직선이 반경 방향에 대해서 접촉각을 이루고 있다. 하중 지지능력이 좋으며, 접촉각이 클수록 축방향 부하 능력이 증가하고, 접촉각이 작을수록 고속회전에 유리하다.

종 류	그 림	설 명
자동조심 볼베어링		외륜 궤도면이 구면으로 되어 중심이 베어링 중심과 일치하는 형상이다. 이로 인해 자동적으로 중심을 맞출 수 있어 무리한 하중이 생기지 않는다.
매그니토 볼베어링		외륜 궤도면의 한쪽 궤도 홈 턱을 제거하여 베어링 요소의 분리 조립을 쉽게 하도록 한 베어링으로 고속, 소형 정밀기기에 사용한다.
스러스트 볼베어링		축방향 하중만을 받으므로 고속 회전에 부적합하고 축은 회전륜에 부착된다.
원통 롤러베어링		볼베어링이 점접촉을 하는데 비하여 롤러베어링은 선접촉을 하므로 반경방향의 부하 용량이 크기 때문에 중하중, 고속회전에 적합하다.
테이퍼 롤러베어링		내륜, 외륜 및 롤러 원추의 정점이 축선상의 한 점에 집중되며 롤러는 내륜의 턱에 의하여 안내되기 때문에 반경방향 하중과 축방향 하중의 합성 하중에 대한 부하능력이 크다.
니들 롤러베어링		선동체의 길이가 지름의 3~10배 정도로 가늘고 긴 롤러 형태와 지름 5mm 이하의 바늘 모양의 롤러를 사용한 베어링이다. 다른 롤러 베어링을 사용할 수 없는 좁은 장소나 충격하중이 있는 곳에 사용된다.

② 구름베어링의 도시 방법

베어링의 종류	도시방법			
	(기호)	(기호)	(기호)	(기호)
볼 베어링	단열 깊은 홈 볼 베어링	복렬 깊은 홈 볼 베어링	복렬 자동 조심 볼 베어링	단열 앵귤러 볼 베어링
롤러 베어링	단열 원통 롤러 베어링	복렬 원통 롤러 베어링	복렬 구형 롤러 베어링	단열 앵귤러 콘텍트 테이퍼 롤러 베어링

③ 안지름 번호(베어링 호칭의 3, 4번째 숫자)

안지름	안지름 번호	안지름	안지름 번호
$0 \sim 9mm$	그대로	$20mm$	04
$10mm$	00	$25mm$	05
$12mm$	01	…	…
$15mm$	02	$495mm$	99
$17mm$	03	$500mm$ 이상	그대로

④ 구름 베어링 설계

㉠ 실제 베어링 하중(P') [N]

$$P' = f_v f_g f_w \times P$$

여기서, P : 베어링 하중 [N]
f_v : 속도 계수
f_g : 기어 계수
f_w : 하중 계수

㉡ 기본 정격하중(=기본 부하용량 =기본 동정격하중 =기본 동적부하용량, C) [N]

외륜을 고정하고 내륜을 회전시키는 조건에서 10^6회전의 정격수명이 얻을 수 있는 베어링 하중의 크기이다.

㉢ 수명 계산식

ⅰ) 수명 회전수(=정격 수명 =계산 수명, L_n) [rev]

$$L_n = \left(\frac{C}{P'}\right)^r \times 10^6$$

여기서, P' : 실제 베어링 하중 [N]
C : 동적 기본 부하 용량 [N]
$r : \begin{cases} 볼 : r = 3 \\ 롤러 : r = \dfrac{10}{3} \end{cases}$

ⅱ) 수명 시간(L_h) [hr] : 정격 수명을 500시간 단위로 나타낸 것이다.

$$L_h = \frac{L_n}{60N} = \frac{10^6}{60N}\left(\frac{C}{P'}\right)^r$$

ⓔ 기본 회전수(N) : $N = \dfrac{33.3\,rev}{\min} \times 500hr \times 60\min/hr ≒ 10^6\,[rev]$

ⓜ 한계속도지수(dN) : 손상 없이 장시간 운전 가능한 베어링 회전속도의 한계

dN 　　　여기서, d : 베어링 안지름(=피치원 지름) $[mm]$
　　　　　　　N : 최대 사용 회전수 $[rpm]$

5-2 　캠

(1) 캠(Cam)

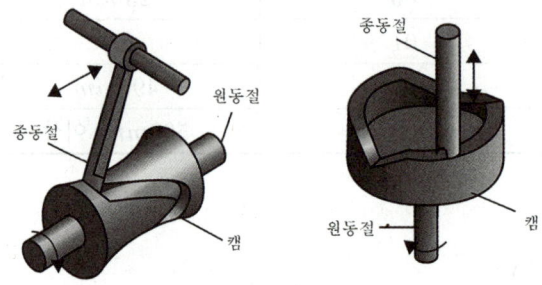

캠 기구의 구성

다양한 형태를 가진 면 또는 홈에 의하여 회전운동 또는 왕복운동을 함으로써 주기적인 운동을 발생시키는 기구를 말하며 내연기관의 밸브 개폐장치 등에 이용된다.

① 캠 기구의 종류

㉠ 평면 캠

명칭	그림	설명
판 캠 (Plate Cam)		① 가장자리가 굽은 판 보양의 캠이다. ② 캠을 회전시키면 접촉자는 주기적인 운동을 한다. ③ 자동차의 밸브기구, 점화장치의 배전기 캠에 이용되고 있다.
정면 캠 (Face Cam)		① 판 캠의 윤곽에 해당하는 곡선을 중심선으로 하는 홈을 회전판의 정면에 낸 캠이다. ② 홈에 종동절의 롤러를 끼워 필요로 하는 운동을 확실하게 하는 캠이다.

명칭	그림	설명
직동 캠 (Translation Cam)		원동절이 직선왕복운동을 하고 종동절이 수직왕복운동을 하는 캠이다.
삼각 캠 (=요크 캠)		① 프레임을 이루는 일정한 간격의 평행한 두 평면으로 삼각캠을 둘러싼 모양의 캠이다. ② 삼각캠은 회전운동을 하고 프레임은 수직왕복운동을 한다.

ⓒ 입체 캠

명칭	그림	설명
원통 캠 (Cylindrical Cam)		원통 표면에 홈이나 돌기를 가진 캠이다.
원뿔 캠 (Conical Cam)		① 원뿔의 표면에 홈을 가진 캠이다. ② 원뿔의 회전에 의해서 종동절에 주기적인 왕복운동을 부여한다.
구형 캠 (Spherical Cam)		회전하는 구면을 이용하는 캠이다.
빗판 캠 (Swash Plate Cam)		회전축에 비스듬히 평면판을 장착한 캠이다.
단면 캠 (End Cam)		① 비스듬한 원주의 단면에 특수한 종동절을 부착한 캠이다. ② 원동절이 회전운동을 하면 종동절은 수직왕복운동을 한다.

② 캠 설계 시 압력각을 작게하는 방법

㉠ 종동절의 전양정을 작게한다.

㉡ 기초원의 지름을 크게 한다.

㉢ 주어진 종동절의 변위에 대한 캠의 회전각을 크게 한다.

㉣ 종동절의 편심량을 변화시킨다.

③ 캠의 윤곽곡선을 결정하는 요인

㉠ 종동절의 종류

㉡ 종동절의 변위곡선

㉢ 캠과 종동절의 편심량

④ 캠 선도(=변위 선도)

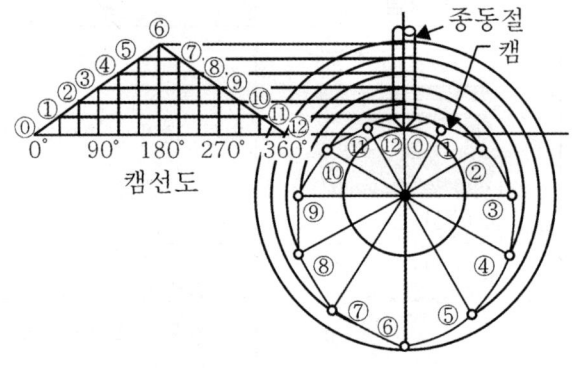

캠 변위 선도

캠의 운동을 나타내는 선도로 캠의 회전각을 가로축으로, 종동절의 변위를 세로축으로 하여 나타낸 선도이다. 변위곡선이 직선으로 나타날 때 캠은 등속도 운동을 한다.

⑤ 이중 크랭크 기구(=평행 크랭크 기구)

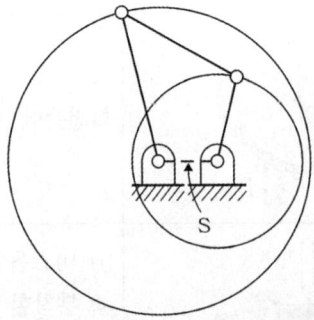

이중 크랭크 기구

제일 짧은 길이의 링크가 고정되어 움직이는 기구이고, 제일 짧은 링크와 접하는 두 개의 링크가 회전운동을 한다. 주로, 자동차의 창 닦기 기구나 만능 제도기 등에 응용된다.

⑥ 왕복 슬라이더 크랭크 기구

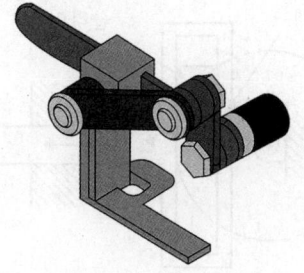

왕복 슬라이더 크랭크 기구

입력과 출력을 바꿔서 직선운동을 평면운동으로 변경할 수 있는 크랭크 기구로, 구성요소는 크랭크, 슬라이더, 커넥팅로드 등이 있다.

⑦ 이중 레버 기구

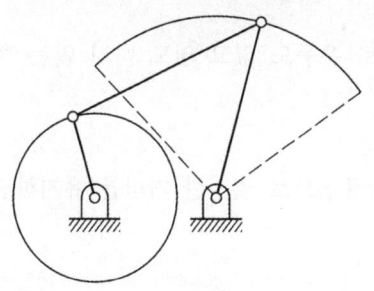

이중 레버 기구

4링크 기구에서 고정 링크에 연결되어 있는 두 개의 링크가 왕복운동을 할 수 있다.

⑧ 배력 장치

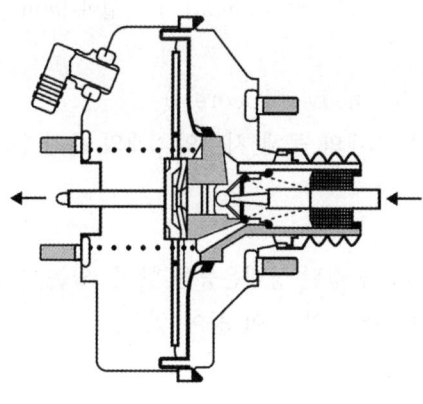

배력 장치

4절 크랭크 체인을 이용함으로써 작은 힘을 작용시켜 큰 힘을 내게 하는 장치이다.

⑨ 스코치 요크(Scotch Yoke)

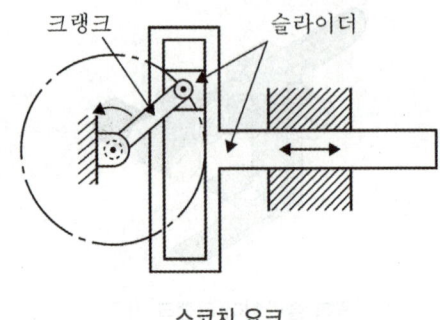

스코치 요크

왕복 이중 슬라이더 기구의 대표적인 것으로 경사각 90°로 만들어져 소형냉장고 등의 냉매 압축기로 쓰인다.

(2) 여러 가지 용어

① 구조물
교량이나 건축물의 구성체처럼 서로 운동도 없고 일도 하지 않는 형태이다.

② 구면 운동
물체상의 모든 점이 어느 한 점을 중심으로 일정한 거리를 유지하면서 이동하는 운동

③ 회전 운동
물체가 한 공간에서 어떤 한 직선을 회전축으로 회전하는 운동으로 선풍기의 날개나 벨트 풀리의 움직임 등이 회전 운동에 속한다.

④ 속도(V)와 각속도(ω)의 관계식

$$V = r\omega = \ell\omega$$

여기서,
r : 반지름 $[mm]$, ℓ : 길이 $[mm]$

⑤ 케네디의 정리(=3중심의 정리, Kennedy's Theorem)
평면 위를 서로 상대운동하고 있는 3개의 물체 사이의 3개의 순간중심은 항상 동일 직선상에 있다.

⑥ 대우(Pair)
기계를 구성하고 있는 부분에서 서로 한정된 상대운동을 할 수 있는 기계구성요소의 조합관계이다. 대우의 예로는 볼트와 너트, 축과 베어링, 한 쌍의 기어 등이 있다.

두 축에 바퀴를 만들어 구름접촉을 통해 순수한 마찰력만으로 동력을 직접적으로 전달하는 기계요소로 다음과 같은 특징을 나타낸다. 약간의 미끄럼이 발생하여 확실한 운동전달이나 큰 동력에는 부적합하며, 무단변속이 가능하다.

(1) 마찰차의 용도와 종류

① 무단변속이 필요한 곳
② 작은 동력을 전달하며 정확한 각속도비가 필요하지 않은 곳
③ 속도비가 너무 커서 기어를 사용할 수 없는 곳
④ 양 축을 빈번히 단속할 필요가 있는 곳

종 류	그 림	설 명
원통 마찰차		원통형 바퀴가 외접 또는 내접하여 동력을 전달하는 마찰차
홈 마찰차		축직각하중을 증가시키지 않고 접촉하는 면적을 증가시켜 전달동력이 크도록 개선한 마찰차

종 류	그 림	설 명
원추 마찰차		동일 평면 내 교차하는 양 축 사이 동력을 전달하는 마찰차
스큐 마찰차		마찰구동에서 두 축이 평행하지도 교차하지도 않으며 쌍곡선의 일부를 이용한 형태의 마찰차
크라운 마찰차		직각으로 만나는 두 축 사이에서 원판과 롤러가 접촉하여 힘을 전달하는 마찰차
에반스 마찰차		2개의 원추차 사이에 가죽 또는 강철제 링을 접촉시켜서 회전비를 변화시키는 무단변속 마찰차

(2) 원통 마찰차

① 마찰력(=접선력 =회전력)(F) $[N]$

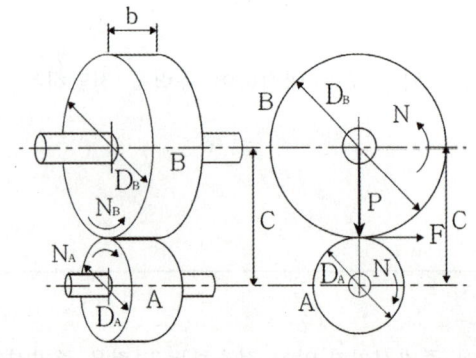

$$F = \mu P$$

여기서,
μ : 마찰차의 마찰계수
P : 마찰차가 서로 미는 힘 $[N]$

② 전달 토크(T) $[N \cdot mm]$: $T = \mu P \dfrac{D_A}{2}$

③ 전달 동력(H) $[W]$: $H = T\omega = \mu P v$

④ 접촉면압력(f) $[N/mm]$: $f = \dfrac{P}{b}$ 여기서, b : 접촉 폭 $[mm]$

⑤ 중심거리(C) $[mm]$

  ㉠ 외접 : 회전 방향이 반대이다. ㉡ 내접 : 회전 방향이 동일하다.

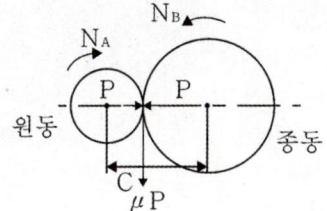 $C = \dfrac{D_B + D_A}{2}$ 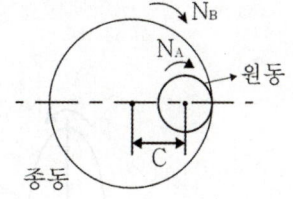 $C = \dfrac{D_B - D_A}{2}$

  여기서, P : 마찰차가 서로 미는 힘 $[N]$ N_A : 원동차의 회전수 $[rpm]$

          D_A : 원동차의 직경 $[mm]$ N_B : 종동차의 회전수 $[rpm]$

          D_B : 종동차의 직경 $[mm]$ C : 중심거리 $[mm]$

⑥ 원주속도(v) $[m/s]$: $v = v_A = v_B = \dfrac{\pi D_A N_A}{60 \times 1000} = \dfrac{\pi D_B N_B}{60 \times 1000}$

⑦ 속비(=속도비 =회전비, $\varepsilon(=i)$) : $\varepsilon = \dfrac{\text{종동축의 회전수}}{\text{원동축의 회전수}} = \dfrac{N_B}{N_A} = \dfrac{D_A}{D_B}$

(3) 홈 마찰차(=V 마찰차)

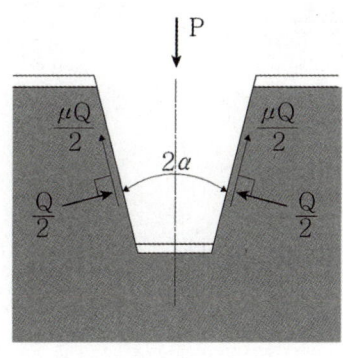

여기서,

P : 마찰차가 축에 수직한 힘 $[N]$

Q : 접촉면에 수직한 힘 $[N]$

2α : 홈 각도

    ($2\alpha = 30^o \sim 40^o$)

ℓ : 접촉 길이 $[mm]$

① 접촉면에 수직한 힘(Q) $[N]$

  위 그림에서 힘의 평형 방정식에 의하여

  $P = Q\sin\alpha + \mu Q\cos\alpha = Q(\sin\alpha + \mu\cos\alpha)$ 이고 이 식을 Q로 정리하면

  $Q = \dfrac{P}{\sin\alpha + \mu\cos\alpha}$

② 상당마찰계수(μ')

마찰력(=접선력 =회전력)은 $F = \mu Q = \mu' P$ 이므로

$$\mu' = \frac{\mu}{\sin\alpha + \mu\cos\alpha}$$

(4) 타원 마찰차

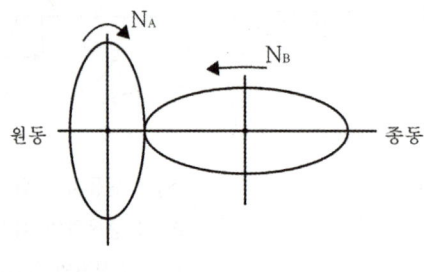

타원 마찰차

타원의 특성상 원동차와 종동차의 속비가 일정하지 않으므로 운전자가 원하는 대로 속비를 변경 할 수 없는 마찰차이다.

(5) 쌍곡선 마찰차

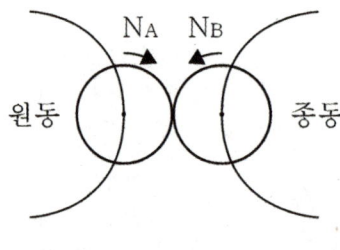

쌍곡선 마찰차

쌍곡선 형태를 따라 움직이는 마찰차로 운전 중에 속도비가 변화하지 않는다.

5-4 브레이크

브레이크란 마찰력을 이용하여 운동에너지를 열에너지로 변환시켜 물체를 정지상태로 유지하는 기계요소로 마찰력이 발생하는 작동부분과 힘을 주는 조작부분으로 구성되어 있다.

(1) 블록 브레이크

회전하는 브레이크 드럼에 레버를 밀어 블록을 이용하여 제동하는 장치이다.

① 내작용선

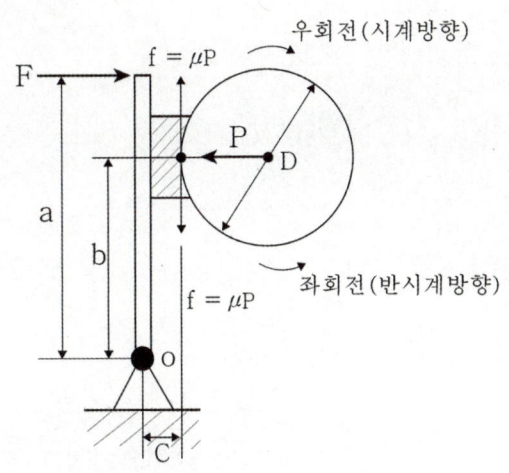

여기서,
F : 브레이크 작용력 $[N]$
P : 브레이크 드럼을 누르는 힘 $[N]$
μ : 마찰 계수
f : 브레이크 제동력 $[N]$
D : 드럼의 직경 $[mm]$

㉠ 우회전시(=드럼이 시계 방향으로 회전)

위 그림에서 모멘트 평형식을 세우면

$$\sum M = Fa - Pb - fc$$
$$= Fa - Pb - \mu Pc = 0$$

㉡ 좌회전시(=드럼이 반시계 방향으로 회전)

위 그림에서 모멘트 평형식을 세우면

$$\sum M = Fa - Pb + fc$$
$$= Fa - Pb + \mu Pc = 0$$

② 중작용선 : 우회전과 좌회전의 모멘트 평형식이 같다.

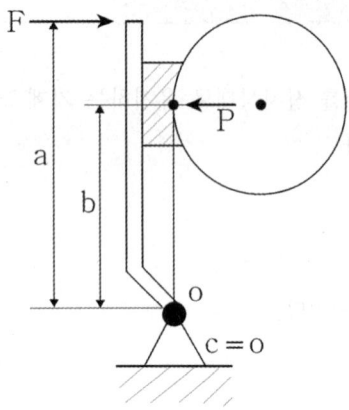

모멘트 평형식은 우회전과 좌회전이 같으므로

$$\sum M = Fa - Pb = 0$$

③ 외작용선

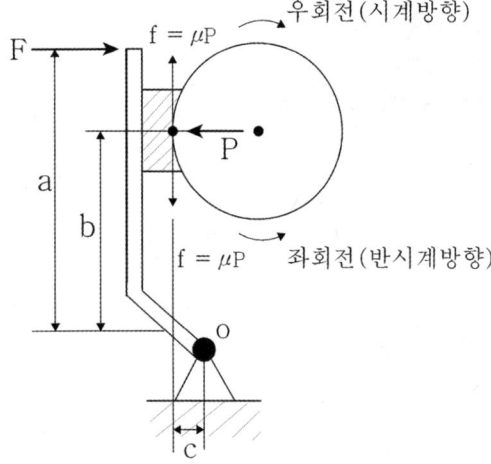

㉠ 우회전시(드럼이 시계 방향으로 회전)

위 그림에서 모멘트 평형식을 세우면

$$\begin{aligned}\sum M &= Fa - Pb + fc \\ &= Fa - Pb + \mu Pc = 0\end{aligned}$$

㉡ 좌회전시(드럼이 반시계 방향으로 회전)

위 그림에서 모멘트 평형식을 세우면

$$\begin{aligned}\sum M &= Fa - Pb - fc \\ &= Fa - Pb - \mu Pc = 0\end{aligned}$$

④ 제동 토크(T) $[N \cdot mm]$: $T = f \times \dfrac{D}{2} = \mu P \times \dfrac{D}{2}$

⑤ 동력(H) $[W]$: $H = fv = \mu Pv$

⑥ 블록의 허용접촉면압력(q) $[N/mm^2]$

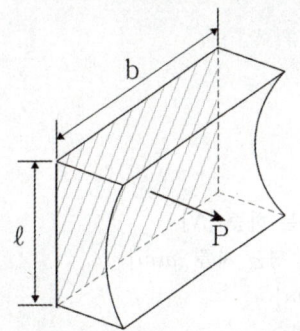

$$q = \dfrac{P}{A} = \dfrac{P}{b\ell}$$

여기서, A : 투영면적 $[mm^2]$
$(A = b\ell)$

⑦ 브레이크 용량 (μqv) $[N/mm^2 \cdot m/s]$: $\mu qv = \mu \dfrac{P}{A} v = \dfrac{fv}{A} = \dfrac{H}{A}$

(2) 내확 브레이크(=내부 확장식 브레이크)

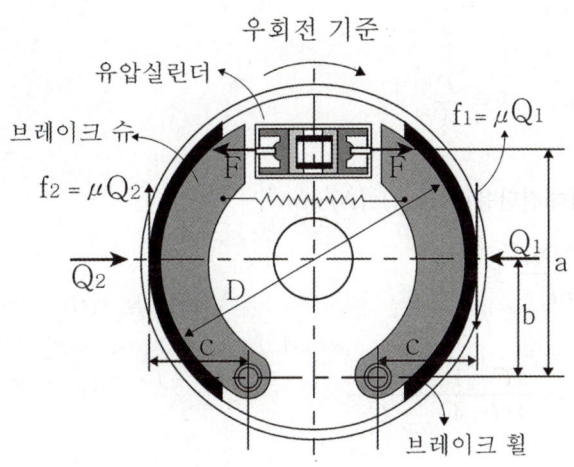

① 드럼 재질로 마찰계수가 크고 내마모성이 큰 주철을 사용한다.
② 마찰력을 증가시키기 위하여 양측 브레이크 슈에 라이닝을 붙인다.
③ 브레이크 슈를 바깥으로 확장하여 밀어 붙이기 위해 캠을 사용하거나 유압실린더를 사용한다.
④ 주로 자동차 뒷바퀴 제동에 사용된다.

(1) 원통형 코일 스프링

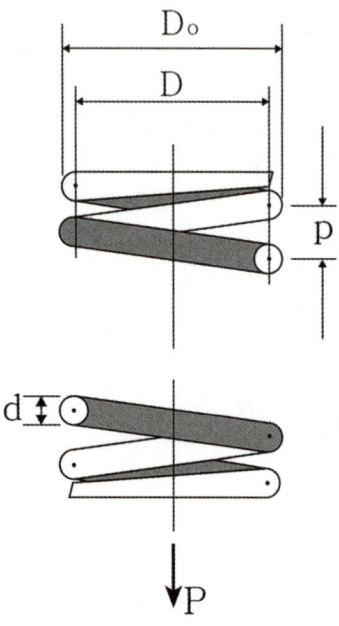

여기서,
P : 스프링에 작용하는 하중 $[N]$
D : 스프링(=코일)의 평균 지름 $[mm]$
d : 소선의 지름 $[mm]$
n : 스프링의 유효 권수
G : 스프링의 전단 탄성계수 $[GPa]$
δ : 처짐량 $[mm]$

① 스프링 상수(k) $[N/mm]$: $k = \dfrac{P}{\delta}$

② 스프링에서 발생하는 최대전단응력(τ_{max}) $[N/mm^2]$

$$\tau_{max} = \frac{16PRK}{\pi d^3} = \frac{8PDK}{\pi d^3} \leq \tau_a$$

③ 왈의 응력계수(K) : $K = \dfrac{4C-1}{4C-4} + \dfrac{0.615}{C}$

④ 스프링지수(C) : $C = \dfrac{D}{d}$

⑤ 바깥지름(D_2) $[mm]$: $D_2 = D + d$

⑥ 스프링의 최대 처짐량(δ_{max}) $[mm]$

$$\delta_{max} = \frac{64nPR^3}{Gd^4} = \frac{8nPD^3}{Gd^4}$$

(2) 겹판 스프링

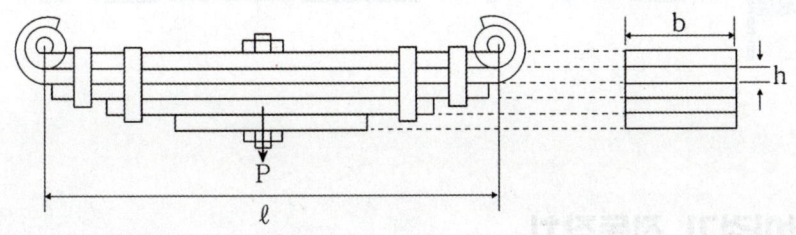

① 겹판 스프링의 일반적인 특징

㉠ 판 사이의 마찰에 의해 진동을 감쇄한다.

㉡ 내구성이 좋고, 유지보수가 용이하다.

㉢ 트럭 및 철도차량의 현가장치로 이용된다.

㉣ 미소진동 흡수에 좋지 않다.

② 스프링에 발생하는 굽힘 응력(σ) $[N/mm^2]$

$$\sigma = \frac{3P\ell}{2nbh^2}$$

③ 스프링에 발생하는 최대 처짐량($\delta_{\max}$) $[mm]$

$$\delta_{\max} = \frac{3P\ell^3}{8nbh^3 E}$$

④ 상당길이 $[mm]$

$$\ell' = \ell - 0.6e$$

여기서, e : 죔 폭(=밴드의 너비 =밴드의 나이) $[mm]$

06

동력 주 전달요소설계

6-1 감아걸기 전동장치

축으로 동력을 전달하는 과정에서 두 개의 축 사이 거리가 멀어 기어나 마찰차와 같이 직접 접촉으로 전동이 불가능할 때 사용하는 간접접촉에 의한 전동방법이다. 벨트가 회전 하기 시작하면 긴장측 장력은 커지고 이완측 장력은 작아진다. 전동 방식에 따라서 아래와 같이 분류할 수 있다.

① 구름마찰에 의한 전동 : 평벨트, V-벨트, 로프 등
② 맞물림에 의한 전동 : 체인, 이붙이(=타이밍)벨트 등
③ 축간거리가 큰 전동 : 로프
④ 축간거리가 작은 전동 : 체인

(1) 평벨트

① 평벨트의 특징
 ㉠ 벨트 단면이 직사각형으로 풀리 직경이 작거나 고속 전동일 때 사용된다.
 ㉡ 하중의 급격한 변화에도 미끄럼이 발생하기 때문에 안전하다.
 ㉢ 수직 압력에 의한 마찰력으로 동력을 전달한다.
 ㉣ 전동효율이 95% 정도로 높고 가격이 저렴하다.
 ㉤ 중심거리가 멀어도 사용이 가능하고 단차를 이용한 변속이 자유로운 편이다.
 ㉥ 풀리 림의 중앙부를 높게 만들어주어 벨트가 풀리에서 이탈하는 것을 방지할 수 있다.

② 평벨트의 역학

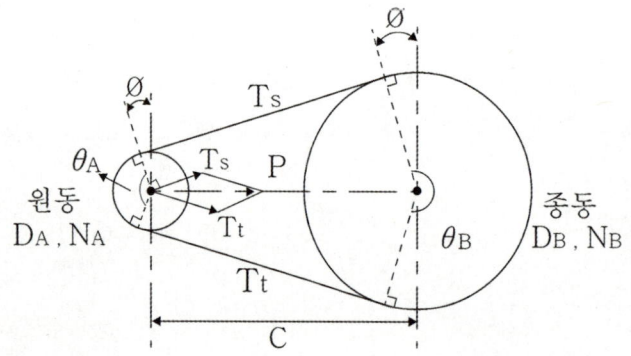

여기서,
T_s : 이완측 장력 $[N]$
T_t : 긴장측 장력 $[N]$
D_A : 원동차의 직경 $[mm]$
D_B : 종동차의 직경 $[mm]$
C : 축간 거리 $[mm]$
θ_A, θ_B : 접촉 중심각 $[rad]$
$\varnothing$: 사잇각 $[rad]$

㉠ 유효 장력(=전달력, P_e) $[N]$: $P_e = T_t - T_s$ 단, $T_t > T_s$

㉡ 전달 토크(T) $[N \cdot mm]$: $T = P_e \times \dfrac{D}{2} = (T_t - T_s) \times \dfrac{D}{2}$

㉢ 전달 동력(H) $[W]$: $H = P_e v$

> **전달동력을 높이기 위한 방법**
> ① 초기장력을 높여준다.
> ② 아이들러를 적용한다.
> ③ 바로걸기보단 십자걸기(엇걸기)를 한다.
> ④ 바로걸기의 경우 이완측이 위가 되도록 한다.

③ 속비(ε) : $\varepsilon = \dfrac{N_B}{N_A} = \dfrac{D_A + t}{D_B + t} \fallingdotseq \dfrac{D_A}{D_B}$

④ 벨트 길이(L) $[mm]$

㉠ open type(바로걸기, 평행걸기)

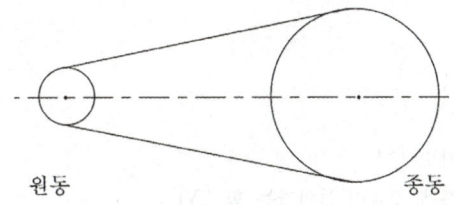

원동   종동

$$L = 2C + \frac{\pi(D_B + D_A)}{2} + \frac{(D_B - D_A)^2}{4C}$$

㉡ cross type(엇걸기, 십자걸기)

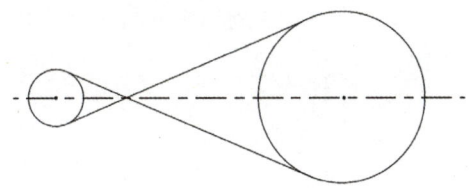

$$L = 2C + \frac{\pi(D_B + D_A)}{2} + \frac{(D_B + D_A)^2}{4C}$$

⑤ 접촉 중심각(θ) $[°]$

㉠ open type(바로걸기, 평행걸기)

$$\theta_A = 180 - 2\varnothing = 180 - 2\sin^{-1}\left(\frac{D_B - D_A}{2C}\right)$$

$$\theta_B = 180 + 2\varnothing = 180 + 2\sin^{-1}\left(\frac{D_B - D_A}{2C}\right)$$

© cross type(엇걸기, 십자걸기)

$$\theta_A = \theta_B = 180 + 2\varnothing = 180 + 2\sin^{-1}\left(\frac{D_B + D_A}{2C}\right)$$

(2) V-벨트

① V-벨트의 특징

㉠ 단면이 사다리꼴인 벨트이며 V 형태의 홈이 파여진 풀리에 벨트를 감아 동력을 전달하는 형식이다.

㉡ 엇걸기가 불가능하여 바로걸기에만 사용한다.

㉢ 운전이 정숙하고 충격을 잘 흡수한다.

㉣ 평벨트에 비하여 접촉면적이 넓기 때문에 작은 장력으로 큰 동력 전달이 가능하다.

㉤ 쐐기효과에 의하여 전동 능력이 큰 편이다.

㉥ 고속 운전이 가능하다.

㉦ 베어링 반력이 작은 편이며 평벨트보다 축간거리가 짧

② V-벨트의 상당마찰계수(μ')

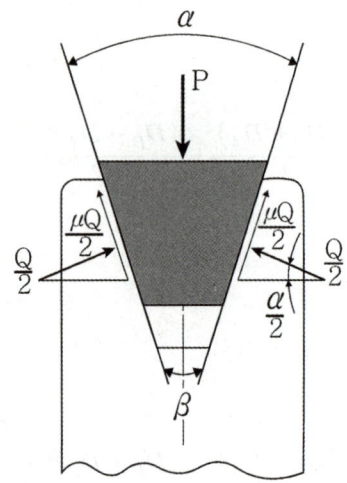

여기서,
α : 벨트의 각도 [°]
P : 벨트가 홈에 짓눌러 들어가는 힘 [N]
Q : 마찰면에 수직한 힘 [N]

$$\mu' = \frac{\mu}{\sin\dfrac{\alpha}{2} + \mu\cos\dfrac{\alpha}{2}}$$

(3) 체인

① 체인의 장단점

장 점	단 점
① 미끄럼 없이 일정한 속도비를 얻을 수 있다.	① 속도의 변동이 있다.
② 유지 및 수리가 간단하고 수명이 길다.	② 운전 중 체인이 끊어질 가능성이 있다.
③ 벨트나 로프보다 전동효율이 높다.	③ 진동과 소음이 발생한다.
④ 링크수를 조절하면 중심거리를 조절할 수 있다.	④ 링크의 피치단위로 치수를 조절하여야 한다.
⑤ 체인은 인장강도가 크기 때문에 큰 동력을 전달하거나 무거운 물건을 운반할 때 사용한다.	
⑥ 초기 장력이 필요하지 않다.	

② 롤러 체인

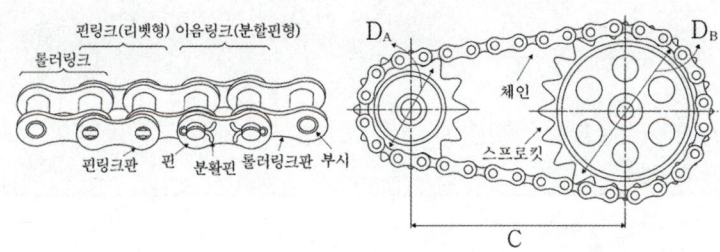

여기서,
p : 피치 $[mm]$
C : 축간 거리 $[mm]$
D_A, D_B : 피치원 지름 $[mm]$

○ 원주 속도(v) $[m/s]$: $v = v_A = v_B = \dfrac{pZ_AN_A}{60 \times 1000} = \dfrac{pZ_BN_B}{60 \times 1000}$

○ 속비(ε) : $\varepsilon = \dfrac{N_B}{N_A} = \dfrac{D_A}{D_B} = \dfrac{Z_A}{Z_B}$

③ 사일런트 체인

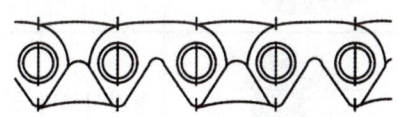

2개의 발톱이 달린 링크를 핀으로 연결하여 만든 전동체인으로 고속 운전에 적합하고 롤러 체인에 비해 소음이 적은 대신 값이 비싸다.

사일런트 체인 전동장치에서 스프로킷 휠 이의 양면끼리 이루는 축각(β)을 구하는 식은 다음과 같다.

$\dfrac{\beta}{2} = \dfrac{\alpha}{2} - \dfrac{2\pi}{Z} = \dfrac{\alpha}{2} - \dfrac{360^\circ}{Z}$

$\therefore \beta = \alpha - \dfrac{4\pi}{Z} = \alpha - \dfrac{720^\circ}{Z}$

여기서, β : 축각 $[^\circ]$
α : 면각 $[^\circ]$
Z : 잇수

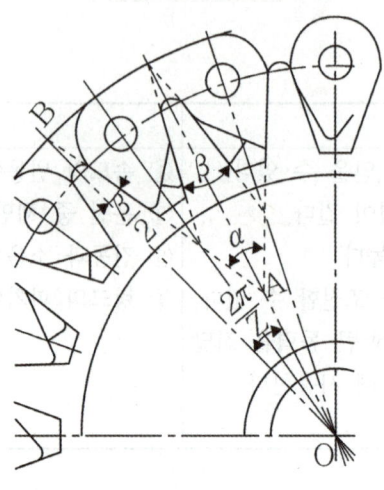

사일런트 체인 축각과 면각의 관계

6-2 기어

(1) 기어의 종류

분 류	명 칭	그 림	설 명
두 축이 평행한 것	평기어 (=스퍼기어)		가장 일반적인 기어로 추력이 발생하지 않고 제작이 쉽다.
	헬리컬기어		평기어보다 물림율이 우수하고 소음이 적으며 더 큰 동력을 전달할 수 있어 고속회전을 필요로 하는 곳에 적합한 기어이다. 서로 다른 방향의 헬리컬기어가 맞물려 회전하며, 추력이 발생한다.
	내접기어		평기어와 맞물리며 이가 원통 내측에 존재하는 기어로 맞물린 기어와 회전 방향이 동일하다.

분 류	명 칭	그 림	설 명
	랙과 피니언		평기어의 회전운동을 랙의 직선운동으로 바꾸는데 사용한다.
두 축이 교차하는 것	베벨기어		원동축과 종동축의 각속도비를 일정하게 유지할 수 있는 동력전달 방식의 기어이다.
	크라운기어		두 축이 만나는 각이 90도이고 피치면이 평면이다.
두 축이 평행하지도 교차하지도 않은 것	나사기어		비틀림각이 45°이면서 같은 비틀림 방향을 가진 평행축도 교차축도 아닌 한 쌍의 기어이다.
	웜과 웜기어		두 축이 직각을 이룰 때 사용하며 큰 감속비를 얻을 수 있지만 효율이 낮다. 소음과 진동이 평기어보다 적지만 치면의 미끄럼이 크고 효율이 낮다. 또한 역회전 방지를 할 수 있다.
	하이포이드기어		피니언의 위치가 이동된 스파이럴 기어 형태이다.
	페이스기어		평 기어 또는 헬리컬 기어에 맞물리는 원반 모양의 기어이다.

(2) 치형곡선의 종류

① 사이클로이드(Cycloid) 치형곡선

주어진 피치원의 내, 외부에서 구름원이 미끄럼 없이 구를 때의 점의 자취를 사이클로이드 치형곡선이라 한다.

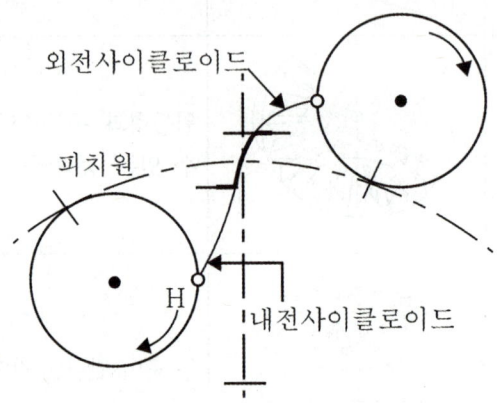

② 인벌류트(Involute) 치형곡선

기초원에 실을 감아 팽팽하게 잡아당겨 풀어 나갈 때, 실의 한 점이 그리는 궤적을 인벌류트 치형곡선이라 한다.

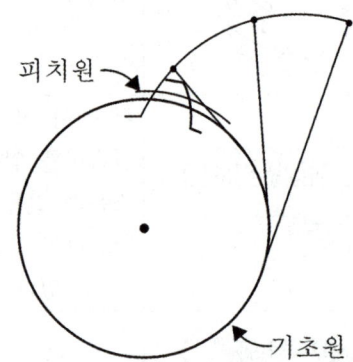

③ 사이클로이드 치형과 인벌류트 치형의 비교

비 교	사이클로이드 치형	인벌류트 치형
치형곡선	피치원 중심으로 2개의 곡선으로 구성	기초원 중심으로 1개의 곡선으로 구성
구동조건	원주피치와 구름원이 동일	압력각과 모듈이 동일
압력각	0(피치점)으로 시작하여 변화한다.	일정하다.
언더컷	발생하지 않는다.	발생한다.
물림률	크다.	작다.
미끄럼률	일정하다.	0(피치점)으로 시작하여 변화한다.
마모	일정하다.	일정하지 않다.
소음	적다.	크다.
제작 난이도 및 호환성	여러가지 커터가 필요하여 제작이 어렵고 호환성이 좋지 않다.	제작이 쉽고 호환성이 좋다.
조립	어렵다.	쉽다.
공작방법	전위절삭이 불가능하다	전위절삭이 가능하다.
추력	작다.	크다.
굽힘강도	약하다.	크다.
이뿌리 강도	약하다.	튼튼하다.
중심거리	정확해야 한다.	약간의 오차가 허용된다.
용도	정밀기계용	전동용
공통점	카뮤의 정리를 따른다. (=공통법선이 피치점을 통과한다.) 구동시 발열에 의한 손실이 생긴다.	

(3) 스퍼기어(=평기어, Spur Gear)

① 각 부 명칭 및 공식

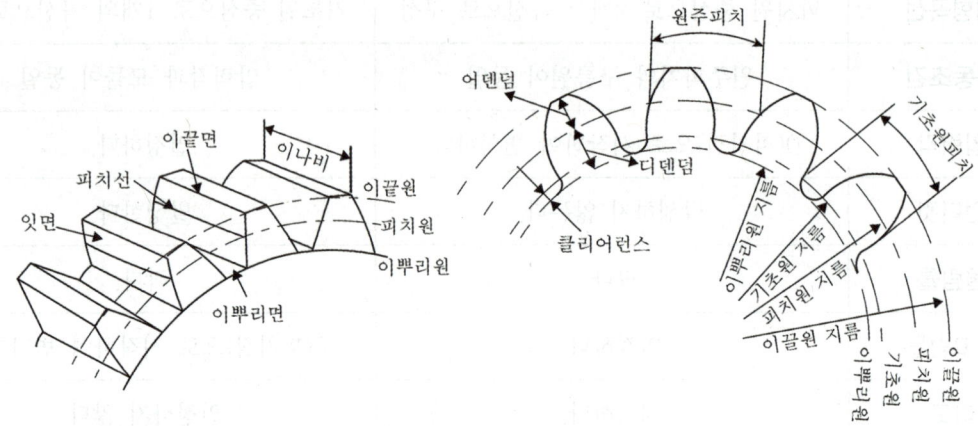

여기서,
a : 이 끝 높이(=어덴덤) $[mm]$ $(a = m)$
d : 이 뿌리 높이(=디덴덤) $[mm]$
h : 총 이 높이 $[mm]$
p : 원주 피치 $[mm]$
b : 치 폭(=이 너비) $[mm]$
D_o : 바깥 지름 $[mm]$
D : 피치원 지름 $[mm]$

㉠ 모듈(m) : 이의 크기 표시

$$m = \frac{\text{피치원 지름}}{\text{잇수}} = \frac{D}{Z} \qquad \therefore D = mZ$$

㉡ 직경 피치(=지름 피치, p_d) : 잇수를 $[inch]$단위의 피치원 지름으로 나눈 값

$$p_d = \frac{1}{m}[inch] = \frac{25.4}{m}[mm]$$

㉢ 원주 피치(p) $[mm]$: 피치원 둘레에서 이 1개가 차지하는 원호 길이

$$\pi D = pZ \text{ 에서 } p = \frac{\pi D}{Z} = \pi m$$

㉣ 외경의 원주피치 (p_o) $[mm]$

$$\pi D_o = p_o Z \text{ 에서 } p_o = \frac{\pi D_o}{Z} \qquad\qquad \text{여기서, } D_o : \text{외경 } [mm]$$

ⓜ 기초원 지름(D_g) $[mm]$

압력각(α)선으로 y축과 피치원지름(D)의 교차점에서 내린 수선의 발에 의해서 생기는 원의 지름이다.

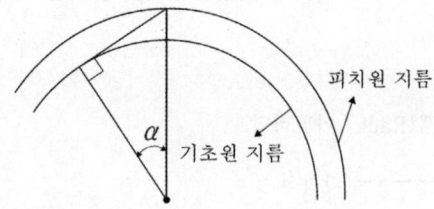

피치원 지름
기초원 지름

$$D_g = D\cos\alpha = mZ\cos\alpha$$

ⓗ 기초원 피치(=법선 피치, p_g) $[mm]$

공통 법선상에서 이와 이 사이의 대응거리이다.

$$\pi D_g = p_g Z \text{ 에서 } p_g = \frac{\pi D_g}{Z}$$

ⓢ 속비(ε) : $\varepsilon = \dfrac{N_B}{N_A} = \dfrac{D_A}{D_B} = \dfrac{mZ_A}{mZ_B} = \dfrac{Z_A}{Z_B}$

ⓞ 중심거리(C) $[mm]$

$$C = \frac{D_A + D_B}{2} = \frac{m(Z_A + Z_B)}{2}$$

또한 $mZ = \dfrac{D_g}{\cos\alpha}$ 이므로 $C = \dfrac{D_{gA} + D_{gB}}{2\cos\alpha}$

ⓩ 외경(D_o) $[mm]$

$$D_o = D + 2a = mZ + 2m = m(Z+2)$$
$$= \frac{1}{p_d}(Z+2)\,[inch] = \frac{25.4}{p_d}(Z+2)\,[mm]$$

ⓩ 총 이 높이(h) $[mm]$

$$h = 2m + c \qquad\qquad \text{여기서, } c : \text{이끝 틈새 } [mm]$$

ⓚ 물림률(ε)

$$\varepsilon = \frac{\ell}{p_n} \qquad\qquad \text{여기서, } \ell : \text{물림 길이 } [mm], \ p_n : \text{법선 피치 } [mm]$$

ⓔ 기어 이의 크기를 표시하는 방법 3가지

– 모듈

– 원주 피치

– 직경 피치(=지름 피치)

② 기어 이론
㉠ 이의 간섭(=절하)
　한 쌍의 기어를 물려 회전시킬 때 기어의 이 끝이 피니언의 이뿌리에 부딪쳐 회전할 수 없게 되는 현상이다.

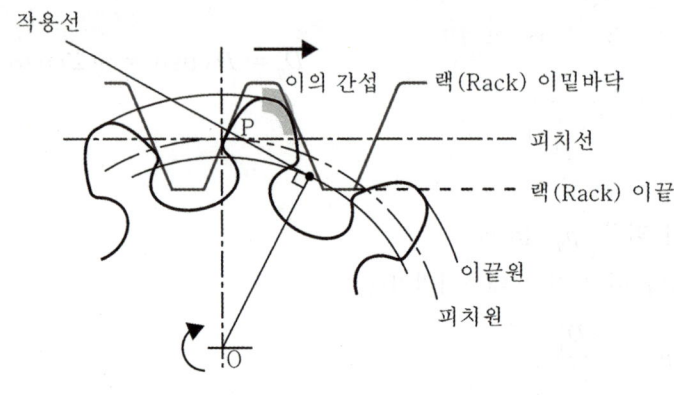

이의 간섭

이의 간섭이 일어나는 원인

– 피니언의 잇수가 극히 적을 때
– 기어와 피니언의 잇수비가 매우 클 때
– 압력각이 작을 때

이의 간섭 방지법

– 압력각을 증가시킨다.
– 치형의 이 끝면을 깎아낸다.
– 피니언 반경방향의 이뿌리면을 깎아낸다.
– 이 높이를 낮춘다.
– 기어 잇수를 한계 잇수 이하로 감소시킨다.
– 피니언의 잇수를 최소잇수(=한계잇수) 이상으로 증가시킨다.

㉡ 압력각을 크게할 때 생기는 현상
　– 이의 강도가 향상된다.
　– 물림율이 감소 된다.
　– 언더컷을 일으키는 최소잇수가 감소한다.
　– 미끄럼율이 작아진다.

㉢ 기어의 물림률을 높이기 위한 방법
　– 접촉호의 길이를 크게 한다.
　– 이 끝 높이를 크게 한다.
　– 사이클로이드 기어에서는 구름원의 지름을 크게 한다.
　– 인벌류트 기어에서는 압력각을 작게 한다.

(4) 헬리컬기어(Helical Gear)

① 치형 방식 : 헬리컬기어는 잇줄과 축선의 방향이 불일치하고 경사져있기 때문에 치형 표시 방식이 두 가지 이다.

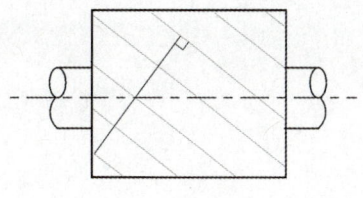

1치직각 방식

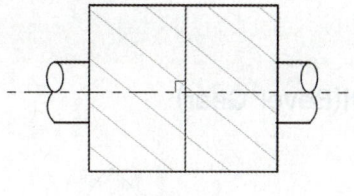

1축직각 방식

　㉠ 치직각 방식 : 이에 직각인 단면의 치형
　㉡ 축직각 방식 : 축에 직각인 단면의 치형

② 헬리컬기어의 치직각, 축직각 방향

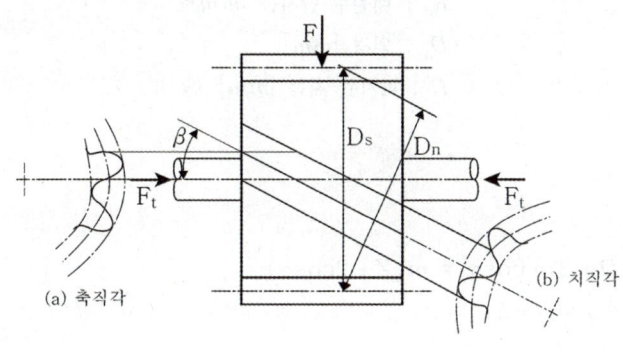

(a) 축직각
(b) 치직각

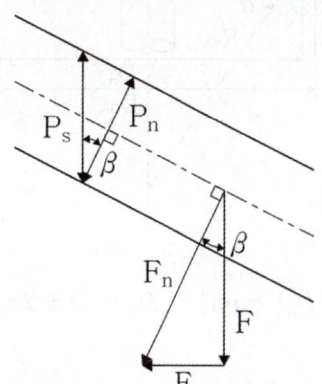

㉠ 추력(F_t)과 접선력(F)의 관계 : $\tan\beta = \dfrac{F_t}{F}$　　$\therefore F = \dfrac{F_t}{\tan\beta}$

㉡ 치직각 피치(p_n)와 축직각 피치(p_s)의 관계 : $\cos\beta = \dfrac{p_n}{p_s}$　$\therefore p_n = p_s\cos\beta$

여기서,
F_t : 추력(=스러스트 하중) $[N]$
F : 접선력 $[N]$
β : 비틀림각 $[\,°\,]$
p_s : 축직각 피치 $[mm]$
p_n : 치직각 피치 $[mm]$

③ 중심거리(C) $[mm]$: $C = \dfrac{D_{As} + D_{Bs}}{2} = \dfrac{D_A + D_B}{2\cos\beta}$

④ 외경(D_o) $[mm]$: $D_o = D_s + 2m_n = \dfrac{D}{\cos\beta} + 2m_n$

⑤ 원주 속도(v) $[m/s]$: $v = v_A = v_B = \dfrac{\pi D_s N}{60 \times 1000} = \dfrac{\pi DN}{60000\cos\beta} = \dfrac{p_n ZN}{60000\cos\beta}$

(5) 베벨기어(Bevel Gear)

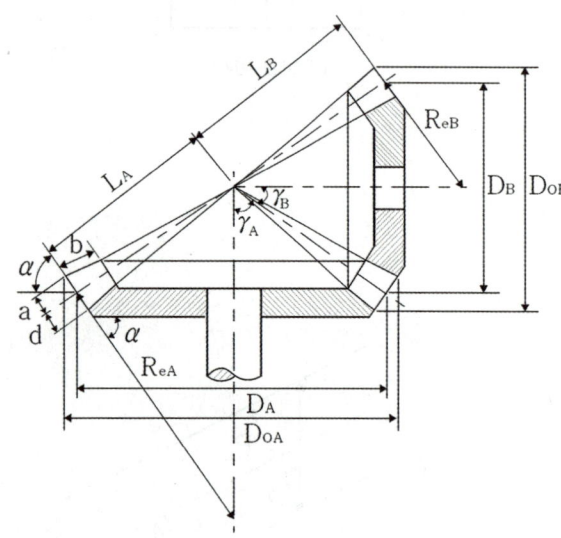

여기서,
γ : 피치원추각 $[°]$
a : 이 끝 높이(=addendum) $[mm]$
　　($a = m$)
d : 이 뿌리 높이(=dedendum) $[mm]$
b : 치 폭 $[mm]$
L : 모선 길이(=외단 원추길이) $[mm]$
R_e : 배원추 반지름 $[mm]$
D_o : 외경 $[mm]$
D : 피치원 지름 $[mm]$

① 외경(D_o) $[mm]$: $D_o = D + 2a\cos\gamma = D + 2m\cos\gamma = m(Z + 2\cos\gamma)$

② 마이터 기어(Miter gear)
　베벨기어에서 감속비가 1:1인 기어를 마이터 기어라고 한다. 일반적으로 축각이 90°이고, 속도 변경없이 동력전달 방향만 바꾸는데 사용하며 두 기어의 크기와 속도가 서로 같다.

(6) 전위기어(Profile Shifted Gear)
① 전위기어의 사용목적
　㉠ 이의 강도를 높이고자 할 때
　㉡ 언더컷을 방지하고자 할 때
　㉢ 최소잇수를 적게하고자 할 때
　㉣ 물림율을 높이고자 할 때
　㉤ 중심거리를 자유롭게 변형시키고자 할 때

② 언더컷 방지를 위한 전위계수(x)

전위계수는 접촉응력과 미끄럼률을 동일하게 하기 위하여 크게 설계하는 것이 유리하고 전위계수를 계산했을 때 0보다 작을 경우 언더컷이 일어나지 않는 것으로 판단한다.

$$x \geq 1 - \frac{Z}{2}\sin^2\alpha$$

여기서,
α : 압력각[°]

$$\left(\alpha = 20° : x \geq 1 - \frac{Z}{17}\right) \qquad \left(\alpha = 14.5° : x \geq 1 - \frac{Z}{32}\right)$$

01

02

03

04

(7) 기어열(Gear Train)

① 단식 기어열

외접기어끼리 연속으로 물려있으며 중간기어(=아이들기어)는 속도비에 영향을 미치지 않고 외접하면 회전방향을 변화시키는 역할을 한다.

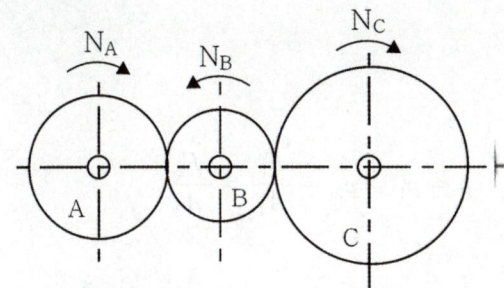

$$\varepsilon = \frac{N_B}{N_A} \times \frac{N_C}{N_B} = \frac{N_C}{N_A} = \frac{Z_A}{Z_B} \times \frac{Z_B}{Z_C} = \frac{Z_A}{Z_C}$$

② 복식 기어열 : 큰 각속도비를 얻기 위하여 사용한다.

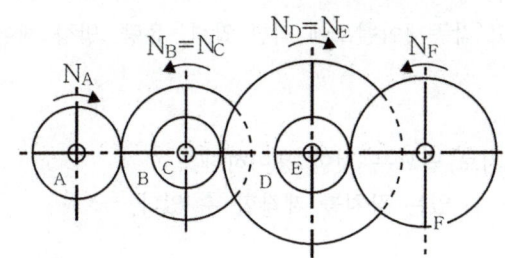

$$\varepsilon = \frac{N_B}{N_A} \times \frac{N_D}{N_C} \times \frac{N_F}{N_E} = \frac{N_F}{N_A} = \frac{Z_A}{Z_B} \times \frac{Z_C}{Z_D} \times \frac{Z_E}{Z_F}$$

여기서, $N_B = N_C$, $N_D = N_E$

유공압시스템설계

(1) 유공압 기초

① 유공압기기 : 파스칼의 원리를 이용한 유공압에 의해 구동되는 기기이다.

㉠ 파스칼의 원리

밀폐된 공간에 채워진 유체에 힘을 가하면 내부로 전달된 압력은 밀폐된 공간의 각 면에 동일한 압력으로 작용한다는 원리이다.

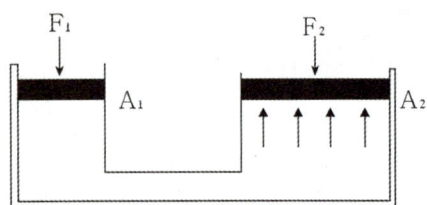

$$p = p_1 = p_2 = \frac{F_1}{A_1} = \frac{F_2}{A_2}$$

㉡ 유압기기의 특징

장점

① 입력에 대한 출력의 응답이 빠르다.
② 자동제어/원격제어가 가능하며 조작이 간단하다.
③ 유량을 조절해 넓은 범위의 무단변속이 가능하고 각종제어밸브에 의한 압력, 유량, 방향 제어가 간단하다.
④ 방청, 윤활이 자동적으로 이루어진다.
⑤ 에너지 축적이 가능하며 과부하에 대해 안전장치로 만드는 것이 용이하다.
⑥ 파스칼 원리에 따라 작은 힘으로 큰 힘을 얻을 수 있는 장치를 제작할 수 있다.

단점

① 유온의 변화에 따라 점도가 변해 출력효율이 변화할 수 있다.
② 공기압보다는 작동속도가 떨어진다.
③ 기름 속에 공기가 포함되면 압축성이 커져서 유압장치의 작동이 불량해진다.
④ 고압에서 누유, 먼지나 이물질에 의한 고장, 인화 등의 위험이 있다.
⑤ 전기회로에 비해 구상작업이 어렵다.
⑥ 에너지 손실이 많고 소음, 진동을 발생시킬 수 있다.

© 공압기기의 특징

장점

① 설비가 간단하다.
② 유압에 비해 경제적이다.
③ 유압에 비해 유지 관리가 편리하다.
④ 온도 변화에 둔감한 편이다.
⑤ 작업 속도가 빠르다.

단점

① 유압에 비해 큰 힘을 낼 수 없다.
② 위치 제어가 불안전하다.
③ 단순 구조, 반복 작업 등에만 사용된다.

(2) 유공압장치의 구성 및 작동유

① 유공압기기 4대 요소 : 유압탱크, 유압펌프, 유압밸브, 유압작동기

㉠ 유압탱크 : 기름을 가압 상태로 저장하였다가 필요에 따라 급유하는 탱크

㉡ 유압펌프 : 기계에너지를 유압에너지로 변환하는 장치

㉢ 유압밸브 : 유압 장치에서 기름의 압력, 유량, 흐름 방향을 제어하는 밸브

㉣ 유압작동기(=액추에이터) : 유체에너지를 기계에너지로 변환하는 장치

② 부속기기 : 축압기(Accumulator), 스트레이너(Strainer), 냉각기, 오일탱크, 배관, 여과기, 실(Seal) 등

③ 유압작동유의 종류

㉠ 석유계 작동유 : 터빈유, 고점도지수 유압유

㉡ 난연성 작동유
  - 합성계 : 인산에스테르, 염화수소, 탄화수소
  - 수성계 : 물-글리콜계, 유화계

㉢ 인산에스테르 : 저온에서 펌프 시동시 캐비테이션을 방지할 수 있고 내마모성이 우수하여 유압펌프에 사용된다.

㉣ 동관 : 석유계 작동유에 대하여 산화작용을 조절하는 촉매역할을 하기 때문에 내부에 카드뮴 또는 니켈을 도금해 사용한다.

④ 유압작동유가 갖추어야 할 조건

㉠ 비압축성 이여야 한다.

㉡ 물리적, 화학적 안정이 되며, 인화점과 발화점이 높아야 한다.

㉢ 체적탄성계수가 커야 한다.

㉣ 방열성이 커야 한다.

㉤ 회로 내를 유연하게 유동할 수 있는 적절한 점도를 유지할 수 있어야 한다.

㉥ 윤활성, 방청성, 소포성, 항유화성, 항착화성 이여야 한다.

㉦ 온도에 의한 점도변화가 작고 점도지수는 높아야한다.

⑤ 점도에 따른 유압작동유의 특징

점도가 높을 때	점도가 낮을 때
① 마찰에 의한 동력손실 증가	① 마모 증가
② 온도 상승	② 압력 유지의 어려움
③ 관내 저항 증가에 의한 압력손실 증가	③ 용적효율 감소
④ 작동유의 비활성화로 인한 응답성 저하	④ 정밀조정 및 제어 곤란
⑤ 공동현상 및 소음 발생	⑤ 오일의 누설 증가
	⑥ 윤활성 저하
	⑦ 유압 펌프의 동력 손실이 증가
	⑧ 밸브나 액추에이터의 응답성 저하

⑥ 공동현상(=캐비테이션, Cavitation)

유수 중 어느 부분의 압력이 급격히 낮아져 물이 증발하여 기포가 발생하는 현상이다.
소음과 진동이 발생하고 깃에 대한 침식이 발생한다.

㉠ 공동현상으로 인한 의한 문제점

 - 윤활작용 감소

 - 작동유의 열화 촉진

 - 압축성이 증가하여 유압기기 작동이 불안정

㉡ 공동현상 방지책

 - 흡입관은 가능한 짧게 한다.

 - 펌프의 설치높이를 최소로 낮게 설정하여 흡입양정을 짧게 한다.

 - 회전차를 수중에 완전히 잠기게 하여 운전한다.

 - 편흡입 보다는 양흡입 펌프를 사용한다.

 - 펌프의 회전수를 낮추어 흡입 비속도를 적게한다.

 - 마찰저항이 적은 흡입관을 사용한다.

 - 배관을 경사지게 하지 말고 완만하고 짧은 것을 사용한다.

 - 필요유효흡입수두를 작게 하거나 가용유효흡입수두를 크게 하여 방지한다.

 - 흡입관의 직경을 크게 한다.

⑦ 유압작동유에 수분이 혼입될 때의 영향
  ㉠ 작동유에 열화, 산화 촉진
  ㉡ 공동현상 발생
  ㉢ 유압기기 마모 촉진
  ㉣ 방청성, 윤활성 저하
  ㉤ 압력과 압축성이 증가해 유압기기의 작동 불규칙

⑧ 유압작동유에 공기가 혼입될 때의 영향
  ㉠ 공동현상 발생
  ㉡ 산화촉진
  ㉢ 스폰지 현상 발생
  ㉣ 압력이 증가함에 따라 공기가 용해되는 양이 증가한다.
  ㉤ 윤활작용 저하
  ㉥ 실린더 작동불량
  ㉦ 압축성이 커지게되어 유압장치의 작동불량

⑨ 첨가제
  ㉠ 소포제 : 유해한 기포를 제거하는데 사용하며 종류로는 실리콘유, 실리콘 유기화합물 등이 있다.
  ㉡ 방청제 : 녹을 방지하는데 사용하며 종류로는 유기산 에스테르, 유기인화합물, 지방산염 등이 있다.

⑩ 작동유의 색상
  ㉠ 투명 또는 변화 없음 : 정상상태의 작동유이다.
  ㉡ 흑갈색 : 산화에 의한 열화가 진행된 상태이다.
  ㉢ 암흑색 : 작동유를 장시간 사용해 교환 시기가 지난 상태이다.

(1) 유공압기계 일반

① 유공압기기의 설계

㉠ 연속방정식

비압축성 유체에 임의의 한 공간에서 단위시간당 유입되는 유체의 양과 유출되는 유체의 양이 같아야 한다는 질량 보존의 법칙을 적용한 방정식이다.

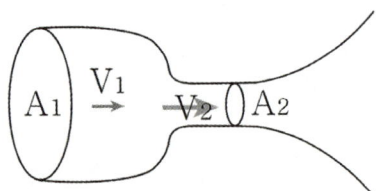

$$Q = A_1 V_1 = A_2 V_2 = Constant$$

㉡ 베르누이 방정식

유체가 유선 위를 움직일 때, 두 점 A와 B의 압력, 속도, 높이의 관계를 역학적 에너지 보존의 관점으로 나타낸 방정식이다.

$$\frac{p}{\gamma} + \frac{V^2}{2g} + Z = h = Constant$$

㉢ 레이놀즈수(Reynold's Number)

비압축성 유동장, 원관 유동에 놓여져 있는 물체에 작용하는 항력, 비행기의 양력 및 항력, 잠수함, 선박의 점성마찰항력 등에서 고려하는 무차원수이다.

$$레이놀즈 수 = \frac{관성력}{점성력}, \qquad Re = \frac{Vd}{\nu} = \frac{\rho Vd}{\mu}$$

$$체적탄성계수 : K = \frac{\Delta p}{-\dfrac{\Delta V}{V}} = \frac{1}{\beta}$$

여기서,
ΔP : 압력변화량 $[kPa]$
β : 압축률 $[m^2/N]$

(2) 하역운반기계

종류	사진	설명
지게차		포크, 램 등 화물을 적재하는 장치 및 화물을 승강시키는 마스트를 구비한 하역 자동차이다.
구내운반차		화물운반을 목적으로 제조된 것이며 주로 사업장 구내만을 주행하는 배터리 방식 운반차 중에서 최고속도가 15km/h 이하인 자동차이다.
고소작업대		높이가 2m 이상인 장소에서 작업을 하기 위하여 작업자가 고소작업대의 플랫폼에 탑승하여 작업대를 승강시켜 사용하는 것으로 작업대, 승강장치 및 기타장치로 구성된다.
화물자동차		화물운반을 목적으로 제조된 것으로 덤프트럭 등을 의미한다.
컨베이어		재료 또는 화물을, 일정한 거리 사이를 자동으로 연속 운반하는 기계장치이다.

(3) 공작기계

종류	사진	설명
선반		가공하고자 하는 소재를 회전시키며 고정된 바이트로 깎거나 파내는 작업을 하는 공작 기계이다.
밀링머신		공구가 회전하여 소재를 깎거나 파내는 작업을 하는 공작기계이다.
머시닝센터		자동공구교환장치를 장착하여 밀링, 드릴링, 보링가공 등 여러 공정의 작업을 자동으로 공구를 교환하면서 수행할 수 있는 공작기계이다.
드릴링머신		회전하는 주축에 드릴 및 탭 등의 절삭공구를 장치하고, 이것을 회전시킴과 동시에 상하 운동을 시켜 공작물에 구멍을 뚫거나 나사를 가공하는데 사용되는 공작기계이다.

종류	사진	설명
보링머신		뚫린 구멍을 깎아서 크게하거나 정밀도를 높게할 수 있는 공작기계이다.
연삭기		단단하고 미세한 입자를 결합하여 제작한 연삭숫돌을 고속으로 회전시켜, 가공물의 원통면이다, 평면을 극히 소량씩 정밀가공하는 공작기계이다.
유압 프레스		유압에 의하여 금형을 사용하여 금속이나 비금속 물질 등의 가공 대상물을 압축, 전단, 굴곡 등의 가공방법으로 사용자가 원하는 형상으로 가공할 수 있는 공작기계이다.
유압 절단기		유압을 이용하여 공작물을 잘라내는 공작기계이다.

(4) 중장비

종류	사진	설명
불도저		흙의 굴착, 압토 및 운반 등에 사용되는 중장비이다.
굴착기		땅을 파거나 깎을 때 사용되는 중장비이다.
스크레이퍼		날을 사용하여 땅이나 노반을 긁고 그 파편을 담아 처리하는 중장비이다.
로더		굴삭된 토사, 골재, 파쇄암 등을 운반기계에 싣는데 사용되는 중장비이다.

(1) 유공압 펌프

전동기나 엔진 등에 의해 얻어진 기계적 에너지를 유공압에너지로 바꾸는 장치.

① 유공압펌프의 종류
　ㄱ 정용량형 펌프 : 기어펌프, 베인펌프, 피스톤펌프, 나사펌프
　ㄴ 가변용량형 펌프 : 베인펌프, 피스톤펌프

② 기어 펌프(Gear pump)
2개의 기어가 맞물리는 것을 이용하여 기어의 이와 이 사이의 액체를 기어의 회전에 따라 송출 측으로 토출시키는 펌프이다. 주로 석유 화학, 도료, 식품, 의약품 등의 용도에 쓰인다.

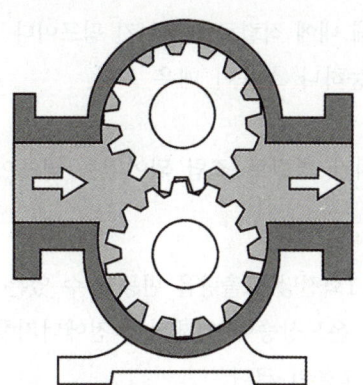

장점	단점
ㄱ 구조가 간단하고 가격이 저렴하다.	ㄱ 누설유량이 많다.
ㄴ 유압유 중의 이물질에 의한 고장이 적다.	ㄴ 토크변동이 크다.
ㄷ 과도한 운전에 잘 견딘다.	ㄷ 베어링 하중이 커서 수명이 짧다.
	ㄹ 역회전이 불가능하다.
	ㅁ 피스톤 펌프보다 효율이 떨어진다.

기어펌프의 폐입현상

기어의 두 치형 사이 틈새에 가두어진 유압유가 팽창과 압축을 반복하며 거품을 발생시키는 현상으로 진동, 소음의 원인이 된다. 폐입현상은 다음과 같은 방법으로 방지할 수 있다.
① 토출구에 릴리프홈을 만든다.
② 높은 압력의 기름을 베어링 윤활에 사용한다.

③ 베인 펌프(Vane pump)

회전실 중심의 약간 편심된 로터가 회전하면 베인이 원심력에 의해 벽쪽으로 붙어 흡입된 유체가 압축되어 빠져나가는 펌프이다.

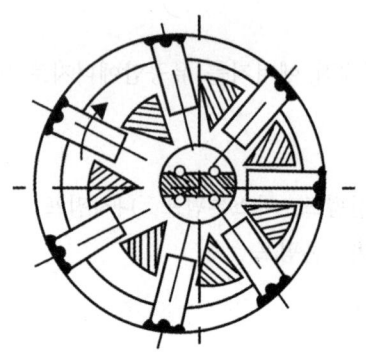

㉠ 정용량형 베인 펌프

　ⅰ) 2단 베인펌프

　　1단 베인펌프 2개를 1개의 본체 내에 직렬로 연결시킨 펌프이다. 고압발생이 가능하게 하여 베인 펌프의 약점을 보완해 큰 출력이 가능하나 소음이 매우 크다.

　ⅱ) 2중 베인펌프

　　1개의 본체에 2개의 카트리지가 병렬로 조립 되어있는 펌프이다.

㉡ 가변용량형 베인펌프

　로터와 링의 편심량을 바꿈으로써 1회전당 토출량을 변동할 수 있는 펌프이다. 비평형 펌프이며 유압회로의 효율을 증가시킬 수 있고 오일의 온도상승이 억제되어 전에너지를 유효한 열량으로 변화시킬 수 있다. 그러나 펌프자체의 수명이 짧고 소음이 크다.

④ 피스톤 펌프(=플런저 펌프, Piston pump)

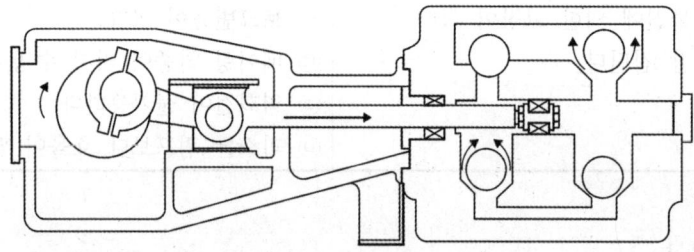

㉠ 가변용량형 펌프로 제작이 가능하다.
㉡ 누설이 작아 체적효율이 좋다.
㉢ 피스톤의 배열에 따라 액셜형과 레이디얼형으로 나누어진다.
㉣ 부품수가 많고 구조가 복잡한 편이다.

⑤ 나사 펌프(Screw pump)

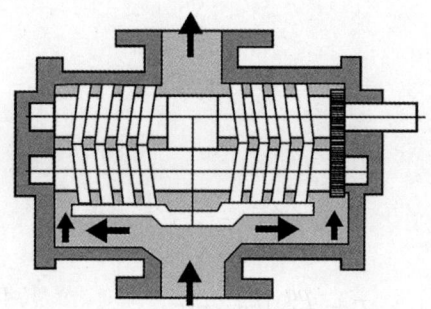

　　㉠ 소음과 진동이 적다.
　　㉡ 토출압력이 가장 작다.
　　㉢ 고속운전을 하여도 조용하다.
　　㉣ 대용량의 펌프로 이용된다.
　　㉤ 맥동이 없는 일정량의 기름을 토출한다.

⑥ 기타 펌프
　㉠ 다단 펌프(Staged pump)
　　높은 양정이 요구되는 경우에 사용하며 1개의 펌프에서 2개 이상의 날개차를 동일 회전축에 장치한 것이다.
　　같은 형상의 날개차라면 각 단에서 출력하는 양정은 동일하므로 2단이면 2배, n단이면 n배의 양정을 낼
　　수 있다.

　㉡ 다련 펌프(Multiple pump)
　　동일 축상에 2개 이상의 펌프 작용 요소를 가지고 각각 독립한 펌프 작용을 하는 형식이다.

　㉢ 오버센터 펌프(Over center pump)
　　구동축의 회전방향을 바꾸지 않고 흐름 방향을 반전시키는 펌프이다.

⑦ 펌프의 소음 발생 원인
　㉠ 흡인관의 막힘이 있는 경우
　㉡ 유압유에 공기가 혼입된 경우
　㉢ 펌프의 회전이 매우 빠를 경우
　㉣ 펌프의 상부커버 고정볼트가 헐거운 경우
　㉤ 오일속에 기포가 있는 경우
　㉥ 오일의 점도가 진한 경우
　㉦ 여과기가 매우 작은 경우

⑧ 유압장치에서 펌프의 무부하 운전의 장점
  ㉠ 펌프의 수명 연장
  ㉡ 유압유의 노화 방지
  ㉢ 유온 상승 방지
  ㉣ 유압장치의 가열 방지

⑨ 유압펌프 동력과 효율

  ㉠ 펌프 구동 토크(T) $[kg_f \cdot m]$: $T = \dfrac{pq}{2\pi} [kg_f \cdot m]$

여기서,
p : 송출압력 $[kg_f/m^2]$,
q : 1회전당 송출량 $[m^3]$

  ㉡ 펌프 동력(L_P) $[kg_f \cdot m/s]$: $L_P = pQ [kg_f \cdot m/s]$

여기서,
p : 송출압력 $[kg_f/m^2]$,
Q : 송출유량 $[m^3/s]$

  ㉢ 펌프의 전효율 : $\eta = \dfrac{L_P}{L_S} = \dfrac{pQ}{L_S} = \eta_v \times \eta_h \times \eta_m$

여기서,
L_s : 축 동력 $[kg_f \cdot m/s]$,
η_v : 체적효율,
η_h : 수력효율,
η_m : 기계효율

(2) 유공압 밸브

유공압 장치에서 기름의 압력, 유량, 흐름 방향을 제어하는 밸브이다.

① 압력제어밸브 : 일의 크기를 결정한다.

  ㉠ 릴리프 밸브(=안전 밸브, Relief valve)
  용기 내의 유체 압력이 일정압을 초과하였을 때 자동적으로 밸브가 열려서 유체의 방출 및 압력 상승을 억제하는 밸브이다.

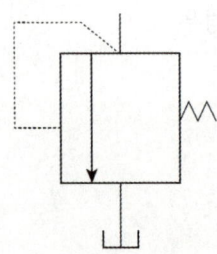

i) 크래킹 압력

체크 밸브, 릴리프 밸브 등의 압력이 상승하여 밸브가 열리기 시작하고 어떤 일정한 흐름의 양이 확인되는 압력이다.

ii) 리시트 압력

체크 밸브, 릴리프 밸브 등의 입구쪽 압력이 강하하여 밸브가 닫히면서 밸브의 누설량이 어떤 규정된 양까지 감소되었을 때의 압력이다.

iii) 오버라이드 압력

설정 압력과 크래킹 압력의 차이로 이 압력차가 클수록 릴리프밸브의 성능이 나쁘다는 것을 의미하고 포핏을 진동 시키는 원인이 된다.

ⓛ 감압 밸브(=리듀싱 밸브, Pressure reducing valve)

상시개방형 이지만 압력이 걸리면 닫히는 밸브이다.

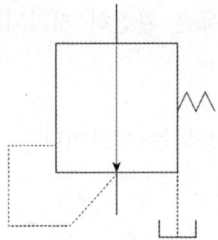

ⓒ 시퀀스 밸브(=순차동작밸브, Sequence valve)

회로의 압력에 의해 실린더의 작동 순서를 규제한다.

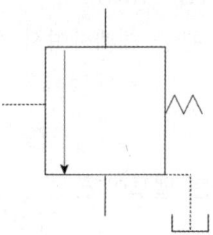

ⓔ 카운터 밸런스 밸브(Counter balance valve)

회로의 일부에 배압을 발생하여 부하가 갑자기 제거될 때 부하의 낙하를 방지하고자 하는 경우에 사용한다.

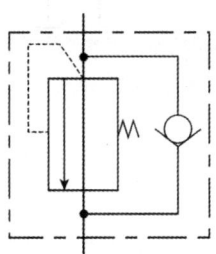

ⓜ 무부하 밸브(=언로딩 밸브, Unloading valve)

공기압축기에서 설정된 최대 압력에 도달되면 압력스위치가 켜져 언로딩되고 압유를 탱크로 빼돌려 압축기가 무부하 운전 상태가 되게 한다. 그 후에 일정 시간이 지나 압력이 점차 감소하여 설정된 최소압력 이하가 되면 압력스위치가 꺼져 압축기가 다시 로딩으로 전환되어 부하 상태가 된다.

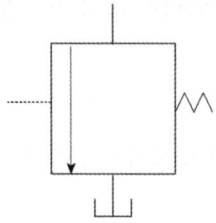

② 방향제어밸브 : 일의 방향을 결정한다.

ⓐ 체크 밸브(=역지 밸브, Check valve)

정방향의 유동은 허용하나 역방향의 유동은 완전히 저지되는 밸브이다.

ⓑ 감속 밸브(Deceleration valve)

유압회로에서 감속회로를 구성할 때 사용되는 밸브이다.

③ 유량제어밸브 : 일의 속도를 결정한다.

ⓐ 교축 밸브(Throttle valve)

통로의 단면적을 바꿔 교축 현상으로 감압하고 유량을 조절하는 밸브이다.

ⓑ 나비형 밸브(=버터플라이 밸브, Butterfly valve)

원판 모양의 밸브 디스크가 회전하면서 관을 개폐하여서 유량을 조절하는 밸브이다.

④ 서보 밸브(Servo valve)

전기, 신호에 따라 유량과 유압을 조절하는 밸브이다.

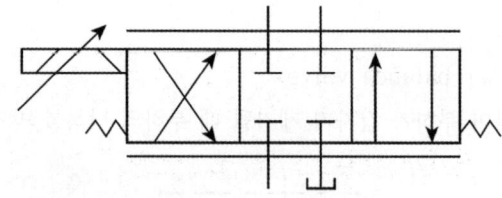

⑤ 방향 전환 밸브의 위치수, 포트수, 방향수

㉠ 위치수(Number of position)

방향제어밸브에서 다양한 유로를 형성하기 위해 밸브기구가 작동하여야 할 위치의 수이며 3위치를 많이 사용한다. 사각형 칸의 개수라고 생각하면 된다.

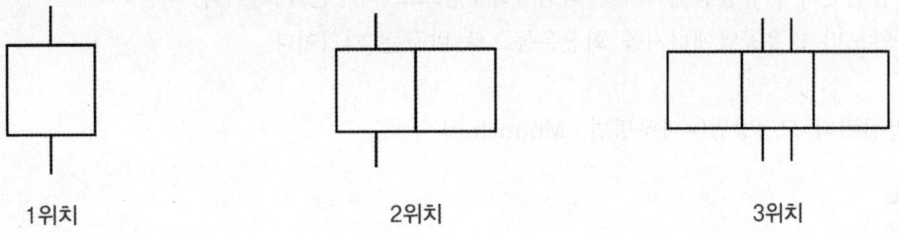

| 1위치 | 2위치 | 3위치 |

㉡ 포트수(Number of ports)

방향제어밸브에서 밸브와 주관로와의 접속구수이다. 위치하나에 있는 화살표와 사각형 변의 접점의 개수라고 생각하면 된다.

㉢ 방향수(Number of ways)

방향제어밸브에서 생기는 유로수의 합계이다. 화살표의 방향의 개수라고 생각하면 된다.

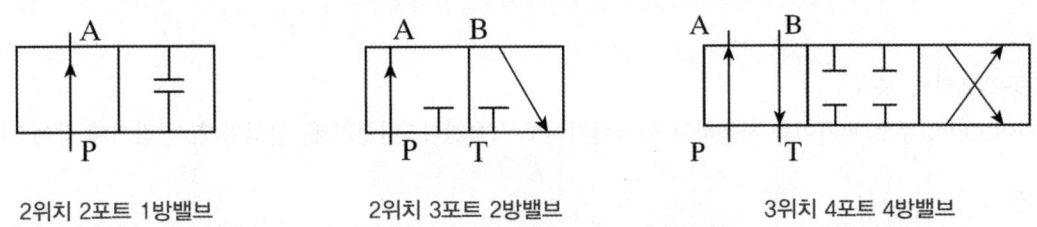

| 2위치 2포트 1방밸브 | 2위치 3포트 2방밸브 | 3위치 4포트 4방밸브 |

㉣ 텐덤센터(Tendem center)

중립위치에서 A, B포트가 모두 닫히면 실린더는 임의의 위치에서 고정된다. 그리고, P포트와 T포트가 서로 통하게 되므로 펌프를 무부하시킬 수 있다. 일명 센터 바이패스형(Center by pass type)이라고도 하며, 종류로는 오픈센터, 세미오픈센터, 클로즈드 센터, 펌프 클로즈드 등이 있다.

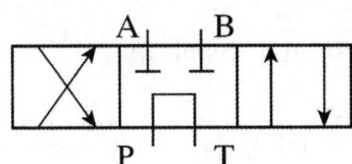

(3) 유공압 액추에이터

유공압펌프를 이용해 유체에너지를 기계에너지로 변환시키는 기기이다.

① 액추에이터의 종류
  ㉠ 유공압실린더 : 유공압에너지를 직선왕복운동으로 바꾸는 기기이다.
  ㉡ 유공압모터 : 유공압에너지를 회전운동으로 바꾸는 기기이다.

② 유공압실린더 고정방법(=마운팅법, Mounting)

고정형
  ㉠ 플랜지형 : 플랜지가 실린더 축과 수직으로 장치되어 실린더를 고정시킨다.
  ㉡ 풋형 : 볼트를 사용해 실린더 중심에 대해 장치면을 평행하게 하여 설치한다.

요동형
  ㉠ 트러니언형 : 실린더 튜브에 축과 직각방향으로 피벗(Pivot)을 만들어 실린더가 피벗을 중심으로 회전할 수 있게 한다.
  ㉡ 클레비스형 : U자형 링크에 의해 연결된 형태이다.
  ㉢ 볼형 : 실린더가 자유롭게 움직일 수 있도록 볼을 설치한 형태이다.

③ 유공압모터의 종류
  ㉠ 기어모터 : 주로 평기어를 사용하고 헬리컬기어도 사용한다. 건설기계, 산업기계, 공작기계 등에 사용된다.

장점
  ① 구조가 간단하고 가격이 저렴하다.
  ② 유압유 중의 이물질에 의한 고장이 적다.
  ③ 과도한 운전에 잘 견딘다.
  ④ 정회전, 역회전이 가능하다.

단점
  ① 누설유량이 많다.
  ② 토크변동이 크고 베어링 하중이 커서 수명이 짧다.

  ㉡ 베인모터 : 로터 내에 베인이 설치되어 유입된 유체에 의해서 로터가 회전하는 모터이다.

장점
  ① 토크변동이 작다.
  ② 로터에 작용하는 압력 평형에 의해 베어링 하중이 작아서 수명이 길다.
  ③ 기동시 토크 효율이 높고 저속시 토크 효율이 낮으며 급속시동이 가능하다.
  ④ 카트리지 방식으로 호환성이 양호하고 보수가 용이하다.

④ 유공압모터의 동력과 효율

㉠ 이론토크(=최대토크)(T) $[kg_f \cdot m]$: $T = \dfrac{pq}{2\pi}$

여기서, p : 송출압력 $[kg_f/m^2]$,
q : 1회전당 송출량 $[m^3]$

㉡ 전효율 : $\eta = \eta_v \times \eta_m$

여기서, η_v : 체적효율,
η_m : 기계효율

(4) 부속기기

① 축압기(=어큐뮬레이터, Accumulator)
작동유가 갖고 있는 에너지를 잠시 축적했다가 완충작용을 하는 장치이다. 간헐적으로 요구되는 부하에 대해 압유를 배출해 펌프를 소량경화 할 수 있다.

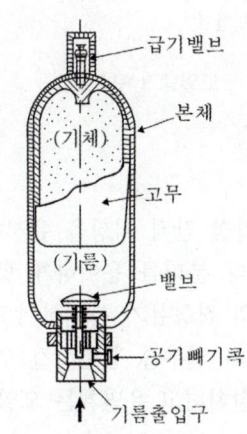

급기밸브
본체
(기체)
고무
(기름)
밸브
공기빼기콕
기름출입구

축압기(=어큐뮬레이터) 구성요소

㉠ 축압기의 종류

ⅰ) 스프링형 : 소형이며 가격이 저렴하고 저압용으로 사용한다.

ⅱ) 중추형 : 유압유 압력은 항상 일정하게 공급하며 크고 무거워 외부누설방지가 곤란하다.

ⅲ) 피스톤형 : 형상이 간단하고 구성품이 적어서 사용온도 범위가 넓고 대형 제작이 용이하다.

㉡ 축압기 취급시 주의사항

- 가스봉입형식인 것은 미리 소량의 작동유를 넣은 다음 가스를 소정의 압력으로 봉입한다.
- 봉입가스는 질소가스 등의 불활성 가스 또는 낮은 공기압을 사용하고 산소 등의 폭발성 기체를 사용해서는 안된다.
- 펌프와 축압기 사이에는 체크밸브를 설치하여 유압유가 펌프에 역류하지 않도록 한다.
- 축압기와 관로와의 사이에 스톱밸브를 넣어 토출압력이 봉입가스의 압력보다 낮을 때는 차단한 후 가스를 넣어야 한다.
- 축압기에 부속쇠 등을 용접하거나 가공, 구멍뚫기 등을 해서는 안된다.
- 충격완충용에는 가급적 충격이 발생하는 곳에 가까이 설치한다.
- 봉입가스압은 6개월마다 점검하고, 항상 소정의 압력을 예압시킨다.

② 오일탱크(Oil tank)

펌프 작동 중 유면을 적절하게 유지하고 발생하는 열을 방산하여 장치의 가열을 방지한다. 또한 오일 중의 공기나 이물질을 분리시킨다.

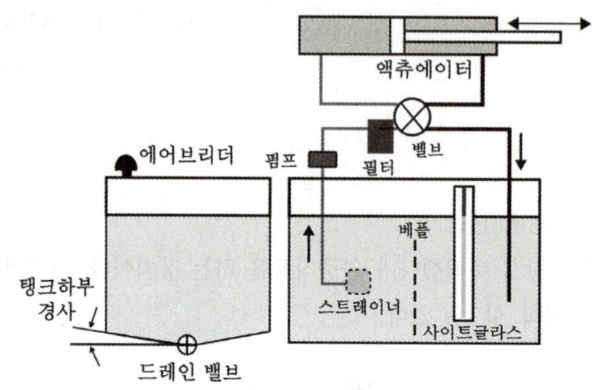

오일탱크 구성요소

오일탱크 구비 조건
① 오일 탱크의 바닥면은 바닥에서 일정 간격 이상을 유지해야한다.
② 오일 탱크는 스트레이너의 삽입이나 분리를 용이하게 할 수 있는 출입구가 있어야 한다.
③ 장치의 운전을 중지할 때 장치 내의 작동유가 복귀하여도 지장이 없을 만큼의 용량이어야 한다.
④ 오일의 순환거리를 길게하고 먼지의 일부를 침전시킬 수 있어야 한다.
⑤ 운전 중 보기 쉬운 곳에 유면계를 설치하고 유면계는 오일탱크의 상부벽과 같은 높이에 설치한다.

③ 실(Seal) : 유공압유의 누설을 방지하는 밀봉장치이다.

㉠ 실(Seal)의 종류
  - 개스킷(Gasket) : 고정부분(정지부분)에 사용되는 실로서 정지용 실이다.
  - 패킹(Packing) : 운동부분에 사용되는 실로서 운동용 실이다.

㉡ 실(Seal)의 요구조건
  - 압축복원성이 좋으며 압축 변형이 없을 것
  - 체적 변화가 적고 내약품성이 양호할 것
  - 마찰저항이 적고 온도에 민감하지 않을 것
  - 내구성, 내마모성이 우수할 것

④ 스트레이너(Strainer)
탱크 내 펌프 흡입구쪽에 설치되어 펌프의 불순물, 유공압 작동유의 이물질을 제거하는 장치이다.

⑤ 유압 장치용 배관 이음의 종류

　㉠ 플랜지 이음 : 고압, 저압에 관계없이 대형관의 이음으로 쓰이며, 분해, 보수가 용이하다.

　㉡ 플레어 이음 : 관의 선단부를 나팔형으로 넓혀서 이음 본체의 원뿔면에 슬리브와 너트에 의해 체결하는
　이음이다.

　㉢ 플레어리스 이음 : 관의 끝을 넓히지 않고 관과 슬리브의 먹힘 또는 마찰에 의하여 관을 유지하는 이음이다.

(5) 유공압 회로도

유공압장치의 압력, 속도, 방향제어 등의 기본적인 구성을 목적에 따라 조합해 통일된 기호로 나타낸
회로도이다.

① 속도제어회로

　㉠ 미터 인 회로

　　액추에이터의 입구 쪽에서 유량을 교축시켜 작동속도를 조절하는 방식이다. 속도 제어회로로 체크 밸브에
　　의해 한 방향의 속도가 제어되고 피스톤 측에만 압력을 형성한다.
　　인장력이 작용할 때 속도조절이 불가능하며 단면적이 넓은 부분을 제어하므로 유리하다.

　㉡ 미터 아웃 회로

　　액추에이터의 출구 쪽에서 유량을 교축시켜 작동속도를 조절하는 방식이다. 피스톤과 피스톤로드 측에
　　압력이 형성되고 단면적이 좁은 부분을 제어하므로 유리하다.

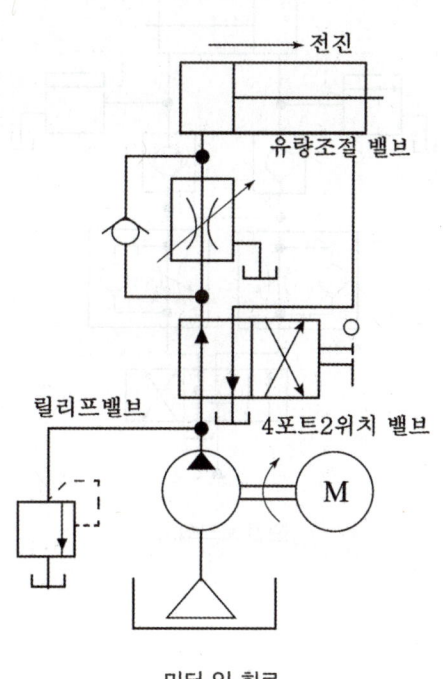

미터 인 회로

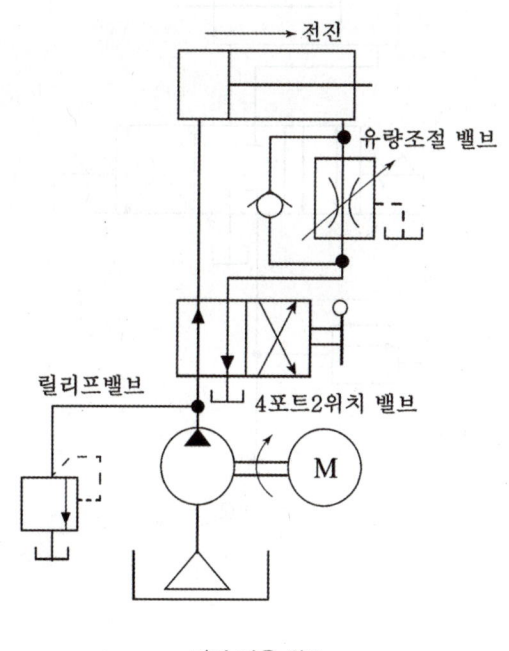

미터 아웃 회로

ⓒ 블리드오프회로

실린더 입구의 분기회로에 유량제어밸브를 설치해 실린더 입구 측의 불필요한 압유를 배출해 작동 효율을 증진시키고 속도를 제어한다. 실린더 유입 유량이 부하에 따라 변하므로 미터인, 아웃 회로처럼 피스톤 이송을 정확하게 하기 어렵다.

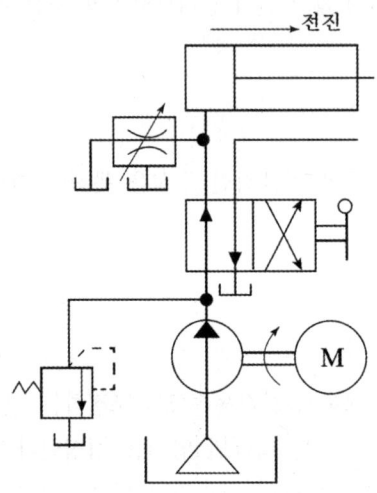

② 방향제어회로

㉠ 로크회로 : 피스톤의 이동을 방지하는 회로이며 유압실린더를 고정한다.

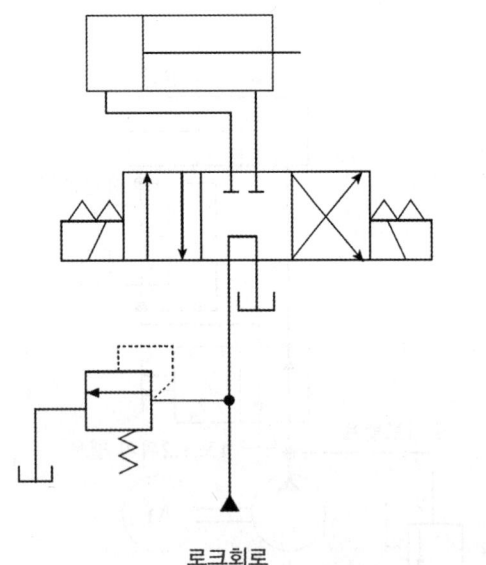

로크회로

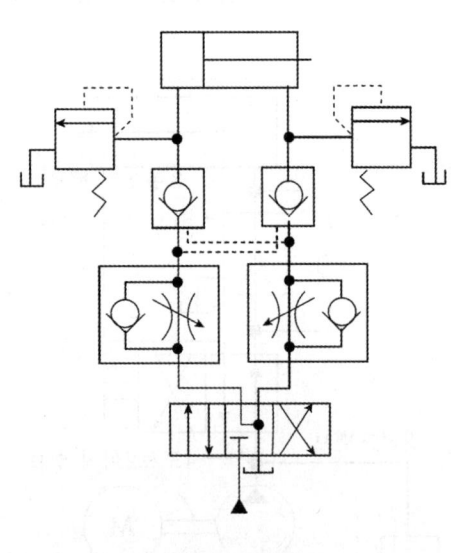

완전 로크회로

(6) 유공압 회로 기호

① 유공압 용어 정리

용어	설명
채터링(Chattering)	스프링에 의해 작동되는 릴리프 밸브에 발생하기 쉬우며 밸브 시트를 두들겨서 비교적 높은 음을 발생시키는 일종의 자려 진동현상이다.
쇼크업소버 (Shock Absorber)	오일의 점성을 이용해 기계적 충격을 완화하며 운동에너지를 흡수하는 유압 응용장치이다.
플러싱(Flushing)	유압회로 내 이물질을 제거한다. 작동유교환, 처음설치, 재조립 시 오염물을 회로 밖으로 배출시켜 회로를 깨끗하게 하는 것이다. 플러싱오일을 사용하거나 산세정법을 이용한다.
서지압력 (Surge Pressure)	계통 내 흐름의 과도적인 변동으로 인해 발생하는 압력이다.
플런저(Plunger)	실린더 속에서 왕복운동을 한다. 지름에 비해 길이가 길다.
스풀(Spool)	원통형 미끄럼면에 내접하여 축방향으로 이동하여 유로를 개폐하는 꼬챙이 모양의 구성부품이다.
랜드(Land)	스풀의 밸브작용을 하는 미끄럼면이다.
유압호스	진동을 흡수하고 유압회로의 서지압력을 흡수한다.
유압부스터	유압을 한층 더 증대시킨다. 금속관을 쓰기 곤란한 곳, 진동의 영향을 방지해야 하는 곳, 연결부의 상대위치가 변하는 곳에 사용한다.
포트(Port)	작동유체 통로의 열린 부분이며 밸브와 주관로를 접속시키는 구멍이다.
오리피스(Orifice)	면적을 감소시킨 통로이다. 길이가 단면치수에 비해 비교적 짧은 경우의 죔구로 사용한다.
초크(Choke)	길이가 단면치수에 비해 비교적 긴 죔구이다.
초기위치	밸브를 시스템 내에 설치하고 작업 또는 사이클이 시작하려 할 때의 위치이다. 즉, 조작력이 작용하기 전의 밸브몸체 위치이다.
중앙 위치	밸브의 작동 신호가 없을 때 유압배관이 연결되는 밸브몸체위치이다.
중립 위치	전원이 꺼졌을 때 자동으로 결정되는 벨브 위치이다.
유체 고착 현상	스풀 밸브로 내부 흐름의 불균성 등에 의하여, 축에 대한 압력분포의 평형이 깨어져서 스풀 밸브 몸체에 강하게 밀려 고착되어, 그 작동이 불가능하게 되는 현상이다.
인터플로 (Interflow)	밸브의 변화 도중에 과도적으로 생기는 밸브포트 사이의 흐름이다.
드레인(Drain)	유압기기의 통로에서 탱크로 액체가 돌아오는 현상이다.

용어	설명
누설(Leakage)	정상 상태로는 흐름을 폐지시킨 장소이나 이 곳을 통하여 흐르는 비교적 적은 흐름이다.
컷오프(Cut off)	펌프 출구측 압력이 설정압력에 가깝게 되었을 때 가변 토출량 제어가 작동해 유량을 감소시키는 것이다.
플러싱(Flushing)	유압회로 내 이물질을 제거한다. 작동유교환, 처음설치, 재조립 시 오염물을 회로 밖으로 배출시켜 회로를 깨끗하게 하는 것이다. 플러싱오일을 사용하거나 산세정법을 이용한다.
서지압력 (Surge Pressure)	계통 내 흐름의 과도적인 변동으로 인해 발생하는 압력이다.
스태핑 모터 (Stepping Motor)	입력 펄스수에 대응하여 일정 각도씩 움직이는 모터이다. 입력펄스 수와 모터의 회전 각도가 비례하여 회전 각도를 정확히 제어한다. 주로 NC공작기계, 산업용로봇, 프린터, 복사기에 사용된다.
자기식 필터	오일 중에 흡입되고 있는 자성 고형물을 자석력을 이용하여 여과하는 필터이다.
바이패스 (By-pass)	유압펌프에서 나온 유압유의 일부를 흡수형 필터로 여과하고 나머지는 그대로 탱크로 가도록 한다. 연결위치는 압력관로의 어느 곳이나 가능하며 비교적 작은 필터로도 충분하다.
오버라이드 조작	정규 조작 방법에 우선하여 조작할 수 있는 대체조작 수단이다.
토크 컨버터	동력이 유체에 의해 전달될 때 과부하에 대한 기관 손상이 없도록 자동으로 변속 작용을 하는 유체 변속 장치이이다.
파일럿 조작	파일럿 유량 조정으로 밸브의 동작속도를 조정할 수 있고 파일럿 유압으로 밸브의 조작력을 조정한다. 대용량에 적합하다.
솔레노이드 조작	코일에 전류를 흘러서 전자석을 만들고 그 흡입력으로 가동평을 움직여서 끌어당기거나 밀어내는 등의 직선운동 수행하는 장치이다.

② 도면 기호

　㉠ 유압펌프

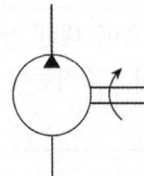

　㉡ 유압모터

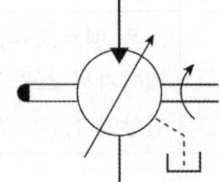

ⓒ 바이패스형 유량 조정 밸브

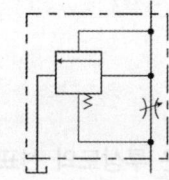 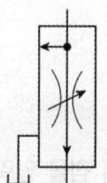

ⓓ 필터

- 필터(일반기호)　　　　　- 필터(자석붙이)　　　　　- 필터(눈막힘 표시기 붙이)

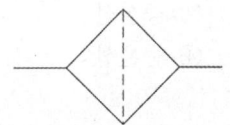 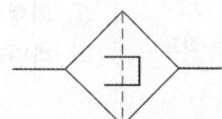 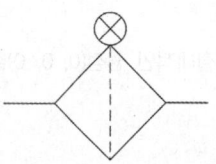

ⓜ 드레인

- 드레인 재출기　　　　　- 드레인 배출기 분리 필터

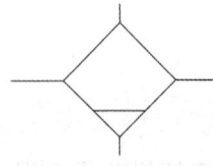 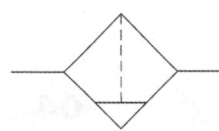

ⓗ 스위치

- 압력 스위치　　　　　- 리밋 스위치

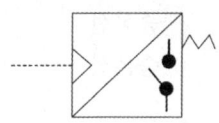 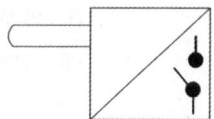

ⓢ 압력계　　　　ⓞ 차압계　　　　ⓩ 온도계　　　　ⓒ 유량계

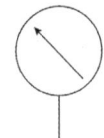  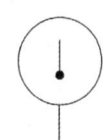 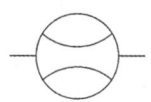

01 도면 제작 및 검토

01

CAD시스템에서 도면상 임의의 점을 입력할 때 변하지 않는 원점(0,0,0)을 기준으로 정한 좌표계는?

① 상대 좌표계   ② 상승 좌표계
③ 증분 좌표계   ④ 절대 좌표계

절대좌표
좌표계의 절대적인 원점(0, 0, 0)을 기준으로 표현되는 좌표

02

CAD시스템에서 원점이 아닌 주어진 시작점을 기준으로 하여 그 점과 거리로 좌표를 나타내는 방식은?

① 절대좌표방식   ② 상대좌표방식
③ 직교좌표방식   ④ 극좌표방식

상대좌표
임의의 시작점이나 사용자가 바로 이전에 지정한 작업점이 다음 점의 상대적인 원점이 되어 X, Y, Z 좌표값만큼 이동한 위치에 지정되는 좌표

03

다음 조건은 투상도의 선표시 방법 중 어떤 것인가?

> – 물체의 보이는 부분의 형상을 나타내는 선으로, 대상물의 특징을 보여주는 가장 중요한 선이다.
> – 외형선은 연속한 실선을 사용하며, 선의 폭은 일반적으로 0.5~0.7mm의 굵은 선을 그린다.

① 외형선   ② 중심선
③ 파단선   ④ 숨은선

외형선
① 물체의 보이는 부분의 형상을 나타내는 선으로, 대상물의 특징을 보여주는 가장 중요한 선이다.
② 외형선은 연속한 실선을 사용하며, 선의 폭은 일반적으로 0.5~0.7mm의 굵은 선을 그린다.

04

다음 조건은 투상도의 선표시 방법 중 어떤 것인가?

> – 물체의 구멍이나 홈과 같이 바깥에서 보이지 않는 부분의 형상을 표시하는 선이다.
> – 반선 굵기의 파선으로 그린다.

① 가상선   ② 중심선
③ 파단선   ④ 숨은선

숨은선
① 물체의 구멍이나 홈과 같이 바깥에서 보이지 않는 부분의 형상을 표시하는 선이다.
② 반선 굵기의 파선으로 그린다.

05

다음 조건은 투상도의 선표시 방법 중 어떤 것인가?

> – 도형의 중심을 나타내는 선이다.
> – 원, 원호, 구의 중심 및 원통 등의 중심축에 대하여 대칭도형인 경우 그리는 선이다.
> – 긴 선과 짧은 선이 교대로 되풀이되는 '일 점 쇄선'을 사용한다.

① 가상선　　　　② 중심선
③ 파단선　　　　④ 외형선

중심선
① 도형의 중심을 나타내는 선이다.
② 원, 원호, 구의 중심 및 원통 등의 중심축에 대하여 대칭도형인 경우 중심선(대칭축)을 그린다.
③ 중심선은 긴 선과 짧은 선이 교대로 되풀이되는 '일 점 쇄선'을 사용한다.
④ 일 점 쇄선은 폭 0.3mm 정도의 가는 선을 사용한다.
⑤ 일 점 쇄선의 길이는, 긴 선은 10~20mm, 짧은 선은 1mm 정도의 길이로 사용한다.
⑥ 두 종류의 선 사이의 간격은 짧은 선의 길이와 같도록 한다.

06

제1각법과 제3각법의 설명 중 틀린 것은?

① 제1각법은 물체를 1사분면에 놓고 정투상법으로 나타낸 것이다.
② 제1각법은 눈 → 투상면 → 물체의 순서로 나타낸 것이다.
③ 제3각법은 물체를 3상한에 놓고 정투상법으로 나타낸 것이다.
④ 한 도면에 제1각법과 제3각법을 같이 사용해서는 안된다.

제3각법은 눈 → 투상면 → 물체의 순서로 나타낸다.

07

제3각법과 제1각법의 표준 배치에서 서로 반대 위치에 있는 투상도의 명칭은?

① 평면도와 저면도
② 배면도와 평면도
③ 정면도와 저면도
④ 정면도와 우측면도

제3각법과 제1각법의 표준 배치는 평면도와 저면도(하면도)가 서로 반대 위치에 있다.

08

제3각법에서 정면도 아래에 배치하는 투상도를 무엇이라 하는가?

① 우측면도　　　　② 평면도
③ 배면도　　　　④ 저면도

제3각법에 대한 투상도의 명칭

평면도
(Top View)

좌측면도　　정면도　　우측면도　　배면도
(Left side View)　(Front View)　(Right side View)　(Rear View)

  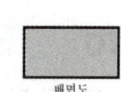

저면도
(Bottom View)

09

다음 도면에서 치수 보조선으로 맞는 것은?

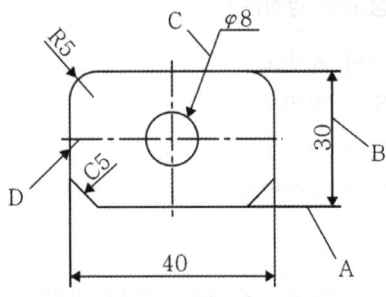

① A
② B
③ C
④ D

치수 기입 요소

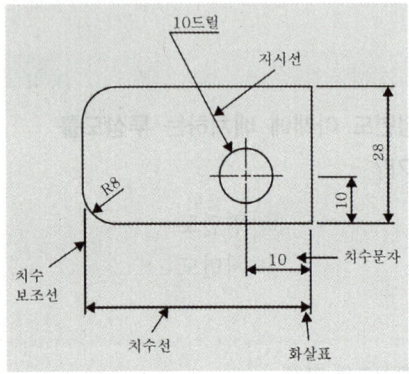

10

다음 중 치수 기입 요소가 아닌 것은?

① 치수선
② 치수 보조선
③ 화살표
④ 치수 경계선

치수 기입 요소
① 치수선
② 치수 보조선
③ 지시선
④ 화살표
⑤ 치수보조기호

11

모따기를 나타내는 치수 보조 기호는?

① R
② SR
③ t
④ C

45도 모따기 기호
C

12

구의 반지름을 나타내는 치수 보조 기호는?

① ϕ
② $S\phi$
③ SR
④ C

구의 반지름 기호
SR

13

치수 보조 기호에서 이론적으로 정확한 치수를 나타내는 것은?

① ⬜
② ( )
③ □
④ ○

이론적으로 정확한 치수 기호
⬜

14

다음 가공방법의 약호를 나타낸 것 중 틀린 것은?

① 선반가공(L)　　　② 보링가공(B)
③ 리머가공(FR)　　④ 호닝가공(GB)

호닝가공(GH)

15

가공 방법의 약호에서 연삭가공의 기호는?

① L　　　　② D
③ G　　　　④ M

연삭가공 : G

16

한국산업표준(KS)에서 기계와 수송 기계의 분류기호는?

① KS A, KS E　　② KS B, KS R
③ KS C, KS W　　④ KS D, KS X

KS의 부문별 분류기호

분류기호	부문	분류기호	부문
KS A	기본	KS K	섬유
KS B	기계	KS L	요업
KS C	전기	KS M	화학
KS D	금속	KS P	의료
KS E	광산	KS R	수송기계
KS F	토건	KS V	조선
KS G	일용품	KS W	항공
KS H	식료품	KS X	정보산업

17

도면에서 A3제도 용지의 크기는?

① 841×1189　　② 594×841
③ 420×594　　　④ 297×420

A3제도 용지 크기
297×420

18

도면관리에 필요한 사항과 도면내용에 관한 중요한 사항이 기입되어 있는 도면 양식으로 척도나 도면번호와 같은 정보가 있는 것은?

① 재단마크　　　② 표제란
③ 비교눈금　　　④ 중심마크

표제란
도면 관리에 필요한 사항과 도면 내용에 대한 중요 사항으로서 명칭, 도면번호, 기업(소속명), 척도, 투상법, 작성연월일, 설계자 등이 기입된다.

19

도면을 마이크로 필름에 촬영하거나 복사할 때의 편의를 위하여 도면의 위치결정에 편리하도록 도면에 표시하는 양식은?

① 재단마크　　　② 중심마크
③ 도면의 구역　　④ 방향마크

중심마크
도면의 영구 보존을 위해 마이크로필름으로 촬영하거나 복사하고 자 할 때 굵은 실선으로 표시한다.

20

도면의 척도가 "1:2"로 도시되었을 때 척도의 종류는?

① 배척　　　　　　② 축척
③ 현척　　　　　　④ 비례척이 아님(NS)

축척

실물보다 크게 확대해서 그리는 것으로 3:1, 30:1의 형태로 표시

21

다음 중 가공제품의 치수를 표시하기 위한 용어 중 기준치수를 옳게 설명한 것은?

① 최대허용치수에서 호칭치수를 뺀 값
② 최소허용치수에서 호칭치수를 뺀 값
③ 허용한계 치수의 기준
④ 최대 허용치수와 최소 허용치수와의 차이

가공제품 치수 표시용어

용어	설명
기준치수	허용한계치수의 기준
치수공차	최대 허용치수 – 최소 허용치수
위치수 허용차	최대허용치수 – 호칭치수
아래치수 허용차	최소허용치수 – 호칭치수
최소허용치수	실제 치수에 대하여 허용되는 최소 치수
최대허용치수	실제 치수에 대하여 허용되는 최대 치수

22

기하공차를 표시한 것으로 옳지 않은 것은?

① 평면도 공차 : ▱

② 대칭도 공차 : ∥

③ 위치도 공차 : ⊕

④ 선의 윤곽도 공차 : ⌒

23

다음 기하공차표시 중에서 모양 혹은 형태에 관한 공차(form tolerances), 즉 개별형상(단독형체)에 적용하는 것이 아닌 것은?

① 평행도(parallelism)
② 진원도(circularity)
③ 원통도(cylindricity)
④ 진직도(straightness)

기하공차

적용형체	공차 종류		기호
단독형체	모양 공차	진직도	—
		평면도	▱
		진원도	◯
단독형체 또는 관련형체		원통도	⌀
		선의 윤곽도	⌒
		면의 윤곽도	◠
관련형체	자세 공차	평행도	∥
		직각도	⊥
		경사도	∠
	위치 공차	위치도	⊕
		동축도, 또는 동심도	◎
	흔들림 공차	대칭도	⹀
		원주 흔들림	↗
		온 흔들림	⇗

24

다음과 같은 표면거칠기 기호를 사용하여 가공하는 부품으로 가장 적절한 것은?

$$\frac{y}{\bigtriangledown} = \frac{1.6}{\bigtriangledown}, 6.3S$$

① 게이지 류의 측정면
② 고속 회전 운동이나 미끄럼 운동 및 직선 왕복을 하는 면
③ 키 홈면
④ 스패너의 손잡이면

고속 회전 운동이나 미끄럼 운동 및 직선 왕복을 하는 면이기 때문에 y거칠기를 주어 표면을 매끈하게 만들어 원활하게 운동 될 수 있도록 한다.

25

축과 구멍이 끼워 맞추어질 때 구멍이 작고 축의 지름이 약간 커서 억지로 끼워 맞추는 것을 억지 끼워맞춤이라고 한다. 억지 끼워맞춤에서, 축의 최소허용치수에서 구멍의 최대허용치수를 뺀 값을 나타내는 용어는?

① 최소틈새   ② 최대틈새
③ 최소죔새   ④ 최대죔새

최소죔새
축의 최소허용치수 – 구멍의 최대허용치수

26

끼워맞춤에 대한 설명으로 옳지 않은 것은?

① 구멍공차역 기호 H의 최소 치수는 기준치수와 동일하다.
② 항상 틈새가 생기는 끼워맞춤은 억지 끼워맞춤이다.
③ 억지 끼워맞춤은 분해가 불가능하거나 분해 시 부품손상이 발생할 수 있다.
④ 일반적으로 축 기준보다 구멍기준 끼워맞춤을 선호한다.

항상 틈새가 생기는 끼워맞춤은 헐거운 끼워맞춤이다.

27

기준치수가 동일한 구멍과 축에서 구멍의 공차역이 H7일 때, 헐거운 끼워맞춤에 해당하는 축의 공차역은?

① f6   ② js6
③ k6   ④ m6

끼워맞춤공차

기준 구멍	축의 공차역 클래스								
	헐거운			중간			억지		
H6		g5	h5	js5	k5	m5			
	f6	g6	h6	js6	k6	m6	n6	p6	
H7	f6	g6	h6	js6	k6	m6	n6	p6	r6
	f7		h7	js7					
H8	f7		h7						
	f8		h8						

28

다음 중 스퍼기어의 투상법에 대한 설명으로 옳지 않은 것은?

① 이끝원은 외형선으로 나타낸다.
② 스퍼기어의 치형은 항상 표시해야 한다.
③ 이뿌리원은 단면도로 표시할 경우 굵은 실선으로 나타낸다.
④ 요목표에 모듈, 치형, 압력각 등의 내용을 표시할 수 있다.

스퍼기어는 단면이 나타나는 부분을 정면도하고 측면도에서 치형은 생략한다.

29

다음 중 스프링의 투상법에 대한 설명으로 옳지 않은 것은?

① 스프링은 무하중 상태를 투상하는 것을 원칙으로 한다.
② 스프링은 왼쪽으로 감는 것을 원칙으로 한다.
③ 스프링의 동일 형상 부분을 생략할 땐 가상선으로 도시한다.
④ 스프링의 중심선만을 표시할 땐 굵은실선으로 도시한다.

스프링은 오른쪽으로 감는 것을 원칙으로 하고, 왼쪽으로 감은 경우에는 "감김 방향 왼쪽" 이라고 표시한다.

30

다음 그림의 표면거칠기의 표시사항 중 옳은 것을 [보기]에서 모두 모르면?

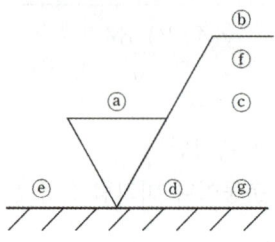

[보기]
ⓐ 중심선 평균거칠기의 값
ⓑ 다듬질 여유
ⓒ 컷오프값
ⓓ 줄무늬 방향의 기호
ⓔ 가공방법
ⓕ 표면파상도
ⓖ 중심선 평균거칠기 이외의 표면거칠기

① ⓐ, ⓑ, ⓔ   ② ⓐ, ⓑ, ⓕ
③ ⓐ, ⓒ, ⓓ   ④ ⓐ, ⓒ, ⓕ

표면거칠기의 표시사항
ⓐ 중심선 평균거칠기의 값
ⓑ 가공방법
ⓒ 컷오프값 및 기준길이
ⓓ 줄무늬 방향의 기호
ⓔ 다듬질 여유
ⓕ 중심선 평균거칠기 이외의 표면거칠기 값
ⓖ 표면 파상도(KS B 0610 에 따름)

31

줄무늬 방향의 기호 중 "가공으로 생긴 선이 무방향"
인 것을 나타내는 것은?

① =   ② ×
③ M   ④ C

= : 가공으로 생긴 방향이 면에 평행
× : 가공으로 생긴 선이 서로 교차
M : 가공으로 생긴 선이 무방향
C : 가공으로 생긴 선이 동심원

32

다음 표면거칠기 기입 방법 중 옳지 않은 것은?

① 표면거칠기의 기호를 여러 곳에 반복하여
   기입하여야 할 경우에는 가공 지시와 로마자
   알파벳 소문자를 표면거칠기 값의 약호로
   규정하여 기입하고 의미를 주서에 기입한다.
② 전체의 면을 동일한 표면거칠기로 지시할
   경우에는 정면도의 위나 부품 번호의 옆 또는
   표제란 부근에 기입한다.
③ 대부분은 동일한 표면거칠기이고 일부분만이
   다르게 되어 있는 경우에는 투상도에 지시한
   기호나 지시하지 않은 기호 다음에 괄호를
   사용하여 기입한다.
④ 표면거칠기는 부품의 외형선에만 기입할 수 있고
   주서 등에는 거칠기에 대한 정보를 표시할 수
   없다.

표면거칠기는 부품의 외형선 뿐만 아니라 치수보조선에도 기입
할 수 있고 주서에는 사용한 거칠기의 정보를 표시할 수 있다.

02 형상 모델링

01

모델링 방법의 순서는 무엇인가?

> ㉠ 모델의 수정 및 재사용을 고려
> ㉡ 2D 프로파일 생성
> ㉢ 생산을 고려한 모델링 기법 사용
> ㉣ 솔리드 형상의 국부적인 변형 순서

① ㉡ → ㉠ → ㉣ → ㉢
② ㉡ → ㉠ → ㉢ → ㉣
③ ㉠ → ㉡ → ㉢ → ㉣
④ ㉠ → ㉡ → ㉣ → ㉢

모델링 방법의 순서
① 2D 프로파일 생성
② 모델의 수정 및 재사용을 고려
③ 솔리드 형상의 국부적인 변형 순서
④ 생산을 고려한 모델링 기법

02

다른 모델링과 비교하여 와이어프레임 모델링의 일반적인 특징을 설명한 것 중 틀린 것은?

① 데이터의 구조가 간단하다.
② 처리속도가 느리다.
③ 숨은선을 제거할 수 없다.
④ 체적 등의 물리적 성질을 계산하기가 용이하지 않다.

03

다음 중 와이어 프레임 모델링의 특징은?

① 단면도 작성이 불가능하다.
② 은선 제거가 가능하다.
③ 처리속도가 느리다.
④ 물리적 성질의 계산이 가능하다.

04

아래 그림은 공간상의 선을 이용하여 3차원 물체의 가장자리 능선을 표시하여 주는 모델이다. 이러한 모델링은?

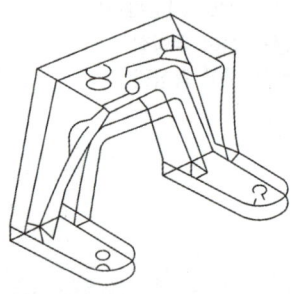

① 서피스 모델링   ② 와이어프레임 모델링
③ 솔리드 모델링   ④ 이미지 모델링

와이어 프레임 모델링

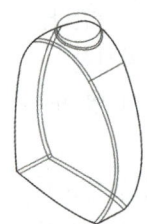

① 데이터 구조가 간단하고 처리 속도가 빠르다.
② 은선제거 및 단면도 작성이 불가능하다.
③ 체적의 계산 및 물질 특성에 대한 자료를 얻지 못한다.

05

면을 사용하여 은선을 제거시킬 수 있고 또 면의 구분이 가능하므로 가공면을 자동적으로 인식처리할 수 있어서 NC deta에 의한 NC가공작업이 가능하나 질량 등의 물리적 성질은 구할 수 없는 모델링 방법은?

① 서피스 모델링   ② 솔리드 모델링
③ 시스템 모델링   ④ 와이어 프레임 모델링

06

다음 서피스 모델링(Surface Modeling)의 특징을 설명한 것 중 옳지 않은 것은?

① 복잡한 형상의 표현이 가능하다.
② 단면도를 작성할 수 없다.
③ 물리적 성질을 계산하기가 곤란하다.
④ NC가공 정보를 얻을 수 있다.

07

아래 그림과 같은 3차원 모델링 중 은선 처리가 가능하고 면의 구분이 가능하므로 일반적인 NC 가공에 가장 적합한 모델링은?

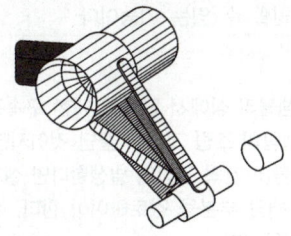

① 와이어 프레임 모델링
② 이미지 모델링
③ 솔리드 모델링
④ 서피스 모델링

서피스 모델링

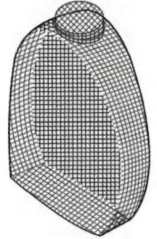

① 은선 제거가 가능하다.
② 단면도 작성이 가능하다.
③ NC deta에 의한 NC 가공작업이 수월하다.

08

다음 설명에 가장 적합한 3차원의 기하학적 형상 모델링 방법은?

> - Boolean연산(합, 차, 적)을 통하여 복잡한 형상 표현이 가능하다.
> - 형상을 절단한 단면도 작성이 용이하다.
> - 은선 제거가 가능하고 물리적 성질 등의 계산이 가능하다.
> - 컴퓨터의 메모리량과 데이터처리가 많아진다.

① 서피스 모델링(Surface Modeling)
② 솔리드 모델링(Solid Modeling)
③ 시스템 모델링(System Modeling)
④ 와이어 프레임 모델링(Wire Frame Mondeling)

09

다음이 설명하는 3차원 모델링 방식은?

> - 간섭체크를 할 수 있다.
> - 질량 등의 물리적 특징 계산이 가능하다.

① 와이어 프레임 모델링
② 서피스 모델링
③ 솔리드 모델링
④ DATA 모델링

10

3차원 물체의 외부 형상뿐만 아니라 중량, 무게중심, 관성모멘트 등의 물리적 성질도 제공할 수 있는 형상 모델링은?

① 와이어 프레임 모델링

② 서피스 모델링

③ 솔리드 모델링

④ 곡면 모델링

솔리드 모델링

① 은선 제거가 가능하다.

② 단면도 작성이 용이하다.

③ 물리적 성질등의 계산이 가능하다.(부피, 무게중심, 관성모멘트 등)

④ 간섭 체크가 용이하다.

⑤ 컴퓨터의 메모리량이 많아지고, 데이터 처리시간이 많이 걸린다.

11

일반적으로 CAD에서 사용하는 3차원 형상 모델링이 아닌 것은?

① 솔리드 모델링(Solid Modeling)

② 시스템 모델링(System Modeling)

③ 서피스 모델링(Surface Modeling)

④ 와이어 프레임 모델링(Wire Frame Modeling)

3차원 형상 모델링 종류

① 와이어 프레임 모델링

② 서피스 모델링

③ 솔리드 모델링

12

다음 모델링 데이터 검토 및 수정에 대한 명령어는 정보 명령어와 체크 명령어가 있다. 다음 정보 명령어의 종류가 아닌 것은?

① 측정   ② 간섭 체크

③ 두께 검사   ④ 물성치

---

① 정보 명령어

선택한 요소 및 형상에 대한 정보를 사용자에게 알려 주는 기능을 모아둔 도구모음이다. 주로 모델링 오류 검토를 확인할 때 사용한다.

명령어	설명
측정	선택한 요소(점, 선, 면 등) 간의 성분을 알려 주는 기능으로 치수 등을 측정한다.
물성치	선택한 형상의 물성치 정보(밀도, 질량, 부피, 면적 등)를 측정해주는 기능이다.
두께 검사	일정 두께 이상의 형상을 요구할 때 최소 두께 등을 확인할 수 있는 기능이다.

② 체크 명령어

단품 형상을 어셈블리 상에서 단품에 대한 구속조건을 모두 설정하였다면, 모델링의 조립 과정이 끝난 것이지만, 조립체의 단품 및 서브 어셈블리 간의 간섭이 발생한다면 실제 제품은 조립이 되지 않아서 해당 부분을 검토하여야 한다. 주로 간섭 확인 및 수정할 때 사용한다.

명령어	설명
간섭 체크	여러 개의 단품 및 서브 어셈블리와의 간섭이 있는지 확인해주는 명령어이다.

13

조립품의 구속 조건을 이용하여 서브 조립품을 제작하고 그 서브 조립품을 상위 조립품에 배치하여 최상위 조립품까지 만드는 설계방식은?

① 상향식 설계(Bottom Up Design)
② 하향식 설계(Top Down Design)
③ 혼합형 설계(Hybrid Design)
④ 조립식 설계(Assembly Expression Design)

상향식 설계(Bottom Up Design)
조립품의 구속 조건을 이용하여 서브 조립품을 제작하고 그 서브 조립품을 상위 조립품에 배치하여 최상위 조립품까지 만드는 설계방식

14

완성된 제품에서 제품을 분석하여 세부적인 작업을 진행하는 설계방식은?

① 상향식 설계(Bottom Up Design)
② 하향식 설계(Top Down Design)
③ 혼합형 설계(Hybrid Design)
④ 조립식 설계(Assembly Expression Design)

하향식 설계(Top Down Design)
완성된 제품에서 제품을 분석하여 세부적인 작업을 진행하는 설계방식

15

파일을 인쇄물로 출력하는 방법 중 옳은 것만 고른 것은 무엇인가?

> ㉠ 파트 및 어셈블리 파일은 이미지 파일로 저장하여 출력하는 방법
> ㉡ 도면화 작업을 통해 도면 인쇄하는 방법
> ㉢ 서피스 파일은 CAD를 통해 옮겨 도면 인쇄하는 방법

① ㉠
② ㉠, ㉡
③ ㉠, ㉢
④ ㉡, ㉢

파일 출력 : 인쇄물로 출력하는 2가지 방법
① 파트 및 어셈블리 파일은 이미지 파일로 저장하여 출력하는 방법
② 도면화 작업을 통해 도면을 인쇄하는 방법

03 체결요소설계

01

피치가 $20mm$인 2줄 나사를 두 바퀴 회전시키면 축 방향으로 움직이는 거리는 몇 mm 인가?

① 10   ② 20

③ 40   ④ 80

$\ell = np = 2 \times 20 = 40mm$

$\therefore \ell_{2바퀴} = 2 \times 40 = 80mm$

02

나사산과 골의 반지름이 같은 원호로 이은 모양을 하고 있으며, 전구의 결합부와 같이 박판의 원통을 전조하여 만드는 것 등에 사용되는 나사는?

① 둥근나사   ② 미터나사

③ 유니파이나사   ④ 관용나사

둥근나사(=너클나사, 원형나사)
나사산과 골의 반지름이 같은 원호로 이은 모양을 하고 있으며, 전구, 소켓 등과 같이 먼지와 모래 및 녹 가루 등이 나사산으로 들어갈 염려가 있을 때 사용하는 운동용 나사이다.

03

다음 중 결합용 나사인 것은?

① 사각나사   ② 사다리꼴나사

③ 유니파이나사   ④ 둥근나사

나사 구분

체결용 나사	운동용 나사
① 미터나사(삼각나사)	① 사각나사
② 유니파이나사	② 사다리꼴나사(애크미나사)
③ 관용나사	③ 톱니나사
	④ 둥근나사(너클나사)
	⑤ 볼나사

04

축방향 하중 Q를 받는 사각나사를 죄기 위해 접선 방향으로 가해야 하는 회전력 P는? (단, 리드각(나선각)은 λ, 마찰각은 ρ이다.)

① $Q\tan(\rho + \lambda)$ ② $Q\tan(\rho - \lambda)$

③ $Q\cos(\rho + \lambda)$ ④ $Q\cos(\rho - \lambda)$

$P = Q\tan(\rho + \lambda)$

05

축방향 하중은 Q, 리드각은 λ, 마찰각은 ρ라고 하고 자리면의 마찰은 무시한다. 사각 나사를 풀 때 필요한 회전력(P')을 표현한 식으로 가장 옳은 것은?

① $Q\tan(\rho - \lambda)$ ② $Q\sin(\rho - \lambda)$

③ $Q\tan(\lambda - \rho)$ ④ $Q\sin(\lambda - \rho)$

$P' = Q\tan(\rho - \lambda)$

06

리드각 $\alpha = 15°$, 마찰각 $\rho = 30°$, 유효직경 20mm인 1줄 사각나사로 100N의 하중을 들어올리려고 한다. 나사를 죄는데 필요한 토크[$N \cdot m$]는?

① 1
② 0.7
③ 0.985
④ 0.174

$$T = Q\tan(\alpha + \rho)\frac{d_e}{2} = 100\tan(15+30)\frac{0.02}{2} = 1N \cdot m$$

07

19.6kN의 하중을 나사잭으로 들어올리기 위하여 나사잭을 작동시키기 위한 토크를 구하고자 한다. 나사의 유효지름은 41mm, 피치는 8mm, 나사 접촉부의 유효마찰계수(effective coefficient of friction)는 0.13 이라고 할 때 필요한 토크는 약 몇 $N \cdot m$ 인가? (단, 와셔 접촉면 마찰의 영향은 무시한다)

① 77.82
② 84.55
③ 90.41
④ 98.88

$$
\begin{aligned}
T &= Q\left(\frac{p + \mu\pi d_e}{\pi d_e - \mu p}\right)\frac{d_e}{2} \\
&= 19.6 \times 10^3 \times \left(\frac{8 + 0.13 \times \pi \times 41}{\pi \times 41 - 0.13 \times 8}\right) \times \frac{41}{2} \\
&= 77817.81 N \cdot mm = 77.82 N \cdot m
\end{aligned}
$$

08

4각 나사에서 리드각 $3.83°$, 마찰계수 $\mu = 0.1$일 때, 이 나사의 효율을 구하면?

① 28.77%
② 32.75%
③ 39.83%
④ 42.56%

$$\rho = \tan^{-1}\mu = \tan^{-1}(0.1) = 5.71°$$
$$
\begin{aligned}
\therefore \eta &= \frac{\tan\lambda}{\tan(\lambda + \rho)} \\
&= \frac{\tan 3.83}{\tan(3.83 + 5.71)} = 0.3983 = 39.83\%
\end{aligned}
$$

09

사각나사에서 리드각 $3.00°$, 마찰계수 $\mu = 0.2$ 일 때, 이 나사의 효율을 구하면?

① 20.55%
② 25.55%
③ 30.55%
④ 35.55%

$$\rho = \tan^{-1}\mu = \tan^{-1}(0.2) = 11.31°$$
$$\therefore \eta = \frac{\tan\lambda}{\tan(\lambda + \rho)} = \frac{\tan 3}{\tan(3 + 11.31)} = 0.2055 = 20.55\%$$

10

사각나사에서 효율(效率)이 최대로 되는 리드각 α는 다음 중 어느 것인가? (단, 마찰계수는 $\mu = \tan\rho$이고, ρ는 마찰각이다)

① $\alpha = 45° - \rho/2$
② $\alpha = 45° + \rho/2$
③ $\alpha = 45° - \rho$
④ $\alpha = 45° + \rho$

나사의 효율이 최대가 되는 리드각(λ)

$$\lambda = 45° - \frac{\rho}{2}$$

11

사각나사의 안지름이 $10[mm]$, 바깥지름이 $12[mm]$, 피치는 $\pi[mm]$일 때, $440[N]$의 축방향 하중을 견딜 수 있는 너트의 최소 높이$[mm]$는? (단, 재료의 허용접촉면압력은 $10[N/mm^2]$이다.)

① 2   ② 4

③ 8   ④ 12

$$H = \frac{pQ}{\frac{\pi}{4}(d_2^2 - d_1^2)q_a} = \frac{\pi \times 440}{\frac{\pi}{4}(12^2 - 10^2) \times 10} = 4\,mm$$

12

나사산 수, 나사 유효지름, 나사산의 높이, 나사 줄 수를 설계변수로 하여 설계된 너트로 어떤 물체를 체결하고자 할 때, 너트나사의 접촉면 압력이 너무 크다. 해결책으로 가장 옳은 것은?

① 나사산 수를 증가시킨다.
② 나사 유효지름을 감소시킨다.
③ 나사산의 높이를 감소시킨다.
④ 나사 줄 수를 증가시킨다

$$q = \frac{Q}{\pi d_e h Z}, \quad H = pZ = \frac{pQ}{\pi d_e h q}$$

접촉면 압력(q) 감소시키려면, 나사산의 수(Z), 나사 유효지름(d_e), 나사산의 높이(h)를 증가시키면 된다.

13

나사의 풀림방지 대책으로 적절하지 않은 것은?

① 스프링와셔 사용
② 홈붙이너트와 분할핀 사용
③ 고정너트(lock nut) 사용
④ 캡너트(cap nut) 사용

나사의 풀림 방지법
① 와셔에 의한 방법
② 플라스틱 플러그에 의한 방법
③ 로크너트에 의한 방법
④ 멈춤나사에 의한 방법
⑤ 철사에 의한 방법
⑥ 분할핀에 의한 방법
⑦ 자동죔너트에 의한 방법(=절입너트, 홈붙이너트)

14

축의 홈 속에서 자유로이 기울어질 수 있어 키가 자동적으로 축과 보스에 조정되며, 고속 저토크 축에 주로 사용되는 것으로 테이퍼진 축을 결합할 때 편리하게 사용되는 것은?

① 둥근 키   ② 반달 키
③ 묻힘 키   ④ 평행 키

반달 키(=우드러프 키)
축에 반달 모양의 홈을 밀링커터로 기공히고 보스에는 기울기를 붙인 키홈을 만들어 축의 키 홈에 반달키를 넣고 보스에 끼운 것으로 홈의 깊이가 깊어 축의 강도를 저하시킬 수 있는 우려가 있다.
축의 홈 속에서 자유로이 기울어질 수 있어 키가 자동적으로 축과 보스에 조정되며, 고속 저토크 축에 주로 사용되는 것으로 테이퍼진 축을 결합할 때 편리하게 사용된다.

15

축은 가공하지 않고 회전체의 보스에만 키 홈을 내어 설치하는 키는?

① 반달키(woodruff key)
② 평키(flat key)
③ 접선키(tangential key)
④ 안장키(saddle key)

안장키(새들키)

축에 가공하지 않고 축의 모양에 맞추어 키의 아랫면을 깎아서 때려 박는 키로, 축과 키 사이의 마찰력만으로 회전력을 전달하기 때문에 작은 힘을 전달하는 곳에 사용된다.

16

2개의 키를 조합하여 축의 키 홈에 때려 박을 수 있도록 그 단면을 직사각형으로 만든키로서 면압력만을 받기 때문에 일반적으로 묻힘키보다 큰 토크를 전달할 수 있는 키(key)는?

① 반달키   ② 납작키
③ 안장키   ④ 접선키

접선 키(=케네디 키)

기울기가 반대인 키를 2개 조합한 것으로 전달토크가 큰 축에 주로 사용되며 회전방향이 양쪽방향일 때 일반적으로 그 중심각이 120도가 되도록 한 쌍의 키를 설치한 것이다.

17

축 둘레에 원주 방향으로 여러 개의 키홈을 깎아 만들었으며 큰 동력 전달 및 축 방향으로 자유로운 미끄럼 운동이 가능한 키는?

① 새들키(saddle key)
② 묻힘키(sunk key)
③ 평키(flat key)
④ 스플라인키(spline key)

스플라인 키(Spline Key)

축 둘레에 원주 방향으로 여러 개의 키 홈을 깎아 만들었으며 큰 동력 전달 및 축 방향으로 자유로운 미끄럼 운동이 가능한 키

18

세레이션(serratior)에 대한 일반적인 설명 중 틀린 것은?

① 스플라인에 비하여 치수(齒數)가 많다.
② 삼각치 세레이션은 끼워맞춤 정밀도가 나쁘고 작업 공수가 많다.
③ 세레이션은 주로 정적인 이음에만 사용된다.
④ 측압 강도가 작아서 같은 바깥지름의 스플라인에 비해 큰 회전력을 전달할 수 없다.

세레이션(Serration)

축과 보스에 작은 삼각형의 이를 제작하여 조립시킨 형태의 키
① 측압 강도가 크다.
② 같은 바깥지름의 스플라인 축과 비교하면 큰 회전력을 전달한다.
③ 이의 높이가 낮고 잇수가 많다.
④ 주로 정적인 이음에만 사용하고 이동용에는 사용이 불가능하다.
⑤ 축은 호브로 가공하고 보스의 홈은 브로치로 가공된 형태이다.

19

전달동력 $2kW$, 회전수 $250rpm$, 축 지름 $30mm$, 보스의 길이(=키의 길이) $40mm$, 키의 허용전단응력 $19.6N/mm^2$ 일 때 키의 폭 b는 약 몇 mm 이상으로 설계해야 하는가?

① 3.5   ② 4.5

③ 5.5   ④ 6.5

$$T = \frac{H}{\omega} = \frac{H}{\frac{2\pi N}{60}} = \frac{2 \times 10^3}{\frac{2\pi \times 250}{60}} = 76.39 N \cdot m$$

$\tau_k = \dfrac{2T}{b\ell d}$ 에서,

$$\therefore b = \frac{2T}{\ell d \tau_k} = \frac{2 \times 76.39 \times 10^3}{40 \times 30 \times 19.6} = 6.5 mm$$

20

지름이 d인 축에 조립한 묻힘 키에 작용하는 최대 토크를 키의 측면의 압축저항으로 받는다면 필요한 키의 측면적은? (단, 키 홈의 깊이는 키 높이의 $1/2$이고, 키에 작용하는 압축응력을 σ_c, 축에 작용하는 전단응력을 τ 라고 할 때, $\sigma_c = 2.5\tau$ 이다)

① $\pi d^2/3$ ② $\pi d^2/6$

③ $\pi d^2/10$ ④ $\pi d^2/12$

$$\sigma_c = \frac{4T}{b\ell d} = \frac{4T}{Ad}, \quad \tau = \frac{T}{Z_p} = \frac{16T}{\pi d^3}$$

$$\sigma_c = 2.5\tau$$

$$\frac{4T}{Ad} = 2.5 \times \frac{16T}{\pi d^3} \Rightarrow \therefore A = \frac{\pi d^2}{10}$$

21

회전수 $200rpm$으로 $10kW$의 동력을 전달하는 지름 $40mm$의 회전축에 묻힘키(폭과 높이가 각각 $8mm$)가 설치되어 있다. 키 재료의 허용압축응력이 $50MPa$일 때, 키의 길이 $[mm]$는? (단, $\pi = 3$이고, 키의 묻힘 깊이는 키높이 $1/2$로 한다.)

① 50   ② 75

③ 100   ④ 125

$$T = \frac{H}{\omega} = \frac{60H}{2\pi N} = \frac{60 \times 10 \times 10^3}{2 \times 3 \times 200} = 500 N \cdot m$$

$\sigma_c = \dfrac{4T}{h\ell d}$ 에서,

$$\therefore \ell = \frac{4T}{\sigma_c h d} = \frac{4 \times 500 \times 10^3}{50 \times 8 \times 40} = 125 mm$$

22

지름 $200mm$인 풀리가 지름 $50mm$인 전동축에 의해 회전하고 있으며, 풀리의 외경에 접하는 방향으로 $100N$의 힘이 가해진다. 풀리와 전동축이 폭 $5mm$, 높이 $5mm$, 길이 l인 평행키에 의해 결합되어 있을 때, 최소 평행키의 길이 $l[mm]$은? (단, 키 재료의 허용압축응력은 $8N/mm^2$, 허용전단응력은 $5N/mm^2$이다.)

① 10   ② 15

③ 16   ④ 20

$$T = F \times \frac{D}{2} = 100 \times \frac{200}{2} = 10000 N \cdot mm$$

$$\tau_k = \frac{2T}{b\ell d} \Rightarrow \ell = \frac{2T}{bd\tau_k} = \frac{2 \times 10000}{5 \times 50 \times 5} = 16 mm$$

$$\sigma_c = \frac{4T}{h\ell d} \Rightarrow \ell = \frac{4T}{hd\sigma_c} = \frac{4 \times 10000}{5 \times 50 \times 8} = 20 mm$$

안전을 고려하여 키의 길이는 큰 값으로 선정한다.

$$\therefore \ell = 20 mm$$

23

그림과 같이 축지름 $50mm$, 회전속도 $50rpm$인 전동축이 동력 $2.5kW$를 전달하고 있다. 이 전동축에 폭(b)과 높이(h)는 서로 같고 길이(l) $50mm$, 허용전단응력 $50MPa$, 허용압축응력 $100MPa$인 보통형 평행키가 사용될 때 보통형 평행키의 최소 폭(b)[mm]은? (단, 평행키의 허용전단응력과 허용압축응력을 모두 고려하고, π는 3으로 계산하라)

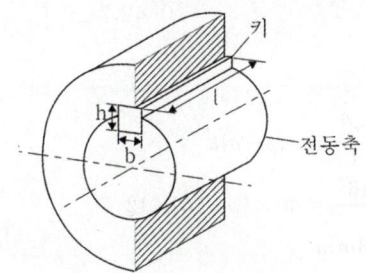

① 4
② 8
③ 12
④ 16

$$T = \frac{H}{\omega} = \frac{H}{\frac{2\pi N}{60}} = \frac{2.5 \times 10^3}{\frac{2 \times 3 \times 50}{60}} = 500N \cdot m$$

$$\tau_k = \frac{2T}{b\ell d} \Rightarrow b = \frac{2T}{\ell d\tau} = \frac{2 \times 500 \times 10^3}{50 \times 50 \times 50} = 8mm$$

$$\sigma_c = \frac{4T}{h\ell d} \Rightarrow b = \frac{4T}{\ell d\sigma_c} = \frac{4 \times 500 \times 10^3}{50 \times 50 \times 100} = 8mm$$

$$\therefore b = 8mm$$

24

지름이 d인 전동축에 묻힘키를 사용하여 키의 전단저항으로 토크를 전달하고자 할 때 키의 폭 b는? (단, 키와 축에서 발생한 전단응력은 같다고 하고 키의 길이는 축 지름의 1.5배로 한다)

① $b = \pi d/4$
② $b = \pi d/6$
③ $b = \pi d/8$
④ $b = \pi d/12$

$$T = \tau Z_P = \tau \times \frac{\pi d^3}{16}$$

$$\tau_{축} = \frac{16T}{\pi d^3}$$

$$\tau_{키} = \frac{2T}{b\ell d} = \frac{2T}{b \times 1.5d \times d} = \frac{2T}{1.5bd^2}$$

$$\tau_{축} = \tau_{키} \Rightarrow \frac{16T}{\pi d^3} = \frac{2T}{1.5bd^2}$$

$$\therefore b = \frac{\pi d}{12}$$

25

핀(pin)이 주로 사용되는 용도에 해당하지 않는 것은?

① 너트의 풀림 방지
② 핸들과 축의 고정
③ 조립 부품의 위치 결정
④ 진동의 흡수

핀(Pin)의 용도
① 너트의 풀림 방지
② 핸들과 축의 고정
③ 조립 부품의 위치 결정 등

26

축 방향의 인장력이나 압축력을 전달하는 데 가장 적합한 축 이음은?

① 머프 축이음(muff conpling)
② 유니버설 조인트(universal joint)
③ 코터 이음(cotter joing)
④ 올덤 축이음(Oldham's coupling)

코터 이음
축 방향의 인장력이나 압축력을 전달하는 축 이음

27

코터이음에서 $20kN$의 인장력이 작용하고 있을 때, 코터가 받는 전단응력은 약 몇 MPa인가? (단, 코터의 폭은 $100mm$, 두께는 $50mm$이다)

① 1
② 2
③ 10
④ 20

$$\tau = \frac{P}{2th} = \frac{20 \times 10^3}{2 \times 50 \times 100} = 2MPa$$

28

리벳작업 중 보일러 및 압력용기 등에서 기밀을 유지하기 위하여 하는 작업은?

① 구멍뚫기
② 다듬질
③ 펀칭
④ 코킹

코킹(Caulking)
기밀을 필요로 하는 경우에는 리벳팅 이후에 리벳머리의 주위와 강판의 가장자리를 정과 같은 공구로 때리는 작업이다. 강판의 가장자리를 약 75°～85° 가량 경사지게 놓고 5mm 이상의 강판에서 작업이 가능하다. 5mm이하의 강판에서는 코킹 대신 유지 등 패킹을 넣고 고온에서는 석면을 이용한다.

29

강판의 두께 $12mm$, 리벳 구멍의 지름 $16mm$로 하여 1줄 겹치기 이음으로 할 때 리벳의 전단하중과 판의 인장하중이 같을 경우 피치는 약 몇 mm인가? (단, 강판의 발생하는 인장응력은 $40MPa$, 리벳에 발생하는 전단응력은 $32MPa$이다. 또한 리벳 지름은 리벳 구멍의 지름과 같다고 본다)

① 24.5
② 29.4
③ 33.6
④ 42.7

$$W = \tau \times \frac{\pi d^2}{4} = \sigma(p-d)t$$

$$32 \times \frac{\pi \times 16^2}{4} = 40 \times (p-16) \times 12$$

$$\therefore p = 29.4mm$$

30

판두께 $14mm$, 리벳 구멍의 지름 $22mm$, 피치 $54mm$의 1열 리벳 겹치기 이용이 있다. 1피치당 하중을 $13.24kN$으로 하면 판에 생기는 인장응력은 약 몇 MPa 인가?

① 23.57
② 25.68
③ 29.55
④ 33.79

$$\sigma_t = \frac{W}{(p-d)t} = \frac{13.24 \times 10^3}{(54-22) \times 14} = 29.55MPa$$

31

그림과 같은 리벳이음에서 피치를 p, 리벳지름을 d, 판의 두께를 T, 판의 인장응력을 f_t라고 할 때 리벳효율 η를 구하면? (단, 리벳의 전단응력은 f_s이다)

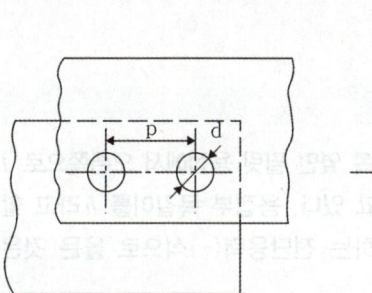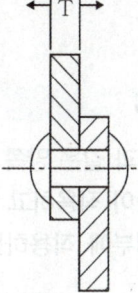

① $\eta = \dfrac{p-d}{p}$ ② $\eta = \dfrac{p-d}{d}$

③ $\eta = \dfrac{\pi d^2 f_t}{4p T f_s}$ ④ $\eta = \dfrac{\pi d^2 f_s}{4p T f_t}$

$$\eta_s = \dfrac{\text{리벳의 전단강도}}{\text{구멍이 뚫리지 않은 강판의 인장강도}}$$

$$= \dfrac{\tau \dfrac{\pi d^2}{4} n}{\sigma_t p t} = \dfrac{\tau \pi d^2 n}{4 \sigma_t p t} \text{ 에서,}$$

$n=1$, $\tau = f_s$, $\sigma_t = f_t$을 대입하면, $\therefore \eta_s = \dfrac{\pi d^2 f_s}{4p T f_t}$

32

1줄 겹치기 리벳이음에서 리벳의 효율을 나타내는 식은? (단, p : 피치, d : 리벳 지름, τ : 리벳의 전단응력, σ : 판의 인장응력, t : 판의 두께이다)

① $\dfrac{p-d}{p}$ ② $\dfrac{p}{d} - 1$

③ $\dfrac{4tp\sigma}{\pi d^2 \tau}$ ④ $\dfrac{\pi d^2 \tau}{4tp\sigma}$

$$\eta_s = \dfrac{\text{리벳의 전단강도}}{\text{구멍이 뚫리지 않은 강판의 인장강도}}$$

$$= \dfrac{\tau \dfrac{\pi d^2}{4} n}{\sigma p t} = \dfrac{\tau \pi d^2 n}{4 \sigma p t}$$

여기서, $n=1$이므로, $\therefore \eta_s = \dfrac{\pi d^2 \tau}{4tp\sigma}$

33

리벳 이음에서 피치를 p, 리벳으로써 졸라맨 후의 리벳 지름 또는 구멍지름을 d라고 할 때, 강판의 파괴에 대한 효율을 나타내는 식으로 옳은 것은?

① $\dfrac{p-d}{p}$ ② $\dfrac{p+d}{p}$

③ $\dfrac{p}{p-d}$ ④ $\dfrac{p}{p+d}$

강판의 효율(1피치당 하중일 경우)

$$\eta_t = \dfrac{p-d}{p} = 1 - \dfrac{d}{p}$$

01

02

03

04

34

강판의 두께 $16mm$, 리벳 구멍의 지름 $18mm$, 리벳의 피치 $68mm$인 1줄 리벳 겹치기 이음에서 1 피치마다 $16kN$의 하중에 작용할 때, 판의 효율은 약 얼마인가?

① 74% ② 81%

③ 66% ④ 59%

$$\eta_t = 1 - \frac{d}{p} = 1 - \frac{18}{68} = 0.7353 \fallingdotseq 74\%$$

35

용접이음의 일반적인 장·단점에 대한 설명으로 옳지 않은 것은?

① 이음 효율이 비교적 높은 편이다.
② 조립 공정의 자동화를 구현하기 어렵다.
③ 열 영향으로 재료가 변질되기 쉽다.
④ 볼트나 리벳에 비해 중량 증가가 거의 없다.

용접이음의 장점
① 작업의 공정수가 적다.
② 이음(조인트) 효율이 높고 제작비가 저렴하다.
③ 기밀성이 양호하다.
④ 중량을 절감할 수 있다.
⑤ 판재 두께 제한이 없다.
⑥ 소음이 없고 페인트 작업도 쉽게 가능하다.
⑦ 제품 생산율이 좋고 보수가 쉽다.
⑧ 소량생산에 적합하여 제작일이 줄어든다.
⑨ 작업자 양성이 쉬운 편이다.
⑩ 설비비가 적게든다.
⑪ 조립 공정의 자동화를 구현하기 쉽다.

용접이음의 단점
① 진동감쇠 능력이 부족하다.
② 용접부 비파괴 검사가 어려운 편이다.
③ 고열로 인한 변형이 생기기 쉽다.
④ 잔류응력에 의해 재질이 변화된다.

⑤ 용접의 최적 조건이 맞지 않을 때 결함이 일어나기 쉽고 예민한 노치효과를 나타낸다.
⑥ 응력집중에 대해 예민하고 크랙이 발생하면 연속일체이므로 파괴가 계속 진행되어 전체가 쪼개질 위험이 있다.

36

그림과 같은 양쪽 옆면 필릿 용접에서 오른쪽으로 P의 하중이 작용하고 있다. 용접부 목길이를 h라고 할 때 용접부에 작용하는 전단응력(τ)식으로 옳은 것은?

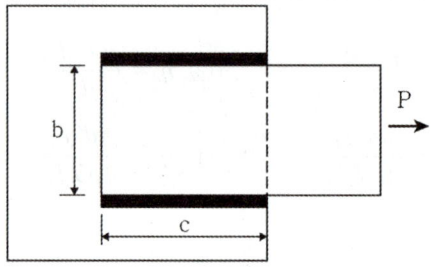

① $\tau = \dfrac{\sqrt{2}\,P}{hc}$ ② $\tau = \dfrac{\sqrt{2}\,P}{hb}$

③ $\tau = \dfrac{P}{\sqrt{2}\,hc}$ ④ $\tau = \dfrac{P}{\sqrt{2}\,hb}$

$$\tau = \frac{P}{2A} = \frac{P}{2ac} = \frac{P}{2hc\cos 45°} = \frac{P}{\sqrt{2}\,hc}$$

04 동력원 전달요소설계

01

축 설계 시 일반적인 고려사항으로 거리가 먼 것은?

① 강성   ② 진동

③ 마모   ④ 강도

축 설계 시 고려사항

① 강도

② 강성

③ 진동

④ 열응력 및 열팽창

⑤ 부식

⑥ 침식

02

지름이 d인 중실축이 비틀림 모멘트 T만을 받았을 때 생기는 최대전단응력을 τ_1라 하면, 이 축에 비틀림 모멘트 T와 굽힘 모멘트 $M(M = 3T)$을 동시에 작용시켰을 때, 생기는 최대전단응력은 τ_1의 및 배가 되는가?

① $\sqrt{3}$ 배   ② 2배

③ $\sqrt{10}$ 배   ④ 5배

$$T_e = \sqrt{M^2 + T^2} = \sqrt{(3T)^2 + T^2} = \sqrt{10}\,T$$

$$\tau_1 = \frac{T}{Z_P}$$

$$\tau_{\max} = \frac{\sqrt{10}\,T}{Z_P}$$

$$\therefore \frac{\tau_{\max}}{\tau_1} = \sqrt{10}$$

03

동일재료로 제작된 중실축과 중공축이 있다. 중실축의 외경$(d) = 40mm$이고, 중공축의 $\dfrac{\text{내경}}{\text{외경}} = 0.6$일 때, 이들 두 축의 비틀림 강도가 동일하기 위한 중공축의 외경은 약 몇 mm 인가?

① 32   ② 42

③ 52   ④ 62

$T = \tau Z_P$에서 $\tau_1 = \tau_2$이므로,

$$Z_{P_1} = Z_{P_2} \Rightarrow \frac{\pi d^3}{16} = \frac{\pi d_2^3}{16}(1 - x^4)$$

$$\therefore d_2 = \frac{d}{\sqrt[3]{1 - x^4}} = \frac{40}{\sqrt[3]{1 - 0.6^4}} = 41.89 \fallingdotseq 42mm$$

04

허용전단응력 $20.60MPa$인 축에 회전수 $200rpm$으로 $7.36kW$의 동력을 전달한다. 이 축의 지름은 약 몇 mm 이상이어야 하는가?

① 39.5   ② 44.3

③ 48.7   ④ 55.6

$$T = \tau_a Z_P = \tau_a \times \frac{\pi d^3}{16}[N \cdot mm] = \frac{\tau_a \pi d^3}{16} \times 10^{-3}[N \cdot m]$$

$$T = \frac{H}{\omega} = \frac{H}{\frac{2\pi N}{60}} = \frac{30H}{\pi N}$$

$$\frac{\tau_a \pi d^3}{16} \times 10^{-3} = \frac{30H}{\pi N}$$

$$20.6 \times \frac{\pi d^3}{16} \times 10^{-3} = \frac{30 \times 7.36 \times 10^3}{\pi \times 200}$$

$$\therefore d = 44.3mm$$

01 02 **03** 04

05

볼트의 허용전단응력이 $40MPa$이고, 6개의 볼트로 체결된 플랜지 커플링에 $2.6kN \cdot m$의 토크가 작용하고 있다. 볼트 조립부의 피치원 지름은 $160mm$일 때 볼트 골지름은 약 몇 mm이상이어야 하는가?

① 8.4 　　　　② 10.8
③ 13.2 　　　　④ 16.9

$$T = \tau_B \times \frac{\pi d_1^2}{4} \times \frac{D_B}{2} \times Z$$

$$2.6 \times 10^3 \times 10^3 = 40 \times \frac{\pi \times d_1^2}{4} \times \frac{160}{2} \times 6$$

$$\therefore d_1 \fallingdotseq 13.2mm$$

06

단판 클러치의 마찰면의 안지름이 $80mm$이고 바깥지름을 $120mm$일때 $1800rpm$에서 전달할 수 있는 최대동력은 약 몇 kW인가? (단, 마찰면의 마찰계수는 0.3이고, 허용면압은 $392.4kPa$이다)

① 3.56 　　　　② 6.97
③ 9.84 　　　　④ 12.86

$$P = qA = q \times \frac{\pi}{4}\left(D_2^2 - D_1^2\right)$$

$$= 0.3924 \times \frac{\pi}{4}\left(120^2 - 80^2\right) = 2465.52N$$

$$D_m = \frac{D_2 + D_1}{2} = \frac{120 + 80}{2} = 100mm$$

$$v = \frac{\pi D_m N}{60 \times 1000} = \frac{\pi \times 100 \times 1800}{60 \times 1000} = 9.42m/s$$

$$\therefore H = \mu P v = 0.3 \times 2465.52 \times 10^{-3} \times 9.42 = 6.97kW$$

07

접촉면의 바깥지름 $150mm$, 안지름 $140mm$, 폭 $35mm$의 외접 원추 클러치에서 회전수 $600rpm$으로 동력을 전달하고자 한다. 접촉면 압력이 $0.3MPa$ 이하가 되도록 사용한다면 최대 몇 kW의 동력을 전달할 수 있는가? (단, 접촉부 마찰계수는 0.2 이다)

① 3.02 　　　　② 3.45
③ 3.94 　　　　④ 4.36

$$D_m = \frac{D_2 + D_1}{2} = \frac{150 + 140}{2} = 145mm$$

$$q = \frac{Q}{A} = \frac{Q}{\pi D_m b} \text{에서,}$$

$$Q = \pi D_m bq = \pi \times 145 \times 35 \times 0.3 = 4783.07N$$

$$v = \frac{\pi D_m N}{60 \times 1000} = \frac{\pi \times 145 \times 600}{60 \times 1000} = 4.56m/s$$

$$\therefore H = \mu Q v = 0.2 \times 4783.07 \times 10^{-3} \times 4.56 = 4.36kW$$

05 동력 보조 전달요소설계

01

안지름 $70mm$ 길이 $85mm$의 황동메탈의 저널 베어링을 $400rpm$으로 회전하는 전동축에 사용했을 때 몇 kN의 베어링 하중을 지지할 수 있는가? (단, 압력속도계수 $pv = 1N/mm^2 \cdot m/s$이다)

① 약 $1.53kN$ ② 약 $2.05kN$
③ 약 $3.24kN$ ④ 약 $4.06kN$

$pv = \dfrac{\pi WN}{60000\ell}$에서,

$\therefore W = \dfrac{60000\ell pv}{\pi N} = \dfrac{60000 \times 85 \times 1}{\pi \times 400}$

$\qquad = 4058.45N = 4.06kN$

02

구름 베어링에서 기본 동적경하중(basic dynamic load rating)의 의미는?

① $25rpm$으로 500시간의 수명을 유지할 수 있는 하중이다.
② $33.3rpm$으로 500시간의 수명을 유지할 수 있는 하중이다.
③ $25rpm$으로 1000시간의 수명을 유지할 수 있는 하중이다.
④ $33.3rpm$으로 1000시간의 수명을 유지할 수 있는 하중이다.

기본 동정격하중(Basic Dynamic Load Rating)
33.3rpm으로 500시간의 수명을 유지할 수 있는 하중

03

기본부하 용량이 $18000N$인 볼베어링이 베어링 하중 $2000N$을 받고 $150rpm$으로 회전할 때, 이 베어링의 수명은 약 몇 시간인가?

① 9000시간   ② 81000시간
③ 168000시간   ④ 4860000시간

$L_h = \dfrac{10^6}{60N}\left(\dfrac{C}{W}\right)^r = \dfrac{10^6}{60 \times 150} \times \left(\dfrac{18000}{2000}\right)^3 = 81000hr$

04

회전수가 $1500rpm$, 베어링 하중이 $2500N$, 기본 동정격하중이 $35000N$인 롤러 베어링의 수명은 약 몇 시간인가?

① 30460 ② 52530
③ 73480 ④ 95320

$L_h = \dfrac{10^6}{60N}\left(\dfrac{C}{W}\right)^r$

$\quad = \dfrac{10^6}{60 \times 1500} \times \left(\dfrac{35000}{2500}\right)^{\frac{10}{3}} = 73482.56hr$

05

베어링 번호 6310의 단열 깊은 홈 볼 베어링에 30000시간의 수명을 주려고 한다. 한계 속도지수$(dN) = 200000[mm \cdot rpm]$이라면, 이 베어링의 최고사용 회전수에 있어서의 베어링 하중은 약 몇 N인가? (단, 이 베어링의 기본 동정격하중은 $48kN$이다)

① 1328.32   ② 1814.20
③ 2485.79   ④ 3342.27

$d = 10 \times 5 = 50mm$

$N = \dfrac{dN}{d} = \dfrac{200000}{50} = 4000rpm$

$L_h = \dfrac{10^6}{60N} \left(\dfrac{C}{W} \right)^r$ 에서,

$30000 = \dfrac{10^6}{60 \times 4000} \times \left(\dfrac{48 \times 10^3}{W} \right)^3$

$\therefore W = 2485.79N$

06

다음 중 캠 기구를 응용한 장치는?

① 내연기관 밸브 개폐장치
② 리프트 장치
③ 배력장치
④ 제도기계

내연기관 밸브 개폐장치 구성요소

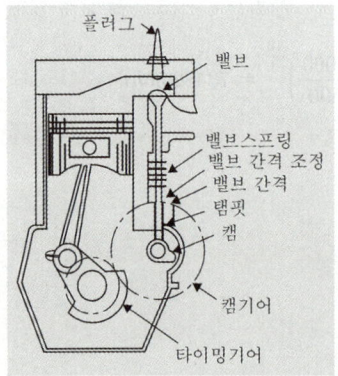

플러그
밸브
밸브스프링
밸브 간격 조정
밸브 간격
탬핏
캠
캠기어
타이밍기어

07

종동절의 상승 · 하강을 모두 캠으로 하는 것은 무엇인가?

① 확동 캠(positve motion cam)
② 접선 캠(tangent cam)
③ 편심원판 캠(circular disc cam)
④ 경사판 캠(swash plate cam)

확동 캠(Positibe Motion Cam)
종동절의 상승 · 하강을 모두 캠으로 하는 것

08

캠 설계 시 압력각을 작게 하는 방법이 아닌 것은?

① 종동절의 전양정(全揚程)을 크게 한다
② 기초원의 지름을 크게 한다.
③ 주어진 종동절의 변위에 대한 캠의 회전각을 크게 한다.
④ 종동절의 편심량을 변화시킨다.

캠 설계 시 압력각을 작게 하는 방법
① 종동절의 전양정을 작게한다.
② 기초원의 지름을 크게 한다.
③ 주어진 종동절의 변위에 대한 캠의 회전각을 크게 한다.
④ 종동절의 편심량을 변화시킨다.

09

캠 선도에서 변위곡선이 직선으로 나타날 때 캠은 어떤 운동을 하는가?

① 등가속도 운동   ② 등속도 운동
③ 요동 운동   ④ 단순 조화 운동

캠 선도에서 변위곡선이 직선으로 나타날 때 캠은 등속도 운동을 한다.

10

자동차의 창 닦기 기구나 만능 제도기 등에 응용된 크랭크 기구는?

① 레버 크랭크 기구
② 이중 크랭크 기구(평행 크랭크 기구)
③ 이중 레버 기구(양 레버 기구)
④ 왕복 슬라이더 크랭크 기구

이중 크랭크 기구(Double Crank Mechanism)
제일 짧은 길이의 링크가 고정되어 움직이는 기구이며, 자동차의 창 닦기 기구나 만능 제도기 등에 응용된 기구이다.

11

왕복 슬라이더 크랭크기구에서 구성요소가 아닌 것은?

① 크랭크
② 슬라이더
③ 벨트
④ 커넥팅로드

왕복 슬라이더 크랭크 기구 구성요소
① 크랭크
② 슬라이더
③ 커넥팅로드

12

4링크 기구에서 고정 링크에 연결되어 있는 두 개의 링크가 왕복운동을 할 수 있는 것은?

① 이중 레버 기구
② 고정 링크 기구
③ 레버 크랭크 기구
④ 회전 슬라이더 기구

이중 레버 기구
4링크 기구에서 고정 링크에 연결되어 있는 두 개의 링크가 왕복운동을 하는 기구

13

4절 크랭크 체인을 이용함으로써 작은 힘을 작용시켜 큰 힘을 내게 하는 것은?

① 크로스 슬라이더
② 배력 장치
③ 쌍 레버 기구
④ 래칫 휠

배력 장치
4절 크랭크 체인을 이용함으로써 작은 힘을 작용시켜 큰 힘을 내게 하는 장치

01
02
03
04

14

왕복 이중 슬라이더 기구의 대표적인 것으로 경사각이 90°로 만들어져 소형냉장고 등의 냉매 압축기로 쓰이는 것은?

① 진자 펌프(pendulum pump)
② 타원 컴퍼스(elliptic trammels)
③ 스코치 요크(scotch yoke)
④ 올덤 커플링(oldhams coupling)

스코치 요크(Scotch Yoke)
왕복 이중 슬라이더 기구의 대표적인 것으로 경사각 90°로 만들어져 소형냉장고 등의 냉매 압축기로 쓰인다.

15

교량이나 건축물의 구성체 처럼 서로 운동도 없고 일도 하지 않는 것은?

① 기계
② 기구
③ 구조물
④ 연장

구조물은 교량이나 건축물의 구성체처럼 서로 운동도 없고 일도 하지 않는 형태이다.

16

물체상의 모든 점이 어느 한 점을 중심으로 일정한 거리를 유지하면서 이동하는 운동을 무엇이라 하는가?

① 회전 운동   ② 직선 운동
③ 나선 운동   ④ 구면 운동

구면 운동
물체상의 모든 점이 어느 한 점을 중심으로 일정한 거리를 유지하면서 이동하는 운동

17

선풍기의 날개나 벨트 풀리의 움직임은 기계운동의 종류 중에서 어느 운동이라 할 수 있는가?

① 회전 운동   ② 구면 운동
③ 나선 운동   ④ 가속도 운동

선풍기의 날개나 벨트 풀리의 움직임은 회전 운동이다.

18

다음 그림에서 길이 $60mm$의 기소 $\overline{AB}$ 가 점 A를 중심으로 회전할 때, 기소의 각속도 $\omega = 10rad/s$ 이라면 점 B의 속도 V_B는 몇 m/s인가?

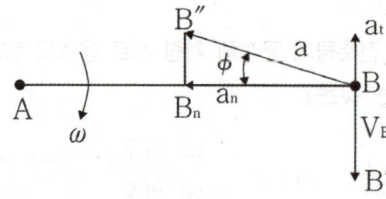

① 0.3   ② 0.6
③ 3   ④ 6

$V_B = \ell\omega = 0.06 \times 10 = 0.6m/s$

19

케네디의 정리(Kennedy's theorem)는 무엇을 표현한 것인가?

① 자유도에 관한 정리
② 순간중심에 관한 정리
③ 속도의 도식적 해법에 관한 정리
④ 병진운동과 회전운동의 관계성에 대한 정리

케네디의 정리(Kennedy's Theorem)
순간중심에 관한 정리

20

기계를 구성하고 있는 부분에서 서로 한정된 상대운동을 할 수 있는 기계구성요소의 조합관계를 대우(pair)라고 한다. 다음 중 대우의 예가 아닌 것은?

① 볼트와 너트   ② 핀과 키
③ 축과 베어링   ④ 한 쌍의 기어

핀과 키는 각자 고정역할을 하는 관계이므로 대우의 예시에 적합하지 않다.

21

구동차의 지름이 $300mm$이고 $600rpm$의 회전수로 구동되는 외접 원통마찰차 접촉면 사이에 $2000N$의 힘으로 밀어붙이면 약 몇 kW의 동력을 전달할 수 있는가? (단, 접촉부의 마찰계수는 0.35이다)

① 2.35 ② 6.60

③ 8.81 ④ 18.63

$$v = \frac{\pi D_A N_A}{60 \times 1000} = \frac{\pi \times 300 \times 600}{60 \times 1000} = 9.42 m/s$$

$$\therefore H = \mu P v = 0.35 \times 2000 \times 10^{-3} \times 9.42 = 6.6 kW$$

22

원동차의 지름이 $300mm$, 종동차의 지름이 $450mm$, 폭이 $75mm$인 외접 원통 마찰차가 있다. 원동차가 $300rpm$으로 회전할 때 최대 전달 동력은 약 몇 kW인가? (단, 접촉부의 허용 압력은 $20N/mm$, 마찰계수는 0.217이다)

① 1.41 ② 1.53

③ 1.68 ④ 1.89

$$P = fb = 20 \times 75 = 1500 N$$
$$v = \frac{\pi D_A N_A}{60 \times 1000} = \frac{\pi \times 300 \times 300}{60 \times 1000} = 4.71 m/s$$
$$\therefore H = \mu P v = 0.217 \times 1500 \times 10^{-3} \times 4.71 = 1.53 kW$$

23

홈 마찰차에서 홈의 각도$(2\alpha) = 30°$, 마찰계수$(\mu) = 0.2$일 때 유효 마찰계수(μ')는?

① 0.11 ② 0.22

③ 0.33 ④ 0.44

$$\mu' = \frac{\mu}{\sin\alpha + \mu\cos\alpha} = \frac{0.2}{\sin 15° + 0.2\cos 15°} = 0.44$$

24

평마찰차와 홈마찰차가 같은 힘으로 밀어붙일 때 회전력은 어떻게 되겠는가?

① 어느 것이나 다 같다.
② 평마찰차가 1.5배 가량 크다.
③ 평마찰차가 2배 가량 크다.
④ 홈마찰차가 더 크다.

평마찰차 회전력 : $F = \mu P$
홈마찰차 회전력 : $F = \mu' P$

마찰계수(μ)보다 상당마찰계수(μ')가 항상 크기 때문에 홈마찰차가 회전력이 항상 더 크다.

25

그림과 같은 블록브레이크에서 드럼이 우회전할 때, 레버를 누르는 힘 F를 구하는 식은? (단, f는 브레이크의 제동력이고, μ는 블록 브레이크와 드럼 사이의 마찰계수이다)

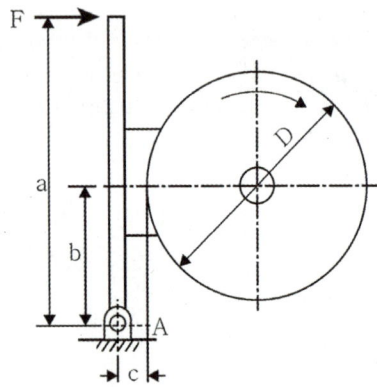

① $F = \dfrac{f(b+\mu c)}{a\mu}$ ② $F = \dfrac{f(b-\mu c)}{a\mu}$

③ $F = \dfrac{f\left(b+\dfrac{c}{\mu}\right)}{a\mu}$ ④ $F = \dfrac{f(\mu b - c)}{a\mu}$

$f = \mu P \ \Rightarrow \ P = \dfrac{f}{\mu}$

$Fa - Pb - \mu Pc = 0$

$\therefore F = \dfrac{P(b+\mu c)}{a} = \dfrac{f(b+\mu c)}{a\mu}$

26

그림과 같은 블록 브레이크가 제동할 수 있는 토크는 약 몇 $N \cdot m$ 인가? (단, a는 $500mm$, b는 $100mm$, D는 $200mm$ 이며, 레버를 누르는 힘(P)는 $250N$, 접촉부 마찰계수는 0.2이다)

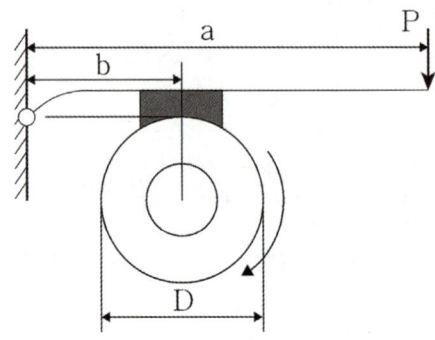

① 500   ② 250

③ 100   ④ 25

$Pa - Wb = 0$

$W = \dfrac{Pa}{b} = \dfrac{250 \times 500}{100} = 1250N$

$\therefore T = \mu W \dfrac{D}{2} = 0.2 \times 1250 \times \dfrac{0.2}{2} = 25N \cdot m$

27

그림과 같은 블록 브레이크에서 드럼축이 우회전 할 때와 좌회전 할 때의 제동을 비교해보고자 한다. 우회전할 때 레버 끝단에 가해지는 힘을 F_1이라고 하고, 좌회전할 때 레버끝단에 가해지는 힘을 F_2라고 할 때 두 경우에 대하여 제동토크가 동일하기 위해서는 F_1/F_2의 값은 약 얼마이어야 하는가? (단, 그림에서 $a = 3b = 3D$이며, 레버 힌지점과 블록 접촉부는 동일한 높이에 있다)

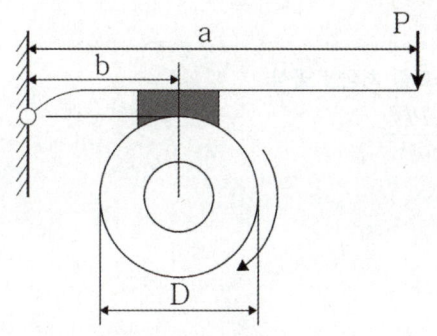

① 0.5
② 1
③ 0.33
④ 3

$c = 0$이므로, $F_1 = F_2$이기 때문에,

$\therefore \dfrac{F_1}{F_2} = 1$

28

브레이크 압력이 $490kPa$, 브레이크 드럼의 원주속도가 $8m/s$일 때 이 브레이크의 브레이크 용량$(N \cdot m/s \cdot mm^2)$은 얼마인가? (단, 마찰계수는 0.2이다)

① 2.984
② 7.842
③ 0.298
④ 0.784

$\mu qv = 0.2 \times 490 \times 10^{-3} \times 8 = 0.784 N \cdot m/s \cdot mm^2$

29

단식 블록 브레이크에서 드럼의 원주속도는 $8m/s$, 제동 동력은 $1.9kW$일 때, 브레이크 용량$(\mu qv, MPa \cdot m/s)$은? (단, 블록의 마찰면적은 $50cm^2$이고, 마찰계수는 0.3이다)

① 0.95
② 0.71
③ 0.55
④ 0.38

$\mu qv = \dfrac{H}{A} = \dfrac{1.9 \times 10^3}{50 \times 10^{-4}} \times 10^{-6} = 0.38 MPa \cdot m/s$

01
02
03
04

30

브레이크 드럼의 지름은 $500mm$, 허용브레이크의 압력은 $0.9MPa$, 브레이크 용량은 $1MPa \cdot m/s$이고, 접촉부 마찰계수는 0.25인 주철제 브레이크가 있다. 이 브레이크를 허용브레이크 압력으로 브레이크 용량까지 사용할 경우 드럼의 회전수는 약 몇 rpm인가?

① 148   ② 170

③ 198   ④ 210

$$\mu q v = \mu q \times \frac{\pi DN}{60 \times 1000}$$

$$1 = 0.25 \times 0.9 \times \frac{\pi \times 500 \times N}{60 \times 1000}$$

$$\therefore N = 170 rpm$$

31

지름 $8mm$의 스프링 강으로 코일의 평균 지름 $80mm$, 스프링상수 $10N/mm$의 코일 스프링을 만들려고 하면 유효 감김수는 약 얼마인가? (단, 선재의 전단탄성계수 $80GPa$이다)

① 10   ② 8
③ 6   ④ 4

$$\delta = \frac{P}{k} = \frac{8nPD^3}{Gd^4} \Rightarrow \frac{1}{k} = \frac{8nD^3}{Gd^4}\text{에서,}$$

$$\frac{1}{10} = \frac{8 \times n \times 80^3}{80 \times 10^3 \times 8^4} \Rightarrow \therefore n = 8\text{권}$$

32

코일 스프링에서 하중을 P, 코일의 유효지름을 D, 소선의 지름을 d, 코일의 전단탄성계수를 G, 유효감김수를 n이라 할 때 코일 스프링의 처짐량(δ)을 구하는 식은?

① $\delta = \dfrac{Gd^4}{8nPD^3}$ ② $\delta = \dfrac{Gnd^4}{8PD^3}$

③ $\delta = \dfrac{8nPD^3}{Gd^4}$ ④ $\delta = \dfrac{8PD^3}{Gnd^4}$

코일 스프링 처짐량 공식

$$\delta = \frac{8nPD^3}{Gd^4}$$

33

코일 스프링에서 스프링 코일의 평균지름을 1.5배, 소선의 지름 역시 1.5배로 크게 하면 같은 축방향 하중에 의해 선재에 생기는 최대전단응력은 변경 전의 최대전단응력($\tau_{\max}$)의 약 몇 배로 되는가? (단, 응력수정계수는 변하지 않는다고 가정한다)

① $0.125 \times \tau_{\max}$ ② $0.444 \times \tau_{\max}$

③ $1.5 \times \tau_{\max}$ ④ $2.25 \times \tau_{\max}$

$$\tau_{\max,1} = \frac{8PDK}{\pi d^3} \propto \frac{D}{d^3}$$

$$\tau_{\max,2} \propto \frac{1.5D}{(1.5d)^3} = 0.444 \frac{D}{d^3}$$

$$\therefore \frac{\tau_{\max,2}}{\tau_{\max,1}} = 0.444$$

34

평균지름이 $55mm$이고 소선의 지름이 $5mm$인 코일 스프링에 하중이 $1kN$이 가해질 때 스프링에 발생하는 최대 전단 응력은 몇 GPa인가? (단, Wahl 응력수정계수 K를 적용하며, 그 식은 $K = \dfrac{4C-1}{4C-4} + \dfrac{0.615}{C}$ 이고, 여기서 C는 스프링지수이다)

① 3.148 ② 2.214
③ 1.266 ④ 0.953

$C = \dfrac{D}{d} = \dfrac{55}{5} = 11$

$K = \dfrac{4C-1}{4C-4} + \dfrac{0.615}{C} = \dfrac{4 \times 11 - 1}{4 \times 11 - 4} + \dfrac{0.615}{11} = 1.13$

$\therefore \tau_{max} = \dfrac{8PDK}{\pi d^3}$

$= \dfrac{8 \times 1000 \times 55 \times 1.13}{\pi \times 5^3}$

$= 1266.11 MPa = 1.266 GPa$

35

스팬 $1200mm$, 폭 $100mm$, 판의 두께 $10mm$의 양단(兩端)지지 겹판스프링에서 중앙에 $10.44kN$의 집중하중이 작용할 때 스프링의 판은 최소 몇 장 이상이어야 하는가? [단, 재료의 허용 굽힘응력은 $441.45 MPa$이고, 밴드의 폭 $e = 140mm$이며, 유효스팬의 길이 ℓ_1은 $(\ell_1 = \ell - 0.6e)$로 한다]

① 6장 ② 5장
③ 4장 ④ 3장

$\ell_1 = \ell - 0.6e = 1200 - 0.6 \times 140 = 1116mm$

$\sigma = \dfrac{3P\ell_1}{2nbh^2}$ 에서,

$\therefore n = \dfrac{3P\ell_1}{2bh^2\sigma} = \dfrac{3 \times 10.44 \times 10^3 \times 1116}{2 \times 100 \times 10^2 \times 441.45} = 3.96 = 4$장

01
02
03
04

06 동력 주 전달요소설계

01

축간 거리를 가장 크게 할 수 있는 전달 장치는?

① 평 벨트 　　　　② V 벨트
③ 롤러 체인　　　　④ 사일런트 체인

평벨트의 특징
① 벨트 단면이 직사각형으로 풀리 직경이 작거나 고속전동일 때 사용된다.
② 하중의 급격한 변화에도 미끄럼이 발생하기 때문에 안전하다.
③ 수직압력에 의한 마찰력으로 동력을 전달한다.
④ 전동효율이 95% 정도로 높고, 가격이 저렴하다.
⑤ 중심거리가 멀어도 사용이 가능하고 단차를 이용한 변속이 자유로운 편이다.
⇒ 그러므로 중심거리(축간거리)를 가장 크게할 수 있다.

02

벨트 전동 장치에서 전달동력에 대한 설명으로 틀린 것은?

① 접촉각이 클수록 큰 동력을 전달시킬 수 있다.
② 마찰계수의 값이 클수록 큰 동력을 전달시킬 수 있다.
③ 원심장력이 클수록 전달동력이 증가 된다.
④ 장력비가 클수록 전달동력이 커진다.

벨트의 전달동력(H)

$$H = \left(T_t - T_e\right)\left(\frac{e^{\mu\theta}-1}{e^{\mu\theta}}\right)v$$

여기서, T_t : 긴장측장력
　　　　T_e : 원심장력(=원심력, 부가장력)
　　　　$e^{\mu\theta}$: 장력비
　　　　μ : 마찰계수
　　　　θ : 접촉각
　　　　v : 원주속도

03

벨트방식의 무단변속기에서 구동축의 회전수 $2400rpm$, 토크 $150N \cdot m$ 이고 벨트 구동 풀리의 반지름은 $60mm$ 이다. 여기서 피동 풀리의 반지름이 $180mm$ 라고 할 때 피동축에서의 회전수(N)와 토크(T)는?

① $N = 800rpm,\ T = 30N \cdot m$
② $N = 800rpm,\ T = 450N \cdot m$
③ $N = 2400rpm,\ T = 150N \cdot m$
④ $N = 7200rpm,\ T = 30N \cdot m$

$$\varepsilon = \frac{N_B}{N_A} = \frac{D_A}{D_B} = \frac{R_A}{R_B}$$

$$\therefore N_B = N_A \frac{R_A}{R_B} = 2400 \times \frac{60}{180} = 800rpm$$

$$T_A = \frac{H}{\omega} = \frac{H}{\frac{2\pi N_A}{60}} \text{ 에서,}$$

$$150 = \frac{H}{\frac{2\pi \times 2400}{60}} \ \Rightarrow \ H = 37699.11\,W$$

$$\therefore T_B = \frac{H}{\frac{2\pi N_B}{60}} = \frac{37699.11}{\frac{2\pi \times 800}{60}} = 450N \cdot m$$

04

축간 거리 $2m$, 벨트풀리의 직경이 $400mm$와 $600mm$일 때, 바로걸기에서 벨트의 길이는 약 몇 mm인가?

① 5696   ② 5576

③ 5966   ④ 6576

$$L = 2C + \frac{\pi(D_A + D_B)}{2} + \frac{(D_B - D_A)^2}{4C}$$
$$= 2 \times 2000 + \frac{\pi(400 + 600)}{2} + \frac{(600 - 400)^2}{4 \times 2000}$$
$$= 5576mm$$

05

엇걸기 벨트 전동에서 속도비가 4일 때 양쪽 풀리의 접촉각 θ_1과 θ_2 사이의 관계는? (단, 접촉각 θ_1 : 원동풀리, θ_2 : 종동풀리 이다)

① $\theta_1 = (1/2)\theta_2$ ② $\theta_1 = \theta_2$

③ $\theta_1 = 2\theta_2$ ④ $\theta_1 = 3\theta_2$

엇걸기(=십자걸기)의 접촉 중심각 공식

$$\theta_1 = \theta_2 = 180 + 2\sin^{-1}\left(\frac{D_B + D_A}{2C}\right)$$

06

다음 중에서 가장 정확한 속도비를 얻을 수 있는 전동장치는?

① 평 벨트   ② V 벨트

③ 로프   ④ 체인

07

다음 중 체인전동에 대한 설명으로 가장 옳지 않은 것은?

① 고속회전에는 적합하지 않다.

② 고장력이 필요 없으므로 베어링의 마멸이 적다.

③ 미끄럼이 없는 일정한 속도비를 얻을 수 있다.

④ 스프로킷 휠의 잇수를 줄이면 진동과 소음이 적어진다.

체인의 장점

① 미끄럼 없이 일정한 속도비를 얻을 수 있다.

② 유지 및 수리가 간단하고 수명이 길다.

③ 벨트나 로프보다 전동효율이 높다.

④ 링크수를 조절하면 중심거리를 조절할 수 있다.

⑤ 체인은 인장강도가 크기 때문에 큰 동력을 전달하거나 무거운 물건을 운반할 때 사용한다.

⑥ 고장력이 필요 없으므로 베어링의 마멸이 적다.

체인의 단점

① 속도의 변동이 있다.

② 운전 중 체인이 끊어질 가능성이 있다.

③ 진동과 소음이 발생하며, 스프로킷 휠의 잇수를 줄이면 진동과 소음이 더욱 크게 발생한다.

④ 링크의 피치단위로 치수를 조절하여야 한다.

⑤ 고속회전에는 부적합하다.

08

잇수 $Z[개]$, 피치가 $p[mm]$인 체인 스프로킷이 $n[rpm]$으로 회전할 때 체인의 평균속도$(v, m/s)$를 구하는 식은?

① $v = 1000 \times npZ$ ② $v = \dfrac{npZ}{1000}$

③ $v = 60000 \times npZ$ ④ $v = \dfrac{npZ}{60000}$

$$v = \frac{pZn}{60 \times 1000} = \frac{npZ}{60000}$$

09

사일런트 체인을 사용하는 주목적으로 가장 적합한 것은?

① 보다 정숙한 운전　　② 큰 동력전달
③ 자유로운 변속　　　　④ 체인 핀 마모방지

사일런트 체인
롤러가 없고 링크를 겹겹이 끼워 만든 체인으로 스프로킷과 결합할 때 비스듬하게 결합되어 충돌을 적게하여 소음을 감소시킨 형태이다.

10

사일런트 체인 전동장치에서 스프로킷 휠 이의 양면이 이루는 축각(β)는? (단, α는 면각, Z는 잇수이다)

① $\beta = alph + \dfrac{2\pi}{Z}$　　② $\beta = \alpha - \dfrac{2\pi}{Z}$

③ $\beta = \alpha + \dfrac{4\pi}{Z}$　　④ $\beta = \alpha - \dfrac{4\pi}{Z}$

사일런트 체인 전동장치에서 스프로킷 휠 이의 양면이 이루는 축각(β)

$\beta = \alpha - \dfrac{4\pi}{Z}$

11

다음 중 전동용 기계요소에서 축간 거리가 가장 길 때 사용되는 전동장치는?

① 벨트 전동　　　　② 마찰차 전동
③ 체인 전동　　　　④ 로프 전동

로프 전동
벨트 전동 장치와 비슷하지만 풀리의 링에 홈을 파고 여기에 로프를 물려 마찰력으로 동력을 전달하는 장치
① 두 축 사이의 거리가 매우 멀 때에도 동력을 원활하게 전달할 수 있다.
② 벨트 전동에 비해 미끄럼이 적다.
③ 큰 동력을 전달하는 곳과 고속 회전에 적합하다.
④ 로프 수를 늘리면 더 큰 동력 전도도 가능하다.

12

두 축이 만나지도 평행하지도 않는 경우에 사용된 기어로 바르게 짝지어진 것은?

① 하이포이드 기어, 웜 기어
② 웜 기어, 크라운 기어
③ 크라운 기어, 베벨 기어
④ 나사 기어, 헬리컬 기어

기어 종류

두 축이 평행	① 평기어(스퍼 기어) ② 헬리컬 기어 ③ 더블 헬리컬 기어 ④ 내접기어 ⑤ 래크와 피니언
두 축이 교차	① 직선 베벨기어 ② 헬리컬 베벨기어 ③ 스파이럴 베벨기어 ④ 제롤 베벨기어 ⑤ 앵귤러 베벨기어 ⑥ 크라운 기어
두 축이 평행하지도 교차하지도 않은 것	① 나사기어 ② 웜과 웜기어 ③ 하이포이드 기어 ④ 페이스 기어

13

기어에 있어서 사이클로이드(cycloid) 치형의 일반적인 특징에 대한 설명으로 틀린 것은?

① 미끄럼률이 일정하여 마모면에서 유리하다.
② 중심거리가 맞지 않으면 원활한 물림이 되지 않는다.
③ 치형을 가공하기가 어렵다.
④ 일반 동력전달용 산업기계에 사용하기 적합하다.

사이클로이트 치형·인벌류트 치형 비교

비교	사이클로이드 치형	인벌류트 치형
치형곡선	피치원 중심으로 2개의 곡선으로 구성	기초원을 중심으로 1개의 곡선으로 구성
압력각	변함 (피치점에서 0)	일정
추력	작다	크다
굽힘강도	약하다	크다
미끄럼률	균일	불균일 (피치점에서 0)
마모, 소음	균일 / 적다	불균일 / 크다
중심거리	정확을 요함	약간의 오차를 허용
절삭공구	구름원에 따라 여러 가지 커터가 필요	직선으로 제작이 쉽고 저렴
공작방법	곤란, 전위절삭 불가능	용이, 전위절삭 가능
조립	곤란, 어렵다	용이, 쉽다
언더컷	무관, 발생하지 않음	발생
호환성	원주피치와 구름원이 동일해야 함	피치와 압력각이 동일해야 함
용도	정밀기계	전동용(일반적)
물림	피치점이 완전히 일치하지 않으면 물림이 불량	–
종합	마모가 적고 정밀한 회전을 함. 공작과 조립이 곤란	제작이 쉽고 조립이 쉬움
공통점	카뮤의 정리를 따른다.(공통법선)	

④ 일반 동력전달용 산업기계에 사용하기 적합한 것은 인벌류트 치형이다.

14

동일한 기어에서 지름피치(D.P)가 클수록 잇수와 이의 크기와의 관계를 옳게 설명한 것은?

① D.P가 클수록 잇수가 많아지고, 이의 크기는 작아진다.
② D.P가 클수록 잇수가 적어지고, 이의 크기는 작아진다.
③ D.P가 클수록 잇수는 적어지고, 이의 크기는 커진다.
④ D.P와는 관계가 없다.

직경 피치(=지름 피치, p_d)

$$p_d = \frac{1}{m}[inch] = \frac{25.4}{m}[mm] = \frac{Z}{D}[inch] = \frac{25.4Z}{D}[mm]$$

지름 피치가 클수록 잇수가 많아지고, 이의 크기(모듈)은 작아진다.

15

압력각이 $20°$ 이고, 모듈이 5, 잇수가 60개인 표준스퍼기어의 법선 피치는 약 얼마인가?

① $4.7mm$
② $14.8mm$
③ $20.7mm$
④ $28.2mm$

$$D_g = D\cos\alpha$$
$$= mZ\cos\alpha = 5 \times 60 \times \cos20° = 281.91mm$$
$$\therefore p_g = \frac{\pi D_g}{Z} = \frac{\pi \times 281.91}{60} = 14.8mm$$

16

모듈 $m = 20$ 이고 차수가 각각 15개, 20개인 한 쌍의 외접하는 평기어가 있다. 두 기어 간의 축간 거리(mm)는 얼마인가?

① 300   ② 350

③ 400   ④ 450

$$C = \frac{D_A + D_B}{2}$$

$$= \frac{m(Z_A + Z_B)}{2} = \frac{20(15 + 20)}{2} = 350mm$$

17

표준 스퍼 기어의 잇수 48, 바깥지름이 $200[mm]$일 때, 이 기어의 원주피치는 몇 $[mm]$인가?

① 약 18.68   ② 약 9.67

③ 약 12.57   ④ 약 15.78

$$D = D_o - 2m = D_o - \frac{2D}{Z}$$

$$D = 200 - \frac{2D}{48} \Rightarrow D = 192mm$$

$$\therefore p = \frac{\pi D}{Z} = \frac{\pi \times 192}{48} = 12.57mm$$

18

기어에서 이의 간섭을 막기 위한 방법으로 틀린 것은?

① 이의 높이를 낮게 한다.

② 전위기어로 제작한다.

③ 잇수비를 크게 한다.

④ 압력각을 크게 한다.

이의 간섭 방지법
① 압력각을 증가시킨다.
② 치형의 이 끝면을 깎아낸다.
③ 피니언 반경방향의 이뿌리면을 깎아낸다.
④ 이 높이를 낮춘다.
⑤ 기어 잇수를 한계 잇수 이하로 감소시킨다.
⑥ 피니언의 잇수를 최소잇수(=한계잇수) 이상으로 증가시킨다.
⑦ 전위기어로 제작한다.
⑧ 잇수비를 작게 한다.

19

평 기어와 비교하여 헬리컬 기어에 발생하는 단점은?

① 기어의 물림 길이가 작다.

② 소음이 크게 발생된다.

③ 동력 전달 효율이 떨어진다.

④ 축 방향으로 스러스트가 발생한다.

헬리컬 기어는 기어의 이빨 형태가 비틀려 있기 때문에 평기어와 다르게 축방향으로 스러스트 하중이 발생한다.

20

비틀림 각이 $30°$인 표준 헬리컬 기어에서 축직각 지름이 $160mm$, 이직각 모듈이 4일 때, 이 기어의 바깥지름은 몇 mm인가?

① 156   ② 168
③ 172   ④ 178

$D_o = D_s + 2m_n = 160 + 2 \times 4 = 168mm$

21

이론적으로 기어의 압력각이 $14.5°$일 때 언더컷을 일으키지 않는 한계 잇수는?

① 35개   ② 32개
③ 30개   ④ 17개

이상적인 한계잇수
① 압력각 14.5° : 32개
② 압력각 20° : 17개

22

다음 중 전위기어의 특징으로 거리가 먼 것은?

① 두 축간 중심거리의 조절이 가능하다.
② 언더컷을 방지한다.
③ 이의 강도를 증가시킬 수 있다.
④ 베어링 압력을 작게 할 수 있다.

전위기어의 사용목적
① 이의 강도를 높이고자 할 때
② 언더컷을 방지하고자 할 때
③ 최소잇수를 적게하고자 할 때
④ 물림율을 높이고자 할 때
⑤ 중심거리를 자유롭게 변형시키고자 할 때

23

그림과 같은 기어열을 만들어 속도비 12를 만들려할 때 각 기어들의 잇수를 옳게 표시한 것은?

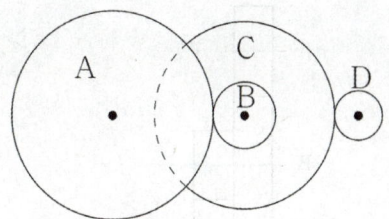

① $Z_A = 90$, $Z_B = 30$, $Z_C = 80$, $Z_D = 20$
② $Z_A = 30$, $Z_B = 40$, $Z_C = 50$, $Z_D = 60$
③ $Z_A = 20$, $Z_B = 50$, $Z_C = 70$, $Z_D = 80$
④ $Z_A = 30$, $Z_B = 60$, $Z_C = 20$, $Z_D = 100$

$\varepsilon = \dfrac{Z_A}{Z_B} \times \dfrac{Z_C}{Z_D} = 12$ 에서,

① $\dfrac{90}{30} \times \dfrac{80}{20} = 12 - \bigcirc$

② $\dfrac{30}{40} \times \dfrac{50}{60} = 0.625 - \times$

③ $\dfrac{20}{50} \times \dfrac{70}{80} = 0.35 - \times$

④ $\dfrac{30}{60} \times \dfrac{20}{100} = 0.1 - \times$

01
02
03
04

24

다음 그림과 같은 기어열에서 속도비가 1/24일 때, 각 기어의 잇수로 적당한 것은?

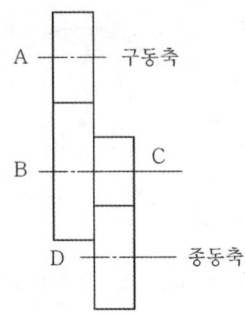

① $Z_A = 20,\ Z_B = 40,\ Z_C = 120,\ Z_D = 60$

② $Z_A = 20,\ Z_B = 80,\ Z_C = 20,\ Z_D = 120$

③ $Z_A = 20,\ Z_B = 60,\ Z_C = 120,\ Z_D = 20$

④ $Z_A = 20,\ Z_B = 70,\ Z_C = 60,\ Z_D = 120$

$\varepsilon = \dfrac{Z_A}{Z_B} \times \dfrac{Z_C}{Z_D} = \dfrac{1}{24}$ 에서,

① $\dfrac{20}{40} \times \dfrac{120}{60} = 1 \ - \ \times$

② $\dfrac{20}{80} \times \dfrac{20}{120} = \dfrac{1}{24} \ - \ \bigcirc$

③ $\dfrac{20}{60} \times \dfrac{120}{20} = 2 \ - \ \times$

④ $\dfrac{20}{70} \times \dfrac{60}{120} = 0.14 \ - \ \times$

07 유공압시스템설계

01

다음 중 유압기기의 원리로 알맞은 것은?

① 뉴턴의 원리   ② 아르키메데스의 원리
③ 파스칼의 원리   ④ 보일의 원리

유압기기
파스칼의 원리를 이용한 유압에 의해 구동되는 기기

02

다음 중 유압기기의 장점으로 틀린 것은?

① 입력에 대한 출력의 응답이 빠르다.
② 에너지 축적이 가능하며 과부하에 대해 안전장치로 만드는 것이 용이하다.
③ 자동제어와 원격제어가 가능하며 조작이 간단하다.
④ 유온의 변화에 따라 점도가 변해 출력효율이 변화한다.

유압장치의 특징
[장점]
① 입력에 대한 출력의 응답이 빠름
② 자동제어/원격제어가 가능하며 조작이 간단함
③ 유량을 조절해 무단변속이 가능하고 각종제어밸브에 의한 압력, 유량, 방향 제어가 간단하다.
④ 방청, 윤활이 자동적으로 이루어짐
⑤ 에너지 축적이 가능하며 과부하에 대해 안전장치로 만드는 것이 용이

[단점]
① 유온의 변화에 따라 점도가 변해 출력효율이 변화
② 공기압보다는 작동속도가 떨어짐
③ 기름 속에 공기가 포함되면 압축성이 커져서 유압장치의 동작 불량
④ 고압에서 누유 위험, 먼지나 이물질에 의한 고장위험, 인화 위험
⑤ 전기회로에 비해 구상작업이 어려움

03

다음과 같은 특징을 가진 유압유는?

- 난연성 작동유에 속함
- 내마모성이 우수하여 저압에서 고압까지 각종 유압펌프에 사용됨
- 점도지수가 낮고 비중이 커서 저온에서 펌프 시동 시 캐비테이션이 발생하기 쉬움

① 인산 에스테르형 작동유
② 수중 유형 유화유
③ 순광유
④ 유중 수형 유화유

인산 에스테르형 작동유
① 난연성 작동유에 속한다.
② 내마모성이 우수하여 저압에서 고압까지 각종 유압펌프에 사용된다.
③ 점도지수가 낮고 비중이 커서 저온에서 펌프 시동 시 캐비테이션이 발생하기 쉽다.

04

유압 작동유의 점도가 너무 높은 경우 발생되는 현상으로 거리가 먼 것은?

① 내부마찰이 증가하고 온도가 상승한다.
② 마찰손실에 의한 펌프동력 소모가 크다.
③ 마찰부분의 마모가 증대된다.
④ 유동저항이 증대하여 압력손실이 증가된다.

온도에 따른 점도 변화
〈점도가 너무 높을 때〉
① 동력손실·압력손실·유동저항 ↑
② 소음과 공동현상 발생
③ 유압기기의 작동이 불활발
④ 내부 마찰이 커지며 온도가 높아짐.

〈점도가 너무 낮을 때〉
① 압력유지 곤란
② 내·외부의 기름 누출 많음
③ 기기마모 증대
④ 압력발생저하로 정확한 작동불가
⑤ 용적효율 저하

05

유동하고 있는 액체의 압력이 국부적으로 저하되어, 증기나 함유 기체를 포함하는 기포가 발생하는 현상은?

① 캐비테이션 현상   ② 채터링 현상
③ 서징 현상   ④ 역류 현상

캐비테이션(cavitation)
유수 중 어느 부분의 정압이 물의 온도에 해당하는 증기압 이하로 되어 물이 증발하고 수중에 용입되어 있던 공기가 낮은 압력으로 인하여 기포가 발생하는 현상으로 공동 현상이라고도 한다. 소음과 진동이 발생하고 깃에 대한 침식이 발생한다.

06

다음 중 작동유의 소포제로서 가장 적당한 것은?

① 유기산 에스테르   ② 유기인화합물
③ 지방산염   ④ 실리콘유

첨가제
① 소포제 : 유해한 기포 제거
　종류 - 실리콘유, 실리콘의 유기화합물

② 방청제 : 녹 방지
　종류 - 유기산 에스테르, 유기인화합물, 지방산염

07

그림과 같이 유체가 단면적이 다른 파이프를 통과할 때 단면적 A_2 지점에서의 유량은 몇 ℓ/s 인가? (단, 단면적 A_1 에서의 유속 $V_1 = 4m/s$ 이고, 단면적은 $A_1 = 0.2cm^2$ 이며, 연속의 법칙을 만족한다.)

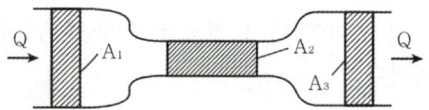

① 0.008   ② 0.08
③ 0.8   ④ 8

모든 구간에서 유량은 동일하다.
$Q_1 = Q_2 = Q_3$
$\therefore Q_2 = A_1 V_1 = 0.2 \times 10^{-4} \times 4 = 8 \times 10^{-5} m^3/s$
　　$= 0.08\ell/s$

08

배관 내에서의 유체의 흐름을 결정하는 레이놀즈수(Reynold's Number)가 나타내는 의미는?

① 점성력과 관성력의 비
② 점성력과 중력의 비
③ 관성력과 중력의 비
④ 압력힘과 점성력의 비

레이놀즈수(Reynold's Number)

$$Re = \frac{관성력}{점성력} = \frac{Vd}{\nu} = \frac{\rho Vd}{\mu}$$

09

기름의 압축률이 $6.8 \times 10^{-5} cm^2/kg$일 때 압력을 0에서 $100 kg_f/cm^2$까지 압축하면 체적은 몇 % 감소하는가?

① 0.48%   ② 0.68%
③ 0.89%   ④ 1.46%

체적탄성계수

$$K = \frac{\Delta P}{-\frac{\Delta V}{V}} = \frac{1}{\beta}$$

$$\therefore -\frac{\Delta V}{V} = \beta \Delta P = 6.8 \times 10^{-5} \times 100 = 6.8 \times 10^{-3}$$
$$= 6.8 \times 10^{-3} \times 100(\%) = 0.68\%$$

10

다음 중 일반적으로 가변 용량형 펌프로 사용할 수 없는 것은?

① 내접 기어 펌프
② 축류형 피스톤 펌프
③ 반경류형 피스톤 펌프
④ 압력 불평형형 베인 펌프

펌프 종류

① 정용량형 펌프
  기어펌프, 베인펌프, 피스톤펌프, 나사펌프

② 가변용량형 펌프
  베인펌프, 피스톤펌프

11

다음 기어펌프에서 발생하는 폐입 현상을 방지하기 위한 방법으로 가장 적절한 것은?

① 오일을 보충한다.
② 베인을 교환한다.
③ 베어링을 교환한다.
④ 릴리프 홈이 적용된 기어를 사용한다.

폐입현상 방지방법

① 토출구에 릴리프홈을 만든다.
② 높은 압력의 기름을 베어링 윤활에 사용한다.

12

1회전 당의 유량이 $40cc$인 베인모터가 있다. 공급 유압을 $600 N/cm^2$, 유량을 $30L/min$으로 할 때 발생할 수 있는 최대 토크는 약 몇 $N \cdot m$인가?

① 28.2   ② 38.2
③ 48.2   ④ 58.2

$$T = \frac{pq}{2\pi} = \frac{600 \times 40}{2\pi} \times 10^{-2} = 38.2 N \cdot m$$

13

펌프의 토출 압력 $3.92\,MPa$, 실제 토출 유량은 $50\,l/min$ 이다. 이때 펌프의 회전수는 $1000\,rpm$, 소비동력이 $3.68\,kW$ 라고 하면 펌프의 전효율은 얼마인가?

① 80.4%   ② 84.7%

③ 88.8%   ④ 92.2%

$L_p = \dfrac{pQ}{\eta_p}$ 에서

$\therefore \eta_p = \dfrac{pQ}{\eta_p} = \dfrac{3.92\times10^6 \times \dfrac{50\times10^{-3}}{60}}{3.68\times10^3} = 0.888$

$\quad\quad = 88.8\%$

14

유압 펌프의 전 효율을 정의한 것은?

① 축 출력과 유체 입력의 비
② 실 토크와 이론 토크의 비
③ 유체 출력과 축 쪽 입력의 비
④ 실제 토출량과 이론 토출량의 비

펌프의 전효율

$\eta = \dfrac{L_P}{L_S}$

$\begin{cases} L_P : \text{유체 출력(펌프의 동력)} \\ L_S : \text{축 쪽 입력(축의 동력)} \end{cases}$

15

다음 중 압력제어밸브에 속하는 것은?

① 릴리프 밸브   ② 감속 밸브

③ 교축 밸브   ④ 체크 밸브

압력제어밸브 종류

릴리프밸브, 감압밸브, 카운터밸런스밸브, 시퀀스밸브, 압력스위치, 유체퓨즈, 무부하밸브

16

그림의 유압회로도에서 ①의 밸브 명칭으로 옳은 것은?

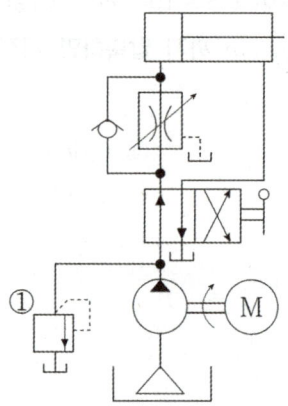

① 스톱 밸브   ② 릴리프 밸브

③ 무부하 밸브   ④ 카운터 밸런스 밸브

릴리프 밸브

상시밀폐형 밸브. 압력이 걸리면 열린다.

17

부하가 급격히 변화하였을 때 그 자중이나 관성력 때문에 소정의 제어를 못하게 된 경우 배압을 걸어주어 자유낙하를 방지하는 역할을 하는 유압제어 밸브로 체크밸브가 내장된 것은?

① 카운터밸런스 밸브　② 릴리프 밸브
③ 스로틀 밸브　④ 감압 밸브

카운터밸런스밸브(counter balance valve)
회로의 일부에 배압을 발생시키고자 할 때 사용하는 밸브, 부하가 갑자기 제거될 때 부하의 낙하를 방지하고자 하는 경우에 사용 (한방향은 설정 배압, 나머지는 자유흐름)

18

다음 중 유량제어밸브에 속하는 것은?

① 릴리프 밸브　② 시퀀스 밸브
③ 교축 밸브　④ 체크 밸브

유량제어밸브 종류
교축밸브, 분류밸브, 집류밸브, 스톱밸브

19

다음 중 방향제어밸브에 속하는 것은?

① 릴리프 밸브　② 시퀀스 밸브
③ 교축 밸브　④ 체크 밸브

방향제어밸브 종류
체크밸브, 감속밸브

20

다음 중 한 방향의 유동은 허용하며 역방향의 유동은 완전히 저지되는 밸브는?

① 감속 밸브　② 체크 밸브
③ 카운터 밸런스 밸브　④ 릴리프 밸브

체크 밸브(=역지밸브 ,Check valve)
한 방향의 유동은 허용하나 역방향의 유동은 완전히 저지되는 밸브

21

방향전환 밸브에서 밸브와 관로가 접속되는 통로의 수를 무엇이라고 하는가?

① 방수(number of way)
② 포트수(number of port)
③ 스풀수(number of spool)
④ 위치수(number of position)

방향전환밸브의 위치수, 포트수
① 위치수 (Number of position)
　방향제어밸브에서 다양한 유로를 형성하기 위해 밸브기구가 작동하여야 할 위치의수. 3위치를 많이 사용한다.
② 포트수(Number of ports)
　방향제어밸브에서 밸브와 주관로와의 접속구수를 말한다.

22

다음 중 엑추에이터의 특징으로 알맞은 것은?

① 유체에너지를 기계에너지로 변환시킨다.
② 기계에너지를 유체에너지로 변환시킨다.
③ 유체에너지를 전기에너지로 변환시킨다.
④ 기계에너지를 전기에너지로 변환시킨다.

액추에이터
유압펌프를 이용해 유체에너지를 기계에너지로 변환시키는 기기

23

구조가 가장 간단하며 값이 싸고 유압유에 섞인
이물질에 의한 고장 발생이 적고 가혹한 조건에 잘
견디는 유압모터로 가장 적합한 것은?

① 기어 모터
② 볼 피스톤 모터
③ 액시얼 피스톤 모터
④ 레이디얼 피스톤 모터

기어모터
주로 평치차 사용하고 헬리컬 기어, 건설기계, 산업기계, 공작기계에 사용한다.

[장점]
① 구조가 간단하고 가격이 저렴하다.
② 유압유 중의 이물질에 의한 고장이 적다.
③ 과도한 운전에 잘 견딘다.
④ 정회전, 역회전이 가능하다.

[단점]
① 누설유량이 많다.
② 토크변동이 크다.
③ 베어링 하중이 커서 수명이 짧다.

24

유압 베인 모터의 1회전 당 유량이 $50cc$일 때, 공급
압력을 $800\,N/cm^2$, 유량이 $30L/min$ 으로 할 경우
베인 모터의 회전수는 약 몇 rpm인가? (단, 누설량은
무시한다.)

① 600   ② 1200
③ 2666   ④ 5333

$Q = qN$

$N = \dfrac{Q}{q} = \dfrac{30 \times 10^3}{50} = 600rpm$

단, $1cc = 1cm^3,\ 1L = 1000cm^3$

25

작동유가 갖고 있는 에너지를 잠시 저축했다가 이 것을
이용해 완축작용을 할 수 있으며, 간헐적으로 요구되는
부하에 대해 압유를 배출해 펌프소량경화 하는 장치는
무엇인가?

① 오일탱크   ② 어큐뮬레이터
③ 액추에이터   ④ 베인 펌프

축압기(=어큐뮬레이터, Accumulator)
작동유가 갖고 있는 에너지를 잠시 저축했다가 이것을 이용해
완충작용을 할 수 있다. 간헐적으로 요구되는 부하에 대해 압유
를 배출해 펌프소량경화 하는 장치이다.

26

다음 중 유압장치의 운동부분에 사용되는 실(seal)의 일반적인 명칭은?

① 심레스(seamless)　② 개스킷(gasket)
③ 패킹(packing)　④ 필터(filter)

실(seal)의 종류
① 개스킷(gasket) : 고정부분(정지부분)에 사용되는 실. 정지용 실
② 패킹(packing) : 운동부분에 사용되는 실

27

다음 중 실린더에 배압이 걸리므로 끌어당기는 힘이 작용해도 자주(自走)할 염려가 없어서 밀링이나 보링머신 등에 사용하는 회로는?

① 미터 인 회로　② 어큐뮬레이터 회로
③ 미터 아웃 회로　④ 싱크로나이즈 회로

미터 아웃 회로
액추에이터의 출구 쪽에서 유량을 교축시켜 작동속도를 조절하는 방식. 피스톤+피스톤 로드 측에 압력 형성. 단면적이 좁은 부분을 제어하므로 유리하다. 이 회로는 실린더에 배압이 걸리므로 끌어당기는 하중이 작용해도 자주(自走)할 염려가 없다.

28

액추에이터의 공급 쪽 관로에 설정된 바이패스 관로의 흐름을 제어함으로써 속도를 제어하는 회로는?

① 미터 인 회로　② 블리드 오프 회로
③ 배압 회로　④ 플립 플롭 회로

블리드오프회로(bleed off circuit)
실린더 입구의 분기회로에 유량제어밸브를 설치해 실린더 입구 측의 불필요한 압유를 배출해 작동 효율 증진, 속도를 제어한다. 실린더 유입 유량이 부하에 따라 변하므로 미터인, 아웃 회로처럼 피스톤 이송을 정확하게 하기 어려움

29

다음 중 진동을 흡수하고 유압회로의 서지압력을 흡수하는 유압용어는 어느 것인가?

① 유압부스터　② 플런저
③ 스트레이너　④ 유압호스

유압호스
진동을 흡수하고 유압회로의 서지압력을 흡수한다.

30

실린더 안을 왕복 운동하면서, 유체의 압력과 힘의 주고 받음을 하기 위한 지름에 비하여 길이가 긴 기계 부품은?

① spool　② land
③ port　④ plunger

① spool : 원통형 미끄럼면에 내접하여 축방향으로 이동하여 유로를 개폐하는 꼬챙이 모양의 구성 부품
② land : spool의 밸브작용을 하는 미끄럼면
③ port : 작동유체 통로의 열린 부분. 밸브와 주관로를 접속시키는 구멍
④ plunger : 실린더 안 왕복운동. 지름에 비해 길이가 긴 기계 부품

31

길이가 단면 치수에 비해서 비교적 긴 죔구(restriction)는?

① 초크(choke)

② 오리피스(orifice)

③ 벤트 관로(vent line)

④ 휨 관로(flexible line)

초크(choke)
길이가 단면치수에 비해 긴 경우의 죔구

32

감압밸브, 체크밸브, 릴리프밸브 등에서 밸브시트를 두드려 비교적 높은 음을 내는 일종의 자려 진동 현상은?

① 유격 현상　　② 채터링 현상

③ 폐입 현상　　④ 캐비테이션 현상

채터링(chattering) 현상
스프링에 의해 작동되는 릴리프 밸브에 발생하기 쉬우며 밸브시트를 두들겨서 비교적 높은 음을 발생시키는 일종의 자려진동현상

33

다음 중 오일의 점성을 이용한 유압응용장치는?

① 압력계　　② 토크 컨버터

③ 진동개폐밸브　　④ 쇼크 업소버

쇼크업소버(shock absorber)
오일의 점성을 이용해 기계적 충격을 완화하며 운동에너지를 흡수하는 유압응용장치

34

그림과 같은 유압기호의 설명으로 틀린 것은?

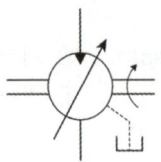

① 유압 펌프를 의미한다.

② 1방향 유동을 나타낸다.

③ 가변 용량형 구조이다.

④ 외부 드레인을 가졌다.

유압모터
1방향유동, 가변용량형, 외부드레인, 1방향 회전형, 양축형을 의미한다.

35

다음 기호 중 유량계를 표시하는 것은?

① 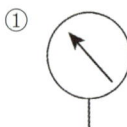　　②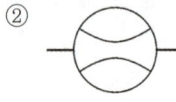

③ 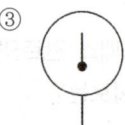　　④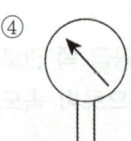

---

① 압력계
② 유량계
③ 온도계
④ 차압계

04

기계 재료 및 제작

01 요소부품 재질

1-1 금속재료

(1) 금속 재료의 성질

① 기계적 성질

기계적 성질	설명
강도(Strength)	재료가 하중에 견디는 정도
경도(Hardness)	재료의 단단한 정도
인성(Toughness)	충격 하중에 견디는 성질로 파단강도 전까지의 재료의 흡수력
취성(Brittleness)	잘 깨지는 성질(인성과 반대되는 성질)
연성(Ductility)	하중을 가할 때 잘 펴지는 성질
전성(Malleability)	하중을 가할 때 잘 늘어나는 성질
피로(Fatigue)	고체 재료가 작은 힘을 반복하여 받을 때 틈이나 균열이 생겨 마침내 파괴되는 성질
크리프(Creep)	외력이 일정하게 유지될 때 시간이 흐름에 따라 재료의 변형이 증대하는 현상
연신율(Elongation)	인장 시험 때 재료가 늘어나는 비율
항복점(Yield Point)	탄성 한도를 넘는 어떤 지점에 이를 때, 외력은 증가하지 않으나 영구 변형이 급격히 늘어나는 지점

② 화학적 성질

화학적 성질	설명
부식(Corrosion)	금속이 주위 수분과 작용, 고온에서 산화 등으로 손실되어 나가는 현상
내식성(Corrosion Resistance)	부식에 잘 견디는 현상

③ 물리적 성질

물리적 성질	설명
비중(Specific Gravity)	같은 부피의 4℃의 물과 물체와의 질량 비
용융점(Melting Point)	고체인 금속을 가열하여 액체가 될 때의 온도로 금속의 용융점이 높으면 고온에 강하고, 낮으면 주조성이 좋고 금속의 제련이 쉽다.
전기 전도율 (Electrical Conductivity)	금속이 전기를 전도하는 정도

(1) Fe-C 평형상태도

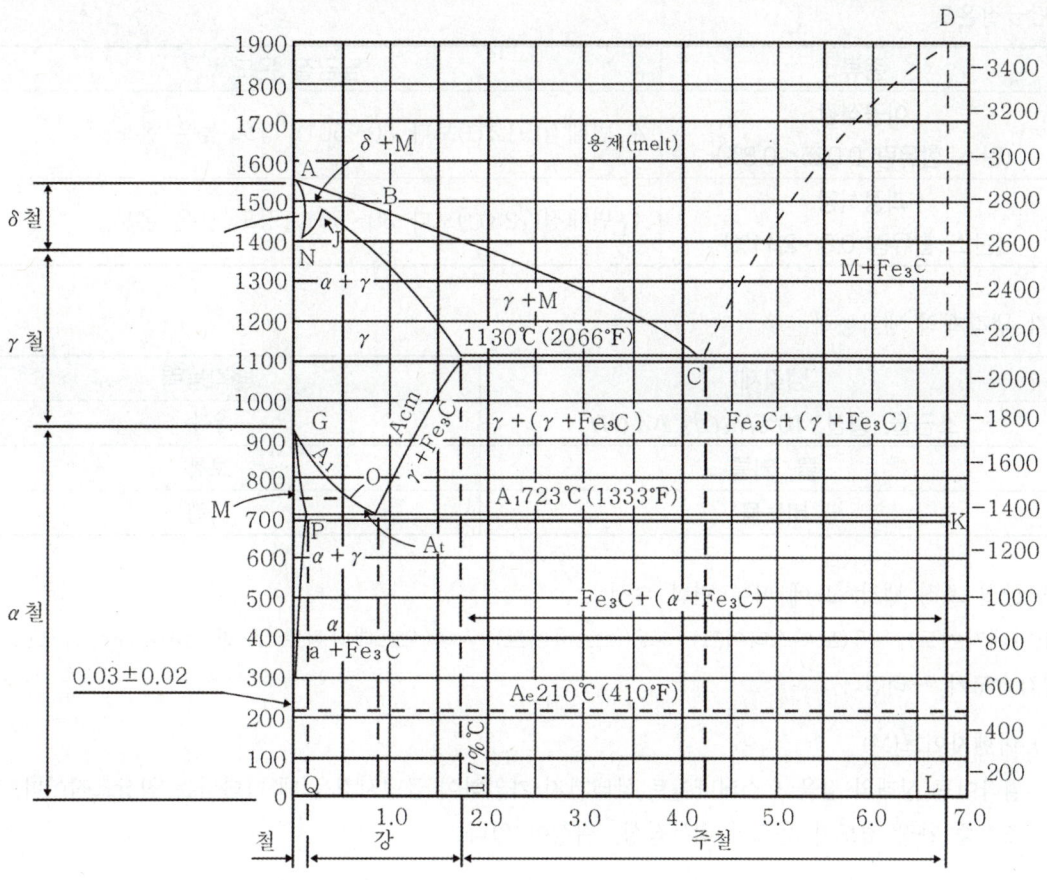

Fe-C 평형상태도

(2) 순철의 동소체

동소체	온도	원자 배열
α철	912℃ 이하	체심입방격자(BCC)
γ철	912 ~ 1400℃	면심입방격자(FCC)
δ철	1400℃ 이상	체심입방격자(BCC)

(3) 열처리 종류

① 담금질(Quenching)

강을 가열하여 오스테나이트로 상변화시킨 후 급냉하여 마텐자이트 조직으로 변태시켜 강을 강화하는 열처리 공정이다. 강도와 경도가 증가한다.

㉠ 담금질온도

종류	담금질 온도
아공석강 (탄소 함유량 0.025~0.8%)	A_3변태점(912℃)보다 30~50℃ 정도 높은 온도.
과공석강 (탄소 함유량 0.8~2.11%)	A_1변태점(723℃)보다 30~50℃ 정도 높은 온도.

㉡ 각 냉각제의 냉각능력

냉각제	냉각능력
소금물, 황산, 10%$NaCl$, $NaOH$	우수
물, 기름	보통
비눗물	나쁨

㉢ 담금질 조직 냉각속도에 따른 변화 순서

M(마텐자이트) → T(트루스타이트) → S(소르바이트) → A(오스테나이트)로 변화하며 오른쪽으로 갈수록 냉각속도가 느려진다.

ⅰ) 마텐자이트(M)

펄라이트 상태의 강을 오스테나이트 상태까지 가열하여 급냉시켰을 때 나타나는 침상조직이다. 담금질 조직중 가장 경도가 높으며 내부식성, 취성이 있다.

ⅱ) 트루스타이트(T)

$α$철과 극미세 시멘타이트와의 혼합 조직으로서 마텐자이트를 약 400℃로 뜨임처리를 했을 때 생기는 조직이다. 이 조직은 마텐자이트 다음으로 경도가 높고 인성이 있으므로 주로 고급 절삭날의 조직으로 사용된다.

ⅲ) 소르바이트(S)

강도와 탄성이 한 번에 요구되는 구조용 강재 망간강, 쾌삭강, 스프링강, 피아노선 등에 사용된다.

ⅳ) 오스테나이트(A)

탄소를 고용하고 있는 $γ$철을 오스테나이트라 하며 담금질강 조직의 일종이다. 오스테나이트는 비자성체이며 전기 저항이 크다. 경도는 마텐자이트보다 적지만 연신율은 크다.

㉣ 담금질 조직의 경도순서

M 〉 T 〉 B(베이나이트) 〉 S 〉 P(펄라이트) 〉 A 〉 F(페라이트)

ⓗ 담금질 균열

　담금질 응력에 의해 생기는 터짐으로 탄소 함량이 높은 강을 급히 담금질하면 내외의 팽창이 고르지 못하여 생기는 균열이다. 열처리에서 담금질할 때 발생하는 선상의 균열. 열응력, 변태응력에 기인한다.

ⓑ 담금질 균열이 발생하는 원인
  – 담금질 온도가 높은 경우
  – 급냉한 경우
  – 가열이 균열하지 않은 경우
  – 담금질하기 전에 불림(Normalizing)을 충분히 하지 못한 경우

ⓢ 질량효과(Mass Effect)

　질량효과가 작다는 것은 열처리가 잘 되고 경화능이 좋다는 것을 의미한다. 대표적인 재료로 탄소강이 있으며 첨가 원소는 Cr, Ni, Mo, Mn 등이 있다.

ⓞ 심냉처리(Sub-zero)

　담금질된 잔류오스테나이트를 0℃ 이하의 온도로 냉각시켜 마텐자이트화하는 열처리이다.
　담금질 조직이 안정화되어 치수와 형상이 안정되고 경도와 성능이 증가한다.

② 뜨임(Tempering)

　담금질에 의한 잔류 응력을 제거하고 담금질한 강의 인성 증가와 경도 감소를 위해 변태점(A_1) 이하의 적당한 온도로 가열한 후 냉각시키는 조직이다. 마텐자이트(M) 조직을 소르바이트(S) 조직으로 변화시킨다.
　㉠ 저온 뜨임 : 담금질에 의해 생긴 재료내부의 잔류응력이 제거된다.
　㉡ 고온 뜨임 : 500~600℃ 부근에서 뜨임하는 것으로 강인성을 주기 위한 것이다.

③ 풀림(Annealing)

　금속 재료를 적당한 온도로 가열한 다음 서서히 상온으로 냉각시키는 열처리이다. 가공 또는 담금질로 인하여 경화한 재료의 내부 응력을 제거하고 결정 입자를 조대화 한다.
　㉠ 결정조직의 불균일 제거
　㉡ 내부응력 제거
　㉢ 오스테나이트에서 탄소를 유리시킴
　㉣ 기계적 성질, 담금질 효과, 인성 향상
　㉤ 재질 연화
　㉥ 확산풀림(Diffusion Annealing) : 편석을 제거시켜 균질화하기 위해 하는 풀림

④ 불림(Normalizing)

　강을 단련한 후, 오스테나이트의 단상이 되는 온도범위에서 가열하여 대기에 자연냉각 한다.
　㉠ 주조 조직, 과열 조직을 균일화
　㉡ 냉간가공, 단조 등에 의한 내부응력 제거
　㉢ 결정조직, 기계적, 물리적 성질 등을 표준화

(2) 항온열처리

담금질과 뜨임을 동시에 하는 열처리이며, 베이나이트(B) 조직을 얻을 수 있다.

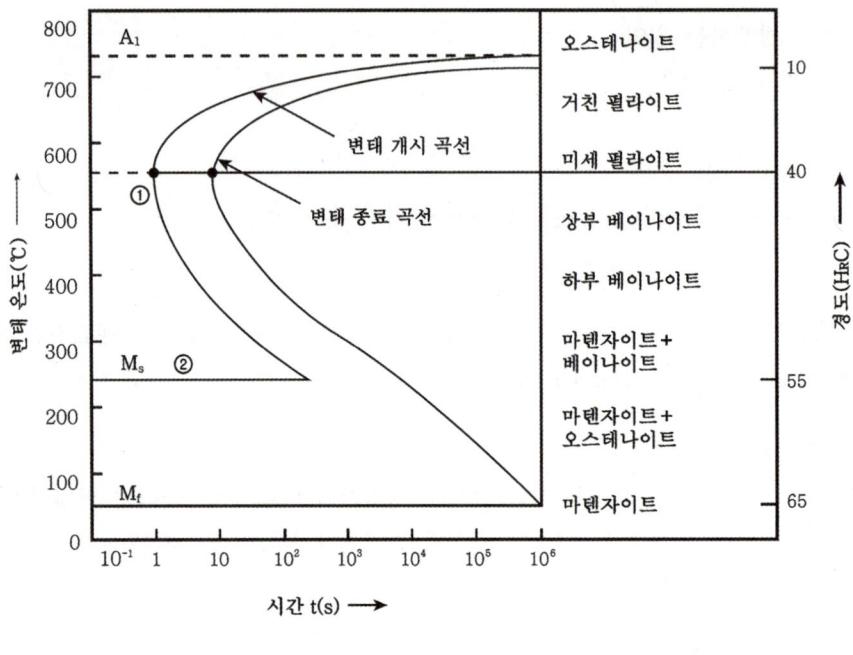

항온열처리 선도

① 항온열처리의 종류와 선도

종류	선도	방법
오스템퍼링 (Austempering)		A_1점과 M_s점 사이에서 담금질하는 열처리 방법으로 베이나이트(B) 조직을 얻을 수 있다.
마템퍼링 (Martempering)		M_s점과 M_f점 사이에서 항온처리하는 열처리 방법으로 마텐자이트(M)와 베이나이트(B)의 혼합조직을 얻을 수 있다.

종류	선도	방법
마퀜칭 (Marquenching)	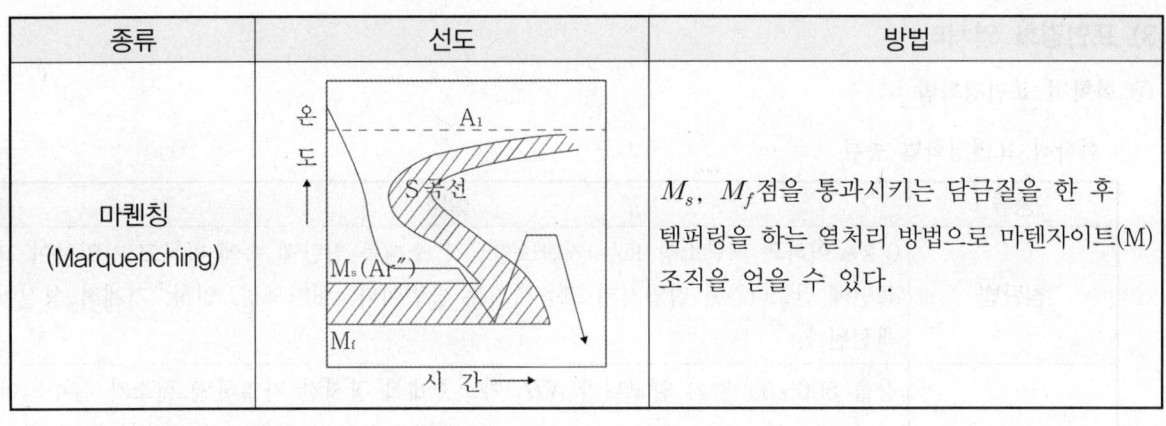	M_s, M_f점을 통과시키는 담금질을 한 후 템퍼링을 하는 열처리 방법으로 마텐자이트(M) 조직을 얻을 수 있다.

② 그 밖의 항온열처리 종류

종류	설명
오스포밍 (Ausforming)	과냉 오스테나이트 상태에서 소성가공을 하고 그 후 냉각 중에 마텐자이트(M)화 하는 열처리 방법으로 고강인성의 강을 얻을 수 있다.
M_s 퀜칭 (M_s Quenching)	담금질 온도로 가열한 상태로 M_s보다 약간 낮은 온도에서 항온유지 후 급냉하는 열처리 방법으로 잔류 오스테나이트(A)가 감소한다.
항온 풀림	오스테나이트(A) 구역까지 가열 후 TTT 노즈 구역에서 항온하는 열처리 방법으로 오스테나이트를(A) 조직을 얻을 수 있다.
항온 뜨임 (=베이나이트 뜨임)	뜨임온도에서 M_s 부근의 염욕에 넣어 항온유지시키는 열처리 방법으로 2차 베이나이트(B) 조직을 얻을 수 있다..

(3) 표면경화 열처리

① 화학적 표면경화법

㉠ 화학적 표면경화법 종류

종류	설명
침탄법	0.2% 이하의 저탄소강 또는 저탄소합금강 소재를 침탄제 속에 파묻고 가열하여 그 표면에 탄소(C)를 침입시켜 고용시키는 방법이다. 내마모성, 인성, 기계적 성질이 개선된다.
질화법	강을 500~550℃의 암모니아(NH_3)가스중에서 장시간 가열하면 질소가 흡수되어 질화물(Fe_4N, Fe_2N)이 형성된다. 이처럼 질소가 노내에 확산하여 표면에 질화경화층을 생성하는 방법이다.
청화법 (=시안화법)	시안화물을 사용하는 경화법으로 빠르고 효율적인 방법으로 빠른 시간내에 처리가 가능하며 침탄법보다도 경도가 높다. 다만 공정중에 독성이 있는 재료를 사용하므로 중독의 위험이 있다. 볼트, 너트나 작은 기어와 같은 소형 부품에 사용하며 간편 뿌리기법과 침적법이 있다.

㉡ 침탄법과 질화법의 비교

비교 기준	침탄법	질화법
경도	낮은 고온경도	높은 고온경도
가열 환경	높은 가열온도	낮은 가열온도
열처리	열처리 필요	열처리 불필요
표면 처리	수정 가능	수정 불가능
작업 시간	단시간	장시간
열변형	변형이 생김	변형이 생기지 않음
조직 특성	단단함, 두꺼움	여린 조직

② 물리적 표면경화법

종류	설명
화염경화법 (=쇼터라이징)	산소 아세틸렌 불꽃으로 강의 표면만을 가열하고 중심부는 가열되지 않게 한 후 급랭시키는 방법이다. 주로 대형 가공물에 이용한다.
고주파경화법 (=고주파담금질)	소재를 코일 장치에 넣고 고주파 전류로 가열 후 수냉하는 표면경화법으로, 재료의 원래 성질을 유지하면서 내마멸성 강화시키는 데 적합한 열처리 공정이다.

(4) 기타 표면처리방법

① 금속 침투법

종류	침투 원소	특징
크로마이징	Cr(크롬)침투	내식성 향상
칼로라이징	Al(알루미늄)침투	내열성, 내식성, 내산화성 향상
실리코나이징	Si(규소)침투	산류에 대한 내부식성, 내마멸성
보로나이징	B(붕소)침투	처리 후 담금질 불필요
세라다이징	Zn(아연)침투	대기 중 부식 방지

② 양극산화법(=아노다이징)

다양한 색상의 유기 염료를 사용하여 소재 표면에 안정되고 오래가는 착색피막을 형성하는 표면처리 방법으로 알루미늄에 많이 사용된다..

(5) 열처리에 따른 변형

열처리에 따른 변형은 두 종류가 있다. 첫 번째는 담금질 변태에 의해 제품의 치수가 늘어가거나 줄어드는 치수변화, 두 번째는 자중에 의해 휘어지거나 응력에 의해 모양이 변하는 형상 변화가 있다. 이러한 변형을 방지하는 방법은 아래와 같다.

개선법	방법
체질의 개선	① 경화능이 좋은 재료를 이용한다. ② 재료취급방법의 검토한다. ③ 석출경화강의 채용한다.
전처리의 개선	① 소재의 내부응력 제거한다. ② 가공응력의 제거한다.
형상의 개선	① 균일가열이 될 수 있게 두께의 변화를 제거한다. ② 휘기 쉬운 부분은 길이를 짧게한다.
열처리 조건의 개선	① 변형을 적게하는 열처리 조건으로 변경한다.
가열 냉각방법의 개선	① 균일가열 이완을 방지한다. ② 서서히 가열한다. ③ 균일냉각법을 실시한다. ④ 항온 뜨임을 채용한다.

02 절삭가공 및 CNC가공

2-1 절삭가공

기계를 제작할 때 주조품이나 단조품을 필요한 치수와 모양으로 가공하기 위해 절삭공구를 사용하여 칩을 내면서 깎는 가공을 절삭가공이라 한다.

(1) 구성인선의 발생

① 구성인선(Built up Edge)

바이트 날 끝의 고온, 고압으로 인해 칩이 조금씩 응착하여 단단해지는 것으로 표면정밀도를 감소시키고 표면 거칠기 값은 증가시킨다. 발생→성장→분열→탈락의 주기를 반복한다.

② 구성인선 감소 또는 방지법

㉠ 경사각을 크게 한다. (약, 30° 이상)

㉡ 절삭속도를 빠르게 한다.

㉢ 절삭깊이를 작게 한다.

㉣ 공구반경을 작게 한다.

㉤ 윤활성이 좋은 절삭유를 사용한다.

㉥ 이송을 작게 한다.

㉦ 마찰계수가 작은 절삭 공구를 사용한다.

(2) 절삭속도와 동력

① 절삭속도 : $V = \dfrac{\pi dN}{1000} \, [m/\min]$ 여기서, d : 공작물의 지름 $[mm]$,
N : 주축의 회전수 $[rpm]$

② 절삭동력 : $L = \dfrac{FV}{60\eta} \, [kW]$ 여기서, F : 주분력 $[kN]$,
V : 절삭속도$[m/\min]$,
η : 효율

③ 전단각(ϕ, Shear Angle) : 아랫날에 대한 윗날의 기울기

㉠ 박판에는 작게 후판에는 크게 한다.

㉡ 전단각이 크면 절단된 판재의 끝면이 고르지 못하다.

④ 절삭온도의 측정 방법

  ㉠ 칩의 색깔에 의한 방법

  ㉡ 열전대에 의한 측정법

  ㉢ 열량계에 의한 측정법

  ㉣ 복사 고온계에 의한 측정법

  ㉤ 공구/공작물 간 열전대 접촉에 의한 측정법

  ㉥ 시온 전대, pbs광전지를 이용한 측정법

⑤ 테일러의 공구 수명 : $VT^n = C$

여기서, V : 절삭속도 $[m/min]$,
        T : 공구수명 $[min]$,
        n : 공구와 공작물에 의한 지수,
        C : 공구 수명 상수

(3) 절삭유(Cutting Fluid)

금속 재료를 절삭 가공할 때 절삭 공구부를 냉각시키고 윤활하게 해서 공구의 수명을 연장하거나 다듬질면을 깨끗이 하기 위해 사용하는 윤활유이다.

① 절삭유(=윤활제)의 사용목적

  ㉠ 공작물의 공구 냉각

  ㉡ 능률적으로 칩을 제거하며 표면 산화를 방지

  ㉢ 절삭공구와 칩 사이의 마찰저항 감소 및 절삭 성능 향상

  ㉣ 절삭열에 의한 정밀도 저하 방지

  ㉤ 공구의 연화를 방지하며 공구수명 연장

  ㉥ 윤활 작용으로 인한 절삭력 감소

② 절삭유가 갖추어야 할 조건

  ㉠ 냉각성이 우수하고 윤활성, 유동성이 좋을 것

  ㉡ 인화점, 발화점이 높고 휘발성이 없을 것

  ㉢ 화학적으로 안정되어 장시간 사용해도 변질되지 않고 인체에 무해할 것

  ㉣ 담색 또는 투명하여 절삭부분이 잘 보일 것

  ㉤ 칩 분리가 용이해 회수가 쉬울 것

  ㉥ 마찰계수가 작고 표면장력이 작아 칩의 발생부까지 잘 침투할 수 있을 것

  ㉦ 공작물과 공구에 녹이 슬게 하지 않을 것

③ 절삭유 사용을 최소화하는 가공 방법

  ㉠ 건절삭법으로 가공

  ㉡ 절삭속도를 가능한 빠르게 하여 가공

  ㉢ 분무 냉각법 : 공기와 절삭유 혼합물을 미세 분무하며 가공하는 방법

  ㉣ 극저온 절삭법 : 극저온의 액체질소를 공구와 공작물 접촉면에 분사하는 방법

(4) 절삭공구(Cutting Tools)

금속 재료를 깎아내 가공할 수 있는 공구로 실제 금속을 깎는 역할을 하는 선반의 바이트, 밀링의 커터, 드릴링 머신의 드릴 등을 절삭 공구라고 한다

① 절삭 바이트에서 마찰력의 결정에 영향을 미치는 요인
   ㉠ 절삭유
   ㉡ 절삭 깊이
   ㉢ 절삭 속도
   ㉣ 공구의 재질
   ㉤ 공구의 형상

② 절삭 공구 재료의 경도 순서
   다이아몬드 〉 CBN 〉 세라믹 〉 서멧 〉 초경합금 〉 고속도강 〉 탄소공구강

③ 절삭성이 좋은 공구의 기준
   ㉠ 작은 절삭력과 절삭동력
   ㉡ 긴 공구수명
   ㉢ 가공품이 우수한 표면정밀도 및 표면완전성
   ㉣ 수거가 용이한 칩의 형태
   ㉤ 높은 재료 제거율

④ 절삭공구의 피복재가 갖춰야 할 성질
   ㉠ 낮은 열전도도
   ㉡ 높은 고온경도와 충격저항 및 절삭저항
   ㉢ 공구 모재와의 양호한 접착성
   ㉣ 공작물 재료와의 화학적 불활성
   ㉤ 내마모성
   ㉥ 재연마의 용이성
   ㉦ 가격의 경제성

⑤ 절삭저항의 3분력
   ㉠ 주분력
   ㉡ 배분력
   ㉢ 이송분력

2-2 CNC가공

사전 프로그래밍된 컴퓨터 소프트웨어가 공장 도구 및 기계의 움직임을 지시하는 컴퓨터화된 제조 프로세스로 다양하고 복잡한 기계를 제어하는데 사용되며 3차원 절단 작업이 가능하다.

(1) CNC 프로그래밍(Computerized Numerical Control)

① 자동화 기호

기호	분류	기능
O	프로그램 번호	프로그램 인식 번호
N	전개번호	블록 전개번호
G	준비기능	이동형태(직선보간, 원호보간)
X, Y, Z	좌표값	절대방식의 각 축 이동위치 지정
U, V, W	좌표값	증분방식의 각 축 이동위치 지정
A, B, C	좌표값	회전축의 이동위치 지정
I, J, K	좌표값	원호 중심의 각 축 성분
R	좌표값	원호 반지름
F	이송기능	회전당 이송속도, 분당 이송속도, 나사의 리드
E	이송기능	나사의 리드
S	주축기능	주축속도
T	공구기능	공구번호 및 공구보정번호
M	보조기능	기계 작동 부분의 ON/OFF 지령

② 제어방식

㉠ 개방회로 제어방식(Open Loop System)

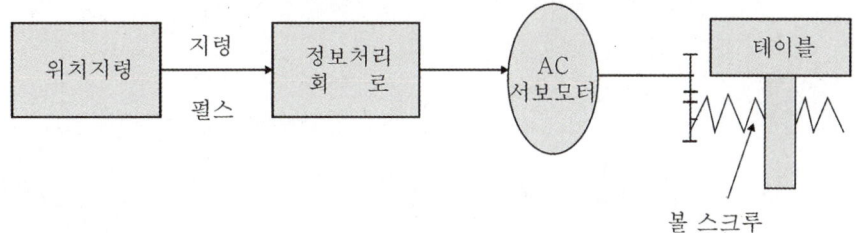

검출기나 피드백 회로를 가지지 않기 때문에 구성은 간단하지만 구동계의 정밀도에 직접 영향을 받는 시스템으로 정밀도가 낮고 피드백이 없기 때문에 최근 CNC공작기계에서는 거의 사용하지 않는다.

ⓛ 반폐쇄회로 제어방식(Semi-Closed Loop System)

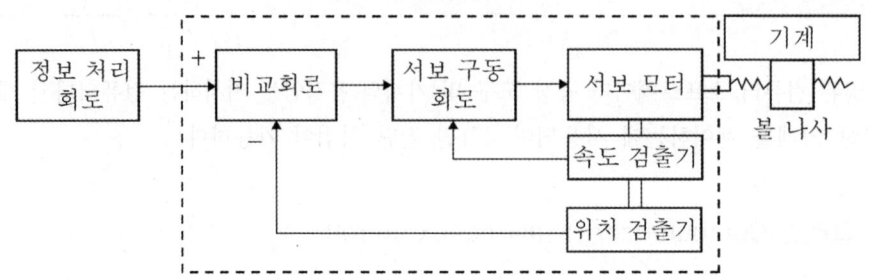

물리량을 직접 검출하지 않고 다른 물리량의 관계로부터 검출하는 방식으로 정밀하게 제작된 구동계에서
사용되는 시스템이다.

ⓒ 폐쇄회로 제어방식(Closed Loop System)

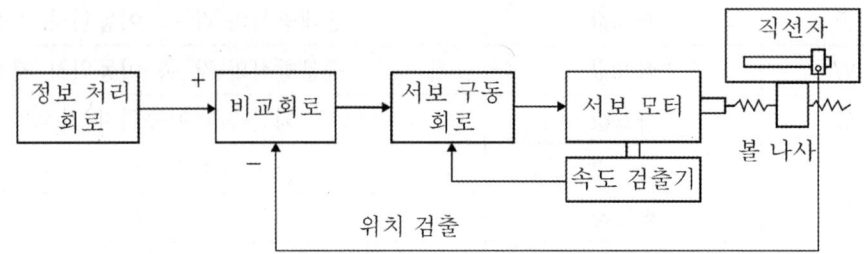

위치를 직접 검출한 후 위치 편차를 피드백하는 방식으로 정밀공작기계에 사용되는 시스템이다.

03

소성가공 및 측정기기

01
02
03
04

3-1 소성가공

소성을 가진 재료에 소성 변형을 일으켜 원하는 모양의 제품을 만드는 가공법이다.

① 절삭가공에 비하여 생산율이 높아 대량 생산이 가능하다.
② 절삭가공 제품에 비하여 강도가 크다.
③ 취성재료는 소성가공에 적합하지 않다.
④ 절삭가공과 비교하여 칩이 생성되지 않으므로 가공면이 깨끗하여 재료의 이용률이 높다.

(1) 재결정온도 : 냉간가공과 열간가공을 구별하는 온도이다.

종류	냉간가공	열간가공
정의	재결정온도 이하에서의 가공	재결정온도 이상에서의 가공
특징	① 제품의 치수를 정확히 할 수 있다. ② 가공면이 곱고 미려하고 아름답다. ③ 기계적 성질을 개선시킬 수 있다. ④ 가공방향으로 섬유조직이 되어 방향에 따라 강도가 달라진다. ⑤ 가공경화로 강도 및 경도가 증가하고 연신율이 감소한다. ⑥ 표면 거칠기가 향상된다. ⑦ 공구에 가해지는 압력이 크다. ⑧ 산화가 발생하지 않는다.	① 작은 동력으로 커다란 변형을 줄 수 있다. ② 재질의 균일화가 이루어진다. ③ 가공도가 크므로 거친 가공에 적합하다. ④ 강괴 중의 기공이 압착된다. ⑤ 가열 때문에 산화되기 쉬워 표면 산화물의 발생이 많기 때문에 정밀가공이 곤란하다. ⑥ 소재의 변형저항이 적어 소성가공이 유리하다. ⑦ 가공 표면이 거칠다. ⑧ 가공이 용이하다. ⑨ 균일성이 적다.

(2) 가공경화

재결정온도 이하에서 냉간가공을 할수록 단단해지며 결정 결함수의 밀도 증가로 인해 일어난다. 강도, 경도, 변형저항은 증가하고 연신율, 인성, 연성, 단면수축율은 감소한다.

(3) 소성가공의 종류

① 단조(Forging)
③ 압출(Extruding)
⑤ 제관(Pipe Making)
⑦ 프레스가공(Press Work)

② 압연(Rolling)
④ 인발(Drawing)
⑥ 전조(Form Rolling)

(4) 단조(Forging)

해머로 두들겨 성형시키는 가공법으로 단조 온도가 낮으면 조직이 미세해지고 내부응력이 발생된다.

① 자유단조(Free Forging) : 평 해머와 앤빌로 성형하는 단련 작업이다.

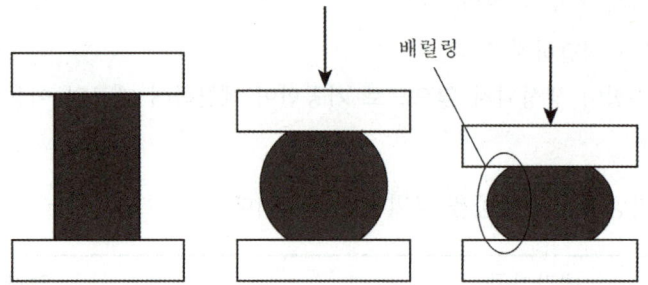

㉠ 배럴링(Barrelling) 현상

금형과 접촉하는 소재의 양쪽 면의 변형이 마찰에 의해 구속되기 때문에 소재가 금형과 접촉되지 않은 부분이 볼록해지는 현상이다. 금형과 소재가 접촉하는 면에서 발생하는 마찰이나 금형과 소재의 온도차에 의해 발생할 수 있다.

㉡ 배럴링(Barrelling) 방지법
 - 금형에 초음파 진동을 준다.
 - 접촉면에 윤활제를 바른다.
 - 금형을 가열하여 소재와의 온도차를 줄인다.

㉢ 자유단조의 기본작업

기본작업	그림	설명
업세팅 (축박기, 눌러붙이기)		금속 소재를 2개의 평판 다이 사이에서 압축하여 높이를 감소시키는 작업

기본작업	그림	설명
늘리기		단면적을 감소시키고 길이 방향으로 늘리는 작업으로 업세팅과 반대되는 작업
단짓기		단면적을 변화시켜 단을 만드는 작업
굽히기		굽혀지는 소재의 안쪽에는 압축력, 바깥쪽에는 연신력을 작용하여 굽히는 작업
구멍뚫기 (=펀칭)		소재에 펀치를 가압하여 구멍을 뚫거나 작업 은구멍을 확대하는 방법
절단 (=자르기)		자르려고 하는 소재의 직경이 크지 않을 때, 정을 이용하여 절단하는 방법
비틀기		소재를 비트는 작업
단접		두 소재를 접촉시키고 급격한 압력으로 가압 접합시키는 작업

② 형단조(Die Forging) : 형을 사용하여 판상의 금속 재료를 굽혀 원하는 형상으로 변형시키는 가공법이다.

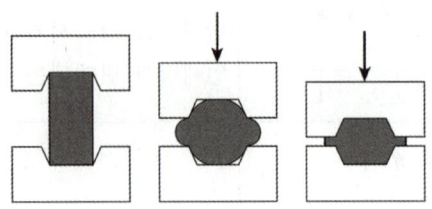

> **형단조에서 예비성형을 하는 목적**
> ㉠ 금형 마모를 줄이기 위하여
> ㉡ 제품의 품질을 향상시키는 단류선을 얻기 위하여
> ㉢ 플래시로 인한 재료 손실을 최소화하기 위하여
> ㉣ 금형 마모감소 및 수명증가를 위하여
> ㉤ 변형률속도를 낮추고 유동응력을 줄이기 위하여

③ 열간단조 : 소재의 소성을 크게 하면 단조는 일반적으로 쉬워지므로 가열하여 영구 변형을 일으키게 하는 작업이다. 종류로는 해머단조, 프레스단조, 업셋단조, 압연단조가 있다.

④ 냉간단조 : 금형을 사용하여 소재의 성질을 개선하면서 상온에서 형 만들기를 하는 작업이다. 종류로는 콜드 헤딩, 코이닝, 스웨이징이 있다.

(5) 압연(Rolling)

2개의 롤러 사이를 통과시키는 가공법이다. 두께를 감소시키고 길이와 폭을 증가시킨다.

① 열간압연과 냉간압연

열간압연	냉간압연
큰 변형량이 필요한 금속재료를 압연할 때 사용된다. 주로 자동차, 건설, 조선, 파이프, 산업기계 등 산업 전 분야에 사용된다.	열연공정을 마친 열간압연판을 화학 처리하여 표면의 녹을 제거하고 상온에서 다시 한 번 냉간압연하는 과정을 거친다. 치수가 정확하고 표면이 깨끗한 제품을 얻을 수 있으나 이방성이 나타나므로 2차 가공시 주의해야 한다.

② 압하량 $= H_0 - H_1$ (여기서, H_0 : 롤러 통과전두께, H_1 : 롤러통과후두께)

③ 압하율 $= \dfrac{H_0 - H_1}{H_0} \times 100(\%)$ (압하율과 최대 롤압력은 비례한다.)

④ 압하율, 압하력 감소 방법
  ㉠ 지름이 작은 롤을 사용한다.
  ㉡ 압연판의 전방과 후방에 장력을 가한다.
  ㉢ 롤과 압연판 사이의 마찰을 줄인다.
  ㉣ 압연판을 고온으로 유지한다.

(6) 압출(Extruding)

소재를 용기에 넣고 높은 압력을 가하여 다이 구멍으로 통과시켜 형상을 만드는 가공법이다.

① 직접압출 : 램의 진행방향과 압출재 진행방향이 같다.

② 간접압출 : 램의 진행방향과 압출재 진행방향이 다르다.

③ 충격압출

압출 펀치에 충격을 주어 성형시킨 압출이다. 상온 가공으로 작업하며 단기간에 압출을 완료한다.
Zn, Sn, Pb, Al, Cu 등의 순금속과 일부 합금에 사용하는 압출가공법이며 치약튜브, 화장품 케이스, 건전지 케이스 제작에 이용된다.

④ 셰브론 균열(Shevron cracking)

압출가공시 중심부 인장응력에 의하여 발생하는 균열이다.

(7) 인발(Drawing)

봉이나 관을 다이에 다이 사이로 잡아당겨서 외경을 줄이고 길이를 증가시키는 가공법이다. 인발가공에서 발생하는 결함 중 솔기결함(Seam)은 길이 방향으로 흠집과 접힘이 발생하는 결함이다.

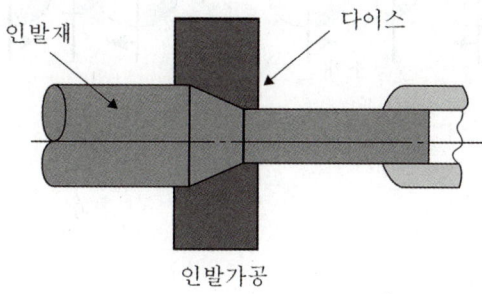

인발재   다이스

인발가공

(8) 딥드로잉 가공(Deep Drawing Work)

금속판재로 원통형, 각통형, 반구형 등과 같이 이음매 없는 용기 형상을 만드는 프레스 가공법이다.

① 드로잉률 $= \dfrac{\text{제품의 지름}(d_1)}{\text{소재의 지름}(d_0)} \times 100$

② 재드로잉률 $= \dfrac{\text{용기의 지름}}{\text{제품의 지름}(d_1)}$

③ 아이어닝(Ironing)

딥드로잉 가공 시 다이공동부로 빨려 들어가는 측벽 두께를 얇게 하면서 제품의 높이를 높게 하는 가공으로 측벽이 균일하고 매끄럽다.

④ 귀생김(Earing)

판재의 평면 이방성으로 인하여 드로잉된 컵 형상의 벽면 끝에 파도 모양이 생기는 현상이다.

(9) 전조(Component Roling)

축 대칭형 소재를 2개 이상의 공구 사이에 굴림으로써 그 외형 또는 내면의 모양을 성형하는 가공법이다. 절삭가공에 비해 생산 속도가 높으며 매끄러운 표면을 얻을 수 있고 재료의 손실이 적으며, 소재 표면에 압축잔류응력을 남겨 피로수명을 늘릴 수 있다. 주로 나사 및 기어의 제작에 사용된다.

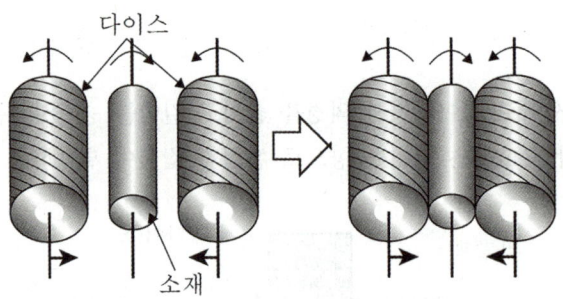

(10) 프레스가공(Press Working)

금속 재료를 프레스로 절단하거나 여러 가지 모양으로 성형하는 가공법이다.

① 전단가공 : 블랭킹, 펀칭, 전단, 트리밍, 셰이빙, 노칭, 분단

㉠ 블랭킹 : 펀치와 다이를 이용하여 판금재료로부터 제품의 외형을 따내는 작업으로 떨어진 쪽이 제품이고
남은 쪽이 폐품이다.

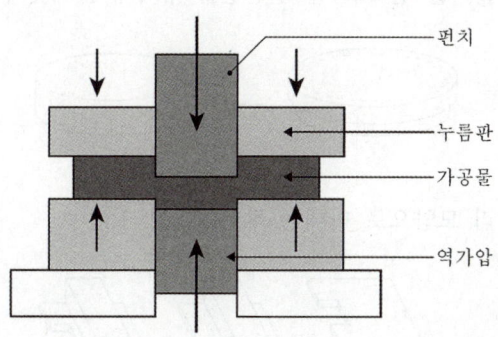

㉡ 펀칭 : 강괴 또는 강편에 펀치로 쳐서 구멍을 뚫는 가공이다.

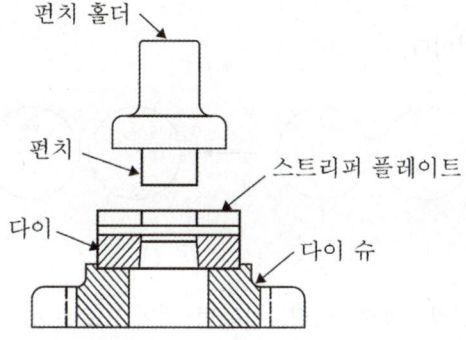

㉢ 전단 : 물체를 필요한 형상으로 절단하는 작업이다.

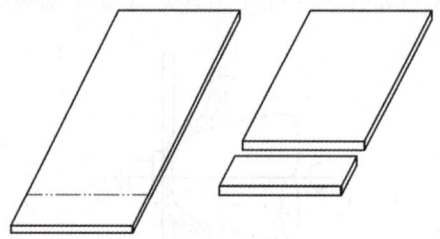

ⓔ 트리밍 : 둥글게 자르는 작업이다.

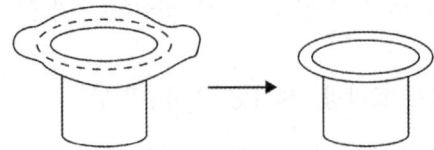

ⓜ 셰이빙 : 펀칭이나 구멍 뚫기를 한 제품을 절단면을 깎아내어 깨끗하게 다듬질하는 작업이다.

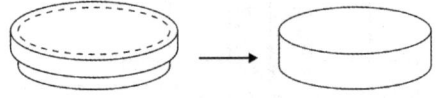

ⓑ 노칭 : 재료의 일부를 여러 모양으로 따내는 작업이다.

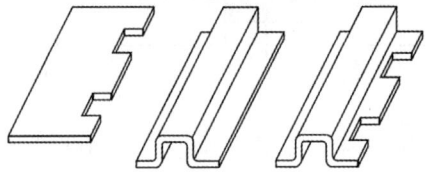

ⓢ 분단 : 제품을 나누는 작업이다.

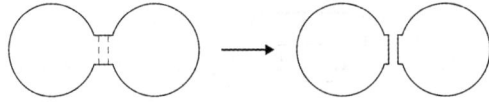

② 성형가공 : 스피닝, 시밍, 컬링, 벌징, 비딩, 마폼법, 하이드로폼법, 드로잉, 굽힘

㉠ 스피닝

맨드릴을 회전하여 원형의 소재를 봉 또는 롤러 공구로 밀어 붙여 맨드릴의 형상으로 가공하는 성형법으로 이음매 없이 축대칭 모양으로 가공이 가능하여 국그릇 모양의 몸체를 만들 수 있다.

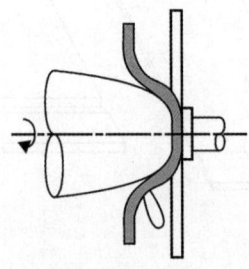

ⓛ 시밍 : 여러겹으로 구부려 두장의 판을 연결시키는 가공이다.

ⓒ 컬링 : 원통용기의 끝부분을 말아서 테두리를 둥글게 만드는 가공이다.

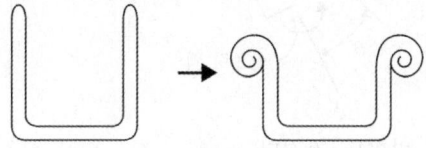

ⓔ 벌징 : 튜브형의 소재를 분할다이에 넣고 폴리우레탄 플러그 등의 충전재를 이용하여 확장시키는 성형법이다. 주로 주전자 등과 같이 배부른 형상의 성형에 적용된다.

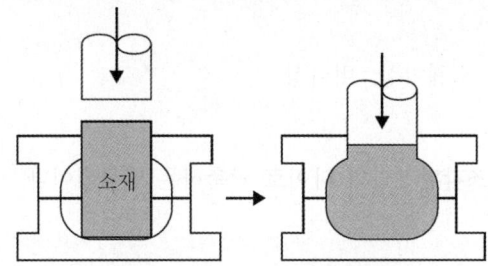

ⓜ 비딩 : 평평한 판금 또는 성형된 판금에 줄 모양의 돌기를 넣은 가공이다.

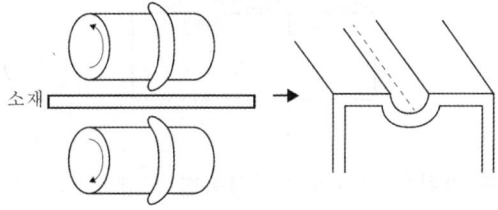

ⓗ 마폼법 : 판금가공의 특수한 것으로 다이스에 고무를 사용함으로써 고무에 의한 드로잉의 대표적인 가공법이다.

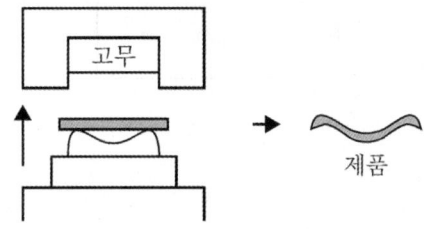

ⓐ 하이드로폼법 : 마폼법의 고무 다이 대신에 액체를 이용하여 액압에 의하여 드로잉가공을 하는 방법이다.

◎ 스프링 백(Spring back) : 소성 재료를 굽힌 후 압력을 제거하면 원상복귀 하려는 탄력 작용으로 굽힘량이 감소되는 현상이다.

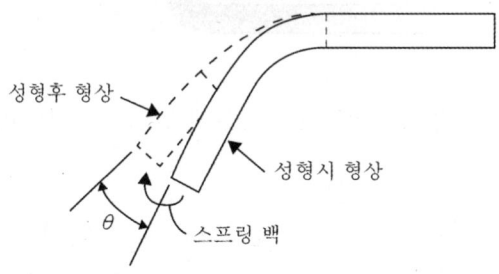

- 경도가 클수록 스프링 백의 변화도 커진다.
- 스프링 백의 양은 가공조건에 의해 영향을 받는다.
- 같은 두께의 판재에서 굽힘 반지름이 작을수록 스프링 백의 양은 작아진다.
- 같은 두께의 판재에서 굽힘 각도가 작을수록 스프링 백의 양은 커진다.

③ 압축가공 : 코이닝, 엠보싱, 스웨이징, 버니싱

㉠ 코이닝(=압인가공)

표면이 서로 다른 모양으로 조각된 1쌍의 다이로 압축하는 가공법이다. 메달, 주화, 장식품 등의 가공에 이용된다.

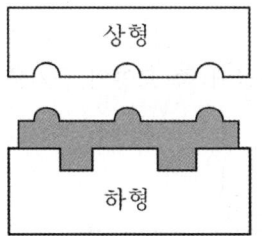

㉡ 엠보싱 : 직물 표면에 열과 압력을 가하여 오목볼록한 모양을 나타내는 가공법이다.

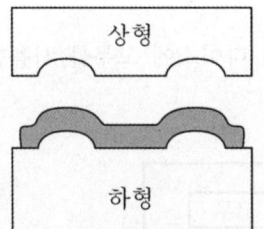

ⓒ 스웨이징 : 주축과 함께 회전하며 반경 방향으로 왕복 운동하는 다수의 다이로 봉재나 관재를 타격하여 직경을 줄이는 가공법이다.

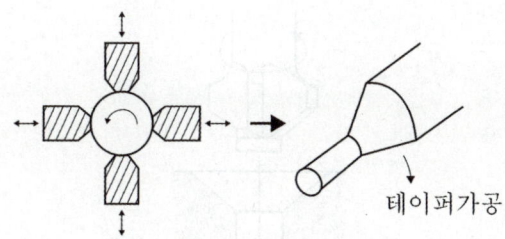
테이퍼가공

ⓓ 버니싱 : 가공품 표면에 또는 구멍 내면을 롤러, 강구 등의 공구를 대고 문질러서 표면을 평활하게 다듬는 가공법이다.

3-2 수기가공법 및 지그

(1) 수기가공법의 종류

① 드릴링(Drilling) : 드릴을 회전하여 구멍을 뚫는 가공법이다.

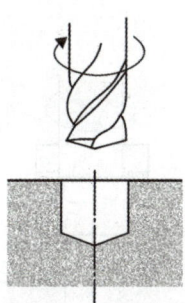

② 태핑(Tapping) : 구멍에 나사탭으로 나사산을 만드는 가공법이다.

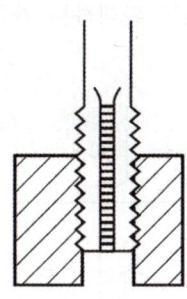

③ 카운터 싱킹(Countersinking) : 이미 가공되어 구멍에 드릴링머신으로 원뿔 또는 원추 형상의 홈을 만드는 가공법이다.

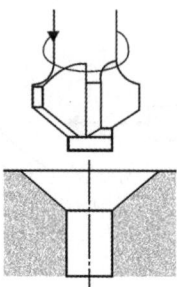

④ 리밍(Reaming) : 드릴로 뚫은 구멍의 내면을 다듬어 치수정밀도를 향상시키는 가공법이다.

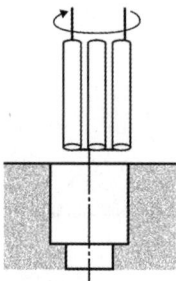

⑤ 스폿 페이싱(Spot Facing) : 이미 가공된 구멍에 나사를 고정할 때 접촉부가 안정되게 하기 위하여 구멍 주위를 평면으로 깎는 가공법이다.

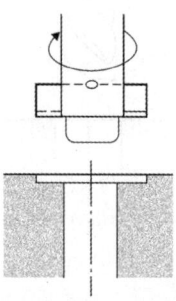

⑥ 보링(Boring) : 이미 가공된 구멍의 크기를 확대하는 가공법이다.

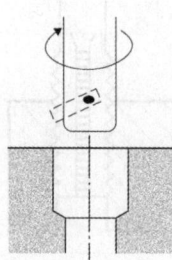

(2) 지그 및 고정구

① 치공구

균일성이 요구되는 기계작업에 사용되는 고정용 공구이다. 제품을 능률적이고 경제적으로 생산할 수 있어 대량생산에 적합하며 지그(Jig)와 고정구(Fixture)로 나누어진다.

○ 지그(Jig)

공작물의 위치결정 기구와 공작물을 고정하기 위한 클램핑 기구를 갖고 있으며 절삭공구를 안내하는 부싱이 함께 사용된다. 종류로는 드릴지그, 리밍지그 등이 있다.

○ 고정구(Fixture)

부품의 가공을 정확히 할 수 있도록 도와주며 기타 조립, 검사, 용접 등 작업을 능률적이고 정확하게 할 수 있는 보조구이다. 공작물을 정확한 위치에 놓기 위한 위치결정기구와 이것을 고정하기 위한 클램핑 기구, 절삭공구를 공작물의 가공부에 맞도록 설치하기 위한 세트블록이 함께 사용되는 경우가 많다. 종류로는 바이스, 클램프, 척 등이 있다.

② 치공구의 사용 이점

분류	설명
가공에서의 이점	① 기계설비를 최대한으로 활용 가능하다. ② 생산능력이 증대된다. ③ 특수기계, 특수공구가 불필요하다.
생산원가 절감	① 가공 정밀도 향상 및 호환성으로 불량품 방지할 수 있다. ② 제품의 균일화에 의해 검사업무 간소화가 가능하다. ③ 작업시간이 단축된다.
노무관리의 단순화 가능	① 특수작업의 감소 및 특별한 주의사항 및 검사 등 불필요하다. ② 작업의 숙련도 요구가 감소된다. ③ 작업에 의한 피로경감으로 안전작업이 가능하다.
안전작업 가능	① 불량품이 감소하고, 부품의 호환성이 증대된다. ② 바이트 등 공구의 파손 및 감소로 공구수명이 연장된다.

3-3 측정기기

(1) 길이측정기기

① 버니어 캘리퍼스(Vernier calipers)

물체의 외경, 내경, 깊이 등을 측정할 수 있는 기구이다.

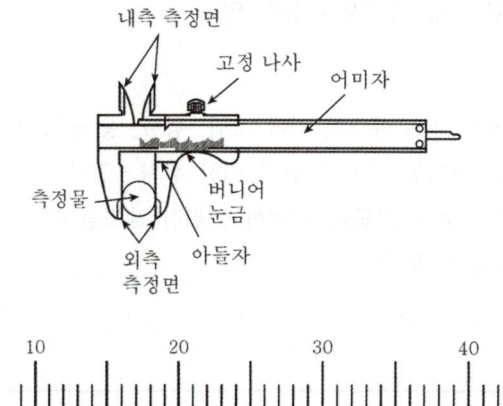

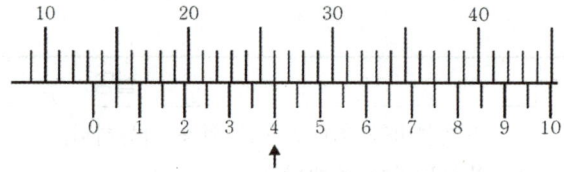

㉠ 최소측정단위 : $C = \dfrac{A}{n}$　　　　여기서, A : 어미자의 1눈금(최소눈금) $[mm]$,　n : 등분수

㉡ 측정값 구하는 방법

어미자의 눈금은 13~14에 위치하므로 13mm이고, 아들자와 어미자의 눈금이 일치하는 곳의 아들 자 눈금이 4이므로 0.4mm이다. 두 값을 합하면 13.4mm이다.

② 마이크로미터(Micrometer)

길이를 나사의 회전각에 따라 눈금을 붙여 미소의 길이변화를 읽도록한 측정기기이다.

버니어 캘리퍼스보다 측정정밀도가 높으며 최소측정값은 슬리브의 눈금+심볼의 눈금으로 계산한다.

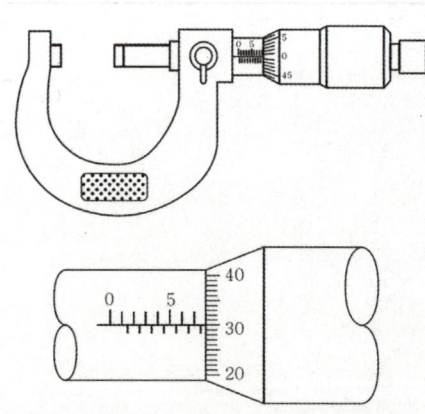

마이크로미터의 측정값을 구하는 방법은 다음과 같다. 위 그림에서 슬리브의 눈금은 $7.5mm$가 조금 넘고 심볼의 눈금은 μm단위이므로 $30\mu m = 0.03mm$이다. 따라서 측정값은

측정값 = 슬리브의 눈금 + 심볼의 눈금 = $7.5 + 0.3 = 7.8mm$

③ 하이트게이지(Height gauge)

부품을 정반 위에 올려놓고 높이를 측정하거나 스크라이버(Scriber) 끝으로 금긋기 작업을 하는데 사용하는 측정기기이다.

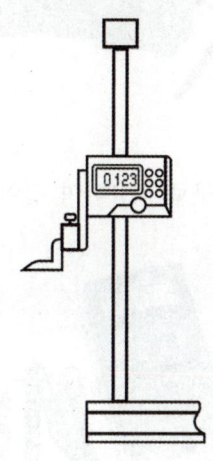

(2) 비교측정기기

① 다이얼 게이지(Dial gauge)

기어장치를 이용하여, 평면도, 진원도, 축의 흔들림 등의 측정에 사용되는 비교 측정기기이다.

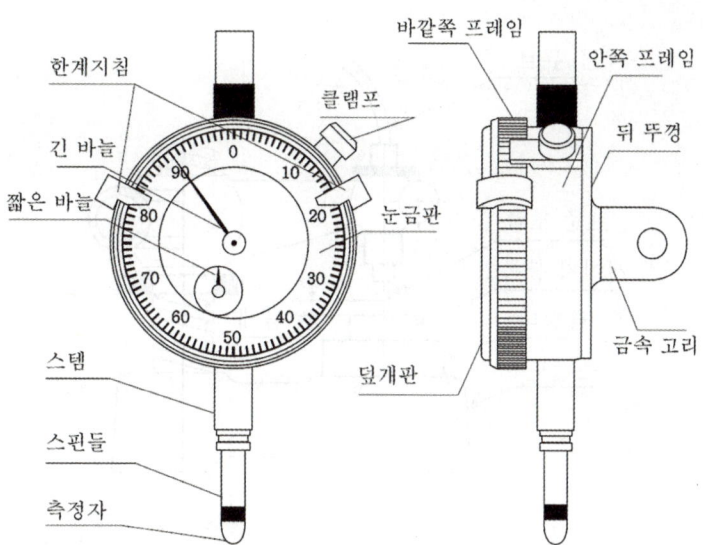

② 옵티미터(Optimeter)

광학적 방법으로 측정물의 치수를 확대하여 길이를 측정하는 측정기기이다.

③ 미니미터(Minimeter) : 레버를 확대 기구로 이용하여 길이를 측정하는 측정기기이다.

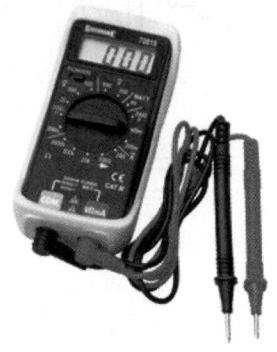

④ 공기 마이크로미터(Air micrometer)

공기를 이용하여 미소한 길이를 측정하는 측정기기이다.

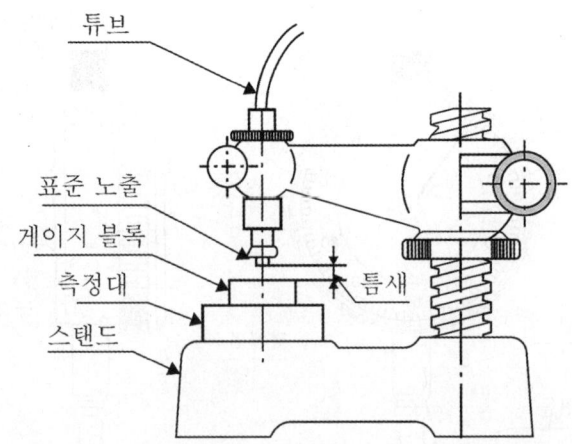

⑤ 전기 마이크로미터(Electric micrometer)

전기적 원리를 이용하여 미소한 길이를 측정하는 측정기기이다.

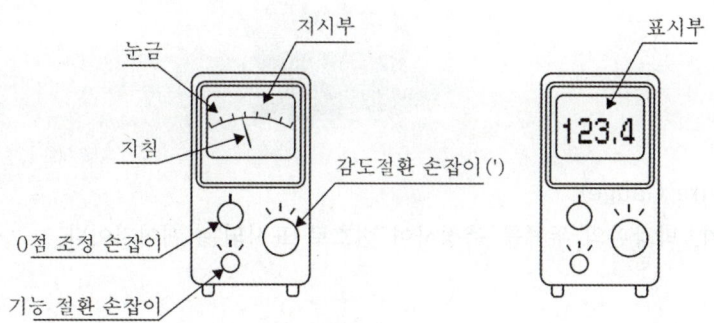

(3) 게이지측정기

① 블록 게이지(Block gauge)

길이 측정의 표준이 되는 게이지로서 공장용 게이지로서도 가장 정확하다. 특수강을 정밀 가공한 장변형의 강편으로서 호칭 치수를 나타내는 2면은 서로 평행 평면으로 만들어져 있고 매우 평활하게 다듬질되어 있다. 호칭 치수가 다른 것끼리 한조가 되어 있으며 몇 장의 블록을 조합하여 필요한 치수를 만든다.

② 한계 게이지(Limit gauge)

허용할 수 있는 부품의 오차 정도를 결정한 후 각각 최대 및 최소 치수를 설정하여 부품의 치수가 그 범위 내에 드는지를 검사하는 게이지이다.

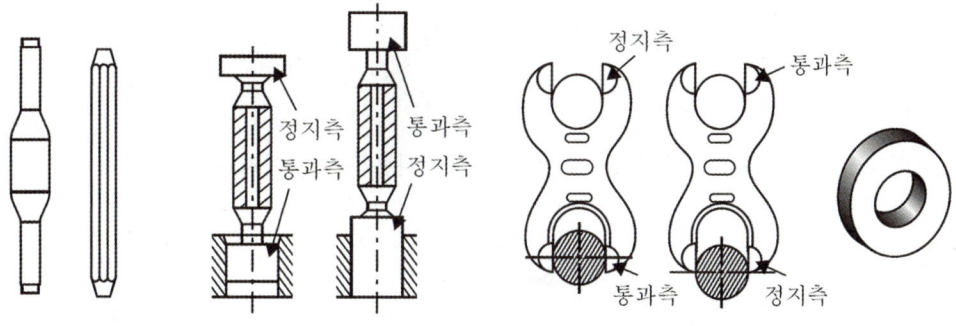

③ 센터 게이지(Center gauge)

선반으로 나사를 절삭할 때 나사 절삭 바이트의 날 끝각을 조사하거나 바이트를 바르게 부착하는데 사용하는 게이지이다.

④ 와이어 게이지(Wire Gauge)

각종 철강선의 굵기, 박강판의 두께를 측정하여 번호로 표시되는 게이지이다.

⑤ 틈새 게이지(Thickness gauge)

여러 장의 강(steel) 박판을 겹쳐서 부채살 모양으로 모은 것이다. 부품 틈새에 삽입해 틈새를 측정하는 게이지이다.

⑥ 실린더 게이지(Cylinder gauge)

다이얼 게이지와 같은 원리를 이용한 안지름 측정기이다.

⑦ 반지름 게이지(Radius gauge) : 둥근 형상의 측정에 사용하는 게이지이다.

⑧ 피치 게이지(Pitch Gauge)

강판 가장자리에 규정된 피치 나사산의 형상을 한 홈을 만든 게이지이다.

⑨ 드릴 게이지(Drill Gauge) : 드릴 날의 직경을 측정하는데 사용하는 게이지이다.

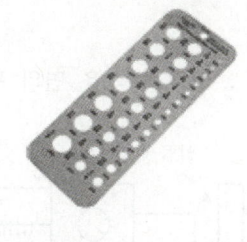

(4) 각도측정기기

① 사인바(Sinebar) : 각도의 측정에 삼각법을 이용하는 측정기기이다.

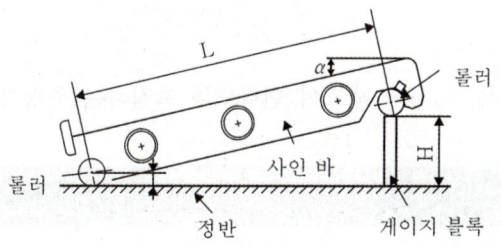

② 오토콜리메이터(Autocollimator)

미소 각도나 진동 등을 광학적으로 측정하는 측정기기이다. 오토콜리메이터 망원경 이라고도 하며 부속품으로
평면경 프리즘, 펜타 프리즘, 폴리곤 프리즘 등이 있다.

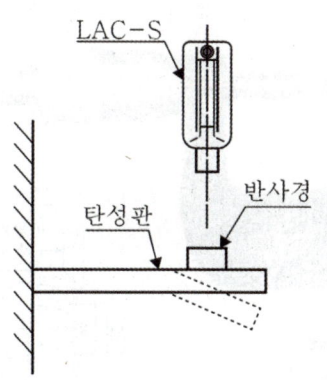

③ 수준기(Level instrument) : 수평을 확인하는 측정기기이다.

(5) 평면측정기기

① 옵티컬 플랫(=광선정반, Optical flat) : 비교적 작은 면의 평면도를 측정하는 측정기기이다.

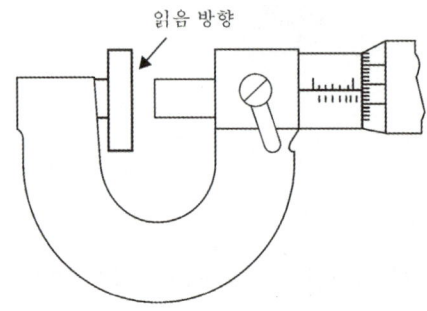

② 스트레이트 엣지(Straight edge)

금긋기 작업 또는 실린더 블록, 실린더 헤드의 변형도를 측정하는 측정기기이다.

(6) 나사측정기기

① 나사 마이크로미터(Thread micrometer) : 나사의 유효지름을 측정하는 측정기기이다.

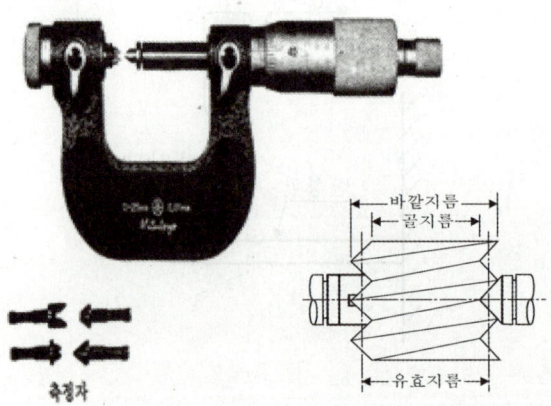

② 삼침법(Three wire system)

지름이 같은 3개의 와이어로 나사의 유효지름을 측정하는 측정기기이다. 정밀도가 가장 높으며 치수를 계산하여 구하는 간접 측정법이다.

삼침법으로 구할 수 있는 유효지름 공식은 다음과 같다.

$$d_e = M - 3d + 0.866025p$$

여기서,
M : 마이크로미터의 읽음 값 $[\mu m]$,
d : 와이어의 지름 $[\mu m]$,
p : 나사의 피치 $[\mu m]$

③ 공구 현미경(Tool maker's microscope)

현미경의 시야로 관측하면서 형태와 치수를 측정하는 측정기기이다.

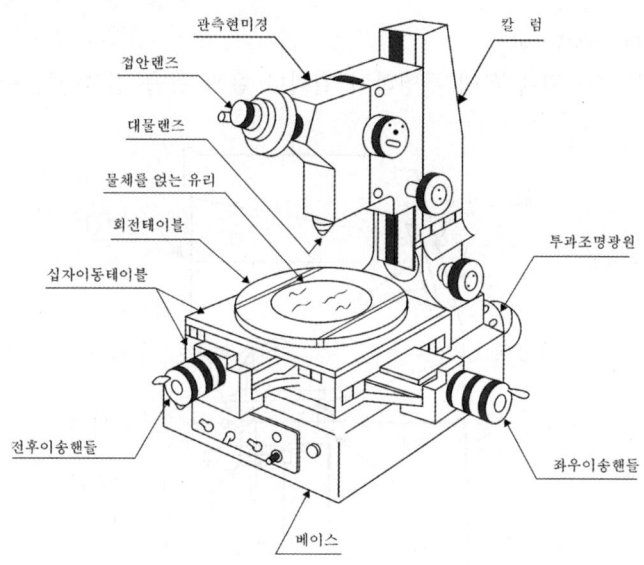

(7) 기타 측정기기

① 3차원 측정기(3D Coordinate measuring machine)

측정 대상물을 지지대에 올린 후 촉침이 부착된 이동대를 이동하면서 촉침의 좌표를 기록함으로써 복잡한 형상을 가진 제품의 윤곽선을 측정하는 측정기기이다.

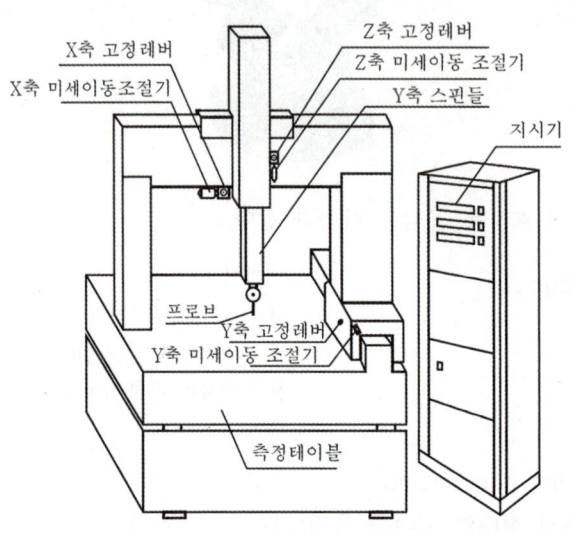

② 윤곽투영기(Optical comparator)

피측정물의 실제 모양을 스크린에 확대 투영하여 길이나 윤곽 등을 검사하는 측정기기이다.

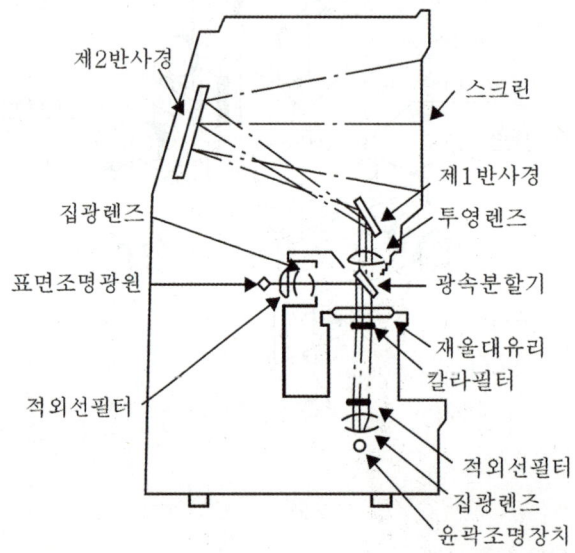

③ 오버핀법(Over pin measurement)

톱니바퀴의 이 홈과 그 반대쪽 이 홈에 핀 또는 구를 넣고, 바깥 톱니바퀴에서는 핀 또는 구의 바깥 치수를, 안쪽 톱니바퀴의 경우에는 안쪽 치수를 측정하여 이의 두께를 구하는 측정방법이다.

04 주물의 제작

4-1 주물

융해된 금속을 주형 속에 넣고 응고시켜서 원하는 모양의 금속 제품으로 만드는 일 또는 그 제품을 의미한다. 뜨거운 쇳물을 견딜 수 있게 만든 주형에 중력, 압력, 원심력 등을 이용해 금속을 주입시켜 만든다.

(1) 주조

주물을 만들기 위하여 실시되는 작업으로 주물의 설계, 주조 방안의 작성, 모형의 작성, 용해 및 주입, 제품으로의 끝손질의 순서로 진행된다.

(2) 주물사

주형을 만들기 위하여 사용하는 모래

(3) 주물사의 구비조건
① 성형성이 있을 것
② 통기성이 있을 것
③ 수축성이 있을 것
④ 내화성, 내열성이 있을 것
⑤ 열전도도가 낮을 것
⑥ 반복사용이 가능할 것
⑦ 용해성이 나쁠 것
⑧ 모양 유지를 위하여 적당한 결합력이 있을 것

(4) 주물사의 종류

분류	종류	특징
강철용 주물사	규사 : SiO_2	내열성이 증가된다.
주철용 주물사	신사 : 산이나 바다의 모래	통기성이 증가한다.
	건조사 : 신사와 톱밥, 코크스, 흑연, 하천모래 등을 섞은 것	
주강용 주물사	규사와 점토를 섞은 것	
비철합금용 주물사	일반주물용 : 주물사와 소금을 섞은 것	성형성이 증가된다.
	대형주물용 : 신사와 점토를 섞은 것	
표면사	주물 표면을 정리하는 주물사	
분리사	주형상자 사이에 뿌리는 새 주물사	

(5) 주형

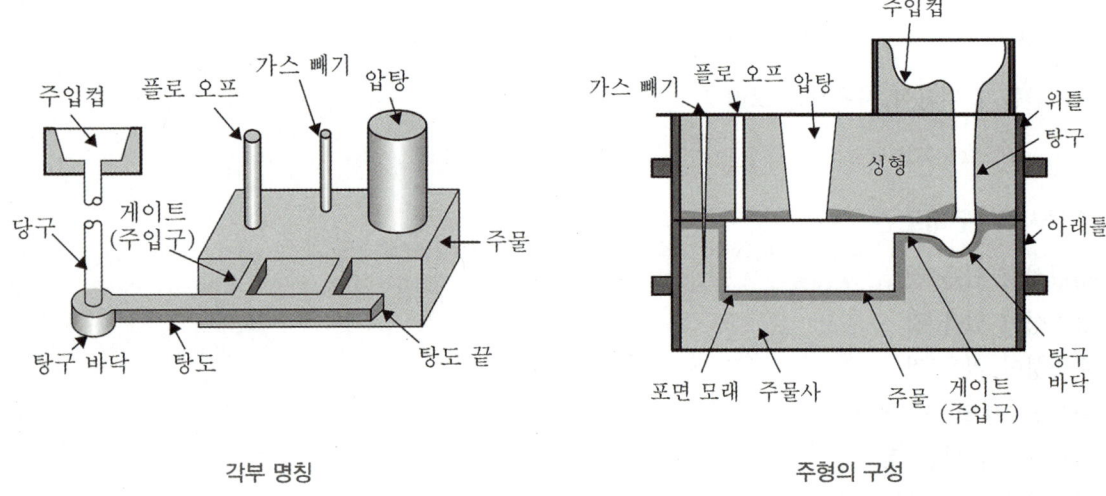

각부 명칭   주형의 구성

용해된 금속을 주입하여 주물을 만드는 데 사용하는 틀로서 주입하는 용융 금속의 온도에 따라 적정한 내열재료로 만든다.

주형의 구성요소	설명
탕구계	쇳물받이, 탕구, 탕도, 주입구로 구성되어있다. ① 탕구비 $= \dfrac{\text{탕구봉단면적}(A_S)}{\text{탕도단면적}(A_R)}$ ② 주입시간 : $t = S\sqrt{W}$ 　여기서, W : 주물의 중량, S : 주물 두께 계수 ③ 응고시간 : $t = K\left(\dfrac{V}{S}\right)^2$ 　여기서, S : 주물의 표면적, V : 주물의 체적
압탕 (=덧쇳물, Riser)	사형 주조에서 주입된 쇳물이 주형 속에서 냉각될 때 응고수축에 따른 부피 감소를 막기 위해 쇳물을 계속 보급하는 기능을 하는 장치이다.
압탕구(Feeder)	응고수축에 의한 주물제품의 불량을 방지하기 위한 목적으로 주형에 설치하는 탕구계 요소이다.
플로 오프	주형 내의 쇳물을 관찰하는 구멍으로 가스를 빼는 역할을 한다.
중추	주물의 압력으로 윗상자가 뜨는 것을 방지하는 추이다.
압상력	주형에 쇳물을 주입하면 쇳물의 부력으로 윗 주형틀이 들리는 힘이다.

(6) 주물의 결함

결함의 종류	설명
수축공(Shrinkage cavity)	쇳물의 부족으로 인해 공간이 생기는 결함이며, 방지법으로는 쇳물 아궁이를 크게 하고 덧쇳물을 붓는다.
기공(Blaw hole)	가스배출 불량으로 생기는 결함이다. 통기성을 양호하게, 아궁이를 크게, 쇳물 주입온도를 적당하게, 주형의 수분을 제거하여 방지한다.
편석(Segregation)	주물의 각 부분에서 불순물이 집중되거나, 성분의 비중 차이로 성분간의 경계가 발생하거나, 응고 속도의 차이로 결정 간의 경계가 발생하여 일어나는 현상이다. 주물을 서냉시켜 방지할 수 있다.
균열(Crack)	온도차와 두께차로 불균일한 수축이 발생하고 그로 인한 응력이 발생하여 균열이 생긴다. 방지법으로는 각부의 온도차를 줄이고 주물을 서냉하며 주물 두께차를 줄이고 라운딩을 준다.

(1) 목재의 장단점

장점	단점
① 가볍고 인성이 크다.	① 기계적강도와 치수정밀도가 떨어진다.
② 가공이 용이하다.	② 가공면이 거칠다.
③ 보수가 용이하다.	③ 영구적으로 사용할 수 없다.
④ 열의 불량도체이다.	④ 조직이 불균일하다.
⑤ 팽창계수가 작다.	⑤ 수분 함유 시 변형되기 쉽다.

(2) 목형의 종류

① 현형(Solid pattern)

모형의 일종이며 제품과 거의 유사한 모양으로 가장 널리 사용된다.

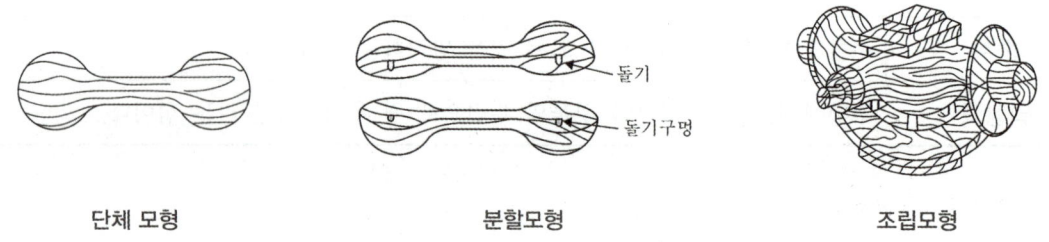

돌기

돌기구멍

단체 모형   분할모형   조립모형

② 부분목형(=부분형, Section pattern)

주형이 대형이거나 대칭인 경우 사용하며 주로 프로펠러, 톱니바퀴를 제작할 때 사용한다.

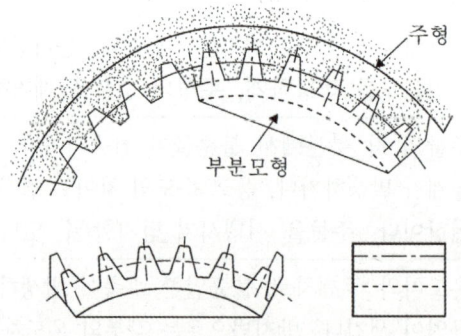

주형

부분모형

③ 회전목형(Sweeping board) : 회전체로 된 물체를 제작할 때 사용한다.

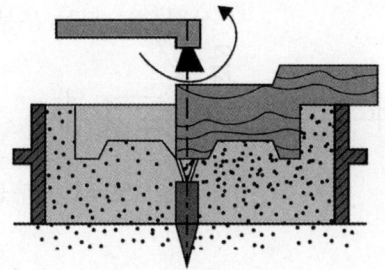

④ 고르개목형(=긁기형) : 가늘고 긴 굽은 파이프 제작시 사용한다.

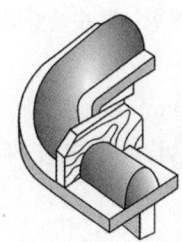

⑤ 골격목형(=골격형)

대형의 주조품을 제작할 때 주요 부분의 골격만 제작하고 나머지 부분은 점토 및 석고를 채워 넣어 주형을 만드는 방식으로 제작비를 절감시킬 수 있다.

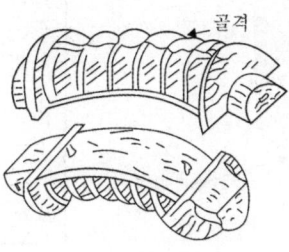

⑥ 코어목형(=코어형)

구멍같은 주물의 내부형상을 만들기 위해 주형에 삽입하는 모래형상이다.

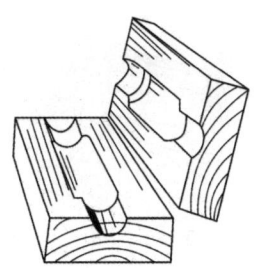

⑦ 매치 플레이트 : 소형주물을 대량 생산하고자 할 때 사용된다.

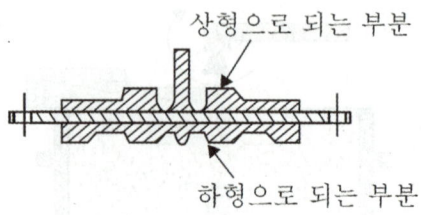

상형으로 되는 부분

하형으로 되는 부분

(3) 목형 제작 시 주의사항

① 수축여유(Shrinkage allowance)

주물 냉각시 수축량을 고려하여 목형을 제작할 때 수축량만큼 크게 제작한다.

② 가공여유(=다듬질여유, Allowance for machining)

주물을 다듬질할 여유분(=절삭량)을 고려하여 미리 크게 제작한다.

③ 목형구배(=기울기 여유, Taper)

목형을 주형에서 뽑을 때 주형이 파손되는 것을 방지하기 위해 목형의 측면을 경사지게 제작한다.

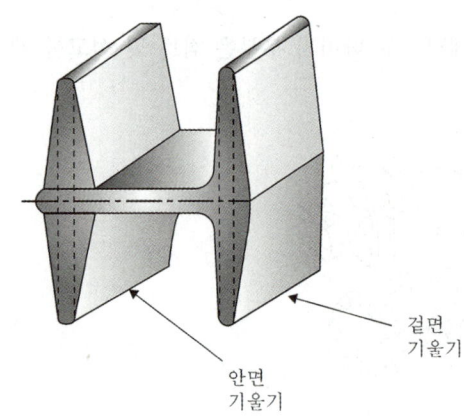

겉면
기울기

안면
기울기

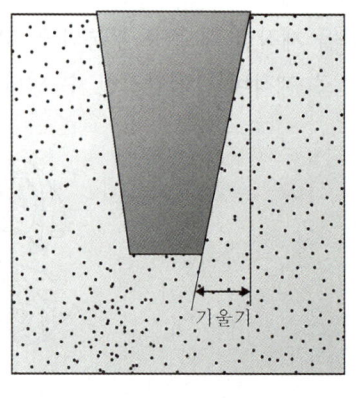

기울기

④ 코어프린트(Core print)

코어를 주형 속에서 지지하기 위해 마련된 돌출부로 실제로는 주물이 되지 않는 부분이다.

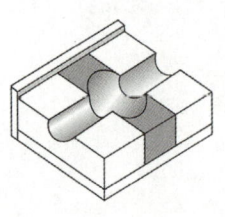

굴출 코어형

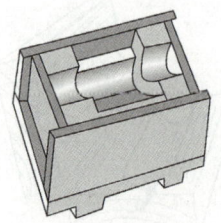

상자 코어형

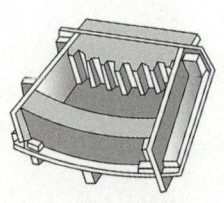

부분코어형

⑤ 라운딩(=모깎기, Fillet)

쇳물이 응고할 때 주형의 직각방향에 수상정이 발달하므로 응력집중을 방지하기 위하여 모서리 부분을 둥글게 제작한다.

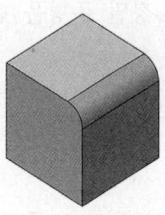

⑥ 덧붙임(Stop off)

주물의 두께가 일정하지 않으면 냉각 속도의 차이에 따라 생긴 응력으로 균열이 일어난다. 이를 방지하기 위하여 주물과는 상관없는 나무를 두께가 일정하지 않은 목형 부분에 붙여 주조 후 제거하는 방법이다.

덧붙임

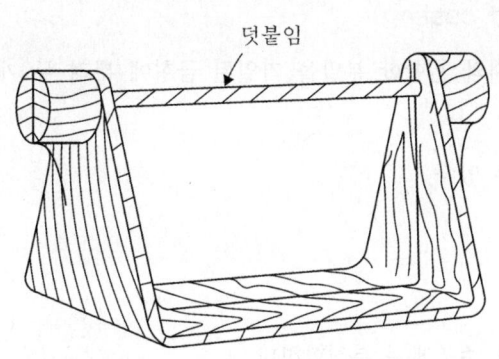

보통의 사형 주조법과 달리 압력을 가하거나 정밀 주형을 만들어 정밀도가 높은 주물을 얻을 수 있는 주조법이다.

(1) 원심주조법(Centrifugal casting)

속이 빈 주형을 중심선의 축으로 회전시키면서 용탕을 주입하는 주조법이다.

① 치밀하고 결함이 없는 주물을 대량생산 해낼 수 있다.
② 주로 수도용 주철관, 피스톤링, 실린더라이더를 제작할 때 사용한다.

(2) 셀몰드주조법(Shell mold casting)

규소, 모래 또는 열경화성 수지와 혼합한 분말을 가열된 금형에 뿌려 두 개의 주형을 만든 뒤 용융금속을 넣어 주물을 만드는 방법이다.

① 신속하게 대량생산을 할 수 있다.
② 정밀도가 높다.
③ 기계가공이 필요없다.
④ 주물 표면이 깨끗해진다.
⑤ 소형 주조에 적합하여 대형 주조에는 부적합하다.

(3) 인베스트먼트 주조법(=로스트 왁스 주조법, Investment Casting)

제품과 같은 모양의 모형을 양초(=파라핀)나 합성수지로 만든 후 내화 재료로 도포하여 가열경화시키는 주조 방법이다.

① 주물의 표면이 깨끗하다.
② 치수 정밀도가 높다.
③ 복잡한 형상의 주조에 적합하며다.
④ 주형 제작비 및 인건비가 많이 든다.
⑤ 주로 기계가공이 곤란한 경질합금, 밀링커터 및 가스터빈 블레이드 등을 제작할 때 사용된다.

(4) 다이캐스팅(Die casting)

용융된 마그네슘 또는 알루미늄 등의 비철금속 합금을 가압 주입하여 용융금속이 응고될 때 까지 압력을 가하는 정밀 주조법으로 고온챔버식과 저온챔버식으로 나뉜다.

① 주물조직이 치밀하며 강도가 크다.
② 치수정밀도가 높다.
③ 대량생산에 적합하다.
④ 인서트 성형이 가능하다.
⑤ 소형의 복잡한 제품의 생산이 가능하다.
⑥ 장치비용이 비싼 편이다.
⑦ 제품의 형상에 따라 금형의 크기와 구조에 한계가 있다.
⑧ 주형재료보다 용융점이 낮은 금속재료에 한정되어 적용할 수 있다.
⑨ 분리선 주위로 소량의 플래시가 형성될 수 있다.

(5) 칠드주조법(Chilled casting)

주철이 급냉하면 단단한 탄화철이 되는 현상을 이용한 주조법이다. 이 때, 표면은 단단한 시멘타이트 조직인 백주철로 칠드층을 이루며 경도가 높고 내마모성이 우수하다. 반대로 내부는 서서히 냉각되어 연한 회주철이 되고 인성 및 연성이 커져 기계적 성질이 우수해진다.

(6) 풀 몰드법(=소실모형주조, 폴리스티렌주조, Full mold casting)

발포 폴리스티렌으로 모형을 만들고 이 모형상에 사형을 형성하여 사형 중에 매몰한 그대로 용탕을 주입하면 그 열에 의하여 모형은 증발, 분해 또는 연소되고 그 자리를 용탕으로 채워 주물을 만드는 방법이다.

(7) 슬러시 주조법(Slush casting)

주형 표면에서 응고가 시작된 후에 주형을 뒤집어 주형 공동 중앙의 용탕을 배출함으로써 속이 빈 주물을 만드는 주조방법이다.

05

용접 및 특수가공

5-1 용접가공

(1) 용접의 분류

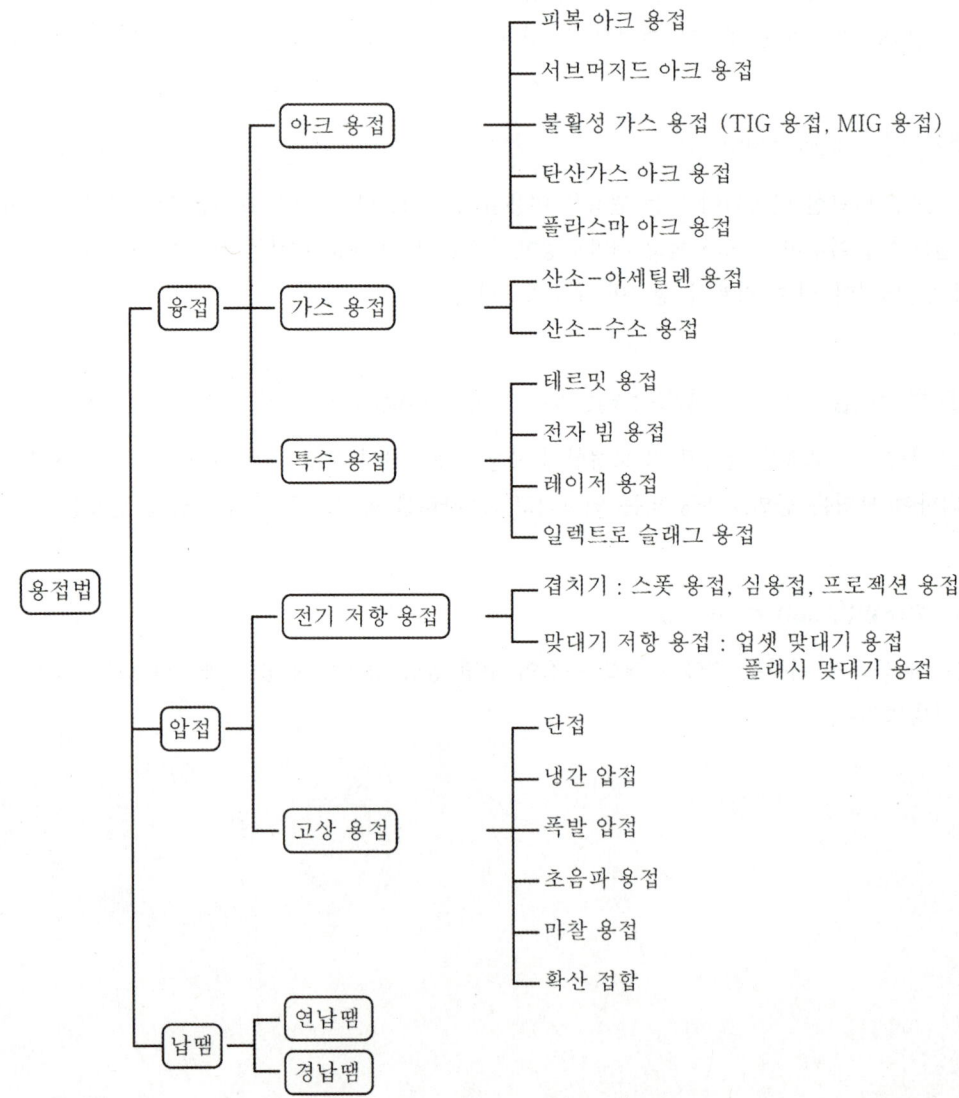

(2) 가스 용접(Gas welding)

아세틸렌, 수소 등 가연성 가스와 산소를 혼합 연소시켜 발생하는 불꽃의 열로 모재를 용융시켜 접합하는 용접법으로 산소-아세틸렌 용접을 통해 스테인리스강을 용접할 때의 산소 : 아세틸렌 비율은 0.9 : 1 이다.

① 전기가 필요 없고 다른 용접에 비해 열을 받는 부위가 넓어 용접 후 변형이 크다.
② 가스의 제어가 용이하다.
③ 열원의 온도가 낮아 열에 약한 금속 또는 박판 용접에 적합하다.
④ 기화용제가 만든 가스 상태의 보호막은 용접할 때 산화작용을 방지한다.
⑤ 슬래그에 의한 용접부 보호가 가능하다.
⑥ 용접자세에 제한이 없고 용접부 관찰이 용이하다.
⑦ 접합강도가 아크용접에 비해 낮다.
⑧ 아크용접에 비해 용접부의 오염이 잘 발생한다.
⑨ 열의 집중도가 낮아 열변형이 크고 가열 범위 및 용접 시간이 증가한다.

(3) 용접봉의 기호 ex) E43★●

① E : 피복 아크 용접봉
② 43 : 용착금속의 최저인장강도$[kg_f/mm^2]$
③ ★ : 용접자세 (0,1 : 전자세, 2 : 하향 · 수평자세, 3 : 하향자세, 4 : 전자세 · 특정자세)
④ ● : 피복제의 종류

(4) 피복제의 역할

① 산소 및 질소의 침입을 방지하여 산화 및 질화를 방지하고 용융금속을 보호한다.
② 용융금속 중 산화물을 탈산하고 불순물을 제거한다.
③ 아크의 발생과 유지를 안정되게 한다.
④ 용착금속의 급랭을 방지한다.
⑤ 전기절연 효과가 있다.
⑥ 기계적 성질을 개선한다.
⑦ 슬래그를 제거한다.
⑧ 합금 원소를 보충해준다.

(5) 아크용접(Arc welding)

① 서브머지드 아크용접(Submerged arc welding)

노즐을 통해 중력으로 용접부에 공급되는 과립 용제로 용접아크를 덮고 소모성 용접봉을 용접건의 관을 통해 자동 공급하여 용접한다. 용접부가 직선 형상일 때 주로 사용한다.

② 불활성가스 아크용접(Inertgas shielded arc welding)

고온에서도 금속과 반응하지 않는 불활성가스(아르곤 : Ar, 헬륨 : He)를 공급하여 금속전극(MIG) 또는 텅스텐(TIG)과 모재 사이에 아크를 발생시켜 용접하는 방법이다. 용제를 전혀 사용하지 않으므로 슬래그가 없다.

㉠ 금속 아크 용접(MIG welding)

금속전극과 모재 사이에 아크를 발생시키는는 용접으로 소모성 금속전극을 용가재로 사용한다. 아크의 주변을 불활성 가스인 아르곤 또는 헬륨이 보호한다.

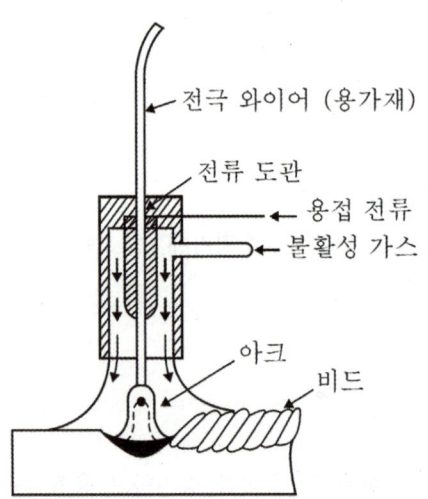

㉡ 텅스텐 아크 용접(TIG welding)

아크를 생성하기 위하여 비소모성 텅스텐 전극을 사용한 아크 용접이다. 따라서 용가재를 투입해야하며 아크의 주변을 불활성 가스인 아르곤 또는 헬륨이 보호한다.

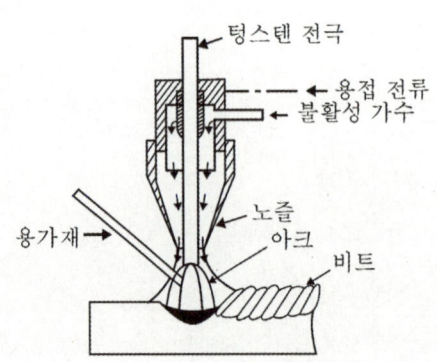

③ 탄산가스 아크용접(CO_2 gas shielded arc welding)

모재와 전극 와이어 사이에서 발생한 아크에 의해 생성되는 탄산가스가 용접부를 대기로부터 보호하며 진행되는 용접이다.

④ 직류 아크용접(Direct current arc welding)

직류 전원을 사용하는 아크 용접법으로 정극성과 역극성이 존재하며 둘 중 한 극성을 선택하여 작업이 가능하다.

(6) 특수용접

① 테르밋 용접(Thermit Welding)

산화철 분말과 알루미늄 분말을 혼합하여 점화시키면 산화알루미늄(Al_2O_3)과 철(Fe)을 생성하면서 높은 열이 발생하는데, 이 반응을 테르밋 반응이라고 한다. 이러한 테르밋 반응의 열을 열원으로 하는 용접이다.

㉠ 설비가 간단하고 설치비가 저렴하다.
㉡ 용접변형이 적고 용접시간이 짧다.
㉢ 용접 접합강도가 낮다.
㉣ 철도레일, 잉곳몰드와 같은 대형 강주조물이나 단조물의 균열 보수, 기계 프레임, 선박용 키의 접합 등에 적용된다.

② 고상용접(Solid-state welding)

접합부를 액상으로 용해시키지 않고 접합 시키는 방법이다. 종류로는 냉간용접, 확산용접, 초음파용접, 마찰용접, 저항용접, 폭발용접이 있다.

③ 레이저 빔 용접(Lazer beam welding)

단일 파장의 고에너지 빛을 침투시켜 용접하는 방식으로 좁고 깊은 접합부를 용접하는 데 유리하고, 수축과 뒤틀림이 작으며 용접부의 품질이 뛰어나다. 반사도가 높은 용접 재료인 경우, 용접효율이 감소될 수 있으며 진공 또는 불활성가스 분위기에서 진행한다.

④ 전자 빔 용접(Electron beam welding)

진공상태에서 고속 전자빔에 의하여 발생되는 열을 이용하는 용접법으로 모재의 열변형이 매우 적다.

(7) 전기저항용접

전기가 금속을 흐를 때, 금속의 저항이나 접촉부의 저항에 의해 발생하는 열을 이용하여 금속끼리 접합하는 용접이다.

> **전기저항용접의 특징**
> ① 작업속도가 빠르기 때문에 대량생산이 가능하다.
> ② 전극과 모재 사이의 접촉저항을 작게한다.
> ③ 전기에너지식에 의하여 저항(R)이 작을수록 전류(I)가 많이 흐르기 때문에 용접이 용이하다.
> ④ 통전시간에 따라 용접량이 다르기 때문에 모재의 재질 및 두께 등에 맞추어 조절하여야 한다.
> ⑤ 전기에너지가 열에너지로 변환되는 원리에 의해 금속의 전기저항 특성을 이용한다.

① 겹치기 용접

㉠ 점용접(=스폿용접, Spot welding)

환봉모양의 구리합금 전극 사이에 모재를 겹쳐 놓고 전류를 통할 때 발생하는 저항열로 접합하는 용접이다. 자동차, 가전제품 등 얇은 판의 접합에 사용한다.

㉡ 프로젝션 용접(Projection welding)

모재의 한쪽 판에 돌기(Projection)를 만들어 전류를 통할 때 발생하는 저항열로 접합하는 용접이다.
– 돌기부는 서로 다른 금속일 때 열전도율이 큰 쪽 또는 두꺼운 판재에 만든다.
– 두께나 열용량이 서로 다른 판도 쉽게 용접할 수 있다.
– 용접속도가 빠르고 용접신뢰도가 높다.
– 점용접과 같은 원리이다.

㉢ 심용접(Seam welding)

회전하는 휠 또는 롤러 형태의 전극으로 연속적으로 점용접 하는 용접이다. 기밀성을 요하는 관 및 용기 제작 등에 사용되고, 통전 방법으로는 단속 통전법이 많이 쓰인다.

② 맞대기 용접

㉠ 업셋용접(Upset welding)

2개의 모재 단면을 맞대고 전류를 통하여 저항열을 이용해서 접합부의 온도를 높이고, 용접 하기에 알맞은 온도가 되었을 때 강력하게 가압하여 접합하는 용접이다.

㉡ 플래시용접(Flash welding)

2개의 모재 단면을 맞대고 전류를 통한 후, 순간적으로 사이를 띄움으로써 발생하는 스파크 전류로 접합하는 용접이다.

㉢ 맞대기 심용접(Butt seam welding)

금속 부재의 끝면을 맞대고 전류를 통하여 저항열을 이용해서 접합부의 온도를 높이고 부재를 가압하여 이음을 따라 연속적으로 접합하는 용접이다.

(8) 용접부의 결함

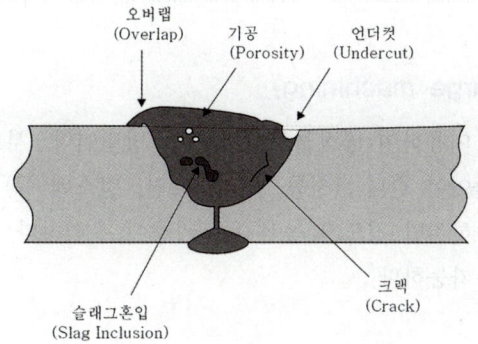

용접부 결합의 형태

① 언더컷(Undercut)

모재의 용접홈에 용착금속이 채워지지 않고 빈 공간으로 남아있는 부분이다.

> **언더컷 발생원인**
>
> ㉠ 아크 길이가 너무 길 때
> ㉡ 전압 및 전류가 너무 과할 때
> ㉢ 용접봉 선택이 부적당할 때
> ㉣ 용접 속도가 너무 빠를 때
> ㉤ 불규칙한 와이어를 송급할 때
> ㉥ 토치 각도가 부적절할 때

② 오버랩(Overlap)

용착금속이 모재에 융합되지 않고 겹친부분이다.

③ 기공(Porosity)

용접부에 작은 구멍이 산재되어 있는 형태로서 가장 취약한 상황으로 용접부를 완전히 제거한 후
재용접하여야 한다.

④ 슬래그혼입(Slag Inclustion)

슬래그가 완전히 부상하지 못하고 용착금속의 속에 섞여있는 상태로서 용접부를 취약하게 하며 크랙을
일으키는 주원인이다.

⑤ 크랙(Crack)

용착금속이 냉각후 실 모양의 균열이 형성되어 있는 상태로서 열간 및 냉간균열이 있다.

⑥ 용접선(=웰드마크, Weld line)

용융 플라스틱이 중력 내에서 분리되어 흐르다 서로 만나는 부분에서 생기는 사출결함으로 주조과정에서
나타나는 콜드셧과 유사하다.

(1) 방전가공(Electric discharge machining)

스파크방전에 의한 침식현상을 이용하여 공작물을 가공하는 방법이다. 부도체인 가공액을 사용한다.

① 전극재료는 전기전도도가 높아야 한다. (청동, 구리, 흑연, 텅스텐 등)
② 경도, 강도에 상관없이 가능하지만 경도가 높을수록 가공이 유리하다.
③ 초경공구, 특수강의 가공이 가능하다.
④ 가공 변질층이 얇다.
⑤ 내부식성, 내마멸성이 높은 표면을 얻을 수 있다.
⑥ 기계적인 힘을 가하지 않고도 고경도, 열처리된 재료를 가공할 수 있다.
⑦ 콘덴서의 용량(=전류밀도)이 적으면 소재제거율이 감소하여 가공 시간이 길어지고 치수 정밀도가 좋아진다.

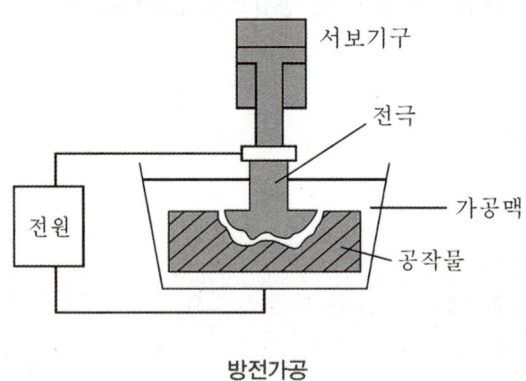

방전가공

(2) 와이어컷 방전가공(Wire cut electric discharge machining)

가는 와이어를 전극으로 이용하여 와이어와 공작물 사이에 방전 시 나오는 열에너지에 의해 절단 가공되는 방법으로 미세가공과 복잡한 형상을 높은 정밀도로 가공할 수 있다. 와이어 재료는 동, 황동, 구리, 텅스텐 등이 사용되고 재사용이 불가능하다. 재료가 도체이면 경도와 관계없이 가공 가능하고 복잡한 형상 가공도 가능하다.

> **와이어컷 방전 가공액**
> ① 비저항값이 낮을 때는 수돗물을 첨가한다.
> ② 일반적으로 방전가공에서는 $10 \sim 100 k\Omega \cdot cm$의 비저항값을 설정한다.
> ③ 비저항값이 높을 때는 가공액을 이온교환장치로 통과시켜 이온을 제거한다.

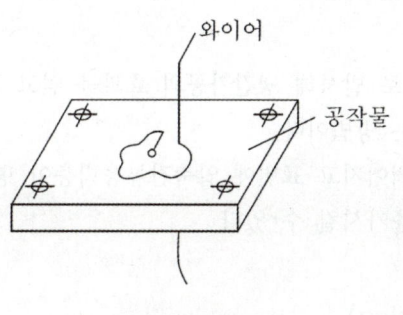

와이어컷 방전가공

(3) 초음파가공(Ultrasonic machining)

물이나 경유 등에 연삭입자를 혼합한 가공액을 공구의 진동면과 일감 사이에 주입시켜가며 초음파에 의한 공구의 해머링 작용으로 다듬는 가공법이다. 혼의 재료로는 황동, 연강, 공구강 등을 사용한다. 전기의 양도체, 부도체 여부에 상관없이 가공이 가능하며 비금속 또는 귀금속의 구멍 뚫기, 전단, 표면가공에 이용된다.

(4) 레이저 빔 가공(Laser beam machining)

고밀도의 열원인 레이저를 이용한 가공이다. 고속으로 가열하여 가공하므로 열변형층이 좁고 아주 단단하거나 잘 깨어지기 쉬운 재료의 가공이 쉬우며 비접촉식이므로 공구의 마모가 없다. 복잡한 모양의 부품을 미세하게 가공할 수 있으며 작업시 소음과 진동이 없고 작업환경이 깨끗하다. 주로 재료의 절단, 구멍 뚫기, 표면의 각인 등의 가공에 이용되며 특히 초경합금이나 스테인리스강과 같은 단단하거나, 열에 민감한 재료들의 가공에 적합하다.

① 가공소재의 종류에 상관없이 적용 가능하다.
② 구멍 뚫기, 홈파기, 절단, 마이크로 가공 등에 응용될 수 있다.
③ 가공할 수 있는 재료의 두께와 가공깊이에 한계가 있다.
④ 진공을 필요로 하지 않는다.
⑤ 재료 표면의 반사도가 낮을수록 가공효율이 높다.
⑥ 자동화가 용이하다.

(5) 전해가공(ECM, Electro chemical machining)

공작물을 양극으로 하고 공구를 음극으로 하여 전기화학적 작용으로 공작물을 전기 분해시켜 원하는 부분을 제거하는 가공공정으로 공구의 소모가 거의 없다. 도체인 가공액을 사용한다.

① 복잡한 형상도 연마 가능하다.
② 가공 변질층이 나타나지 않아 평활한 면을 얻을 수 있고 가공면에 방향성이 없다.
③ 내마모성, 내부식성이 향상된다.
④ 탄소량이 적을수록 연마가 용이하다.
⑤ 경도가 높은 전도성 재료에 적용할 수 있다.
⑥ 공작물에 열손상이 발생하지 않는다.

(6) 숏피닝(Shot peening)

금속표면에 구슬 알갱이를 고속으로 발사해 냉간가공의 효과를 얻고 표면층에 압축 잔류응력을 부여하여 금속부품의 피로수명을 향상시키는 방법이다.

① 두꺼운 공작물일수록 효과가 적어지고 표면에 압축잔류응력층이 형성된다.

② 반복하중에 대한 피로한도를 증가시킬 수 있다.

(7) 화학가공(Chemical machining)

기계적, 전기적 방법으로는 가공 불가한 공작물을 부식액속에 넣고 화학반응을 일으켜 표면을 깨끗하게 다듬는 가공을 말한다. 공작물의 경도나 강도에 관계없이 가공이 가능하며 변형이나 거스러미 등이 나타나지 않고 가공경화나 표면의 변질층이 생기지 않는다. 또한 곡면, 평면, 복잡한 모양 등에 관계없이 표면 전체를 동시에 가공할 수 있으며 넓은 면적이나 여러 개를 동시에 가공도 할 수 있으므로 매우 편리하다.

(8) 배럴 가공(Barrel finishing)

8각형 또는 6각형으로 된 배럴이라고 불리는 용기 속에 공작물, 연마석, 물, 컴파운드를 넣고 이것을 회전시키거나 진동시켜 매끈한 가공면을 얻는 가공법이다. 배럴 내부에서는 공작물과 연마석의 혼합물간에 유동운동이 발생하여 압력이 작용하는데 이 상태에서 서로 충돌함으로써 공작물의 표면이 다듬질 되어 매끈한 가공면을 얻을 수 있다.

(9) 버니싱(Bunishing)

원통의 내면을 다듬질하기 위해 원통 안지름보다 약간 큰 지름의 강구를 압입하여 다듬질 면을 매끈하게 하는 가공법이다.

(10) 버핑(Buffing)

버프의 원둘레 또는 측면에 연마재를 바르고 금속 표면을 연마하는 작업을 말한다.

(11) 폴리싱(Polishing)

알루미나 등의 연마 입자가 부착된 연마 벨트에 의한 가공으로 일반직으로 버핑 전 단계의 가공이다.

(12) 선택적 레이저 소결(SLS, Selective laser sintering)

폴리염화비닐, ABS, 인베스트먼트 주조용 왁스, 금속, 세라믹 등 재료에 레이저를 쏘아 소결하는 쾌속조형법으로 치수가 정밀한 고강도의 제품을 얻을 수 있다.

01 요소부품 재질

01

일반 구조용 압연강재 SS400에서 '400'이 의미하는 것은 무엇인가?

① 최저 인장강도 $400N/mm^2$
② 최대 인장강도 $400N/mm^2$
③ 최저 인장강도 $400kg_f/mm^2$
④ 최대 인장강도 $400kg_f/mm^2$

일반 구조용 압연강재 SS400 해석
① S : Steel(강-재질)
② S : 일반 구조용 압연재(General Structural Purposes)
③ 400 : 최저 인장강도 $400N/mm^2$

02

다음 보기는 어떤 프로세스의 순서이다. 어떤 프로세스인가?

[보기]
제품설계 → 부품도 설계 → 공정설계 → 제작

① 공정설계 프로세스　② 부품제작 프로세스
③ 최종검토 프로세스　④ 품질관리 프로세스

부품제작 프로세스
요소부품의 공정설계를 하려면 경제성 및 부품 품질을 고려하여 최적의 작업조건을 선정한다. 제품 설계 및 부품도 설계는 요소부품 설계 검토를 참조하고 공정설계에 대하여 설명한다.

제품설계 → 부품도 설계 → 공정설계 → 제작

03

다음의 탄소강 조직 중 일반적으로 경도가 가장 낮은 것은?

① 페라이트　　② 트루스타이트
③ 마텐자이트　④ 시멘타이트

담금질 조직의 경도순서
M > T > B > S > P > A > F

04

담금질에 의한 변형에 관한 설명 중 틀린 것은?

① 경화 상태의 불균일로 생김
② 열응력으로 생김
③ 탄소함유량 변화
④ 변태 응력으로 생김

담금질 균열(Quenching Crack)
온도가 너무 높거나 냉각속도가 너무 빠를 때, 가열이 불균일할 때, 변태응력으로 인해 일어난다.

담금질 균열의 원인
① 담금질 온도가 높을 경우.
② 급냉할 경우.
③ 가열이 균열하지 않을 경우.
④ 담금질하기 전에 노멀라이징을 충분히하지 못할 경우.

05

심냉처리를 하는 주요 목적으로 옳은 것은?

① 오스테나이트 조직을 유지시키기 위해
② 시멘타이트 변태를 촉진시키기 위해
③ 베이나이트 변태를 진행시키기 위해
④ 마텐자이트 변태를 완전히 진행시키기 위해

심냉처리(Sub-Zero)
담금질된 잔류오스테나이트를 0℃ 이하의 온도로 냉각시켜 마텐자이트화하는 열처리. 담금질 조직 안정화, 치수/형상 안정, 경도↑ 성능↑

06

심냉(sub-zero) 처리의 목적의 설명으로 옳은 것은?

① 자경강에 인성을 부여하기 위함
② 급열·급냉시 온도 이력현상을 관찰하기 위함
③ 항온 담금질하여 베이나이트 조직을 얻기 위함
④ 담금질 후 시효변형을 방지하기 위해 잔류오스테나이트를 마텐자이트 조직으로 얻기 위함

심냉처리(Sub-Zero)
담금질된 잔류오스테나이트를 0℃ 이하의 온도로 냉각시켜 마텐자이트화하는 열처리. 담금질 조직 안정화, 치수/형상 안정, 경도↑ 성능↑

07

담금질한 강이 여린 성질을 개선하는 데 쓰이는 열처리법은?

① 뜨임처리   ② 불림처리
③ 풀림처리   ④ 침탄처리

뜨임(Tempering)
담금질한 강의 인성 증가/ 경도 감소를 위해 변태점(A_1) 이하의 적당한 온도로 가열한 후 냉각시키는 조작

08

탄소강을 풀림(Annealing)하는 목적과 관계없는 것은?

① 결정입도 조절
② 상온가공에서 생긴 내부응력 제거
③ 오스테나이트에서 탄소를 유리시킴
④ 재료에 취성과 경도부여

풀림(Annealing)
금속 재료를 적당한 온도로 가열한 다음 서서히 상온으로 냉각시키는 열처리. 가공 또는 담금질로 인하여 경화한 재료의 내부 균열을 제거하고, 결정 입자를 조대화 한다.
① 결정조직의 불균일 제거
② 내부응력 제거
③ 오스테나이트에서 탄소를 유리시킴
④ 기계적 성질/담금질 효과/인성 개선·향상
⑤ 재질 연화.

09

철강재료의 열처리에서 많이 이용되는 S곡선이란 어떤 것을 의미하는가?

① T.T.L 곡선   ② S.C.C 곡선
③ T.T.T 곡선   ④ S.T.S 곡선

항온변태곡선
TTT곡선 = S곡선 = C곡선

10

항온 열처리 방법에 해당하는 것은?

① 뜨임 (tempering)
② 어닐링 (annealing)
③ 마퀜칭 (marquenching)
④ 노멀라이징 (normalizing)

항온열처리의 종류

① 오스템퍼링(Austempering)
베이나이트(Bainite)조직을 얻기 위한 항온 열처리 조직

② 마템퍼링(Martempering)
M_s점과 M_f점 사이에서 항온처리하는 열처리 방법이다. 마텐자이트와 베이나이트의 혼합조직을 얻는다.

③ 마퀜칭(Marquenching)
오스테나이트 상태까지 가열한 강을 급랭하여 재료의 온도가 일정하게 되고부터 천천히 M_s, M_f점을 통과시키는 담금질을 한 후 템퍼링을 하는 열처리

④ 오스포밍(Ausforming)
과냉 오스테나이트 상태에서 소성가공을 하고 그 후 냉각 중에 마텐자이트화한 항온 열처리 방법, 고강인성의 강을 얻을 수 있다.

11

베이나이트 (bainite) 조직을 얻기 위한 항온 열처리 조작으로 옳은 것은?

① 마퀜칭
② 소성가공
③ 노멀라이징
④ 오스템퍼링

오스템퍼링(Austempering)

베이나이트(Bainite)조직을 얻기 위한 항온 열처리 조직

12

마템퍼링(martempering)에 대한 설명으로 옳은 것은?

① 조직은 완전한 펄라이트가 된다.
② 조직은 베어나이트와 마텐자이트가 된다.
③ M_s점 직상의 온도까지 급냉한 후 그 온도에서 변태를 완료시키는 것이다.
④ M_f점 이하의 온도까지 급냉한 후 그 온도에서 변태를 완료시키는 것이다.

마템퍼링(Martempering)

M_s점과 M_f점 사이에서 항온처리하는 열처리 방법이다. 마텐자이트와 베이나이트의 혼합조직을 얻는다.

13

과냉 오스테나이트 상태에서 소성가공을 하고 그 후 냉각 중에 마텐자이트화하는 항온열처리 방법을 무엇이라고 하는가?

① 크로마이징
② 오스포밍
③ 인덕션하드닝
④ 오스템퍼링

오스포밍(Ausforming)

과냉 오스테나이트 상태에서 소성가공을 하고 그 후 냉각 중에 마텐자이트화한 항온 열처리 방법, 고강인성의 강을 얻을 수 있다.

14

강의 열처리 방법 중 표면경화법에 해당하는 것은?

① 마퀜칭
② 오스포밍
③ 침탄질화법
④ 오스템퍼링

15

강의 표면에 탄소를 침투시켜 표면을 경화시키는
방법은?

① 질화법　　　　　② 크로마이징
③ 침탄법　　　　　④ 담금질

16

강의 표면경화처리에서 침탄법과 비교하였을 때
질화법의 특징으로 틀린 것은?

① 침탄 한 것보다 경도가 높다.
② 질화 후에 열처리가 필요 없다.
③ 침탄법보다 경화에 의한 변형이 적다.
④ 침탄법보다 단시간 내에 같은 경화 깊이를 얻을
　수 있다.

화학적 표면경화법

① 침탄법
　0.2% 이하의 저탄소강 또는 저탄소합금강 소재를 침탄제 속
　에 파묻고 가열하여 그 표면에 탄소를 침입, 고용시키는 방법

② 질화법
　강을 500~550℃의 암모니아 가스중에서 장시간 가열하면
　질소가 흡수되어 질화물이 형성된다. 이처럼 질소가 노내에
　확산하여 표면에 질화경화층을 만드는 방법으로 침탄법에
　비해 시간이 오래걸린다.

17

칼로라이징은 어떤 원소를 금속 표면에 확산
침투시키는 방법인가?

① Zn　　　　　② Si
③ Al　　　　　④ Cr

18

저탄소강 기어 (gear)의 표면에 내마모성을
향상시키기 위해 붕소(B)를 기어 표면에 확산
침투시키는 처리는?

① 세러다이징 (sheradizing)
② 아노다이징 (anadizing)
③ 보로나이징 (boronizing)
④ 칼로라이징 (calorizing)

19

금속침투법 중 Zn을 강 표면에 침투 확산시키는
표면처리법은?

① 크로마이징　　　　　② 세라다이징
③ 칼로라이징　　　　　④ 브로나이징

금속침투법

① 크로마이징
　Cr(크로뮴)침투 – 내식성 향상

② 칼로라이징
　Al(알루미늄)침투

③ 실리콘라이징
　Si(규소)침투 – 산류에 대한 내부식성, 내마멸성

④ 보로나이징
　B(붕소)침투

⑤ 세라다이징
　Zn(아연)침투 – 대기 중 부식 방지

02 절삭가공 및 CNC가공

01

구성인선(built-up edge)의 방지 대책으로 옳은 것은?

① 절삭깊이를 많게 한다.
② 절삭속도를 느리게 한다.
③ 절삭공구 경사각을 작게 한다.
④ 절삭공구의 인선을 예리하게 한다.

03

선반에서 절삭비(cutting ratio, γ)의 표현식으로 옳은 것은? (단, ϕ는 전단각, α는 공구 윗면 경사각이다.)

① $\gamma = \dfrac{\cos(\phi-\alpha)}{\sin\phi}$　② $\gamma = \dfrac{\sin(\phi-\alpha)}{\cos\phi}$

③ $\gamma = \dfrac{\cos\phi}{\sin(\phi-\alpha)}$　④ $\gamma = \dfrac{\sin\phi}{\cos(\phi-\alpha)}$

절삭비(γ_c)가 1에 가까울수록 절삭성이 좋다고 판단.

$$\gamma_c = \frac{t_1}{t_2} = \frac{\sin\phi}{\cos(\phi-\alpha)}$$

02

구성인선(built-up edge)이 생기는 것을 방지하기 위한 대책으로 틀린 것은?

① 바이트 윗면 경사각을 크게 한다.
② 절삭 속도를 크게 한다.
③ 윤활성이 좋은 절삭유를 준다.
④ 절삭 깊이를 크게 한다.

구성인선(Built Up Edge) 감소/방지법
① 절삭 깊이를 작게
② 절삭 속도, 윗면 경사각을 크게
③ 절삭 공구의 인선을 예리하게
④ 윤활성 좋은 윤활유
⑤ 마찰계수가 작은 초경합금/절삭공구

04

곧은 날을 갖는 직선 절단기에서 전단각에 관한 설명으로 틀린 것은?

① 전단각이란 아랫날에 대한 윗날의 기울기 각도이다.
② 전단각이 크면 절단된 판재의 끝면이 고르지 못하다.
③ 전단각은 일반적으로 박판에서 크게, 후판에는 작게 한다.
④ 절단 날에 전단각을 두는 것은 절다날 때, 충격을 감소시키고 절단소요력을 감소시키기 위한 것이다.

전단각(Shear Angle)
아랫날에 대한 윗날의 기울기
① 박판에는 작게 후판에는 크게 한다
② 전단각이 크면 절단된 판재의 끝면이 고르지 못하다.

05

절삭가공을 할 때 절삭온도를 측정하는 방법으로 사용하지 않는 것은?

① 부식을 이용하는 방법
② 복사고온계를 이용하는 방법
③ 열전대 (thermo couple)에 의한 방법
④ 칼로리미터 (calorimeter)에 의한 방법

절삭온도의 측정방법
① 칩의 색깔에 의한 방법
② 열전대(Thermo Couple)에 의한 측정
③ 열량계(Calorimeter, 칼로리미터)에 의한 측정
④ 복사 고온계로 측정
⑤ 공구/공작물 간 열전대 접촉에 의한 측정
⑥ 시온 전대, pbs광전지를 이용한 측정

06

Taylor의 공구수명에 관한 실험식에서 세라믹 공구를 사용하고자 할 때 적합한 절삭속도$[m/\min]$는 약 얼마인가? (단, $VT^n = C$에서 $n = 0.5$, $C = 200$이고 공구수명은 40분이다.)

① 31.6   ② 32.6
③ 33.6   ④ 35.6

테일러의 공구 수명

$$VT^n = C$$
$$\therefore V = \frac{C}{T^n} = \frac{200}{40^{0.5}} = 31.6 m/\min$$

07

절삭유제를 사용하는 목적이 아닌 것은?

① 능률적인 칩 제거
② 공작물과 공구의 냉각
③ 절삭열에 의한 정밀도 저하 방지
④ 공구 윗면과 칩 사이의 마찰계수 증대

절삭유의 사용목적
① 공작물의 공구 냉각
② 능률적으로 칩을 제거하며 표면 산화를 방지
③ 절삭공구와 칩 사이의 마찰저항 감소 및 절삭성 향상
④ 절삭열에 의한 정밀도 저하 방지
⑤ 공구의 연화를 방지하며 공구수명이 연장

08

절삭유가 갖추어야 할 조건으로 틀린 것은?

① 마찰계수가 적고 인화점이 높을 것
② 냉각성이 우수하고 윤활성이 좋을 것
③ 장시간 사용해도 변질되지 않고 인체에 무해할 것
④ 절삭유의 표면장력이 크고 칩의 생성부에는 침투되지 않을 것

절삭유가 갖추어야 할 조건
① 냉각성이 우수하고 윤활성, 유동성이 좋을 것
② 마찰계수가 작고 인화점, 발화점이 높을 것. 휘발성이 없을 것.
③ 화학적으로 안정될 것. 장시간 사용해도 변질되지 않고 인체에 무해할 것
④ 담색 투명, 절삭부분이 잘 보일 것
⑤ 칩 분리가 용이해 회수가 쉬울 것
⑥ 절삭유의 표면장력이 작고 칩의 발생부까지 잘 침투할 수 있을 것
⑦ 공작물과 공구에 녹이 슬지 않을 것

09

CNC 프로그래밍에서 *G* 기능이란?

① 보조기능   ② 이송기능

③ 주축기능   ④ 준비기능

CNC 프로그래밍 기능

① M : 보조 기능

② F : 이송 기능 (가공물·공구 사이 상대속도)

③ S : 주축 기능 (절삭속도 관련)

④ G : 준비 기능 (G-code 지정)

⑤ T : 공구 기능 (자동공구교환과 공구보정지정)

10

서보제어방식 중 아래 그림과 같이 모터에 내장된 펄스 제너레이터에서 속도를 검출하고, 엔코더에서 위치를 검출하여 피드백하는 제어방식은?

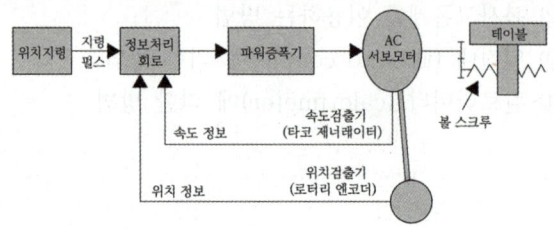

① 개방회로 방식   ② 복합회로 방식

③ 폐쇄회로 방식   ④ 반 폐쇄회로 방식

반 폐쇄 회로 방식

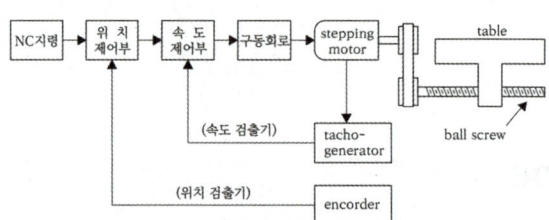

AC(교류) 서보모터에 의해 내장된 로터리엔코더에서 위치 정보를 피드백하고 타코제네레이터 or 펄스제네레이터에서 전류를 피드백 하여 속도를 제어하는 방식

03 소성가공 및 측정기기

01

금속을 소성가공 할 때에 냉간가공과 열간가공을 구분하는 온도는?

① 담금질온도　　② 변태온도
③ 재결정온도　　④ 단조온도

냉간가공 : 재결정온도 이하에서 가공.
열간가공 : 재결정온도 이상에서 가공.

02

소성가공에 속하지 않는 것은?

① 압연가공　　② 인발가공
③ 단조가공　　④ 선반가공

소성가공의 종류
단조, 전조, 압연, 압출, 프레스, 인발, 제관, 널링 등

03

다음 중 자유단조에 속하지 않는 것은?

① 업세팅(up-setting)　② 블랭킹(blanking)
③ 늘리기(drawing)　　④ 굽히기(bending)

자유단조
① 업셋팅　　② 늘리기
③ 단짓기　　④ 굽히기
⑤ 구멍뚫기　⑥ 절단

블랭킹은 전단가공이다.

04

렌치, 스패너 등 작은 공구를 단조할 때 다음 중 가장 적합한 것은?

① 로터리 스웨이징　② 프레스 가공
③ 형 단조　　　　　④ 자유단조

형단조(Die Forging)
가열한 강재를 다이에 압입하고 형틀 밖에서 단조 기계로 힘을 가하여 형틀 모양대로 성형하는 단조법. 주로 렌치, 스패너 등 작은 공구에 사용된다.

05

지름 $400mm$의 롤러를 이용하여, 폭 $300mm$, 두께 $25mm$의 판재를 열간 압연하여 두께 $20mm$가 되었을 때, 압하량과 압하율은?

① 압하량 : $5mm$, 압하율: 20%
② 압하량 : $5mm$, 압하율: 25%
③ 압하량 : $20mm$, 압하율: 25%
④ 압하량 : $100mm$, 압하율: 20%

압하량 $= H_0 - H_1 = 25 - 20 = 5mm$

압하율 $= \dfrac{H_0 - H_1}{H_0} = \dfrac{25 - 20}{25} \times 100\% = 20\%$

06

두께 $50mm$의 연강판을 압연 롤러를 통과시켜 $40mm$가 되었을 때 압하율은 몇 %인가?

① 10　　　　　　② 15

③ 20　　　　　　④ 25

압하율$=\dfrac{H_0-H_1}{H_0}\times100\%=\dfrac{50-40}{50}\times100\%=20\%$

07

다이에 아연, 납, 주석 등의 연질금속을 넣고 제품 형상의 펀치로 타격을 가하여 길이가 짧은 치약튜브, 약품튜브 등을 제작하는 압출 방법은?

① 간접 압출　　　② 열간 압출

③ 직접 압출　　　④ 충격 압출

08

다이에 아연, 납, 주석 등의 연질금속을 넣고 제품 형상의 펀치로 타격을 가하여 길이가 짧은 치약튜브, 약품튜브 등을 제작하는 압출 방법은?

① 간접 압출　　　② 열간 압출

③ 직접 압출　　　④ 충격 압출

압출

① 직접압출

　램의 진행방향 = 압출재 진행방향

② 간접압출

　램의 진행방향 ≠ 압출재 진행방향 (서로 반대이다.)

③ 충격압출

　압출 펀치에 충격을 주어 성형시킨 압출. 상온 가공으로 작업하며 단기간에 압출을 완료한다. Zn, Sn, Pb, Al, Cu의 순금속과 일부 합금 사용한다. 치약튜브, 화장품 케이스, 건전지 케이스 제작에 이용된다.

09

딥 드로잉(deep drawing) 가공의 특징으로 올바르지 않은 것은?

① 큰 단면감소율을 얻을 수 있다.

② 중간에 어닐링(annealing)이 필요 없다.

③ 복잡한 형상에서도 금속의 유동이 잘된다.

④ 압판압력을 정확히 조정할 필요가 없다.

딥 드로잉(Deep Drawing)

① 편평한 판금재를 펀치로 다이구멍에 밀어넣어 이음매가 없고 밑바닥이 있는 용기(원통형)를 만드는 작업.

② 압판압력을 정확히 조정해야하고 복잡한 형상에도 금속의 유동이 잘 된다.

③ 큰 단면 감소율을 얻을 수 있다.

④ 중간에 어닐링(Annealing, 풀림)이 필요없다.

⑤ 싱크대, 음료용 캔 제작에 이용

10

전단가공의 종류에 해당하지 않는 것은 무엇인가?

① 비딩(beading)　　② 펀칭(punching)

③ 트리밍(trimming)　④ 블랭킹(blanking)

전단가공의 종류

블랭킹, 펀칭, 전단, 트리밍, 셰이빙, 노칭, 분단

비딩은 성형가공이다.

11

펀치와 다이를 프레스에 설치하여 판금 재료로 부터 목적하는 형상의 제품을 뽑아내는 전단 가공은?

① 스웨이징　　② 엠보싱
③ 브로칭　　　④ 블랭킹

블랭킹
판금 재료로부터 목적하는 형상의 제품을 뽑아내는 전단가공이다. 남은 쪽이 폐품, 떨어진 쪽이 제품이다.

12

다이 (die)에 탄성이 뛰어난 고무를 적층으로 두고 가공 소재를 형상을 지닌 펀치로 가압하여 가공하는 성형가공법은?

① 전자력 성형법　　② 폭발 성형법
③ 엠보싱법　　　　④ 마폼법

마폼법(Marform Process, Marforming)

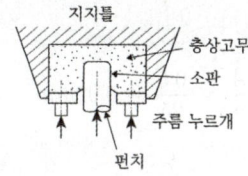

마폼법에 의한 디잎 드로잉 가공

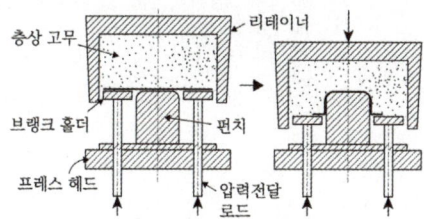

판금가공의 특수한 것으로 다이스에 고무를 사용함으로써 고무에 의한 드로잉의 대표적인 가공법.

13

스프링 백 (spring back)에 대한 설명으로 틀린 것은?

① 경도가 클수록 스프링 백의 변화도 커진다.
② 스프링 백의 양은 가공조건에 의해 영향을 받는다.
③ 같은 두께의 판재에서 굽힘 반지름이 작을수록 스프링 백의 양은 커진다.
④ 같은 두께의 판재에서 굽힘 각도가 작을수록 스프링 백의 양은 커진다.

스프링 백(Spring back)
소성(塑性) 재료의 굽힘 가공에서 재료를 굽힌 다음 압력을 제거하면 원상으로 회복되려는 탄력 작용으로 굽힘량이 감소되는 현상.
① 경도가 클수록 스프링 백의 변화도 커짐
② 스프링 백의 양은 가공조건에 의해 영향을 받음.
③ 같은 두께의 판재에서 굽힘 반지름이 작을수록 스프링 백의 양은 작아진다 (비례관계)
④ 같은 두께의 판재에서 굽힘 각도가 작을수록 스프링 백의 양은 커짐

14

엠보싱(embossing)은 프레스가공 분류 중 어떤 가공에 해당되는가?

① 전단가공(shearing)
② 압축가공(squeezing)
③ 드로잉가공(drawing)
④ 절삭가공(cutting)

압축가공의 종류
코이닝, 엠보싱, 스웨이징

01　02　03　04

15

표면이 서로 다른 모양으로 조각된 1쌍의 다이를 이용하여 메달, 주화 등을 가공하는 방법은?

① 벌징(bulging)　　② 코이닝(coining)
③ 스피닝(spinning)　④ 엠보싱(embossing)

코이닝(Coining)
표면이 서로 다른 모양으로 조각된 1쌍의 다이를 이용하며 메달, 주화, 장식품 등의 가공에 이용된다.

16

드릴링 머신으로 할 수 있는 기본 작업 중 접시머리 볼트의 머리 부분이 묻히도록 원뿔자리 파기 작업을 하는 가공은?

① 태핑　　　　　　② 카운터 싱킹
③ 심공 드릴링　　　④ 리밍

---

① 태핑(Tapping)
　구멍에 나사탭으로 나사를 만드는 작업
② 카운터 싱킹(Countersinking)
　접시형 구멍을 가공하는 것으로서, 압 공정에서 뚫어 놓은 구멍 주위를 경사지게 가공하여 접시 모양으로 만드는 것. 드릴링 작업의 일종. 접시머리 볼트나 작은 나사를 사용하는 경우, 공작물에 접시 구멍, 즉 구멍 가장자리를 원뿔형으로 절삭 가공하는 방법이다.
③ 심공 드릴링(Deep Hole Driling)
　구멍의 지름에 비해 깊은 구멍을 뚫는 작업
④ 리밍(Reaming)
　드릴로 뚫은 구멍의 내면을 리머로 다듬질하는 작업. 리밍에 의해 구멍의 정확한 치수를 얻을 수 있고, 깨끗한 내면이 다듬질된다.

17

치공구의 사용 이점이 아닌 것은?

① 가공에 있어서의 이점
② 생산원가 절감
③ 노무관리의 단순화 가능
④ 공구를 즉시 교환 가능

치공구의 사용 이점
① 가공에 있어서의 이점
② 생산원가 절감
③ 노무관리의 단순화 가능
④ 작업에 의한 피로경감으로 안전작업 가능

18

버니어캘리퍼스의 눈금 $24.5mm$를 25등분한 경우 최소 측정값은 몇 mm인가? (단, 본척의 눈금간격은 $0.5mm$이다.)

① 0.01　　　　　② 0.02
③ 0.05　　　　　④ 0.1

최소측정값 : $C = \dfrac{A}{n} = \dfrac{0.5}{25} = 0.02mm$

19

봉재의 지름이나 판재의 두께를 측정하는 게이지는?

① 와이어 게이지(wire gauge)
② 틈새게이지(thickness gauge)
③ 반지름 게이지(radius gauge)
④ 센터 게이지(center gauge)

와이어게이지(Wire Gauge)

각종 철강선의 굵기, 박강판의 두께를 측정하여 번호로 표시되는 게이지

20

두께가 다른 여러 장의 강재 박판(薄板)을 겹쳐서 부채설 모양으로 모은 것이며 물체 사이에 삽입하여 측정하는 기구는?

① 와이어 게이지   ② 롤러 게이지
③ 틈새 게이지   ④ 드릴 게이지

틈새 게이지

여러 장의 강(steel) 박판을 겹쳐서 부채살 모양으로 모은 것. 부품 틈새에 삽입해 틈새를 측정한다.

21

수정 또는 유리로 만들어진 것으로 광파 간섭 현상을 이용한 측정기는?

① 공구 현미경   ② 실린더 게이지
③ 옵티컬 플랫   ④ 요한슨식 각도게이지

옵티컬 플렛(Optical Flat)

광파간섭현상을 이용해 평면도 측정. 주로 마이크로미터 측정면의 평면도 검사

22

삼침법으로 나사를 측정할 때 유효지름(mm)은 약 얼마인가? (단, 외측마이트로미터로 측정한 외경은 $38.256mm$, 피치 $3mm$의 나사이며, 준비된 핀의 지름은 $1.8mm$로 한다.)

① 35.33   ② 35.45
③ 35.65   ④ 35.76

삼침법 유효지름 공식

$$d_2 = M - 3d + 0.866025p$$
$$= 38.256 - 3 \times 1.8 + 0.866025 \times 3$$
$$= 35.45mm$$

04 주물의 제작

01

주조작업에서 원형 제작시 고려해야 할 사항이 아닌 것은?

① 수축 여유
② 가공 여유
③ 구배량(draft)
④ 스프링 백(spring back)

목형제작상 유의사항
① 수축여유
② 가공여유
③ 목형구배(구배여유, 기울기여유)
④ 코어프린트
⑤ 라운딩
⑥ 덧붙임

02

주조에 사용되는 주물사의 구비조건으로 옳지 않는 것은?

① 통기성이 좋을 것
② 내화성이 적을 것
③ 주형 제작이 용이할 것
④ 주물 표면에서 이탈이 용이할 것

주물사의 구비조건
① 주형 제작이 용이할 것
② 성형성, 내열성, 통기성, 내압성, 신축성, 경제성, 내화성이 있을 것
③ 열전도율이 불량할 것
④ 주물표면에서 이탈이 용이할 것

03

주물용으로 가장 많이 사용하는 주물사의 주성분은?

① Al_2O_3
② SiO_2
③ MgO
④ FeO_3

강철용 주물사(SiO_2)
내열성이 증가하고 가장 많이 사용하는 주물사이다.

04

주조에서 탕구계의 구성요소가 아닌 것은?

① 쇳물 받이
② 탕도
③ 피이더
④ 주입구

탕구계의 구성요소
① 탕구계
② 쇳물받이(주입컵)
③ 탕구
④ 탕도
⑤ 주입구

05

주조의 탕구계 시스템에서 라이저(riser)의 역할로서 틀린 것은?

① 수축으로 인한 쇳물부족을 보충한다.
② 주형 내의 가스, 기포 등을 밖으로 배출한다.
③ 주형내의 쇳물에 압력을 가해 조직을 치밀화한다.
④ 주물의 냉각도에 따른균열이 발생되는 것을 방지한다.

덧쇳물(Riser)
주형에 쇳물을 흘렸을 때 주형내의 공기를 외부에 방출하거나 주형내에 발생하는 가스나 슬러그·모래 등을 흘러내리며, 쇳물의 흐름 상태를 보는 부분.

✔주물의 냉각도에 따른 균열이 발생되는 것을 방지하는 것과 거리가 멀다.

06

주물의 결함 중 기공 (blow hole)의 방지대책으로 가장 거리가 먼 것은?

① 주형 내의 수분을 적게 할 것
② 주형의 통기성을 향상시킬 것
③ 용탕에 가스함유량을 높게 할 것
④ 쇳물의 주입온도를 필요이상으로 높게 하지 말 것

기공(Blaw Hole)
가스배출 불량으로 생기는 결함

기공 방지법
통기성을 양호하게, 쇳물 아궁이를 크게, 쇳물 주입온도를 적당하게, 주형의 수분을 제거한다.

✔용탕에 가스함유량을 낮게해야 한다.

07

피스톤링, 실린더 라이너 등의 주물을 주조하는데 쓰이는 적합한 주조법은?

① 셀 주조법　　　② 탄산가스 주조법
③ 원심 주조법　　④ 인베스트먼트 주조법

원심주조법
속이 빈 주형을 중심선을 축으로 회전시키면서 용탕을 주입한다. 이 때, 작용하는 원심력으로 치밀하고 결합이 없는 주물을 대량생산해 낼 수 있다. 수도용 주철관, 피스톤 링, 실린더라이더 로 사용.

08

Al합금 등과 같은 용융 금속을 고속, 고압으로 금속주형에 주입하여 정밀 제품을 다량 생산하는 특수주조 방법은?

① 다이 캐스팅법　　② 인베스트먼트 주조법
③ 칠드 주조법　　　④ 원심 주조법

다이캐스팅법
Al합금 등과 같은 용융 금속을 고속·고압으로 금속주형에 주입하여 정밀 제품을 다량 생산하는 특수주조 방법

09

사형(砂型)과 금속형(金屬型)을 사용하여 내마모성이 큰 주물을 제작할 때 표면은 백주철이 되고 내부는 회주철이 되는 주조 방법은 무엇인가?

① 다이캐스팅　　② 원심주조법
③ 칠드주조법　　④ 셀주조법

칠드 주조법(Chilled Casting Process)
사형과 금형을 사용하며 용융금속을 급냉하며 표면을 시멘타이트 조직으로 만든 것.

– 표면 : 경도높은 백주철
– 내부 : 경도낮은 회주철

05 용접 및 특수가공

01

용접봉의 기호 중 *E4324*에서 세 번째 숫자 2의 표시는 용접자세를 나타낸다. 어떠한 자세인가?

① 전 자세
② 아래보기 자세
③ 전 자세 또는 특정자세
④ 아래보기와 수평 필릿자세

용접봉의 기호 : E4324
E : 전기용접봉
43 : 용착금속의 최저인장강도
2 : 용접자세 (0,1 : 전자세, 2 : 하향·수평자세, 3 : 하향자세,
4 : 전자세·특정자세
4 : 피복제의 종류

02

피복 아크 용접봉의 피복제(flux)의 역할로 틀린 것은?

① 아크를 안정시킨다.
② 모재 표면에 산화물을 제거한다
③ 용착금속의 탈산 정련작용을 한다.
④ 용착금속의 냉각속도를 빠르게 한다.

피복제(Flux)의 역할
① 대기중 산소, 질소 침입 방지
② 모재 표면 산화물 제거
③ 응고, 냉각속도 지연
④ 용적효율 높임
⑤ 아크 안정, 전기절연, 탈산/정련 작용

03

용접의 종류 중 불활성가스 분위기 내에서 모재와 동일 또는 유사한 금속을 전극으로 하여 모재와의 사이에 아크를 발생시켜 용접하는 것을 무엇이라 하는가?

① 피복아크용접
② MIG용접
③ 서브머지드 용접
④ CO2가스용접

불활성가스 아크용접
고온에서도 금속과 반응하지 않는 불활성가스(아르곤 : *Ar*, 헬륨 : *He*)을 공급하며 그 분위기 속에서 금속 전극/텅스텐과 모재 사이에 아크를 발생시켜 용접하는 방법

① 금속 아크 용접(MIG 용접)
  금속 전극과 모재 사이에 아크 발생
② 텅스텐 아크 용접(TIG 용접)
  텅스텐과 모재 사이에 아크 발생

04

테르밋 용접(thermit welding)의 일반적인 특징으로 틀린 것은?

① 전력 소모가 크다.
② 용접시간이 비교적 짧다.
③ 용접작업 후의 변형이 작다.
④ 용접 작업장소의 이동이 쉽다.

테르밋 용접(Thermit Welding)
산화철 분말과 알루미늄 분말의 혼합물에 점화할 때 생기는 맹렬한 발열반응을 이용하여, 그 반응의 생성물인 용융 철을 용접 이음의 주위에 미리 설치한 주형 속에 주입하여 용접하는 방법

05

고상용접(Solid-State Welding)형식이 아닌 것은?

① 롤 용접   ② 고온압점

③ 압출용접   ④ 전자빔 용접

고상용접(Solid-State Welding)
두 개의 깨끗하고 매끈한 금속 면을 원자와 원자의 인력이 작용할 수 있는 거리에 접근시키고 기계적으로 밀착하여 붙이는 용접

고상용접의 종류
롤 용접, 냉간압점, 열간압점, 마찰용접, 초음파용접, 폭발용접, 확산용접

전자빔 용점은 고상용접이 아니다.

06

전기 저항 용접의 종류에 해당하지 않는 것은?

① 심 용접   ② 스폿 용접

③ 테르밋 용접   ④ 프로젝션 용접

전기저항 용접
① 겹치기 저항용접
   점용접, 프로젝션 용접, 심용접

② 맞대기 저항용접
   업셋용접, 플래시용접, 맞대기 심용접, 퍼커션 용접

07

스폿용접과 같은 원리로 접합할 모재의 한쪽 판에 돌기를 만들어 고정전극 위에 겹쳐 놓고 가동전극으로 통전과 동시에 가압하여 저항열로 가열된 돌기를 접합시키는 용접법은?

① 플래시 버트 용접   ② 프로젝션 용접

③ 업셋 용접   ④ 단접

프로젝션 용접(Projection Welding)
모재의 한쪽 판에 돌기(Projection)을 만들어 고정전극 위에 겹쳐놓고 가동전극으로 통전과 동기에 가압하여 저항열로 가열된 돌기를 접합시키는 용접

① 돌기부는 서로 다른 금속일 때 열전도율이 큰 쪽에 or 두꺼운 판재에 만든다.

② 두께나 열용량이 서로 다른 판도 쉽게 용접할 수 있다.

③ 용접속도가 빠르고 용접신뢰도가 높다.

④ 점용접(스폿용접)과 같은 원리이다.

08

강관을 길이방향으로 이음매 용접하는데, 가장 적합한 용접은?

① 심 용접   ② 점 용접

③ 프로젝션 용접   ④ 업셋 맞대기용접

심 용접(Seam Welding)
회전하는 두 개의 롤러 전극 사이에 모재를 넣어 통전/가압 하면서 점(spot) 용접을 연속적으로 하는 방법이다. 강관을 길이방향으로 이음매 용접하는데 적합.

09

용접 시 발생하는 불량(결함)에 해당하지 않는 것은?

① 오버랩   ② 언더컷

③ 용입불량   ④ 콤퍼지션

용접결함
오버랩, 언더컷, 균열, 스패터, 용입불량, 슬래그 섞임

10

절삭과정에 공구에 열전대를 삽입하기 위한 가공은 무엇인가?

① 화학 연마　　② 전해 연마
③ 방전 가공　　④ 버핑 가공

방전가공
두 전극 사이에 방전을 일으킬 때 생기는 기계적/물리적/전기적 성질을 이용해서 가공하는 방법
① 전극재료는 전기 전도도가 높을 것 (청동, 구리, 흑연, 텅스텐)
② 경도, 강도에 상관없이 가능하지만 경도가 높을수록 가공이 유리함.
③ 초경공구, 특수강 가공 가능
④ 가공 변질층이 얇다.
⑤ 내부식성, 내마멸성이 높은 표면을 얻음.
⑥ 기계적인 힘을 가하지 않고도 고경도, 열처리 된 재료를 가공할 수 있다.
⑦ 무인가공이 가능하다.

11

와이어 컷(wire cut) 방전가공의 특징으로 틀린 것은?

① 표면거칠기가 양호하다.
② 담금질강과 초경합금의 가공이 가능하다.
③ 복잡한 형상의 가공물을 높은 정밀도로 가공할 수 있다.
④ 가공물의 형상이 복잡함에 따라 가공속도가 변한다.

와이어 컷 방전가공
가는 와이어를 전극으로 이용하여 이 와이어가 늘어짐이 없는 상태로 감아가면서 와이어와 공작물 사이에 방전시켜 가공하는 방법. 미세가공과 복잡한 형상을 높은 정밀도로 가공한다.

12

초음파가공에서 나타나는 현상 및 작용에 대한 설명 중 틀린 것은?

① 공구의 해머링 작용에 의한 가공물의 미세한 파쇄
② 혼의 재료는 황동, 연강, 공구강 등을 사용
③ 가공물 표면에서의 증발현상
④ 가속된 연삭입자의 충격작용

초음파가공(Ultrasonic Machining)
물이나 경유 등에 연삭입자를 혼합한 가공액을 공구의 진동면과 일감 사이에 주입시켜가며 초음파에 의한 상하진동으로 표면을 다듬는 가공법. 전기의 양도체·부도체 여부에 상관없이 가공 가능. 비금속 또는 귀금속의 구멍 뚫기, 전단, 표면가공에 이용됨. 가공물 표면에서 증발현상은 없다.

13

전해연마의 특징 설명 중 틀린 것은?

① 복잡한 형상도 연마가 가능하다.
② 가공 면에 방향성이 없다.
③ 탄소량이 많은 강일수록 연마가 용이하다.
④ 가공변질 층이 나타나지 않으므로 평활한 면을 얻을 수 있다.

전해연마
전기분해 할 때 금속의 미소 돌기 부분을 선택적으로 용해하여 표면을 매끈하게 가공하는 방법
① 복잡한 형상도 연마 가능
② 가공 변질층이 나타나지 않아 평활한 면을 얻을 수 있고 가공 면에도 방향성 無
③ 내마모성, 내부식성 향상
④ 탄소량이 적을수록 연마가 용이

방전가공과 전해연마는 방전/전기분해 여서 가공 변질층이 얇거나 없고 둘 다 복잡한 형상도 가공 가능. 둘 다 내마모성(=내마멸성), 내부식성을 향상 시켜줌

14

숏피닝(short peening)에 대한 설명으로 틀린 것은 무엇인가?

① 숏피닝은 두꺼운 공작물일수록 효과가 크다.
② 가공물 표면에 작은 헤머와 같은 작용을 하는 형태로 일종의 냉간 가공법이다.
③ 가공물 표면에 가공경화된 압축잔류응력층이 형성된다.
④ 반복하중에 대한 피로한도를 증가시킬 수 있어서 각종 스프링에 널리 이용되고 있다.

숏피닝(Shot Peening)

경화된 작은 쇠구슬을 피가공물에 고압으로 분사하여 표면을 매끈하게 하는 동시에 피로 강도와 그 밖의 기계적 성질을 향상시키는 특수가공이다.
① 금속 재료 표면에 강/주철의 작은 입자들을 고속으로 분산시켜 가공경화에 의해 표면층의 경도를 높이는 냉간가공법.
② 재료 표면 근처에서는 두꺼운 공작물일수록 효과가 적어지고 표면에 가공경화된 압축잔류응력층이 형성됨.
③ 재료 내부로 들어갈수록 얇은 공작물일수록 효과가 좋다.
④ 반복하중에 대한 피로한도를 증가시킬 수 있다.

15

다음 특수가공 중 화학적 가공의 특징에 대한 설명으로 틀린 것은?

① 재료의 강도나 경도에 관계없이 가공할 수 있다.
② 변형이나 거스러미가 발생하지 않는다.
③ 가공경화 또는 표면변질 층이 발생한다.
④ 표면 전체를 한번에 가공할 수 있다.

화학가공(Chemical Machining)

공작물을 부식액속에 넣고 화학반응을 일으켜 공작물표면에서 여러 가지 형상으로 파내거나 잘라내는 방법. 즉 기계적, 전기적 방법으로는 가공 불가한 재료를 용해나 부식 등의 화학적 방법으로 표면을 깨끗하게 다듬는 가공을 말하며 이 가공법은 재료의 경도나 강도에 관계없이 가공이 가능하며 변형이나 거스러미 등이 나타나지 않으며 가공경화나 표면의 변질층이 생기지 않는다. 또한 곡면, 평면, 복잡한 모양 등에 관계없이 표면전체를 동시에 가공할 수 있으며 넓은 면적이나 여러 개를 동시에 가공도 할 수 있으므로 매우 편리함.

16

회전하는 상자 속에 공작물과 숫돌입자, 공작액, 콤파운드 등을 넣고 서로 충돌시켜 표면의 요철을 제거하며 매끈한 가공면을 얻는 가공법은?

① 호닝(honing)
② 배럴(barrel) 가공
③ 숏 피닝(shot peening)
④ 슈퍼 피니싱(super finishing)

배럴 가공(=배럴다듬질, Barrel Finishing)

8각형 또는 6각형으로 된 배럴이라고 불리는 용기 속에 공작물, 연마석, 물 및 캄파운드를 넣고, 이것을 회전시키거나 진동시킨다. 그러면 배럴 내부에서는 공작물과 연마석의 혼합물에 유동운동이 발생하여 압령기 작용되는 데, 이 상태에서 서로 충돌함으로써 공작물의 표면이 다듬질 되어 매끈한 가공면을 얻는 가공법이다.

17

1차로 가공된 가공물의 안지름보다 다소 큰 강구를 압입하여 통과시켜서 가공물의 표면을 소성 변형시켜 가공하는 방법으로 표면 거칠기가 우수하고 정밀도가 높이는 것은?

① 래핑
② 호닝
③ 버니싱
④ 슈퍼 버니싱

버니싱(Bunishing)

원통의 내면을 다듬질하기 위해 원통 안지름보다 약간 큰 지름의 강구를 압입하여 다듬질 면을 매끈하게 함.

① 간단한 장치로 단기간에 정밀도가 높은 가공
② 공작물의 두께가 얇으면 버니싱의 효과가 떨어진다.
③ 표면의 거칠기는 향상되나 형상 정밀도는 개선되지 않는다.
④ 동, 알루미늄과 같이 경도가 낮은 비철금속에 이용된다.

18

슈퍼피니싱(super finishing)의 특징이 아닌 것은?

① 다듬질 면은 평활하고, 방향성이 없다.
② 원통형의 가공물 외면 내면의 정밀다듬질이 가능하다.
③ 가공에 의한 표면변질 층이 극히 미세하다.
④ 입도가 비교적 크며, 경한숫돌에 큰 압력으로 가압한다.

슈퍼 피니싱(super finishing)

미세하고 연한 숫돌입자를 공작물 표면에 낮은 압력으로 기히면서 공작물에 이송을 주고 숫돌을 진동시키며 매끈하고 高정밀도의 표면으로 공작물을 다듬는 가공방법 다듬질면은 방향성이 없고 평활하며 원통면 가공물은 외/내면 정밀 다듬질이 가능하다. 표면변질층이 극히 미세하다.

– 숫돌 길이 = 일감 길이
– 숫돌 폭 〈 일감 폭

19

래핑 다듬질에 대한 특징 중 틀린 것은?

① 게이지류나 광학렌즈의 표면 다듬질에 사용된다.
② 가공면에 랩제가 잔류하여 표면의 부식과 마모 촉진을 막아준다.
③ 평면도, 진원도, 직선도 등의 이상적인 기하학적 형상을 얻을 수 있다.
④ 가공면의 윤활성 및 내마모성이 좋아진다.

래핑(Lapping)

공작물과 랩 공구 사이에 미분말 상태의 랩제와 윤활제를 넣어 둘의 상대운동으로 표면을 매끈하게 가공하는 방법

[장점]
① 다듬질 면이 매끈하고 유리면을 얻음
② 정밀도가 높은 제품
③ 윤활성, 내식성, 내마모성 증가
④ 마찰계수 감소
⑤ 평면도, 진원도, 직선도 등 이상적인 기하학적 형상을 얻을 수 있다.

[단점]
① 비산하는 랩제가 다른 기계/제품에 부착하면 마모의 원인이 됨
② 제품을 사용할 때 남아있는 랩제의 의해 마모 촉진

저 / 자 / 약 / 력

이태랑

전남대학교 기계공학과 학사졸업

현) 랑쌤에듀 대표
    공단기 기술계리단기 기계직 강사
    일타클래스 기계파트 강사
    에듀피디 기계파트 강사
    에듀윌 에너지파트 강사
    넥스트잡 산업안전파트 강사
    국가기술자격 수험서적 합격비법 시리즈 저자

2026 합격비법
일반기계기사 필기 **핵심이론 및 예상문제**

2026년 1월 10일 초판 발행

저   자   이태랑
발 행 인   김은영
발 행 처   오스틴북스
주   소   경기도 고양시 일산동구 백석동 1351번지
전   화   070)4123-5716
팩   스   031)902-5716
등록번호   제396-2010-000009호
e-mail   ssung7805@hanmail.net
홈페이지   www.austinbooks.co.kr

I S B N   979-11-24051-25-2 (13500)
정   가   34,000원